COURS DE MATHÉMATIQUES ÉLÉMENTAIRES

EXERCICES

DE

GÉOMÉTRIE

PAR F. J.-O. P.

CHEZ LES ÉDITEURS

TOURS

ALFRED MAME & FILS

Imprimeurs-Libraires

PARIS

POUSSIELGUE FRÈRES

Rue Cassette, 27

EXERCICES

DE

GÉOMÉTRIE

Le Cours de Mathématiques élémentaires comprend les ouvrages
suivants :

ÉLÉMENTS D'ARITHMÉTIQUE.

— D'ALGÈBRE.

— DE GÉOMÉTRIE.

— DE TRIGONOMÉTRIE.

— D'ARPENTAGE ET DE NIVELLEMENT.

— DE GÉOMÉTRIE DESCRIPTIVE.

EXERCICES

DE

GÉOMÉTRIE

PAR F. J.-O. P.

CHEZ LES ÉDITEURS

TOURS   PARIS

ALFRED MAME & FILS   POUSSIELGUE FRÈRES

Imprimeurs-Libraires   Rue Cassette, 27

1877

PRÉFACE

L'ouvrage que nous publions sous le titre d'*Exercices de Géométrie* est destiné aux professeurs, et il forme, pour eux, le complément indispensable de nos *Éléments de Géométrie*; on y trouve la solution de tous les exercices énoncés dans les *Éléments*; et, dans ces solutions, viennent naturellement de nombreux exemples de discussion et de calcul, de synthèse et d'analyse, et des diverses méthodes que l'on peut employer pour démontrer les théorèmes ou pour résoudre les problèmes.

L'ouvrage est terminé par un exposé synoptique de ces méthodes, avec des conseils propres à diriger dans les recherches, et des exemples à l'appui.

La seconde édition des *Éléments de Géométrie* (1875) contient à l'Appendice une centaine d'exercices nouveaux dont la solution paraîtra prochainement en un fascicule séparé, en attendant une nouvelle édition du présent ouvrage.

INTRODUCTION

I

Importance de la Géométrie.

Une *science* est un ensemble de connaissances relatives à un même objet, et un *art* un ensemble de procédés convenables pour arriver à un but déterminé.

Dans la plupart des sujets de nos études, il y a à la fois science et art : il y a une science agricole, l'*Agronomie*, et l'art de l'*Agriculture*; on distingue le *savant architecte* et l'*habile constructeur*; l'*Arithmétique* est une science, et le *Calcul* est l'art correspondant.

La *Géométrie* étudie les propriétés des figures ou formes diverses que peuvent présenter les corps : voilà la science; et elle a des applications innombrables, non-seulement dans l'art du géomètre-arpenteur, mais dans une multitude d'arts divers, par le *dessin géométrique* : c'est par les applications de la Géométrie qu'on mesure les distances et les hauteurs, les dimensions du Globe terrestre et des autres astres, ainsi que leurs distances respectives; c'est la Géométrie qui donne des moyens pour évaluer les surfaces et les volumes des corps, pour lever des plans, faire du nivellement, préparer tous les détails d'une construction : coupe des pierres et des bois, assemblages des diverses pièces, dessins des voûtes et des escaliers, projections en tous sens; c'est elle qui dirige les mineurs travaillant sur deux versants opposés au percement d'une montagne, avec assurance de se rencontrer exactement, et quant à la direction, et quant à la hauteur; c'est elle encore qui nous enseigne à reproduire avec exactitude les effets de la perspective et des ombres projetées, et nous met à même de construire des cadrans solaires; elle sait traduire en figures les variations des grandeurs les plus abstraites, efforts, températures, etc., et jusqu'aux données de la Statistique; elle va plus loin, et, par de simples lignes convenablement tracées, elle résout les problèmes d'arithmétique connus sous les noms de règles de trois, d'intérêt, d'escompte, de répartition; elle fait la multiplication, la division, les puissances et les racines, tout par des figures; enfin, par le dessin des courbes, elle permet de résoudre les équations de tous les degrés, et de reconnaître les propriétés générales de ces mêmes équations.

A un autre point de vue que nous ne saurions négliger, nous dirons que la Géométrie exerce à un très-haut degré toutes les facultés intellectuelles, perception des idées, mémoire, raison; elle habitue aux définitions rigoureuses, à la précision du langage, à la clarté des propositions, à la solidité du raisonnement; sans exclure l'induction, dont on peut tirer un grand profit avec des commençants, elle est surtout et par excellence une science déductive, et elle emploie le syllogisme sous toutes ses formes.

Il est donc éminemment utile, à tous les points de vue, de s'adonner à l'étude de cette vaste science, dont les éléments entrent nécessairement dans toute bonne éducation, même primaire.

II

Esquisse historique.

Dès l'origine du monde, les hommes ont senti le besoin d'évaluer les grandeurs, et ont choisi à cette fin des unités convenables. La confection des vêtements, la construction des habitations, la délimitation des propriétés agraires, tout cela n'a pu se faire sans l'usage des mesures.

C'est en Égypte qu'on place ordinairement le berceau de la Géométrie proprement dite : la nécessité de rétablir les bornes des champs, après les débordements du Nil, donnait à la mesure des terrains une importance de premier ordre; et il n'est pas étonnant que, de là, les Égyptiens aient été conduits à la recherche des propriétés des figures.

Toutefois, c'est la Grèce ancienne qui est la véritable patrie de la Géométrie. Au VIe siècle avant Jésus-Christ, le Phénicien **Thalès**, après avoir mesuré la hauteur des Pyramides d'Égypte par leur ombre, porte la Géométrie en Grèce, fonde à Milet l'École Ionienne, et enrichit la science de divers théorèmes, sur le *triangle isocèle*, sur l'*angle inscrit* et sur les *triangles semblables*. **Pythagore** démontre la grande propriété du carré de l'*hypoténuse*, et l'incommensurabilité entre la diagonale et le côté du carré. **Anaxagore** (Ve siècle) s'occupe de la *quadrature du cercle* (recherche de la surface), et **Hippocrate** de Chio fait la quadrature de la *Lunule*. **Platon** (IVe siècle) introduit la doctrine des *lieux géométriques*, et donne une solution graphique de la *duplication du cube*; il appelle Dieu l'*Éternel Géomètre*, et place à l'entrée de son école de philosophie cette inscription remarquable : « Nul n'entre ici s'il n'est géomètre. »

Euclide (IVe siècle) enseigne les mathématiques à Alexandrie, et en rédige les *Éléments* en quinze livres; la partie géométrique renferme ce que l'on connaissait alors sur les figures dérivées de la ligne droite et du cercle, tant sur un plan que dans l'espace. **Apollonius** (IIIe siècle) recueille en huit livres ce qui regarde les *sections coniques* (Ellipse, Parabole et Hyperbole); sept de ces livres nous sont parvenus; le huitième a été rétabli par Hallay, en 1646, d'après les indications de Pappus.

Archimède (IIIe siècle) trouve le rapport $\frac{22}{7}$ de la circonférence au diamètre, et écrit savamment sur les diverses parties de la Géométrie; il emploie la méthode dite d'*exhaustion* ou épuisement (réduction à l'absurde), dont on voit tant d'exemples dans la *Géométrie* de Legendre; on prouve, par exemple, que l'aire d'un cercle égale le produit de la circonférence par la moitié du rayon, en faisant voir que ce produit ne peut exprimer l'aire d'un cercle plus grand ni celle d'un cercle plus petit.

Les courbes connues sous les noms de *Spirale* d'Archimède, *Quadratrice* de Dinostrate, *Conchoïde* de Nicomède, montrent l'ardeur que les savants grecs mettaient à l'étude des questions géométriques.

Dans les premiers siècles de notre ère, on doit citer Claude **Ptolémée** (IIe siècle), à la fois astronome et géomètre; **Pappus** d'Alexandrie (IVe siècle), célèbre par ses *Collections mathématiques*, qui sont en partie parvenues jusqu'à nous, et dont la science moderne a heureusement profité.

Après Pappus, vient encore **Dioclès**, inventeur de la *Cissoïde*. Mais, à part quelques commentateurs, on ne trouve plus de noms bien remarquables ; et bientôt (vii° siècle) l'invasion arabe plonge la science dans une stagnation de dix siècles. Citons toutefois **Abalphat** (x° siècle), par lequel nous sont parvenus les livres cinquième, sixième et septième d'Apollonius.

L'ère moderne de la science commence au xvi° siècle, avec François **Viète**, de Fontenay-le-Comte, lequel invente l'*Algèbre*, et enseigne la *construction des équations*. Sa facilité à résoudre les problèmes le faisait prendre pour un sorcier.

Au siècle suivant, si justement surnommé le *grand siècle*, un souffle de génie se répand dans toute l'Europe : c'est l'époque des plus sublimes découvertes dans les sciences exactes, et toute une phalange de savants se présente à l'admiration de la postérité.

L'Allemand Jean **Képler**, le législateur de l'astronomie, introduit dans sa *Stéréométrie* (mesure des solides) l'idée de l'*infini*, fait remarquer la nullité de l'accroissement d'une variable au moment d'un *maximum* ou d'un *minimum*, et donne une méthode graphique pour déterminer les circonstances d'une éclipse de soleil.

En 1635, Bonaventure **Cavaliéri**, religieux italien, publie sa *Trigonométrie plane* et sa *Géométrie des indivisibles*, où il considère les solides comme formés par la superposition d'une infinité de plans, et les plans par l'assemblage d'une infinité de lignes, idée féconde, malgré l'inexactitude du fait qu'elle exprime, et qui permet des évaluations nouvelles de surfaces et de volumes, et la détermination géométrique des *centres de gravité*.

Un autre religieux, **Grégoire de Saint-Vincent**, élève et successeur de Clavius, à Rome, fait en Géométrie des découvertes importantes, et publie des travaux intéressants sur la quadrature du cercle et sur celle de l'hyperbole.

Gérard **Désargues**, géomètre et architecte, de Lyon, crée la *Stéréotomie* scientifique (coupe des pierres), écrit sur les sections coniques, et fait sur la *Perspective* un traité qui a exercé une heureuse influence sur les progrès de la Peinture et du Dessin.

René **Descartes**, de La Haye en Touraine, enseigne la doctrine des *coordonnées*, applique l'Algèbre à la Géométrie (*Géométrie analytique*), et la Géométrie elle-même à la Physique; par la profondeur et l'étendue de ses découvertes, il frappe d'étonnement ses contemporains, et conquiert l'admiration de la postérité.

Blaise **Pascal**, de Clermont en Auvergne, surprend son siècle par sa précocité, écrit à seize ans son traité des sections coniques, et à dix-huit ses découvertes sur la *Roulette* ou *Cycloïde*; il traite les coniques en se basant sur la Perspective et sur la théorie des *transversales*.

Une chose bien digne d'admiration, c'est que les plus grands et les plus beaux résultats des sciences exactes sont dus à la considération des *infiniment petits*. Cavaliéri a ouvert la voie; une foule de génies vont s'y lancer, et pendant plusieurs siècles il y aura des conquêtes à faire dans ce domaine infini lui-même du *Calcul Infinitésimal*.

Fermat, conseiller au parlement de Toulouse (XVIIe siècle), imagine la *méthode des tangentes* par les *différences*; à Cambridge, le professeur Isaac **Barrow** perfectionne cette méthode par la considération de son petit *triangle différentiel*; il a la gloire de compter Newton au nombre de ses élèves, et de se démettre de sa chaire en faveur de ce grand homme.

L'Anglais John **Wallis** fonde l'*Arithmétique des infinis*, ou étude des *séries convergentes*, à l'aide desquelles on évalue les courbes, les surfaces et les volumes avec autant d'approximation qu'on veut. Le Picard **de Roberval** est célèbre par ses *courbes robervalliennes*.

Enfin, en 1684, **Leibnitz** et **Newton** mettent au jour le *Calcul Différentiel* et le *Calcul Intégral*, ces deux puissants instruments du *Calcul Infinitésimal* ou *Analyse mathématique*, dont les conséquences et les applications sont inépuisables.

C'est dans la voie ouverte par ces deux génies qu'ont marché ensuite les trois Bernouilli, Maclaurin, Clairaut, d'Alembert, Euler, Lagrange, Monge, Laplace, Legendre, Gauss, Poinsot, Carnot, Maschéroni, Cauchy, Poncelet, Chasles, Dupin et les savants contemporains.

TABLE DES MATIÈRES

EXERCICES

DE

GÉOMÉTRIE

LIVRE I

GÉNÉRALITÉS SUR LA DROITE ET LES ANGLES

THÉORÈMES

Exercice 1

Théorème 1er. *Si deux angles adjacents sont supplémentaires, leurs bissectrices sont perpendiculaires l'une à l'autre, et réciproquement.*

1° Soient BAC et BAD deux angles adjacents supplémentaires, et soient AE et AF leurs bissectrices. On a par hypothèse

$$2m + 2n = 2 \text{ droits}$$

d'où $\qquad m + n = 1 \text{ droit}$

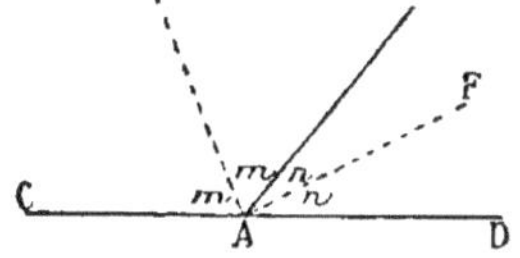

Donc les droites AE et AF sont perpendiculaires l'une à l'autre. *Ce qu'il fallait démontrer.*

2° Soient BAC et BAD deux angles adjacents tels que leurs bissectrices AE et AF soient perpendiculaires l'une à l'autre. On a par hypothèse $\qquad m + n = 1 \text{ droit}$

d'où $\qquad 2m + 2n = 2 \text{ droits}$

Donc les deux angles considérés sont supplémentaires. *C. Q. F. D*.*

---

* Ces quatre lettres *C. Q. F. D.* signifient en abrégé: *Ce qu'il fallait démontrer.*

Exercice 2

Théorème 2. *Si l'angle des bissectrices de deux angles adjacents n'est pas droit, les côtés extérieurs ne sont pas en ligne droite.*

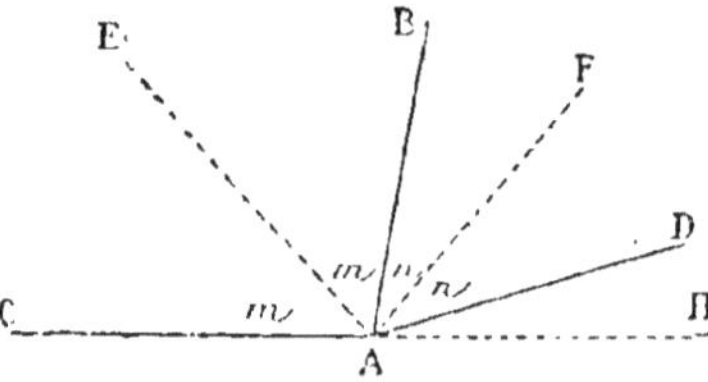

Soient BAC et BAD deux angles adjacents tels que l'angle EAF des deux bissectrices soit aigu. Appelons AH le prolongement de CA. On a

$$m + n < 1 \text{ droit}$$

d'où $\quad 2m + 2n < 2 \text{ droits}$

Donc l'angle BAD est moindre que BAH, supplément de BAC (Géométrie, n° 30), et la ligne CAD est brisée en A.

La démonstration serait analogue si l'angle des deux bissectrices était donné obtus.

Exercice 3

Théorème 3. *Les bissectrices de deux angles opposés par le sommet sont en ligne droite.*

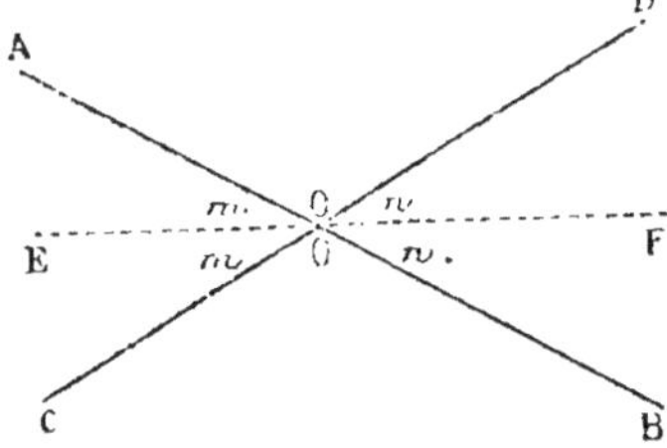

Soient OE et OF les bissectrices de deux angles opposés par le sommet. On a (Géom., n° 30, 3°)

$$2m + 2o + 2n = 4 \text{ droits}$$

d'où $\quad m + o + n = 2 \text{ droits}$

Donc les bissectrices OE et OF sont en ligne droite (Géom., n° 32).

Exercice 4

Théorème 4. *Lorsque deux droites se croisent, les bissectrices des quatre angles forment deux droites perpendiculaires entre elles.*

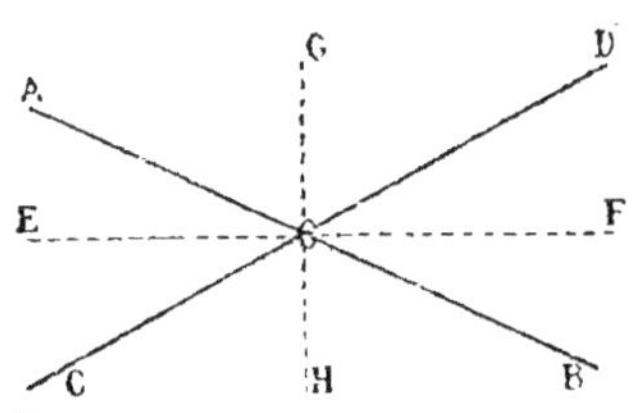

Soient AB et CD deux droites qui se coupent. Les bissectrices OE et OF sont en ligne droite, aussi bien que OG et OH (Exercice 3, ci-dessus).

Or les deux angles adjacents AOC et AOD étant supplémentaires, leurs bissectrices OE et OG sont perpendiculaires l'une à l'autre (Exercice 1er). Il en est donc de même des droites EF et GH. Donc *lorsque deux droites se croisent...*

Exercice 5

Théorème 5. *La distance du milieu d'une droite à un point quelconque pris sur cette droite, égale la demi-différence des distances de ce point aux extrémités de la droite.*

Soit O le milieu de la droite AB, et M un point quelconque pris sur cette droite. On a

$$MA = OA + OM$$
$$MB = OB - OM$$

d'où, en soustrayant membre à membre,

$$MA - MB = 2OM$$

et de là on conclut

$$OM = 1/_2 (MA - MB)$$

Remarque. Les commençants éprouvent quelque difficulté pour trouver la différence de deux valeurs, lorsqu'elles ne sont pas toutes les deux positives. Or on peut augmenter ces deux valeurs d'une même quantité sans changer leur différence; et, par cet artifice, on peut faire disparaître toute forme négative. Par exemple, pour trouver la différence entre $+$ OM et $-$ OM, on augmentera ces deux valeurs de OM : elles deviendront 2 OM et *zéro*; et l'on voit clairement que la différence est 2 OM.

La considération du thermomètre est aussi très-utile : entre une température de $+$ 8 degrés et une température de $-$ 5 degrés, la différence est de 13 degrés.

Scolie. Lorsque le point mobile M se trouve en O, la distance OM est nulle, et la différence MA—MB est nulle également; lorsque le point mobile est en B, c'est la distance MB qui est nulle, et on a encore $OM = 1/_2 (MA - MB)$

Exercice 6

Théorème 6. *La distance du milieu d'une droite à un point quelconque pris sur le prolongement de cette droite, égale la demi-somme des distances de ce point aux extrémités de la droite.*

Soit O le milieu de la droite AB, et M un point quelconque pris sur le prolongement de cette droite.
On a

$$MA = OM + OA$$
$$MB = OM - OB$$

d'où, en additionnant membre à membre

$$MA + MB = 2OM$$

et de là on conclut

$$OM = 1/_2 (MA + MB) \qquad\qquad C.\ Q.\ F.\ D.$$

Scolie. Lorsque le point mobile M est en B, la distance MB est nulle, et l'on a encore $OM = 1/_2 (MA + MB)$

Exercice 7

Théorème 7. *L'angle fermé par la bissectrice d'un angle et une droite quelconque menée dans cet angle par le sommet, égale la* *demi-différence des angles partiels que cette droite détermine dans l'angle primitif.*

Soit CO la bissectrice de l'angle ACB, et CM une droite quelconque menée dans cet angle par le sommet. On a

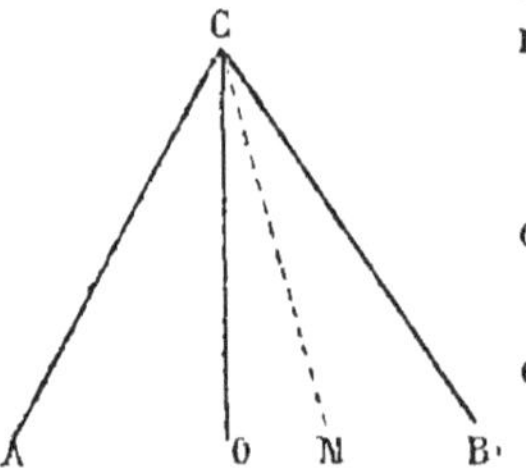

$$\text{angle } MCA = OCA + OCM$$
$$\text{angle } MCB = OCB - OCM$$

d'où, en soustrayant,

$$MCA - MCB = 2OCM$$

et de là on conclut

$$\text{angle } OCM = \tfrac{1}{2}(MCA - MCB)$$

C. Q. F. D.

Exercice 8

Théorème 8. *L'angle formé par la bissectrice d'un angle et une droite quelconque menée hors de cet angle par le sommet, égale la demi-somme des angles que forme cette droite avec les côtés de l'angle primitif.*

Soit CO la bissectrice de l'angle ACB, et CM une droite quelconque menée hors de cet angle par le sommet. On a

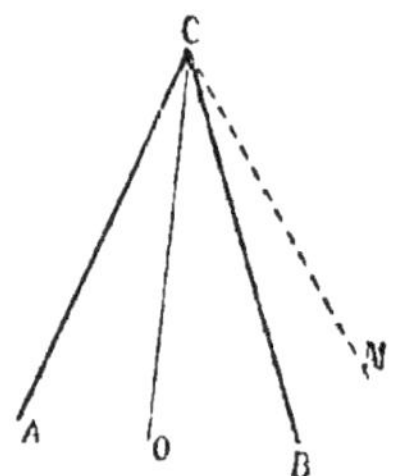

$$\text{angle } MCA = OCM + OCA$$
$$\text{angle } MCB = OCM - OCB$$

d'où, en additionnant,

$$MCA + MCB = 2OCM$$

et de là on conclut

$$OCM = \tfrac{1}{2}(MCA + MCB)$$

C. Q. F. D.

Scolie. Pour que les deux théorèmes qui précèdent puissent s'appliquer d'une manière générale, les côtés de l'angle donné, la bissectrice et la droite mobile doivent être considérés comme indéfinis, même au delà du sommet.

Exercice 9

Théorème 9. *Si l'on joint les trois sommets d'un triangle à un point quelconque pris à l'intérieur, la somme des trois lignes intérieures ainsi tracées est comprise entre la somme et la demi-somme des trois côtés.*

Soit O un point quelconque pris à l'intérieur du triangle ABC. On a

$$m + n > c$$
$$n + r > a$$
$$r + m > b$$

d'où, en additionnant $2m+2n+2r > a+b+c$

et, en divisant par 2 $m+n+r > \frac{1}{2}(a+b+c)$

On a aussi (Géom., n° 34)

$$m+n < a+b$$
$$n+r < b+c$$
$$r+m < a+c$$

d'où, en additionnant

$$2m+2n+2r < 2a+2b+2c$$

et, en divisant par 2

$$m+n+r < a+b+c$$

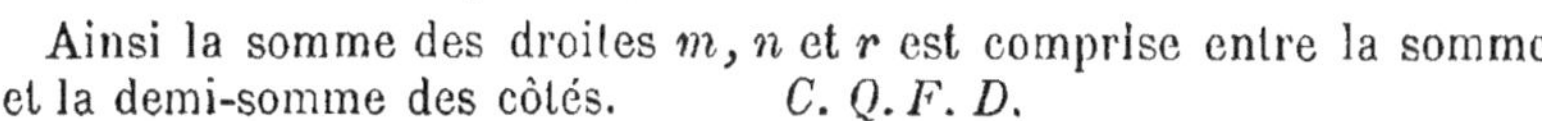

Ainsi la somme des droites m, n et r est comprise entre la somme et la demi-somme des côtés.   *C. Q. F. D.*

Exercice 10

Théorème 10. *Démontrer directement que tout point pris en dehors de la perpendiculaire élevée au milieu d'une droite est inégalement distant des extrémités de cette droite.*

Soit AB une perpendiculaire au milieu de la droite CD, et F un point quelconque pris en dehors de cette perpendiculaire.

Les distances de ce point aux extrémités C et D sont FC et FAD. Menons AC. Le point A étant sur la perpendiculaire, on a

$$AC = AD.$$

D'autre part, le triangle FAC donne

$$FC < FA + AC$$

ou $$FC < FA + AD$$

ou enfin $$FC < FD$$ *C. Q. F. D.*

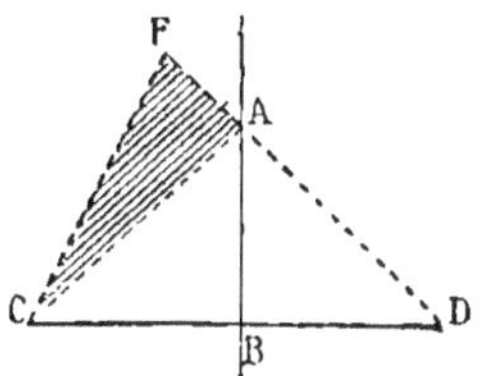

Exercice 11

Théorème 11. *La hauteur d'un triangle est moindre que la demi-somme des deux côtés qui partent du même sommet.*

Soit ABC un triangle quelconque, h l'une des hauteurs, a et c les deux côtés qui partent du même sommet que cette hauteur.

En vertu de la propriété de la perpendiculaire et des obliques qui partent d'un même point, on a

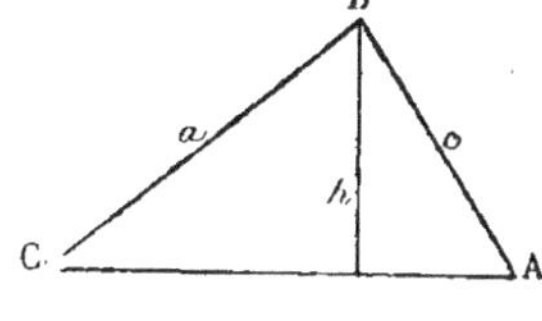

$h < a$ et $h < c$ d'où $2h < a+c$ et $h < \dfrac{a+c}{2}$ *C. Q. F. D.*

Exercice 12

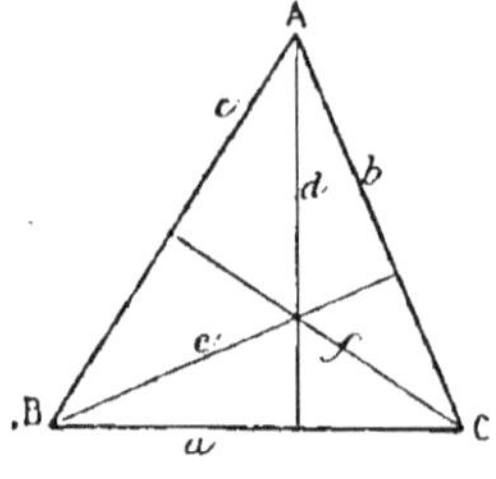

Théorème 12. *La somme des trois hauteurs d'un triangle est moindre que la somme des trois côtés.*

Soient d, e, f, les trois hauteurs du triangle ABC. Chaque hauteur étant moindre que la demi-somme des côtés qui partent du même sommet (Exercice 11), on a

$$d < {}^1\!/_2\,b + {}^1\!/_2\,c \qquad e < {}^1\!/_2\,c + {}^1\!/_2\,a \qquad f < {}^1\!/_2\,a + {}^1\!/_2\,b$$

D'où $$d + e + f < a + b + c \qquad\qquad C.\ Q.\ F.\ D.$$

Exercice 13

Théorème 13. *Une médiane quelconque d'un triangle est plus petite que la demi-somme des deux côtés adjacents.*

Soit AO une médiane du triangle ABC. Traçons le prolongement OD égal à AO, et menons BD.

Les deux triangles AOC et BOD sont égaux, comme ayant, en O, un angle égal compris entre des côtés respectivement égaux ; ainsi AC = BD. D'autre part, le triangle ABD donne (Géométrie, n° 35)

$$AD < AB + BD$$

ou $$AD < AB + AC$$

D'où, en divisant par 2 $$AO < {}^1\!/_2(AB + AC) \qquad C.\ Q.\ F.\ D.$$

Exercice 14

Théorème 14. *La somme des trois médianes d'un triangle est comprise entre le périmètre et le demi-périmètre de ce triangle.*

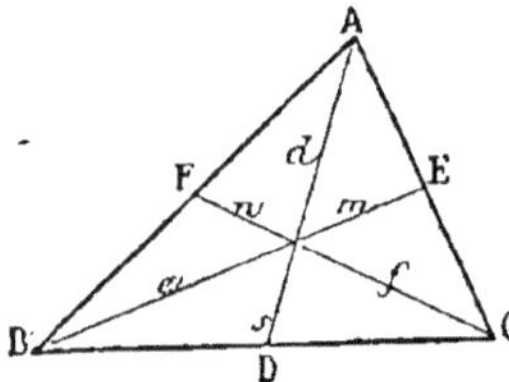

Soient d, e, f, les trois médianes du triangle ABC.

Chaque médiane étant moindre que la demi-somme des deux côtés adjacents (Exercice 13), on a

$$AD < {}^1\!/_2\,AB + {}^1\!/_2\,AC$$
$$BE < {}^1\!/_2\,AB + {}^1\!/_2\,BC$$
$$CF < {}^1\!/_2\,AC + {}^1\!/_2\,BC$$

D'où $$AD + BE + CF < AB + BC + AC$$

D'autre part, on a $\quad e + s > BD \qquad f + m > CE \qquad d + n > AF$

D'où, en additionnant membre à membre,

$$AD + BE + CF > {}^1\!/_2(AB + BC + AC)$$

Ainsi *la somme des trois médianes est comprise entre le périmètre et le demi-périmètre du triangle.*

Exercice 15

Théorème 15. *Les perpendiculaires menées aux deux côtés d'un angle, à des distances égales du sommet, se rencontrent sur la bissectrice.*

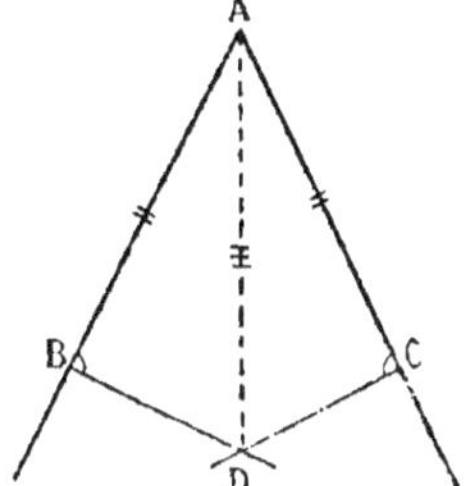

Soit D le point de rencontre des perpendiculaires en question ; menons AD.

Les triangles rectangles ABD et ACD sont égaux, comme ayant même hypoténuse AD et un autre côté égal (AB = AC). Ainsi les angles formés en A sont égaux, et AD est bissectrice de l'angle A. Donc *les perpendiculaires...*

Exercice 16

Théorème 16. *Toute perpendiculaire à la bissectrice d'un angle rencontre les côtés à des distances égales du sommet.*

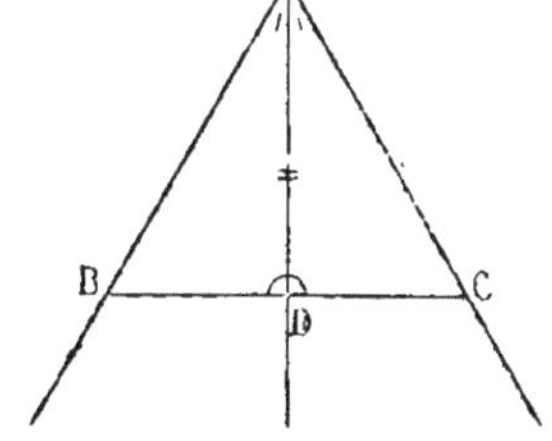

Soit BC une perpendiculaire à la bissectrice AD. Les deux triangles ADB et ADC sont égaux, comme ayant un côté égal AD adjacent à des angles respectivement égaux. Donc AB = AC.

$$C.\ Q.\ F.\ D.$$

Corollaire. *Réciproquement, toute droite qui joint deux points pris sur les côtés d'un angle à des distances égales du sommet, est perpendiculaire à la bissectrice.*

Scolie. La droite BC a son milieu sur la bissectrice.

Exercice 17

Théorème 17. *Un triangle est isocèle lorsqu'une même droite y est à la fois médiane et hauteur, ou bien bissectrice et hauteur, ou bien bissectrice et médiane.*

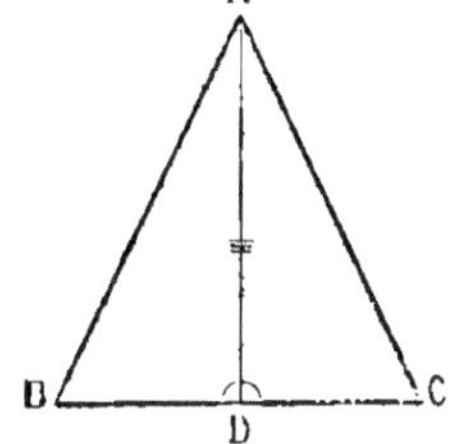

1° Si la droite AD est à la fois médiane et hauteur, DB = DC, les angles en D sont droits ; donc les triangles ADB et ADC sont égaux, comme ayant en D un angle égal compris entre des côtés respectivement égaux. Ainsi le côté AB de l'un égale AC de l'autre, et le triangle ABC est isocèle.

2° Si la droite AD est à la fois bissectrice et hauteur, les angles en A sont égaux, aussi bien que les angles en D. Donc les triangles ADB et ADC sont égaux, comme ayant un côté égal AD adjacent à des angles respectivement égaux. Ainsi le côté AB de l'un égale AC de l'autre, et le triangle ABC est isocèle.

3° Si la droite AD est à la fois bissectrice et médiane, les angles en A sont égaux, et DB égale DC.

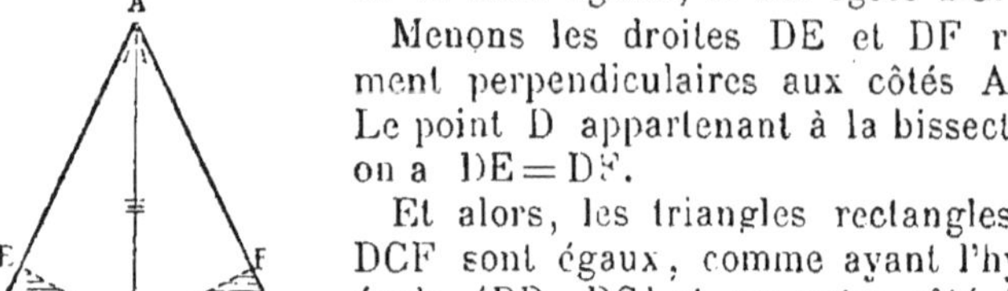

Menons les droites DE et DF respectivement perpendiculaires aux côtés AB et AC. Le point D appartenant à la bissectrice AD, on a $DE = DF$.

Et alors, les triangles rectangles DBE et DCF sont égaux, comme ayant l'hypoténuse égale (DB, DC) et un autre côté égal (DE, DF); donc les angles B et C sont égaux, et le triangle ABC est isocèle (Géom., n° 53).

Donc enfin *un triangle est isocèle...*

Corollaire. *Si deux côtés d'un triangle sont inégaux, la hauteur, la bissectrice et la médiane comprises forment trois droites différentes.* Car si la hauteur AH et la bissectrice AS se confondaient, les

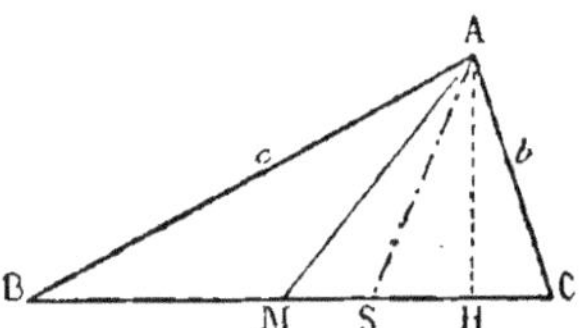

côtés b et c seraient égaux, ce qui est contre l'hypothèse; il en serait de même si la médiane AM se confondait avec la hauteur ou avec la bissectrice.

Exercice 18

Théorème 18. *Si deux côtés d'un triangle sont inégaux, la bissectrice et la médiane comprises sont l'une et l'autre plus grandes que la hauteur qui part du même sommet.* (Figure ci-dessus.)

Soient b et c deux côtés inégaux dans le triangle ABC. La hauteur AH, la bissectrice AS et la médiane AM, qui partent du sommet A, forment trois droites différentes (Exercice 17, Corollaire). Or AH est perpendiculaire à BC; donc AS et AM sont des obliques, et sont par conséquent plus grandes que AH (Géométrie, n° 37). *C. Q. F. D.*

Exercice 19

Théorème 19. *Étant donné un angle quelconque A, si l'on porte sur les côtés des distances égales AB et AD, AC et AE, les droites BE et CD menées en croix sont égales, et se rencontrent sur la bissectrice.*

Menons AO. D'après les données, les triangles ABE et ADC sont égaux, comme ayant en A un angle égal compris entre des côtés respectivement égaux. Donc BE = CD... De plus, les angles en C et E sont égaux, ainsi que les angles en B et D, et les suppléments de ces derniers.

Alors, les triangles OBC et ODE sont égaux, comme ayant un côté égal (BC, DE) adjacent à des angles respectivement égaux ; donc OB = OD.

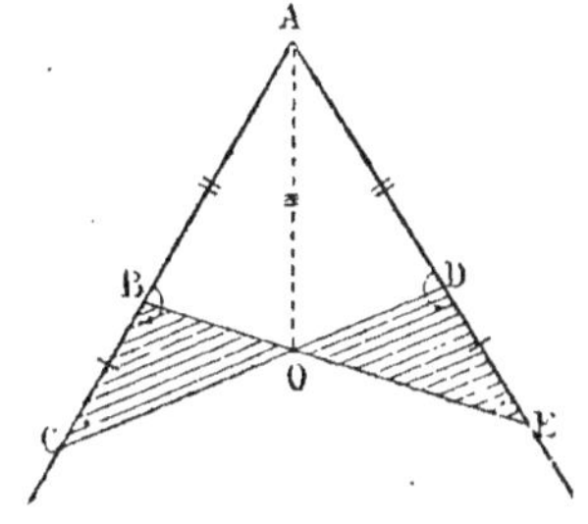

Enfin, les triangles AOB et AOD sont égaux comme ayant les trois côtés respectivement égaux ; ainsi les angles en A sont égaux, et la droite AO est bissectrice de l'angle A.

Donc les droites BE et CD sont égales, et se rencontrent sur la bissectrice de l'angle A.   *C. Q. F. D.*

Remarque. Pour prouver que trois droites se rencontrent en un même point, on considère deux de ces droites, on joint le point de rencontre à un point connu de la troisième droite, et on démontre que la ligne ainsi déterminée n'est autre que la troisième droite en question.

Exercice 20

Théorème 20. *Un triangle isocèle a deux hauteurs égales, deux bissectrices égales, et deux médianes égales ; les perpendiculaires élevées sur les milieux des côtés égaux, et terminées aux côtés opposés, sont aussi égales.*

1° Soient BD et CE les hauteurs qui tombent sur les côtés égaux du triangle ABC. Les triangles rectangles ABD et ACE sont égaux comme ayant l'hypoténuse égale (AB, AC) et un angle aigu égal, en A. Donc BD = CE.

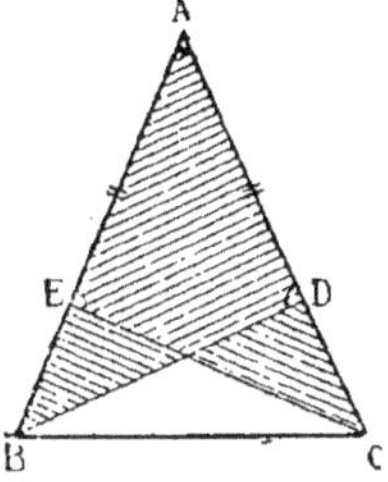
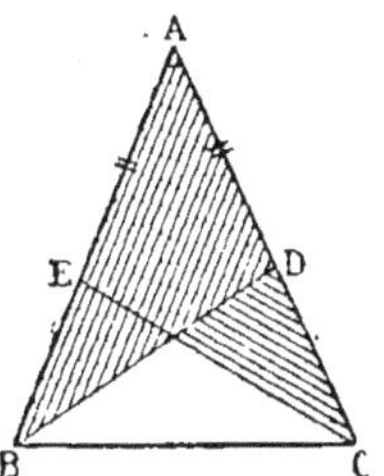

2° Soient BD et CE les bissectrices qui tombent sur les côtés égaux du triangle ABC. Par hypothèse, les angles totaux B et C sont égaux ; donc leurs moitiés sont égales, et les triangles ABD et ACE sont égaux, comme ayant un côté égal (AB, AC) adjacent à des angles respectivement égaux ; ainsi BD = CE.

3° Soient BD et CE les médianes qui tombent sur les côtés égaux du triangle ABC. Les droites AD et AE sont égales, comme moitiés des côtés égaux AC et AB. Donc les triangles ABD et ACE sont égaux, comme ayant en A un angle égal compris entre des côtés respectivement égaux. Ainsi BD = CE.

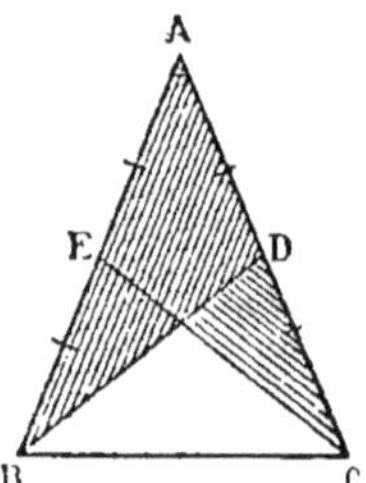 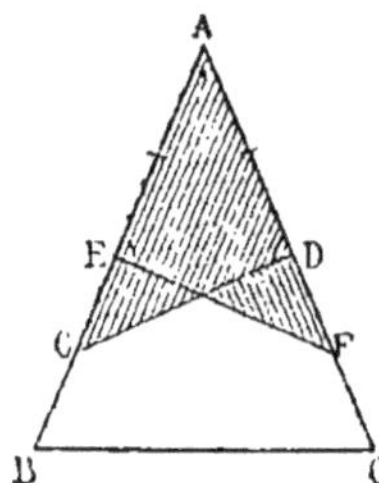

4° Soient EF et DG les perpendiculaires élevées sur les milieux des côtés égaux du triangle ABC. Les distances AD et AE sont égales, comme moitiés des côtés égaux AC et AB. Donc les triangles ADG et AEF sont égaux, comme ayant un côté égal adjacent à des angles respectivement égaux. Ainsi DG = EF.

Donc enfin, *un triangle isocèle a deux hauteurs égales...*

Corollaire. *Dans un triangle équilatéral, les trois hauteurs sont égales, ainsi que les trois bissectrices et les trois médianes; il en est de même des perpendiculaires élevées sur les milieux des trois côtés.*

Dans un triangle équilatéral, ces quatre systèmes de droites se confondent en un seul.

Remarque. Pour démontrer l'égalité de deux droites, on fait entrer ces deux droites dans des triangles dont on cherche à prouver l'égalité.

Exercice 21

Théorème 21. *Un triangle est isocèle lorsqu'il a deux hauteurs égales (ou deux médianes égales); il en est de même lorsque deux des perpendiculaires élevées sur les milieux des côtés, et terminées aux côtés opposés, sont égales.*

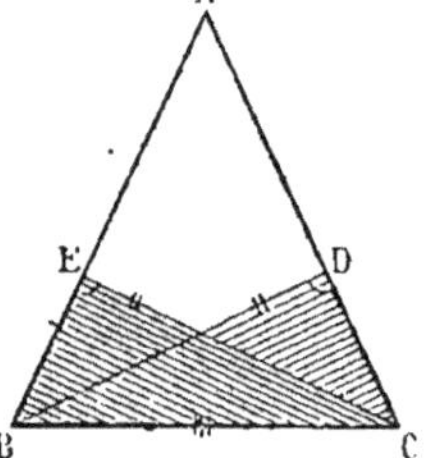

1° Soit le triangle ABC ayant deux hauteurs égales BD et CE. Les triangles rectangles BCE et BCD sont égaux, comme ayant la même hypoténuse BC, et un autre côté égal (CE, BD); donc les angles totaux en B et C sont égaux, et le triangle ABC est isocèle.

(Le cas des médianes égales a sa place après l'Exercice 49, ci-après.)

2° La démonstration suivante suppose que l'on connaît la somme des trois angles d'un triangle. Soit ABC un triangle dans lequel les perpendiculaires DG et EF élevées sur les milieux des côtés AC et AB sont égales.

Les triangles rectangles ADG et AEF ayant un angle aigu commun A, l'angle aigu $G = F$ (Géom., nº 85, 3º); et ainsi ces deux triangles sont égaux comme ayant un côté égal (DG, EF) adjacent à des angles respectivement égaux. Donc $AD = AE$, et par suite $AC = AB$.

C. Q. F. D.

Exercice 22

Théorème 22. *Démontrer directement que tout point pris hors de la bissectrice d'un angle est inégalement distant des deux côtés de cet angle.*

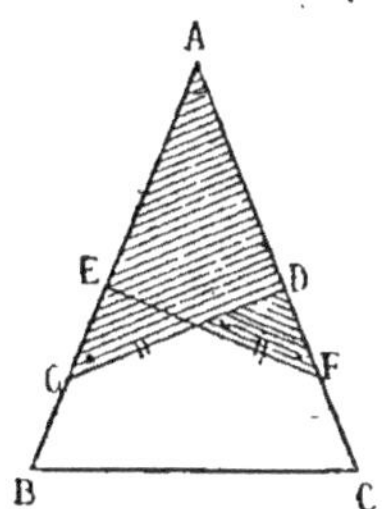

Soit E un point pris en dehors de la bissectrice de l'angle A; les distances de ce point aux deux côtés sont EF et EDC. Menons DB perpendiculaire au côté AF, puis EB. Le point D étant sur la bissectrice, on a

$$DB = DC.$$

La perpendiculaire EF et l'oblique EB donnent

$$EF < EB < ED + DB \quad \text{ou} \quad EF < EC \qquad C.\ Q.\ F.\ D.$$

Exercice 23

Théorème 23. *Si deux angles ont les côtés parallèles, leurs bissectrices sont parallèles ou perpendiculaires.*

Si les angles considérés, ABC et DEF, sont de même nature (aigus ou obtus), ces angles sont égaux, et leurs moitiés sont aussi *égales*.

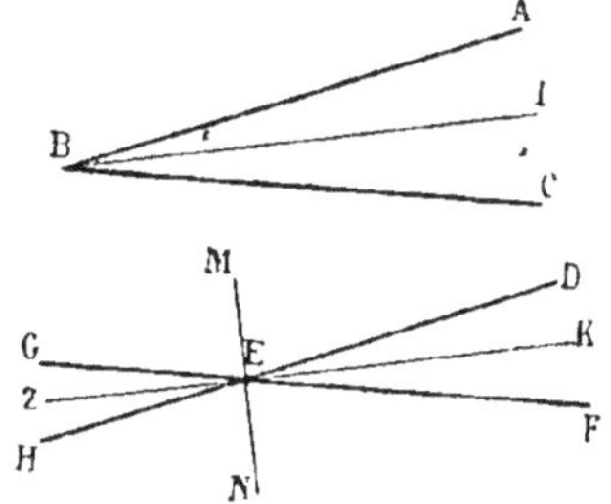

Or BA étant parallèle à ED, si l'on menait, par le point B, une parallèle à EK, on obtiendrait, au-dessous de BA, un angle égal à DEK; donc la parallèle en question se confondrait avec BI.

Si l'on considère l'angle aigu ABC et l'angle obtus DEG, ces deux angles sont supplémentaires; et la bissectrice MN, perpendiculaire à EK (Exercice 1), l'est aussi à la parallèle BI (Géométrie, nº 68).   *C. Q. F. D.*

Exercice 24

Théorème 24. *Si deux angles ont les côtés respectivement perpendiculaires, leurs bissectrices sont perpendiculaires ou parallèles.*

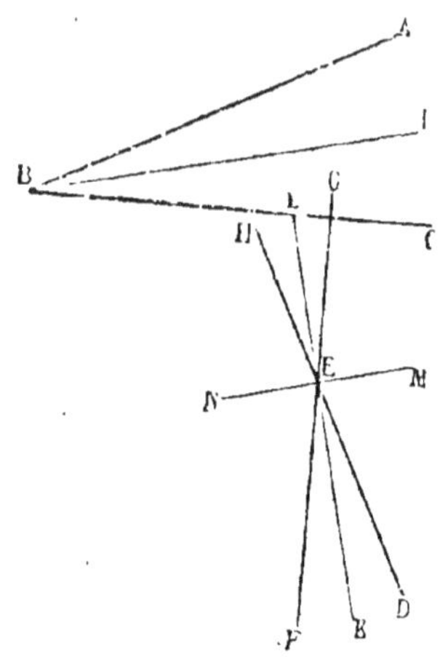

Si les angles considérés, ABC et DEF, sont de même nature, ces angles sont égaux, et leurs moitiés sont aussi égales.

Or BA étant perpendiculaire à ED, si l'on menait, par le point B, une perpendiculaire à EK, on obtiendrait, au-dessous de BA, un angle égal à DEK ; donc la perpendiculaire en question se confondrait avec BI.

Si l'on considère l'angle aigu ABC et l'angle obtus DEG, ces deux angles sont supplémentaires ; et les bissectrices MN et BI, perpendiculaires à LK, sont parallèles entre elles (Géom., n° 64).

Exercice 25

Théorème 25. *Dans un triangle isocèle, la somme des distances d'un point quelconque de la base aux deux côtés égaux est constante.*

Soit ABC un triangle isocèle, et M un point quelconque de la base

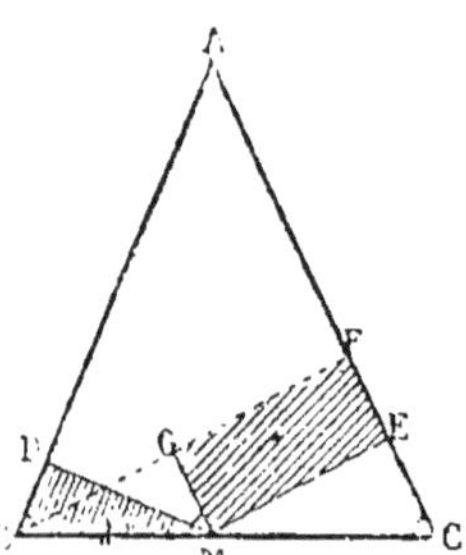

BC. Les distances de ce point aux deux côtés égaux sont MD et ME. Menons BF perpendiculaire à AC, et MG parallèle à AC.

La figure EFGM est un rectangle; ainsi ME = GF.

Les triangles rectangles BMD et BMG sont égaux, comme ayant même hypoténuse BM, et un angle aigu égal ; donc MD = BG.

Ainsi MD + ME = BF, qui est l'une des deux hauteurs égales du triangle considéré. Donc, *dans un triangle isocèle...*

Corollaire. *Dans un triangle équilatéral, la somme des distances d'un point quelconque du périmètre aux deux côtés opposés est égale à la hauteur du triangle.*

Exercice 26

Théorème 26. *Pour un point quelconque pris sur le prolongement de la base d'un triangle isocèle, la différence des distances aux deux autres côtés est constante.*

Soit ABC un triangle isocèle, et M un point quelconque pris sur le prolongement de la base BC. Les distances de ce point aux deux côtés égaux sont MD et ME. Menons BF perpendiculaire à AC, et BH parallèle à AC.

La figure EFBH est un rectangle; ainsi HE = BF.

Les triangles rectangles BMD et BMH sont égaux, comme ayant même hypoténuse BM, et un angle aigu égal; donc MD = MH.

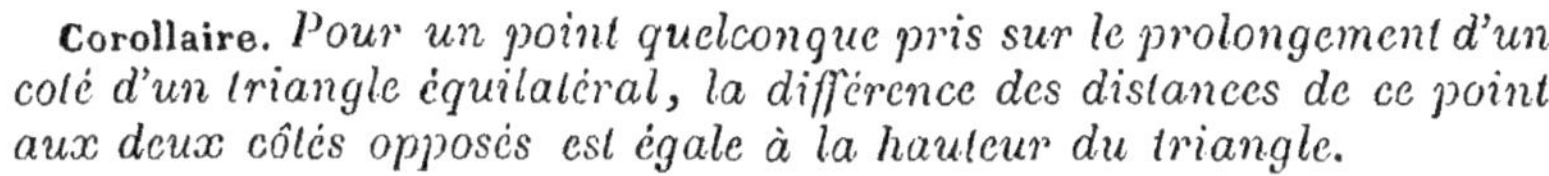

Ainsi ME — MD = ME — MH = HE = BF, qui est l'une des hauteurs égales du triangle considéré. Donc, *pour un point quelconque...*

Corollaire. *Pour un point quelconque pris sur le prolongement d'un côté d'un triangle équilatéral, la différence des distances de ce point aux deux côtés opposés est égale à la hauteur du triangle.*

Scolie. Dans cette seconde figure, le point M est en dehors de l'angle A, et la distance MD occupe une position inverse de celle que présente MD dans la première figure (Exercice 25). Si l'on convient que, dans cette position inverse, la distance MD sera considérée comme négative, l'énoncé primitif (Ex. 25) s'appliquera aux deux cas.

Exercice 27

Théorème 27. *Pour un point quelconque pris à l'intérieur d'un triangle équilatéral, la somme des distances aux trois côtés est égale à la hauteur du triangle.*

Soit O un point quelconque pris à l'intérieur du triangle équilatéral ABC. Les distances de ce point aux trois côtés sont OD, OE et OF.

Menons HOK parallèle à BC. Les angles aigus H et K sont respectivement égaux à B et C; et ainsi le triangle AHK est équilatéral (Géom., n° 54). Donc on a (Exercice 25, Coroll.)

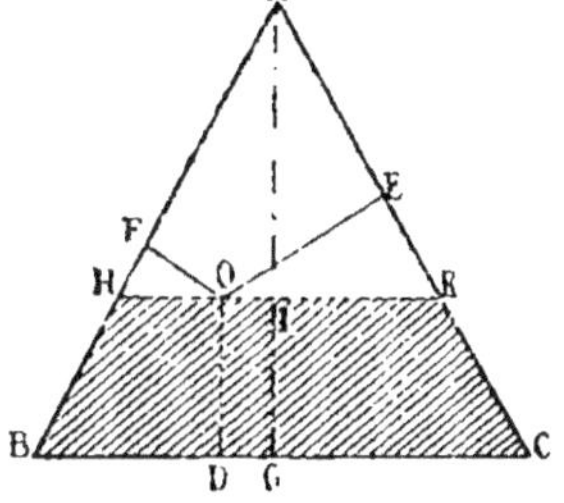

$$OE + OF = AI$$

En ajoutant $$OD = IG$$

il vient $$OD + OE + OF = AG$$

C. Q. F. D.

Scolie I. Si le point mobile O se trouve sur l'un des côtés, l'une des trois distances est nulle; s'il est à l'un des sommets, deux des distances sont nulles. Le théorème est toujours vrai.

Scolie II. Le théorème qui vient d'être démontré pour les points

intérieurs du triangle équilatéral peut être étendu aux points extérieurs, moyennant une convention sur le signe algébrique des distances.

Les trois côtés peuvent être considérés comme trois droites indéfinies; pour chacune de ces droites, on peut considérer une face *interne*
ou *intérieure*, du côté du triangle, et une face *externe* ou *extérieure*,
à l'opposé du triangle. La distance sera considérée comme *positive*
quand elle tombera à l'*intérieur* du côté, et comme *négative* quand
elle tombera à l'*extérieur*.

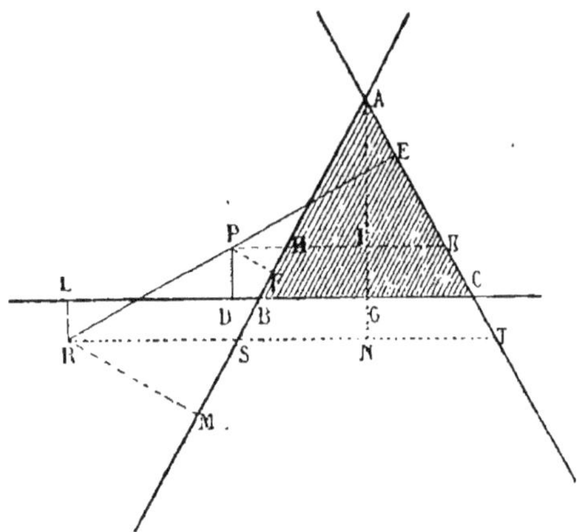

Par exemple, pour le point P, les distances sont PD, PE et —PF;
or le point P étant sur le prolongement d'un côté du triangle équilatéral AHK, on a (Exerc. 26, Coroll.) $PE - PF = AI$

Si l'on ajoute $PD = IG$

il vient $PD + PE - PF = AG$

Pour le point R, les distances sont RE, —RM et —RL. Or le point R
étant sur le prolongement d'un côté du triangle équilatéral AST,
on a $RE - RM = AN$

Si l'on retranche $RL = NG$

il vient $RE - RM - RL = AG$

Exercice 28

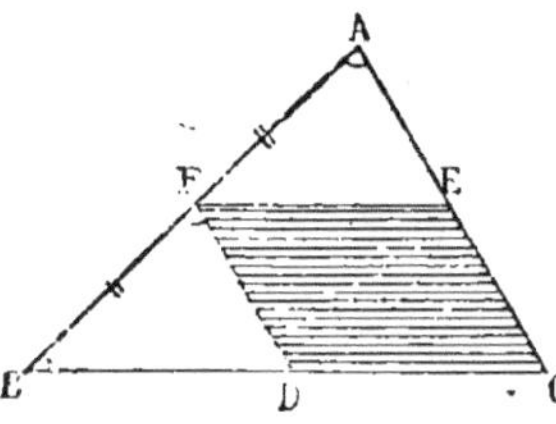

Théorème 28. *La droite qui joint les
milieux des deux côtés d'un triangle est
parallèle au troisième côté, et égale à
sa moitié.*

Soit ABC un triangle quelconque.
Par le point F, milieu du côté AB,
menons FE parallèle à BC, et FD parallèle à AC.

La figure FDCE est un parallélogramme; ainsi FE $=$ DC, et FD $=$ EC.

Les triangles AFE et FBD sont égaux, comme ayant un côté égal adjacent à des angles respectivement égaux ;
donc   AE $=$ FD $=$ EC,   BD $=$ FE $=$ DC.

Ainsi la droite FE joint les milieux des côtés AB et AC; et cette droite est parallèle au troisième côté BC, et égale à sa moitié.

$$C.\ Q.\ F.\ D.$$

(Cette droite, dont la propriété est souvent invoquée, pourrait être appelée *bi-médiane*.)

Corollaire. *La droite menée par le milieu d'un côté d'un triangle parallèlement à un second côté passe au milieu du troisième côté.*

Exercice 29

Théorème 29. *Les droites menées par les sommets d'un triangle, parallèlement aux côtés opposés, forment un nouveau triangle qui a les sommets primitifs pour milieux de ses côtés.*

Soit ABC le triangle proposé, et DEF le nouveau triangle obtenu.

A cause des trois parallélogrammes ABCE, ACBF et ACDB on a

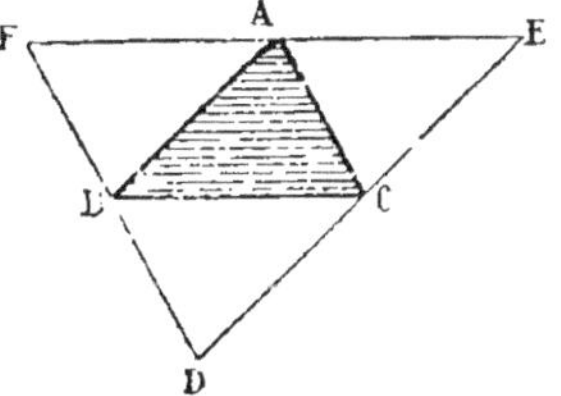

$$AE = BC = AF$$
$$FB = AC = BD$$
$$CD = AB = CE$$

Donc les points A, B, C, sont les milieux des nouveaux côtés.

$$C.\ Q.\ F.\ D.$$

Scolie. Le nouveau triangle DEF se compose de quatre triangles égaux au triangle primitif.

Exercice 30

Théorème 30. *En joignant par des droites les milieux des côtés d'un triangle, on partage ce triangle en quatre triangles égaux.*

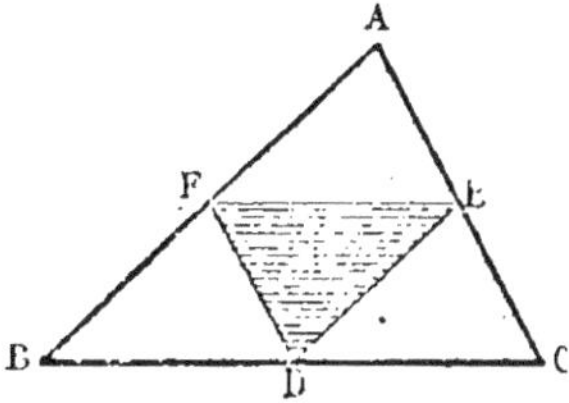

Soient D, E, F, les milieux des côtés du triangle ABC. Chacune des droites DE, EF, FD, est la moitié du côté qui lui est parallèle (Exerc. 28). Donc les quatre triangles formés dans la figure sont égaux comme ayant les côtés respectivement égaux .. $C.\ Q.\ F.\ D.$

Exercice 31

Théorème 31. *Les trois perpendiculaires élevées sur les milieux des côtés d'un triangle se rencontrent en un même point, et ce point est équidistant des trois sommets.*

Soit ABC un triangle quelconque, et soit O le point de rencontre des perpendiculaires élevées sur les milieux des côtés AB et AC.

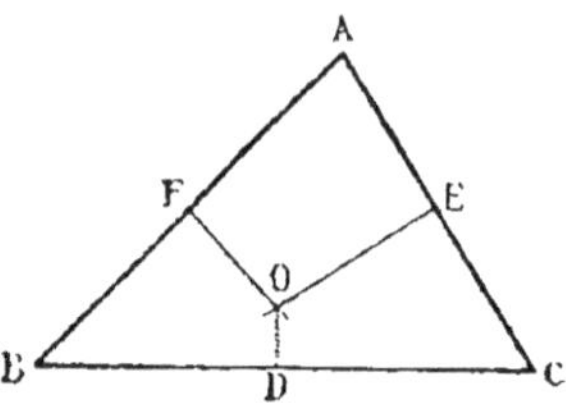

Le point O appartenant à la première perpendiculaire, les distances OA et OB sont égales (Géom., n° 39). Ce même point O appartenant à la deuxième perpendiculaire, les distances OA et OC sont égales. Ainsi le point O est équidistant des trois sommets A, B, C.

Et puisque ce point est équidistant de B et de C, il appartient à la perpendiculaire élevée sur le milieu de BC (Géom., n° 39, récipr.). — Donc *les trois perpendiculaires...*

Scolie. Ces trois lignes remarquables pourraient être nommées les *directrices* du triangle. Le point de concours des directrices est le seul point qui soit équidistant des trois sommets.

Exercice 32

Théorème 32. *Les trois bissectrices d'un triangle se rencontrent en un même point, et ce point est équidistant des trois côtés.*

Soit ABC un triangle quelconque, et soit O le point de rencontre des bissectrices des angles B et C.

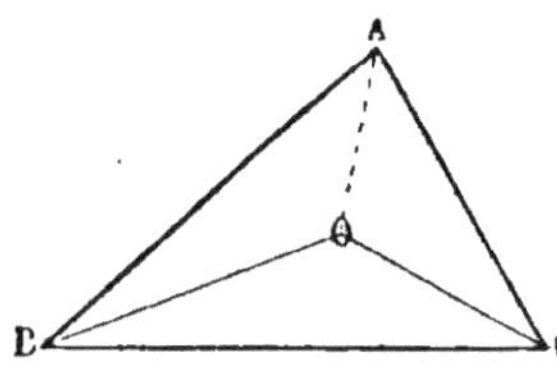

Le point O, appartenant à la première bissectrice, est équidistant des côtés BA et BC (Géom., n° 59); ce même point, appartenant à la deuxième bissectrice, est équidistant des côtés BC et CA. Ainsi le point O est équidistant des trois côtés du triangle.

Et puisque ce point est équidistant des côtés AB et AC, il appartient à la bissectrice de l'angle A (Géom., n° 60). — Donc *les trois bissectrices...*

Scolie. Outre le point de concours des bissectrices intérieures, il y

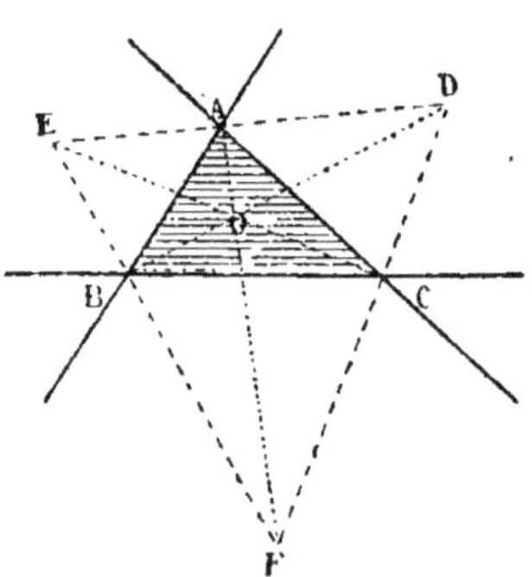

a trois autres points équidistants des trois côtés : ce sont les points de concours des bissectrices des angles extérieurs, savoir : D, E, F.

Les bissectrices des angles extérieurs forment trois lignes droites perpendiculaires aux bissectrices des angles intérieurs (Exerc. 3 et 4).

Exercice 33

Théorème 33. *Les trois médianes d'un triangle se rencontrent en un même point, et ce point est situé aux 2/3 de chaque médiane en partant des sommets.*

Soit ABC un triangle quelconque, et soit O le point de rencontre des deux médianes BE et CF.

Menons FE; cette ligne est parallèle à BC, et égale à sa moitié. Dans le triangle BOC, menons GH par les milieux des côtés OB et OC; cette ligne GH est parallèle à BC, et égale à sa moitié.

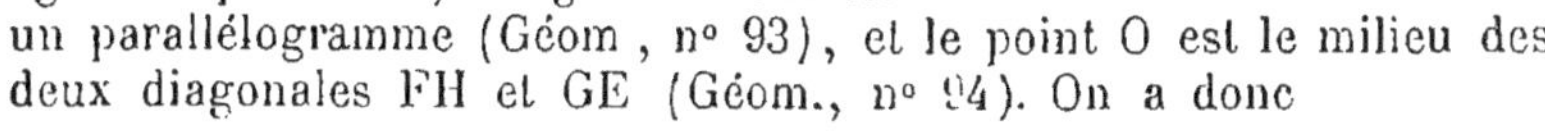

Ainsi les deux droites EF et GH sont égales et parallèles, la figure EFGH est un parallélogramme (Géom., n° 93), et le point O est le milieu des deux diagonales FH et GE (Géom., n° 94). On a donc

$$OE = OG = GB, \quad \text{et} \quad OF = OH = HC.$$

Et puisque deux médianes quelconques BE et CF se coupent aux $2/3$ de leur longueur, c'est au même point O que doit passer la troisième médiane. Donc *les trois médianes...*

Exercice 34

Théorème 34. *Les trois hauteurs d'un triangle se rencontrent en un même point.*

Soit ABC un triangle quelconque. Par les sommets A, B, C, menons des parallèles aux côtés opposés.

Dans le triangle GHI, les milieux des côtés sont les points A, B, C (Exerc. 29); et les hauteurs du triangle ABC ne sont autre chose que les perpendiculaires élevées sur les milieux des côtés du triangle GHI (Exerc. 31). Donc *les trois hauteurs...*

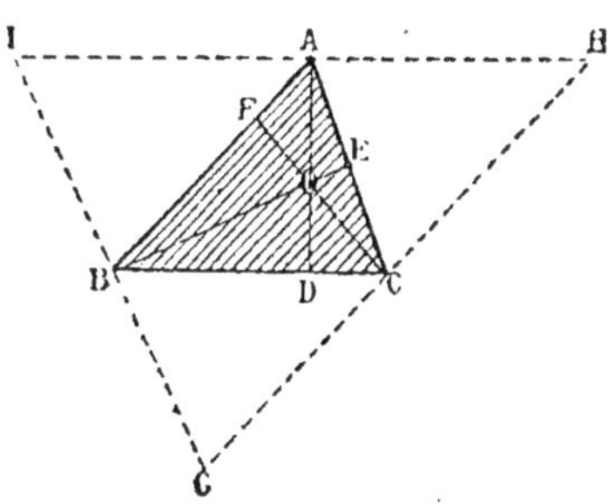

Exercice 35

Théorème 35. *Les milieux des côtés d'un quadrilatère quelconque sont les sommets d'un parallélogramme.*

Soit ABCD un quadrilatère quelconque, et EFGH la figure obtenue en joignant les milieux des côtés.

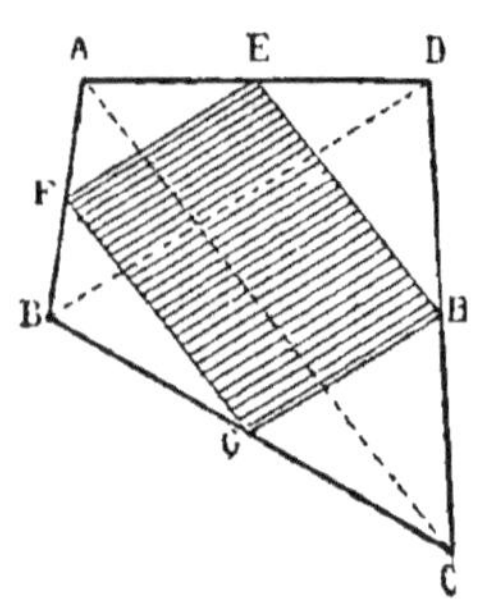

Si l'on mène la diagonale BD, le quadrilatère donné se trouve divisé en deux triangles, BDA et BDC. La droite EF joint les milieux des côtés AB et AD, et GH les milieux des côtés CB et CD; ainsi chacune de ces droites est parallèle à BD et égale à sa moitié. (Exerc. 28). Donc ces deux lignes sont égales et parallèles, et la figure EFGH est un parallélogramme.   *C. Q. F. D.*

Scolie. Les côtés du parallélogramme EFGH sont parallèles aux diagonales AC et BD, et en sont les moitiés. Donc EFGH est un *losange* si les diagonales AC et BD sont égales; c'est un *rectangle* si les diagonales se coupent à angle droit; c'est un *carré* si les deux conditions sont réunies.

Exercice 36

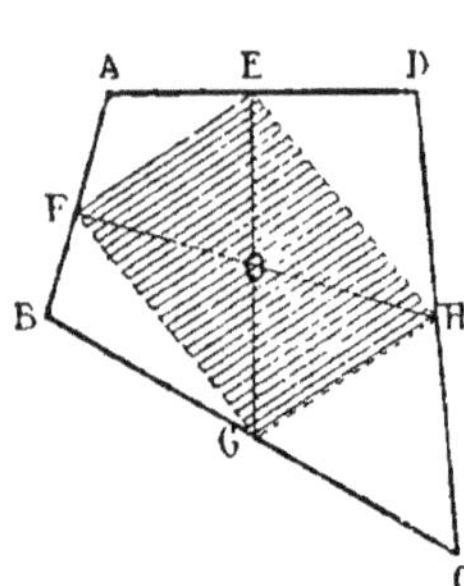

Théorème 36. *Dans un quadrilatère quelconque, les droites qui joignent les milieux des côtés opposés se coupent en leurs milieux.*

Soit le quadrilatère ABCD. Les points E, F, G, H, milieux des côtés, sont les sommets d'un parallélogramme (Exerc. 35), et les droites EG et FH ne sont autre chose que les diagonales de ce parallélogramme; donc ces droites se coupent en leurs milieux (Géom., n° 94).

C. Q. F. D.

Exercice 37

Théorème 37. *Les bissectrices intérieures d'un parallélogramme se rencontrent de manière à former entre elles un rectangle.*

Soit le parallélogramme ABCD, et soit EFGH le quadrilatère formé par les bissectrices intérieures.

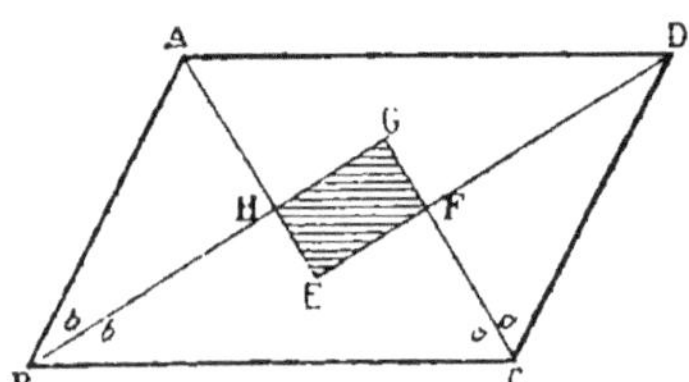

A cause des parallèles AB et CD, et de la sécante BC,

on a $2b + 2c = 2$ droits

d'où $b + c = 1$ droit.

Donc le triangle BCG est rectangle en G (Géom., n° 84).

Ainsi les bissectrices de deux angles consécutifs sont perpendiculaires l'une à l'autre. Donc la figure EFGH est un rectangle.

C. Q. F. D.

Exercice 38

Théorème 38. *Les bissectrices intérieures d'un quadrilatère quelconque se rencontrent de manière à former un nouveau quadrilatère dont les angles opposés sont supplémentaires.*

Soit ABCD un quadrilatère quelconque, et EFGH le quadrilatère formé par les bissectrices intérieures.

Les quatre angles du quadrilatère ABCD égalent ensemble 4 droits (Géom., n° 88); on a donc

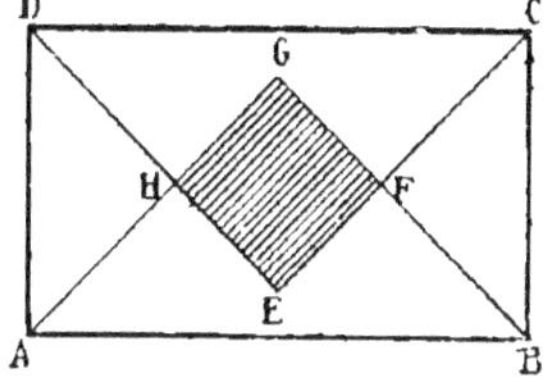

$$2a + 2b + 2c + 2d = 4 \text{ droits,}$$

d'où $\qquad a + b + c + d = 2 \text{ droits.}$

Pour les deux triangles ADE et BCG, la somme totale des six angles est de 4 droits

$$a + b + c + d + E + G = 4 \text{ droits.}$$

Si, de cette égalité, on retranche la précédente, il vient

$$E + G = 2 \text{ droits.}$$

Ainsi les deux angles E et G sont supplémentaires; et il en résulte que F et H le sont aussi (Géom., n° 88). — Donc *les bissectrices intérieures...*

Exercice 39

Théorème 39. *Les bissectrices intérieures d'un rectangle se rencontrent en formant un carré.*

Soit le rectangle ABCD. Les quatre angles étant droits, leurs moitiés sont égales; et ainsi sont isocèles les quatre triangles AGB, CED, BFC et AHD; et les angles E, F, G, H, sont droits (Géom., n° 84).

Les deux premiers triangles sont égaux, ainsi que les deux derniers (Géom., n° 47, 1°). Donc les quatre droites GA, GB, EC, ED, sont égales, aussi bien que HA, HD, FB, FC. Il suit de là que la figure EFGH a ses quatre côtés égaux; et comme ses angles sont droits, cette figure est un carré. *C. Q. F. D.*

Exercice 40

Théorème 40. *La médiane qui tombe sur l'hypoténuse d'un triangle rectangle est moitié de cette hypoténuse.*

Soit ABC un triangle rectangle, et AD la médiane qui tombe sur l'hypoténuse.

Menons DF par les milieux des côtés CB et CA; cette droite est parallèle à AB (Exerc. 28), et par suite perpendiculaire sur AC, au mi-

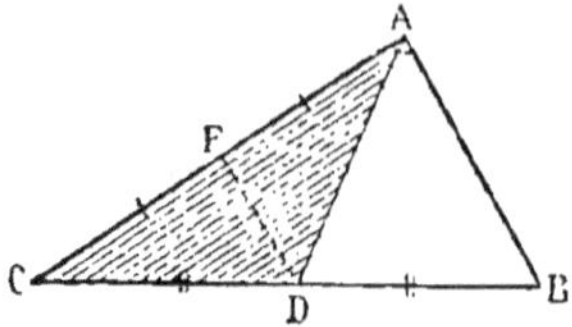

lieu de cette dernière ligne. On a donc DA = DC = DB. Donc *la médiane...*

Exercice 41

Théorème 41. *Si une médiane d'un triangle est moitié du côté sur lequel elle tombe, le triangle est rectangle.*

Soit ABC un triangle dans lequel la médiane AD est moitié du côté BC.

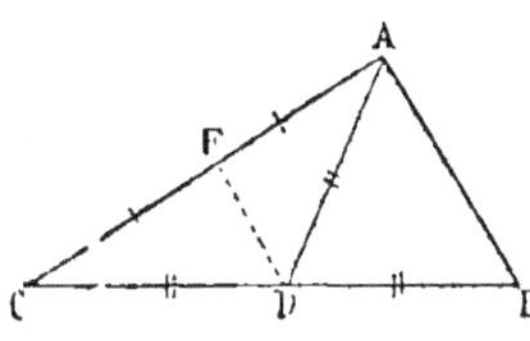

Menons DF par les milieux des côtés CB et CA ; cette droite est parallèle à AB.

Chacun des points D et F étant équidistant des points A et C, la droite DF est perpendiculaire sur AC, et il en est de même de la parallèle AD. Ainsi le triangle est rectangle en A. Donc *si une médiane...*

Exercice 42

Théorème 42. *Si un côté de l'angle droit d'un triangle rectangle est moitié de l'hypoténuse, l'angle opposé à ce côté égale* $1/3$ *de droit, et réciproquement.*

Soit ABC un triangle rectangle, et soit AB = $1/2$ BC. La médiane AD qui tombe sur l'hypoténuse est moitié de cette hypoténuse (Exerc. 40) ; ainsi le triangle ABD est équilatéral, l'angle B = $2/3$ droit (Géom., n° 85, 6°), et l'autre angle C du triangle rectangle égale $1/3$ droit.   . *C. Q. F. D.*

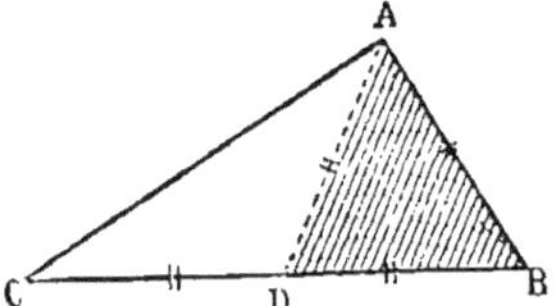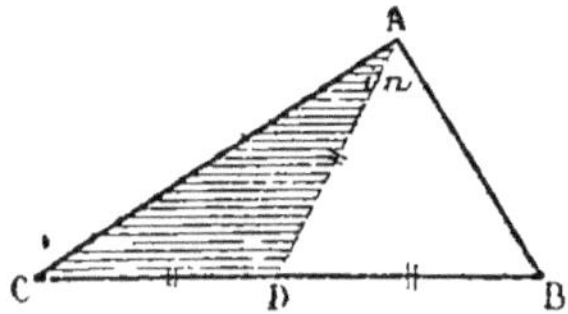

Réciproquement : *Si l'un des angles aigus d'un triangle rectangle égale* $1/3$ *de droit, le côté opposé à cet angle est moitié de l'hypoténuse.*

Soit le triangle rectangle ABC, et soit B un angle égal à $1/3$ de droit.

La médiane AD qui tombe sur l'hypoténuse étant moitié de cette hypoténuse, les triangles ADC et ADB sont isocèles ; donc l'angle

$i = 1/3$ droit, son complément $n = 2/3$ droit, B égale aussi $2/3$ droit, et il en est de même du troisième angle D, du triangle ABD (Géom, n° 84).

Donc ce triangle ABD est équilatéral, et $AB = BD = 1/2$ BC.

C. Q. F. D.

Exercice 43

Théorème 43. *Toute droite menée dans un parallélogramme par le point de rencontre des diagonales, a ce point pour milieu (et c'est pourquoi ce point est nommé centre du parallélogramme).*

Soit le parallélogramme ABCD, et soit EF une droite quelconque menée par le point de rencontre des deux diagonales.

Les deux triangles OAE et OCF sont égaux, comme ayant un côté égal adjacent à des angles respectivement égaux; donc $OE = OF$.

C. Q. F. D.

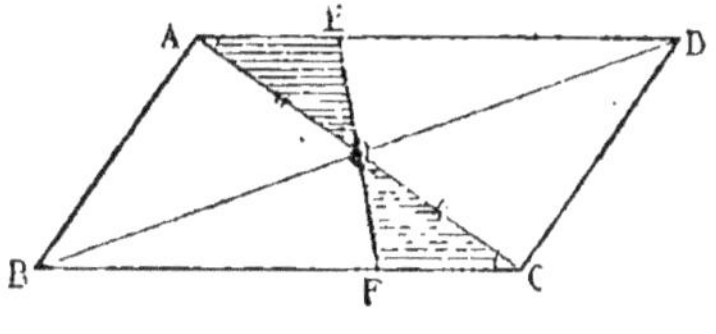

Exercice 44

Théorème 44. *Deux parallélogrammes sont égaux :*

1° *Lorsqu'ils ont un angle égal compris entre des côtés respectivement égaux;*

2° *Lorsqu'ils ont deux côtés adjacents respectivement égaux, et une diagonale égale et de même position;*

3° *Lorsque leurs diagonales sont égales, et se coupent sous un même angle.*

1° Soient les parallélogrammes P et P′, ayant un angle égal (B, B′) compris entre des côtés respectivement égaux.

Les diagonales AC et A′C′ divisent chacun de ces parallélogrammes en deux triangles égaux, comme équilatéraux entre eux. Or les triangles ABC et A′B′C′ sont égaux par suite de l'hypothèse; donc les parallélogrammes P et P′ sont aussi égaux.

C. Q. F. D.

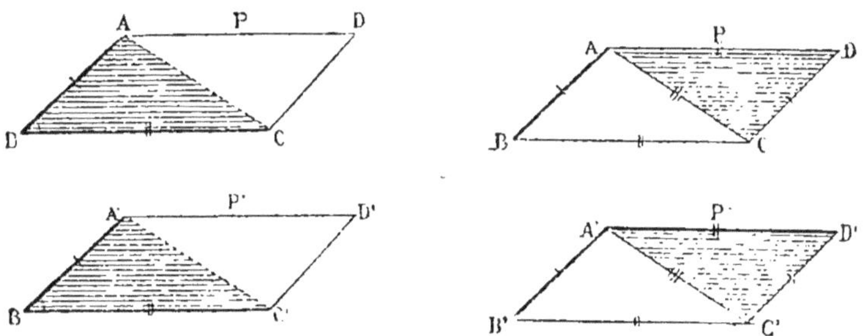

2° Soient les parallélogrammes P et P′, ayant deux côtés adjacents respectivement égaux ($AB = A'B'$, $AD = A'D'$), et la diagonale AC égale à A′C′.

Donner deux côtés adjacents respectivement égaux, c'est donner les quatre côtés respectivement égaux; donc les triangles ACD et A'C'D' sont égaux comme équilatéraux entre eux, et les parallélogrammes P et P', doubles de ces triangles, sont aussi égaux. *C. Q. F. D.*

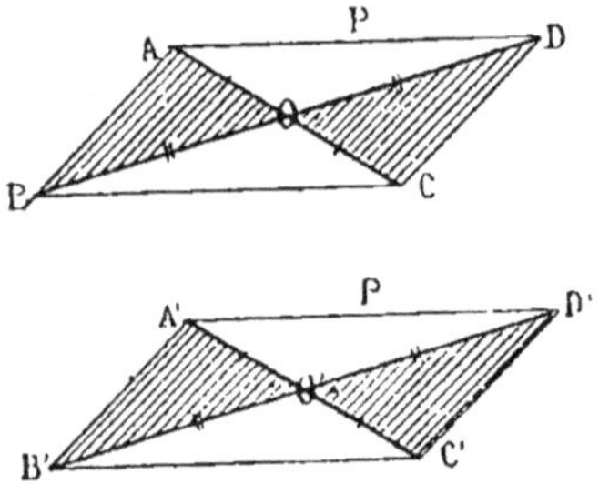

3° Soient les deux parallélogrammes P et P', dont les diagonales sont respectivement égales, et se coupent sous un même angle.

Dans chaque parallélogramme, les diagonales se coupent en leurs milieux; donc les quatre triangles AOB, A'O'B', COD, C'O'D', sont égaux comme ayant un angle égal compris entre des côtés respectivement égaux; et il en est de même des quatre autres triangles. Ainsi les deux parallélogrammes sont égaux. *C. Q. F. D.*

Donc *deux parallélogrammes sont égaux...*

Exercice 45

Théorème 45. *Dans un trapèze, la droite qui joint les milieux des côtés non parallèles est parallèle aux bases, et égale à leur demi-somme; et la partie de cette droite comprise entre les deux diagonales est égale à la demi-différence des bases.*

Soit le trapèze ABCD, ayant pour diagonales AC et BD.

1° Dans le triangle BAC, menons la droite EH par les milieux des côtés AB et AC; cette droite est parallèle à BC, et égale à sa moitié. Son prolongement HF est parallèle à AD et égal à la moitié de cette base. Donc

$$EF = \tfrac{1}{2}\,BC + \tfrac{1}{2}\,AD = \tfrac{1}{2}\,(BC + AD).$$

2° Dans le triangle BDC, la droite GF joint les milieux des côtés DB et DC, et l'on a $GF = \tfrac{1}{2}\,BC$

Si l'on retranche $HF = \tfrac{1}{2}\,AD$

il vient $GH = \tfrac{1}{2}\,BC - \tfrac{1}{2}\,AD = \tfrac{1}{2}\,(BC - AD).$ Donc...

Corollaire. *La droite menée parallèlement aux bases d'un trapèze par le milieu de l'un des côtés non parallèles passe au milieu de l'autre côté.*

Exercice 46

Théorème 46. *Dans un quadrilatère convexe, la somme des diagonales est comprise entre le périmètre et le demi-périmètre.*

Soient AC et BD les diagonales du quadrilatère convexe ABCD.

1° Appelons $2p$ le périmètre $a+b+c+d$.

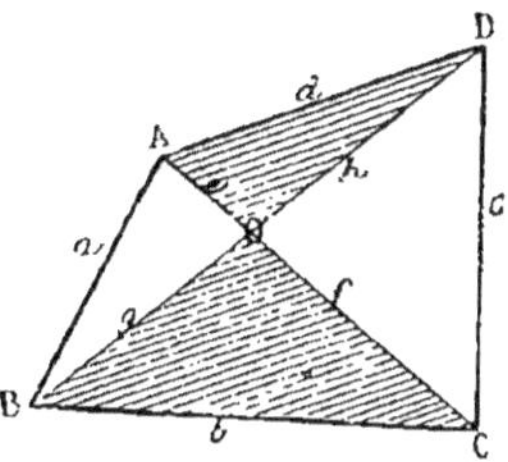

On a $e+f<a+b$, $e+f<c+d$,   d'où $2e+2f<2p$,   et $e+f<p$

On trouverait de même $g+h<p$

En additionnant, il vient $(e+f)+(g+h)<2p$.

2° On a $e+g>a$, $g+f>b$, $f+h>c$, $h+e>d$

d'où $2e+2f+2g+2h>2p$,   et $(e+f)+(g+h)>p$.

Donc *la somme des diagonales d'un...*

Exercice 47

Théorème 47. *Deux quadrilatères sont égaux :*

1° *Lorsqu'ils ont trois côtés et les deux angles compris respective-ment égaux;*

2° *Lorsqu'ils ont deux côtés consécutifs et les trois angles adjacents respectivement égaux;*

3° *Lorsqu'ils ont un angle égal et les quatre côtés respectivement égaux, et placés dans le même ordre.*

1° Soient P et P' deux quadrilatères dans lesquels on ait :

$$AB=A'B', \quad BC=B'C', \quad CD=C'D', \quad B=B', \quad C=C'.$$

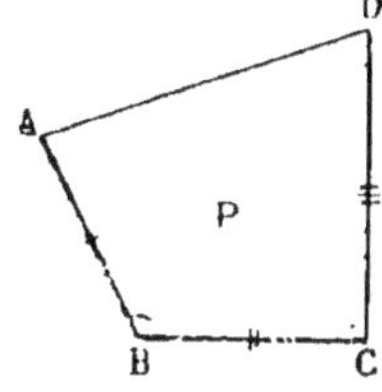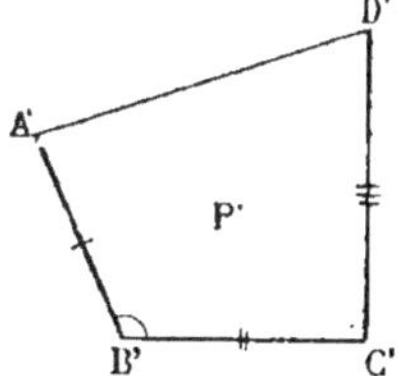

Si l'on transporte la première figure sur la seconde, le côté AB coïncide avec A'B', l'angle B avec B', le coté BC avec B'C', l'angle C avec C', et le coté CD avec C'D'. Donc le quatrième côté AD coïncide aussi avec A'D', et les deux quadrilatères sont égaux.

2° Soient P et P' deux quadrilatères dans lesquels on ait :

$$A=A', \quad B=B', \quad C=C', \quad AB=A'B', \quad BC=B'C'.$$

Si l'on transporte la première figure sur la seconde, l'angle A coïncide avec A′, le côté AB avec A′B′, l'angle B avec B′, le côté BC

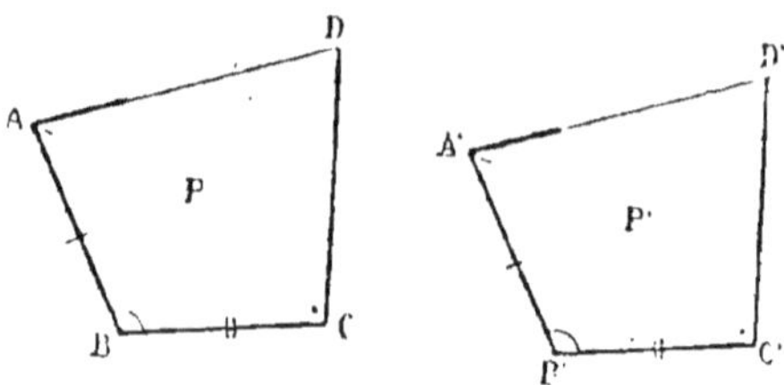

avec B′C′, et l'angle C avec C′. Donc le quatrième sommet D coïncide aussi avec D′, et les deux quadrilatères sont égaux.

3° Soient P et P′ deux quadrilatères ayant l'angle B égal à B′, et les côtés respectivement égaux et disposés dans le même ordre.

Menons les diagonales AC et A′C′. Les triangles ABC et A′B′C′ sont

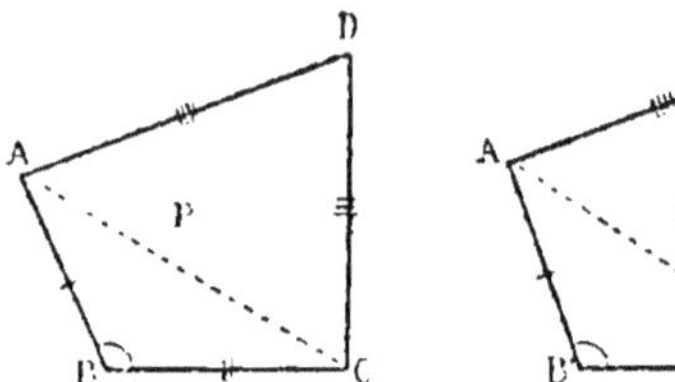

égaux comme ayant un angle égal compris entre des côtés respectivement égaux ; donc AC = A′C′. Et alors les triangles ACD et A′C′D′ sont égaux comme équilatéraux entre eux. Ainsi les quadrilatères P et P′ sont égaux.

Donc *deux quadrilatères sont égaux...*

Exercice 48

Théorème 48. *Dans un triangle rectangle, la médiane et la hauteur qui partent du sommet de l'angle droit font entre elles un angle égal à la différence des angles aigus.*

Soit ABC un triangle rectangle, AD la hauteur et AE la médiane qui partent du sommet de l'angle droit.

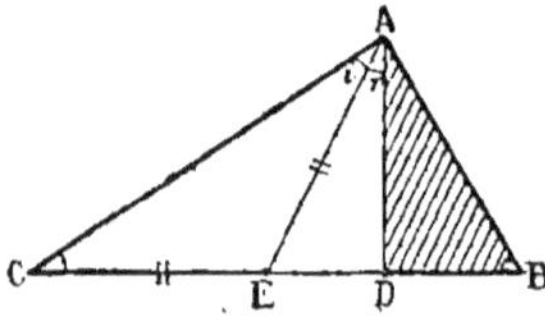

La médiane AE est moitié de l'hypoténuse (Exerc. 40) ; donc le triangle ACE est isocèle, et l'angle $C = i$. A cause des triangles rectangles ABC et ADC, les angles B et CAD sont égaux comme compléments du même angle C (Géom., n° 85, 5°). Donc l'angle *m*. qui egale CAD — *i*, égale aussi B — C.

C. Q. F. D.

Exercice 49

Théorème 49. *A un plus grand côté d'un triangle correspond une plus petite médiane.*

Soit le triangle ABC, et soit le côté AB>AC. Pour prouver que la médiane CF est moindre que BE, menons la troisième médiane AOD. Nous savons que les trois médianes se rencontrent en un même point, aux $2/3$ de leur longueur (Exerc. 33).

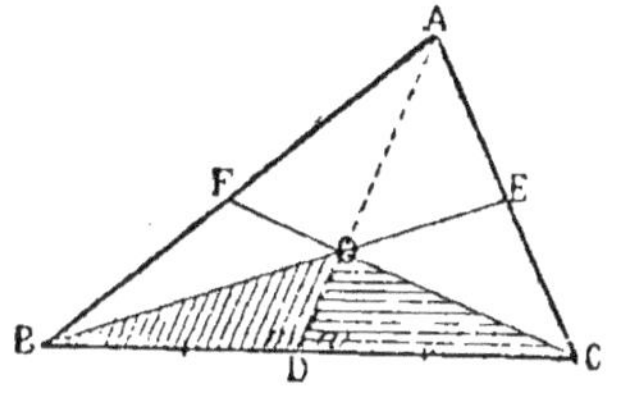

Les triangles ADB et ADC ont deux côtés respectivement égaux, et le troisième côté AB>AC; il en résulte l'angle $m>n$ (Géom., n° 51).

Et alors les triangles ODB et ODC ont deux côtés respectivement égaux, et l'angle compris $m>n$; on a donc le côté OB>OC, et par suite la médiane entière BE>CF.   *C. Q. F. D.*

Corollaire. *Un triangle qui a deux médianes égales est isocèle.* Car si les côtés correspondants à ces médianes étaient inégaux, les médianes le seraient aussi.

Exercice 50

Théorème 50. *La somme des trois médianes d'un triangle est plus grande que les $3/4$ du périmètre.*

Soient a, b, c, les trois côtés, m, n, p, les trois médianes du triangle ABC.

Puisque les médianes se coupent aux $2/3$ de leur longueur (Exerc. 33), les triangles AOB, BOC, COA, donnent :

$$2/3\,m + 2/3\,n > c$$
$$2/3\,n + 2/3\,p > a$$
$$2/3\,p + 2/3\,m > b$$

D'où $4/3(m+n+p) > a+b+c$

Et, en multipliant par 3 et divisant par 4 :

$$m+n+p > 3/4(a+b+c)$$ *C. Q. F. D.*

Exercice 51

Théorème 51. *Dans un quadrilatère quelconque, les droites qui joignent les milieux des côtés opposés se rencontrent au milieu de la droite qui joint les milieux des diagonales.*

Soit ABCD un quadrilatère quelconque, EG et FH les droites qui joignent les milieux des côtés opposés, AC et BD les diagonales, et IK la droite qui joint les milieux des diagonales.

1*

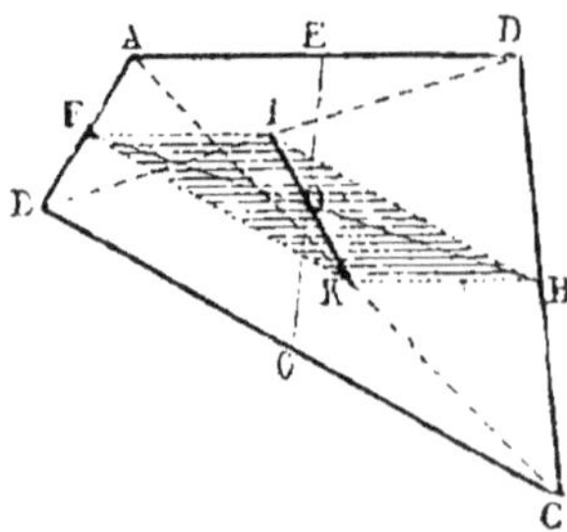

Traçons le quadrilatère IFKH.

Dans le triangle ABD, la droite IF est parallèle à AD, et en est la moitié; dans le triangle ACD, la droite KH est parallèle à AD, et en est la moitié; ainsi les droites IF et KH sont parallèles et égales, la figure IFKH est un parallélogramme (Géom., n° 93), et les diagonales FH et IK se coupent en leurs milieux (Géom., n° 94); mais FH et EG se coupent aussi en leurs milieux (Exerc. 36); donc le point O est le milieu des trois droites EG, FH et IK. *C. Q. F. D.*

Exercice 52

Théorème 52. *Si, par le point de concours des bissectrices d'un triangle, on mène une parallèle à l'un des côtés, cette ligne égale la somme des segments déterminés sur les deux autres côtés, et compris entre les parallèles.*

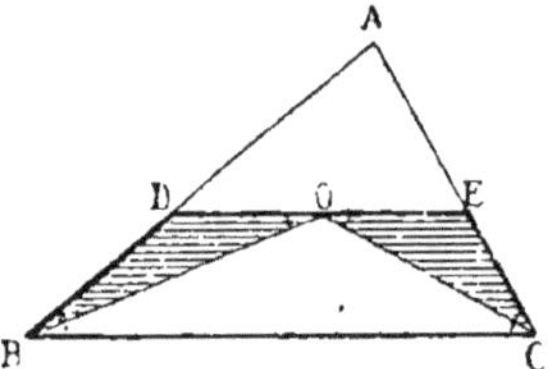

Soit O le point de concours des bissectrices du triangle ABC, et soit DOE une parallèle au côté BC.

Les angles DOB et OBC sont égaux comme alternes-internes; et comme les angles en B sont égaux, le triangle ODB est isocèle, et OD = DB. De même le triangle OEC est isocèle, et OE = EC. Ainsi DE = DB + EC. *C. Q. F. D.*

Scolie. La même propriété existe pour les points de concours des bissectrices des angles extérieurs: la droite FO'G égale la somme des segments AF et CG.

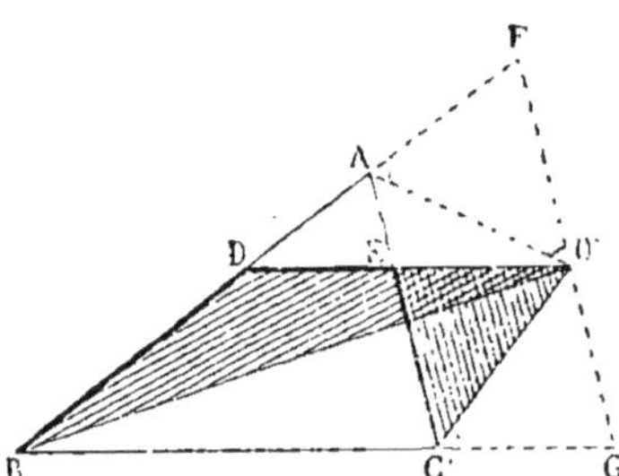

Si l'on mène O'D parallèlement à l'un des côtés de l'angle B, opposé au point O', on a encore DB = DO', EC = EO'; la propriété est encore vraie, pourvu que l'on considère O'D et O'E comme les deux éléments de la parallèle.

Et, dans ce cas, on voit que la partie intérieure DE égale la différence des segments DB et EC.

LIEUX GÉOMÉTRIQUES

Exercice 53

Lieu 1. *Lieu des points également distants de deux droites parallèles AB et CD.*

Pour chaque point M du lieu, il faut qu'on ait la distance MG égale à MH. Ainsi le point M se trouve au milieu d'une droite GH perpendiculaire aux deux parallèles AB et CD. Et le lieu demandé est la droite indéfinie EF menée par le point M parallèlement aux deux droites données.

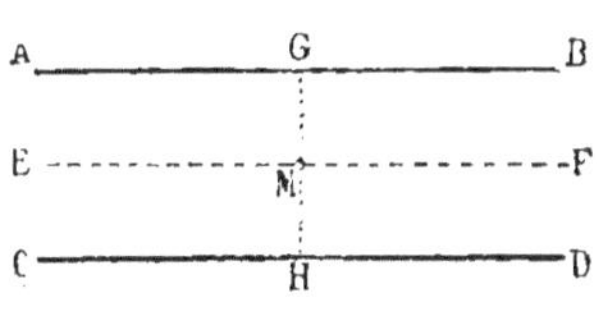

Exercice 54

Lieu 2. *Lieu des sommets des triangles qui ont même base BC et même hauteur* h.

Ce lieu n'est autre que le lieu des points situés à la distance h de la droite BC; c'est donc l'ensemble des deux droites indéfinies EF et GH menées de part et d'autre parallèlement à BC, à la distance h (Géom., n° 75, 2°).

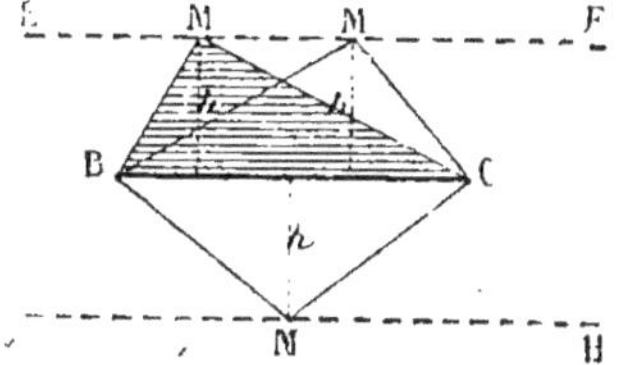

Exercice 55

Lieu 3. *Lieu des centres des parallélogrammes qui ont la même base BC et la même hauteur* h.

Soit ABCD un parallélogramme ayant BC pour base, et h ou GH pour hauteur. Les triangles OGA et OHC sont égaux; ainsi le centre O est au milieu de la hauteur GH. Le lieu demandé n'est donc autre que le lieu des points situés à la distance $1/2\,h$ de la droite BC, lequel lieu comprend les deux droites indéfinies EF et E'F' (Géométrie, n° 75, 2°).

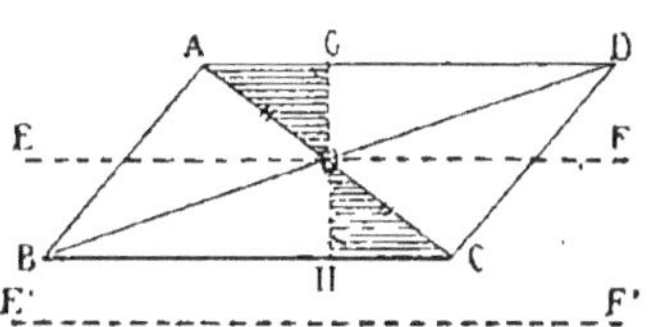

Exercice 56

Lieu 4. *Lieu des milieux des droites menées d'un point donné à une droite donnée.*

Soit A le point donné, et BC la droite donnée; menons AD per-

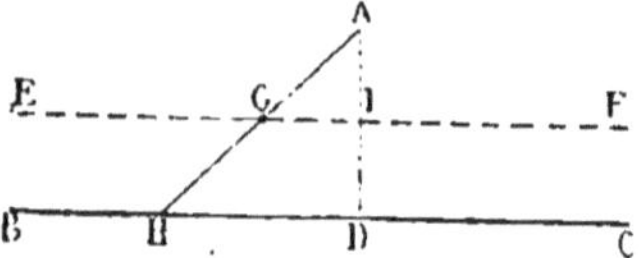

pendiculaire à BC. Le point I, milieu de AD, appartient au lieu demandé.

Menons une droite quelconque AH, et joignons son milieu G au point I; la droite GI est parallèle à BC. Ainsi le milieu de toute droite telle que AH se trouve sur la droite indéfinie EF menée par le point I parallèlement à BC.

Exercice 57

Lieu 5. *Lieu des points tels que la somme des distances de chacun d'eux à deux droites données AB et CD soit égale à une ligne donnée m.*

L'énoncé de cette question rappelle cette propriété du triangle isocèle : *La somme des distances d'un point quelconque de la base aux deux côtés égaux est constante, et est égale à l'une des deux hauteurs égales du triangle* (Exercice 25). Il s'agit donc d'établir, entre les droites données AB et CD, un triangle isocèle ayant *m* pour ses hauteurs égales.

A cette fin, en un point quelconque A de l'une des droites, menons

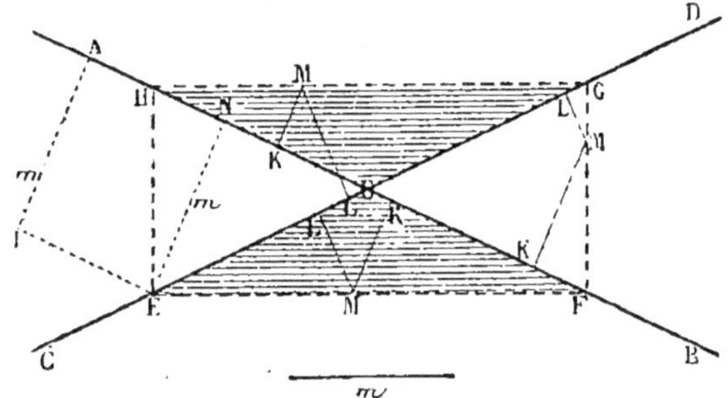

la perpendiculaire AI égale à *m*, puis IE parallèle à AB. Portons OE en OH, OG, OF. Le périmètre du rectangle EFGH est le lieu demandé.

En effet, les deux triangles isocèles OEH et OFG sont égaux; et pour chacun d'eux, les hauteurs qui partent des extrémités de la base sont égales à EN ou *m*. De même les triangles isocèles OEF et OGH sont égaux; et pour chacun d'eux, les hauteurs qui partent des extrémités de la base sont égales à EN ou *m*.

Donc, pour tout point du périmètre EFGH, la somme des distances aux deux droites AB et CD est égale à *m*.

Exercice 58

Lieu 6. *Lieu des points tels que la différence des distances de chacun d'eux à deux droites données AB et CD soit égale à une ligne donnée m.*

L'énoncé rappelle cette propriété : *Pour un point pris sur le prolongement de la base d'un triangle isocèle, la différence des distances aux deux autres côtés est constante, et est égale à l'une des deux hauteurs égales du triangle* (Exercice 26).

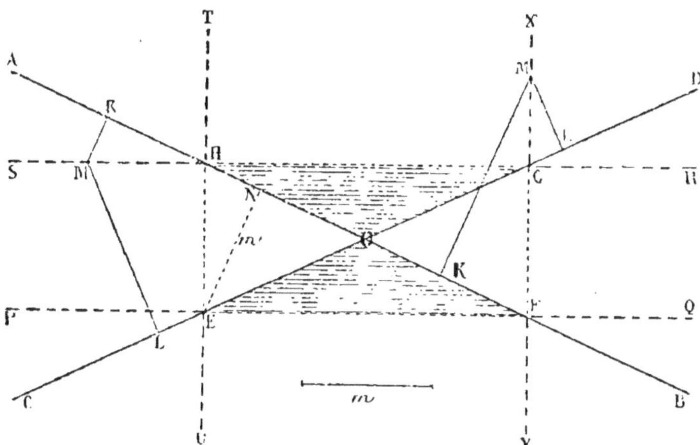

Il suffit donc de préparer le rectangle qui a donné la solution de la question précédente, et de prolonger les bases des quatre triangles isocèles. Les prolongements indéfinis des quatre côtés du rectangle forment ensemble le lieu demandé.

PROBLÈMES

Exercice 59

Problème 1. *Est-il toujours vrai qu'un point en mouvement engendre une ligne, qu'une ligne en mouvement engendre une surface, et qu'une surface en mouvement engendre un volume?*

1° Un point qui tourne simplement sur lui-même n'engendre pas de ligne; mais un point *qui se déplace* engendre une ligne.

2° Une ligne qui tourne sur elle-même sans changer de place n'engendre pas de surface; une ligne peut même changer de place en se transportant sur son propre prolongement, et alors elle n'engendre pas de surface.

3° Certaines surfaces peuvent se mouvoir sans changer de place, auquel cas elles n'engendrent pas de volume : ce serait le cas d'un cercle tournant dans son plan autour de son centre. Une surface peut même changer de place en se transportant sur son propre prolongement, et alors elle n'engendre pas de volume.

Exercice 60

Problème 2. *Quel angle font les deux aiguilles d'une horloge à 1 heure, à 2 heures, à 3 heures, à 4 heures et à 5 heures?*

Les chiffres des heures divisant le cadran de l'horloge en 12 parties égales, la distance angulaire des chiffres consécutifs est le $1/_{12}$ de 360 degrés, soit 30 degrés.

L'angle des deux aiguilles sera donc, pour les heures désignées au problème, 30, 60, 90, 120 et 150 degrés.

Exercice 61

Problème 3. *Quel angle font les deux aiguilles d'une horloge quand il est 2 heures moins 12 minutes?*

Les lignes des minutes divisant le cadran de l'horloge en 60 parties égales, la distance angulaire des traits consécutifs est $360/_{60}$, soit 6 degrés.

Lorsqu'il est 2 heures moins 12 minutes, la grande aiguille est à 12 divisions à gauche du chiffre de midi, ce qui fait 12 fois 6 degrés ou 72 degrés.

La petite aiguille est à gauche du chiffre de 2 heures; à une distance 12 fois moindre que celle qu'il y a entre la grande aiguille et le chiffre de midi, soit 1 division. Ainsi la petite aiguille est à 9 divisions à droite du chiffre de midi, ce qui correspond à 9 fois 6 degrés ou 54 degrés.

L'angle des deux aiguilles est donc de 72+54 ou 126 degrés.

Exercice 62

Problème 4. *Quel est le complément d'un angle de 23° 27′ 25″? — Quel est le supplément de ce même angle? — (C'est l'angle de l'Écliptique et de l'Équateur, le 2 février 1873.)*

Pour trouver le complément, on peut additionner la valeur angulaire donnée, avec une autre valeur angulaire que l'on suppute chiffre par chiffre, de manière à obtenir pour total 90 degrés, ou 89° 59′ 60″.

Valeur angulaire donnée	23° 27′ 25″
Complément demandé	66° 32′ 35″
Total posé à l'avance.	89° 59′ 60″

Calcul du supplément.

Valeur angulaire donnée	23° 27′ 25″
Supplément demandé.	156° 32′ 35″
Total posé à l'avance.	179° 59′ 60″

Exercice 63

Problème 5. *Quel est l'angle qui a pour supplément 47° 45'?* — (Cet angle est le maximum de l'*élongation* de la planète Vénus, c'est-à-dire de sa distance angulaire au soleil.)

Supplément donné	47° 45'
Valeur angulaire demandée.	132° 15'
Total posé à l'avance.	179° 60'

Exercice 64

Problème 6. *Quelle est la moitié de l'angle 125° 17'?*

Pour faire cette opération, il faut se rappeler que le degré vaut 60 minutes, et la minute 60 secondes.

Angle donné.	125° 17'
La moitié.	62° 38' 30"

Exercice 65

Problème 7. *Calculer la valeur angulaire égale à 7 fois 128° 34' 17" 1/7.* — (Angle de l'heptagone régulier.)

Il faut se rappeler que 60 secondes font une minute, et que 60 minutes font un degré.

Valeur angulaire donnée. . . .	128° 34' 17" 1/7
7 fois	900° 00' 00"

Exercice 66

Problème 8. *Deux angles adjacents ont ensemble 153° 48'; quel est l'angle des deux bissectrices?*

C'est la moitié de la somme des angles, soit. . 76° 54'

Exercice 67

Problème 9. *Dans quel cas l'angle des bissectrices de deux angles adjacents est-il aigu? — Dans quel cas est-il obtus?*

L'angle des bissectrices de deux angles adjacents est aigu lorsque ces deux angles font ensemble moins de 2 droits, obtus lorsque ces angles font ensemble plus de deux droits.

Exercice 68

Problème 10. *Que faut-il faire pour trouver un point équidistant de trois points donnés* A, B, C?

On peut considérer ces points comme les sommets d'un triangle; les perpendiculaires élevées sur les milieux de deux côtés AB et BC se rencontrent en un point qui est équidistant des trois sommets (Exercice 31).

Si les trois points donnés étaient en ligne droite, les perpendiculaires seraient parallèles, et il n'y aurait pas de solution. On dit alors que le point demandé est à une distance infinie.

Exercice 69

Problème 11. *Que faut-il faire pour trouver un point équidistant de trois droites données?*

On mène les bissectrices des angles formés par les rencontres de ces droites. Dans les cas ordinaires, on trouvera quatre points équidistants des trois droites données (Exercice 32, Scolie).

Si deux des droites données sont parallèles, on trouve seulement deux points M et N équidistants des trois droites.

Si les trois droites étaient parallèles, il n'y aurait pas de solution.

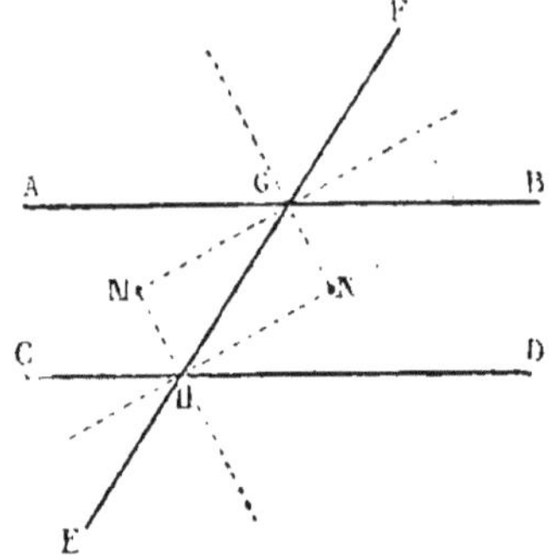

Exercice 70

Problème 12. *Quel est le nombre des côtés d'un polygone dont les angles valent ensemble 36 angles droits?*

Soit x le nombre des côtés; la somme des angles est égale à 2 droits multipliés par $x-2$. On a donc
$$2(x-2)=36$$
d'où
$$x-2=18$$
et, en ajoutant 2
$$x=20$$

Exercice 71

Problème 13. *Combien un polygone régulier a-t-il de côtés, si son angle intérieur vaut 1 droit $^5/_7$?*

Soit x le nombre des côtés; la somme des angles intérieurs égale un nombre d'angles droits marqué par $2(x-2)$, et l'angle intérieur est $\dfrac{2(x-2)}{x}$. On a donc
$$\frac{2(x-2)}{x}=12/7$$

Divisons par 2, il vient
$$\frac{x-2}{x}=6/7$$

Multiplions par x et par 7
$$7x-14=6x$$
Ajoutons 14 et retranchons $6x$
$$x=14$$

Exercice 72

Problème 14. *Peut-on faire un carrelage avec des carreaux taillés en triangles équilatéraux égaux? — avec des carrés égaux? — avec* *des pentagones réguliers égaux? — avec des hexagones réguliers égaux?*

La réponse sera affirmative ou négative, selon que l'angle intérieur du polygone proposé sera ou ne sera pas une partie aliquote de quatre angles droits.

Le *triangle* équilatéral a pour angle intérieur 60 degrés, soit le $1/6$ de 360 degrés : le carrelage est possible, et il y aura 6 triangles équilatéraux à chaque point d'assemblage.

Dans le *carré*, l'angle intérieur est 1 droit, soit le $1/4$ de 4 droits : le carrelage est possible, et il y aura 4 carrés à chaque point d'assemblage.

Le *pentagone* a pour angle intérieur 108 degrés : 108 n'étant pas contenu exactement dans 360, le carrelage proposé est impossible.

Dans *l'hexagone* régulier, l'angle intérieur est de 120 degrés, soit le $1/3$ de 360 degrés : le carrelage est possible, et il y aura 3 hexagones réguliers à chaque point d'assemblage.

Exercice 73

Problème 15. *Quelle heure est-il lorsque la petite aiguille d'une horloge se trouve entre 2 et 3 heures, et que l'angle des deux aiguilles est de 60 degrés?*

D'un chiffre à l'autre du cadran, la valeur angulaire est de $360/12$ ou 30 degrés; et chaque petite division du cadran est le $1/5$ de 30 degrés, ou 6 degrés. On sait d'ailleurs que le chemin fait par la grande aiguille est constamment égal à 12 fois le chemin fait par la petite aiguille dans le même temps.

Cela posé, on voit qu'à 2 heures juste, l'angle des deux aiguilles est de 60 degrés; car la distance angulaire des deux aiguilles est alors de 10 divisions du cadran.

L'heure demandée arrivera lorsque la grande aiguille ayant rattrapé la petite, l'aura dépassée de 10 divisions.

Appelons x le nombre des divisions que va parcourir la petite aiguille depuis l'instant où il est 2 heures jusqu'au moment cherché.

Le chemin fait en même temps par la grande aiguille sera $12x$. Mais ce chemin peut aussi être exprimé par $10 + x + 10$ ou $20 + x$.

On a donc l'équation $\qquad\qquad 12x = 20 + x$

Retranchons x, il vient $\qquad\qquad 11x = 20$

Divisons par 11 $\qquad\qquad\qquad x = 1\ 9/11$

Le chemin fait par la grande aiguille sera $21\ 9/11$.

Il sera donc alors $2^h\ 21^m\ 9/11$.

LIVRE II

LA CIRCONFÉRENCE

THÉORÈMES

Exercice 1

Théorème 1. *Toute droite AB qui partage la circonférence en deux parties égales AMB et ANB est un diamètre* *.

Si par le point A on menait un diamètre AOC, les deux arcs AMC

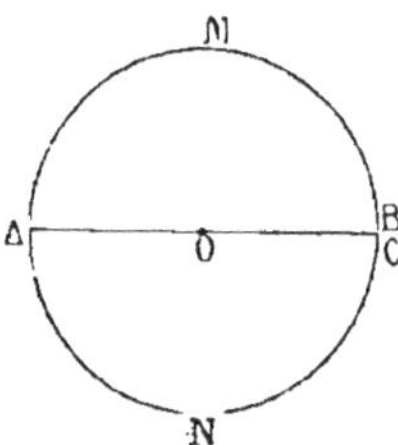

et ANC seraient égaux; donc le point C se confond avec le point B, et le diamètre AC avec la droite AB.   *C. Q. F. D.*

Exercice 2

Théorème 2. *La plus grande ligne droite que l'on puisse mener d'un point M à une circonférence donnée, est la droite MOA qui part de ce point, passe au centre, et va se terminer à la circonférence.*

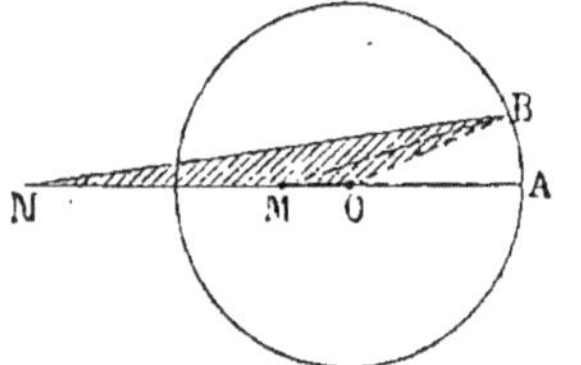

Pour prouver que la droite MA est plus grande que toute autre MB, menons le rayon OB.

On a

$$MB < MO + OB \quad \text{ou} \quad MB < MO + OA, \quad \text{ou simplement} \quad MB < MA.$$
C. Q. F. D.

---

* En supprimant les lettres, on aura l'énoncé général du théorème.

Exercice 3

Théorème 3. *Lorsque deux circonférences n'ont aucun point commun, leurs points les plus rapprochés sont sur la ligne des centres* AB.

1° Soit le cas de deux circonférences extérieures. Pour prouver que la distance EF est plus courte que toute autre GH, menons les rayons AG et BH. La ligne droite AEFB est plus courte que la ligne brisée AGHB; si l'on retranche de part et d'autre les rayons AE et AG, BF et BH, il vient EF < GH.   *C. Q. F. D.*

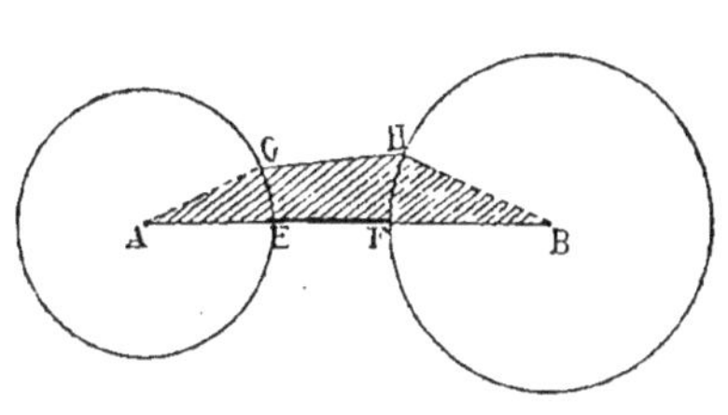 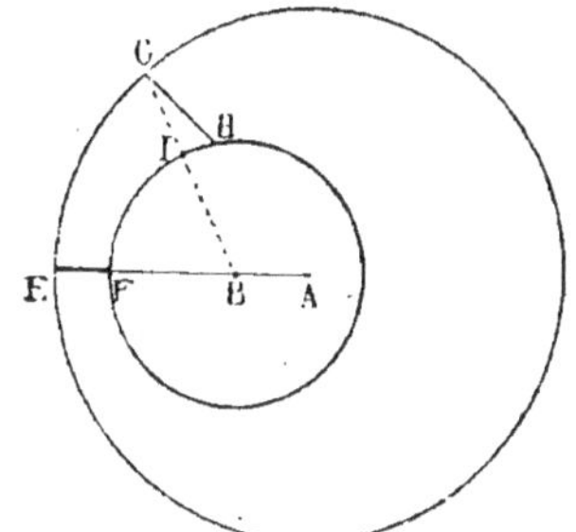

2° Soit le cas de deux circonférences intérieures. Pour prouver que la distance EF est moindre que toute autre GH, menons BG.

Le point G étant sur le prolongement du rayon BI du petit cercle, on a GI < GH (Géom., n° 103).

Le point B étant sur le rayon AE du grand cercle, on a BE < BG (Géom., n° 103); et de là, en retranchant BF = BI, on tire EF < GI. On a donc, à plus forte raison, EF < GH.   *C. Q. F. D.*

Exercice 4

Théorème 4. *Quelle que soit la position respective de deux circonférences* A *et* B, *la plus grande sécante que l'on puisse mener de l'une à l'autre est dans la direction des centres.*

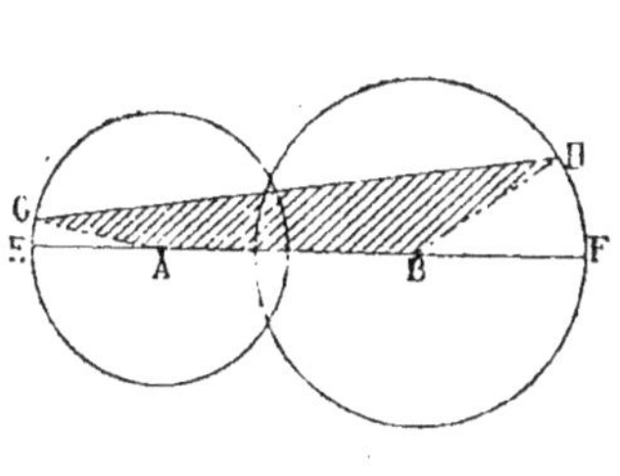 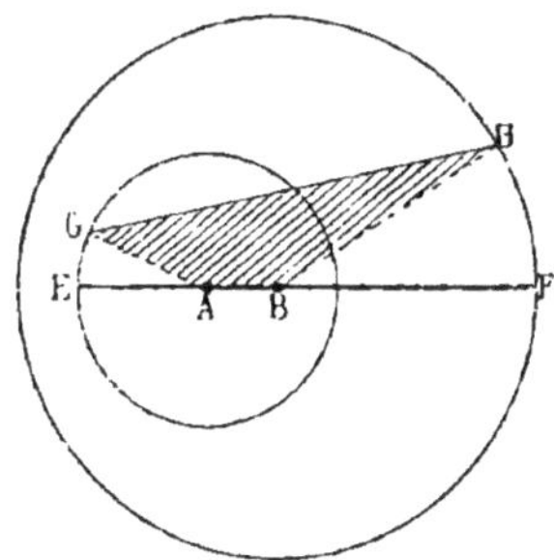

Pour prouver que la sécante EF, menée par les centres, est plus grande que toute autre sécante GH, menons les rayons AG et BH.

On a   Ligne droite GH $<$ ligne brisée GABH

Ou   GH $<$ EABF   *C. Q. F. D.*

Exercice 5

Théorème 5. *La plus grande et la plus petite corde que l'on puisse mener par un point A donné dans un cercle, sont perpendiculaires l'une à l'autre, et l'une d'elles est un diamètre.*

Par le point donné A, menons un diamètre EF, une corde CD

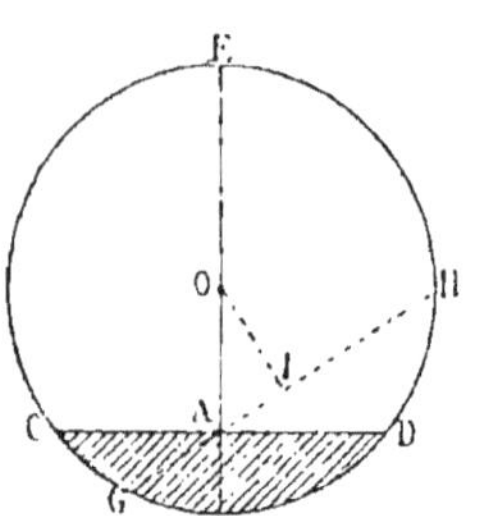

perpendiculaire à ce diamètre, une autre corde quelconque GH, et la distance OI du centre à cette corde.

Le diamètre EF est évidemment la plus grande corde que l'on puisse mener par le point A (Géométrie, nº 102). Il reste à prouver que la corde CD est plus courte que toute autre GH.

La droite OA, perpendiculaire sur CD, est oblique sur GH. On a donc OA $>$ OI, et par suite la corde CD plus courte que GH (Géométrie, nº 116, 2º).   *C. Q. F. D.*

Exercice 6

Théorème 6. *Si deux circonférences A et B se coupent, deux sécantes parallèles EF et GH menées par les points d'intersection C et D sont égales.*

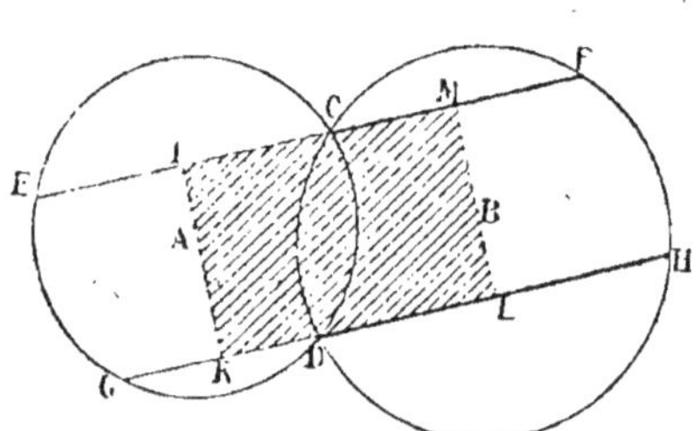

Par les centres A et B, menons les droites IK et LM, perpendiculaires aux deux parallèles.

Les points I, K, L, M, sont les milieux des cordes EC, GD, DH, CF. Donc

IM $= \frac{1}{2}$ EF, et   KL $= \frac{1}{2}$ GH.

Et comme IM $=$ KL (Géométrie, nº 90), on a aussi EF $=$ GH.

        C. Q. F. D.

Exercice 7

Théorème 7. *De toutes les sécantes que l'on peut mener par l'un des points d'intersection de deux circonférences A et B, la plus grande est celle qui est parallèle à la ligne des centres.*

Soit GH une sécante menée par le point D, parallèlement à la ligne des centres AB, et soit EF une autre sécante quelconque, menée, soit par le même point D, soit par l'autre point d'intersection C. Il s'agit de prouver que GH est plus grand que EF.

Des centres A et B, menons les perpendiculaires AK et AI,
BL et BM, puis AN parallèle à EF.

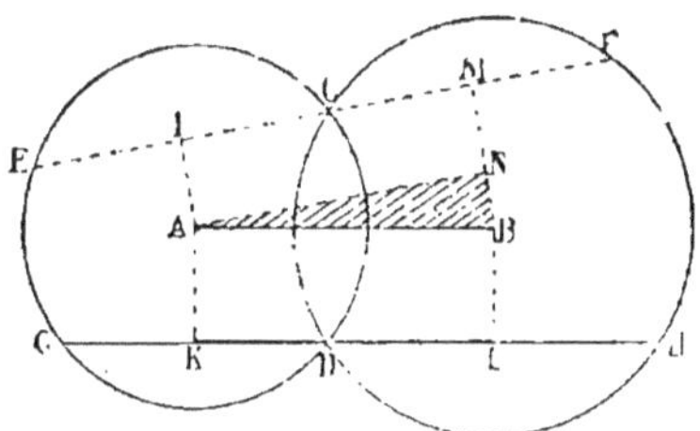

Les points I, K, L, M, étant les milieux des cordes, on a
IM $= \frac{1}{2}$ EF, et KL $= \frac{1}{2}$ GH.

Or IM $=$ AN; et par rapport à BM, la perpendiculaire AN est plus
courte que AB ou KL. On a donc IM $<$ KL, et en doublant,
EF $<$ GH.   *C. Q. F. D.*

Exercice 8

Théorème 8. *Deux droites,* AB *et* CD, *sécantes ou tangentes, qui,
sans se couper, interceptent sur une même cir-
conférence des arcs égaux* AC *et* BD, *sont parallèles.*

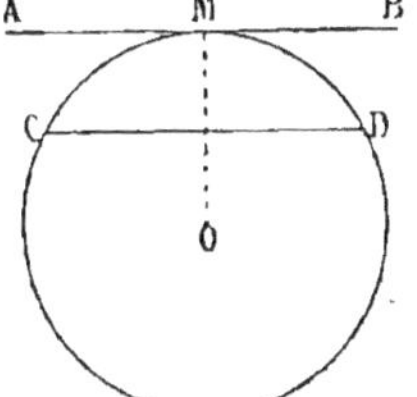

En effet, si, par le point A, on menait une
droite AF parallèle à CD, on déterminerait un
arc FD égal à AC, et par suite égal à BD. Ainsi
la parallèle en question se confond avec AB. Donc
deux droites...

Exercice 9

Théorème 9. *La tangente* AB *menée par le milieu d'un arc* CMD,
est parallèle à la corde CD *qui sous-tend cet
arc.*

Le rayon OM, mené au point de contact,
est perpendiculaire à la tangente (Géom.,
n° 120); ce même rayon étant mené au milieu
de l'arc CMD, est perpendiculaire à la corde
CD (Géom., n° 111, 5°). Donc les deux droites
AB et CD sont parallèles comme étant perpendiculaires à la même droite OM.

Exercice 10

Théorème 10. *Les tangentes extérieures* CD *et* EF, *communes à
deux circonférences* A *et* B, *se rencontrent sur la ligne des centres;
et il en est de même des tangentes intérieures* GL *et* KH.

Le point A étant équidistant des tangentes extérieures, appartient
à la bissectrice de leur angle; et il en est de même du point B. Donc
la bissectrice de l'angle J se confond avec la ligne des centres.

M.   2

On voit de même que les points A et B appartiennent aux bissectrices des angles opposés formés en I par les tangentes intérieures.

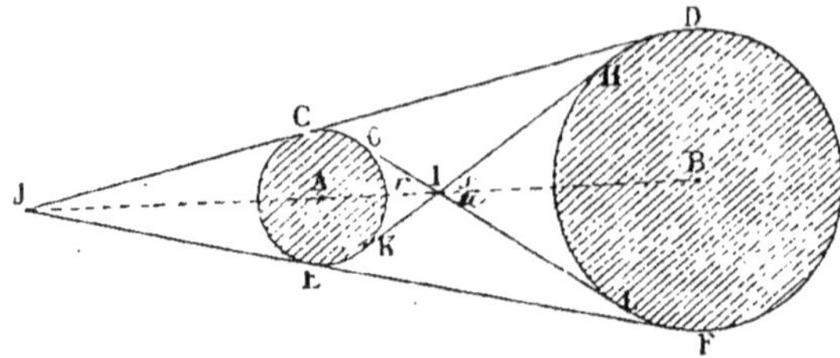

Et comme ces angles sont égaux, leurs moitiés sont aussi égales. Or $I+s+u=2$ droits; donc $I+s+r=2$ droits; et les deux bissectrices IA et IB ne font qu'une même ligne droite qui est la ligne des centres.

Donc *les tangentes...*

Exercice 11

Théorème 11. *Si l'on mène les trois tangentes communes à deux cercles I et K tangents l'un à l'autre, la tangente interne AB rencontre chacune des deux autres à égale distance des points de contact.*

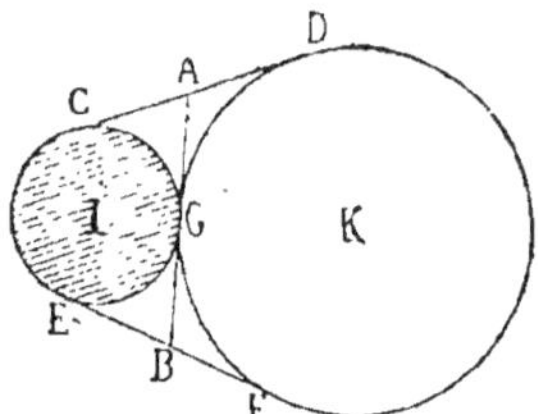

En effet, les tangentes menées d'un même point à un même cercle étant égales (Géom., n° 166), on a $AC=AG$, et $AG=AD$; ainsi le point A est le milieu de CD.

Et de même, le point B est le milieu de EF.   *C. Q. F. D.*

Exercice 12

Théorème 12. *Les rencontres des bissectrices extérieures d'un triangle*

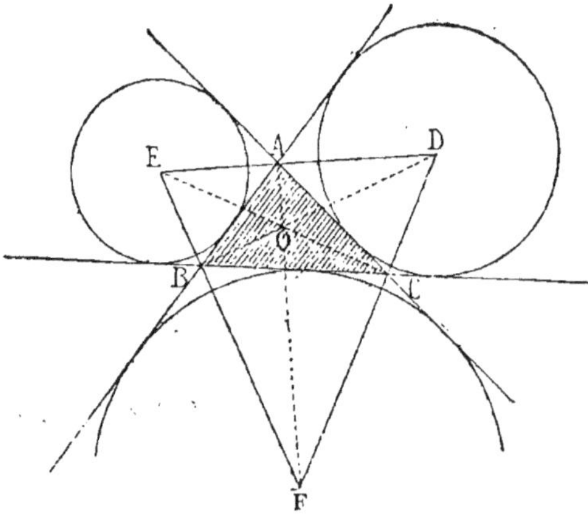

servent de centres à des cercles tangents aux trois côtés (on les nomme cercles *ex-inscrits*).

En effet, les bissectrices, tant intérieures qu'extérieures, déterminent, par leurs rencontres, des points équidistants des trois côtés (Livre I, Exercice 32, Scolie). Chacun de ces points peut donc servir de centre à un cercle tangent aux trois côtés.

Exercice 13

Théorème 13. *Les bissectrices des angles extérieurs d'un triangle forment entre elles un nouveau triangle, dont les hauteurs se confondent avec les bissectrices intérieures du premier triangle. (Figure ci-dessus.)*

En effet, les bissectrices des angles extérieurs forment trois lignes droites perpendiculaires aux bissectrices des angles intérieurs (Livre I, Exercice 32, Scolie).

De plus, les points de concours des bissectrices extérieures appartiennent aussi aux bissectrices intérieures ; car le point F, par exemple, étant équidistant des côtés AB et AC, appartient à la bissectrice AO.

Ainsi le triangle DEF a pour hauteurs les trois droites FA, DB, EC, bissectrices intérieures du premier triangle. *C. Q. F. D.*

Exercice 14

Théorème 14. *Les trois hauteurs d'un triangle servent de bissectrices au triangle qui a pour sommets les pieds de ces mêmes hauteurs.*

(La démonstration qui suit suppose connue la mesure des angles.)

Soit ABC le triangle proposé, et DEF le triangle qui a pour sommets les pieds des hauteurs du premier triangle.

Sur les côtés AB et AC comme diamètres, décrivons des demi-circonférences. La première passe par les points D et E, car les angles droits ADB et AEB ne peuvent avoir leurs sommets en dedans ni en dehors du cercle. Par une raison analogue, la deuxième demi-circonférence passe par les points D et F.

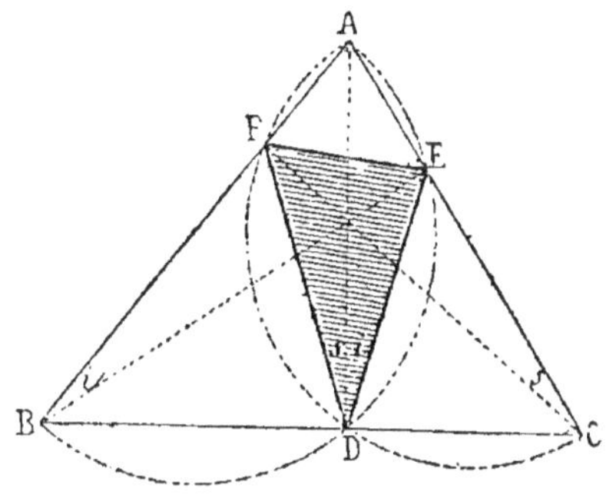

Les deux angles marqués i sont égaux comme ayant pour mesure la moitié du même arc AE (Géom., n° 137) ; les deux angles marqués s sont égaux comme ayant pour mesure la moitié de l'arc AF. Or, à cause des triangles rectangles AEB et AFC, les angles i et s de ces triangles sont égaux comme ayant pour complément le même angle A (Géom., n° 85, 5°). Donc les deux angles i et s qui sont en D sont égaux, et la hauteur AD est bissectrice de l'angle FDE.

Une démonstration analogue s'appliquerait en E et en F. Donc *les trois hauteurs...*

Exercice 15

Théorème 15. *Dans tout quadrilatère circonscrit* ABCD, *la somme de deux côtés opposés,* AB *et* CD, *est égale à la somme des deux autres côtés.*

En effet, les tangentes menées d'un même point à un même cercle étant égales (Géom., n° 166), on a

$$AF = AE$$
$$BF = BG$$
$$CH = CG$$
$$DH = DE$$

D'où, en additionnant, AB + CD = AD + BC.   *C. Q. F. D.*

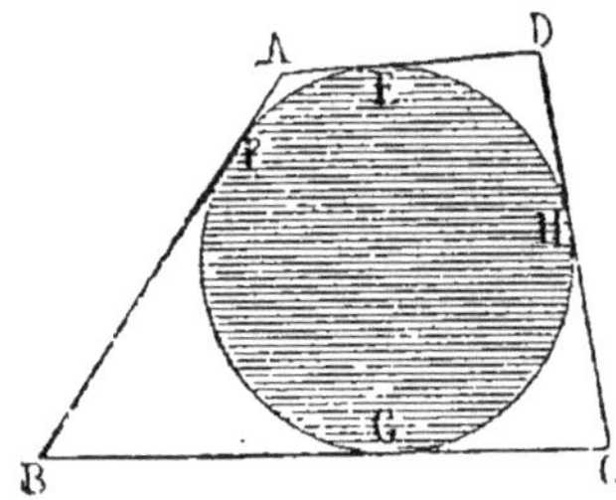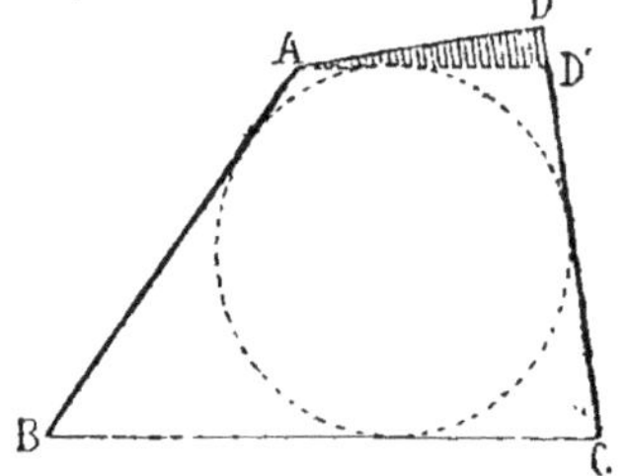

Réciproquement, *si un quadrilatère* ABCD *est tel que la somme de deux côtés opposés* AB *et* CD *soit égale à la somme des deux autres côtés,* BC *et* AD, *ce quadrilatère est inscriptible.*

Pour le prouver, menons une circonférence tangente aux trois côtés AB, BC et CD, puis une droite AD′ tangente à cette circonférence.

Le quadrilatère ABCD′ donne   AB + CD′ = BC + AD′

Mais on a supposé que   AB + CD = BC + AD

En soustrayant membre à membre, il viendrait   DD′ = AD − AD′

Or un côté d'un triangle ne peut être égal à la différence des deux autres (Géom., n° 35); le triangle ADD′ est donc impossible : AD se confond nécessairement avec AD′, et le quadrilatère considéré est inscriptible.   *C. Q. F. D.*

Exercice 16

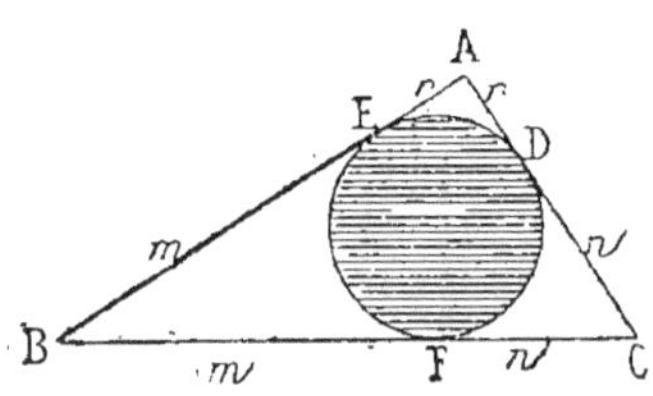

Théorème 16. *La circonférence inscrite à un triangle* ABC *décompose le périmètre en 6 segments égaux deux à deux; et chaque segment égale le demi-périmètre diminué du côté non adjacent.*

1° Les tangentes menées d'un

même point à un même cercle étant égales (Géomét., n° 166), on a

$$AD = AE, \quad BE = BF, \quad CF = CD$$

2° En appelant $2p$ le périmètre du triángle, on a

$$2m + 2r + 2n = 2p \qquad \text{d'où} \quad m + n + r = p$$

d'où, en retranchant n et r ou AC $\qquad m = p - AC \qquad$ C. Q. F. D.

Exercice 17

Théorème 17. *Dans un triangle rec-tangle* ABC, *la somme des côtés de l'angle droit égale la somme des dia-mètres des deux circonférences inscrite et circonscrite.*

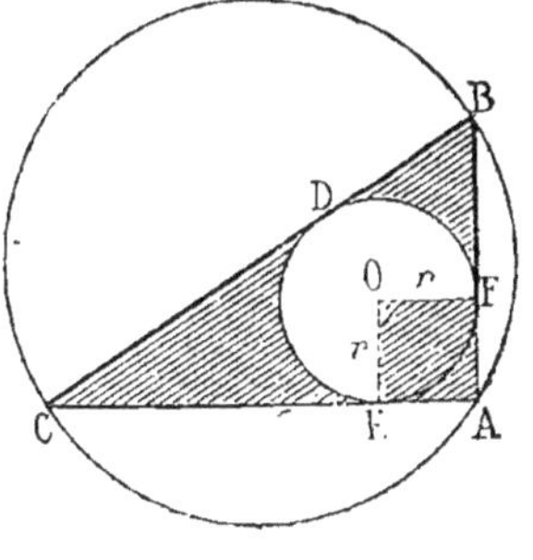

La circonférence circonscrite a pour diamètre l'hypoténuse BC du triangle.

Dans la circonférence inscrite, si l'on mène, aux points de contact, les rayons OE et OF, la figure OEAF est un carré. Cela posé, on a, à cause des tangentes qui partent d'un même point :

$$CE = CD$$
$$BF = BD$$

d'où, en additionnant $\qquad CE + BF = BC$

Ajoutons l'égalité $\qquad AE + AF = 2r$

Il vient $\qquad AC + AB = BC + 2r \qquad$ C. Q. F. D.

Exercice 18

Théorème 18. *Si deux circonférences* A *et* B *se coupent, et si, par l'un des points d'intersection,* C, *on mène un diamètre de part et d'autre, la droite qui joint les extrémités* E *et* F *de ces diamètres passe par le second point d'intersection* D ; *et cette droite est double de la distance des centres.*

Menons la corde commune CD, puis lès cordes DE et DF.

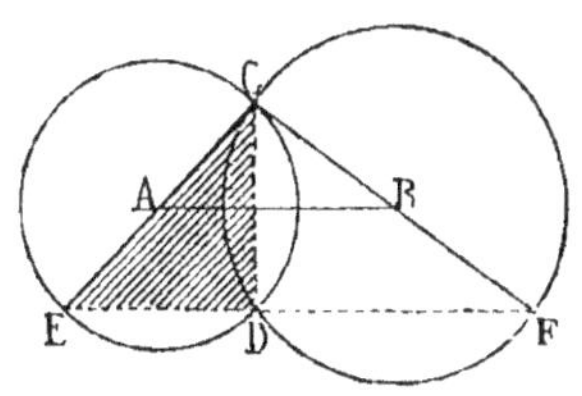

1° L'angle CDE inscrit dans un demi-cercle est droit, et il en est de même de l'angle CDF. Donc les deux cordes DE et DF ne font qu'une même ligne droite.

2° Dans le triangle CEF, la droite AB joint les milieux de deux côtés, on a donc $\qquad EF = 2\,AB$.

Donc *si deux circonférences...*

Remarque. Pour prouver que trois points sont en ligne droite, on joint celui du milieu à chacun des deux autres, et on prouve que les deux droites ainsi menées n'en font qu'une.

Exercice 19

Théorème 19. *Toute sécante* CD *menée par le point de contact de deux circonférences tangentes, détermine des arcs opposés* CMG *et* GND *d'un même nombre de degrés.* (De tels arcs peuvent être nommés *arcs semblables.*)

Menons la tangente commune EF. Les angles *r* et *s*, égaux comme opposés par le sommet, sont des angles du segment; donc les arcs CMG et GND, dont les moitiés servent de mesure à ces angles, ont nécessairement le même nombre de degrés.   *C. Q. F. D.*

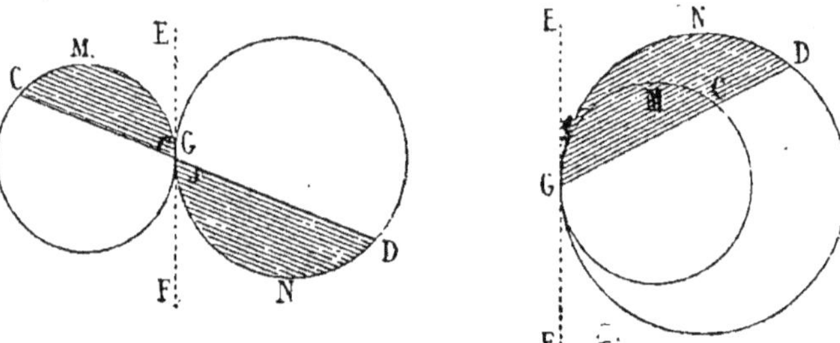

Scolie. Si les circonférences sont tangentes intérieurement, les arcs semblables GMC et GND sont d'un même côté de la sécante.

Exercice 20

Théorème 20. *Si deux sécantes* CD *et* EF *se croisent au point de contact de deux circonférences tangentes* A *et* B, *les cordes* CE *et* DF *qui joignent leurs extrémités sont parallèles.*

En effet, les arcs opposés GMC et GND ont le même nombre de degrés (Exercice précédent). Ainsi les angles inscrits E et F sont égaux; et comme ces angles ont la position des alternes-internes, les droites EC et FD sont parallèles.   *C. Q. F. D.*

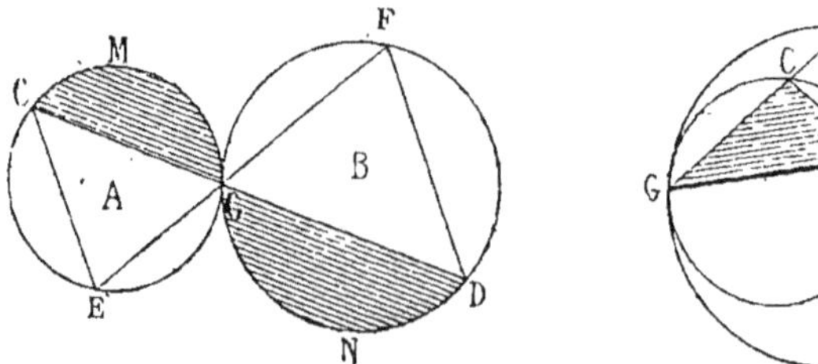

Scolie. Le théorème est encore vrai pour le cas des cercles tangents intérieurement : les arcs GC et GD ont le même nombre de degrés;

ainsi les angles E et F sont égaux, et les droites CE et DF sont
parallèles.

Exercice 21

Théorème 21. *Si deux circonférences* A *et* B *se coupent, et si, par
l'un des points d'intersection,* C, *on mène une sécante mobile* EF, *la
somme des arcs* CGE *et* CF *situés d'un
même côté de cette sécante est constante, quant au nombre des degrés.*

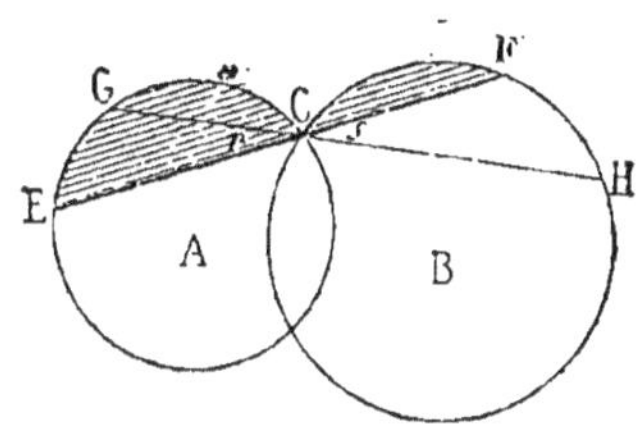

En effet, lorsque la sécante mobile
passe de la position EF à la position
GH, l'arc GE est remplacé par FH;
or ces arcs ont le même nombre de
degrés, puisque leurs moitiés servent
de mesure aux angles égaux r et s.

Donc *si deux circonférences...*

Scolie. *Discussion des cas.* La sécante étant mobile autour du
point C, nous devons nous rendre compte des divers cas qui peuvent
se présenter; c'est ce que l'on nomme la *discussion* de la question.

Et d'abord, la sécante prenant la
position CH′, devient tangente au
cercle A; l'arc sous-tendu dans ce
cercle est nul, et toute la somme
se trouve dans l'arc CNH′.

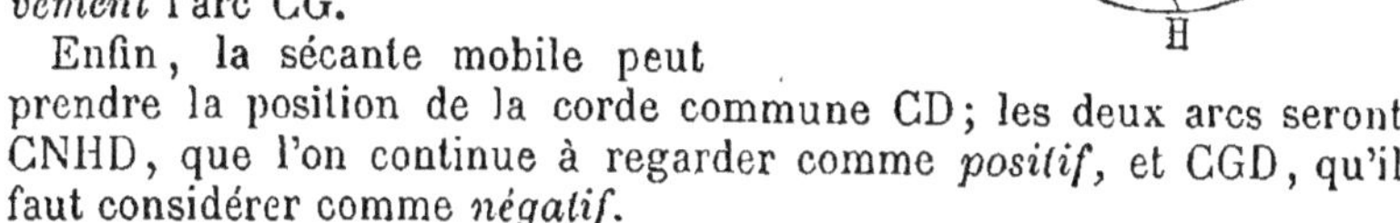

Les deux cordes CG et CH peuvent se trouver l'une sur l'autre;
le théorème sera encore vrai, à la
condition que l'on prendra *négativement* l'arc CG.

Enfin, la sécante mobile peut
prendre la position de la corde commune CD; les deux arcs seront
CNHD, que l'on continue à regarder comme *positif*, et CGD, qu'il
faut considérer comme *négatif*.

Exercice 22

Théorème 22. *Une sécante mobile* EF
*étant menée par l'un des points d'inter-
section de deux circonférences* A *et* B,
les droites DE *et* DF *qui joignent l'autre point d'intersection aux deux extrémités de la sécante, forment entre elles
un angle constant.*

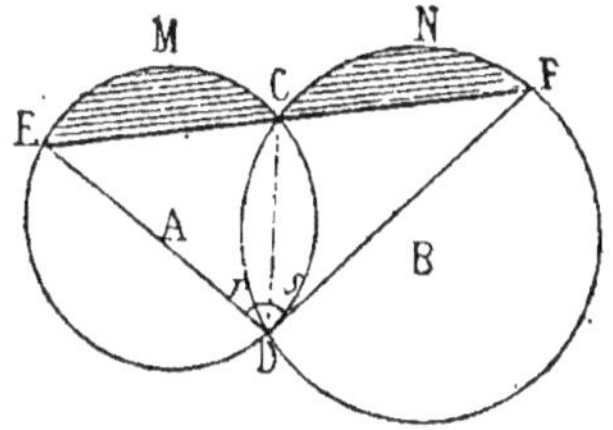

En effet, si l'on mène la corde commune CD, l'angle D se trouve décom-
posé en deux parties r et s, qui ont respectivement pour mesures

$^1/_2$ CME et $^1/_2$ CNF ; et comme la somme des arcs CME et CNF est constante (Exercice précédent), il en est de même de la somme des angles r et s.   C. Q. F. D.

Scolie. Si la sécante mobile devient tangente à l'un des deux cercles, l'un des angles partiels r et s est nul.

Si les deux cordes sont repliées l'une sur l'autre, l'un des deux angles devra être pris *négativement*, comme l'arc qu'il comprend.

Enfin, si la sécante mobile prend la position de la corde commune, il semble d'abord que tout disparaisse sous le point D ; mais si l'on considère les extrémités mobiles un peu avant qu'elles se réunissent en D, on voit que si les longueurs DE et DF tendent vers zéro, les directions de ces cordes ne disparaissent pas, mais tendent vers les tangentes DG et DH, qui donnent encore l'angle constant.

Exercice 23

Théorème 23. *Si deux sécantes,* CD *et* EF, *se coupent en l'un des points d'intersection de deux circonférences,* A *et* B, *les cordes* EC *et* DF, *qui joignent leurs extrémités, forment, par leurs prolongements, un angle constant* O.

Par le point I menons les droites IG et IH tangentes respective-

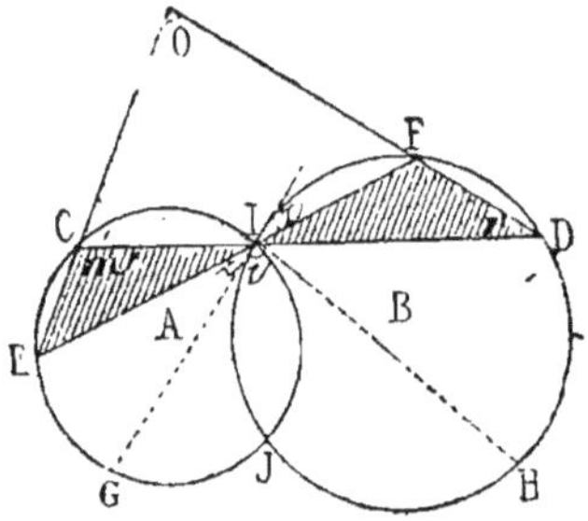

ment aux deux circonférences A et B. L'angle t de ces deux tangentes est indépendant de la position des sécantes considérées.

Sur la première circonférence, on voit, par les mesures, que l'angle $m = t + z$

Et sur la seconde circonférence, on voit que $r = x$ ou z

De là on tire, en soustrayant $m - r = t$

Or l'angle m est extérieur au triangle OCD ; on a donc $O + r = m$, d'où $O = m - r = t$, quantité constante.

Remarque. L'angle t des deux tangentes est aussi appelé l'angle des deux arcs qui se coupent.

Scolie. *Discussion.* 1° Si l'une des sécantes EF devient tangente au cercle B, la corde IF devient nulle, aussi bien que l'angle r; la droite DFO se confond avec l'autre sécante CD, et l'angle O, qui se confond avec m, est encore égal à l'angle t des tangentes, comme on le voit par les mesures.

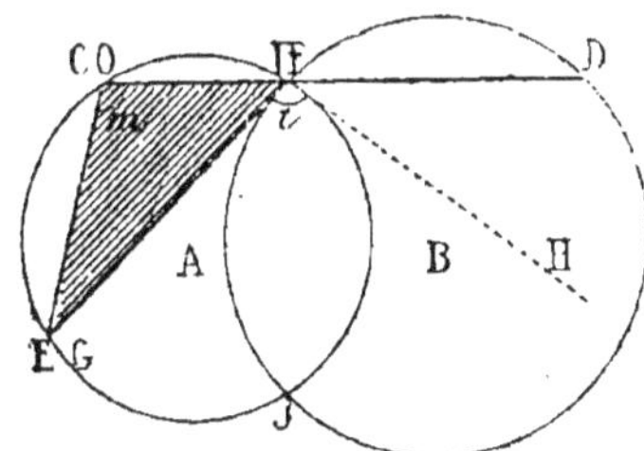
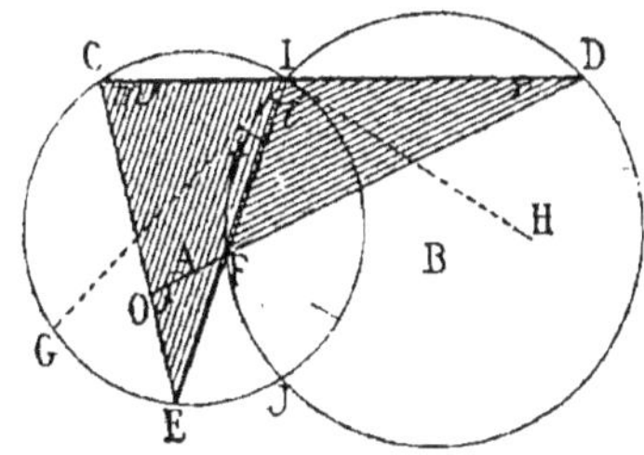

2° Si l'une des sécantes, EF, passe dans la partie commune aux deux cercles, on a, par les mesures, $m = t - z$, et $r = z$ d'où, en additionnant, $m + r$ ou $O = t$, quantité constante.

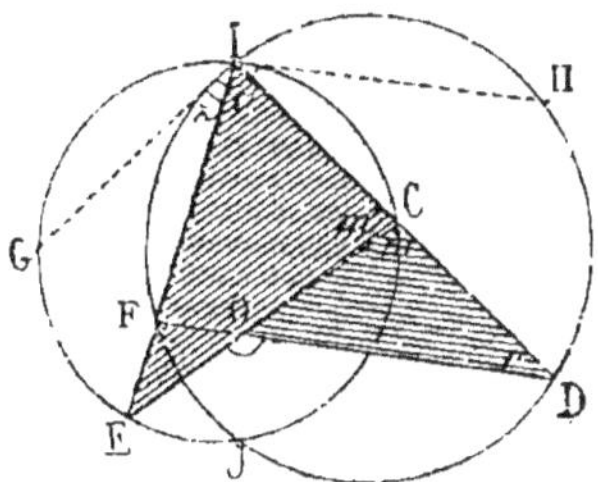

3° Enfin, les sécantes peuvent passer l'une et l'autre dans la partie commune aux deux cercles. L'angle m, supplément de m', a pour mesure $1/2$ ICJE; ainsi on a $m = t - z$; et si l'on y ajoute $r = z$, il vient $m + r$ ou $O = t$, quantité constante.

Exercice 24

Théorème 24. *Dans un même cercle, deux cordes égales,* AC *et* BD, *qui se coupent, sont les diagonales d'un trapèze isocèle.*

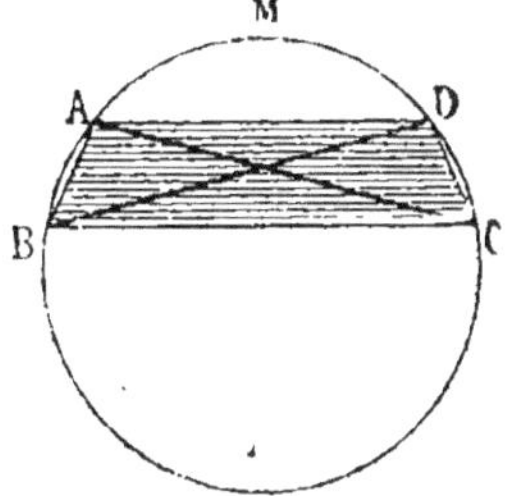

En effet, les cordes AC et BD étant égales, les arcs sous-tendus ADC et BAD sont égaux; si l'on enlève la partie commune AMD, les arcs restants AB et CD sont égaux.

Donc les cordes AB et CD sont égales, et les cordes AD et BC qui interceptent des arcs égaux sont parallèles (Exerc. 8).

Ainsi la figure ABCD est un trapèze isocèle.　　*C. Q. F. D.*

Exercice 25

Théorème 25. *Dans un même cercle, deux cordes égales, AB et CD, qui ne se coupent pas, sont les côtés non parallèles d'un trapèze isocèle.* (Figure précédente.)

En effet, les cordes AB et CD étant égales, les arcs sous-tendus sont égaux, et les cordes AD et BC qui, sans se couper, interceptent ces arcs égaux, sont parallèles (Exerc. 8). Donc la figure ABCD est un trapèze isocèle. *C. Q. F. D.*

Exercice 26

Théorème 26. *Les circonférences décrites des trois sommets d'un triangle ABC, et passant par les points de contact du cercle inscrit, sont tangentes deux à deux.*

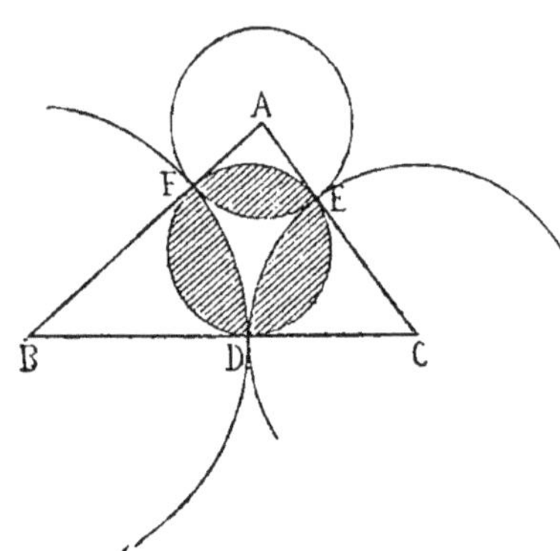

En effet, les tangentes menées d'un même point à un même cercle étant égales (Géom., n° 166), on a

AE = AF, BF = BD, CD = CE.

Ainsi les circonférences décrites des sommets A et B, avec AF et BF pour rayons, passent en E et D, et le point commun F étant sur la ligne des centres, ces circonférences sont tangentes l'une à l'autre.

Il en est de même en D et en E. *C. Q. F. D.*

Exercice 27

Théorème 27. *Tout parallélogramme ABCD inscrit à un cercle est un rectangle.*

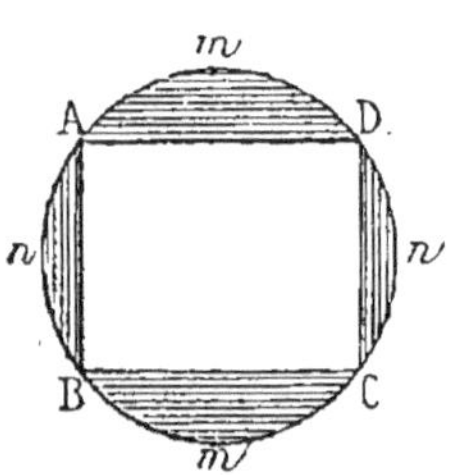

En effet, les cordes AD et BC sont égales, comme étant les côtés opposés d'un parallélogramme; ainsi les arcs AD et BC sont égaux, et il en est de même des arcs AB et CD.

Chacun des quatre angles A, B, C, D, a pour mesure $1/2\,(m+n)$; donc ces angles sont égaux, chacun d'eux est droit (Géom., n° 88), et la figure est un rectangle. *C. Q. F. D.*

Exercice 28

Théorème 28. *Tout trapèze isocèle ABCD est inscriptible.*

Menons DE parallèle à AB. Le trapèze se trouve décomposé en un parallélogramme ABED et un triangle isocèle CDE.

On a donc angle B = E = C.

L'angle D du trapèze a pour supplément m qui égale C, qui égale

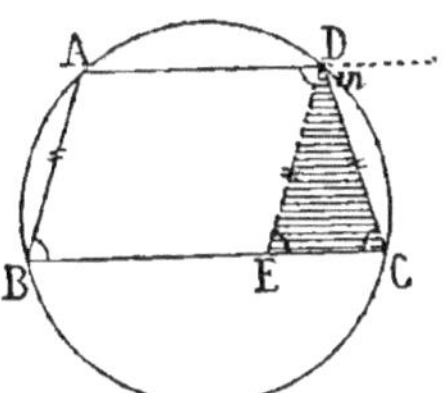

B. Ainsi le trapèze considéré a ses angles opposés supplémentaires, et par suite il est inscriptible (Géom., n° 145).   *C. Q. F. D.*

Exercice 29

Théorème 29. *Si du milieu de l'arc sous-tendu par une corde AB, on mène deux autres cordes CD et CE coupant la première, et si l'on joint leurs extrémités, on forme deux triangles CDE et CFG équiangles entre eux, et un quadrilatère inscriptible DEGF.*

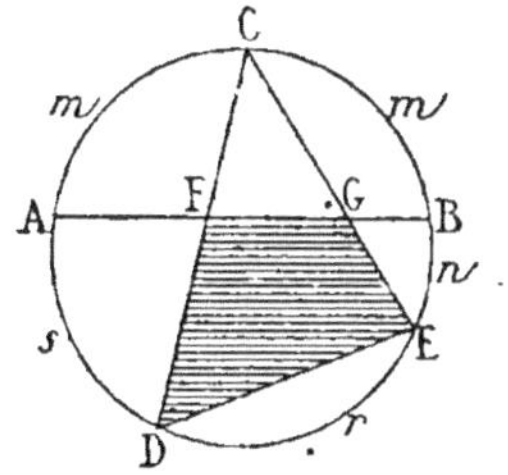

1° L'angle C est commun aux deux triangles; l'angle D du grand triangle a pour mesure $\frac{1}{2}(m+n)$, et l'angle G du petit a aussi pour mesure $\frac{1}{2}(m+n)$ (Géom., n° 141). Donc les deux triangles sont équiangles (Géom., n° 85, 3°).

2° L'angle D du quadrilatère a pour mesure $\frac{1}{2}$ CBE; et l'angle opposé G a pour mesure $\frac{1}{2}(m+s+r)$ ou $\frac{1}{2}$ CADE; ainsi les angles opposés sont supplémentaires, et le quadrilatère est inscriptible.   *C. Q. F. D.*

Exercice 30

Théorème 30. *Un angle quelconque A étant formé par deux tangentes AD et AE à une même circonférence, si l'on mène une troisième tangente BC mobile du côté du sommet, le triangle ABC ainsi formé a un périmètre constant.*

Et l'angle au centre BOC sous lequel est vue cette tangente mobile est constant.

Examiner le cas où l'on mènerait la tangente à l'opposé du sommet, en B'C'.

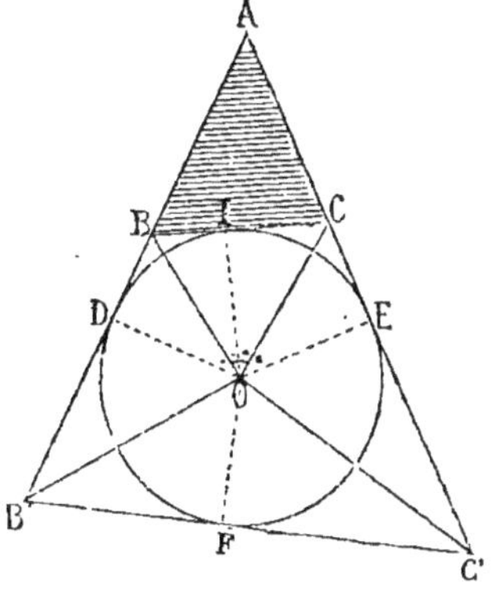

1° Menons les rayons OD, OE, OI, aux points de contact des tangentes. On a BI = BD et CI = CE (Géom., n° 166). Donc le périmètre du triangle ABC égale la somme des tangentes AD et AE, quantité indépendante de la position de BC.

2° La droite OB est bissectrice·de l'angle DOI formé par les rayons qui vont aux points de contact (Géom., n° 166), et de même OC est bissectrice de l'angle IOE. Donc l'angle BOC est la moitié de l'angle total DOE, lequel est constant, et égal au supplément de A.

Scolie. Si l'on considère la tangente B′C′, on voit qu'il faut retrancher cette droite B′C′ de la longueur AB′+AC′ pour avoir la valeur constante AD+AE.

Quant à l'angle B′OC′, il est constant, car il est la demi-somme des angles constants DOI′ et EOI′.

Exercice 31

Théorème 31. *Si l'on prolonge un côté quelconque ÀB d'un triangle ABC, de ce qui lui manque pour égaler le demi-périmètre, l'extrémité du prolongement est le point de contact de l'un des cercles exinscrits.*   (Figure précédente.)

Soit O le cercle ex-inscrit. Le périmètre du triangle ABC égale la somme des deux tangentes AD et AE, car BI=BD, et CI=CE (Géom., n° 166). Mais ces deux tangentes étant égales, chacune d'elles représente le demi-périmètre du triangle. Donc *si l'on prolonge...*

Exercice 32

Théorème 32. *Si l'on mène une sécante commune CD par le point de contact de deux circonférences tangentes, les tangentes EF et GH menées par les extrémités de cette sécante, sont parallèles.*

En effet, la sécante commune CID détermine des arcs opposés CMI

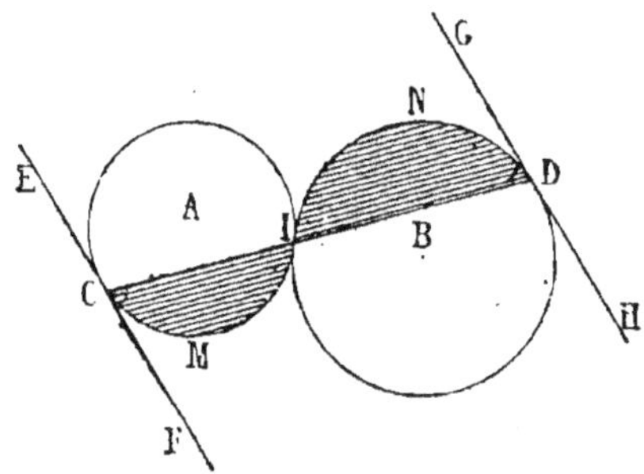

et IND d'un même nombre de degrés (Exerc. 19); donc les angles aigus C et D sont égaux (Géom., n° 140), et les droites EF et GH sont parallèles (Géom., n° 72).   C. Q. F. D.

Exercice 33

Théorème 33. *Si l'on mène une sécante mobile CD par l'un des points d'intersection de deux circonférences sécantes, les tangentes*

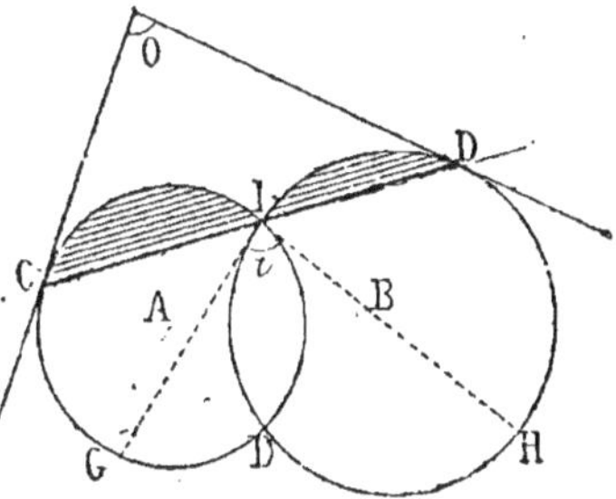

CO *et* DO *menées par les extrémités de la sécante mobile font entre elles un angle constant* O.

En effet, la somme des arcs IC et ID est constante quant au nombre des degrés (Exerc. 21); ainsi, dans le triangle OCD, la somme des angles C et D est constante, et le troisième angle O est constant (Géom., n° 85, 2°).

Scolie. Ce théorème peut se conclure du cas où l'on mène deux sécantes CD et EF (Exerc. 23, ci-dessus); les cordes EC et DF font un angle constant, égal à l'angle *t* sous lequel se coupent les deux circonférences. Les deux sécantes CD et EF peuvent se confondre; alors les cordes ECO et DFO deviennent des tangentes aux deux cercles A et B.

Exercice 34

Théorème 34. *Étant donné un quadrilatère, si l'on mène des circonférences tangentes intérieurement aux côtés pris trois à trois, les quatre centres ainsi obtenus sont les sommets d'un quadrilatère inscriptible.* (Voir la figure de l'exerc. 38 du livre I, page 19.)

En effet, les centres en question ne sont autres que les points de concours des bissectrices intérieures du quadrilatère considéré. Or ces bissectrices forment un nouveau quadrilatère dont les angles opposés sont supplémentaires (Liv. I, exerc. 38); donc ce quadrilatère est inscriptible (Géom., 145).

Exercice 35

Théorème 35. *Si un cercle se meut tangentiellement à l'intérieur d'une circonférence de rayon double, un point quelconque de la circonférence mobile décrit un diamètre du grand cercle.* (Cet exercice suppose que l'on sait qu'une circonférence de rayon double a aussi une longueur double, ce qui est établi au livre III de la Géométrie, n° 203.)

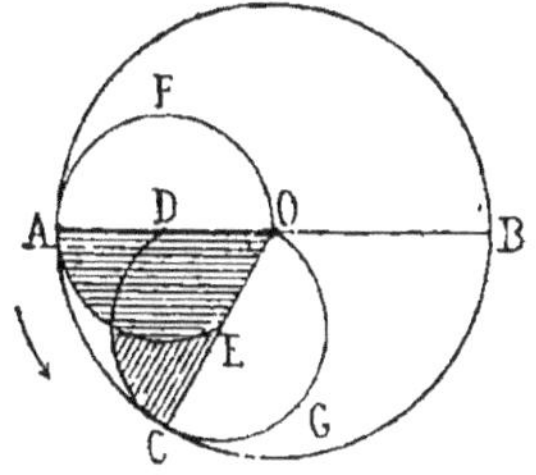

Soit OA le rayon de la grande circonférence et le diamètre de la petite. Supposons que le petit cercle, placé d'abord en AEOF, roule sans glissement à l'intérieur de la grande circonférence; et soit CGOD une position quelconque du cercle mobile. Menons le rayon et diamètre OC au nouveau point de contact C. Nous allons prouver que le point A suivra le diamètre AB.

On a, quant au nombre des degrés :

Angle $AOC = $ arc $AC = \frac{1}{2}$ arc $AE = \frac{1}{2}$ arc CD ;

et comme le petit cercle a un rayon moitié de OA, le degré de la petite circonférence est moitié du degré de la grande ; et ainsi l'arc AC est égal, en longueur absolue, à chacun des arcs AE et CD.

Donc lorsque le cercle mobile passe de la première position à la seconde, le point E vient en C, et le point A se trouve en D, c'est-à-dire sur le diamètre AB. *C. Q. F. D.*

Exercice 36

Théorème de Bobilier et Chasle. *Si une figure plane F se déplace d'une manière quelconque dans son plan, elle peut être amenée d'une position F à l'autre F′ par une rotation autour d'un centre convenablement choisi sur ce plan.*

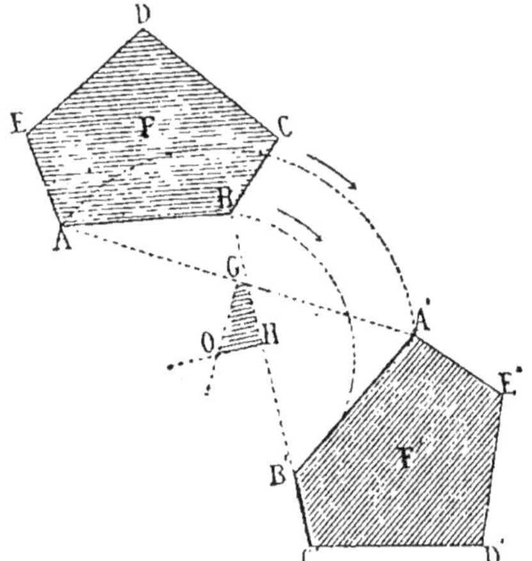

Le point A peut aller en A′ par un arc quelconque ayant pour corde AA′ ; le point B peut aller en B′ par un arc quelconque ayant pour corde BB′.

Les perpendiculaires élevées sur les milieux de ces cordes donnent, par leur rencontre en O, le centre de rotation cherché.

Car si l'on suppose le point O joint aux divers sommets A, B, C, D, E, les triangles OAB, OBC, OCD, etc., se transporteront simultanément en OA′B′, OB′C′, etc.

LIEUX GÉOMÉTRIQUES

Exercice 37

Lieu 1. *Lieu des centres des circonférences tangentes en un point donné P d'une droite AB ou d'une circonférence A′B′.*

La droite AB doit être tangente en P à tous les arcs que l'on veut tracer ; donc les centres peuvent être pris à volonté sur la droite in-

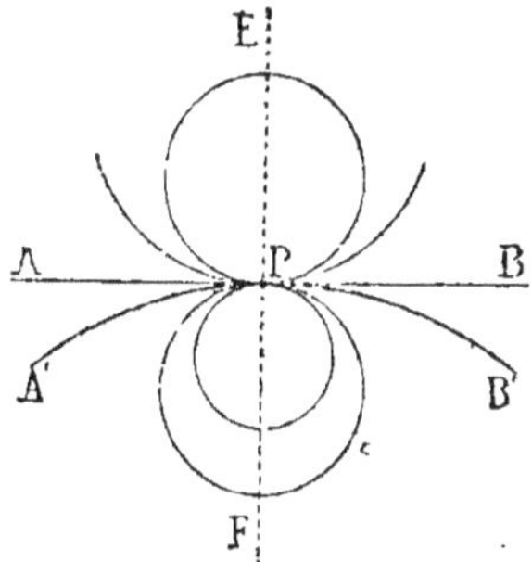

définie EF menée par le point P perpendiculairement ou normalement à la ligne donnée AB ou A'B'.

Exercice 38

Lieu 2. *Lieu des centres des circonférences tangentes à deux droites AB et CD qui se coupent.*

Ce lieu est le même que le lieu des points équidistants des deux

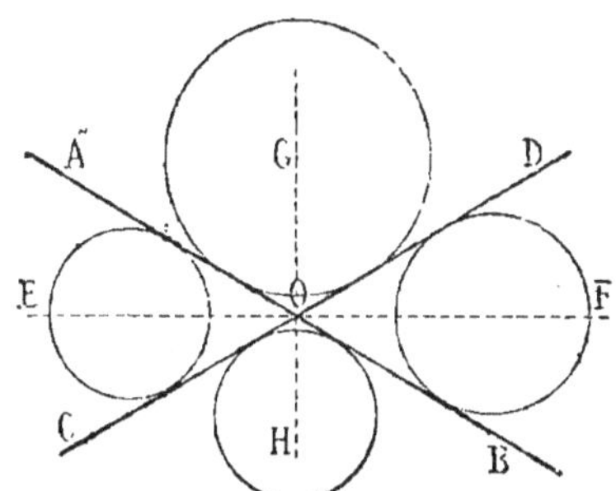

droites AB et CD : c'est l'ensemble des deux droites indéfinies EF et GH, qui servent de bissectrices aux angles formés en O.

Exercice 39

Lieu 3. *Une corde d'une longueur donnée AB se meut dans un cercle O; quel est le lieu décrit par son milieu M?*

La longueur de la corde étant constante, sa distance au centre est aussi constante (Géom., n° 115). Or cette distance est représentée par la droite OM qui joint le centre au milieu de la corde (Géom., n° 111, 4°). Donc le point M se meut sur la circonférence qui a OM pour rayon.

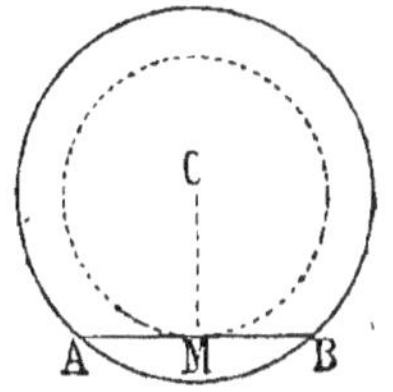

Remarque. Pour trouver le *lieu décrit par un point mobile,* on considère ce point en l'une de ses positions, et l'on cherche une relation constante de position ou de distance, entre le point mobile et quelque partie fixe de la figure.

Exercice 40

Lieu 4. *Lieu des points d'où une droite donnée est vue sous un angle donné.*

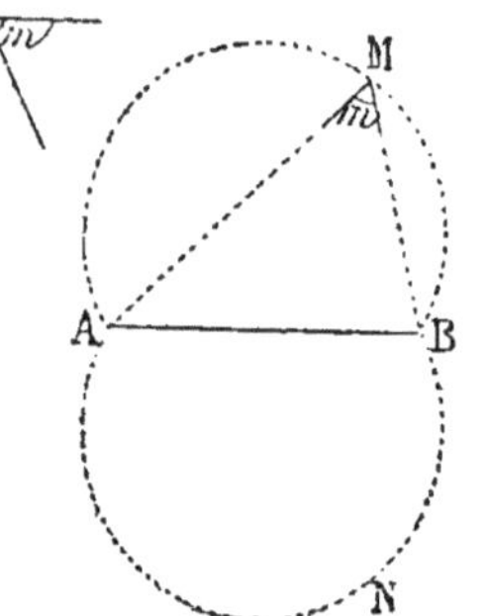

Considérons un point M remplissant la condition demandée. L'angle AMB doit être constant, et égal à *m.* Donc le point M peut se mouvoir sur l'arc AMB, capable de l'angle *m.*

Un second arc ANB décrit de l'autre côté de la droite, complète le lieu demandé.

Remarque. Pour trouver le *lieu des points qui remplissent une condition donnée,* on considère un point que l'on suppose dans la condition demandée, et l'on cherche à établir une relation constante de position ou de distance, entre ce point et quelque partie fixe de la figure.

Exercice 41

Lieu 5. *Une droite d'une longueur donnée AB se meut parallèlement à elle-même, en conservant l'une de ses extrémités A sur une circonférence donnée C, ou sur un polygone donné; quel est le lieu décrit par l'autre extrémité B?*

Considérons la droite mobile AB en l'une quelconque de ses positions; menons le rayon CA, et achevons le parallélogramme CABD.

Cette construction pourra se répéter pour toutes les positions de AB; la droite CD restera fixe, et égale à AB; la distance BD

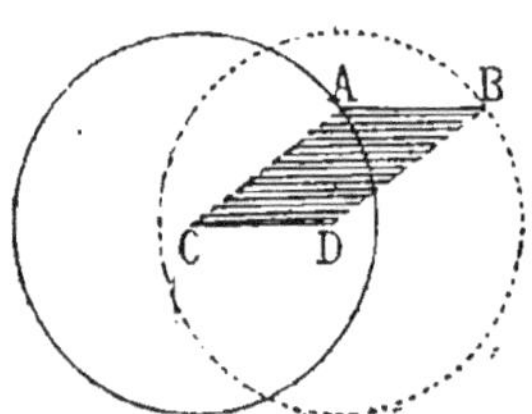 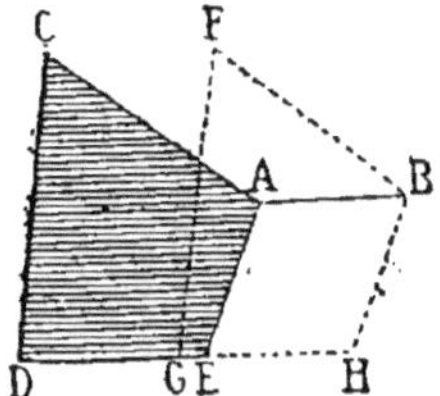

est égale à CA, rayon du cercle donné. Donc le lieu décrit par le point B est une circonférence égale à la circonférence donnée, et ayant le point D pour centre.

S'il s'agit d'un polygone, on peut imaginer que toute la figure glisse sur son plan, de manière que tous les côtés restent parallèles à eux-mêmes; en ce cas, chaque point du périmètre décrit l'une des positions de la droite mobile; et l'on obtient une nouvelle figure égale à la première.

Exercice 42

Lieu 6. *Lieu des milieux des cordes qui concourent en un même point* A.

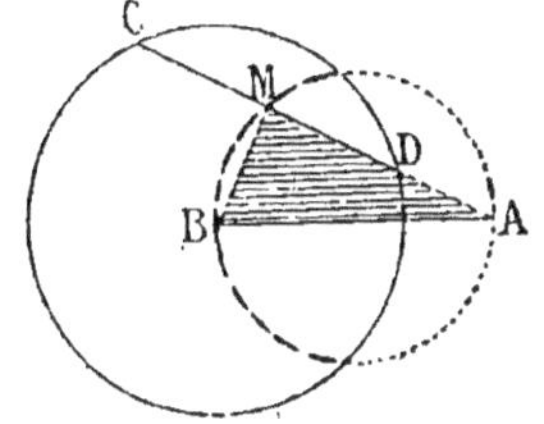

Soit B le cercle donné. Considérons une corde quelconque CD dans la direction du point A. Le milieu de cette corde se trouve au pied de la perpendiculaire BM abaissée du centre. ABM est donc un triangle rectangle, ayant AB pour hypoténuse fixe. Ainsi le lieu demandé est la circonférence décrite sur AB comme diamètre, ou plutôt la partie de cette circonférence comprise dans le cercle donné.

Exercice 43

Lieu 7. *Lieu des points d'où les tangentes menées à une circon-férence donnée* A *sont d'une longueur donnée* m.

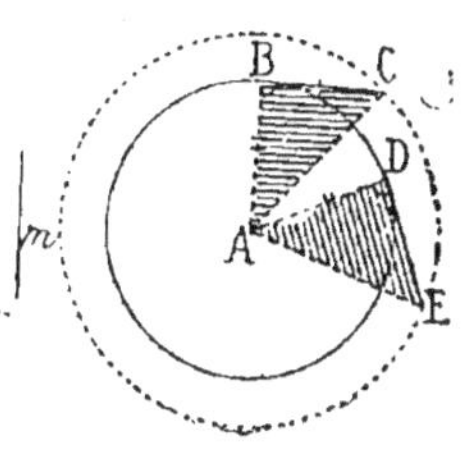

Considérons deux tangentes quelconques BC et DE ayant la longueur donnée m. Menons AB, AC, AD, AE. Les triangles ABC et ADE sont égaux comme ayant en B et D un angle égal compris entre des côtés respectivement égaux; donc AC = AE. Ainsi la distance du centre à l'extrémité libre de la tangente est constante. Le lieu demandé sera donc la circonférence ayant A pour centre, et AC pour rayon.

Exercice 44

Lieu 8. *Lieu des points d'où un cercle* C *est vu sous un angle donné* m.

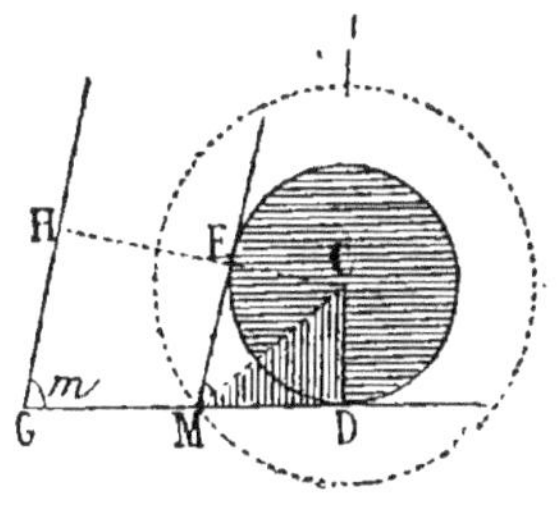

Soit M un point remplissant la condition voulue. Menons CM, puis CD au point de contact de la tangente.

L'angle M devant être constant, il en sera de même de sa moitié, et par suite aussi du complément, qui est l'angle C. Donc le triangle CDM est constant, car, en toutes les positions, il aura un côté égal CD, adjacent à des angles constants C et D.

Ainsi la distance CM est constante, et le lieu demandé est la cir-conférence décrite avec CM pour rayon.

Remarque. Pour obtenir un premier point du lieu, on mène une tangente GD; en un point quelconque G, on construit l'angle donné *m*; on mène CH perpendiculaire à GH, puis EM parallèle à GH.

Exercice 45

Lieu 9. *Lieu décrit par le milieu M d'une droite finie AB qui se meut dans un angle droit C, de manière que ses extrémités glissent sur les côtés de l'angle.*

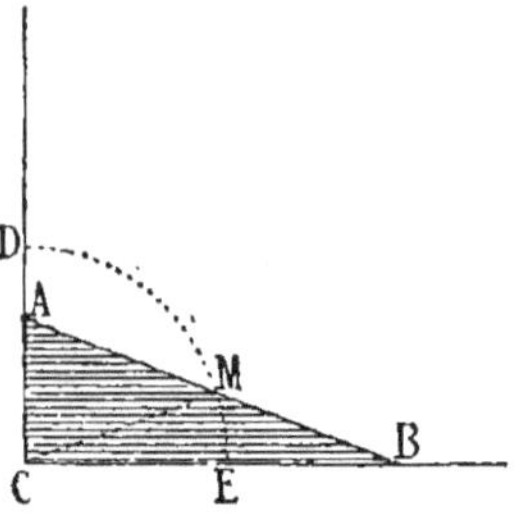

Soit AB une position quelconque de la droite mobile. Joignons son milieu M au point C.

La droite CM étant médiane sur l'hypoténuse du triangle rectangle ACB, égale $\frac{1}{2}$ AB (liv. I, exerc. 40); et comme AB est une longueur constante, il en est de même de CM. Ainsi le point M se meut sur l'arc DME, décrit du point C avec CM pour rayon.

Exercice 46

Lieu 10. *Un triangle a pour base une corde fixe AB d'un cercle, et le troisième sommet M se meut sur l'arc sous-tendu AMB; quel est le lieu décrit par le point de concours des bissectrices du triangle mobile? — Quel est le lieu du point de concours des hauteurs de ce même triangle?*

1° L'angle M est constant, car il a toujours pour mesure la moitié de l'arc ANB; donc les angles A et B du triangle font une somme constante, et il en est de même de leurs moitiés *m* et *n*.

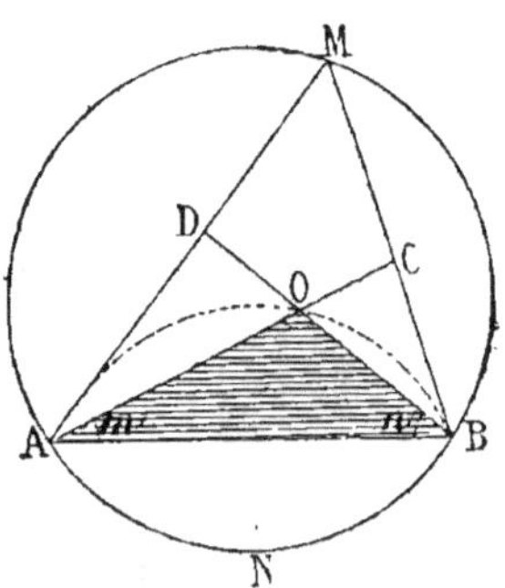

Ainsi dans le triangle AOB, l'angle O est constant; et le lieu du point O est l'arc AOB capable de l'angle O.

Pour répondre complétement à la question, il faut exprimer l'angle O en fonction de l'angle M. Cet angle O est le supplément de la somme *m*+*n*. La somme A+B+M=2 droits; donc

$$m+n+\tfrac{1}{2}\,M=1 \text{ droit.}$$

Ainsi la somme $m+n$ a pour complément $1/_2$ M, et par suite pour supplément 1 droit+$1/_2$ M. Donc l'angle O $=$ 1 droit+$1/_2$ M.

2° L'angle M est constant, et par suite aussi la somme A+B. Or, à cause des triangles rectangles ABD et ABC, les angles A et B ont respectivement pour compléments m et n. La somme $m+n$ est donc constante, aussi bien que son supplément O.

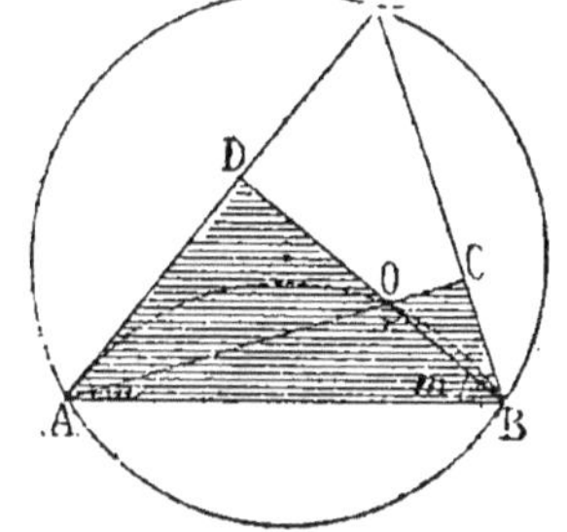

Ainsi le point de rencontre des hauteurs est sur l'arc AOB capable de l'angle O. On a d'ailleurs

A$+m=$1 droit; B$+n=$ 1 droit;

donc la somme A$+$B est le supplément de $m+n$, et est égale à l'angle O ; et l'angle M, supplément de A$+$B, est aussi supplément de O.

Exercice 47

Lieu 11. *Lieu des centres des circonférences décrites avec un rayon donné* r, *et qui interceptent, sur une droite donnée* AB, *des cordes d'une longueur donnée* m.

Soit O un point du lieu demandé. Le triangle OGH est déterminé en grandeur par la corde m et le rayon r. Le lieu cherché est donc le même que le lieu qui serait décrit par le point O si le triangle OGH glissait sur le plan, en conservant sa base GH sur la droite AB.

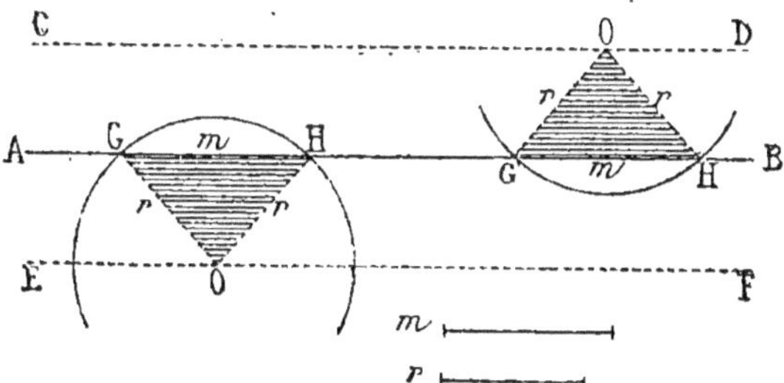

Ce lieu se compose des deux droites CD et EF menées parallèlement à AB, de part et d'autre de cette droite.

Pour déterminer un premier point O, on portera la longueur donnée m sur la droite AB, en GH, par exemple; des points G et H comme centres, avec r pour rayon, on décrira des arcs dont la rencontre donnera le point O.

Exercice 48

Lieu 12. *Lieu des points tels que la somme des distances de chacun d'eux aux trois côtés d'un triangle équilatéral* ABC *soit égale à une longueur donnée* z.

Considérons un point quelconque O en dehors du triangle équilatéral. On sait que, si l'on prend négativement la distance OR qui tombe à l'extérieur du côté BC, on a (Livre I, Exerc. 27, Scolie) :

$$m+n-r=\text{AD, hauteur du triangle.}$$

Ajoutons $2r$, il vient $m+n+r=\text{AD}+2r=\text{AL.}$

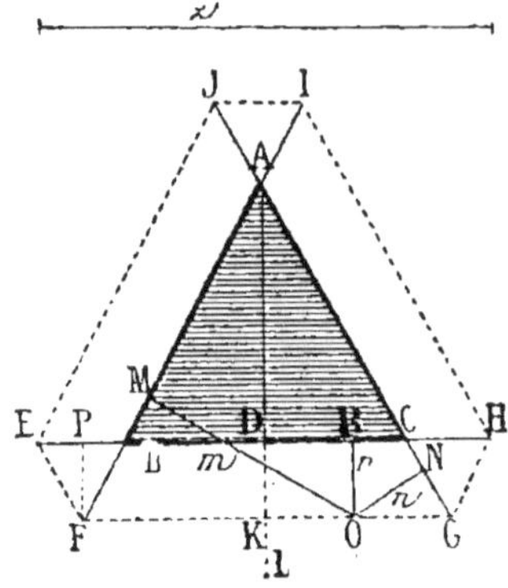

Et cela sera vrai pour tout point pris sur l'une des lignes FG, HI, JE, menées parallèlement aux côtés, à la distance r.

Il en est de même pour tout point pris sur l'une des droites EF, GH, IJ ; car pour un point quelconque pris sur EF, la distance au côté AC est la même que pour le point F lui-même, ces deux lignes étant parallèles ; et la somme des distances aux deux autres côtés est égale à FP ou r, l'une des hauteurs égales du triangle EFB (Livre I, Exercice 25).

Ainsi la propriété est vraie pour tous les points du périmètre de l'hexagone EFGHIJ.

Il reste à indiquer la construction à faire pour que l'on ait $m+n+r$ $=z$, longueur donnée. Or on a vu que $m+n+r=\text{AD}+2r=\text{AL}$; il suffit donc de mener la hauteur AD prolongée, de porter la longueur z en AL. C'est à la distance DK, moitié de DL, qu'il faut mener des parallèles aux côtés.

Scolie. La longueur donnée z ne peut être inférieure à la hauteur du triangle donné. Si l'on a $z=\text{AD}$, le lieu est le périmètre du triangle, et même tout l'intérieur de ce même triangle.

PROBLÈMES

Exercice 49

Problème 1. *Par un point donné, mener une droite qui passe à égale distance de deux points donnés.*

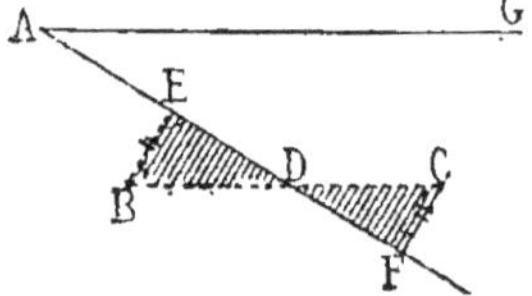

Considérons une droite AF passant à égale distance de deux points quelconques B et C, de sorte que l'on ait BE=CF, et menons BC.

Les deux droites BE et CF, perpendiculaires à la même droite AF, sont paral-

lèles l'une à l'autre; donc les deux triangles BDE et CDF sont égaux,
et l'on a DB = DC.

Ainsi la droite demandée doit passer par le milieu de la droite qui
joint les deux points donnés.

Remarque. On a une seconde réponse au problème, en menant, par
le point donné, une droite AG parallèle à BC.

Exercice 50

Problème 2. *Par un point donné A, mener une droite qui coupe
une droite donnée BC sous un angle donné m.*

En un point quelconque B de la droite donnée, on construit dans

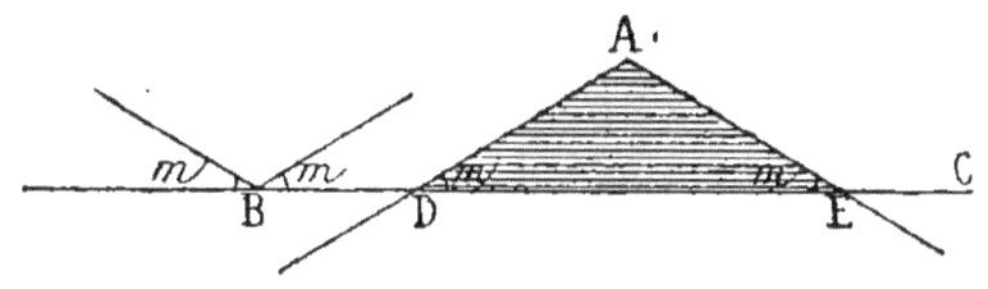

les deux sens l'angle donné *m*, et par le point A, on mène des
droites AD et AE parallèles aux droites menées en B.

Exercice 51

Problème 3. *Étant donnés un point fixe A et deux droites parallèles CD et EF, mener par le point A une sécante AE telle que la
partie CE comprise entre les deux parallèles soit d'une longueur
donnée r.*

D'un point quelconque B pris sur l'une des parallèles, et avec un
rayon égal à la longueur donnée *r*, on décrit un arc qui coupe l'autre

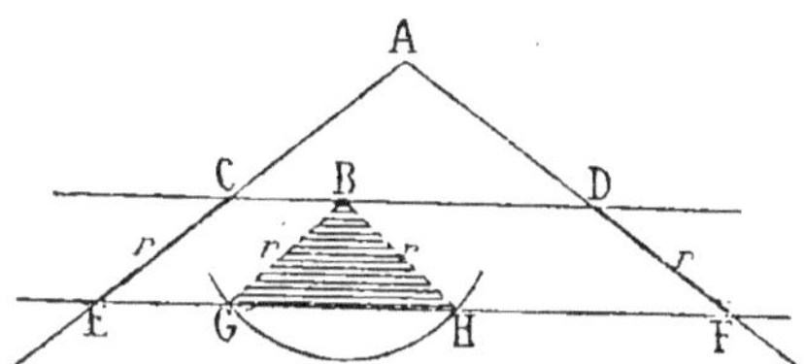

parallèle en G et H; on mène BG et BH, puis AE et AF parallèles
à BG et BH.

On a CE = BG, et DF = BH...

Remarque. La longueur donnée *r* ne peut être moindre que la distance des deux parallèles.

Nous avons donné immédiatement la solution des deux problèmes
qui précèdent, parce que cette solution se présente à l'esprit presque
sans recherche; il en est de même du suivant et de quelques autres.

Exercice 52

Problème 4. *Étant donnés un cercle B et un point fixe A, mener par ce point une sécante telle que la partie CD comprise dans le cercle soit d'une longueur donnée m.*

D'un point quelconque G, pris sur la circonférence donnée, et avec un rayon égal à la longueur donnée *m*, on décrit un arc qui coupe

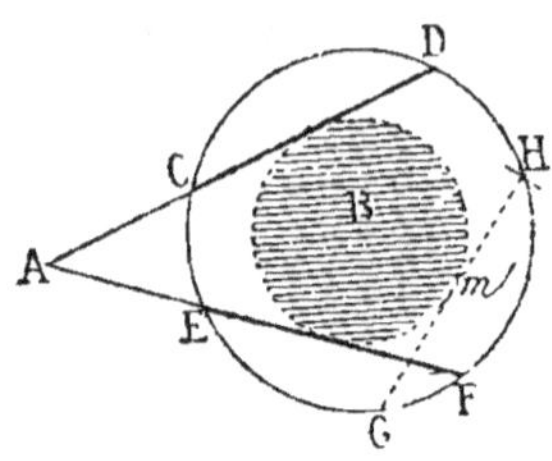

en H la circonférence donnée ; on décrit, du point B, une circonférence tangente à la corde GH, et l'on mène, tangentiellement à cette circonférence auxiliaire, les droites AD et AF, qui satisfont au problème.

Car les cordes CD, EF et GH sont égales, comme également éloignées du centre.

Exercice 53

Problème 5. *Étant donnés la bissectrice GH, et AB l'un des côtés d'un angle, trouver l'autre côté sans recourir au sommet.*

On sait que toute droite menée dans un angle perpendiculaire-

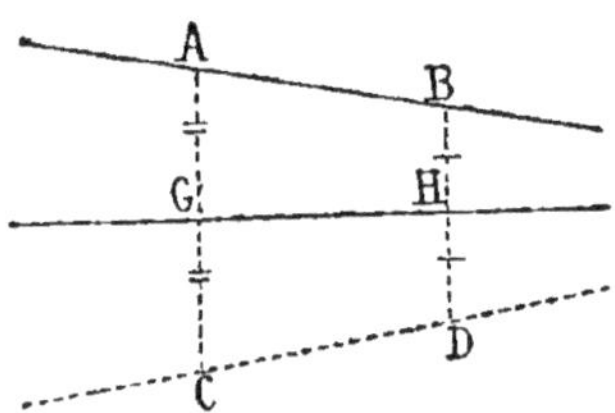

ment à la bissectrice a son milieu sur cette bissectrice (Livre I, Exercice 16, Scolie).

On mènera donc deux droites quelconques AGC et BHD perpendiculaires à la bissectrice, on portera GA en GC, HB en HD, et on tracera CD, qui est l'autre côté de l'angle.

Exercice 54

Problème 6. *Un point O étant donné dans l'ouverture d'un angle A, tracer, d'un côté à l'autre, une sécante qui ait ce point pour milieu.*

Soit BC la sécante à obtenir. Si, par le point O milieu de BC, on

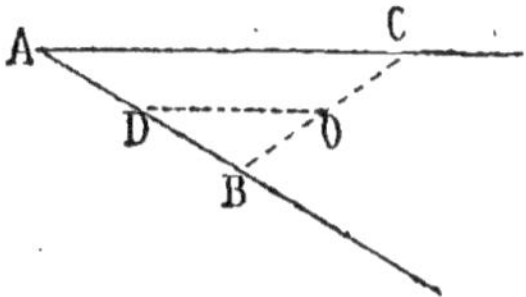

mène OD parallèle à AC, le point D sera le milieu de AB (Livre I, Exercice 28, Corollaire).

Donc, pour résoudre la question, il faut mener OD parallèle à AC, porter DA en DB, et tracer BOC, qui est la sécante demandée.

Exercice 55

Problème 7. *Mener, à l'un des côtés d'un triangle, une parallèle qui soit égale à la somme ou à la différence des segments déterminés sur les deux autres côtés, entre les deux parallèles.*

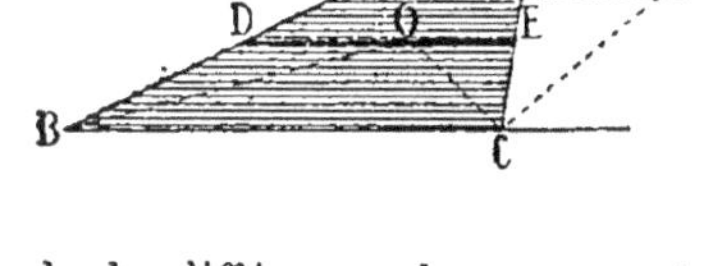

1° La droite DE menée parallèlement à BC, par le point de concours des bissectrices intérieures du triangle, égale la somme des segments BD et CE (Livre I, Exercice 52).

2° La droite FG étant menée parallèlement à BC, par le point de concours des bissectrices extérieures CF et AF, la partie intérieure GH égale la différence des segments BG et CH (Livre I, Exercice 52, Scolie, à la fin).

Comme le côté BC est censé désigné par le problème, on obtiendra le point F par la rencontre de la bissectrice extérieure CF avec la bissectrice intérieure BO convenablement prolongée.

Exercice 56

Problème 8. *Diviser un angle A en deux parties égales sans le secours du compas.*

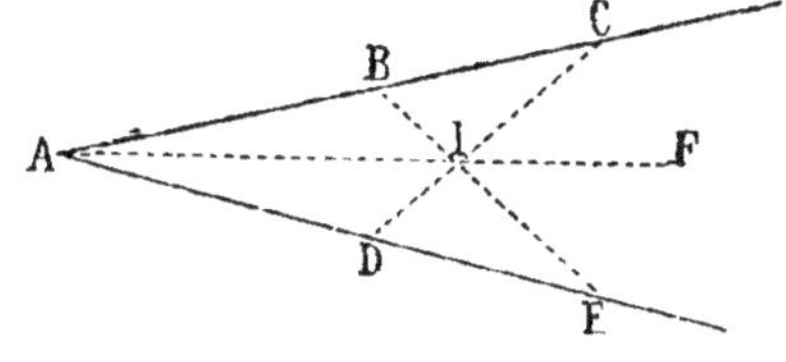

A l'aide d'une règle divisée, ou même d'une simple bande de papier, on marque, sur l'un des côtés, des longueurs quelconques AB et BC, que l'on reproduit sur l'autre côté, en AD et DE. On mène BE et CD, puis AIF, qui est la bissectrice cherchée. Car les droites BE et CD se croisent sur la bissectrice (Livre I, Exercice 19).

Exercice 57

Problème 9. *Un point A, étant donné sur l'un des côtés d'un angle B, trouver sur ce même côté un point équidistant du point donné et de l'autre côté de l'angle.*

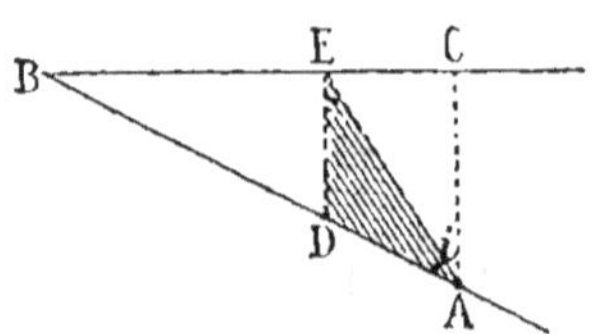

Analyse. Soit D le point à obtenir. Menons DE et AC perpendiculaires à BC ; menons aussi AE.

On doit avoir DA = DE ; donc le triangle ADE est isocèle, et ses angles A et E sont égaux.

Mais les angles E et *i* sont égaux comme alternes-internes ; donc AE est bissectrice de l'angle BAC, et c'est cette bissectrice qui permet de trouver le point E, et par suite le point cherché D.

Exercice 58

Problème 10. *Par l'un des points d'intersection de deux circonférences A et B, mener une sécante qui ait ce point pour milieu.*

Analyse. Soit EF une sécante qui ait pour milieu le point C. Des centres A et B, menons les perpendiculaires AG et BH, puis CI également perpendiculaire à EF.

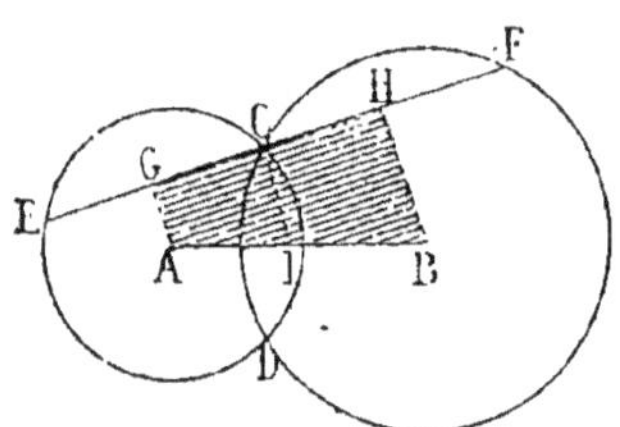

Les points G et H sont les milieux des cordes égales CE et CF ; on a donc CG = CH ; et dans le trapèze ABHG, la droite CI étant parallèle aux bases AG et BH, le point I est le milieu de AB (Livre I, Exerc. 45, Coroll.). Ainsi la sécante EF est perpendiculaire à la droite CI qui joint le point C au point I, milieu de la ligne des centres.

Exercice 59

Problème 11. *Par l'un des points d'intersection de deux circonférences A et B, mener une sécante qui soit d'une longueur donnée.*

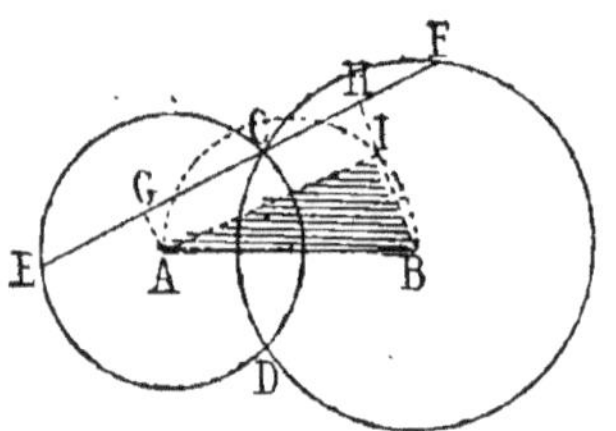

Considérons une sécante quelconque ECF ; menons les perpendiculaires AG et BH, puis AI parallèle à EF, et par suite perpendiculaire à BH.

Les points G et H sont les milieux des cordes CE et CF ; ainsi GH ou AI est la moitié de EF.

On aura donc la direction de EF si l'on construit sur AB comme hypoténuse, un triangle rectangle AIB, dans lequel le côté AI soit égal à la moitié de la longueur donnée.

A cette fin, on décrit sur AB une demi-circonférence; du point A, avec un rayon égal à la moitié de la longueur donnée, on décrit un arc qui coupe cette demi-circonférence en I, et l'on trace la sécante ECF parallèle à AI.

L'arc pouvant être décrit du point B comme du point A, il y a une seconde solution, que nous n'avons pas tracée, pour ne pas charger la figure.

Scolie. La longueur donnée ne peut surpasser le double de la distance des centres.

Exercice 60

Problème 12. *Par l'un des points d'intersection de deux circonférences A et B, mener la sécante la plus courte possible.*

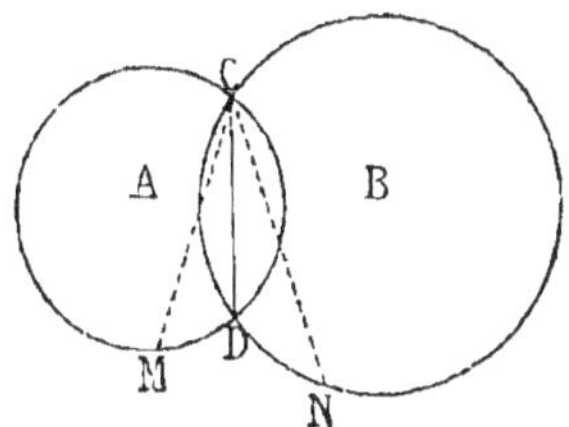

C'est la corde commune CD; car toute autre corde CM, CN, est plus longue comme étant plus rapprochée du centre.

Exercice 61

Problème 13. *Avec un rayon donné r, décrire une circonférence qui passe à égale distance de trois points, A, B, C, donnés non en ligne droite.*

On cherche le centre O de la circonférence qui passerait par les

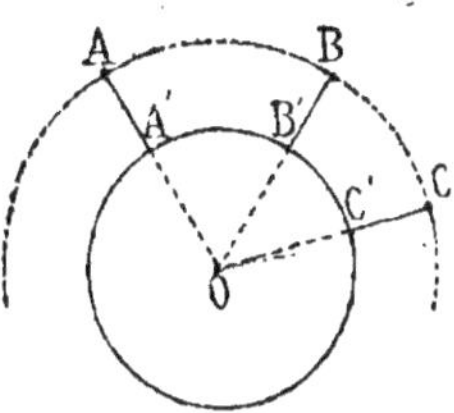

trois points donnés, et de ce point on décrit la circonférence demandée.

Exercice 62

Problème 14. *Décrire une circonférence qui passe à égale distance de quatre points, A, B, C, D, donnés non en ligne droite.*

2*

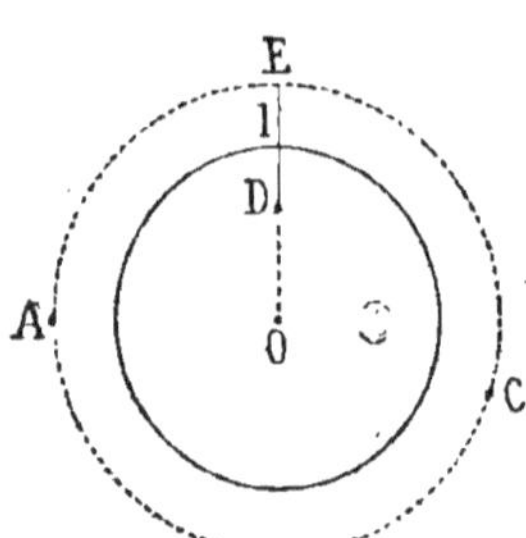

On décrit une circonférence par trois quelconques de ces points, A, B, C, par exemple. Par le centre O et par le quatrième point D, on trace ODE; on prend le point I au milieu de DE, et avec OI comme rayon, on décrit la circonférence demandée.

Chacun des quatre points donnés pouvant être pris comme quatrième, on aura, en général, 4 circonférences remplissant la condition imposée.

Le problème serait possible lors même que trois des points donnés seraient en ligne droite; mais l'une des quatre solutions disparaîtrait.

Exercice 63

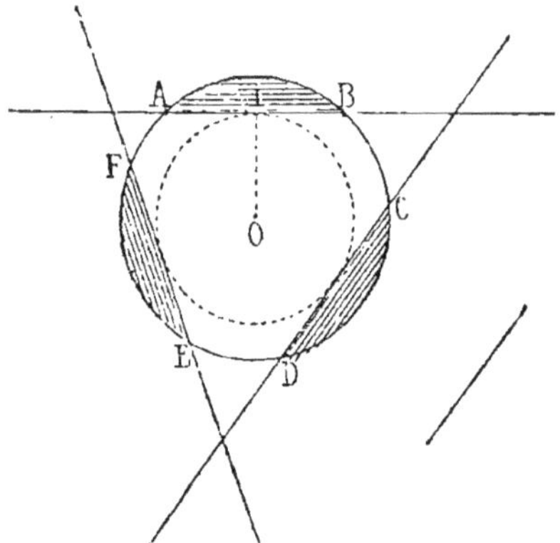

Problème 15. *Décrire une circonférence qui intercepte sur trois droites données, AB, CD, EF, des cordes égales, et d'une longueur donnée.*

En général, les droites données se rencontrent et forment un triangle. On trace la circonférence inscrite; on mène le rayon OI au point de contact de l'un des côtés; on porte en IA et en IB la moitié de la longueur donnée, et avec OA comme rayon, on décrit la circonférence demandée. Car les cordes AB, CD et EF sont égales comme également éloignées du centre.

Scolie. 1° Chacune des trois circonférences ex-inscrites fournit une autre solution.

2° Si deux des droites données sont parallèles, il n'y a plus que deux solutions.

Exercice 64

Problème 16. *Avec un rayon donné* r, *décrire une circonférence qui intercepte, sur une circonférence donnée* A, *une corde* CD *parallèle et égale à une droite donnée* m.

Analyse. Considérons le problème comme résolu. La corde CD ayant une longueur déterminée m, sa distance au centre est également déterminée, et cette corde doit être tangente à la circonférence auxiliaire décrite avec AI ou AJ. On détermine cette circonférence en menant une première corde EF égale à m.

Les deux droites CD et m devant être parallèles, sont perpendiculaires à la même droite AH, que l'on peut tracer dès le début; la corde CD est ainsi déterminée, et comme grandeur et comme position.

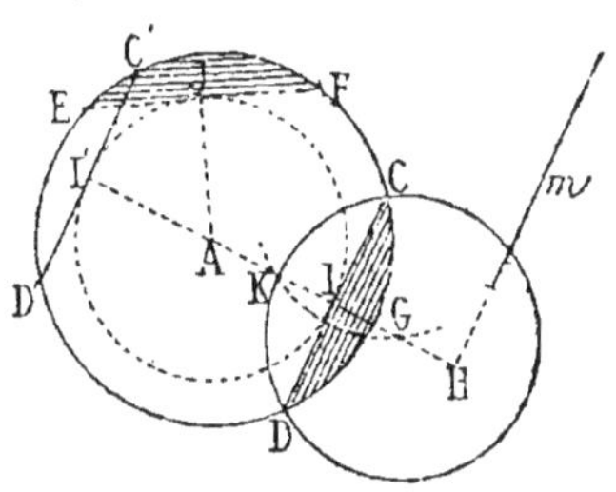

Le centre G de la circonférence demandée doit se trouver sur la direction AH; et puisque cette circonférence doit passer par le point C, on obtiendra son centre en coupant la droite AH par un arc décrit du point C avec r pour rayon.

Scolie. La circonférence décrite du point K avec r pour rayon, intercepterait la même corde CD; et cela fait deux solutions.

La corde pourrait occuper la position C'D', ce qui fournit deux autres solutions.

Exercice 65

Problème 17. *Avec un rayon donné* r, *décrire une circonférence qui intercepte sur deux droites données* AB *et* CD *des longueurs données* m *et* n.

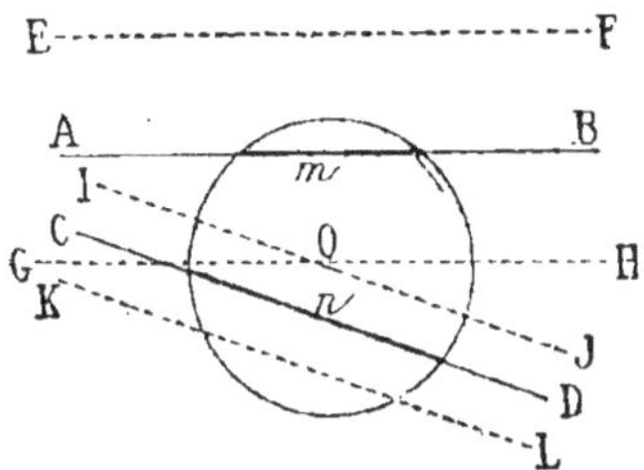

Pour chaque droite donnée, on décrit le lieu des centres des circonférences qui, avec le rayon donné, intercepteraient des cordes égales à la longueur donnée (Exerc. 47 ci-dessus). Les rencontres de ces lieux donnent quatre centres, et par suite quatre solutions.

Exercice 66

Problème 18. *Avec un rayon donné* r, *décrire une circonférence qui passe par un point donné* A, *et dont la plus courte distance à une circonférence donnée* B *soit d'une longueur donnée* e.

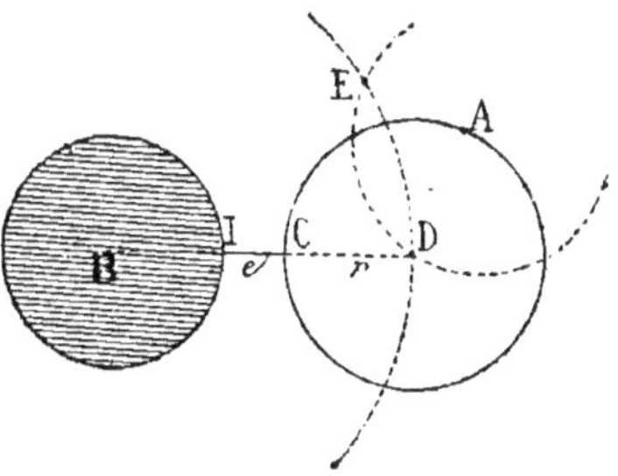

Analyse. La distance BD des deux centres doit être égale à la somme des rayons augmentée de la distance donnée e. Donc le centre D doit se trouver sur la circonférence décrite du point B, avec un rayon égal à cette longueur totale.

Puisque la circonférence demandée doit passer par le point A, son centre doit se trouver sur la circonférence décrite du point A avec le rayon r.

La rencontre de ces deux lieux géométriques donne généralement deux points D et E qui peuvent servir de centres à des circonférences répondant à la question.

Exercice 67

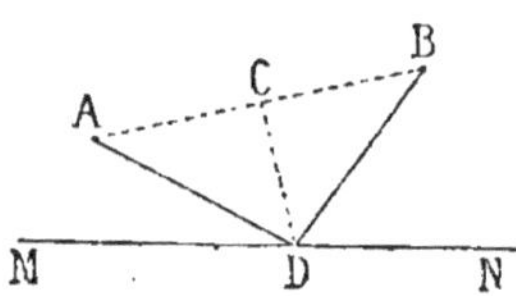

Problème 19. *Un chemin de fer* MN *passe en ligne droite à une certaine distance de deux villages* A *et* B, *qui doivent être desservis par une station équidistante de l'un et de l'autre. Déterminer la position de cette station.*

La droite CD, perpendiculaire au milieu de AB, détermine sur MN un point D équidistant des deux points A et B.

Exercice 68

Problème 20. *Deux murs* OC *et* OD *forment un angle quelconque; deux personnes placées en* A *et* B *dans cet angle, sont tournées l'une vers le mur* OC, *l'autre vers le mur* OD. *On demande où il faut placer deux miroirs* E *et* F *appliqués aux murs, pour que ces deux personnes puissent se voir l'une l'autre.*

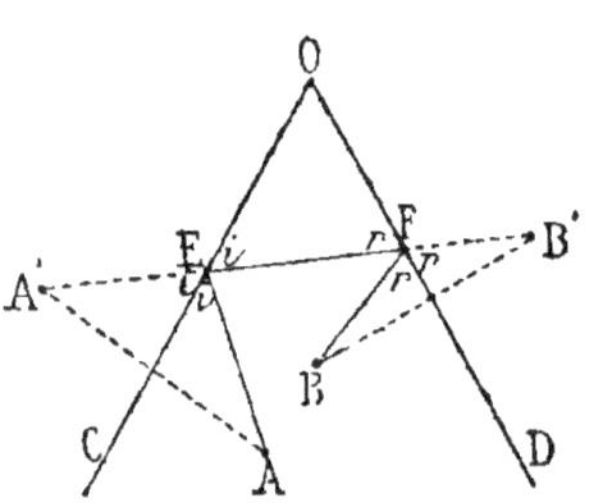

On détermine les points A′ et B′ symétriques de A et B par rapport aux droites OC et OD, et l'on trace A′B′ qui détermine en E et F les points demandés.

Car les angles marqués i sont égaux, ainsi que les angles marqués r; donc le rayon lumineux lancé en AE se réfléchit en EF, et celui-ci revient suivant FB. Réciproquement, le rayon lumineux qui part de B suivra le chemin brisé BFEA.

Exercice 69

Problème 21. *En se basant sur la propriété de l'angle inscrit, mener une perpendiculaire à l'extrémité d'une droite* AB *que l'on ne peut prolonger.*

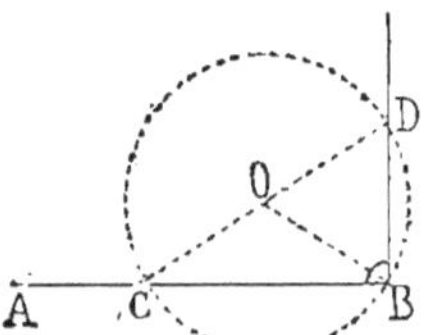

D'un point O pris à volonté, et avec la distance OB pour rayon, on décrit une circonférence; on trace le diamètre COD, puis la droite BD qui est la perpendiculaire demandée.

Car l'angle B, inscrit dans un demi-cercle, est droit.

Exercice 70

Problème 22. *Construire un triangle, connaissant :*

1° *Deux côtés* AB *et* BC, *et la médiane* AD *qui tombe sur l'un d'eux;*

2° *Deux côtés* AB *et* AC, *et la médiane comprise* AD;

3° *Un côté* BC, *et les deux médianes* BE *et* CF *qui partent de ses extrémités;*

4° *Deux médianes* AD *et* BE, *et le côté* BC *sur lequel tombe l'une d'elles;*

5° *Les trois médianes.*

La question proposée revient à celle-ci : *Reproduire* le triangle ABC à l'aide des données suivantes : 1° deux côtés AB et BC, et la médiane AD qui tombe sur l'un d'eux; 2°....., etc. Et telle est la forme sous laquelle on peut traduire toutes les questions où il s'agit de construire une figure avec des éléments donnés.

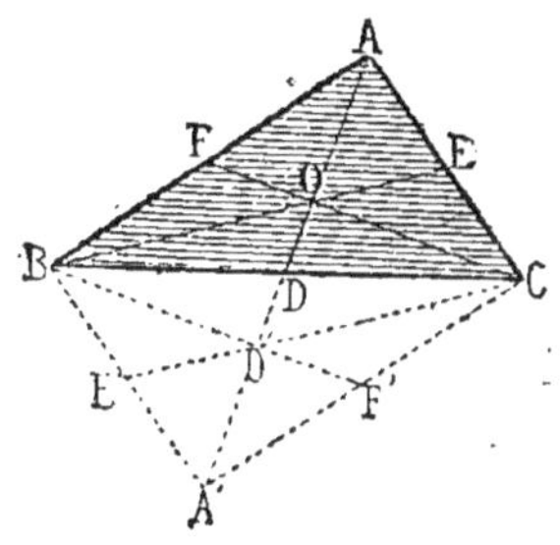

Prolongeons la médiane AD de sa propre longueur, en DA', et menons BA' et CA', puis, dans le triangle BCA', les médianes BF' et CE'. La figure totale ayant pour diagonales les droites BC et AA' qui se coupent en leurs milieux, est un parallélogramme. Comme les médianes d'un triangle se coupent aux $2/3$ de leur longueur, on a DO=DO', et la figure BOCO' est aussi un parallélogramme.

Enfin, remarquons que si, avec les données, on peut reproduire l'un quelconque des triangles ou des parallélogrammes de la figure, on achèvera facilement le triangle proposé.

1° Avec les côtés AB et BC, et la médiane AD, on peut construire le triangle ABD, qui permettra ensuite de trouver le sommet C.

2° Avec les côtés AB et AC, et la médiane AD, on peut construire le triangle ABA' (en prenant BA'=AC, et AA'=2AD); dans ce triangle ABA', on mènera la médiane BD, que l'on prolongera de sa propre longueur, ce qui donnera le troisième sommet C du triangle à construire.

3° Avec le côté BC et les médianes BE et CF, on peut construire le triangle BOC, en prenant les $2/3$ des médianes données; on prolonge ensuite ces médianes de manière à leur donner leur vraie longueur, et l'on trace les droites BF et CE dont la rencontre détermine le sommet A.

4° Avec les médianes AD et BE, et le côté BC, on peut construire le triangle BOD; après quoi on donne aux droites BDC et DOA leur vraie longueur, ce qui détermine les sommets C et A.

5° Avec les trois médianes, on peut construire le triangle BOO', qui a pour côtés les $2/3$ des médianes données. Dans ce triangle, on mènera la médiane BD, que l'on prolongera de sa propre longueur, ce qui donnera le sommet C; enfin on donnera à DOA sa vraie longueur, ce qui donnera le sommet A.

Exercice 71

Problème 23. *Construire un triangle, connaissant les milieux des trois côtés.*

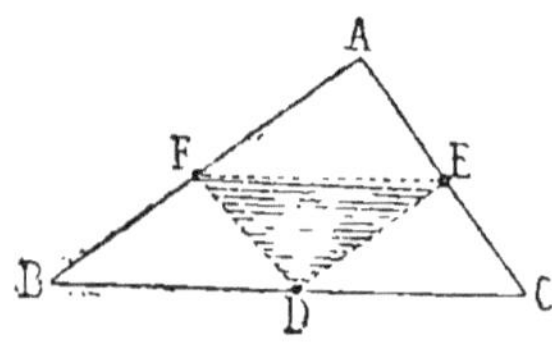

Analyse. Soit ABC un triangle quelconque, et D, E, F, les milieux des trois côtés. Les côtés du triangle DEF sont parallèles à ceux du triangle ABC (Livre 1, Exerc. 28); donc, si l'on nous donne seulement les points D, E, F, nous construirons le triangle DEF, et par les trois sommets, nous mènerons des parallèles aux côtés opposés, ce qui formera le triangle ABC.

Exercice 72

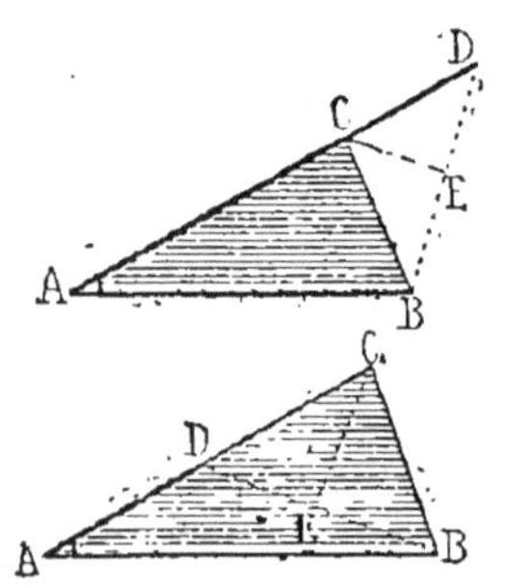

Problème 24. *Construire un triangle, connaissant un côté, un angle adjacent, et la somme ou la différence des deux autres côtés.*

Soit à reproduire le triangle ABC, en prenant le côté AB, l'angle A, et la somme ou la différence AD des deux autres côtés.

On peut construire l'angle A, et porter sur ses côtés les longueurs AB et AD. La partie CD étant égale à CB, le triangle BCD est isocèle, on tracera donc BD, et, en son milieu, la perpendiculaire EC, qui déterminera le troisième sommet du triangle.

Exercice 73

Problème 25. *Construire un triangle, connaissant le périmètre et les angles.*

Analyse. Considérons un triangle quelconque ABC; prolongeons BC, portons BA en BD, et CA en CE, et menons AD et AE.

Le triangle ABD étant isocèle, son angle D est la moitié de l'angle B extérieur au triangle ABD. De même l'angle $E = 1/2\,C$.

On peut donc tracer une droite DE égale au périmètre donné, et

construire en D et E des angles qui soient moitiés de deux des angles
donnés; cela détermine le sommet A; les perpendiculaires FB et GC,

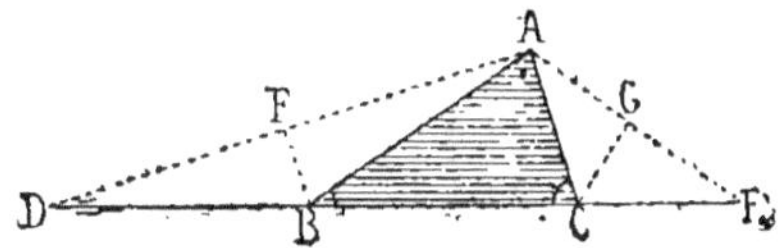

élevées sur les milieux de AD et AE, donnent les deux autres sommets B et C.

Exercice 74

Problème 26. *Construire un triangle isocèle, connaissant :*
1° *La base* BC, *et la hauteur* AD;
2° *La base* BC, *et l'angle adjacent* B *ou* C;
3° *La base* BC, *et l'angle au sommet* A;
4° *La base* BC, *et le rayon* DE *du cercle inscrit;*
5° *La base* BC, *et le rayon* BF *du cercle circonscrit;*
6° *La hauteur* AD, *et l'un des angles égaux* B *ou* C.

Soit ABC le triangle isocèle à reproduire.

1° Avec la base BC et la hauteur AD,
on établit cette dernière ligne perpendiculairement sur le milieu de la première,
et l'on a ainsi les trois sommets.

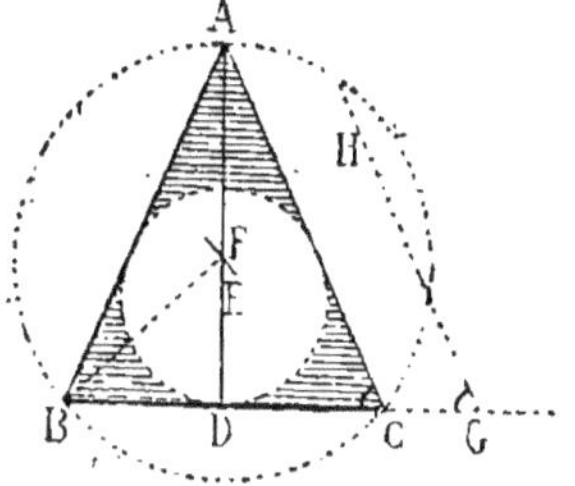

2° Avec la base BC et l'angle adjacent
B ou C, on construit cet angle aux deux
extrémités de la base, et le troisième
sommet se trouve déterminé.

3° Avec la base BC et l'angle au sommet A, on peut décrire sur la
base un segment capable de l'angle donné; une perpendiculaire au
milieu de la base détermine le troisième sommet.

4° Avec la base BC et le rayon DE du cercle inscrit, on élève au
milieu de la base une perpendiculaire indéfinie, sur laquelle on porte
le rayon DE; on décrit ce cercle, et par les points B et C on mène
des tangentes qui déterminent le sommet A.

5° Avec la base BC et le rayon BF du cercle circonscrit, on élève
au milieu de la base une perpendiculaire indéfinie; du point B, avec
le rayon donné, on coupe cette perpendiculaire en F; du point F on
décrit la circonférence circonscrite, qui détermine le sommet A.

6° Avec la hauteur AD et l'un des angles égaux, on trace la hauteur AD et une perpendiculaire indéfinie BG; en un point quelconque G, on construit l'angle donné, puis on mène AC parallèle
à GH; on porte DC en DB, et l'on a les trois sommets.

Exercice 75

Problème 27. *Construire un triangle, connaissant :*
1° *Deux côtés AB et BC, et la hauteur AD qui tombe sur l'un d'eux ;*
2° *Deux côtés AB et AC, et la hauteur comprise AD ;*
3° *Un côté BC, et les deux hauteurs BE et CF qui partent de ses extrémités ;*
4° *Deux hauteurs AD et BE, et le côté BC sur lequel tombe l'une d'elles.*

Soit ABC le triangle à reproduire.

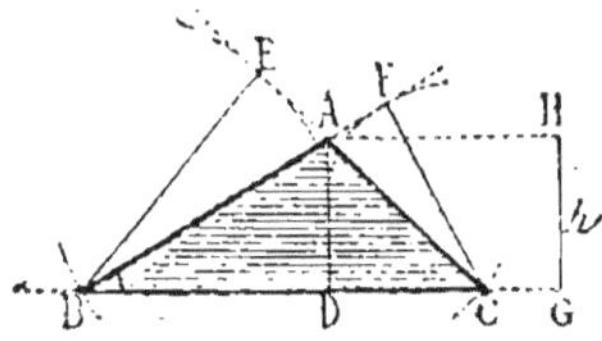

1° Si l'on connaît les côtés AB et BC, et la hauteur AD, on tracera une droite BC indéfinie, et, en un point quelconque D, on élèvera la hauteur DA ; du point A, avec le côté AB pour rayon, on coupera BC en B, et l'on donnera à BC sa vraie longueur.

2° Si l'on connaît les côtés AB et AC, et la hauteur AD, on posera cette hauteur AD sur une droite indéfinie BC ; du point A comme centre, avec des rayons égaux aux côtés donnés, on coupera BC en B et en C, ce qui déterminera complétement le triangle.
Remarque. Si la hauteur devait tomber en dehors du triangle, cette condition devrait être énoncée pour que le problème fût complétement déterminé.

3° Si l'on connaît le côté BC, et les hauteurs BE et CF, on trace d'abord le côté BC ; des points B et C, avec des rayons égaux aux hauteurs données, on décrit des arcs indéfinis, en E et F, et l'on mène à ces arcs les tangentes BF et CE, dont la rencontre en A détermine le troisième sommet du triangle.

4° Si l'on connaît les hauteurs AD et BE, et le côté BC, on trace ce côté BC ; du point B, avec un rayon égal à BE, on décrit en E un arc auquel on mène la tangente CE ; en un point quelconque de la direction BC, on élève une perpendiculaire GH égale à la hauteur qui doit tomber sur BC, et l'on mène parallèlement à BC la droite HA, qui détermine le troisième sommet A du triangle.

Exercice 76

Problème 28. *Construire un triangle, connaissant :*
1° *Un angle B, un côté BC de cet angle, et la hauteur AD qui tombe sur ce côté ;*
2° *Un angle B, un côté BC de cet angle, et la hauteur BE qui part du sommet de ce même angle ;*
3° *Un angle B, et les deux hauteurs opposées AD et CF ;*

4° *Un angle* B, *la hauteur* BE *qui tombe sur le côté opposé, et* AD *l'une des deux autres hauteurs.*

Soit ABC le triangle à reproduire.

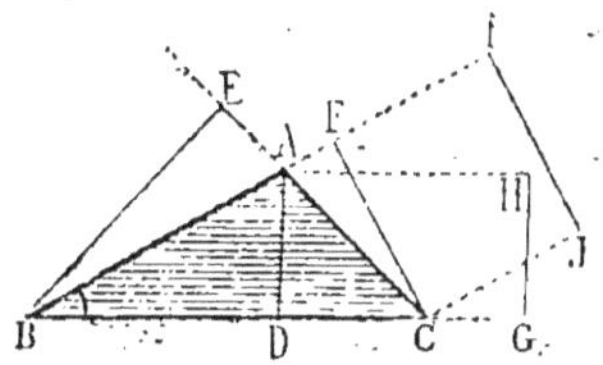

1° Si l'on connaît l'angle B, le côté BC, et la hauteur AD, on peut tracer BC, construire l'angle B, mener à volonté GH perpendiculaire à BC, et égal à la hauteur donnée, puis HA parallèle à BC, ce qui détermine le troisième sommet A.

2° Si l'on connaît l'angle B, le côté BC, et la hauteur BE, on peut tracer BC, et construire l'angle B; décrire, du point B, avec un rayon égal à la hauteur donnée, un arc en E, et mener la tangente CE qui détermine le troisième sommet A.

3° Si l'on connaît l'angle B, et les deux hauteurs opposées AD et CF, on peut construire l'angle B; mener à volonté GH perpendiculaire à BC, et égal à l'une des hauteurs données, puis HA parallèle à BC, ce qui détermine un second sommet A. Une construction analogue détermine le troisième sommet C.

4° Si l'on connaît l'angle B, et les hauteurs BE et AD, on peut construire l'angle B; mener à volonté GH perpendiculaire à BC, et égal à la seconde des hauteurs données, puis HA parallèle à BC, ce qui détermine un second sommet A; décrire, du point B, avec un rayon égal à l'autre hauteur, un arc en E, et mener la tangente indéfinie AE, qui détermine le troisième sommet C.

Exercice 77

Problème 29. *Construire un triangle, connaissant :*
1° *Un côté* BC, *un angle adjacent* B, *et la médiane* AD *qui tombe sur ce côté;*
2° *Un côté* BC, *un angle adjacent* B, *et la médiane* CF *qui tombe sur l'autre côté de cet angle.*

Soit ABC le triangle à reproduire.

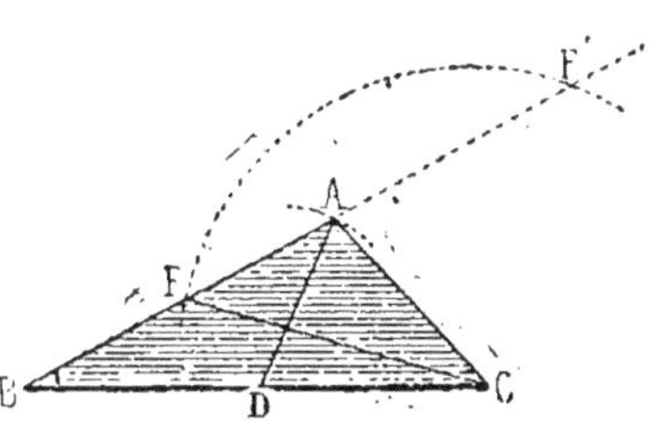

1° Si l'on connaît le côté BC, l'angle B, et la médiane AD, on trace BC, et l'on construit l'angle B; du point D, milieu de BC, avec un rayon égal à la médiane donnée, on décrit un arc qui détermine le troisième sommet A.

Si l'on a DA<DB, l'arc décrit du point D coupe BA en deux points, et il y a deux solutions.

2° Si l'on connaît le côté BC, l'angle B, et la médiane CF, on trace BC, et l'on construit l'angle B; du point C, avec un rayon égal à la médiane donnée, on en décrit un arc qui détermine le pied F de cette médiane; en portant FB en FA, on obtient le troisième sommet A.

Si l'on a CF < CB, l'arc décrit du point C coupe BA en deux points, et il y a deux solutions.

Exercice 78

Problème 30. *Construire un triangle connaissant les centres D, E, F, des cercles ex-inscrits.*

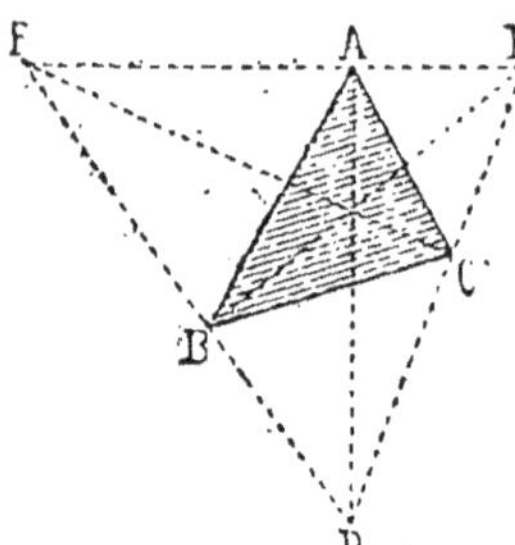

On sait que les centres des cercles ex-inscrits sont les sommets d'un triangle dont les hauteurs se confondent avec les bissectrices intérieures du premier triangle (Exerc. 13 ci-dessus). On retrouvera donc le triangle primitif en traçant le triangle DEF et ses trois hauteurs. Les pieds A, B, C, de ces hauteurs seront les sommets du triangle demandé.

Exercice 79

Problème 31. *Construire un triangle connaissant les pieds des trois hauteurs.*

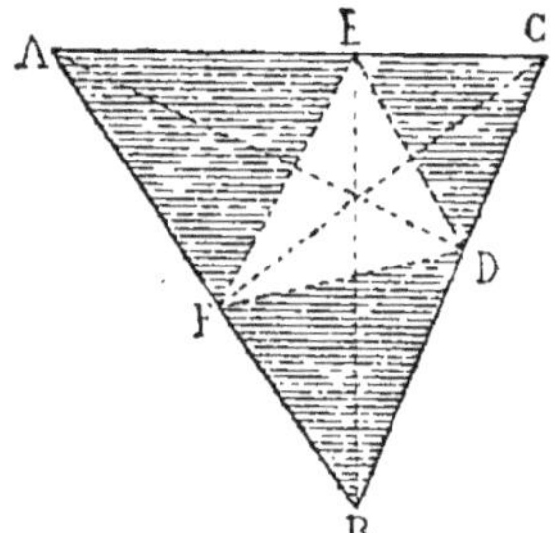

Soit ABC le triangle à reproduire à l'aide des points D, E, F, pieds des trois hauteurs. On sait que les trois hauteurs d'un triangle ABC servent de bissectrices au triangle DEF qui a pour sommets les pieds de ces mêmes hauteurs (Exerc. 14, ci-dessus).

On tracera donc le triangle DEF, puis ses trois bissectrices; par les points D, E, F, on mènera des perpendiculaires à ces bissectrices, ce qui donnera le triangle ABC.

Exercice 80

Problème 32. *Construire un triangle, connaissant un côté BC, l'angle opposé A, et la somme ou la différence des deux autres côtés.*

Soit ABC le triangle à reproduire.

1° Prolongeons BA, et portons AC en AD; le triangle CAD est isocèle; la somme des angles égaux C et D égale l'angle A, extérieur à ce triangle; ainsi l'angle D = 1/2 A.

On peut donc construire un angle D égal à la moitié de l'angle donné, prendre DB égal à la longueur donnée pour la somme de deux côtés; décrire, du point B, avec un rayon égal au côté donné, un arc qui coupe DC, ce qui donne un second sommet C; enfin, élever au milieu de CD, la perpendiculaire EA, qui détermine le troisième sommet.

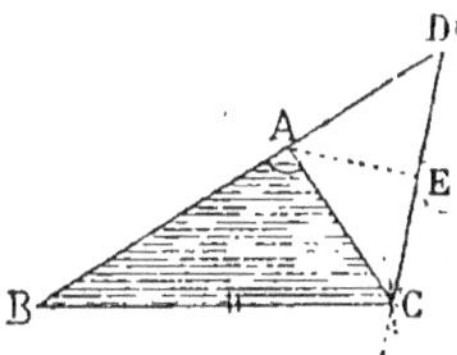
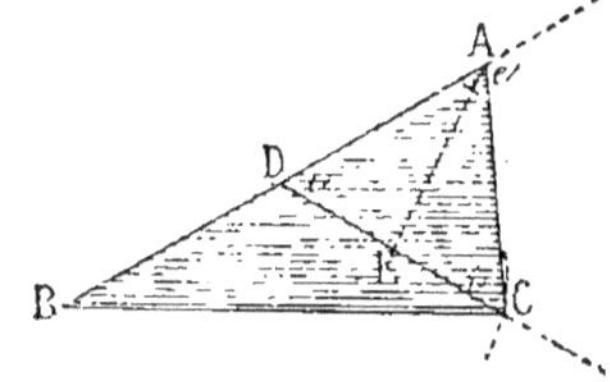

2° Portons AC en AD; le triangle CAD est isocèle; la somme des angles égaux C et D est égale à l'angle extérieur c, supplément de A; ainsi l'angle $i = \frac{1}{2} c$.

On peut donc construire un angle ADC égal à la moitié du supplément de l'angle donné, et prendre le prolongement DB égal à la longueur donnée pour la différence de deux côtés, ce qui donne un premier sommet B; du point B, avec un rayon égal au côté donné, on coupe DC, ce qui donne un second sommet C; enfin, on mène CD, et, en son milieu, la perpendiculaire EA, qui donne le troisième sommet A.

Exercice 81

Problème 33. *Construire un triangle rectangle, connaissant :*
1° Les rayons r et R des cercles inscrit et circonscrit;
2° L'un des angles aigus C, et le rayon r du cercle inscrit;
3° Un côté de l'angle droit, et le rayon r du cercle inscrit;
4° La somme des côtés de l'angle droit, et le rayon r du cercle inscrit.

Soit ABC le triangle rectangle à reproduire.

1° Si l'on connaît les rayons r et R, on a l'hypoténuse en doublant le rayon R du cercle circonscrit; d'autre part, on aura la somme des côtés de l'angle droit, en faisant la somme des deux diamètres $2r$ et $2R$ (Exerc. 17, ci-dessus). Dès lors, on connaît l'hypoténuse BC, l'angle opposé A, et la somme des deux autres côtés (Exerc. 80, ci-dessus).

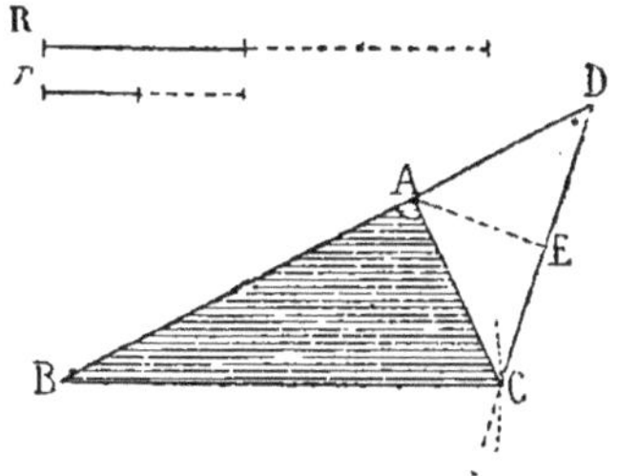

On tracera donc une droite BD égale à la somme des deux diamètres; on fera en D un angle de 45 degrés ou 1/2 droit; du point B, avec un rayon égal au diamètre du cercle circonscrit, on coupera la droite DC, et une perpendiculaire élevée sur le milieu de CD déterminera le troisième sommet A.

2° Si l'on connaît l'angle aigu C, et le rayon du cercle inscrit, on

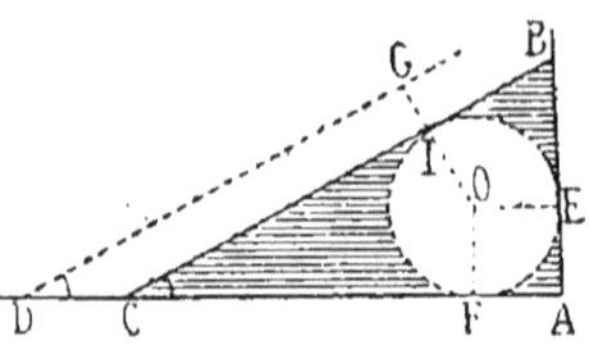

décrit ce cercle, et on mène deux tangentes perpendiculaires AC et AB; en un point quelconque de AC, on construit l'angle D égal à l'angle donné; on mène OG perpendiculaire sur DG, et par le point I, la parallèle CIB, qui achève le triangle.

3° Si l'on connaît le côté AB et le rayon du cercle inscrit, on décrit ce cercle, et on mène deux tangentes perpendiculaires AC et AB; on donne à cette dernière la longueur donnée AB, et par le point B, on mène au cercle inscrit la tangente BIC, qui achève le triangle.

4° Si l'on donne la somme des côtés de l'angle droit, et le rayon r du cercle inscrit, on retranche $2r$ de la somme donnée, et l'on a le diamètre du cercle circonscrit, qui n'est autre que l'hypoténuse (Exerc. 17); on rentre alors dans le premier cas ci-dessus.

Exercice 82

Problème 34. *Construire un triangle rectangle, connaissant :*

1° *Un côté de l'angle droit, et la hauteur qui tombe sur l'hypoténuse;*

2° *L'un des angles aigus, et la somme ou la différence des côtés de l'angle droit;*

3° *La médiane et la hauteur qui tombent sur l'hypoténuse.*

Soit ABC le triangle rectangle à reproduire.

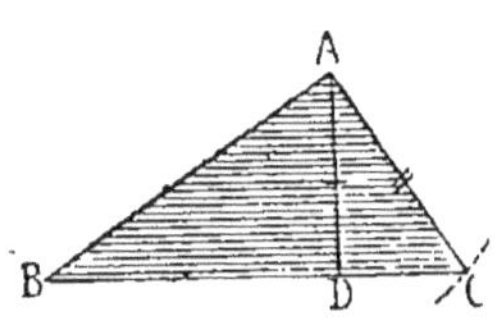

1° Si l'on connaît le côté AC et la hauteur AD, on trace une droite indéfinie BC, sur laquelle on élève la perpendiculaire DA égale à la hauteur donnée; du point A, avec un rayon égal au côté donné, on coupe BC, ce qui donne un second sommet C; on mène AB perpendiculaire à AC, et le triangle est achevé.

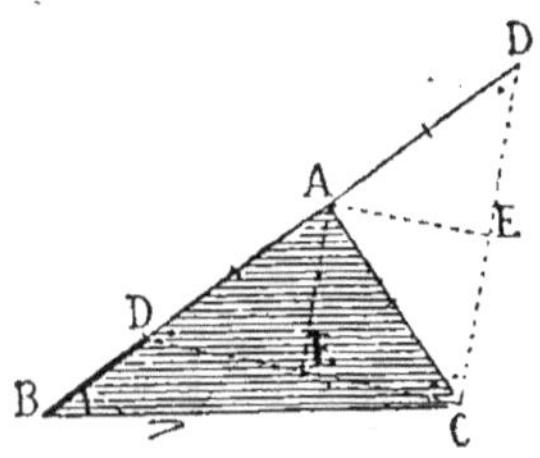

2° Si l'on connaît l'angle aigu B, et la somme ou la différence BD des côtés de l'angle droit, on construit l'angle B, et l'on porte la longueur BD; on fait en D un angle de 45 degrés, et l'on mène EA perpendiculaire au milieu de CD. Le triangle isocèle CAD a deux angles C et D de 45 degrés; donc le troisième angle est droit. Ainsi ABC est le triangle demandé.

3º Si l'on connaît la médiane AE et la hauteur AD qui tombent
sur l'hypoténuse, on trace une droite in-
définie BC, et une perpendiculaire AD égale
à la hauteur donnée; du point A, avec un
rayon égal à la médiane donnée, on coupe
BC en E; ce point E est le milieu de l'hypoténuse; et comme l'hypoténuse est double de
la médiane (liv. I, exerc. 40), on porte EA
en EB et EC, ce qui détermine entièrement le triangle.

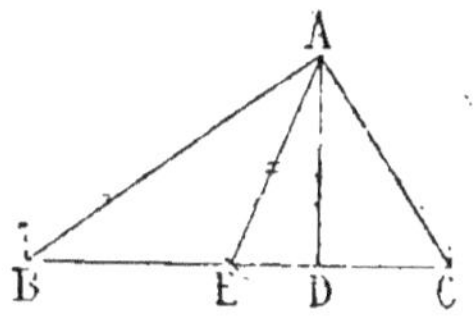

Exercice 83

Problème 35. *Construire un triangle équilatéral, connaissant*
1º *La hauteur;*
2º *Le rayon du cercle inscrit;*
3º *Le rayon du cercle circonscrit.*

Soit ABC le triangle équilatéral à reproduire.

1º Si l'on connaît la hauteur AD, on
trace une droite indéfinie BC, et la perpendiculaire DA égale à la hauteur
donnée; avec un côté pris à volonté, on
construit sur la direction BC un triangle équilatéral GHI, et par le point A
on mène AB parallèle à GH, et AC
parallèle à HI.
  Les angles du triangle ABC sont égaux
à ceux du triangle GHI; ainsi le triangle ABC est équiangle, et par suite équilatéral.

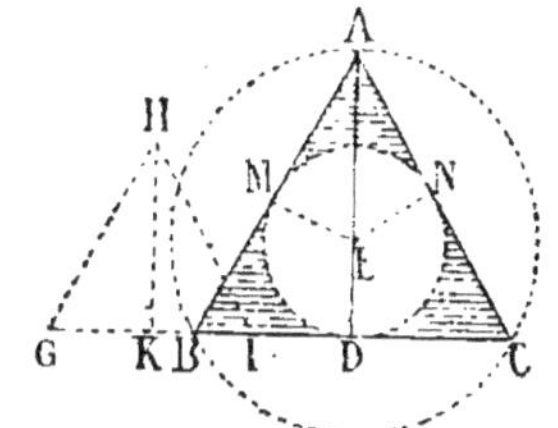

2º Si l'on connaît le rayon du cercle inscrit, on décrit ce cercle;
on mène une tangente indéfinie BC, sur laquelle on construit un
triangle équilatéral quelconque GHI; on mène les rayons EM et EN
perpendiculaires aux directions GH et HI; et l'on termine le triangle
par les tangentes AMB et ANC.
  Les angles du triangle ABC sont égaux à ceux du triangle GHI;
ainsi le triangle ABC est équiangle, et par suite équilatéral.

3º Si l'on connaît le rayon du cercle circonscrit, on décrit ce cercle;
on construit, dans une position quelconque, un triangle équilatéral GHI, et l'on trace sa hauteur HK; par le centre E, on mène un
rayon EA parallèle à la hauteur HK, puis les cordes AB et AC parallèles aux côtés HG et HI, et l'on mène BC.
  L'angle A est de 60 degrés; AE est bissectrice de cet angle; ainsi
la distance EM = EN, et les cordes AB et AC sont égales; les angles B et C égalent ensemble 180 — 60 ou 120 degrés; chacun d'eux
égale donc 60 degrés, comme l'angle A, et ABC est le triangle demandé.

M.   3

Exercice 84

Problème 36. *Construire un quadrilatère, connaissant les milieux de trois côtés, et une droite parallèle et égale au quatrième côté.*

Analyse. Considérons un quadrilatère quelconque ABCD; les mi-

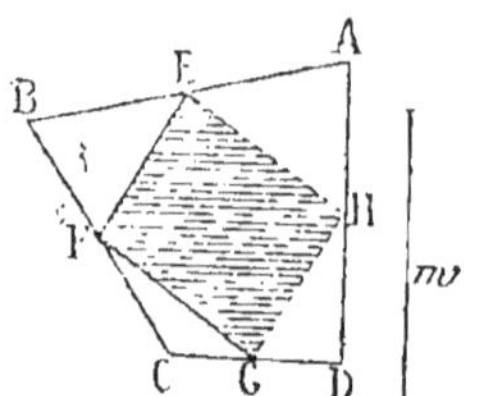

lieux E, F, G, H, des côtés sont les sommets d'un parallélogramme (Liv. I, exerc. 35).

Donc, si l'on connaît les milieux E, F, G, on peut construire le parallélogramme, et trouver ainsi le milieu H du quatrième côté; on mène alors la droite AHD parallèle à m; on porte la moitié de la longueur m en HA et HD, ce qui donne deux sommets, A et D; on trace AEB et DGC; on porte EA en EB, et GD en GC, ce qui donne les deux autres sommets.

Exercice 85

Problème 37. *Construire un pentagone, connaissant les milieux des côtés.*

Analyse. Soit ABCDE un pentagone quelconque, F, G, H, K, L,

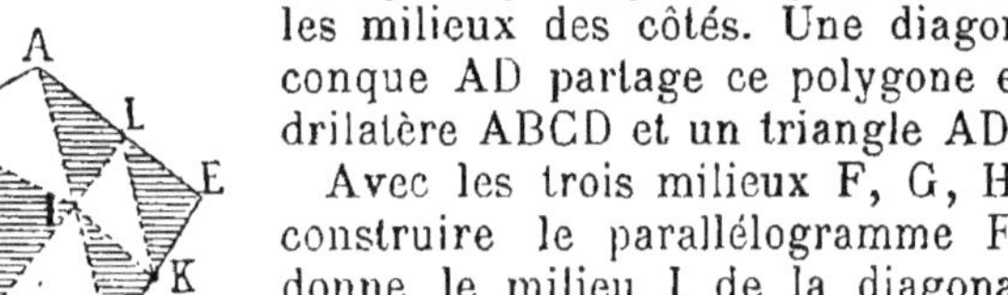

les milieux des côtés. Une diagonale quelconque AD partage ce polygone en un quadrilatère ABCD et un triangle ADE.

Avec les trois milieux F, G, H, on peut construire le parallélogramme FGHI, qui donne le milieu I de la diagonale AD; et avec les trois milieux I, K, L, on peut construire le triangle ADE, qui donne trois sommets (Exercice 71, ci-dessus). On trouve les deux autres sommets en traçant AFB et DHC, et en portant FA en FB, et HD en HC.

Exercice 86

Problème 38. *Construire un parallélogramme, connaissant :*

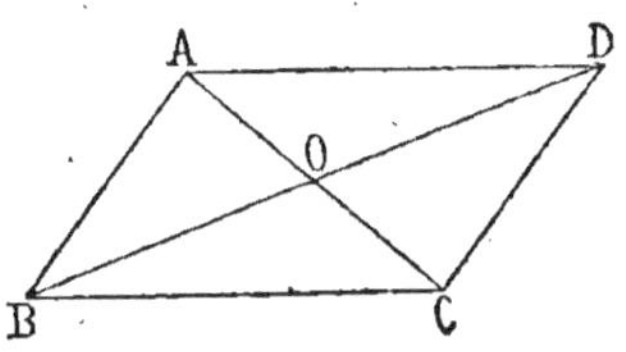

1° *Un côté et les deux diagonales;*
2° *Deux côtés et l'une des diagonales;*
3° *Deux côtés adjacents et leur angle;*
4° *Les diagonales et leur angle.*

Soit ABCD le parallélogramme à reproduire.

1° Si l'on connaît le côté BC et les deux diagonales, on peut construire le triangle BOC, avec le côté donné et les demi-diagonales; après quoi, en prolongeant BO et CO pour donner à ces lignes leur vraie longueur, on a les sommets A et D.

2º Si l'on connaît les côtés AB et BC, et la diagonale AC, on construit le triangle ABC, et le parallélogramme s'achève par les droites AD et CD, parallèles aux côtés opposés.

Si l'on connaît AB et AD, et la diagonale AC, on remarque que donner AD c'est donner BC, ce qui ramène au cas qui vient d'être vu.

3º Si l'on connaît les côtés AB et BC, et l'angle B, on construit le triangle ABC, et le parallélogramme s'achève par les droites AD et CD, parallèles aux côtés opposés.

4º Si l'on connaît les diagonales AC et BD, et leur angle, on croise deux droites indéfinies se coupant sous l'angle donné, on porte de part et d'autre du point de croisement les deux moitiés de l'une des diagonales sur l'une des droites, et les deux moitiés de l'autre diagonale sur l'autre droite, ce qui donne les quatre sommets.

Exercice 87

Problème 39. *Construire un quadrilatère, connaissant les quatre côtés, et l'une des droites qui joignent les milieux des côtés opposés.*

Analyse. Soit ABCD un quadrilatère quelconque; E, F, G, H, les milieux des côtés; I et J les milieux des diagonales AC et BD. Il s'agit de reproduire ce quadrilatère, connaissant les quatre côtés, et la droite EG. Traçons les quadrilatères EIGJ et HIFJ.

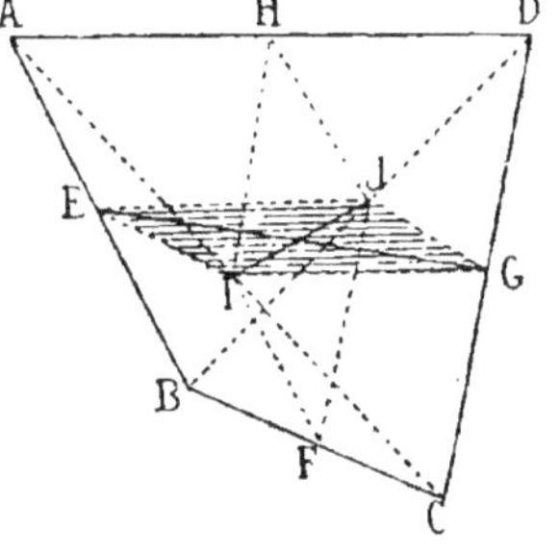

Dans le triangle ABD, la droite EJ est parallèle à AD, et en est la moitié; dans le triangle ACD, la droite IG est parallèle à AD, et en est la moitié. Pareillement chacune des lignes EI et JG est parallèle à BC, et en est la moitié. Ainsi EIGJ est un parallélogramme, dans lequel on connaît les quatre côtés, et la diagonale EG. On peut donc construire ce parallélogramme, et tracer sa diagonale IJ.

On établit de la même manière que IFJH est un parallélogramme, dans lequel chacun des côtés HI et JF est moitié de CD, et chacun des côtés HJ et IF moitié de AB; on connaît donc les quatre côtés et la diagonale IJ, ce qui permet de construire ce parallélogramme.

Alors on peut construire le quadrilatère ABCD, car on a les milieux des côtés, avec les directions et les longueurs de ces mêmes côtés.

Exercice 88

Problème 40. *Trois points, A, B, C, étant donnés, trouver un point d'où les distances AB et BC soient vues sous des angles donnés* **r** *et* **s**.

De part et d'autre de la droite AB, on décrit un segment, ADFB, AGEB, capable de l'angle *r;* on décrit de même, sur BC, les segments BDHC et BEMC, capables de l'angle *s.*

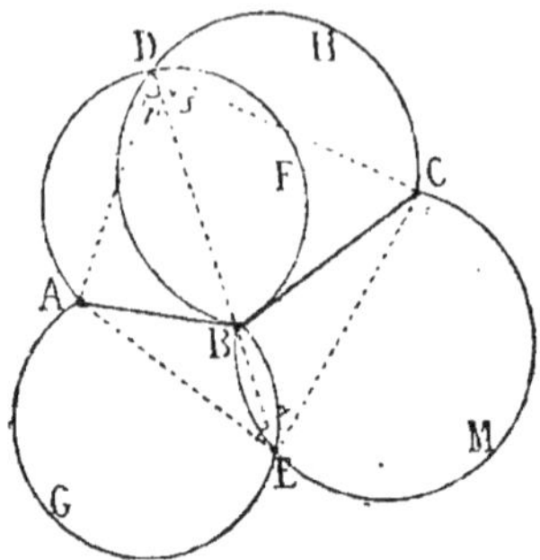

Les points D et E, communs aux arcs de ces segments, sont les points demandés.

Exercice 89

Problème 41. *Raccorder deux lignes données, droites ou circulaires, par un arc d'un ragon donné.*

Pour chaque ligne donnée, on trace le lieu des centres des circonférences qui peuvent être décrites avec le rayon donné, tangentiellement à la ligne donnée. Les rencontres de ces lieux donnent les centres des arcs à décrire.

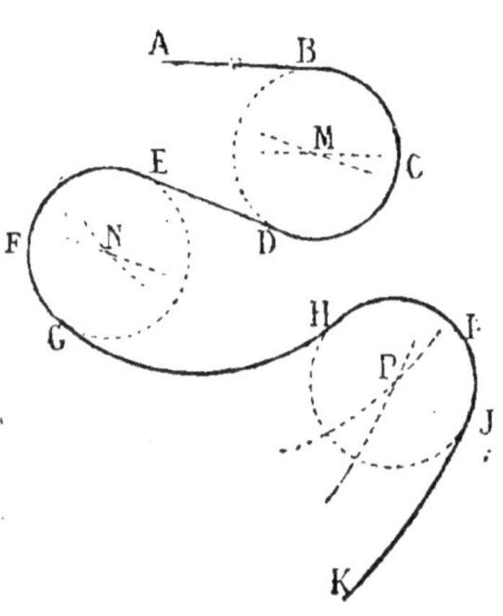

Les points de raccordement sont déterminés par des perpendiculaires abaissées des centres sur les droites, ou des normales communes aux deux courbes qui se raccordent (la normale commune passe par les deux centres).

On peut avoir à raccorder deux droites entre elles, deux arcs entre eux, ou une droite et un arc. Ces trois cas se trouvent dans la figure ci-dessus.

Exercice 90

Problème 42. *Raccorder deux lignes données, CD et EF, en deux points donnés, D et E, par deux arcs de cercles, l'un des rayons étant donné* r, *ou la courbe devant passer par un point donné A.*

1° Cas où le rayon *r* est donné. On mène DG perpendiculaire à CD, et égal au rayon donné; du point G, on décrit l'arc indéfini DB.

Le second arc doit avoir son centre sur EK perpendiculaire à EF.

Pour déterminer ce centre, on porte DG ou r en EK, on mène GK, puis IL perpendiculaire au milieu de GK. Le point L est le second centre, LE est le second rayon, et la droite des centres GLB détermine le point de raccordement des deux arcs.

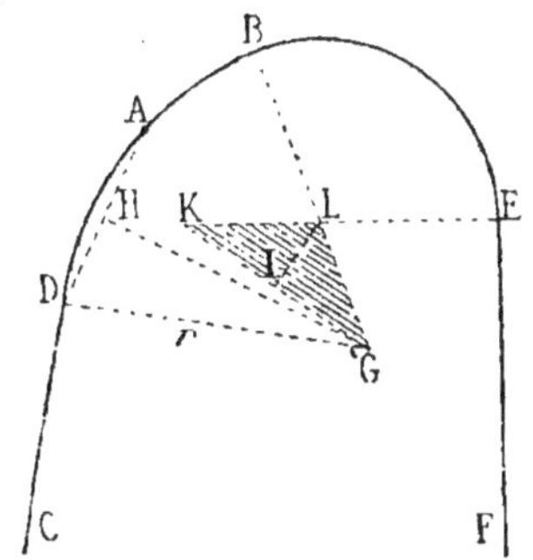

En effet, le point B appartenant au premier arc DB, on a GB=GD=EK; si l'on retranche LG=LK, il vient LB=LE. Ainsi les deux arcs ont le point B commun, et comme ce point est sur la ligne des centres, les circonférences entières seraient tangentes l'une à l'autre, et les arcs se raccordent parfaitement.

2° Cas où, au lieu de donner le rayon, on demande que la courbe passe par un point donné A. Le centre doit se trouver sur DG perpendiculaire à CD, et aussi sur HG, perpendiculaire au milieu de la corde DA; la rencontre de ces deux droites détermine le centre G, et le rayon GD. On rentre alors dans le premier cas ci-dessus.

Exercice 91

Problème 43. *Tracer une scotie entre deux parallèles données*, CD *et* EF, *les points de raccordement* D *et* E *étant donnés, ainsi que la profondeur* r *de la moulure.*

La profondeur r n'est autre chose que le petit rayon. Le tracé se fait par deux arcs, dont les centres doivent se trouver sur les droites DG et EL, perpendiculaires aux droites données.

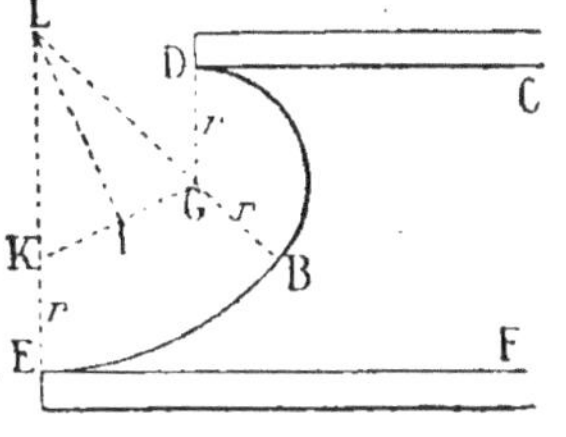

On porte le rayon donné r en DG, et du point G, on décrit un premier arc indéfini DB. On porte le même rayon r en EK; on mène KG, puis IL perpendiculaire au milieu de KG. Le point L est le centre du second arc BE. Car on a LG=LK, et si l'on ajoute GB=KE, il vient LB=LE.

Exercice 92

Problème 44. *Étant donnés des pieds-droits,* CD *et* EF, *les raccorder par un arc rampant, qui touche une ligne donnée* AG, *en un point donné* B.

On prend le point donné B pour point de raccordement; les deux arcs seront tangents à la droite AG, au point B.

Ainsi les deux centres se trouvent sur la perpendiculaire BK. Et comme les tangentes menées d'un même point à un même cercle sont

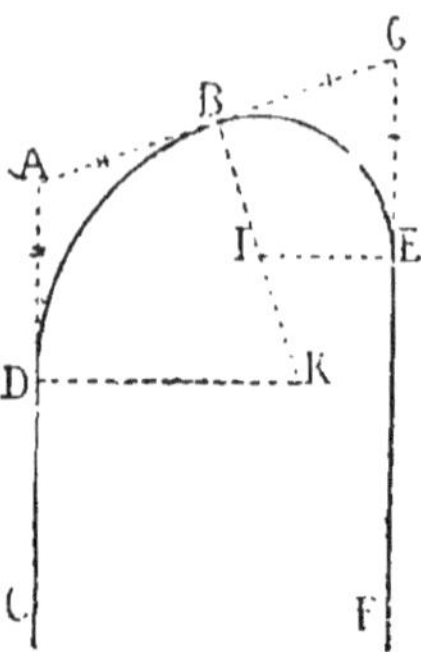

égales, on porte AB en AD, et GB en GE. Les perpendiculaires DK et EI déterminent les centres K et I.

En effet, le point K est sur la bissectrice de l'angle A, et le point I sur la bissectrice de l'angle G (Liv. I, exerc. 15).

Exercice 93

Problème 45. *Tracer la scotie ou l'arc rampant par deux quarts de circonférences, les points de raccordement D et E étant donnés.*

On connaît la somme des rayons EH, et leur différence HD. En vertu d'une formule bien connue, le plus grand rayon égale la demi-somme plus la demi-différence, et le plus petit égale la demi-somme moins la demi-différence.

Si l'on porte HD en HG (1re figure), le point K, milieu de EG, sera le centre du grand arc EB, et le point I le centre du petit arc BD.

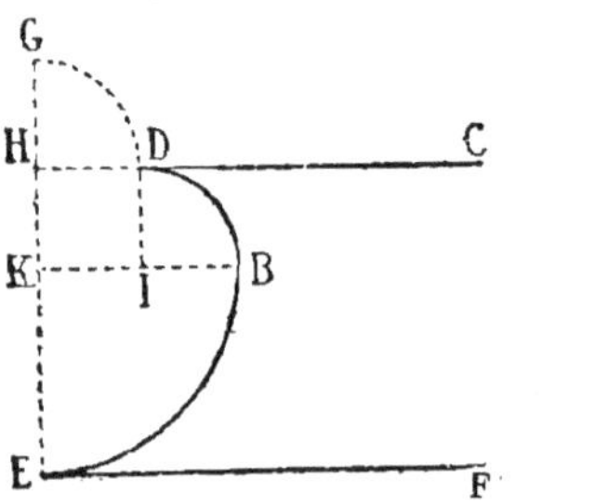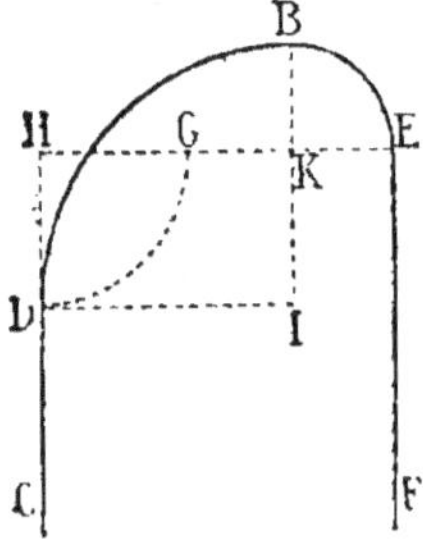

Si l'on porte HD en HG (2e figure), le point K, milieu de GE, sera le centre du petit arc EB, et le point I le centre du grand arc BD.

Exercice 94

Problème 46. *Trouver un point d'où deux cercles donnés A et B soient vus sous un angle donné.*

Pour chacun des deux cercles, on décrit le lieu des points d'où ce cercle est vu sous l'angle donné (Excrc. 44, ci-dessus). La rencontre

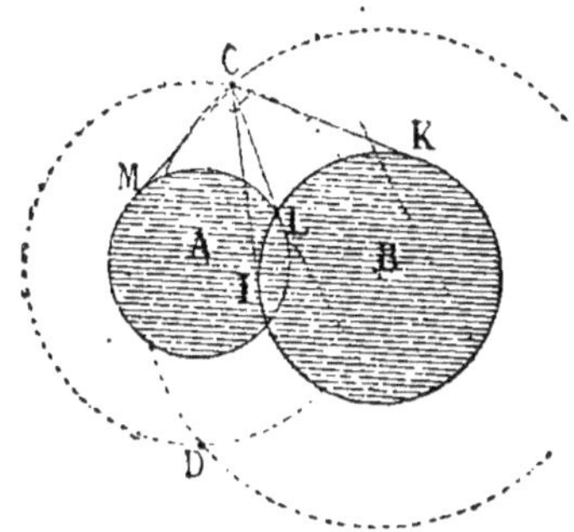

des deux lieux donne généralement deux points C et D qui répondent à la question.

Exercice 95

Problème 47. *Un angle de 47 degrés est formé par deux tangentes à une même circonférence; quel est le nombre des degrés du petit arc compris entre ses côtés?*

La mesure d'un tel angle est exprimée par la moitié du grand arc y moins la moitié du petit arc x. La demi-différence des deux arcs étant 47, la différence est 94. On a donc les équations

$$y + x = 360$$
$$y - x = 94.$$

Si l'on soustrait membre à membre, il vient

$$2x = 266, \quad \text{d'où} \quad x = 133 \text{ degrés.}$$

LIVRE III

THÉORÈMES

Exercice 1

Théorème 1. *D'un point O on mène quatre droites indéfinies, OA, OB, OM, ON, faisant entre elles des angles de 45 degrés. Démontrer que toute droite AN qui traverse ce faisceau y est divisée harmoniquement.*

Par rapport au triangle AOB, les droites OM et ON sont des bissectrices : l'une intérieure, et l'autre extérieure. Or chaque bissec-

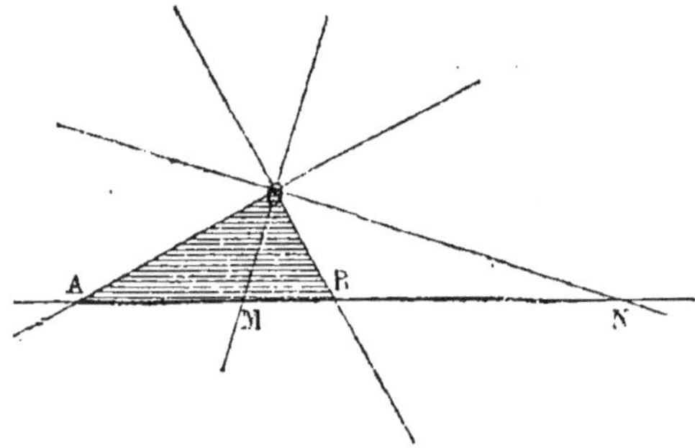

trice détermine, sur le côté opposé, des segments proportionnels aux deux autres côtés du triangle (Géom., n⁰ˢ 184 et 186). On a donc

$$\frac{MA}{MB} = \frac{OA}{OB} \qquad \frac{NA}{NB} = \frac{OA}{OB} \qquad \text{d'où} \qquad \frac{MA}{MB} = \frac{NA}{NB}$$

Ainsi la droite AN est divisée harmoniquement (Géom., n⁰ 175, 3⁰).

Exercice 2

Théorème 2. *Par le milieu d'une droite AB et par ses extrémités, on mène des parallèles AE, CD, BF, qui vont s'arrêter à une autre droite donnée EF. Démontrer que la parallèle menée par le milieu est égale à la demi-somme des deux autres.*

La figure ABFE est un trapèze. Les longueurs déterminées sur AB étant égales, on a aussi DE = DF (Géom., n° 177); ainsi la droite CD joint les milieux des côtés non parallèles du trapèze. Donc cette ligne égale la demi-somme des bases AE et BF.   *C. Q. F. D.*

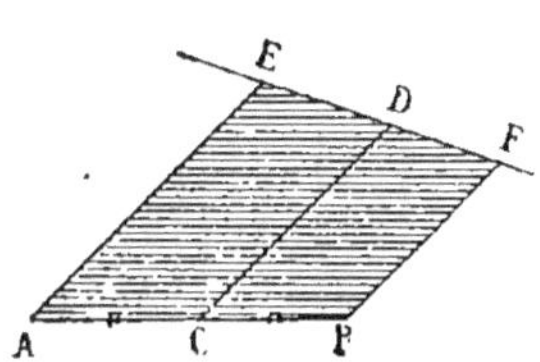 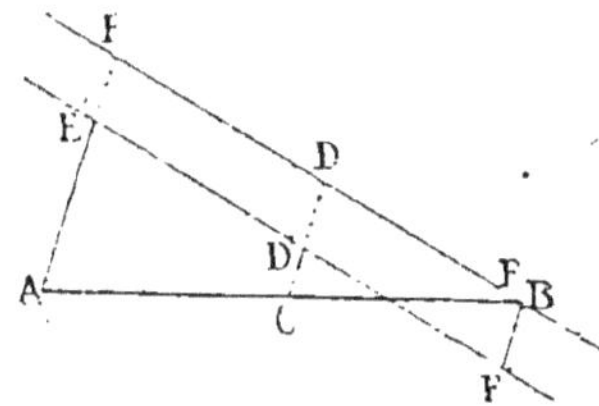

Scolie. Si les deux droites AB et EF ont une extrémité commune, les trois parallèles sont AE, CD et BF ou *zéro;* si les droites AB et E'F' se croisent, les trois parallèles auront les longueurs précédentes, diminuées des longueurs égales EE', DD' et FF' : ce qui donne AE', CD' et — FF'.

Exercice 3

Théorème 3. *La somme des distances des sommets d'un triangle ABC à une droite quelconque MN, égale la somme des distances de cette même droite aux milieux des trois côtés.* — *Extension à un polygone quelconque.*

En effet, on a (Exercice précédent) :

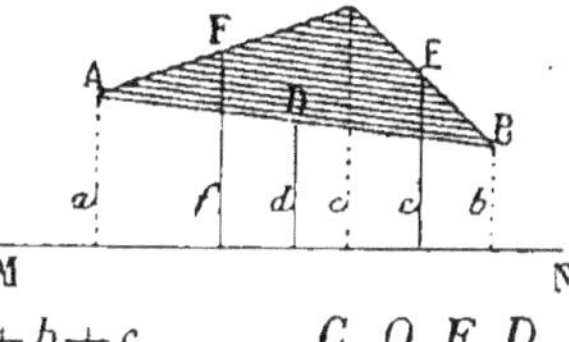

$$d = 1/_2\,a + 1/_2\,b$$
$$e = 1/_2\,b + 1/_2\,c$$
$$f = 1/_2\,c + 1/_2\,a$$

En additionnant, il vient $d + e + f = a + b + c.$ *C. Q. F. D.*

Scolie. On démontre de même que, *dans un polygone quelconque, la somme des distances des sommets à une droite quelconque, égale la somme des distances de cette même droite aux milieux des côtés.*

Exercice 4

Théorème 4. *La distance OJ d'une droite quelconque MN au point de concours des médianes d'un triangle ABC, est la moyenne arithmétique des distances des trois sommets à cette même droite.*

Considérons successivement les triangles ABC, DEF, GHI, etc.; ce sont les mêmes droites qui servent de médianes à tous ces triangles; car les parallèles AC et EF sont coupées dans un même rapport par les droites BA, BD, BC (Géom., n° 206); de même, les parallèles EF et GH sont coupées dans un même rapport par les droites DE, DI, DF; et ainsi de suite.

On a donc, en appelant $a, b, c, d, \ldots$ les distances de la droite MN aux points A, B, C, D,... (Exercice précédent) :

$$a + b + c = d + e + f = g + h + i = \ldots$$

Or la construction de ces triangles peut être conçue comme continuée indéfiniment. Les trois sommets se rapprochent de plus, et tendent à se confondre en O; ainsi chacune des trois distances tend vers OJ ou m; et à la limite, cette somme est $3m$.

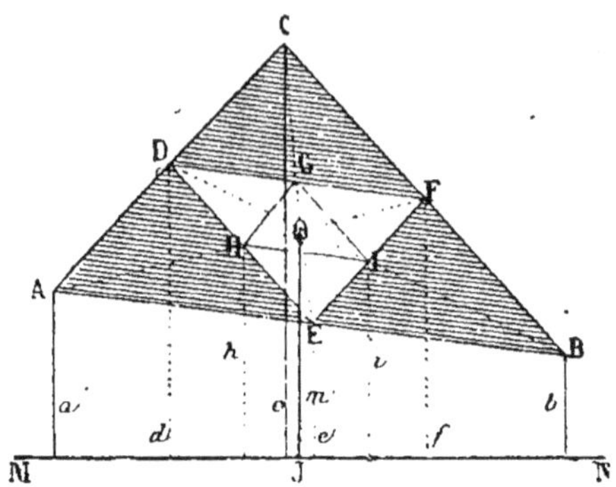

Mais la variation a lieu seulement dans les grandeurs respectives des distances, et non dans leur somme qui est constante; donc, même au début, cette somme

$$a+b+c=3m, \qquad \text{et} \qquad m=\frac{a+b+c}{3} \qquad C.\,Q.\,F.\,D.$$

Scolie. Si la droite MN traverse le triangle, on prend négativement toute distance qui n'est pas située du même côté que le point O. Et si la droite passe par le point O, la somme algébrique des trois distances est *nulle*.

Exercice 5

Théorème 5. *Dans un parallélogramme* ABCD, *les distances* ME *et* MF *d'un point quelconque d'une diagonale aux deux côtés adjacents, sont entre elles inversement comme ces côtés.*

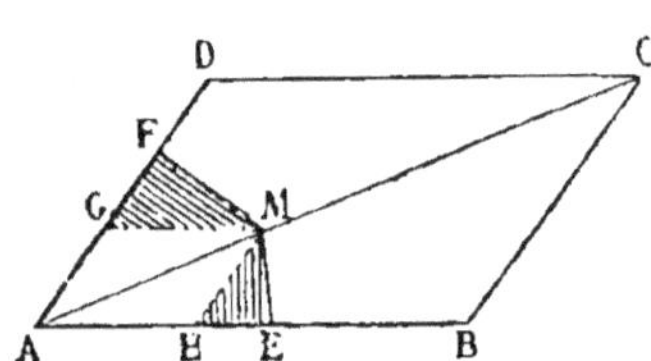

Menons les droites MG et MH parallèles aux côtés du parallélogramme, et considérons les triangles rectangles MEH et MFG; leurs angles aigus G et H sont égaux comme ayant les côtés parallèles; ainsi ces triangles sont semblables (Géom., n° 190), et l'on a

$$\frac{ME}{MF}=\frac{MH}{MG} \text{ ou } \overline{AH}$$

Or les triangles semblables AHM et ABC donnent :

$$\frac{MH}{AH}=\frac{BC}{AB} \text{ ou } \frac{AD}{}$$

On a donc, à cause du rapport commun,

$$\frac{ME}{MF}=\frac{AD}{AB} \qquad\qquad C.\,Q.\,F.\,D.$$

Scolie. Si l'on multiplie les deux membres de cette égalité par MF et par AB, il vient $\overline{ME} . \overline{AB} = \overline{MF} . \overline{AD}$. Ainsi les produits des distances ME et MF par les côtés respectifs AB et AD sont égaux.

Exercice 6

Théorème 6. *Étant donnés une circonférence et un diamètre MN que l'on prolonge, on prend sur cette circonférence un point C quelconque, et l'on mène la droite CM, puis CA et CB faisant avec CM des angles égaux. Démontrer que si le point C se meut sur la circonférence, le rapport des distances CA et CB est constant.*

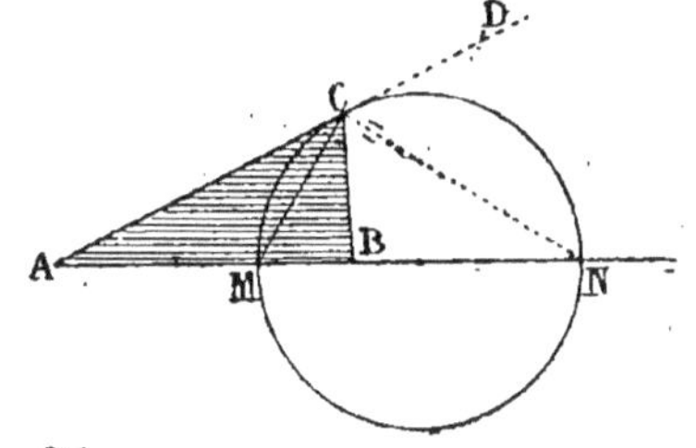

Dans le triangle ABC, la droite CM est bissectrice de l'angle C et l'on a (Géom., n° 184)

$$\frac{MA}{MB} = \frac{CA}{CB}$$

Prolongeons AC, et menons CN ; l'angle MCN est droit ; ainsi CN, perpendiculaire à CM, est bissectrice de l'angle extérieur BCD (Livre I, Exerc. 1), et l'on a (Géom. n° 185)

$$\frac{NA}{NB} = \frac{CA}{CB}$$

Donc, si l'on considère comme fixes les points A et B, et si l'on veut que le rapport $\dfrac{CA}{CB}$ soit constant, la bissectrice intérieure devra nécessairement aboutir en M, et la bissectrice extérieure en N (Géom., n° 176) ; et comme l'angle MCN doit toujours être droit, c'est sur la circonférence que doit se mouvoir le point C pour que le rapport $\dfrac{CA}{CB}$ soit constant.

Exercice 7

Théorème 7. *Étant donné un triangle rectangle ABC inscrit dans un cercle, on élève, en un point quelconque du diamètre, une perpendiculaire DG allant rencontrer les deux autres côtés du triangle. Démontrer que la partie DF de cette perpendiculaire comprise entre le diamètre et la circonférence, est moyenne proportionnelle entre la ligne entière DC et la partie DE de cette même ligne comprise à l'intérieur du triangle.*

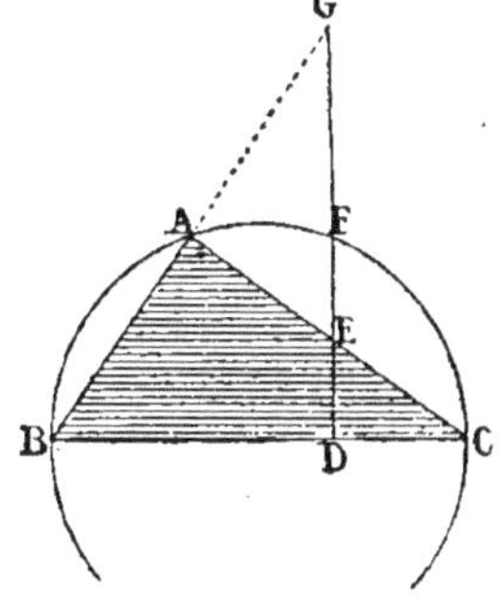

Analyse. Il faut démontrer que $\dfrac{DG}{DF} = \dfrac{DF}{DE}$

ou que $\overline{DF^2} = \overline{DG} . \overline{DE}$.

Or on sait que $$\overline{DF}^2 = \overline{BD} \cdot \overline{DC}.$$

Il faut donc prouver que

$$\overline{DG} \cdot \overline{DE} = \overline{BD} \cdot \overline{DC} \quad \text{ou} \quad \text{que} \quad \frac{DG}{BD} = \frac{DC}{DE}$$

Cette proportion sera vraie si les triangles BDG et EDC sont semblables; or ces triangles sont rectangles en D, et les angles C et G sont égaux comme compléments du même angle B. Donc le théorème est vrai.

Exercice 8

Théorème 8. *Étant donnés en grandeur et en position deux cercles quelconques A et B, si l'on conçoit deux rayons AC et BD, qui se meuvent en restant constamment parallèles l'un à l'autre, les droites menées par leurs extrémités rencontrent la ligne des centres en un même point.*

Soit CDN la droite menée par les extrémités des rayons, en l'une quelconque de leurs positions. Les triangles semblables NAC et NBD donnent $\frac{NA}{NB} = \frac{AC}{BD}$; ainsi le rapport $\frac{NA}{NB}$ est constamment égal au rapport des rayons AC et BD; et comme il n'y a, sur la droite de AB,

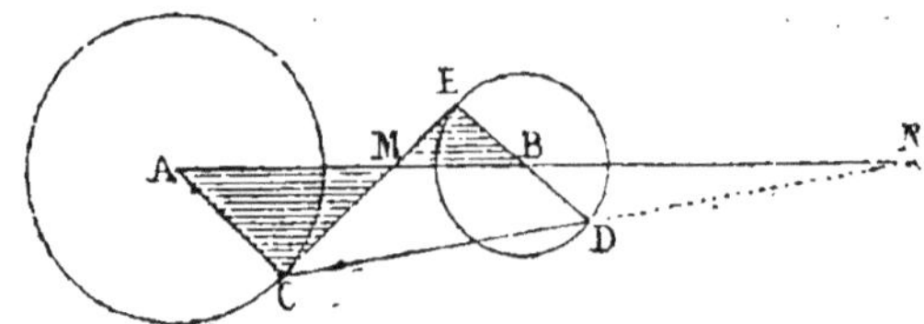

qu'une seule position du point N qui donne le rapport $\frac{NA}{NB}$ égal au rapport $\frac{AC}{DB}$ (Géom., n° 176), ce sera toujours par ce point N que passera la sécante CD.

Scolie. Si les rayons parallèles sont tracés dans des directions opposées AC et BE, la sécante CE rencontre la ligne des centres en un point M dont la position est déterminée par la proportion

$$\frac{MA}{MB} = \frac{CA}{BE}$$

La ligne des centres est divisée *harmoniquement*, car on a

$$\frac{MA}{MB} = \frac{NA}{NB}$$

Exercice 9

Théorème 9. *Toute parallèle EF à la base d'un triangle a son milieu sur la médiane AD.*

En effet, les trois droites AB, AD, AC, forment un faisceau qui divise dans un même rapport les parallèles BC et EF ; et puisque la

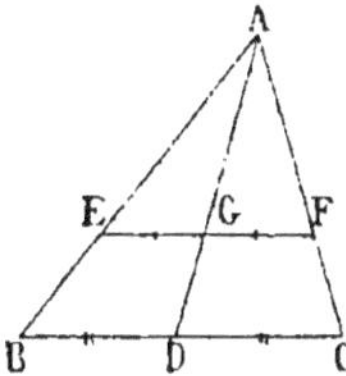

droite BC est divisée en deux parties égales, il en est de même de EF.   *C. Q. F. D.*

Exercice 10

Théorème 10. *Dans un triangle quelconque ABC, on forme des trapèzes par des parallèles DE, FG... à la base. Démontrer que les diagonales de ces trapèzes se rencontrent sur la médiane du triangle.*

Soit O le point de rencontre des diagonales BE et CD ; par ce point O, et par le milieu M du côté BC, menons la droite MOI.

Les triangles semblables OMB et OIE donnent

$$\frac{OM}{OI} = \frac{MB}{IE}$$

Les triangles semblables OMC et OID donnent

$$\frac{OM}{OI} = \frac{MC}{ID}$$

A cause du rapport commun, on a $\frac{MB}{IE} = \frac{MC}{ID}$; les numérateurs étant égaux, les dénominateurs le sont aussi, et le point I est le milieu de DE.

Or la médiane qui part du sommet A passe par le milieu de DE (Exercice précédent) ; donc cette médiane passe aussi par le point O. On prouverait de même que cette médiane passe par le point de rencontre des diagonales DG et EF.

Exercice 11

Théorème 11. *Si trois droites indéfinies OA, OB, OC, passent par un même point, et si un point M se meut sur l'une d'elles, les distances de ce point aux deux autres droites sont dans un rapport constant.*

Soient M et N deux positions quelconques du point mobile. Il suffit de prouver que

$$\frac{MD}{ME} = \frac{NF}{NG}$$

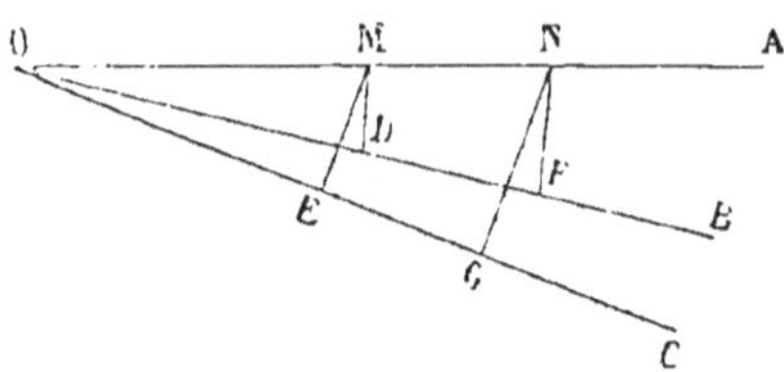

Les triangles semblables OMD et ONF donnent la proportion

$$\frac{MD}{NF} = \frac{OM}{ON}.$$

Les triangles semblables OME et ONG donnent $\dfrac{ME}{NG} = \dfrac{OM}{ON}$

D'où, à cause du rapport commun, $\dfrac{MD}{NF} = \dfrac{ME}{NG}$, et, en changeant les

moyens entre eux, $\dfrac{MD}{ME} = \dfrac{NF}{NG}$

Exercice 12

Théorème 12. *Si deux circonférences quelconques sont concentriques, la somme des carrés des distances d'un point quelconque de l'une aux deux extrémités d'un diamètre de l'autre est constante.*

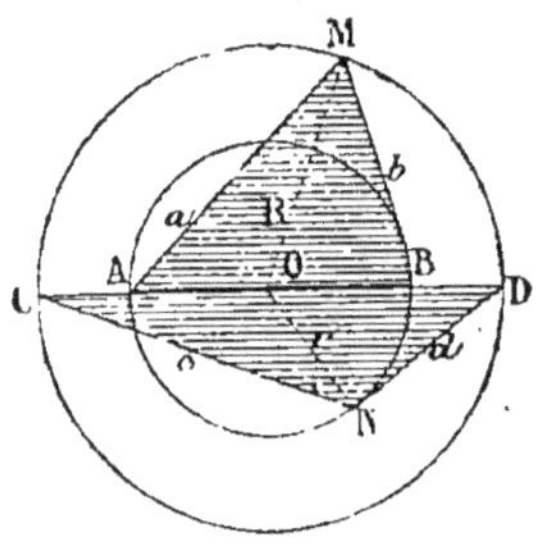

Soit M un point quelconque de la grande circonférence, et AB un diamètre quelconque de la petite. Menons le rayon OM, qui sera une médiane du triangle AMB.

La somme des carrés de deux côtés quelconques d'un triangle égale deux fois le carré de la médiane du troisième côté, plus deux fois le carré de la moitié de ce même côté (Géom., n° 218); on a donc

$$a^2 + b^2 = 2R^2 + 2\overline{OA}^2 = 2R^2 + 2r^2, \quad \text{quantité constante.}$$

De même, le triangle CND donne

$$c^2 + d^2 = 2r^2 + 2\overline{OC}^2 = 2r^2 + 2R^2, \quad \text{quantité constante.}$$

Exercice 13

Théorème 13. *Dans tout parallélogramme ABCD, la somme des carrés des côtés égale la somme des carrés des diagonales.*

En effet, dans le triangle ABD, la demi-diagonale AO est une médiane, et l'on a (Géom., n° 218) : $a^2 + d^2 = 2n^2 + 2m^2$

Le triangle BCD donne de même $b^2 + c^2 = 2n^2 + 2m^2$

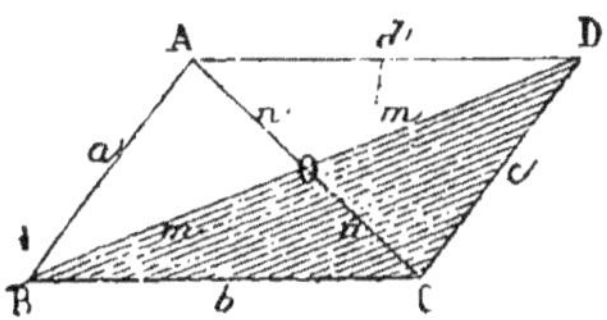

En additionnant, on a

$$a^2 + b^2 + c^2 + d^2 = 4m^2 + 4n^2 = (2m)^2 + (2n)^2$$

C. Q. F. D.

Exercice 14

Théorème d'Euler. *Dans tout quadrilatère* ABCD, *la somme des carrés des côtés égale la somme des carrés des diagonales, plus quatre fois le carré de la droite EF qui joint les milieux des diagonales.*

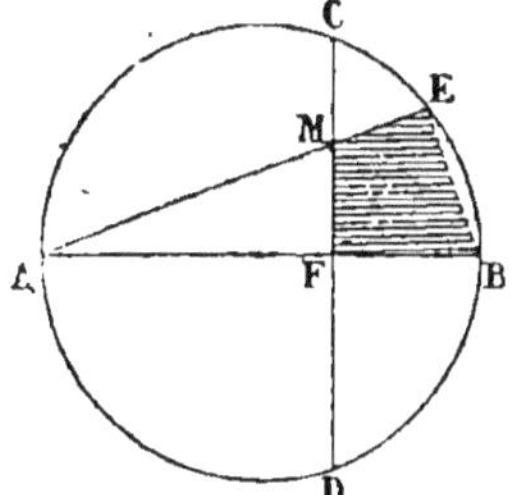

Joignons le point E, milieu de l'une des diagonales, aux sommets opposés B et D. La droite BE sera une médiane du triangle ABC, DE une médiane du triangle CDA, et FE une médiane du triangle BED. On aura donc

$$a^2 + b^2 = 2i^2 + 2n^2$$
$$c^2 + d^2 = 2c^2 + 2n^2$$

d'où, en additionnant,

$$a^2 + b^2 + c^2 + d^2 = 2i^2 + 2c^2 + 4n^2$$

Or $i^2 + c^2 = 2r^2 + 2m^2$; donc $2i^2 + 2c^2 = 4r^2 + 4m^2$

Et l'on a enfin $a^2 + b^2 + c^2 + d^2 = (2m)^2 + (2n)^2 + 4r^2$

C. Q. F. D.

Exercice 15

Théorème 15. *Dans un cercle quelconque, on mène une corde* CD *perpendiculaire au diamètre* AB; *par un point* M *mobile sur* CD, *on mène une corde* AME. *Démontrer que le produit* $\overline{AM} . \overline{AE}$ *est constant.*

Menons BE. Le quadrilatère BFME a deux angles opposés droits E et F; donc les deux autres angles B et M sont supplémentaires, et le quadrilatère est inscriptible (Géom., n° 145).

Par rapport au cercle circonscrit à ce

quadrilatère, les droites AE et AB sont deux sécantes, et l'on a
(Géom., nº 223) :

$$\overline{AE}.\overline{AM} = \overline{AB}.\overline{AF}, \quad \text{quantité constante.}$$

Exercice 16

1ᵉʳ Théorème de Ptolémée. *Dans tout quadrilatère inscrit ABCD, le produit des diagonales égale la somme des produits des côtés opposés.*

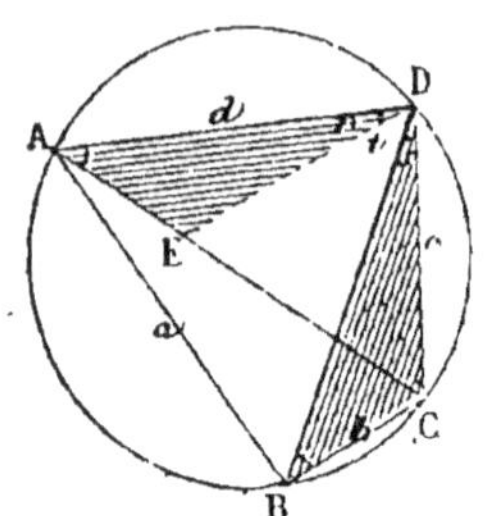

Il faut prouver que l'on a

$$\overline{AC}.\overline{BD} = ac + bd$$

Construisons l'angle r égal à l'angle s.

Les triangles DEA et DCB sont équiangles, car leurs angles A et B ont pour mesure la moitié de l'arc CD ; on a donc la proportion

$$\frac{d}{\overline{BD}} = \frac{AE}{b} \quad \text{d'où} \quad bd = \overline{BD}.\overline{AE}$$

Les triangles CDE et BDA sont aussi équiangles, car leurs angles en C et B ont pour mesure la moitié de l'arc AD, et l'angle CDE ou $t + s$ de l'un, égale ADB ou $t + r$ de l'autre ; on a donc

$$\frac{c}{\overline{BD}} = \frac{CE}{a} \quad \text{d'où} \quad ac = \overline{BD}.\overline{CE}$$

En additionnant les résultats obtenus, on trouve

$$ac + bd = \overline{BD}\,(AE + CE) = \overline{BD}.\overline{AC} \qquad C.\,Q.\,F.\,D.$$

Exercice 17

2ᵉ Théorème de Ptolémée. *Dans tout quadrilatère non-inscriptible ABCD, le produit des diagonales est moindre que la somme des produits des côtés opposés.*

Il faut prouver que l'on a $\overline{AC}.\overline{BD} < ac + bd$

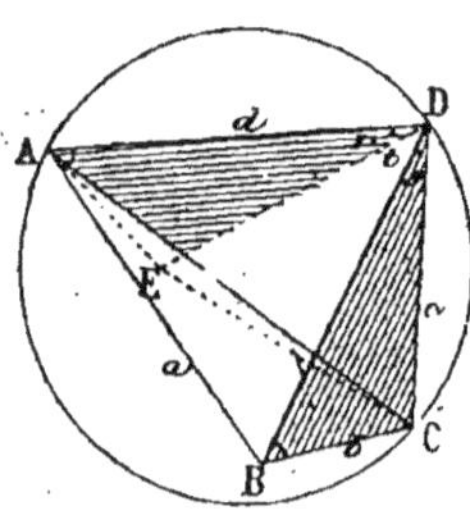

Faisons passer une circonférence par trois des sommets, A, D, C, par exemple ; puisque le quadrilatère n'est pas inscriptible, le quatrième sommet B n'est pas sur la circonférence.

Construisons l'angle r égal à s, et l'angle DAE égal à CBD, et menons EC. Le point B n'étant pas sur la circonférence, l'angle CBD n'a pas la même mesure que DAC, et ainsi la droite AE ne se confond pas avec AC.

Les triangles semblables DEA et DCB donnent la proportion

$$\frac{d}{\overline{BD}} = \frac{AE}{b} \quad \text{d'où} \quad bd = \overline{BD}.\overline{AE} \qquad (1)$$

Cès mêmes triangles donnent encore $\dfrac{DA}{DB}=\dfrac{DE}{DC}$; et comme l'angle total $t+s=t+r$, les deux triangles CDE et BDA sont semblables, comme ayant en D un angle égal compris entre des côtés proportionnels, et l'on a

$$\frac{c}{BD}=\frac{CE}{a} \quad \text{d'où} \quad ac=\overline{BD}.\overline{CE} \qquad (2)$$

En additionnant les résultats obtenus (1) et (2), on trouve

$$ac+bd=\overline{BD}\,(AE+CE)$$

Et si l'on remplace AE+CE par la valeur moindre AC, on aura

$$\overline{BD}.\overline{AC}<ac+bd \qquad \textit{C. Q. F. D.}$$

Corollaire. Des deux premiers théorèmes de Ptolémée, on conclut que *si le produit des diagonales d'un quadrilatère est égal à la somme des produits des côtés opposés, le quadrilatère est inscriptible.*

Exercice 18

3ᵉ Théorème de Ptolémée. *Les diagonales d'un quadrilatère inscrit sont entre elles comme les sommes des produits des côtés qui aboutissent à leurs extrémités :* $\dfrac{m}{n}=\dfrac{ab+cd}{ad+bc}$

(La démonstration qui suit suppose connue la formule qui exprime la surface d'un triangle : l'aire du triangle ADC égale $\tfrac{1}{2}\,ny$, et l'aire du triangle ABC égale $\tfrac{1}{2}\,nz$; de sorte que l'aire du quadrilatère est $\dfrac{ny+nz}{2}$)

Appelons 2R le diamètre du cercle circonscrit.

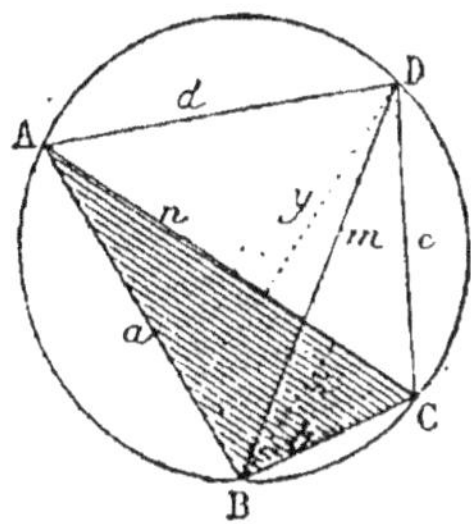

Le produit de deux côtés d'un triangle égale la hauteur relative au troisième côté multipliée par le diamètre du cercle circonscrit (Géométrie, n° 227). On a donc, dans les triangles ADC et ABC :

$$cd=2Ry \quad \text{d'où} \quad cdn=2Ryn=4R\frac{yn}{2}$$

$$ab=2Rz \quad \text{d'où} \quad abn=2Rzn=4R\frac{zn}{2}$$

Et en additionnant $\qquad n(ab+cd)=4\text{R}\times$ quadrilatère ABCD

On trouverait de même $\quad m(ad+bc)=4\text{R}\times$ quadrilatère ABCD

On a donc $\quad m(ad+bc)=n(ab+cd)\quad$ d'où $\quad \dfrac{m}{n}=\dfrac{ab+cd}{ad+bc}$

$$C.\ Q.\ F.\ D.$$

Exercice 19

Théorème 19. *Dans un trapèze quelconque* ABCD, *la somme des carrés des diagonales égale la somme des carrés des côtés non parallèles, plus deux fois le produit des bases.*

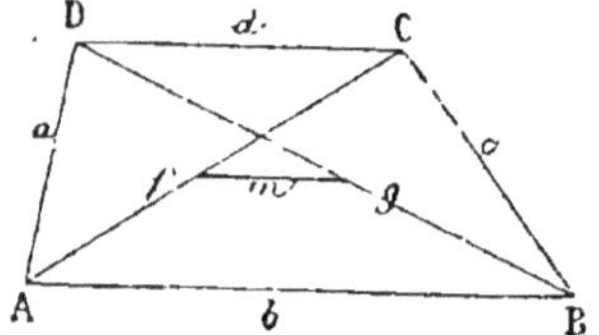

Menons la droite m qui joint les milieux des diagonales. En appliquant au trapèze le théorème d'Euler (Exercice 14 ci-dessus), on a

$$a^2+b^2+c^2+d^2=f^2+g^2+4m^2 \qquad (1)$$

Or la droite m qui joint les milieux des diagonales est égale à la demi-différence des bases (Livre I, Exerc. 45); on a donc

$$b-d=2m;\quad \text{et, en élevant au carré,}\quad b^2+d^2-2bd=4m^2 \qquad (2)$$

Si l'on retranche cette égalité de la première, il vient

$$a^2+c^2+2bd=f^2+g^2 \qquad\qquad C.\ Q.\ F.\ D.$$

Exercice 20

Théorème 20. *Dans un quadrilatère quelconque* ABCD, *la somme des carrés des diagonales* f *et* g *est double de la somme des carrés des deux droites* r *et* s *qui joignent les milieux des côtés opposés.*

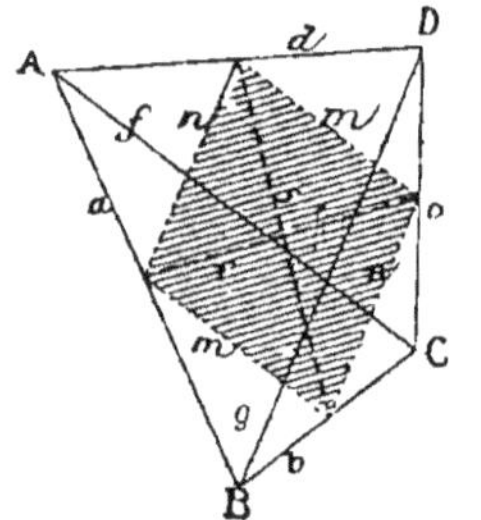

Les milieux des côtés sont les sommets d'un parallélogramme, dont les côtés sont moitiés des diagonales du quadrilatère (Livre I, Exercice 35, Scolie); et dans ce parallélogramme, la somme des carrés des côtés égale la somme des carrés des diagonales (Exerc. 13 ci-dessus). On a donc

$$2m^2+2n^2=r^2+s^2,\quad \text{et}\quad 4m^2+4n^2=2(r^2+s^2) \qquad (1)$$

Mais $\qquad 4m^2=(2m)^2=f^2,\quad \text{et}\quad 4n^2=(2n)^2=g^2$

L'égalité (1) ci-dessus devient donc $\quad f^2+g^2=2(r^2+s^2)$

$$C.\ Q.\ F.\ D.$$

Exercice 21

Théorème 21. *Dans un triangle équilatéral inscrit* ABC, *la distance de l'un des sommets à un point quelconque de l'arc opposé, égale la somme des distances des deux autres sommets à ce même point.*

Dans le quadrilatère inscrit ABDC, le produit am des diagonales

égale la somme des produits des côtés opposés (Exerc. 16 ci-dessus);
on a donc
$$am = ar + as$$

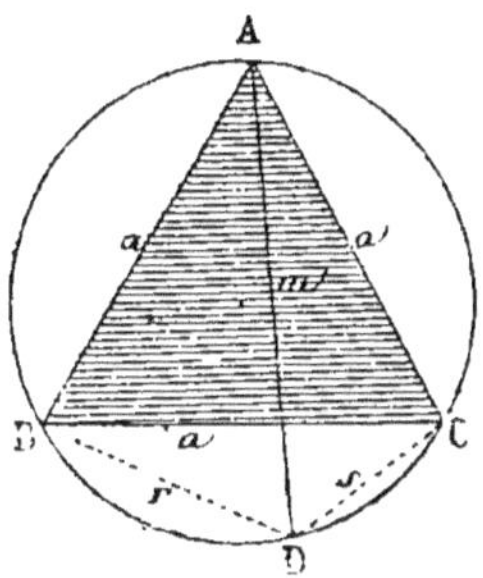

d'où, en divisant par a
$$m = r + s$$

Exercice 22

Théorème 22. *Le produit des distances d'un point quelconque* M *d'une circonférence à deux côtés opposés d'un quadrilatère inscrit* ABCD, *égale le produit des distances de ce même point aux deux autres côtés.*

Il faut prouver que l'on a
$$\overline{ME}.\overline{MG} = \overline{MF}.\overline{MH} \quad \text{ou} \quad eg = fh$$

Joignons le point M à deux sommets opposés, B et D, par exemple, par les droites MB ou r, et MD ou s.

Les triangles MBE et MDH sont rectangles en E et H, et leurs angles en B et D ont l'un et l'autre pour mesure la moitié de l'arc AM; ainsi ces triangles sont semblables, et donnent

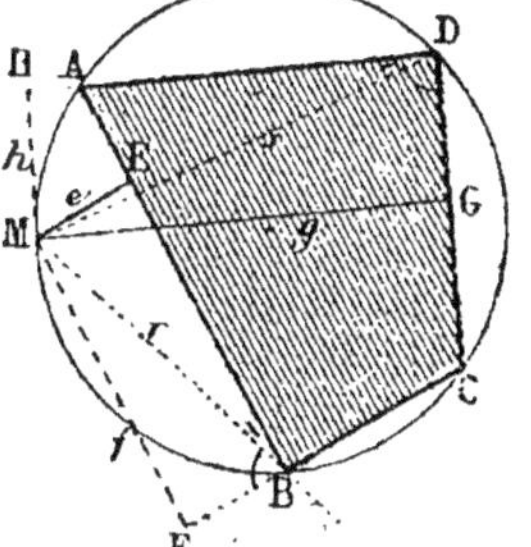

$$\frac{e}{h} = \frac{r}{s} \quad (1)$$

Les triangles MDG et MBF sont rectangles en G et F, et leurs angles en D et B ont l'un et l'autre pour mesure la moitié de l'arc CBM; ainsi ces triangles sont semblables, et donnent

$$\frac{g}{f} = \frac{s}{r} \quad (2)$$

En multipliant membre à membre les deux égalités obtenues, on a

$$\frac{eg}{fh} = \frac{rs}{rs} \quad \text{donc} \quad eg = fh \qquad C.\,Q.\,F.\,D.$$

Exercice 23

Théorème 23. *Si d'un point donné* O, *on mène à une circonférence donnée deux sécantes quelconques* AB *et* CD *perpendiculaires entre* elles, *la somme des carrés* $\overline{AB}^2$ *et* $\overline{CD}^2$ *des parties intérieures de ces sécantes est constante.*

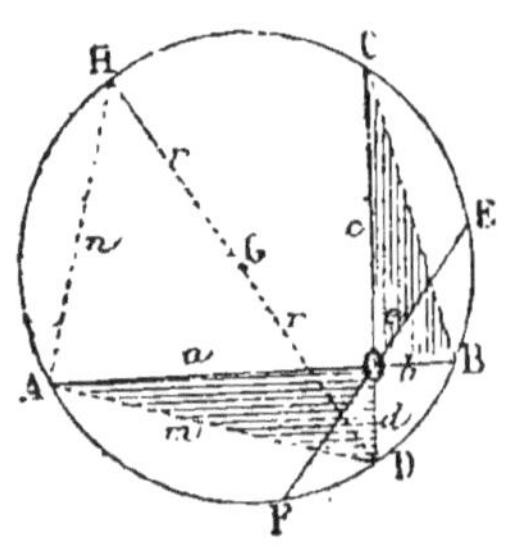

1° Soit d'abord le cas où le point O est dans le cercle. Menons la corde EF qui a le point O pour milieu ; menons aussi le diamètre DGH, et les cordes BC, AD et AH.

L'angle AOD étant droit, sa mesure $\frac{1}{2}$AD $+ \frac{1}{2}$BC égale 90 degrés, et, en doublant, on a arc AD $+$ BC $= 180°$; or arc AD $+$ AH égale aussi 180° ; de là résulte l'égalité des arcs BC et AH, et par suite l'égalité des cordes qui sous-tendent ces mêmes arcs.

Pour toutes les cordes menées par le point O, le produit des deux segments est le même ; ainsi l'on a $ab = cd = \overline{OE} . \overline{OF} = e^2$

Ces préliminaires étant établis, nous dirons :

$$a^2 + d^2 = m^2 \qquad b^2 + c^2 = n^2$$

d'où $\quad a^2 + b^2 + c^2 + d^2 = m^2 + n^2 = \overline{AD}^2 + \overline{AH}^2 = \overline{DH}^2 = (2r)^2 = 4r^2$

Ainsi *la somme des carrés des 4 segments égale 4 fois le carré du rayon.*

En considérant les cordes entières, nous aurons :

$$\overline{AB}^2 + \overline{CD}^2 = (a+b)^2 + (c+d)^2 = a^2 + b^2 + 2ab + c^2 + d^2 + 2cd = 4r^2 + 4e^2,$$

quantité constante.

Remarque. Les quantités $4r^2$ et $4e^2$ sont les carrés respectifs de $2r$ et $2e$. Ainsi la somme des carrés des cordes AB et CD égale le carré du diamètre, plus le carré de la corde qui a le point O pour milieu.

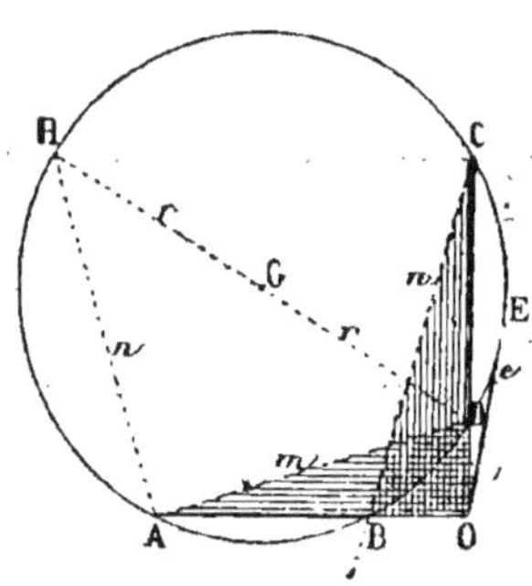

2° Soit maintenant le cas où le point O est donné hors du cercle. Menons la tangente OE ou e, le diamètre DGH ou $2r$, et les cordes BC, AD et AH.

Les angles aigus B et C du triangle rectangle BOC égalent ensemble un angle droit ; on a donc

arc $\frac{1}{2}$BC $+ \frac{1}{2}$AB $+ \frac{1}{2}$BD $= 90°$,

et, en doublant et simplifiant, BC $+$ AD $= 180°$; or arc AD $+$ AH égale aussi 180° ; de là résulte l'égalité des arcs BC et AH, et par suite l'égalité des cordes qui sous-tendent ces mêmes arcs.

Pour toutes les sécantes menées par le point O, le produit des distances du point O' aux deux points d'intersection est le même; ainsi l'on a $\overline{OA}.\overline{OB}=\overline{OC}.\overline{OD}=\overline{OE}.\overline{OE}$, ou en abrégé $ab=cd=e^2$

Ces préliminaires établis, nous dirons :

$$a^2+d^2=m^2 \qquad b^2+c^2=n^2$$

d'où $\quad a^2+b^2+c^2+d^2=m^2+n^2=\overline{AD^2}+\overline{AH^2}=\overline{DH^2}=(2r)^2=4r^2$

Ainsi *la somme des carrés des 4 segments égale 4 fois le carré du rayon.*

En considérant les cordes AB et CD, nous aurons :

$$\overline{AB^2}+\overline{CD^2}=(a-b)^2+(c-d)^2=a^2+b^2-2ab+c^2+d^2-2cd=4r^2-4c^2,$$

quantité constante.

Exercice 24

Théorème 24. *Lorsque trois cercles* M, N, R, *se coupent, les trois cordes d'intersection se rencontrent en un même point.*

Soit O le point de rencontre de deux cordes d'intersection AB et CD; menons EO, et appelons F et G les points de rencontre de cette droite avec les circonférences N et R.

Désignons par a, b, c, d, e, f, g, les segments des cordes. On a (Géom., nº 222) :

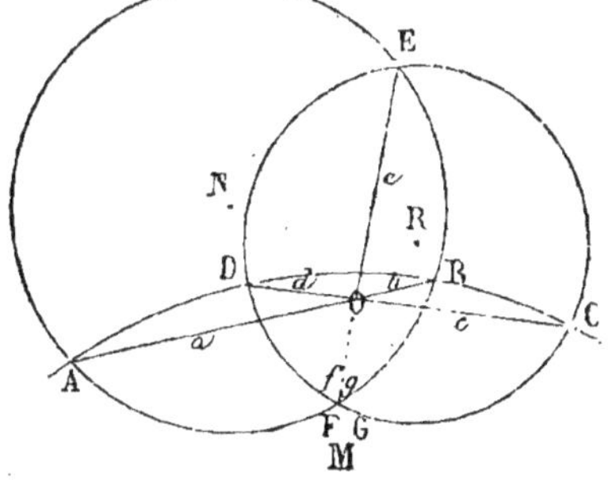

Dans le cercle M $\quad ab=cd \quad$ (1)
Dans le cercle N $\quad ab=ef \quad$ (2)
Dans le cercle R $\quad cd=eg \quad$ (3)

Les deux dernières égalités ont le premier membre égal, comme on le voit par la première; on a donc $ef=eg$, et par suite $f=g$, ou OF = OG. Ainsi les points F et G se confondent; ils ne peuvent donc être qu'au point de rencontre des deux circonférences M et R.

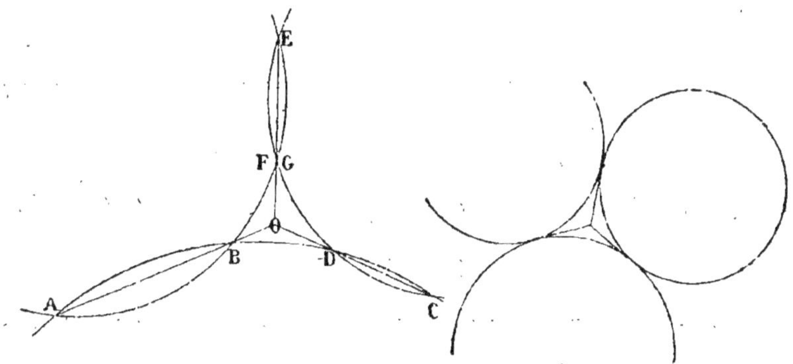

Scolie. 1º La rencontre peut avoir lieu sur les prolongements des cordes; la démonstration ci-dessus s'applique exactement à ce cas.

2° Les cercles peuvent se déplacer de manière à devenir tangents : chaque corde devient nulle en longueur; mais sa direction limite est la tangente commune. Donc *lorsque trois cercles sont tangents entre eux, les trois tangentes communes se rencontrent en un même point.*

Exercice 25

Théorème 25. *La somme de deux côtés quelconques d'un triangle, multipliée par leur différence, égale la somme de leurs projections sur le troisième côté, multipliée par la différence de ces mêmes projections.*

Soit ABC un triangle quelconque, a et b les deux côtés considérés, a' et b' leurs projections sur le troisième côté AB.

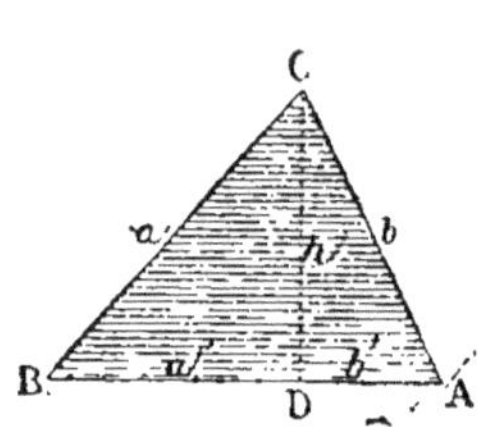
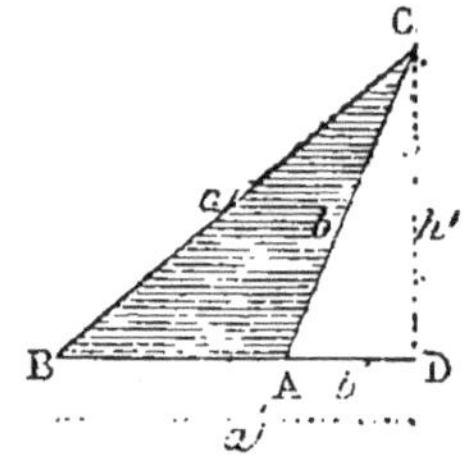

Les triangles rectangles CDA et CDB donnent

$$a^2 = h^2 + a'^2 \qquad b^2 = h^2 + b'^2$$

d'où l'on tire par soustraction $\qquad a^2 - b^2 = a'^2 - b'^2$

ce qui revient à $\qquad (a+b)(a-b) = (a'+b')(a'-b')$

$$C.\ Q.\ F.\ D.$$

Exercice 26

Théorème 26. *La différence des carrés de deux côtés quelconques CB et CA d'un triangle, égale la différence des carrés de leurs projections DB et DA sur le troisième côté.* (Figures ci-dessus.)

En effet, si l'on appelle a et b les deux côtés considérés, a' et b' leurs projections sur le troisième côté, on a

$$a^2 = h^2 + a'^2 \quad \text{et} \quad b^2 = h^2 + b'^2$$

d'où par soustraction $\qquad a^2 - b^2 = a'^2 - b'^2 \qquad C.\ Q.\ F.\ D.$

Exercice 27

Théorème 27. *Deux côtés quelconques a et b d'un triangle sont entre eux comme leurs projections l'un sur l'autre.*

Soit a' la projection du côté a sur b, et b' la projection de b sur a.

Les triangles rectangles CDA et CEB sont semblables, car ils ont un

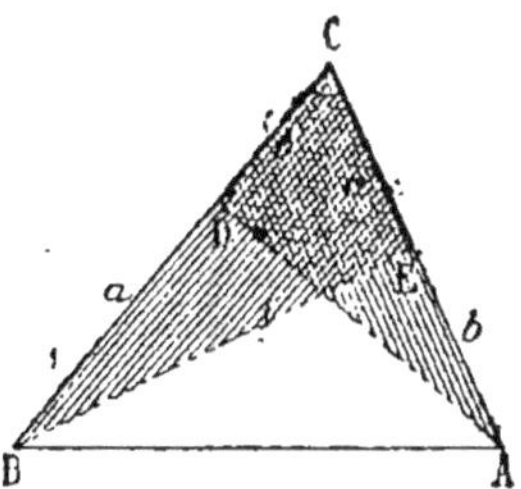

angle aigu commun, en C. On a donc la proportion

$$\frac{a}{b} = \frac{a'}{b'}$$

C. Q. F. D.

Exercice 28

* **Théorème 28.** *Dans un triangle quelconque ABC on joint les pieds des hauteurs. Démontrer que les trois triangles ainsi formés vers les sommets sont semblables au triangle primitif. — Conclure de là que les hauteurs sont les bissectrices du triangle qui a pour sommets les pieds de ces mêmes hauteurs.*

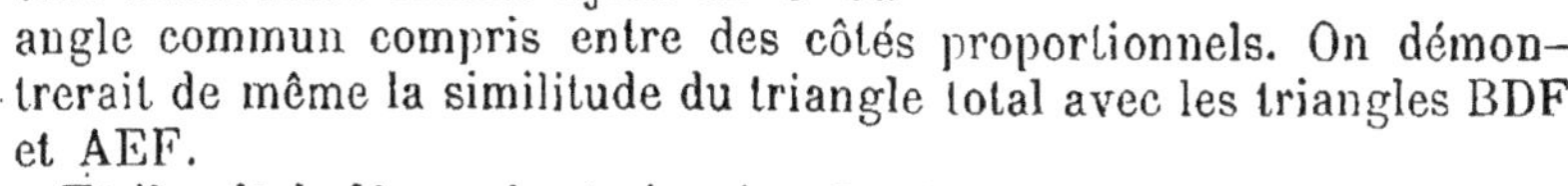

1º Dans le triangle total ABC, les côtés a et b sont entre eux comme leurs projections a' et b' l'un sur l'autre (Exerc. précédent); de sorte que l'on a

$$\frac{a}{b} = \frac{a'}{b'}$$

Donc les deux triangles ABC et DEC sont semblables comme ayant en C un angle commun compris entre des côtés proportionnels. On démontrerait de même la similitude du triangle total avec les triangles BDF et AEF.

Et il suit de là que les trois triangles formés vers les sommets sont semblables entre eux.

2º En considérant la disposition des côtés homologues a et a' dans les deux triangles ABC et DEC, on reconnaît que l'angle A du grand triangle égale m du petit; en comparant les deux triangles ABC et DFB, on trouverait de même que l'angle A du premier égale n du second. Ainsi les deux angles m et n sont égaux, aussi bien que leurs compléments, qui sont dans le triangle DEF, de part et d'autre de la hauteur AD.

Il en est de même en E et en F; donc *les hauteurs du triangle ABC sont les bissectrices du triangle qui a pour sommets les pieds de ces mêmes hauteurs* (voir Livre II, exerc. 14

Exercice 29

Théorème 29. *La projection d'une ligne polygonale* ABCD *sur un axe* MN *, égale la projection de la droite* AD *qui joint les extrémités de cette même ligne polygonale.*

Dans la 1re figure, les éléments AB, BC et CD de la ligne polygonale ont pour projections respectives EF, FG et GH. La ligne polygonale a donc pour projection EH, qui est aussi la projection de la droite AD.

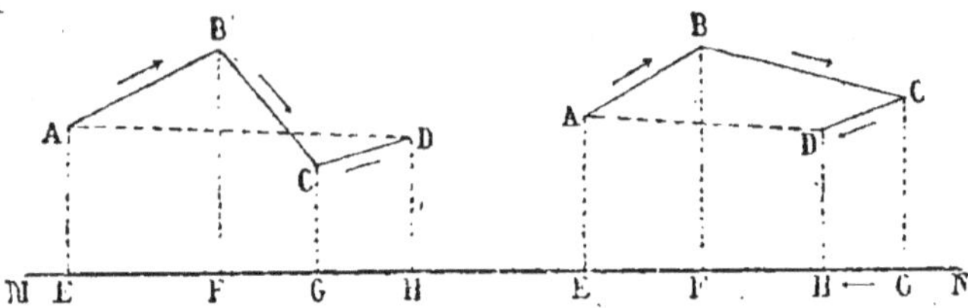

Pour généraliser le théorème, on fait une convention sur le sens du tracé ou du parcours de la ligne polygonale : on suppose qu'un point mobile parcourt la ligne polygonale dans le sens ABCD, et qu'en même temps un autre point mobile se meut sur l'axe MN, en restant constamment projection du premier point.

Le point projection passera donc de E en F, de F en G, et de G en H. Le déplacement définitif EH est dit la projection de la ligne polygonale : le retour GH (2e figure) est considéré comme *négatif.*

Avec cette convention, on voit que, même dans ce cas, la projection de ABCD est égale à la projection de AD.

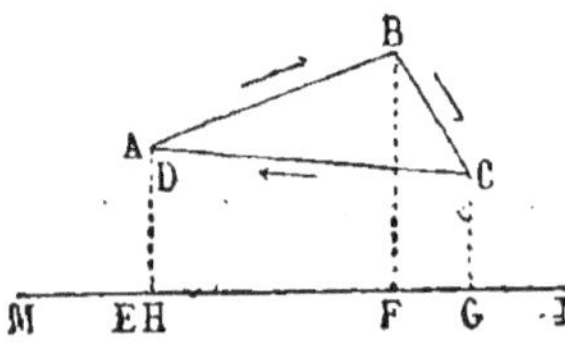

Scolie. Si le point mobile revient au point de départ, la ligne polygonale est fermée, la droite AD qui joint les extrémités est nulle, et la projection totale EH est nulle également. En effet, d'autant le point projection s'est avancé dans le sens MN, d'autant il est revenu dans le sens NM ; de sorte que le déplacement définitif de ce point est nul.

Exercice 30

Théorème 30. *La diagonale et le côté d'un carré sont deux lignes incommensurables, c'est-à-dire n'ayant pas de commune mesure.*

Si l'on applique à la diagonale AC et au côté AB d'un carré le procédé connu pour trouver la commune mesure de deux lignes (Géométrie, n° 172), on arrive bientôt à un reste imperceptible, que l'on est porté à croire nul. Ce résultat n'est dû qu'à l'imperfection inévitable de nos moyens d'observation ; et nous allons prouver qu'*aucune longueur finie, quelque petite qu'elle soit, ne peut être contenue exac-*

tement dans la diagonale et dans le côté d'un même carré. Et c'est pourquoi ces deux lignes sont dites *in-commensurables.*

Du point C, avec un rayon égal au côté a, décrivons une circonférence, et prolongeons la diagonale AC jusqu'en F. On a CF = CE = a. Appelons e la partie AE de la diagonale. Cette dernière ligne égale $a + e$; et si l'on prend le côté a pour unité de longueur, la diagonale AC = 1 + e.

Il reste donc à voir ce qu'est e par rapport à a.

La tangente AB est moyenne proportionnelle entre la sécante AF et la partie extérieure AE; ainsi l'on a

$$\frac{AE}{AB} = \frac{AB}{AF} \quad \text{ou} \quad \frac{e}{a} = \frac{a}{2a + e}$$

Et comme nous prenons le côté a comme unité de longueur, la relation précédente devient $\dfrac{e}{1} = \dfrac{1}{2 + e}$ ou simplement $e = \dfrac{1}{2 + e}$

Si l'on remplace le dernier symbole e par l'expression équivalente $\dfrac{1}{2 + e}$, il vient

$$e = \cfrac{1}{2 + \cfrac{1}{2 + e}}$$

Et comme on peut répéter indéfiniment cette substitution, on voit que la valeur de e est exprimée par la *fraction continue* et indéfinie

$$e = \cfrac{1}{2 + \cfrac{1}{2 + \cfrac{1}{2 + \cfrac{1}{2 + \ldots}}}}$$

Et la diagonale 1 + e sera exprimée par

$$1 + \cfrac{1}{2 + \cfrac{1}{2 + \cfrac{1}{2 + \cfrac{1}{2 + \ldots}}}}$$

D'autre part, le triangle rectangle ABC donne $\overline{AC}^2 = \overline{AB}^2 + \overline{BC}^2$ = $a^2 + a^2 = 2a^2 = 2$; d'où AC = $\sqrt{2}$; ainsi le développement continu et indéfini qui exprime la diagonale du carré, est aussi l'expression de la racine carrée de 2.

Aucune fraction finie ne peut exprimer exactement la valeur de la fraction continue ci-dessus; mais on peut trouver des valeurs qui se rapprochent indéfiniment de la valeur exacte : ces valeurs, que l'on nomme *réduites* successives, sont alternativement en excès et en défaut, mais tendent vers la valeur exacte, qui est leur *limite*.

Voici les valeurs successives que l'on obtient pour $\sqrt{2}$, en prenant une, deux, trois... des fractions du développement, et négligeant les autres :

$$1^{\text{re}} \text{ valeur de } \sqrt{2} \qquad 1 + \frac{1}{2} = 1\,\frac{1}{2} = 1,500\,000$$

$$2^{\text{e}} \quad \text{»} \qquad \text{»} \qquad 1 + \cfrac{1}{2 + \cfrac{1}{2}} = 1\,\frac{2}{5} = 1,400\,000$$

$$3^{\text{e}} \quad \text{»} \qquad \text{»} \qquad 1 + \cfrac{1}{2 + \cfrac{1}{2 + \cfrac{1}{2}}} = 1\,\frac{5}{12} = 1,416\,667$$

$$4^{\text{e}} \quad \text{»} \qquad \text{»} \qquad 1 + \cfrac{1}{2 + \cfrac{1}{2 + \cfrac{1}{2 + \cfrac{1}{2}}}} = 1\,\frac{12}{29} = 1,413\,793$$

On remarquera la loi de formation des fractions $1/2$, $2/5$, $5/12$, $12/29$, qui permet de déduire chaque nouvelle réduite des deux qui précèdent, sans se préoccuper du développement en fraction continue :

$$5^{\text{e}} \text{ valeur de } \sqrt{2} \qquad 1\,29/70 \quad = 1,414\,286$$
$$6^{\text{e}} \quad \text{»} \qquad \text{»} \qquad 1\,70/169 \quad = 1,414\,201$$
$$7^{\text{e}} \quad \text{»} \qquad \text{»} \qquad 1\,169/408 \quad = 1,414\,216$$
$$8^{\text{e}} \quad \text{»} \qquad \text{»} \qquad 1\,408/985 \quad = 1,414\,213$$
$$9^{\text{e}} \quad \text{»} \qquad \text{»} \qquad 1\,985/2378 = 1,414\,214$$
$$10^{\text{e}} \quad \text{»} \qquad \text{»} \qquad 1\,2378/5741 = 1,414\,214$$

Ces quotients étant calculés à un demi-millionième près, on peut poser à ce même degré d'approximation :

$$\sqrt{2} = 1,414\,214$$
$$\text{Plus exactement} \qquad \sqrt{2} = 1,414\,213\,652$$

LIEUX GÉOMÉTRIQUES

Exercice 31

Lieu 1. *Lieu des points dont les distances à deux droites données, AB et CD, sont dans un rapport donné, 3/5, par exemple.*

On prend deux longueurs quelconques qui soient dans le rapport

donné; par exemple, 12 et 20 millimètres; on trace la droite EF,
distante de AB de 12 millimètres;
et la droite GH, distante de CD
de 20 millimètres.

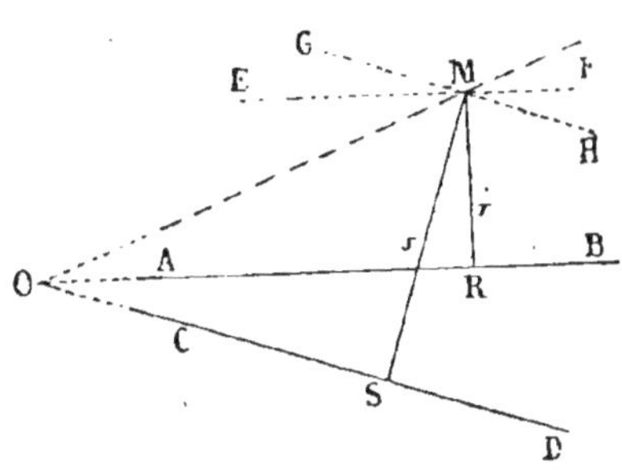

Le point de rencontre M est un
point du lieu; en joignant ce
point au point O, concours des
droites données, on a OM pour
le lieu demandé. Car *si trois
droites indéfinies passent par un
même point, et si un point se
meut sur l'une d'elles, les dis-
tances de ce point aux deux autres droites sont dans un rapport
constant* (Exercice 11 ci-dessus).

Scolie. 1° Une seconde droite remplissant la condition demandée
peut être tracée entre les deux droites données.

2° Si l'on ne pouvait obtenir le point de concours des droites données, on chercherait deux points du lieu, ce qui suffirait pour en
déterminer la direction.

Exercice 32

Lieu 2. *Lieu des points dont les distances à deux points donnés,
A et B, sont dans un rapport donné, 2/5, par exemple.*

Analyse. Soit O un point tel que l'on ait $\dfrac{OA}{OB} = \dfrac{2}{5}$. Si l'on mène

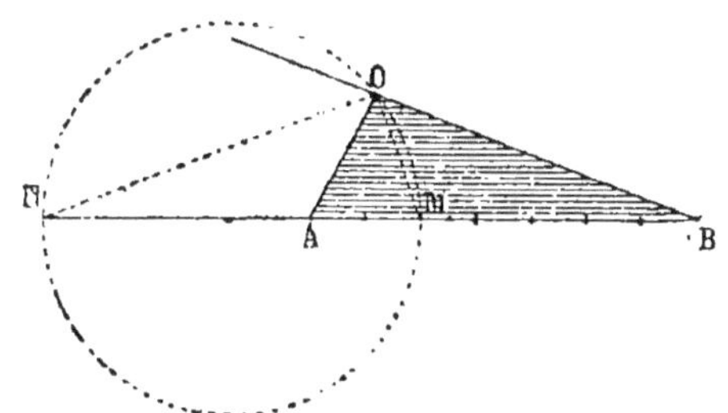

la bissectrice OM de l'angle AOB, on aura aussi $\dfrac{MA}{MB} = \dfrac{2}{5}$ (Géométrie, n° 184); la bissectrice ON de l'angle extérieur donnera également $\dfrac{NA}{NB} = \dfrac{2}{5}$.

Les points M et N sont, sur la direction AB, les seuls pour lesquels cette relation existe: ainsi, pour toutes les positions que pourra
occuper le point O, les bissectrices OM et ON devront toujours
aboutir en M et N; et comme ces bissectrices sont perpendiculaires

l'une à l'autre, le lieu du point mobile O n'est autre que la circonférence décrite sur MN comme diamètre.

Pour déterminer le point M dans le cas du rapport donné $2/5$, on divise AB en 7 parties égales, et on prend le point M de manière qu'il y ait 2 parties en MA et 5 en MB.

Pour déterminer le point N, on divise AB en 3 parties égales, et l'on porte 2 de ces parties en AN ; la distance AN est alors les $2/5$ de NB.

Exercice 33

Lieu 3. *Lieu des points tels que la somme ou la différence des carrés de leurs distances à deux points donnés, A et B, soit égale au carré d'une ligne donnée k.*

1° Supposons la distance AB de 18^m, et la ligne k de $26^m 60$.

Soit M un point tel que l'on ait $a^2 + b^2 = k^2$. Si l'on mène la médiane MC, on a (Géom., n° 218) $a^2 + b^2 = 2r^2 + 2d^2$

ou $k^2 = 2r^2 + 2d^2$

Si l'on isole r^2, il vient $r^2 = 1/2 k^2 - d^2$,   quantité constante.

Le point M a donc pour lieu la circonférence décrite du point C, avec r pour rayon.

Voici le calcul du rayon pour les valeurs $AB = 18$ et $k = 26,60$:

$$
\begin{array}{lr}
k^2. & 707,56 \\
\text{La } 1/2 & 353,78 \\
d^2. & 81 \text{ »} \\
\text{Différence.} & 272,78 \\
\sqrt{}. & 16,52. \quad \ldots \quad r
\end{array}
$$

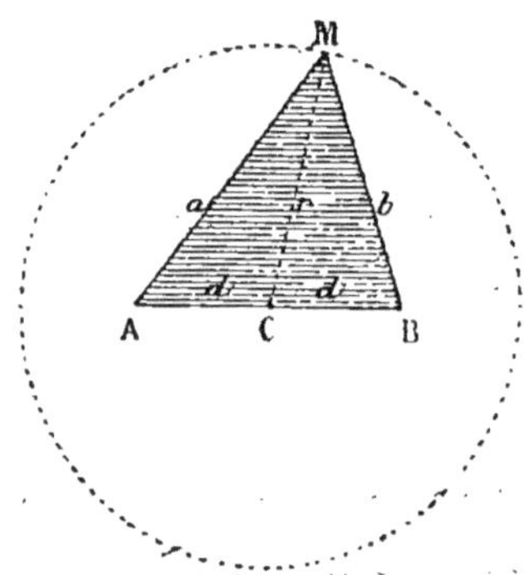

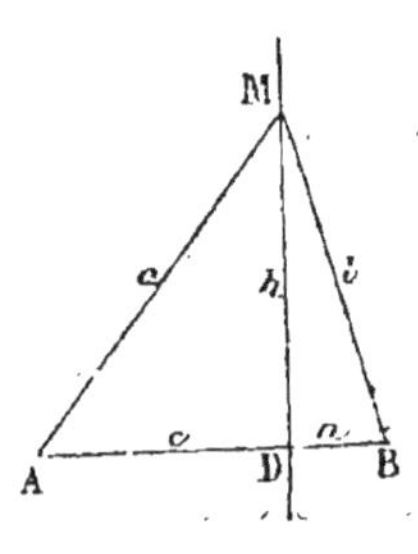

2° Supposons la distance $AB = 20^m$, et la ligne $k = 12^m 65$. Soit M un point tel que l'on ait $a^2 - b^2 = k^2$.

Menons MD ou h perpendiculaire sur AB ; on a

$$h^2 + c^2 = a^2, \quad h^2 + n^2 = b^2;$$ d'où, par soustraction,

$$c^2 - n^2 = a^2 - b^2 = k^2, \quad \text{quantité constante.}$$

Ainsi le lieu du point M est la perpendiculaire indéfinie MD.

La position du point D est déterminée par la relation $k^2 = e^2 - n^2$
$= (e+n)(e-n)$; d'où $e - n = \dfrac{k^2}{e+n} = \dfrac{160}{20} = 8$

On a donc $e = \frac{1}{2}(20+8) = 14$ $n = \frac{1}{2}(20-8) = 6$

Exercice 34

Lieu 4. *Lieu des points tels que la somme des carrés de leurs distances à deux droites rectangulaires données, AB et CD, soit égale au carré d'une ligne donnée k.*

Soit M un point tel que l'on ait $x^2 + y^2 = k^2$. Menons OM. On a $OE = x$; et le triangle rectangle OEM donne $x^2 + y^2 = r^2$.

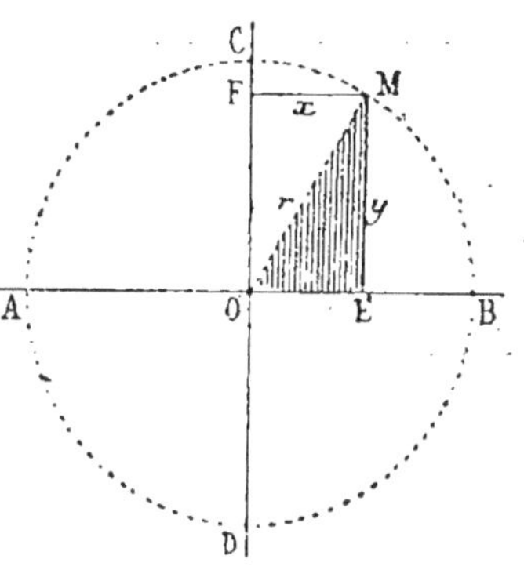

En rapprochant cette relation de celle qui est demandée, on conclut que $r^2 = k^2$, d'où $r = k$. Ainsi le lieu demandé est la circonférence décrite du point O, avec k pour rayon.

Exercice 35

Lieu 5. *Lieu des points tels que, pour chacun d'eux, les tangentes menées à deux cercles donnés, A et B, soient égales.*

Supposons $AB = 26^m$, $r = 10^m$ et $r' = 8^m$.

Soit M un point tel que les tangentes MC et MD soient égales. Menons aux points de contact les rayons AC et BD, puis les droites MA et MB.

Les triangles rectangles ACM et BDM donnent
$g^2 = c^2 + r^2$ et $f^2 = c^2 + r'^2$
d'où, par soustraction,
$g^2 - f^2 = r^2 - r'^2$,
quantité constante.

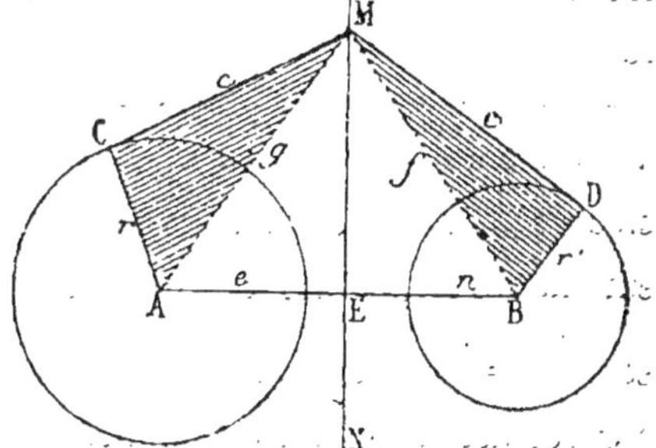

Ainsi le lieu demandé est le même que *le lieu des points tels que la différence des carrés de leurs distances aux deux centres A et B soit d'une valeur donnée,* qui est ici $r^2 - r'^2$.

Or (Exerc. 33, 2°) ce lieu est une perpendiculaire indéfinie menée à la droite AB par un point E dont la position est déterminée par la relation

$$r^2 - r'^2 = c^2 - n^2 = (c+n)(c-n)$$

d'où

$$c - n = \frac{r^2 - r'^2}{c+n} = \frac{100 - 64}{26} = \frac{36}{26} = 1,38$$

On a donc $c = \frac{1}{2}(26 + 1,38) = 13,69$ et $n = \frac{1}{2}(26 - 1,38) = 12,31$.

Remarque. La droite MN, que l'on nomme *axe radical* des deux cercles, jouit de propriétés remarquables, développées particulièrement par M. Gaultier, de Tours (Voir E. Catalan, Théorèmes et Problèmes de Géométrie).

Exercice 36

Lieu 6. *Lieu des points tels que, de chacun d'eux, deux cercles donnés, A et B, soient vus sous un même angle.*

Il est évident que les points de concours I et O des tangentes communes aux deux cercles font partie du lieu en question.

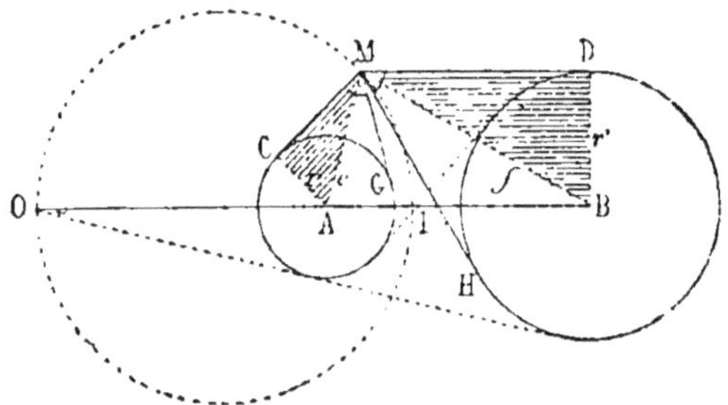

Soit M un autre point, tel que l'on ait l'angle CMG=DMH; les moitiés de ces angles sont aussi égales, et ainsi les triangles rectangles ACM et BDM sont semblables, et donnent la proportion $\frac{e}{f} = \frac{r}{r'}$, rapport constant.

Le lieu demandé est donc le même que *celui des points dont les distances aux deux points A et B sont dans le rapport* $\frac{r}{r'}$ (Exercice 32). Ce lieu est la circonférence décrite sur un diamètre OI pris sur la direction des centres, de telle sorte que l'on ait $\frac{IA}{IB} = \frac{r}{r'}$ et $\frac{OA}{OB} = \frac{r}{r'}$. Ces points O et I sont d'ailleurs déterminés par les rencontres des tangentes communes.

Exercice 37

Lieu 7. *Une droite d'une longueur variable part d'une extrémité fixe A, et l'autre extrémité M se meut sur une circonférence ou sur* *une droite donnée; un second point se meut sur la droite mobile, de manière que le produit des distances du point fixe aux deux points mobiles soit égal au carré d'une ligne donnée k. On demande le lieu parcouru par le second point mobile.*

1° Considérons d'abord le cas d'une droite MP. Soit $AP = 30^m$ et $k = 27^m 40$.

Calculons sur la droite AP un point R tel que l'on ait $\overline{AR}.\overline{AP} = k^2$;

il en résulte $AR = \dfrac{k^2}{AP} = \dfrac{750,76}{30} = 25,025$.

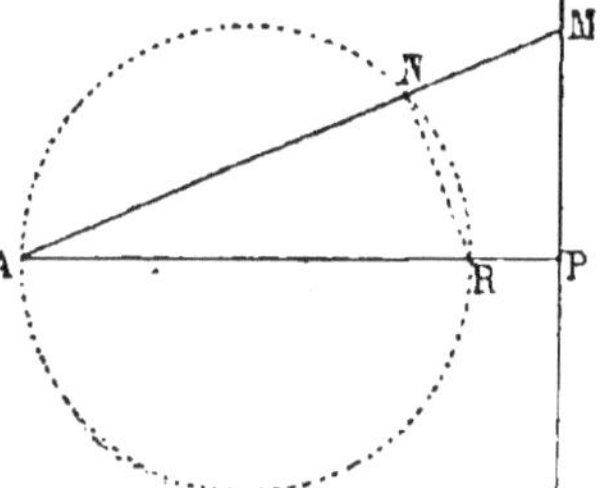

(Cette distance AR pourrait être égale ou supérieure à AP.)

Soit maintenant AM une position quelconque de la droite mobile, et soit N la position correspondante du second point mobile. Menons RN. On doit avoir

$$\overline{AM}.\overline{AN} = \overline{AP}.\overline{AR}, \quad \text{d'où} \quad \frac{AM}{AR} = \frac{AP}{AN}.$$

Ainsi les deux triangles APM et ANR sont semblables, comme ayant en A un angle égal compris entre des côtés proportionnels.

Donc l'angle N est droit comme l'angle P, et le lieu du point N est la circonférence décrite sur AR comme diamètre.

Remarque. On peut regarder le point N comme étant l'extrémité libre de la droite mobile, et ce point N comme se mouvant sur la circonférence décrite sur AR. Alors le lieu du point M tel que l'on ait $\overline{AM}.\overline{AN} = k^2$, est la droite indéfinie MP.

2° Considérons actuellement le cas d'une circonférence O, ayant pour diamètre $ER = 24^m$. Soit $AE = 7^m$, et $k = 18^m$.

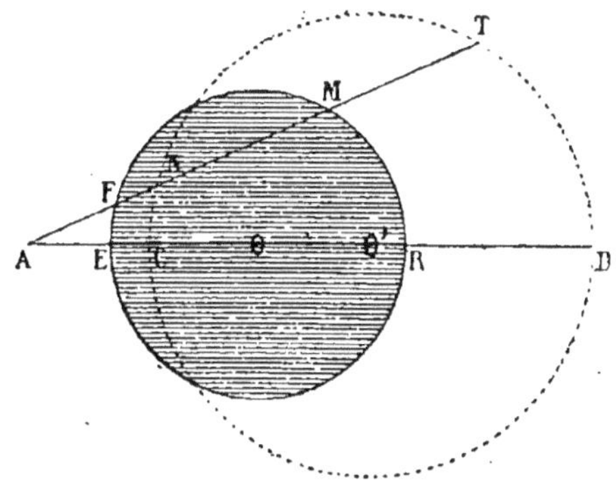

Calculons sur la droite AO un premier point C tel que l'on ait

$\overline{AC}.\overline{AR}=k^2$, d'où $AC=\dfrac{k^2}{AR}=\dfrac{324}{31}=10,45$; puis un second point D

tel que l'on ait $\overline{AD}.\overline{AE}=k^2$, d'où $AD=\dfrac{k^2}{AE}=\dfrac{324}{7}=46,29$.

Ces deux points C et D appartiennent au lieu cherché; et ce lieu doit être symétrique par rapport à AD, car il n'y a, d'un côté de cette ligne, aucune condition qui ne se retrouve de l'autre côté.

Soit maintenant AM une position quelconque de la droite mobile, et soient N et T les points mobiles qui donnent $\overline{AM}.\overline{AN}=k^2$, et $\overline{AF}.\overline{AT}=k^2$. Pour abréger, désignons par les lettres minuscules c, d, e, f, m, n, r, t, les distances AC, AD, AE, etc.

D'après les constructions et les hypothèses on a

$$cr=mn \quad \text{et} \quad de=ft \qquad \text{d'où} \qquad cder=fmnt$$

Les sécantes AR et AM donnent $\qquad\qquad er=fm$

En divisant membre à membre, il vient $\qquad cd=nt$

Ainsi $\overline{AC}.\overline{AD}=\overline{AN}.\overline{AT}$. Les points C, D, N, T, sont donc sur une même circonférence; et comme le lieu doit être symétrique par rapport à la droite AD, c'est la circonférence décrite sur CD qui est le lieu demandé.

Remarque. On peut regarder le point N comme étant l'extrémité libre de la droite mobile, et ce point comme se mouvant sur la circonférence décrite sur ER. Alors le lieu du point M tel que l'on ait $\overline{AM}.\overline{AN}=k^2$, est la circonférence décrite sur CD.

Exercice 38

Lieu 8. *Une sécante AC à un cercle donné O se meut autour d'un point fixe A; aux deux points d'intersection avec la circonférence, on mène des tangentes BM et CM. On demande le lieu des points de concours de ces couples de tangentes.*

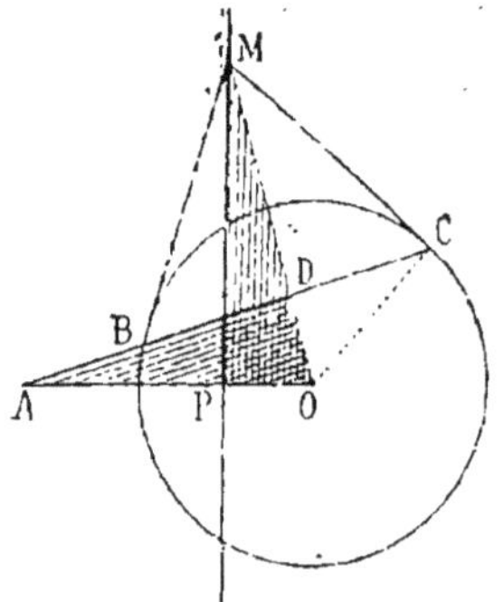

Menons OC et OM, puis MP perpendiculaire sur AO.

Les triangles rectangles ODA et OPM sont semblables, comme ayant en O un angle aigu commun; on a donc

$$\frac{OA}{OD}=\frac{OM}{OP} \quad \text{d'où} \quad \overline{OA}.\overline{OP}=\overline{OM}.\overline{OD} \quad (1)$$

Or la droite OM est perpendiculaire à la corde des contacts BC. Dans le triangle rectangle OCM, on a donc (Géom., n° 213):

$$\overline{OC}^2=\overline{OM}.\overline{OD} \qquad\qquad (2)$$

De ces deux égalités résulte $\overline{OA}.\overline{OP}=\overline{OC}^2$ d'où $OP=\dfrac{\overline{OC}^2}{OA}$, quantité constante.

Donc le lieu du point M est la droite indéfinie MP menée perpendiculairement à AO, à une distance OP donnée par la relation $OP=\dfrac{\overline{OC}^2}{OA}$. (La partie intérieure de cette droite ne fait pas partie du lieu.)

Scolie. 1° Réciproquement, étant donnés une droite indéfinie MP et un cercle O, si, d'un point M mobile sur MP, on mène des tangentes MB et MC, la corde BC des contacts passera constamment par le point A. Ce point est sur OA perpendiculaire à MP, à une distance OA donnée par la relation $\overline{OA}.\overline{OP}=\overline{OC}^2$, d'où $OA=\dfrac{\overline{OC}^2}{OP}$.

2° Par rapport au cercle O, le point A est appelé le *pôle* de la droite MP, et cette droite est appelée la *polaire* du point A. A chaque *pôle* correspond une *polaire*, et réciproquement.

3° Lorsque le pôle A est extérieur au cercle, le point P est intérieur, et réciproquement. Si le pôle est sur la circonférence, la polaire correspondante est la tangente menée par le pôle lui-même.

Exercice 39

Lieu 9. *Un angle A d'une ouverture constante se meut autour de son sommet; ses côtés varient de longueur, mais en restant toujours dans le même rapport, ou bien en donnant toujours le même produit; l'un de ces côtés promène son extrémité mobile sur une droite donnée CD, ou sur une circonférence C. On demande le lieu décrit par l'extrémité M de l'autre côté.*

1° Soit d'abord le cas d'une valeur constante, $^8/_{11}$, par exemple, pour le rapport $\dfrac{AM}{AB}$. Si le second point mobile devait être sur AB, en M', le lieu de ce point serait la droite E'F' menée parallèlement à CD; c'est donc ce même lieu transporté en EF qu'il faut prendre, comme si la figure AM'E'F' tournait autour du point A.

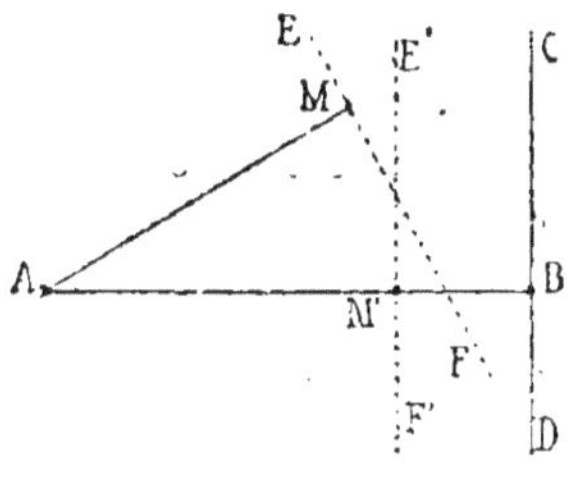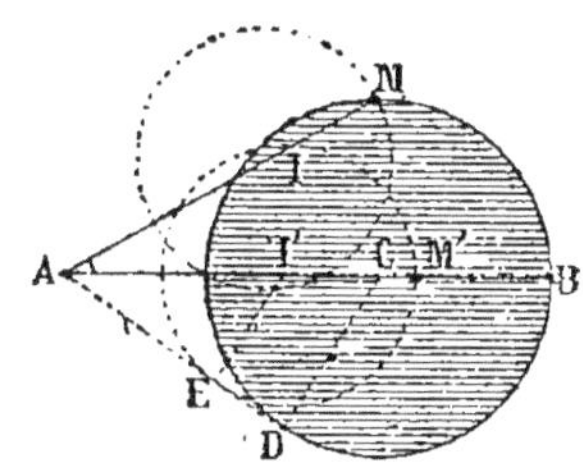

La droite CD peut être remplacée par la circonférence C. Soit encore $^8/_{11}$ le rapport constant de AM à AB. Si le second point mobile devait être sur AB, en M', le lieu de ce point serait une circonférence dont le rayon serait les $^8/_{11}$ de CB, et dont le centre serait à une distance AI' égale aux $^8/_{11}$ de AC; c'est donc ce même lieu transporté en IM qu'il faut prendre, comme si la figure AI'M'E tournait autour du point A.

2° S'il s'agit d'un produit constant $\overline{AB}.\overline{AM} = k^2$, le lieu sera de même forme que si le second point mobile était sur la droite mobile (Exercice 37 ci-dessus); mais ce lieu devra être transporté par un mouvement angulaire autour du point A.

Exercice 40

Lieu 10. *Le sommet C de l'angle droit d'un triangle rectangle se meut sur la circonférence décrite sur l'hypoténuse AB, cette dernière ligne restant fixe; on prolonge l'un des côtés BC de l'angle droit de sa propre longueur au delà du sommet mobile, et l'on joint le centre à l'extrémité du prolongement. On demande le lieu de la rencontre de la dernière ligne tracée ED, avec l'autre côté AC de l'angle droit.*

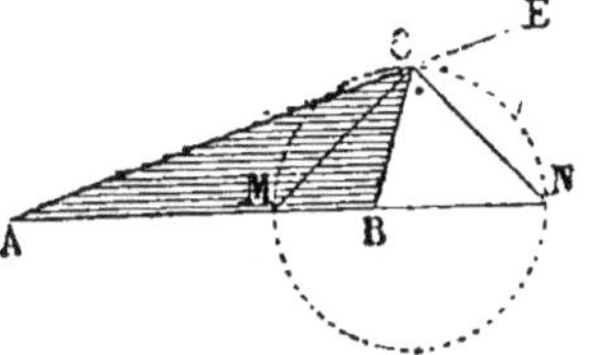

Menons AD, puis IF parallèle à CB, et par suite perpendiculaire à AC.

Dans le triangle ABD, les droites AC et DE sont des médianes; ainsi le point I est aux $^2/_3$ de AC : et puisque IF est parallèle à CB, le point F est aux $^2/_3$ de AB.

Or l'angle AIF est droit; donc le lieu du point I est la circonférence décrite sur AF.

Exercice 41

Lieu 11. *Lieu des sommets des triangles qui ont même base AB, et mêmes segments MA et MB, NA et NB, déterminés sur cette base par les bissectrices intérieure et extérieure.*

En toutes les positions du point C, les bissectrices CM et CN sont perpendiculaires l'une à l'autre; donc le lieu du sommet mobile C est la circonférence décrite sur MN.

Exercice 42

Lieu 12. *Une droite AB étant donnée comme base d'un triangle, et un point M comme étant, sur cette base, le pied d'une bissectrice intérieure, trouver le lieu du troisième sommet du triangle.*

Analyse. Soit C (figure précédente) une position quelconque du troisième sommet du triangle; menons les bissectrices CM et CN. Le point C a pour lieu la circonférence décrite sur MN; le point M étant donné, il faut déterminer le point N.

On doit avoir $\dfrac{MA}{MB} = \dfrac{NA}{NB}$; d'où, en diminuant les numérateurs de leurs dénominateurs, $\dfrac{MA - MB}{MB} = \dfrac{AB}{NB}$. Cette proportion permet de trouver NB, et par suite le point N.

Exercice 43

Lieu 13. *Étant donnés un point* A *et une droite indéfinie* CD, *on mène du point à la droite une sécante mobile* AM, *et en chaque position, on marque un point* N *tel que l'on ait* $\overline{AM}.\overline{AN} = k^2$. *Trouver le lieu des points* N.

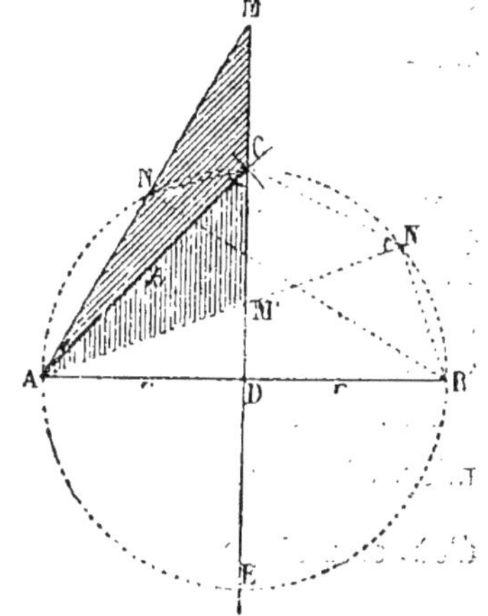

Ce problème est compris dans l'Exercice 37 ci-dessus. Mais il présente un cas remarquable.

Soit $AD = 15^m81$, et $k = 22^m36$. Si l'on calcule un point R tel que l'on ait $\overline{AD}.\overline{AR} = k^2$, on trouve $AR = 31^m62$, soit $2\overline{AD}$.

Le lieu demandé est la circonférence décrite sur AR; le centre est en D; et si l'on appelle r la distance AD qui sert de rayon, on a

$$k^2 = \overline{AD}.\overline{AR} = r.2r = 2r^2 = \overline{DA}^2 + \overline{DC}^2 = \overline{AC}^2; \quad \text{d'où} \quad k = AC.$$

Si l'on joint le point N au point R, on considère les triangles rectangles ADM et ANR, qui sont semblables comme ayant l'angle A commun; et l'on a $\dfrac{AM}{AR} = \dfrac{AD}{AN}$; d'où $\overline{AM}.\overline{AN} = \overline{AD}.\overline{AR} = k^2$.

On peut aussi démontrer directement que $\overline{AM}.\overline{AN} = \overline{AC}^2$ ou k^2. On considère les triangles ACM et ANC. L'angle A est commun; l'angle M a pour mesure la moitié du quadrant AE moins $1/2$ CN, et l'angle C du petit triangle a pour mesure $1/2$ AN, soit $1/2$ ANC $- 1/2$ CN.

Ainsi les triangles considérés sont semblables; et l'on a $\dfrac{AM}{AC} = \dfrac{AC}{AN}$; d'où $\overline{AM}.\overline{AN} = \overline{AC}^2$ ou k^2.

Remarque. On reconnaît graphiquement qu'on est dans ce cas remarquable lorsque, en coupant CD du point A comme centre avec k pour rayon, on trouve DC = DA.

PROBLÈMES

Exercice 44

Problème 1. *Une droite parallèle à un côté d'un triangle détermine sur un second côté deux segments de 18 et de 7 mètres. Quels sont les segments déterminés sur l'autre côté, dont la longueur totale est de 30 mètres ?*

Il suffit de décomposer 30 en deux parties qui soient entre elles comme les nombres 18 et 7. Ces deux parties peuvent être représentées par $18x$ et $7x$. Leur somme donne $25x = 30$; d'où $x = \dfrac{6}{5}$, $18x = 21^m 60$, et $7x = 8^m 40$.

Exercice 45

Problème 2. *Deux côtés d'un triangle ont respectivement 158 et 176 mètres ; à partir du sommet commun, on porte 120 mètres sur le premier côté. Quelle longueur faut-il porter sur le second, pour que la ligne menée par les deux points obtenus soit parallèle au troisième côté ?*

Le second côté doit être divisé dans le même rapport que le premier. Si l'on appelle x la longueur demandée, on pose $\dfrac{x}{176} = \dfrac{120}{158}$; d'où, en multipliant les deux membres par 176, $x = \dfrac{120 \cdot 176}{158} = 133^m 67$.

Exercice 46

Problème 3. *Calculer la perpendiculaire abaissée d'un point de la circonférence sur le diamètre, si les segments qu'elle détermine sur ce diamètre sont respectivement de 7 et de 9 mètres.*

Soit x cette perpendiculaire; on a $x^2 = 7 \cdot 9 = 63$; d'où $x = 7^m 94$, à un demi-centimètre près.

Exercice 47

Problème 4. *Les trois côtés d'un triangle ont respectivement 18, 30 et 36 mètres. Calculer les segments déterminés sur ces côtés par les trois bissectrices.*

Chacun des côtés est divisé en deux segments qui sont entre eux comme les deux autres côtés. Les trois côtés 18, 30 et 36 sont d'ailleurs entre eux comme les nombres 3, 5 et 6.

Pour le côté de 18 mètres, les segments seront les $5/11$ et les $6/11$ de 18, soit $8^m 18$ et $9^m 82$.

Pour le côté de 30 mètres, les segments seront les $3/9$ et les $6/9$, ou le $1/3$ et les $2/3$ de 30, soit 10^m et 20^m.

Et pour le côté de 36 mètres, les segments seront les $3/8$ et les $5/8$ de 36, soit $13^m 50$ et $22^m 50$.

Exercice 48

Problème 5. *Construire un triangle, connaissant deux côtés et le pied de la bissectrice qui tombe sur l'un d'eux.*

Soit ABC le triangle à reproduire, par la connaissance des longueurs AB, AC et AM.

Menons CN, bissectrice de l'angle extérieur en C. On a $\dfrac{MA}{MB} = \dfrac{NA}{NB}$;

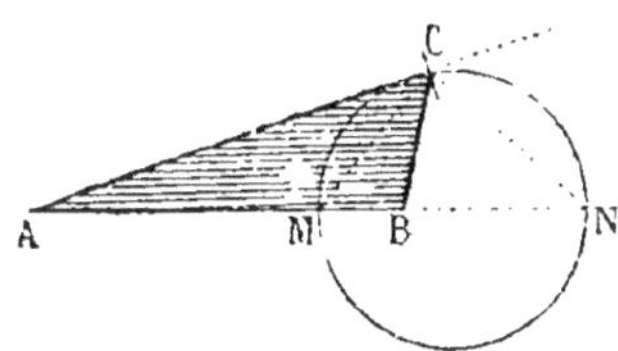

d'où, en diminuant les numérateurs de leurs dénominateurs, $\dfrac{MA - MB}{MB} = \dfrac{AB}{NB}$. Ainsi la construction d'une quatrième proportionnelle donnera le prolongement BN.

Le troisième sommet C a pour lieu la circonférence décrite sur MN. On déterminera ce sommet en coupant cette circonférence par un arc décrit du point A, avec la longueur AC comme rayon.

Exercice 49

Problème 6. *Les trois côtés d'un triangle ont respectivement $8^m 50$, $6^m 30$ et $4^m 90$. Calculer de combien il faut prolonger le grand côté pour arriver au pied de la bissectrice de l'angle extérieur.*

Les distances du point cherché aux extrémités du grand côté doivent être entre elles comme les deux autres côtés du triangle. Appelons a, b, c, les trois côtés, et x le prolongement du côté a. On doit avoir $\dfrac{x}{a+x} = \dfrac{c}{b}$; d'où, en diminuant les dénominateurs de leurs numérateurs, $\dfrac{x}{a} = \dfrac{c}{b-c}$; et, en multipliant les deux membres par a, $x = \dfrac{ac}{b-c}$.

Ainsi $$x = \frac{8,50 \times 4,90}{1,40} = 29^m 75.$$

Exercice 50

Problème 7. *Deux côtés adjacents d'un parallélogramme ont respectivement 17 et 32 mètres, et l'une des diagonales en a 43. Calculer l'autre diagonale.*

M.   4

On sait que la somme des carrés des côtés égale la somme des **carrés** des diagonales (Exerc. 13). On exécutera donc les calculs ci-après :

$$17^2 \quad \ldots \ldots \ldots \ldots \quad 289$$
$$32^2 \quad \ldots \ldots \ldots \ldots \quad 1\,024$$
$$\text{Somme} \quad \ldots \ldots \ldots \quad 1\,313$$
$$2 \text{ fois} \quad \ldots \ldots \ldots \quad 2\,626$$
$$43^2 \quad \ldots \ldots \ldots \ldots \quad 1\,849$$
$$\text{Différence} \quad \ldots \ldots \quad 777$$
$$\sqrt{} \quad \ldots \ldots \ldots \quad 27^{\mathrm{m}}87 \qquad \text{Réponse.}$$

Exercice 51

Problème 8. *Les deux diagonales d'un parallélogramme ont 25 et 40 mètres, et l'un des côtés 18. Quel est le périmètre de ce parallélogramme ?*

Le côté inconnu x se trouvera par le calcul ci-après :

$$25^2 \quad \ldots \ldots \ldots \ldots \quad 625$$
$$40^2 \quad \ldots \ldots \ldots \ldots \quad 1\,600$$
$$\text{Somme} \quad \ldots \ldots \ldots \quad 2\,225$$
$$2 \text{ fois } 18^2 \quad \ldots \ldots \quad 648$$
$$\text{Différence} \quad \ldots \ldots \quad 1\,577$$
$$\text{La } 1/2 \quad \ldots \ldots \ldots \quad 788,5$$
$$\sqrt{} \quad \ldots \ldots \ldots \quad 28^{\mathrm{m}}08 \quad \ldots \ldots x$$
$$2x \quad \ldots \ldots \ldots \ldots \quad 56^{\mathrm{m}}16$$
$$2 \text{ fois } 18 \quad \ldots \ldots \quad 36^{\mathrm{m}}$$
$$\text{Périmètre} \quad \ldots \ldots \quad 92^{\mathrm{m}}16 \qquad \text{Réponse.}$$

Exercice 52

Problème 9. *Les côtés d'un quadrilatère ont 20, 30, 35 et 8 mètres, et les diagonales 25 et 36 mètres. Calculer la droite qui joint les milieux des diagonales.*

On appliquera le théorème d'Euler (Exerc. 14). Les carrés des côtés sont 400, 900, 1225 et 64, et la somme de ces carrés est 2589.
Les carrés des diagonales sont 625 et 1296, et la somme est 1921.
En appelant x la droite demandée, on posera

$$4x^2 + 1\,921 = 2\,589$$

d'où, en retranchant 1921 $\qquad\qquad 4x^2 = 668$

en divisant par 4 $\qquad\qquad\qquad\quad x^2 = 167$

et en extrayant la racine $\qquad\qquad x = 12^{\mathrm{m}}92 \qquad$ Réponse.

Exercice 53

Problème 10. *Sur une droite indéfinie* AN, *on donne* AM $= 15$, *et* AB $= 23$. *Calculer un point* N *tel que l'on ait* $\dfrac{\mathrm{NA}}{\mathrm{NB}} = \dfrac{\mathrm{MA}}{\mathrm{MB}}$.

La proportion ci-dessus donne, lorsqu'on diminue les numérateurs

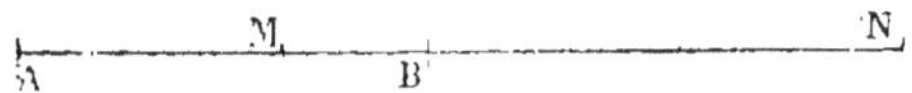

de leurs dénominateurs, $\dfrac{AB}{NB} = \dfrac{MA - MB}{MB}$ ou $\dfrac{23}{x} = \dfrac{7}{8}$

de là on tire $7x = 184$, et $x = 26^m 29$, à un demi-centimètre près.

Exercice 54

Problème 11. *L'hypoténuse d'un triangle rectangle a 30 mètres, et l'un des segments déterminés par la hauteur sur l'hypoténuse a 20 mètres. Calculer cette hauteur, et les deux côtés de l'angle droit.*

Appelons h la hauteur, a l'hypoténuse, b et c les deux autres côtés, m et n leurs projections sur l'hypoténuse. D'après les propriétés du triangle rectangle, on a :

$$1^o \quad h^2 = mn = 20.10 = 200 \quad \text{d'où} \quad h = 14^m 14$$
$$2^o \quad b^2 = am = 30.20 = 600 \quad \text{d'où} \quad b = 24^m 49$$
$$3^o \quad c^2 = an = 30.10 = 300 \quad \text{d'où} \quad c = 17^m 32$$

Exercice 55

Problème 12. *Dans un cercle de 8 mètres de rayon, on trace un diamètre, et par une de ses extrémités, une corde de 12 mètres. Calculer la projection de cette corde sur le diamètre.*

Appelons a le diamètre, b la corde, et m sa projection. On a

$$am = b^2 \text{ ou } 16m = 144 \; ; \quad \text{d'où} \quad m = 9$$

Exercice 56

Problème 13. *Construire un triangle, connaissant deux côtés* a *et* b, *et la projection* n *du troisième côté sur le second.*

Soit ABC le triangle à reproduire. On trace CB égal au côté a; on porte la longueur n en BD; on trace la perpendiculaire indéfinie DA, et l'on détermine le troisième sommet A, en coupant la ligne DA par un arc décrit du point C, avec un rayon égal au côté b.

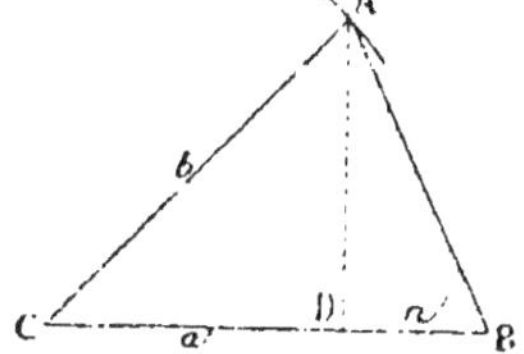

Exercice 57

Problème 14. *Deux côtés* a *et* b *d'un triangle ont 17 et 21 mètres, et la projection* n *du troisième côté sur le second est de 11 mètres. Calculer le troisième côté* c, *et la hauteur* h *qui tombe sur le second.*

1° On a, en vertu d'une propriété connue (Géom., n° 216):

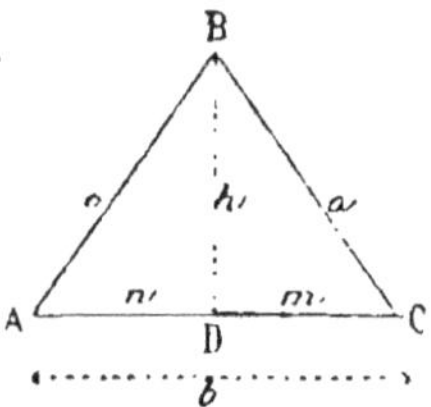

$$c^2 = a^2 + b^2 - 2bm$$

Or $m = b - n = 21 - 11 = 10$

L'égalité précédente devient donc

$$c^2 = 289 + 441 - 420 = 310 ; \quad \text{d'où} \quad c = 17^m 61$$

2° Le triangle rectangle BCD donne

$$h^2 = a^2 - m^2 = 289 - 100 = 189 \quad \text{d'où} \quad h = 13^m 75$$

Exercice 58

Problème 15. *Les trois côtés* a, b, c, *d'un triangle ont* 52, 51 *et* 25 *mètres. Calculer les projections* b′ *et* c′ *des côtés* b *et* c *sur* a. *Calculer ensuite la hauteur* h *qui tombe sur ce même côté* a.

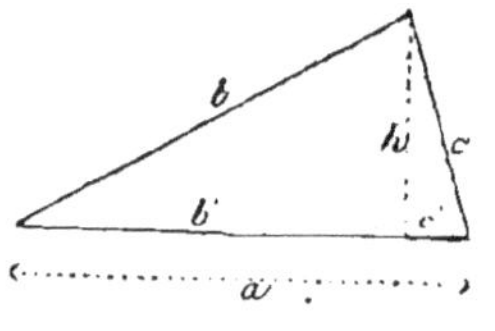

Il est démontré (Exerc. 25) que

$$(b + c)(b - c) = (b' + c')(b' - c')$$

Ainsi on a $76.26 = 52(b' - c')$

De là on tire $b' - c' = 38$

La demi-somme des projections b' et c' est   26

et leur demi-différence est   19

On a donc $b' = 26 + 19 = 45$ mètres

et $c' = 26 - 19 = 7$ mètres

Pour trouver h on posera $h^2 = c^2 - c'^2 = 625 - 49 = 576$

d'où $h = 24$ mètres

Exercice 59

Problème 16. *Deux cordes se coupent; on donne les deux segments* m *et* n *de l'une, et un segment* p *de l'autre. Trouver l'autre segment de la seconde corde.*

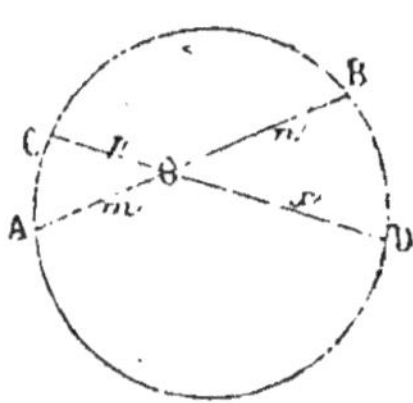

On trace deux droites indéfinies AB et CD qui se croisent; on porte les segments donnés en OA, OB et OC. La circonférence menée par les trois points A, B, C, détermine le segment demandé OD.

Car on a $px = mn$; et il n'y a qu'une seule valeur de x qui puisse satisfaire à cette condition.

Exercice 60

Problème 17. *Deux cordes se coupent; les deux segments de l'une ont* 15 *et* 10 *mètres. Calculer les deux segments de l'autre corde, dont la longueur totale est de 28 mètres.*

Les deux segments inconnus peuvent être représentés par x et $28-x$; leur produit est $28x-x^2$; et l'on a (Géom., n° 222) :

$$28x-x^2=150$$

ou, en changeant tous les signes, $x^2-28x=-150$

Ajoutons l'égalité $14^2=196$

il vient $x^2-28x+14^2=46$

ce qui revient à (Géom., n° 211) $(x-14)^2=46$

En extrayant la racine, on trouve $x-14=6,78$

et en ajoutant 14 aux deux membres $x=20^m78$

L'autre segment est 7^m22

Remarque. La valeur 14^2 ou 196 que nous avons ajoutée aux deux membres de l'équation du second degré, n'est autre chose que le carré de la moitié du coefficient du terme du 1er degré. Le but de cette opération est de faire du premier membre de l'équation le *carré parfait* d'un binôme.

Dans les résultats des calculs, nous nous contentons des trois ou quatre premiers chiffres, ce qui est suffisant dans la plupart des cas vraiment pratiques.

Exercice **61**

Problème 18. *Dans un cercle C de 17 mètres de rayon, deux cordes se coupent en I, et le produit des deux segments de chacune d'elles est 145. Calculer la distance CI du centre au point d'intersection.*

Si l'on trace un diamètre AB par le point d'intersection, les deux segments de ce diamètre sont $17+x$ et $17-x$, et leur produit 17^2-x^2 égale aussi 145.

On a donc $289-x^2=145$

Ajoutons x^2 et retranchons 145,

il vient $144=x^2$

d'où $12=x$

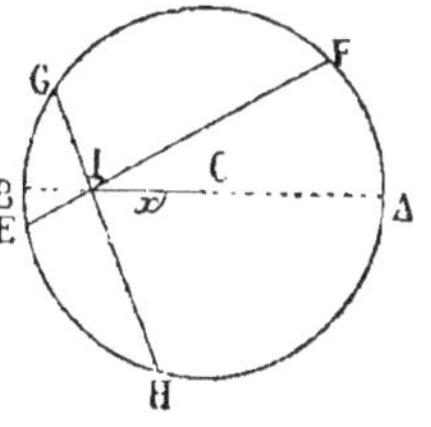

Exercice **62**

Problème 19. *Deux sécantes partent d'un même point hors d'un cercle; on donne les parties extérieure et intérieure* a *et* b *de l'une, avec la partie extérieure* c *de l'autre. Trouver la partie intérieure de cette dernière.*

On trace un angle quelconque O, sur les côtés duquel on porte $OE=a$, $ED=b$, $OF=c$. La circonférence menée par les points D, E, F, détermine la longueur FG pour la partie intérieure demandée.

Car on a $(c+x)c=(a+b)a$; et il n'y a qu'une seule valeur de x qui puisse satisfaire à cette condition.

Exercice 63

Problème 20. *Deux sécantes partent d'un même point; les deux parties extérieure et intérieure de l'une ont 13 et 23 mètres, et la partie extérieure de la seconde 17 mètres. Calculer sa partie intérieure.*

Soit x la longueur demandée. Les sécantes entières sont représentées par les nombres $x + 17$ et 36;

et l'on a (Géom., n° 223) $\quad\quad (x + 17)17 = 36 \cdot 13$

ou $\quad\quad 17x + 289 = 468$

Retranchons 289, il vient $\quad\quad 17x = 179$

d'où $\quad\quad x = 10^m 53$

Exercice 64

Problème 21. *Une tangente et une sécante partent d'un même point; la tangente a 18 mètres, et la partie intérieure de la sécante 23 mètres. Calculer la partie extérieure x de cette sécante.*

On a l'équation $\quad\quad (x + 23)x = 18^2$

ou $\quad\quad x^2 + 23x = 324$

Ajoutons $\quad\quad 11,5^2 = 132,25$

il vient $\quad\quad x^2 + 23x + 11,5^2 = 456,25$

d'où, en prenant les racines carrées, $\quad\quad x + 11,5 = 21,36$

et, en retranchant 11,5 aux deux membres, $\quad\quad x = 9^m 86$

Exercice 65

Problème 22. *Le diamètre d'un cercle a $32^m 50$, et on le prolonge de $4^m 50$. Calculer la longueur x de la tangente menée du point obtenu.*

On doit avoir $\quad\quad x^2 = 37,00 \times 4,50$

ou $\quad\quad x^2 = 166,50$

d'où $\quad\quad x = 12^m 90$

Exercice 66

Problème 23. *Le diamètre d'un cercle a $25^m 40$. De combien faut-il le prolonger pour que la tangente menée du point obtenu soit de 12 mètres ?*

Le carré de la tangente sera 144; et ce même produit devra être obtenu en multipliant le prolongement x par la sécante entière $x + 25,40$.

On a donc $\quad\quad x^2 + 25,40x = 144$

Ajoutons $\quad\quad 12,70^2 = 161,29$

il vient $\quad\quad x^2 + 25,40x + 12,70^2 = 305,29$

d'où, en prenant les racines carrées, $\quad\quad x + 12,70 = 17,47$

et, en retranchant 12,70, $\quad\quad x = 4^m 77$

Exercice 67

Problème 24. *Décrire une circonférence qui passe par deux points donnés A et B, et qui soit tangente à une droite donnée CD.*

Analyse. Le centre F doit se trouver à la fois sur la perpendiculaire DF menée à la tangente par le point de contact, et sur la perpendiculaire EF menée par le milieu de la corde AB.

La tangente CD est moyenne proportionnelle entre les deux longueurs CB et CA que l'on connaît.

On tracera donc BAC; on portera la longueur CD égale à la moyenne géométrique entre CA et CB (Géom., n° 249); on mène DF perpendiculaire à CD, et EF perpendiculaire au milieu de AB; du point F, avec FD pour rayon, on décrit la circonférence demandée.

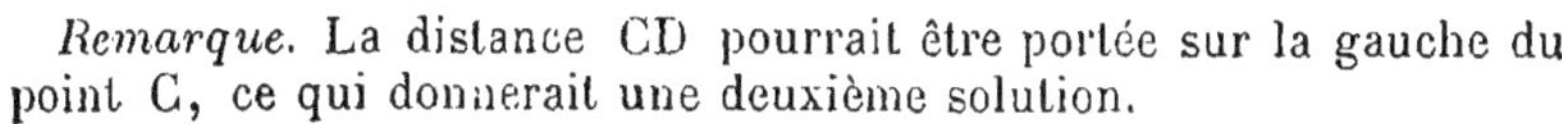

Remarque. La distance CD pourrait être portée sur la gauche du point C, ce qui donnerait une deuxième solution.

Exercice 68

Problème 25. *Les trois côtés d'un triangle ont respectivement 11, 18 et 20 mètres. Calculer les trois médianes, les trois bissectrices, les trois hauteurs, et les distances des trois côtés au centre du cercle circonscrit. — Généraliser, en exprimant ces diverses lignes en fonction des trois côtés* a, b, c.

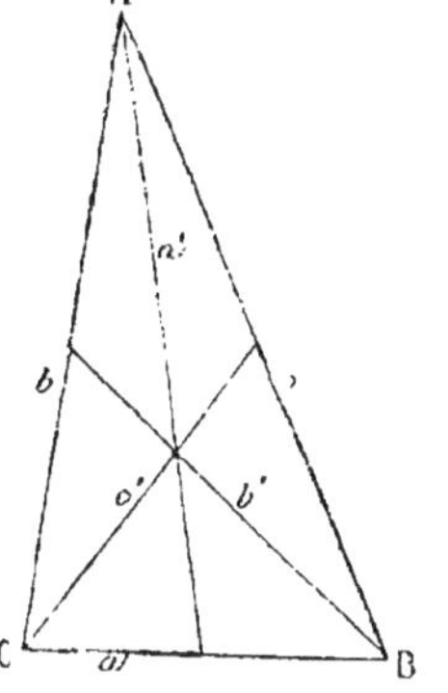

1° Le calcul des *médianes* repose sur ce principe : *La somme des carrés de deux côtés quelconques égale deux fois le carré de la médiane du troisième côté, plus deux fois le carré de la moitié de ce même côté* (Géom., n° 218).

Appelons a', b', c', les médianes respectives des côtés a, b, c. Remarquons que

$$2\left(\frac{a}{2}\right)^2 = 2\frac{a^2}{4} = \frac{a^2}{2},$$ de sorte que *le double du carré de la moitié d'un côté* est la même chose que *la moitié du carré de ce même côté.* On a successivement :

$$2a'^2 + \tfrac{1}{2}a^2 = b^2 + c^2 \qquad 2a'^2 = b^2 + c^2 - \tfrac{1}{2}a^2$$

$$a'^2 = \tfrac{1}{2}\left(b^2 + c^2 - \tfrac{1}{2}a^2\right)$$

$$a' = \sqrt{\tfrac{1}{2}\left(b^2 + c^2 - \tfrac{1}{2}a^2\right)}$$

On trouverait de même

$$b' = \sqrt{\tfrac{1}{2}\left(c^2 + a^2 - \tfrac{1}{2}b^2\right)}$$

$$c' = \sqrt{\tfrac{1}{2}\left(a^2 + b^2 - \tfrac{1}{2}c^2\right)}$$

Telles sont les expressions générales des *médianes*, en fonction des côtés. Si l'on applique ces formules aux valeurs 11 , 18 et 20, données pour les côtés a, b, c, on trouve $a'=18^m 23$ $b'=13^m 40$ $c'=11^m 07$.

2° Le calcul des *bissectrices* repose sur ce principe : *Le produit de deux côtés quelconques d'un triangle égale le carré de la bissectrice de l'angle compris, plus le produit des deux segments que cette bissectrice détermine sur le troisième côté* (Géom., n° 225).

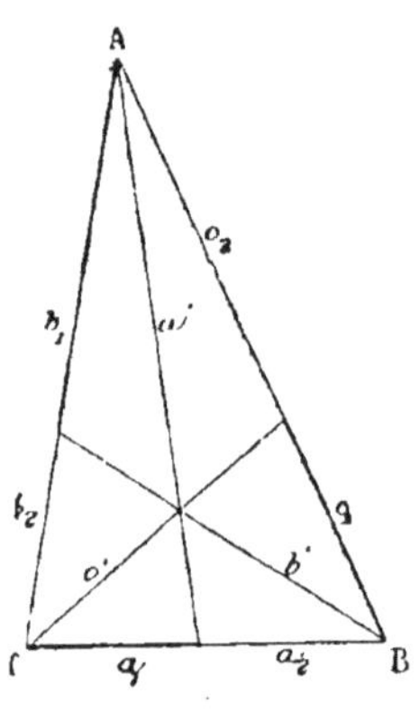

Appelons a', b', c', les bissectrices qui tombent sur les côtés a, b, c; a_1 et a_2 *, b_1 et b_2, c_1 et c_2, les segments déterminés sur les côtés a, b, c.

Les segments du côté a sont entre eux comme les deux autres côtés b et c (Géom., n° 184); on trouve donc ces segments en partageant 11 en parties proportionnelles aux nombres 18 et 20. Les segments a_1 et a_2 sont respectivement les $^{18}/_{38}$ et les $^{20}/_{38}$ de 11, soit $5^m 21$ et $5^m 79$.

On trouve de même pour b_1 et b_2, les $^{11}/_{31}$ et les $^{20}/_{31}$ de 18, soit $6^m 39$ et $11^m 61$.

Et pour c_1 et c_2, les $^{11}/_{29}$ et les $^{18}/_{29}$ de 20, soit $7^m 59$ et $12^m 41$.

Les formules générales de ces segments sont :

Pour $\quad a_1$ et $a_2 \quad\quad \dfrac{ab}{b+c}$ et $\dfrac{ac}{b+c}$

Pour $\quad b_1$ et $b_2 \quad\quad \dfrac{ba}{a+c}$ et $\dfrac{bc}{a+c}$

Pour $\quad c_1$ et $c_2 \quad\quad \dfrac{ca}{a+b}$ et $\dfrac{cb}{a+b}$

Pour calculer la bissectrice a' on posera :

$$a'^2 + a_1 a_2 = bc; \quad \text{d'où} \quad a'^2 = bc - a_1 a_2 \quad \text{et} \quad a' = \sqrt{bc - a_1 a_2}$$

On trouverait de même

$$b' = \sqrt{ac - b_1 b_2}$$
$$c' = \sqrt{ab - c_1 c_2}$$

Et si l'on exprime les segments en fonction des côtés, on a

$$a' = \sqrt{bc - \frac{a(abc)}{(b+c)^2}}$$
$$b' = \sqrt{ac - \frac{b(abc)}{(a+c)^2}}$$
$$c' = \sqrt{ab - \frac{c(abc)}{(a+b)^2}}$$

Telles sont les expressions générales des *bissectrices* en fonction des

---

* Lisez a indice 1, a indice 2.

côtés. Si l'on applique ces formules aux valeurs 11, 18 et 20, données
pour les côtés a, b, c, on trouve :

$$a' = 18^m 16 \quad b' = 12^m 08 \quad c' = 10^m 09$$

3° Le calcul des *hauteurs* se fait par application du théorème de Pythagore (Géomét., n° 214); car chaque hauteur appartient à un triangle rectangle qui a pour
hypoténuse l'un des côtés adjacents, et pour
troisième côté la projection de cette hypoténuse sur le côté qui reçoit la hauteur.

Appelons a', b', c', les hauteurs correspondantes aux côtés a, b, c, et a_1, b_1 et c_1,
l'un des segments déterminés sur chaque
côté. On a (Géom., n° 216) :

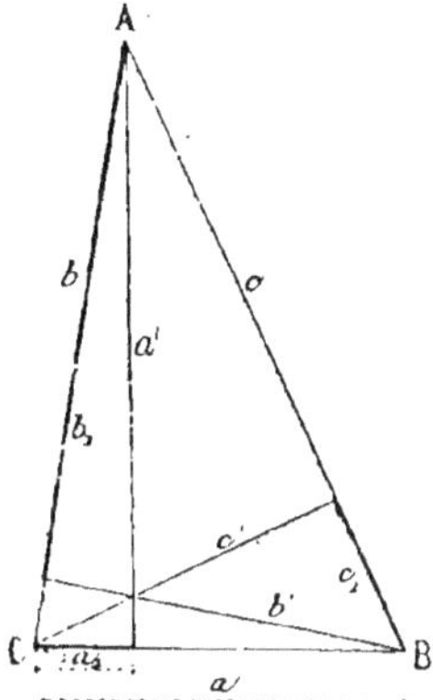

$$c^2 = a^2 + b^2 - 2aa_1 \quad \text{d'où} \quad 2aa_1 = a^2 + b^2 - c^2 \quad \text{et} \quad a_1 = \frac{a^2 + b^2 - c^2}{2a}$$

On trouverait de même

$$b_1 = \frac{b^2 + c^2 - a^2}{2b}$$

$$c_1 = \frac{c^2 + a^2 - b^2}{2c}$$

Le triangle rectangle qui a pour côtés b, a' et a_1, donne :

$$a'^2 = b^2 - a_1^2 = b^2 - \frac{(a^2 + b^2 - c^2)^2}{4a^2} = \frac{4a^2b^2 - (a^2 + b^2 - c^2)^2}{4a^2}$$

On pourrait s'arrêter à cette formule, qui exprime bien le carré de
la hauteur a' en fonction des trois côtés a, b, c. Mais on donne ordinairement à cette expression une forme plus élégante, à l'aide de
diverses transformations que l'on fait en appliquant à propos les formules relatives au *carré d'une somme ou d'une différence*, et au *produit de la somme de deux quantités par leur différence* (Géom., n° 211).

On pose, par convention, $a + b + c = 2p$

de là, on tire, en retranchant 2c, $a + b - c = 2(p - c)$

On trouverait de même $a - b + c = 2(p - b)$

et $-a + b + c = 2(p - a)$

Reprenons l'expression trouvée plus haut pour la hauteur; et, pour
faciliter les transformations, multiplions les deux membres par le
dénominateur; on aura successivement :

$$4a^2a'^2 = (2ab)^2 - (a^2 + b^2 - c^2)^2$$
$$= (2ab + a^2 + b^2 - c^2)(2ab - a^2 - b^2 + c^2)$$
$$= [(a + b)^2 - c^2][c^2 - (a - b)^2]$$
$$= (a + b + c)(a + b - c)(c + a - b)(c - a + b)$$
$$= 2p \cdot 2(p - c) \cdot 2(p - b) \cdot 2(p - a) = 16p(p - a)(p - b)(p - c)$$

En divisant les deux membres par $4a^2$, il vient :

$$a'^2 = \frac{4}{a^2} p\,(p-a)\,(p-b)\,(p-c) \quad \text{d'où} \quad a' = \frac{2}{a}\sqrt{p\,(p-a)\,(p-b)\,(p-c)}$$

On trouverait de même

$$b' = \frac{2}{b}\sqrt{p\,(p-a)\,(p-b)\,(p-c)}$$

et

$$c' = \frac{2}{c}\sqrt{p\,(p-a)\,(p-b)\,(p-c)}$$

Telles sont les expressions générales des *hauteurs* en fonction des côtés. Si l'on applique ces formules aux valeurs 11, 18 et 20, données pour les côtés a, b, c, on trouve :

$$a' = 17^m88 \quad b' = 10^m93 \quad c' = 9^m84$$

4° Le calcul des *directrices*, ou distances des côtés au centre du cercle circonscrit, demande le calcul préalable du rayon de ce cercle; on part de ce principe : *Le produit de deux côtés quelconques d'un triangle égale la hauteur relative au troisième côté, multipliée par le diamètre du cercle circonscrit* (Géom., n° 227).

La hauteur relative au côté a a été trouvée de 17^m88; on a donc

$$2Rh = bc \quad \text{d'où} \quad R = \frac{bc}{2h} = 10^m065$$

Désignons par a', b', c', les distances des côtés a, b, c, au centre du cercle circonscrit.

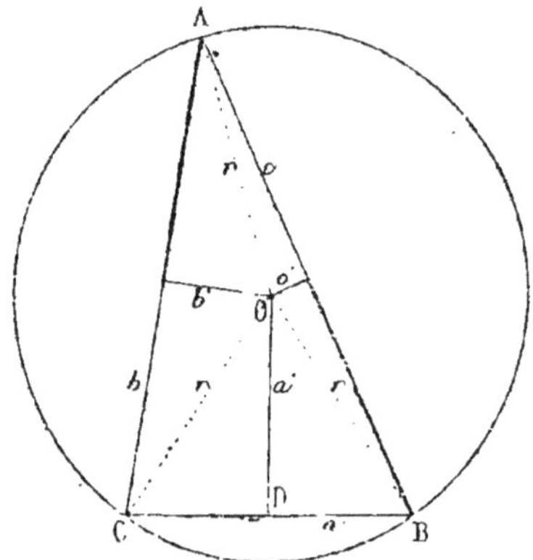

La distance a' se calcule par le triangle rectangle OCD, lequel donne

$$a'^2 = R^2 - 1/_4 a^2 \quad \text{d'où} \quad a' = \sqrt{R^2 - 1/_4 a^2}$$

On a de même

$$b' = \sqrt{R^2 - 1/_4 b^2}$$
$$c' = \sqrt{R^2 - 1/_4 c^2}$$

En effectuant les calculs, on trouve :

$$a' = 8^m429 \quad b' = 4^m506 \quad c' = 1^m143$$

Si l'on veut exprimer directement ces trois distances en fonction des côtés et de leur demi-somme p, on reprend l'expression $2Rh = bc$, d'où l'on tire $4R^2h^2 = b^2c^2$; en remplaçant h^2 par sa valeur trouvée

plus haut, il vient

$$4R^2 \frac{4}{a^2} p(p-a)(p-b)(p-c) = b^2c^2$$

de là on tire

$$R^2 = \frac{a^2b^2c^2}{16p(p-a)(p-b)(p-c)}$$

d'où

$$R = \frac{abc}{4\sqrt{p(p-a)(p-b)(p-c)}}$$

expression remarquable du rayon du cercle circonscrit.

En portant la valeur de R^2 dans les formules qui donnent les distances des côtés au centre du cercle circonscrit, on a

$$a' = \sqrt{\frac{(abc)^2}{16p(p-a)(p-b)(p-c)} - \frac{a^2}{4}}$$

$$b' = \sqrt{\frac{(abc)^2}{16p(p-a)(p-b)(p-c)} - \frac{b^2}{4}}$$

$$c' = \sqrt{\frac{(abc)^2}{16p(p-a)(p-b)(p-c)} - \frac{c^2}{4}}$$

Exercice 69

Problème 26. *Les quatre côtés d'un quadrilatère ont 15, 18, 20 et 23 mètres; l'une des diagonales a 30 mètres, et la droite qui joint les milieux des diagonales a 4^m50. Calculer l'autre diagonale.*

Soient a, b, c, d, les côtés, f et x, les diagonales, et e, la droite qui joint leurs milieux. Le théorème d'Euler (Exerc. 14) donne :

$$f^2 + x^2 + 4e^2 = a^2 + b^2 + c^2 + d^2$$

d'où

$$x^2 = a^2 + b^2 + c^2 + d^2 - f^2 - 4e^2$$

Les calculs donnent $x^2 = 497$;   d'où $x = 22^m 29$

Exercice 70

Problème 27. *Calculer directement le partage d'une ligne de 1 mètre en moyenne et extrême raison.*

Il faut que l'on ait

$$\frac{1}{x} = \frac{x}{1-x}$$

De là on tire $x^2 = 1 - x$ d'où $x^2 + x = 1$

Ajoutons $(1/2)^2 = 1/4$

il vient $x^2 + x + (1/2)^2 = 5/4$

d'où, en prenant les racines carrées, $x + 1/2 = 1/2\sqrt{5}$

et, en retranchant $1/2$, $x = 1/2(\sqrt{5} - 1) = 0^m 61803$

Le petit segment sera $0^m 38197$

Exercice 71

Problème 28. *Un arceau en arc de cercle a 3ᵐ50 d'ouverture et 0ᵐ70 de flèche. Trouver son rayon par une construction graphique, puis par le calcul.*

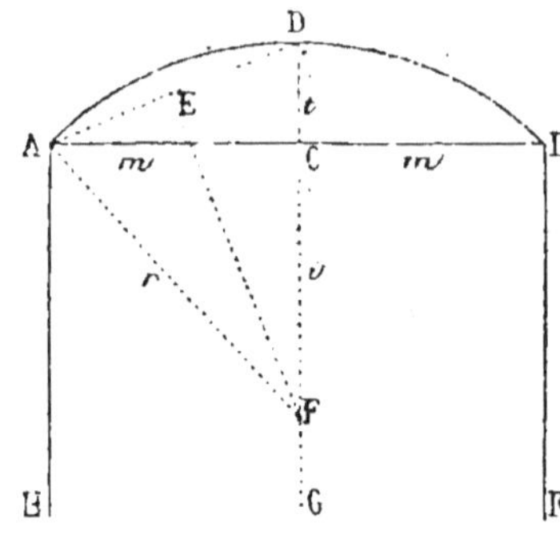

1° *Solution graphique.* On trace, à une échelle quelconque (ici 1 centimètre pour mètre), la corde AB de 3ᵐ50; en son milieu, on mène la perpendiculaire indéfinie DF, sur laquelle on porte CD de 0ᵐ70 : la perpendiculaire EF élevée au milieu de la corde AD détermine le centre F.

Le rayon cherché est représenté par la longueur FD, qui, mesurée à l'échelle, donne 2ᵐ53.

2° Appelons G la seconde extrémité du diamètre DFG; on a, en vertu de la propriété des cordes qui se coupent :

$$\frac{CG}{m} = \frac{m}{t} \quad \text{d'où} \quad CG = \frac{m^2}{t} = \frac{1,75^2}{0,70} = 4^m37$$

Le diamètre entier est donc $4,37 + 0,70$ ou 5ᵐ07, et le rayon est 2ᵐ53.

Exercice 72

Problème 29. *Dans un cercle de 2ᵐ25 de rayon, on donne une corde de 3 mètres. Calculer la corde qui sous-tend l'arc moitié, ainsi que la corde qui sous-tend l'arc double.*

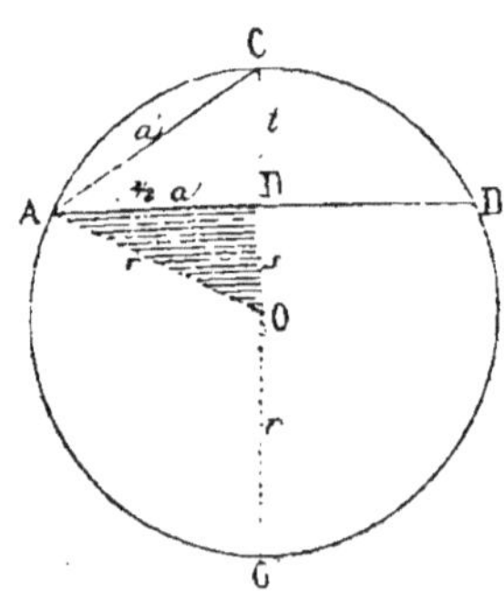

1° Appelons a la corde donnée AB, r le rayon du cercle, et a' la corde demandée.

Le triangle rectangle ADO permet de calculer OD ou s, et par suite CD ou t; après quoi le triangle rectangle ADC donnera a'.

r^2	5,0625		Différence . .	0,573 . . . . t
$(\frac{1}{2}a)^2$	2,2500		t^2	0,3283
Différence . .	2,8125		$(\frac{1}{2}a)^2$	2,2500
Racine carrée.	1,677 . . . . s		Somme	2,5783
Rayon	2,250		Racine carrée.	1^{m}606 . . . a'

2° Supposons que a' soit une corde donnée, et qu'il faille calculer la corde AB ou a qui sous-tend un arc double.

Le carré de la corde a' égale la projection t de cette corde sur le diamètre, multipliée par le diamètre entier CG (Géom., n° 221). Cette propriété permettra de calculer t, puis s; et alors le triangle rectangle ADO donnera AD, qui est la moitié de la corde demandée.

Pour résoudre le problème sur les nombres donnés, nous poserons $r = 2^m25$, et $a' = 3$ mètres.

On a $\qquad a'^2 = 2rt \qquad$ d'où $\qquad \dfrac{a'^2}{2r} = t$

a'^2	9,00		r^2	5,0625
$2r$	4,50		s^2	0,0625
Quotient . . .	2,00 . . . . t		Différence . .	5,0000
r	2,25		$\sqrt{\quad}$	2,236
Différence . . .	0,25 . . . . s		2 fois.	4^{m}472 . . . a

Exercice 73

Problème 30. *A quelle distance du centre se trouve une corde de 2^m72 dans un cercle de 3^m65 de rayon?*

La distance demandée, et la moitié de la corde donnée, sont les côtés de l'angle droit d'un triangle rectangle qui a le rayon pour hypoténuse; on fera donc le calcul ci-après :

$3,65^2$	13,3225	
$1,36^2$	1,8496	
Différence	11,4729	
Racine carrée	3^{m}387	Réponse.

Exercice 74

Problème 31. *Quel rayon faut-il prendre pour que la circonférence décrite ait 1 mètre de longueur?*

Soit x ce rayon. Il faut qu'on ait $2\pi x = 1$; d'où $x = \dfrac{1}{2\pi} = \dfrac{1}{6,283} = 0^m159$, à un demi-millimètre près.

Exercice 75

Problème 32. *Quelle est la longueur absolue d'un arc de 40 degrés $\frac{1}{2}$ dans une circonférence de 14^m25 de rayon?*

La demi-circonférence est $14,25\,\pi$,

L'arc d'un degré,   180 fois moins,

Et l'arc de $40°\,1/2$, $40\,1/2$ fois plus, soit $\dfrac{14,25\,\pi.\,40,5}{180}$

Voici le calcul exécuté par logarithmes * :

$$\begin{array}{llll}
\text{Log. } 14,25. & . & . & . & . & 1.15381 \\
\text{Log. } \pi & . & . & . & . & 0.49715 \\
\text{Log. } 40,5. & . & . & . & . & 1.60746 \\
\text{Somme} & . & . & . & . & 3.25842 \\
\text{Log. } 180 & . & . & . & . & 2.25527 \\
\text{Différence} & . & . & . & . & 1.00315 \; . \; . \; 10^m073 \quad \text{Réponse.}
\end{array}$$

Exercice 76

Problème 33. *Combien y a-t-il de degrés dans l'arc qui aurait la même longueur que le rayon?*

Supposons le rayon de 1 mètre : l'arc en question aura aussi une longueur de 1 mètre.

La demi-circonférence est 1π,   ou simplement π.

L'arc d'un degré est $\dfrac{\pi}{180}$; et autant de fois cette valeur est contenue dans 1, autant il y a de degrés dans l'arc considéré. Le nombre demandé sera donc $1:\dfrac{\pi}{180}$ ou $1.\dfrac{180}{\pi}$,   soit $\dfrac{180}{\pi}$.

Calcul par logarithmes.

$$\begin{array}{llll}
\text{Log. } 180 & . & . & . & . & 2.25527 \\
\text{Log. } \pi & . & . & . & . & 0.49715 \\
\text{Différence} & . & . & . & . & 1.75812 \; . \; . \; 57°,296 \quad \text{Réponse.}
\end{array}$$

Exercice 77

Problème 34. *Dans un cercle de 1 mètre de rayon, le polygone régulier inscrit de 16 côtés a $0^m3901806...$ pour longueur du côté. Calculer les côtés des polygones réguliers inscrits de 32, 64, 128... côtés, et déduire de ces calculs une valeur approchée du nombre π.*

Appelons a le côté connu, et a' le côté à calculer.

On démontre en Géométrie (n°ˢ 239 et 240) que, lorsque le rayon est égal à l'unité, il existe entre ces deux grandeurs la relation ci-après :

$$a' = \sqrt{2 - \sqrt{4 - a^2}}$$

Cette relation permet de calculer successivement les côtés demandés; et comme le but est d'arriver au nombre π, on calculera chaque fois

---

* Voir les Tables de logarithmes à 5 décimales, par J. Bourget et F. René.

le demi-périmètre du polygone : car le rayon étant 1, la circonférence est 2π, et la demi-circonférence est π. Les nombres qui expriment les demi-périmètres tendent donc vers le nombre π.

Nous allons faire les calculs par logarithmes à cinq décimales.

Passage de 16 à 32 côtés.

Log. a. . . .	$\overline{1}.59127$			
2 fois	$\overline{1}.18254$	. . . .	$0,152245$	à retrancher de 4
	0.58521	. ◁ — .	$3,847755$	
La $1/_2$	$0.29260\cdot$ *	. . .	$1,96157$	à retrancher de 2
	$\overline{2}.58467$	. ◁ — .	$0,03843$	a'^2
La $1/_2$	$\overline{1}.29233\cdot$	. . . .	$0,196034$	a', pour 32 côtés
Log. 16 . . .	1.20412			
Somme . . .	$0.49645\cdot$	. . . .	$3,13658$	demi-périmètre

Passage de 32 à 64 côtés (a' ci-dessus devient a).

	a^2	. . . .	$0,03843$	à retrancher de 4
	0.59786	. ◁ — .	$3,96157$	
La $1/_2$ . . .	0.29893	. . . .	$1,99036$	à retrancher de 2
	$\overline{3}.98408$	. ◁ — .	$0,00964$	a'^2
La $1/_2$ . . .	$\overline{2}.99204$	. . . .	$0,098184$	a', pour 64 côtés
Log. 32 . . .	1.50515			
Somme . . .	0.49719	. . . .	$3,14186$	demi-périmètre

On reconnaît dans cette dernière valeur les **4** premiers chiffres du nombre π.

Exercice 78

Problème 35. *Dans un hexagone régulier de 1 mètre de côté, le rayon est de 1 mètre, et l'apothème de $0^m866025$. Calculer le rayon et l'apothème des polygones réguliers isopérimètres de 12, 24, 48, 96... côtés, et déduire de ces calculs une valeur approchée du nombre π.*

Appelons a et r l'apothème et le rayon donnés, et a' et r' l'apothème et le rayon inconnus. On démontre en Géométrie (n° 244) que l'on a, entre ces grandeurs, les relations ci-après, qui serviront de base aux calculs :

$$a' = {}^1/_2(a + r) \qquad r' = \sqrt{a'r}$$

Passage de 6 à 12 côtés.

	a	. . . .	$0,866025$	
	r	. . . .	$1,000000$	
	Somme	. . . .	$1,866025$	
	$\overline{1}.96989$	. ◁ — .	$0,933012$	a'
Log. r	0.00000			
Somme	$\overline{1}.96989$			
La $1/_2$	$\overline{1}.98494\cdot$	. . . .	$0,965930$	r'

---

* Le point placé à droite du dernier chiffre indique qu'il y a en plus une demi-unité de cet ordre, valeur dont on peut quelquefois tenir compte.

Passage de 12 à 24 côtés.

$$a + r \quad \ldots \quad 1,898942$$

$$\overline{1}.97748 \quad . \twoheadleftarrow . \quad 0,949471 \qquad a'$$

Log. r . . . . $\overline{1}.98494\,\cdot$

Somme . . . . $\overline{1}.96242\,\cdot$

La $1/_2$. . . . . $\overline{1}.98121$ . . . . $0,957660 \qquad r'$

Passage de 24 à 48 côtés.

$$a + r \quad \ldots \quad 1,907131$$

$$\overline{1}.97935 \quad . \twoheadleftarrow . \quad 0,953565 \qquad a'$$

Log. r . . . . $\overline{1}.98121$

Somme . . . . $\overline{1}.96056$

La $1/_2$. . . . . $\overline{1}.98028$ . . . . $0,955600 \qquad r'$

Passage de 48 à 96 côtés.

$$a + r \quad \ldots \quad 1,909165$$

$$\overline{1}.97981 \quad . \twoheadleftarrow . \quad 0,954582 \qquad a'$$

Log. r. . . . . $\overline{1}.98028$

Somme . . . . $\overline{1}.96009$

La $1/_2$. . . . . $\overline{1}.98004$. .   . $0,955090 \qquad r'$

Passage de 96 à 192 côtés.

$$a + r \quad \ldots \quad 1,909672$$

$$\overline{1}.97993 \quad . \twoheadleftarrow . \quad 0,954836 \qquad a'$$

Log. r . . . . $\overline{1}.98004$

Somme . . : . $\overline{1}.95997$

La $1/_2$. . . . . $\overline{1}.97998\,\cdot$ . . . . $0,954962 \qquad r'$

Passage de 192 à 384 côtés.

$$a + r \quad \ldots \quad 1,909798$$

$$\overline{1}.97996 \quad . \twoheadleftarrow . \quad 0,954899 \qquad a'$$

Log. r . . . . $\overline{1}.97998\,\cdot$

Somme . . . . $\overline{1}.95994\,\cdot$

La $1/_2$ . . . . $\overline{1}.97997$ . . . . $0,954925 \qquad r'$

Passage de 384 à 768 côtés.

$$a + r \quad \ldots \quad 1,909824$$

$$\overline{1}.97996 . . \twoheadleftarrow . \quad 0,954912 \qquad a'$$

Log. r . . . . $\overline{1}.97997$

Somme . . . . $\overline{1}.95993\,\cdot$

La $1/_2$. . . . . $\overline{1}.97997$ . . . . $0,954925 \qquad r'$

Comme on trouve, à un demi cent-millième près, le même logarithme pour a' et pour r', dans le cas du polygone de 768 côtés, on voit que c'est là qu'il faut s'arrêter dans ces calculs.

Le rayon du cercle isopérimètre est compris entre l'apothème et le rayon du dernier polygone; on peut donc dire que, pour une circonférence de 6 mètres, le rayon est 0^m954918.

La circonférence égale $2\pi r$, et la demi-circonférence πr.

On a donc $\pi(0,954918)=3$; d'où $\pi = \dfrac{3}{0,954918}$

Log. 3. . . . . . . 0.47712
Log. r. . . . . . $\overline{1}.97997$
Différence 0.49715 3,14157

On peut compter sur cinq chiffres, et poser :

$$\pi = 3,1416$$

Exercice 79

Problème 36. *Construire un carré, connaissant la somme ou la différence du côté à la diagonale.*

Tous les carrés sont des figures semblables; ainsi toutes leurs dimensions homologues sont dans un même rapport. Or la somme ou la différence du côté et de la diagonale dans un carré quelconque, est homologue à la somme ou à la différence du côté et de la diagonale dans un autre carré. De là on conclut la construction ci-après :

Construire un carré quelconque ABCD; tracer et prolonger la diagonale AC; du point C, avec CB pour rayon, décrire la demi-circonférence FBE, ou du moins marquer les points F et E.

Porter en AE' ou AF' la longueur donnée pour la somme ou pour la

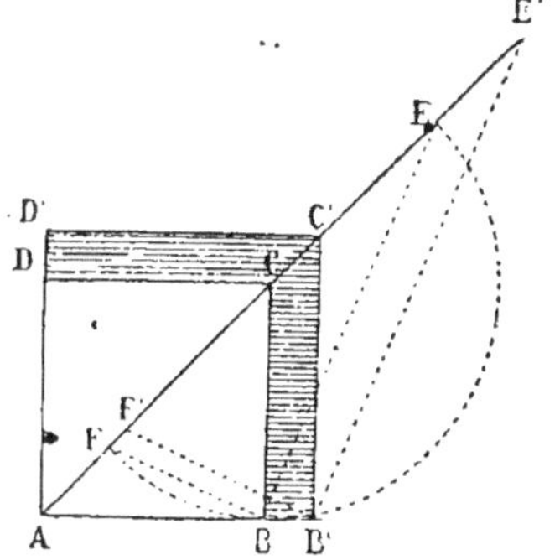

différence du côté et de la diagonale; mener EB ou FB, puis E'B' ou F'B' parallèle à EB ou FB. On détermine ainsi le côté AB' du carré demandé.

Exercice 80

Problème 37. *Quel est le côté d'un carré, si la diagonale et le côté ont ensemble 5^m80?*

Dans un carré de 1 mètre de côté, on sait que la diagonale a une longueur exprimée par $\sqrt{2}$; ainsi le côté et la diagonale ont ensemble pour longueur $1+\sqrt{2}$.

Et puisque tous les carrés sont des figures semblables, leurs dimensions homologues sont dans un même rapport; on a donc, en appelant x le côté inconnu :

$$\frac{x}{1} = \frac{5,80}{1+\sqrt{2}}$$

Le résultat sera d'une exactitude suffisante avec trois chiffres, et l'on peut faire le calcul à l'aide de la *Règle de Gunter* :

$$\sqrt{2} \quad . \quad . \quad , \quad . \quad . \quad . \quad 1,414 \text{ à ajouter à 1}$$
$$2,414 \text{ dénominateur}$$
$$\text{Numérateur} . \quad . \quad . \quad 5,80$$
$$\text{Quotient} . \quad . \quad . \quad . \quad 2^m 40 \quad . \quad . \quad . \quad x$$

Exercice 81

Problème 38. *Quel est le côté d'un carré, si la différence entre le côté et la diagonale est 5^m 80 ?*

Dans un carré de 1 mètre de côté, la diagonale est $\sqrt{2}$, et la différence est $\sqrt{2}-1$; on aura donc la proportion

$$\frac{x}{1} = \frac{5,80}{\sqrt{2}-1}$$

Voici les calculs faits par logarithmes :

$$\tfrac{1}{2} \text{ Log. } 2. \quad . \quad . \quad 0.15051 \quad . \quad . \quad . \quad 1,41421 \text{ à diminuer de 1}$$
$$\overline{1}.61722 \quad . \quad . \quad . \quad 0,41421 \text{ dénominateur}$$
$$\text{Log. } 5,80. \quad . \quad . \quad 0.76343$$
$$\text{Différence} \quad . \quad . \quad 1.14621 \quad . \quad . \quad . \quad 14^m 003 \quad . \quad . \quad . \quad x$$

Exercice 82

Problème 39. *Étant données deux circonférences sécantes A et B, mener, par l'un des points d'intersection E, une sécante qui soit divisée par ce point dans un rapport donné.*

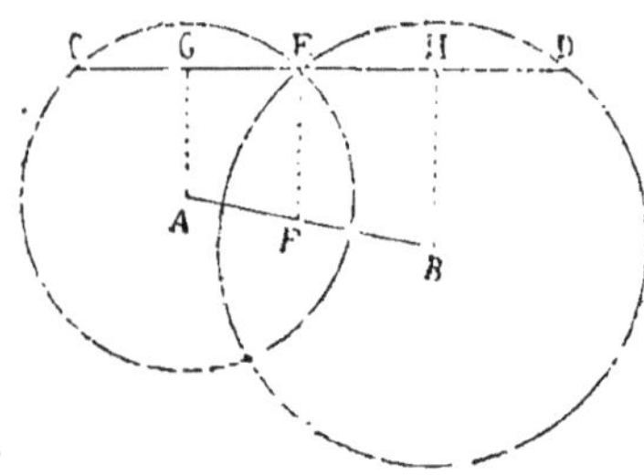

Analyse. Considérons une sécante CD qui soit divisée en E dans un rapport quelconque, 7/8, par exemple.

Par les points A, B et E, menons les droites AG, BH et EF, perpendiculaires à CD, et par suite parallèles entre elles.

Les points G et H sont les milieux des cordes CE et ED. A cause des parallèles AG, EF, BH, on a :

$$\frac{AF}{FB} = \frac{FG}{EH} = \frac{2EG \text{ ou } EC}{2EH \text{ ou } ED} = \frac{7}{8}$$

De là découle la construction à faire : diviser AB en F, selon le rapport donné; mener EF, puis CED perpendiculaire à EF.

Exercice 83

Problème 40. *Étant données deux circonférences A et B, trouver un point tel que les tangentes menées à l'une et à l'autre soient égales, et se coupent sous un angle donné.*

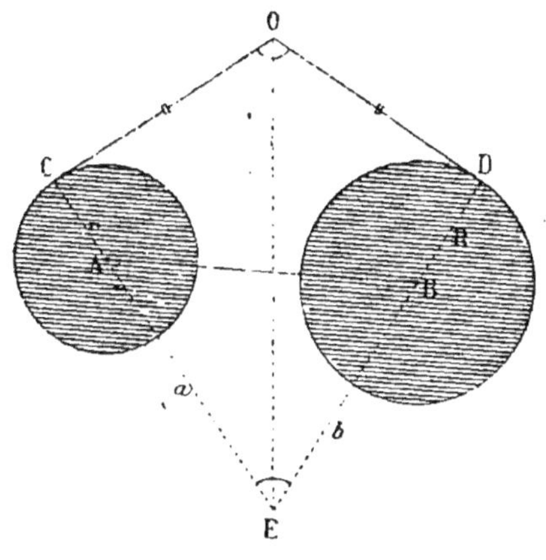

Analyse. Soit O un point tel que les tangentes OC et OD soient égales, et se coupent sous un certain angle O.

Par les points de contact, menons les rayons CA et DB, prolongés jusqu'à leur rencontre en E, et traçons OE.

Le quadrilatère OCED ayant deux angles droits C et D, les deux autres angles O et E sont supplémentaires.

Les triangles rectangles OEC et OED sont égaux comme ayant même hypoténuse OE, et un autre côté égal OC, OD; on a donc EC = ED, ou $a + r = b + R$. Si l'on retranche b et r aux deux membres, il vient $a - b = R - r$, quantité connue.

Ainsi, dans le triangle ABE, on connaît la base AB, l'angle opposé E (supplément de l'angle donné O), et la différence ($a - b = R - r$) des deux autres côtés.

On peut donc construire ce triangle ABE (Livre II, Exerc. 80), prolonger EA et EB, et mener en C et D les tangentes qui déterminent le point O.

Exercice 84

Problème 41. *Construire un triangle connaissant la base, l'angle opposé, et le rapport des deux autres côtés.*

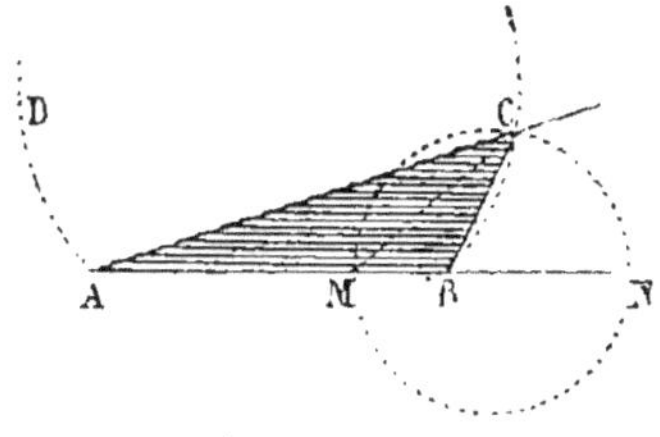

Analyse. Soit ABC le triangle à reproduire par la connaissance de la base AB, de l'angle opposé C, et du rapport des deux autres côtés; par exemple, $\dfrac{CA}{CB} = \dfrac{3}{1}$.

On peut d'abord reproduire la base AB; le troisième sommet C doit se trouver sur l'arc ADCB, capable de l'angle donné C.

Le rapport des deux côtés CA et CB se retrouve entre les segments

MA et MB, NA et NB, déterminés par les bissectrices intérieure et extérieure CM et CN (Géom., n⁰ˢ 184 et 186); et comme ces bissectrices sont perpendiculaires l'une à l'autre, le point C se trouve sur la circonférence décrite sur MN.

On détermine le point M en divisant AB en deux parties qui soient entre elles dans le rapport donné $3/1$ (Géom., n° 247). Pour le point N, on doit avoir $\dfrac{NA}{NB}=\dfrac{3}{1}$; d'où, en diminuant les numérateurs de leurs dénominateurs, $\dfrac{AB}{NB}=\dfrac{2}{1}$; et de là on conclut $NB=\dfrac{AB}{2}$.

Le point C sera déterminé par la rencontre des deux lieux qui doivent le contenir.

Exercice 85

Problème 42. *Par un point donné* E, *mener une droite* EF *qui concoure avec deux autres droites données* AB *et* CD, *sans recourir au point de rencontre.*

Analyse. Les trois droites AB, CD et EF, devant concourir en un

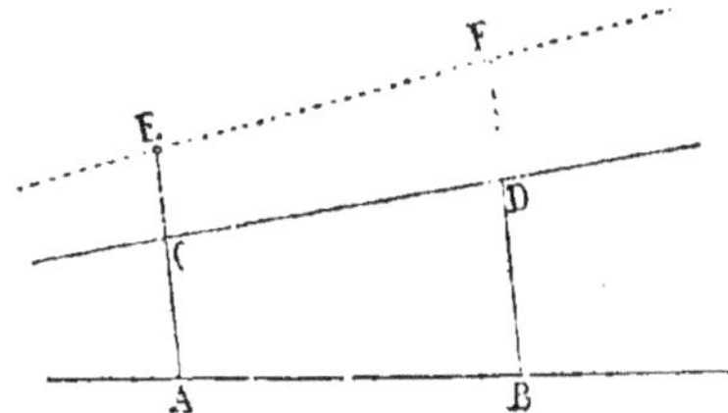

même point, divisent en parties proportionnelles deux parallèles quelconques AE et BF qui les traversent (Géom., n° 206).

On tracera donc, par le point donné E, une transversale quelconque EA, et une autre droite quelconque BF parallèle à EA; on cherchera le quatrième terme de la proportion $\dfrac{AC}{CE}=\dfrac{BD}{DF}$, ce qui déterminera un second point F de la droite demandée.

Exercice 86

Problème 43. *Construire un triangle semblable à un triangle*

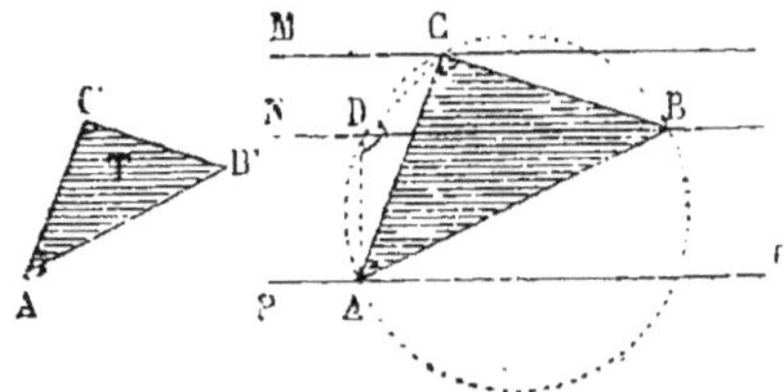

donné T, *et dont les sommets se trouvent sur trois parallèles données* M, N, P, *ou sur trois circonférences concentriques données.*

1ᵉʳ Cas. *Analyse.* Soit ABC un triangle semblable à T. Considérons trois parallèles quelconques M, N, P, menées par les sommets; traçons la circonférence circonscrite, et menons CD et AD.

L'angle inscrit BDC = BAC = A', qui est donné; de même l'angle inscrit BDA = BCA = C', qui est donné.

On peut donc prendre le point D à volonté sur la droite du milieu N, construire l'angle A' au-dessus et l'angle C' au-dessous, et décrire une circonférence par les trois points A, D, C. Le triangle ABC sera le triangle demandé.

On remarquera que les deux angles qu'il faut construire de part et d'autre de la droite du milieu, sont ceux dont les sommets doivent être sur les deux autres lignes.

Remarque. Le triangle ABC pourrait glisser sur les parallèles, et y occuper une infinité de positions.

On peut d'ailleurs construire l'angle A' au-dessous de la droite N, et l'angle C' au-dessus; ce qui donnerait une seconde solution.

Enfin, on peut réserver pour la ligne du milieu l'un quelconque des trois sommets A, B, C; et ainsi l'on peut avoir six solutions différentes, quant à la grandeur des triangles obtenus.

2ᵉ Cas. *Analyse.* Soit ABC un triangle semblable à T. D'un point quelconque I, avec les distances IA, IB, IC, décrivons trois circonférences concentriques.

Sur A'B', construisons le triangle A'B'I' semblable à ABI : le

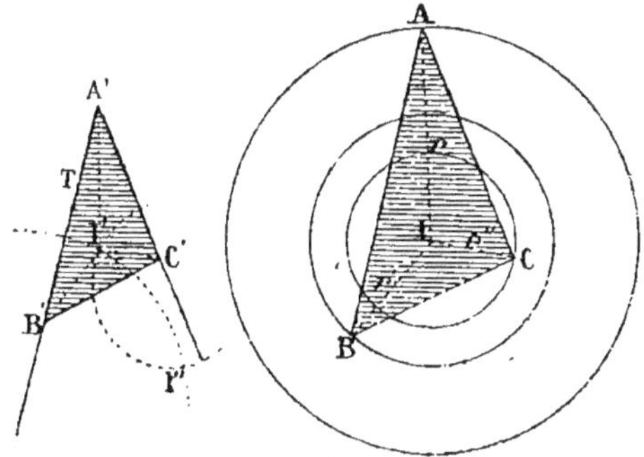

point I' est l'homologue de I (Géom., n° 197), les distances I'A' et I'B' sont dans le rapport $\frac{r}{r'}$, et le point I' appartient à un lieu géométrique connu, qui est une circonférence (Exerc. 32 ci-dessus). De même les distances I'A' et I'C' sont dans le rapport $\frac{r}{r''}$, et le point I' appartient à un second lieu géométrique analogue au premier.

De ces considérations résulte la construction suivante, qui suppose donnés le triangle T et les trois circonférences ayant pour rayons r, r' et r'' :

Construire sur A'B' le lieu des points dont les distances aux deux points A' et B' sont dans le rapport $\frac{r}{r'}$, et sur A'C' le lieu des points dont les distances aux deux points A' et C' sont dans le rapport $\frac{r}{r''}$; joindre le point de rencontre des deux lieux aux trois sommets du triangle T; mener IA quelconque; construire les angles AIB et AIC égaux respectivement à A'I'B' et A'I'C', et achever le triangle ABC.

Remarque. Le triangle ABC pourrait tourner autour du centre I, et occuper, sur les circonférences données, une infinité de positions.

On peut d'ailleurs prendre pour homologue du centre I, le second point de rencontre I'' des deux lieux; ce qui donnerait une seconde solution.

Enfin, on peut réserver pour la circonférence extérieure l'un quelconque des trois sommets A, B, C; et ainsi l'on peut avoir six solutions différentes, quant à la grandeur des triangles obtenus.

Si les lieux ne se rencontraient pas, le problème serait impossible.

Exercice 87

Problème 44. *Par un point O donné dans l'intérieur d'un angle BAC, mener une droite BC telle que le produit de ses deux segments soit égal au carré d'une ligne donnée* k.

Analyse. On doit avoir $\overline{OB}.\overline{OC}=k^2$; au triangle ABC, circonscrivons une circonférence; menons AOD et CD.

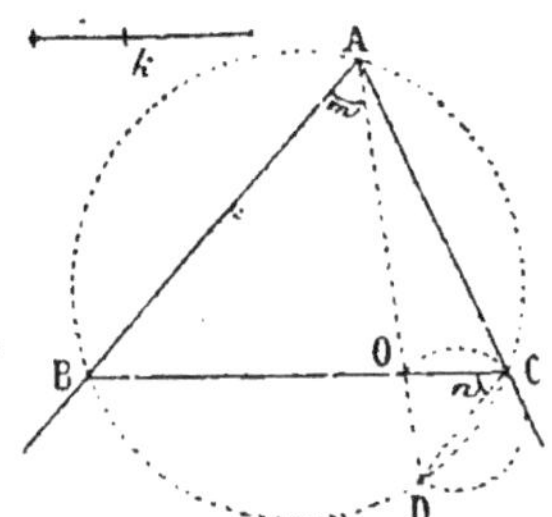

Les deux cordes AD et BC donnent $\overline{OA}.\overline{OD}=\overline{OB}.\overline{OC}=k^2$. Comme on connaît AO, on peut trouver OD, qui est le quatrième terme de la proportion $\dfrac{AO}{k}=\dfrac{k}{OD}$.

Les deux angles inscrits m et n sont égaux; on peut donc décrire sur OD un arc OCD capable de l'angle m, qui est connu; la rencontre de cet arc avec l'un des côtés donnés détermine le point C, et par suite la droite COB.

Exercice 88

Problème 45. *Par un point A donné dans le plan d'un cercle O, mener une sécante AC telle que les distances AB et AC du point donné aux deux intersections soient dans un rapport donné, 2/5, par exemple.*

Analyse. Menons la tangente AD. On a $\overline{AB}.\overline{AC}=\overline{AD}^2$

on doit avoir aussi $$\frac{AB}{AC}=\frac{2}{5}$$

d'où, en multipliant membre à membre, $$\overline{AB}^2=\frac{2}{5}\overline{AD}^2$$

De là on conclut la construction suivante : prendre AE égal aux 2/5 de AD; sur AD, décrire une demi-circonférence; mener EF perpendiculaire sur AD; du point A, avec AF pour rayon, couper la circonférence donnée; et mener ABC, qui répond à la question.

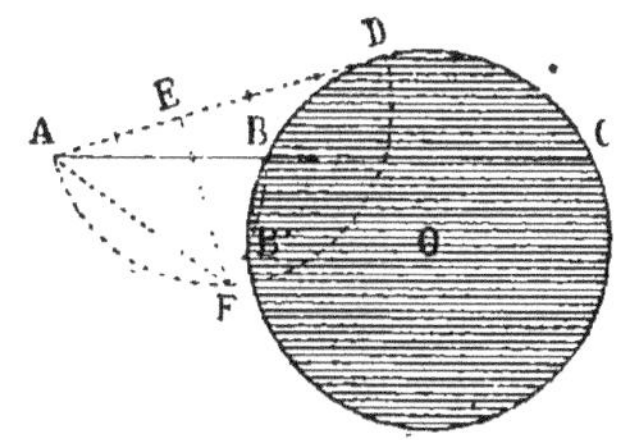

En effet, $\overline{AB}^2=\overline{AF}^2$; et le carré de la corde AF est au carré du diamètre AD, comme la projection AE de cette corde est au diamètre entier (Géom., n° 221, 3°). On a donc $$\overline{AB}^2=\frac{2}{5}\overline{AD}^2$$

si l'on divise par la relation connue $$\overline{AB}.\overline{AC}=\overline{AD}^2$$

il vient $$\frac{AB}{AC}=\frac{2}{5}$$

Scolie. La sécante qui serait menée par les points A et B′ serait égale à la première, et satisferait également à la condition.

Exercice 89

Problème 46. *Décrire une circonférence tangente à une circonférence donnée O, et qui passe par deux points donnés A et B.*

Analyse. Soit AMEB la circonférence à obtenir. Le centre se trouve sur une droite GH perpendiculaire au milieu de AB.

Prolongeons AB jusqu'à la rencontre de EF, tangente commune aux deux circonférences; menons au cercle O une sécante quelconque FCD.

On a $\overline{FC}.\overline{FD}=\overline{EF^2}=\overline{FA}.\overline{FB}$; donc les points A, B, C, D, sont sur une même circonférence, dont le rayon est d'ailleurs indéterminé. De là on conclut la construction suivante :

Par les points A et B, décrire une circonférence quelconque qui

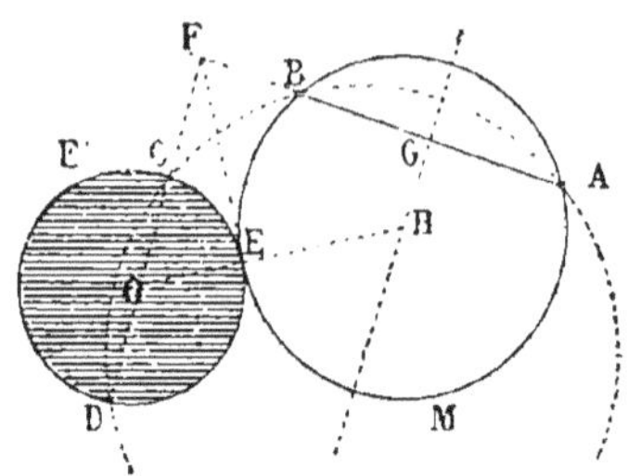

coupe en deux points C et D la circonférence donnée O ; tracer les sécantes ABF et DCF, puis, au cercle donné, la tangente FE. La circonférence décrite par les trois points A, B, E, satisfait à la question.

Remarque. La seconde tangente FE′ annonce une seconde solution.

Exercice 90

Problème 47. *Décrire une circonférence tangente à deux circonférences données A et B, et qui passe par un point donné C.*

Analyse. Soit CDGF la circonférence cherchée, F et G étant les

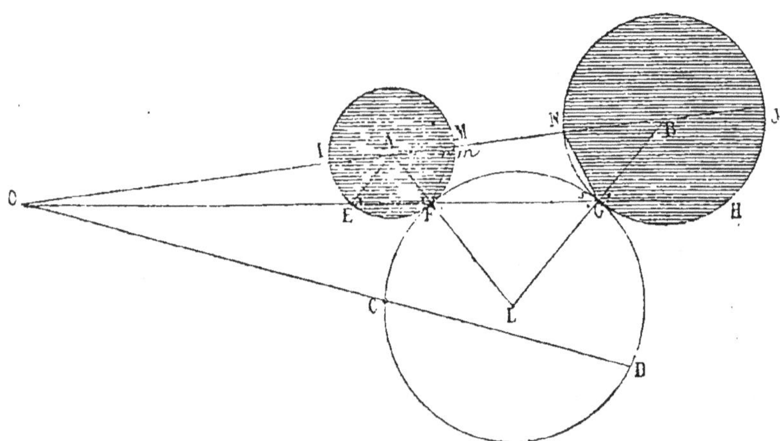

points de contact. Menons les sécantes AB et FG, et, par leur point de concours O, la sécante OCD ; puis les droites AFL, BGL, AE, FM, GN.

Les triangles AEF et FGL étant isocèles, les cinq angles marqués en E, F, G, sont égaux. Ainsi AE est parallèle à BG, et l'on a $\dfrac{OB}{OA} = \dfrac{R}{r}$; d'où, en diminuant les numérateurs de leurs dénominateurs, $\dfrac{AB}{OA} = \dfrac{R-r}{r}$. Cette proportion permet de trouver OA, et par conséquent le point O.

L'angle m a pour supplément r, lequel angle comprend l'arc IEF, soit une demi-circonférence moins l'arc MF ; l'angle s, considéré sur le cercle B, comprend entre ses côtés l'arc NG, et entre leurs prolongements l'arc GH, soit en tout une demi-circonférence moins l'arc JH. Mais les arcs MF et JH sont égaux quant au nombre des degrés, comme étant des arcs homologues dans les deux cercles (Géométrie, n° 200); donc les angles r et s sont égaux; m et s sont supplémentaires, et le quadrilatère MNGF est inscriptible.

On aura donc $\overline{OC}.\overline{OD} = \overline{OF}.\overline{OG} = \overline{OM}.\overline{ON}$; d'où $\dfrac{OC}{OM} = \dfrac{ON}{OD}$, proportion qui donnera OD, et par suite le point D.

Le problème se trouvera ainsi ramené à celui-ci : Par les deux points C et D, décrire une circonférence tangente au cercle A (Exercice 89 ci-dessus).

Remarque. L'application du problème précédent donne deux solutions; de plus, comme la distance OD pourrait être portée en sens inverse à partir du point O, il y aurait deux autres solutions.

Exercice 91

Problème 48. *Décrire une circonférence tangente à une circonférence et à une droite données A et CD, et qui passe par un point donné B.*

Analyse. Soit I la circonférence à obtenir. La droite AI, qui joint les deux centres, passe par le point de contact E.

Par le centre A, menons OG perpendiculaire à CD, puis OED, OBH, ID et EF.

Les triangles isocèles OAE et EID ont leurs angles en E égaux; donc leurs angles O et D sont aussi égaux. Ainsi ID est parallèle à OG, et est par conséquent perpendiculaire à CD; et le point D est le point de contact de la circonférence I avec la droite CD.

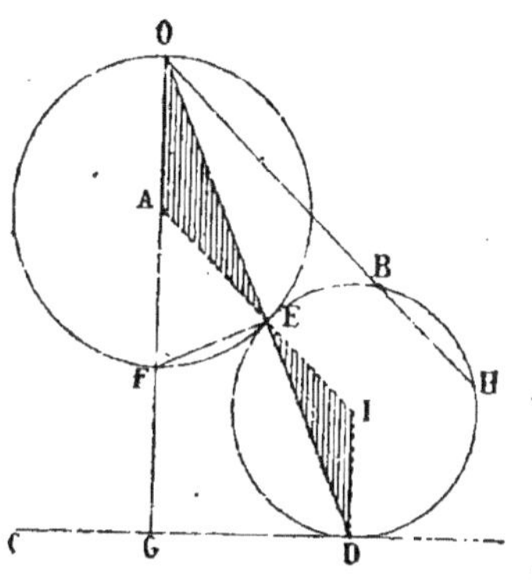

L'angle inscrit OEF est droit; donc le quadrilatère EFGD a deux angles opposés E et G droits, et ce quadrilatère est inscriptible. On a donc $\overline{OF}.\overline{OG} = \overline{OE}.\overline{OD} = \overline{OB}.\overline{OH}$;

D'où $\dfrac{OB}{OF} = \dfrac{OG}{OH}$, proportion qui permet de trouver OH, et par suite le point H.

Le problème se trouve ainsi ramené à celui-ci : Décrire une circonférence qui passe par les deux points B et H, et qui soit tangente à la droite CD. On sait que ce problème est susceptible de deux solutions (Exercice 67).

Remarque. La longueur OH pourrait être portée, en sens inverse, sur le prolongement de BO ; ce qui fournirait deux autres solutions.

Exercice 92

Problème 49. *Décrire une circonférence tangente à deux droites et à une circonférence données OA, OB et C.*

Analyse. Soit D le cercle à obtenir. Son centre doit se trouver sur la droite OD, bissectrice de l'angle O.

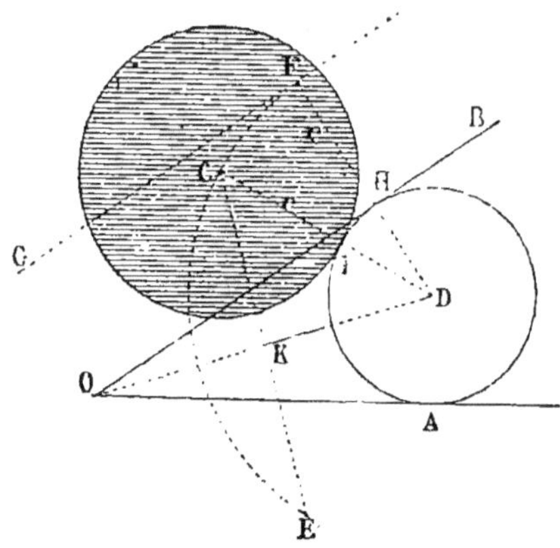

Menons CE perpendiculaire à OD, et DF perpendiculaire à OB ; du point D, avec DC pour rayon, décrivons l'arc ECF, et menons FG perpendiculaire à DF, et par suite parallèle à OB. On a :

$$DF = DC$$

retranchons
$$DH = DI$$

il vient
$$HF = IC = r$$

Ainsi, dès l'abord, on peut tracer la droite indéfinie GF parallèlement à OB, et à une distance égale à r, qui est donné. Le point E est de même déterminé, car il est symétrique de C par rapport à OD.

On décrit ensuite l'arc ECF par les deux points E et C, et tangentiellement à la droite GF (Exercice 67).

Le centre de cet arc est aussi le centre de la circonférence demandée ; et l'on prend pour rayon DC—CI.

Remarque. Un second arc pouvant être tracé par les deux points

E et C tangentiellement à GF, il y a une seconde solution. Deux autres solutions seront obtenues, si l'on prend le centre sur la bissectrice de l'angle obtus formé par les deux droites. — Si les deux droites données étaient parallèles, la bissectrice serait remplacée par la droite équidistante.

Exercice 93

Problème 50. *Décrire une circonférence tangente à une droite* AB, *et à deux circonférences données* C *et* D.

Analyse. Soit EGH la circonférence à obtenir. Menons OC, OD et CD ; puis OF perpendiculaire sur AB.

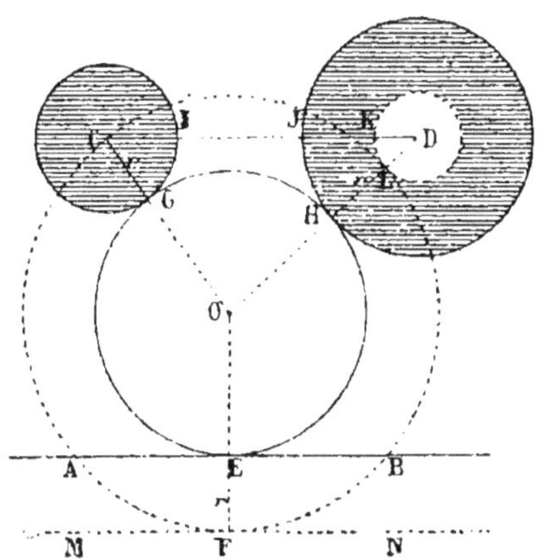

Du point O, avec un rayon égal à la plus petite des distances OC et OD, décrivons la circonférence CFL ; avec DL pour rayon, décrivons une autre circonférence ; et par le point F, menons MN perpendiculaire à OF, et par suite parallèle à AB.

Dès l'abord, on peut tracer MN parallèle à AB, à la distance r ; décrire du point D la circonférence auxiliaire qui a pour rayon la différence des rayons des circonférences données.

Puis, on décrit une circonférence qui passe par le point C, et qui soit tangente à la droite MN et à la circonférence auxiliaire qui a pour rayon DL (Exercice 91).

Le centre de cette circonférence est aussi le centre de la circonférence demandée ; et l'on prend pour rayon OC—r.

Remarque. Comme on peut mener, par le point C, quatre circonférences tangentes à MN et à la circonférence auxiliaire DL, le problème actuel a aussi quatre solutions.

Exercice 94

Problème 51. *Décrire une circonférence tangente à trois circonférences données* A, B, C.

Analyse. Soit IJK la circonférence à obtenir; menons, de son centre, les droites EA, EB, EC. Avec EA, la plus petite de ces trois droites, décrivons la circonférence AFG, puis les circonférences qui ont pour rayons BF et CG.

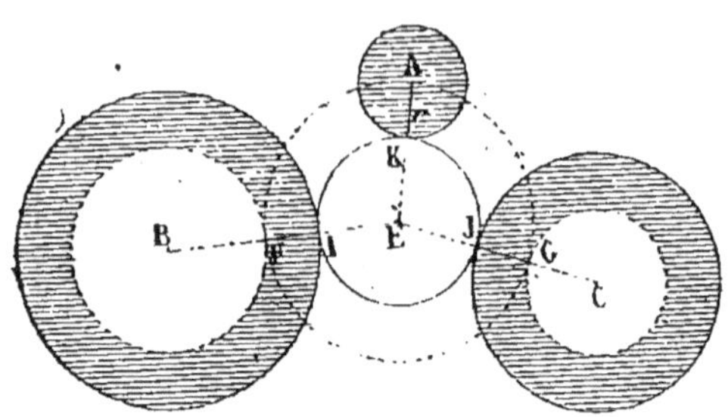

Dès l'abord, on peut décrire ces deux circonférences auxiliaires, qui ont pour rayons les rayons donnés BI et CJ, diminués de r; puis on décrit une circonférence qui passe par le point A, et qui soit tangente aux deux circonférences auxiliaires BF et CG (Exerc. 90).

Le centre de cette circonférence est aussi le centre de la circonférence demandée; et l'on prend pour rayon EA — r.

Remarque. Outre la circonférence tracée sur la figure, on conçoit une seconde circonférence qui envelopperait les trois circonférences données; une autre, et même deux autres, qui envelopperaient le cercle A, et toucheraient simplement les cercles B et C; et d'autres analogues, à l'égard de B et de C.

Exercice 95

Problème 52. *Étant donnés les périmètres* p *et* P *de deux poly-*

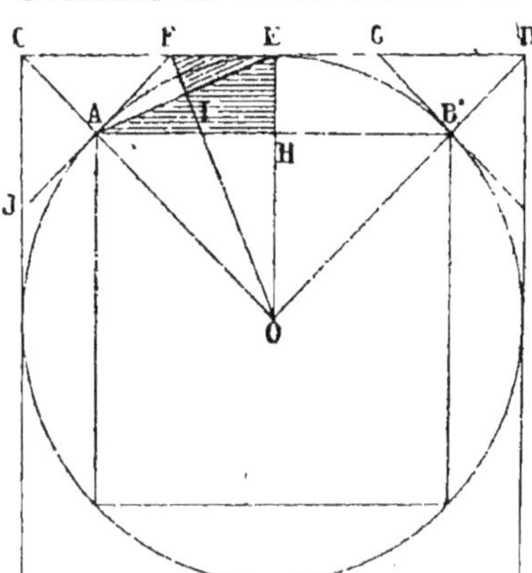

gones réguliers semblables, l'un inscrit et l'autre circonscrit à un même cercle, exprimer les péri-mètres p' *et* P' *des polygones réguliers inscrit et circonscrit d'un nombre double de côtés.*

Pour fixer les idées, considérons p et P comme représentant les périmètres des *carrés* inscrit et circonscrit; p' et P' représenteront les périmètres des *octogones réguliers* inscrit et circonscrit.

1° Les premiers polygones étant semblables, leurs périmètres p et P sont entre eux comme leurs rayons OA et OC, ou comme les droites OE et OC (Géom., n° 202).

La droite OF est bissectrice de l'angle EOC (Géom., n° 151); ainsi les droites OE et OC sont entre elles comme les segments EF et FC.

On a donc
$$\frac{p}{P} = \frac{EF}{FC}$$

Augmentons les dénominateurs de leurs numérateurs, et doublons ensuite les numérateurs; il vient :

$$\frac{2p}{p+P} = \frac{FG}{EC} \cdot \cdots = \frac{8FG \text{ ou } P'}{8EC \text{ ou } P}$$

Des rapports extrêmes on tire $\quad P' = \dfrac{2pP}{p+P}$

2° Les périmètres inscrits p et p' sont entre eux comme leurs huitièmes AH et AE; les triangles rectangles AHE et EIF sont semblables, car ils ont en A et E des angles égaux comme alternes-internes.

On a donc
$$\frac{p}{p'} = \frac{AH}{AE} = \frac{EI}{EF} \cdot \cdots = \frac{16EI \text{ ou } p'}{16EF \text{ ou } P'}$$

Les rapports extrêmes donnent :

$$p'^2 = pP' \qquad \text{d'où} \qquad p' = \sqrt{pP'}$$

Exercice 96

Problème 53. *Appliquer au calcul du nombre π les formules du problème précédent, en partant des carrés inscrit et circonscrit à un cercle de 1 mètre de rayon.*

Le rayon étant 1, le côté du carré inscrit est exprimé par $\sqrt{2}$ (Géométrie, n° 231), et le périmètre est $4\sqrt{2}$. Le côté du carré circonscrit est 2, et le périmètre est 8. Ainsi, dans le premier calcul, on a :

$$p = 4\sqrt{2} \quad \text{et} \quad P = 8$$

Voici les calculs par logarithmes à cinq décimales :

Log. 2. . . .	0.30103		
La 1/2	0.15051		
Log. 4. . . .	0.60206	8 . .	P
Somme . . .	0.75257 . . .	5,65681	p
		13,65681	s

Passage de 4 à 8 côtés : $\quad \mathrm{P}'=\dfrac{2\mathrm{p}\mathrm{P}}{\mathrm{p}+\mathrm{P}}, \quad \mathrm{p}'=\sqrt{\mathrm{p}\mathrm{P}'}$

Log. 2. . . .	0.30103	
Log. p. . . .	0.75257·	
Log. P. . . .	0.90309	
Somme . . .	1.95669·	
Log. s. . . .	1.13535	
Différence . .	0.82134· . . . 6,62742	P'
Log. p. . . .	0.75257·	
Somme . . .	1.57392	
La $^1/_2$	0.78696 . . . 6,12300	p'
	$p'+P'$ . . . 12,75042	s'

Passage de 8 à 16 côtés (p' et P' ci-dessus deviennent p et P).

Log. 2. . . .	0.30103	
Log. p. . . .	0.78696	
Log. P. . . .	0.82134·	
Somme . . .	1.90933·	
Log. s. . . .	1.10552·	
Différence . .	0.80381 . . . 6,36514	P'
Log. p. . . .	0.78696	
Somme . . .	1.59077	
La $^1/_2$	0.79538· . . . 6,24286	p
	12,60800	s'

Passage de 16 à 32 côtés.

Log. 2. . . .	0.30103	
Log. p. . . .	0.79538·	
Log. P. . . .	0.80381	
Somme . . .	1.90022·	
Log. s. . . .	1.10065	
Différence . .	0.79957· . . . 6,30336	P'
Log. p. . . .	0.79538·	
Somme . . .	1.59496	
La $^1/_2$	0.79748 . . . 6,27300	p'
	12,57636	s'

Passage de 32 à 64 côtés.

Log. 2. . . .	0.30103
Log. p. . . .	0.79748
Log. P. . . .	0.79957·
Somme . . .	1.89808·
Log. s. . . .	1.09955

Différence . . . 0.79853 · . . .   6,28836 P'
Log. p. . . . 0.79748
Somme . . . 1.59601 ·
La $1/_2$ . . . . 0.79801 . . .   6,28071 p
                                12,56907 s'

Passage de 64 à 128 côtés.

Log. 2. . . . 0.30103
Log. p. . . . 0.79801
Log. P. . . . 0.79853 ·
Somme . . . 1.89757 ·
Log. s. . . . 1.09931
Différence . . 0.79826 · . . .   6,28436 P'
Log. p. . . . 0.79801
Somme . . . 1.59627 ·
La $1/_2$ . . . . 0.79814 . . .   6,28257 p
                                12,56693 s'

Passage de 128 à 256 côtés.

Log. 2. . . . 0.30103
Log. p. . . . 0.79814
Log. P. . . . 0.79826 ·
Somme . . . 1.89743 ·
Log. s. . . . 1.09923
Différence . . 0.79820 · . . .   6,28343 P'
Log. p. . . . 0.79814
Somme . . . 1.59634 ·
La $1/_2$ . . . . 0.79817 . . .   6,28300 p'
                                12,56643 s'

Passage de 256 à 512 côtés.

Log. 2. . . . 0.30103
Log. p. . . . 0.79817
Log. P. . . . 0.79820 ·
Somme . . . 1.89740 ·
Log. s. . . . 1.09921 ·
Différence . . 0.79819 . . .   6,28329 P'
Log. p. . . . 0.79817 ·
Somme . . . 1.59636
La $1/_2$ . . . . 0.79818 . . .   6,28314 p
                                12,56643 s'

Passage de 512 à 1024 côtés.

Log. 2. . . . 0.30103
Log. p. . . . 0.79818
Log. P. . . . 0.79819
Somme . . . 1.89740
Log. s. . . . 1.09921 ·
Différence . . 0.79818 · . . . 6,28321 P'
Log. p. . . . 0.79818
Somme . . . 1.59636 ·
La $1/_2$ . . . . 0.79818 . . . 6,28314 p'

La conformité des deux logarithmes que nous obtenons nous montre que le calcul par logarithmes à cinq décimales ne peut être poussé plus loin. La circonférence étant comprise entre les deux derniers périmètres calculés, on peut poser :

Circonférence de 1 mètre de rayon . . . . 6^{m}28318
En divisant par le diamètre. . . . . . . 2^{m}00000
On obtient le nombre π. . . · 3,14159

LIVRE IV

SURFACES

THÉORÈMES

Exercice 1

Théorème 1. *L'aire d'un trapèze égale le produit de l'un des côtes non parallèles, par sa distance au milieu du côté opposé.*

Analyse. Soit ABCD un trapèze quelconque. Pour que le théorème soit vrai, il faut que ce trapèze soit équivalent au parallélogramme ABGH, qui a pour base le côté AB, et pour hauteur la distance EF. Cette équivalence aura lieu si les triangles DEH et GEC sont égaux.

Or ces triangles ont un côté égal adjacent à des angles respectivement égaux; donc le théorème est vrai.

Exercice 2

Théorème 2. *L'aire d'un quadrilatère quelconque ABCD égale le produit d'une diagonale AC, par la demi-somme des perpendiculaires abaissées des sommets opposés B et D.*

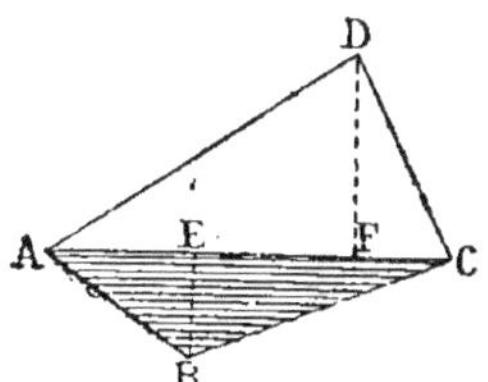

En effet, le quadrilatère est la somme des deux triangles ACB et ACD, qui ont même base AC, et dont les hauteurs sont les distances BE et DF...

Exercice 3

Théorème 3. *L'aire d'une couronne polygonale régulière égale la demi-somme des deux périmètres, multipliée par la différence des deux apothèmes.*

En effet, la couronne en question est la somme de n trapèzes égaux. Soient a et a' les bases, et h la hauteur de l'un de ces trapèzes : l'aire de chaque trapèze est $1/2(a+a')h$, et l'aire de la couronne sera $1/2(na+na')h$.

Or na et na' sont les périmètres des deux polygones qui forment la couronne, et h est la différence des deux apothèmes. Donc *l'aire d'une couronne...*

Exercice 4

Théorème 4. *L'aire d'une couronne circulaire égale la demi-somme des deux circonférences, multipliée par la différence des deux rayons.*

Car la couronne circulaire est la limite de la couronne polygonale régulière, dans laquelle le nombre des côtés croîtrait indéfiniment...

Exercice 5

Théorème 5. *L'aire d'une couronne circulaire égale l'aire du cercle qui a pour diamètre la corde DE, menée dans le grand cercle tangentiellement au petit.*

Soient R et r les rayons des deux cercles, et soit $2r'$ la corde DE.

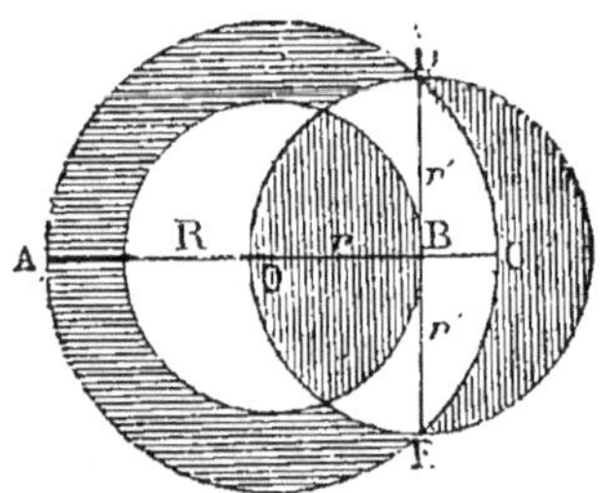

L'aire de la couronne égale

$$\pi R^2 - \pi r^2 = \pi(R^2 - r^2) = \pi(R+r)(R-r) = \pi.\overline{AB}.\overline{BC}$$

Or $\overline{AB}.\overline{BC} = \overline{BD}.\overline{BE} = r'^2$; ainsi l'aire de la couronne est $\pi r'^2$.

C. Q. F. D.

Exercice 6

Théorème 6. *L'aire d'un secteur régulier de couronne polygonale égale la demi-somme des lignes brisées, multipliée par la différence des deux apothèmes.*

En effet, le secteur en question est la somme de n trapèzes égaux. Soient a et a' les bases, et h la hauteur de l'un de ces trapèzes : l'aire de chaque trapèze est $\frac{1}{2}(a+a')h$, et l'aire du secteur sera $\frac{1}{2}(na+na')h$.

Or na et na' sont les deux lignes brisées du secteur régulier, et h est la différence des deux apothèmes. Donc *l'aire d'un secteur régulier...*

Exercice 7

Théorème 7. *L'aire d'un secteur de couronne circulaire égale la demi-somme des deux arcs, multipliée par la différence des rayons.*

Car le secteur de couronne circulaire est la limite du secteur régulier de couronne polygonale, dans lequel le nombre des côtés croîtrait indéfiniment...

Exercice 8

Théorème 8. *Démontrer directement que deux rectangles de même hauteur sont entre eux comme leurs bases. — En conclure la formule de l'aire du rectangle.*

1° Soient R et R' deux rectangles ayant même hauteur h. Considérons d'abord le cas où les bases b et b' sont *commensurables*; et, pour fixer les idées, supposons que la base b soit les $5/8$ de b'.

Si l'on divise b' en 8 parties égales, b égalera 5 de ces parties; et si, par les points de division, on mène des perpendiculaires aux bases, on formera, en R et R', des rectangles égaux entre eux, comme ayant même base et même hauteur. Il y aura 5 de ces rectangles en R, et 8 en R'. Ainsi, le rectangle R est les $5/8$ de R'; et l'on a $\dfrac{R}{R'}=\dfrac{b}{b'}$.

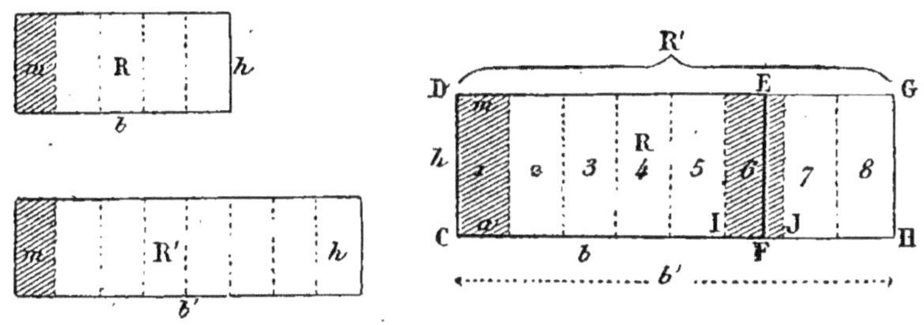

2° Considérons maintenant le cas où les bases b et b' seraient incommensurables; ce qui aurait lieu, par exemple, si la base b' était égale à la diagonale du carré qui aurait b pour côté (Livre III, Exerc. 30).

Supposons les deux rectangles CDEF et CDGH placés l'un sur l'autre, de manière à avoir un côté commun CD. Divisons la grande base CH en un nombre quelconque de parties égales; en 8, par exemple; et, par les points de division, menons des perpendiculaires qui partageront le grand rectangle en 8 rectangles égaux.

Puisque les bases sont incommensurables, le point F ne coïncide avec aucun des points de division de la base CH; et il se trouve ici entre les divisions 5 et 6. De sorte que le rapport des bases b et b' est compris entre $5/8$ et $6/8$, et le rapport des rectangles R et R' est aussi compris entre $5/8$ et $6/8$.

Si l'on veut pousser plus loin l'appréciation des rapports, on divisera IJ en 10 parties égales, puis en 100, en 1 000, etc. Ces parties seront contenues 80 fois, 800 fois, 8 000 fois... dans CH, et serviront de bases à des rectangles qui seront eux-mêmes contenus 80 fois, 800 fois, 8 000 fois... dans R'.

Quelque loin que l'on suppose poussée cette construction, le point F ne coïncidera jamais avec l'un des points de division de CH, puisque les bases b et b' sont supposées incommensurables.

Et ainsi, le rapport $\dfrac{b}{b'}$ sera compris entre deux nombres consécutifs de 80ièmes, de 800ièmes, de 8 000ièmes, etc., et le rapport $\dfrac{R}{R'}$ se trouvera compris entre les mêmes valeurs. Ici, par exemple, on trouve successivement, pour le rapport des bases b et b' aussi bien que pour le rapport des rectangles R et R', une valeur comprise entre $\dfrac{5}{8}$ et $\dfrac{6}{8}$, entre $\dfrac{56}{80}$ et $\dfrac{57}{80}$, entre $\dfrac{565}{800}$ et $\dfrac{566}{800}$, entre $\dfrac{5\,656}{8\,000}$ et $\dfrac{5\,657}{8\,000}$, et ainsi de suite.

Or, si l'on suppose continuée indéfiniment cette appréciation, les deux rapports consécutifs tendent à se confondre, et comprennent toujours entre eux le rapport des bases b et b', aussi bien que le rapport des rectangles R et R'. Donc ces deux derniers rapports sont égaux.　　*C. Q. F. D.*

Corollaires. 1° *Deux rectangles qui ont une dimension commune sont entre eux comme les dimensions non communes.* Car la dimension commune peut être prise comme hauteur.

2° *Deux rectangles de même base sont entre eux comme leurs hauteurs.* Cela résulte du corollaire précédent.

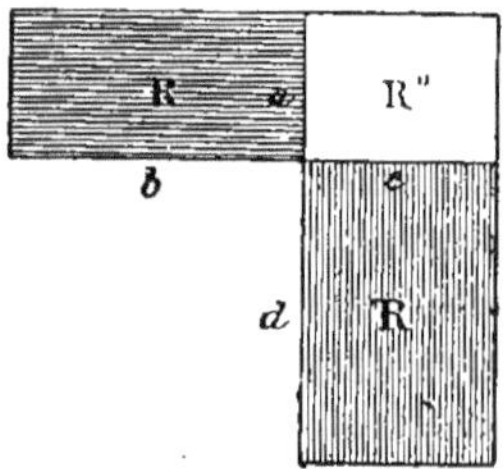

3° *Deux rectangles quelconques R et R' sont entre eux comme les produits* ab *et* cd *des bases par les hauteurs.* Car, si l'on dispose ces rectangles de manière que les côtés d et c du second soient les prolongements des côtés a et b du premier, on obtient facilement un rectangle auxiliaire R", qui emprunte une dimension a au premier rectangle, et l'autre dimension c au deuxième rectangle. — On pose alors, en faisant attention aux dimensions communes :

$$\frac{R}{R''}=\frac{b}{c} \quad \text{et} \quad \frac{R''}{R'}=\frac{a}{d}$$

En multipliant membre à membre, on obtient :

$$\frac{RR''}{R'R''}=\frac{ab}{cd} \quad \text{ou} \quad \frac{R}{R'}=\frac{ab}{cd} \qquad \cdot C.\,Q.\,F.\,D.$$

4° *L'aire d'un rectangle quelconque* R *égale le produit* bh *de sa base par sa hauteur.* En effet, l'aire du rectangle R est le nombre qui exprime combien ce rectangle contient de *mètres carrés;* et le mètre carré est lui-même un rectangle qui a 1 mètre de base et 1 mètre de hauteur. Si l'on appelle U ce rectangle, qui sert *d'unité* pour les surfaces, on peut poser :

$$\frac{R}{U}=\frac{bh}{1.1} \quad \text{ou} \quad \frac{R}{1}=\frac{bh}{1} \; , \quad \text{d'où} \quad R=bh \qquad C.\,Q.\,F.\,D.$$

Exercice 9

Théorème 9. *Toute droite menée d'une base à l'autre d'un trapèze par le milieu de la base moyenne, divise la figure en deux trapèzes équivalents.*

Soient G et H les milieux des bases AD et BC du trapèze ABCD. La droite GH détermine deux trapèzes GHBA et GHCD équivalents, comme ayant même hauteur et des bases respectivement égales. Donc ces trapèzes ont aussi même base moyenne, et le point O est le milieu de la droite EF.

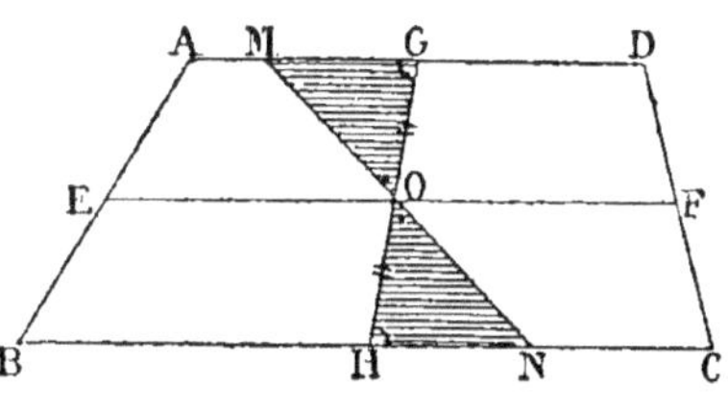

Les parallèles AD, EF et BC déterminent des parties égales sur AB, et aussi par conséquent sur GH (Géom., n° 177). Ainsi le point O est le milieu de GH comme de EF.

Soit MN une droite quelconque menée d'une base à l'autre par le point O. Les triangles OGM et OHN sont égaux, comme ayant un côté égal adjacent à des angles respectivement égaux. Donc, dans chacun des trapèzes équivalents déterminés par GH, l'un de ces triangles peut être remplacé par l'autre. D'où il suit que les deux trapèzes déterminés par MN sont équivalents. *C. Q. F. D.*

Exercice 10

Théorème 10. *Établir la formule de l'aire du trapèze en le considérant comme la différence de deux triangles.*

M.   5

Le trapèze ABCD est la différence des deux triangles semblables OBC et OAD. On a donc :

$$\text{Trapèze } ABCD = \tfrac{1}{2}b(h+i) - \tfrac{1}{2}b'i = \tfrac{1}{2}bh + \tfrac{1}{2}bi - \tfrac{1}{2}b'i$$
$$= \tfrac{1}{2}bh + \tfrac{1}{2}i(b-b')$$

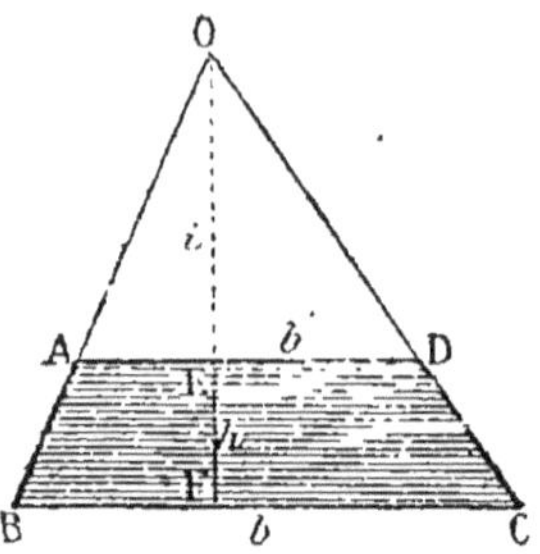

Or les triangles semblables donnent $\dfrac{h+i}{i} = \dfrac{b}{b'}$; d'où, en diminuant les numérateurs de leurs dénominateurs, $\dfrac{h}{i} = \dfrac{b-b'}{b'}$: et de là on tire $i(b-b') = b'h$.

Donc trapèze $ABCD = \tfrac{1}{2}bh + \tfrac{1}{2}b'h = \tfrac{1}{2}(b+b')h$.

C. Q. F. D.

Exercice 11

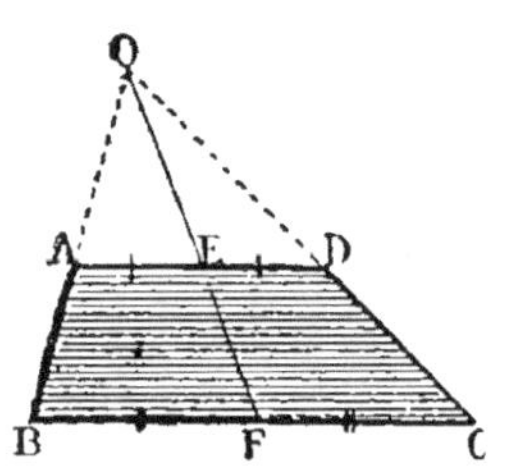

Théorème 11. *La droite indéfinie EF, menée par les milieux des bases d'un trapèze AC, passe au point de concours des côtés non parallèles.*

En effet, les trois droites AB, EF et DC divisent dans un même rapport les deux parallèles AD et BC ; donc ces trois droites concourent en un même point (Géom., n° 207).

Exercice 12

* **Théorème 12.** *Le parallélogramme EG, qui a pour sommets les milieux des côtés d'un quadrilatère quelconque ABCD, est la moitié de ce quadrilatère.*

Menons les diagonales AC et BD, et, par les sommets, des parallèles à ces mêmes diagonales.

La figure IJKL est un parallélogramme dont les côtés sont respectivement égaux et parallèles aux diagonales AC et BD. Le parallélogramme EFGH a ses côtés parallèles aux diagonales AC et BD, et égaux aux moitiés de ces mêmes diagonales (Géom., n° 182).

Ainsi les deux parallélogrammes IJKL et EFGH sont semblables.

Le rapport des dimensions homologues est $\dfrac{2}{1}$, et le rapport des surfaces est $\dfrac{4}{1}$ (Géom., n°ˢ 271 et 272).

Les droites AC et BD divisent le parallélogramme total en quatre

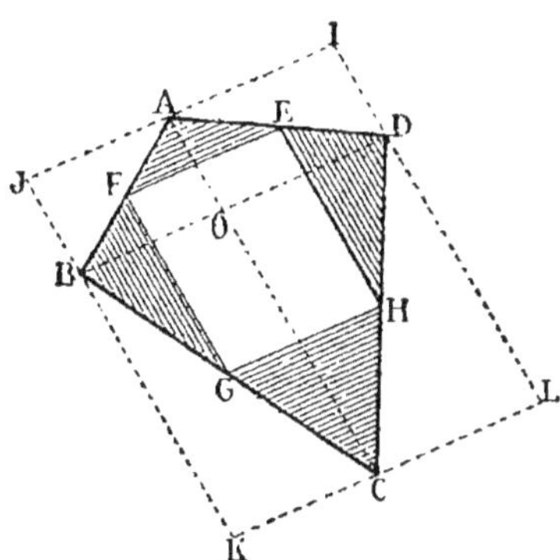

parallélogrammes; et dans chacun d'eux, comme dans AOBJ, par exemple, une moitié fait partie du quadrilatère ABCD, et l'autre moitié est en dehors de ce quadrilatère.

Ainsi le quadrilatère ABCD est la moitié du parallélogramme IJKL, et est double du parallélogramme EFGH.   *C. Q. F. D.*

Exercice 13

Théorème 13. *Les droites, menées des sommets d'un triangle ABC au point de concours O des médianes, divisent ce triangle en trois triangles équivalents.*

En effet, les triangles ADB et ADC sont équivalents, comme ayant même hauteur et des bases égales; et il en est de même des triangles ODB et ODC. Donc les différences sont égales, et les triangles AOB et AOC sont équivalents.

On prouverait de même l'équivalence des triangles BOA et BOC. Ainsi les trois triangles AOB, AOC et BOC sont équivalents.

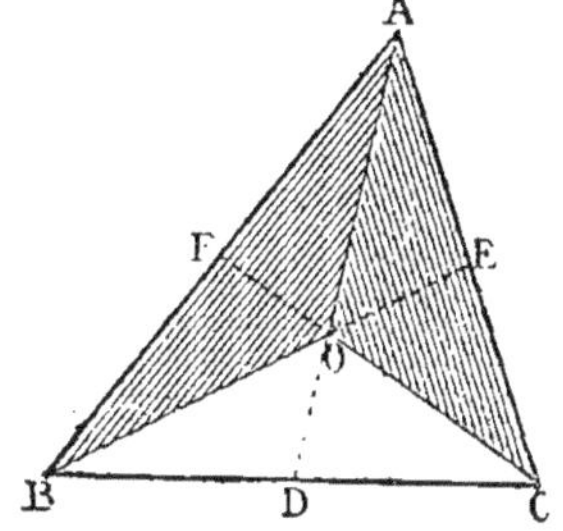

          C. Q. F. D.

Exercice 14

Théorème 14. *Par un point O, pris à volonté dans un triangle quelconque ABC, on mène des droites AOD, BOE, COF, passant par les sommets. Démontrer que l'on a :* $\dfrac{OD}{AD} + \dfrac{OE}{BE} + \dfrac{OF}{CF} = 1$.

Les deux triangles BCO et BCA, qui ont même base BC, sont entre eux comme leurs hauteurs r et h; et ces lignes r et h sont entre elles comme OD et AD.

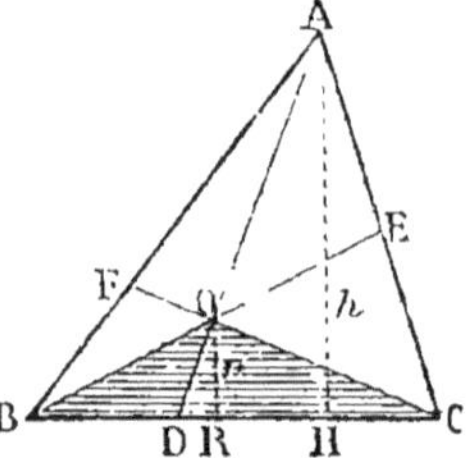

On a donc

$$\frac{OD}{AD} = \frac{\text{tri. BOC}}{\text{tri. BAC}}$$

De même

$$\frac{OE}{BE} = \frac{\text{tri. COA}}{\text{tri. CBA}}$$

Et

$$\frac{OF}{CF} = \frac{\text{tri. AOB}}{\text{tri. ACB}}$$

Si l'on additionne membre à membre, il vient :

$$\frac{OD}{AD} + \frac{OE}{BE} + \frac{OF}{CF} = \frac{\text{tri. ABC}}{\text{tri. ABC}} = 1 \qquad C.\,Q.\,F.\,D.$$

Exercice 15

Théorème 15. P, Q, R *étant des carrés construits sur les trois côtés d'un triangle rectangle :*

1° *Chacun des trois triangles* S, T, U, *que l'on obtient en joignant les sommets extérieurs des carrés, est équivalent au triangle rectangle primitif;*

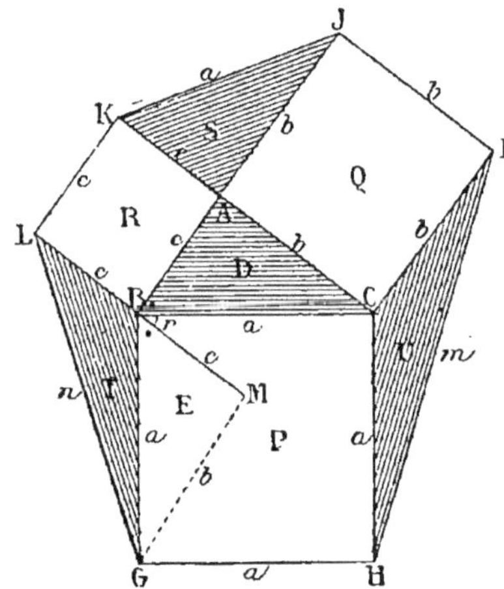

2° *La somme des carrés des côtés de l'hexagone obtenu égale 8 fois le carré de l'hypoténuse.*

Prolongeons LB, et menons sur cette droite la perpendiculaire GM.

1° Les triangles D et S sont égaux, comme ayant en A un angle égal compris entre des côtés respectivement égaux.

Les triangles rectangles D et E sont égaux, comme ayant les hypoténuses égales et un angle aigu égal en B. (Ces angles en B sont égaux, comme ayant même complément r.) Il en résulte que BM = BA = c.

Les triangles T et E sont équivalents, comme ayant même hauteur GM, et des bases égales BL et BM. Donc les triangles T et D sont équivalents.

Et l'on prouverait de même l'équivalence des triangles U et D.

2° Le triangle BGL donne (Géom., n° 216) :

$$n^2 = c^2 + a^2 + 2\overline{BL}.\overline{BM} = c^2 + a^2 + 2c^2 = a^2 + 3c^2$$

On aurait de même $\qquad m^2 = a^2 + 3b^2$

Les carrés des 4 autres côtés de l'hexagone donnent :

$$2a^2 + b^2 + c^2$$

On a donc pour la somme des carrés des 6 côtés :

$$4a^2 + 4b^2 + 4c^2 \quad \text{ou} \quad 4a^2 + 4a^2 \quad \text{ou enfin} \quad 8a^2$$

C. Q. F. D.

Exercice 16

Lunules d'Hippocrate. *Si, sur les trois côtés d'un triangle rectangle ABC pris comme diamètres, on décrit des demi-circonférences, la somme des surfaces des deux croissants* M *et* N *compris entre les demi-circonférences est égale à la surface du triangle rectangle* T.

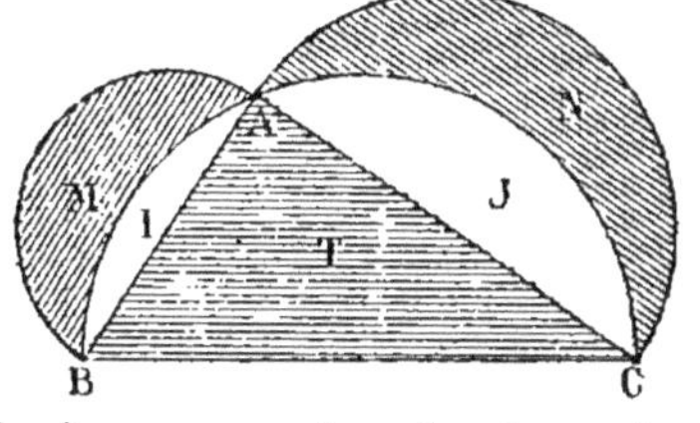

En effet, les trois demi-cercles sont semblables : ils sont donc entre eux comme les carrés des diamètres, c'est-à-dire comme les carrés des côtés du triangle T. Ainsi le demi-cercle construit sur l'hypoténuse égale la somme des demi-cercles décrits sur les côtés de l'angle droit.

On a donc $\qquad\qquad M + I + N + J = T + I + J$

D'où $\qquad\qquad\qquad\quad M + N = T \qquad\qquad$ *C. Q. F. D.*

Exercice 17

Théorème 17. *On donne un demi-cercle ayant* AB *pour diamètre ; d'un point* C *pris sur ce diamètre, on élève une perpendiculaire* CM *jusqu'à la circonférence, et on décrit deux demi-circonférences ayant* AC *et* CB *pour diamètres.*

Démontrer que le demi-cercle AB *diminué des demi-cercles* AC *et* CB *égale la surface du cercle qui a* CM *pour diamètre.*

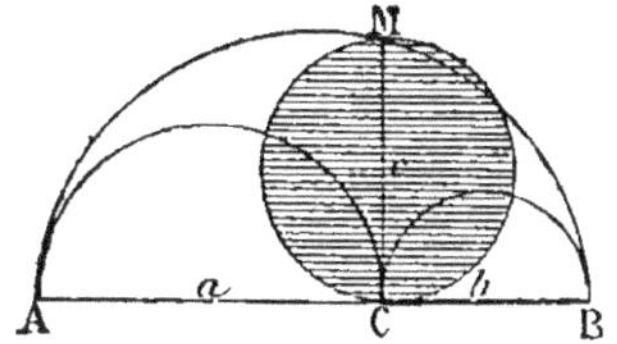

Appelons a et b les deux segments du diamètre, et c la perpendiculaire.

L'aire d'un cercle égale π multiplié par le carré du rayon, ou par le $1/4$ du carré du diamètre. On a donc pour le grand demi-cercle :

$$\tfrac{1}{8}\pi(a+b)^2 \quad \text{ou} \quad \tfrac{1}{8}\pi a^2 + \tfrac{1}{8}\pi b^2 + \tfrac{1}{4}\pi ab$$

et pour les deux petits ensemble $\quad \tfrac{1}{8}\pi a^2 + \tfrac{1}{8}\pi b^2$

La différence est $\tfrac{1}{4}\pi ab$ ou $\tfrac{1}{4}\pi c^2$ (Géom., n° 220); ce qui est l'aire du cercle qui a c pour diamètre.

Exercice 18

Théorème 18. On prend un point C au tiers du diamètre AB d'un cercle, et l'on décrit sur AC et sur CB comme diamètres des demi-circonférences situées de côtés différents du diamètre AB.

Démontrer que la courbe ACB divise le cercle primitif en deux parties qui sont dans le rapport de 1 à 2. — Démontrer que si le point C divisait le diamètre en moyenne et extrême raison, le cercle primitif serait lui-même divisé en moyenne et extrême raison.

1° Appelons n et $2n$ les parties AC et CB : le diamètre entier sera $3n$; et les trois demi-cercles qui ont pour diamètres $3n$, n et $2n$, ont pour expressions : $\frac{1}{8}\pi.9n^2$, $\frac{1}{8}\pi n^2$ et $\frac{1}{8}\pi.4n^2$. On a donc :

$$\text{ACEBF} = \tfrac{9}{8}\pi n^2 + \tfrac{1}{8}\pi n^2 - \tfrac{4}{8}\pi n^2 = \tfrac{6}{8}\pi n^2$$

$$\text{ACEBG} = \tfrac{9}{8}\pi n^2 - \tfrac{1}{8}\pi n^2 + \tfrac{4}{8}\pi n^2 = \tfrac{12}{8}\pi n^2$$

Ainsi ces deux parties sont entre elles dans le rapport de 1 à 2.

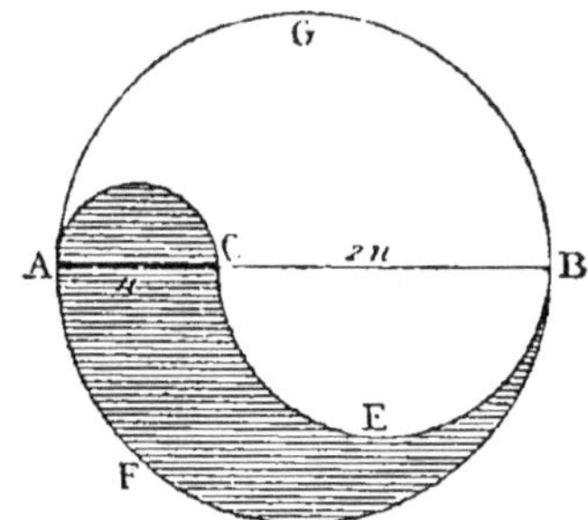
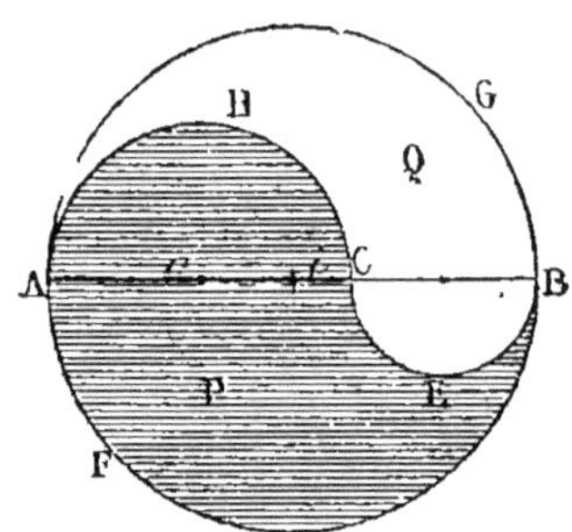

2° Soit r le rayon du cercle primitif, et i la distance du point C au centre. Les deux segments du diamètre sont $r+i$ et $r-i$. Les trois demi-cercles qui ont pour diamètres $2r$, $r+i$ et $r-i$, ont pour aires $\frac{1}{8}\pi(2r)^2$, $\frac{1}{8}\pi(r+i)^2$, $\frac{1}{8}\pi(r-i)^2$.

L'aire $P = \frac{1}{8}\pi(4r^2 + r^2 + i^2 + 2ri - r^2 - i^2 + 2ri) = \frac{4}{8}\pi(r^2 + ri)$

L'aire $Q = \frac{1}{8}\pi(4r^2 - r^2 - i^2 - 2ri + r^2 + i^2 - 2ri) = \frac{4}{8}\pi(r^2 - ri)$

Donc $\dfrac{P}{Q} = \dfrac{\frac{4}{8}\pi(r^2+ri)}{\frac{4}{8}\pi(r^2-ri)} = \dfrac{r^2+ri}{r^2-ri} = \dfrac{r+i}{r-i} = \dfrac{AC}{CB}$

Ainsi les deux aires P et Q sont entre elles comme les segments AC et CB du diamètre.

Si l'on relève les rapports extrêmes, et si l'on augmente les dénominateurs de leurs numérateurs, il vient :

$$\frac{P}{\text{cercle entier}} = \frac{AC}{\text{diamètre AB}}$$

Donc, si AC est la plus grande partie du diamètre divisé en moyenne et extrême raison, l'aire P sera aussi la plus grande partie du cercle divisé en moyenne et extrême raison.   *C. Q. F. D.*

Exercice 19

Théorème 19. *La projection d'une droite* m *sur un axe* XY *égale la longueur absolue de cette droite multipliée par le cosinus* * *de l'angle que fait cette droite avec l'axe.*

Si l'on mène AE parallèle à XY, on obtient en A l'angle de la droite AB et de l'axe XY; la projection CD ou m' se retrouve en AE.

Or, le triangle AEB étant rectangle en E, on a par définition (Géométrie, n° 210) :

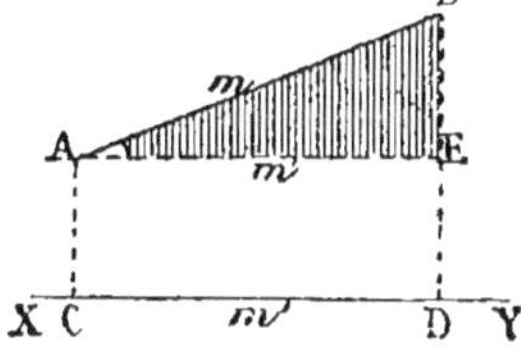

$$\text{Cosinus } A = \frac{m'}{m} \quad \text{d'où} \quad m . \text{cosinus } A = m'$$

C. Q. F. D.

Application. Supposons que AB représente la coupe d'un terrain qui fait avec l'horizon un angle A de 20 degrés, et que la mesure ait donné AB = 45 mètres : la *base productive* du terrain doit être considérée comme ayant AE pour vraie dimension.

On trouve dans la *Table des fonctions trigonométriques* (à la fin de ce volume) : Cos. 20° = 0,940. Ainsi AE est les $^{94}/_{100}$ de AB ; ce qui donne 42^m 30 pour la longueur AE.

Scolie. Considérons la droite AB comme mobile autour du point A :

le rapport $\frac{m'}{m}$ de la projection à la

droite exprime le *cosinus* de l'angle aigu A.

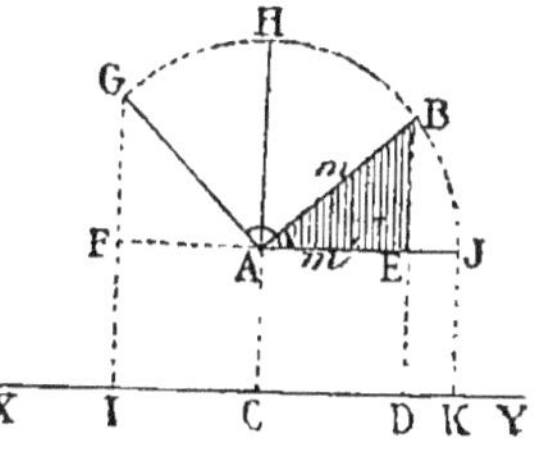

Si cet angle diminue indéfiniment, la droite AB tend vers la position AJ; la projection m' grandit, et tend vers la longueur AJ, et le cosinus de l'angle A

tend vers $\frac{AJ}{AJ}$ ou 1. C'est pourquoi l'on dit

que pour un angle nul, le cosinus est 1.

Si, partant de la position AB, la droite tend vers la perpendiculaire AH, la projection m' tend vers *zéro*; l'angle A tend vers l'angle droit, et son cosinus diminue et tend vers *zéro*. C'est pourquoi on pose : cos. 90° = 0.

Si la droite mobile passe à gauche de la position AH, et va en AG, par exemple, l'angle EAG devient obtus; la projection CI ou AF passe à gauche du point A : on la compte alors comme *négative* (Livre III, Exerc. 29), et il en résulte que *le cosinus d'un angle obtus est* lui-même NÉGATIF.

---

* Prononcez *co-sinus*. Le *cosinus* d'un angle aigu situé dans un triangle rectangle est le quotient du côté droit adjacent par l'hypoténuse : $cos\ A = \frac{m'}{m}$.

Exercice 20

Théorème 20. *L'aire d'un triangle égale la moitié du produit de deux côtés quelconques et du sinus de l'angle compris* *.

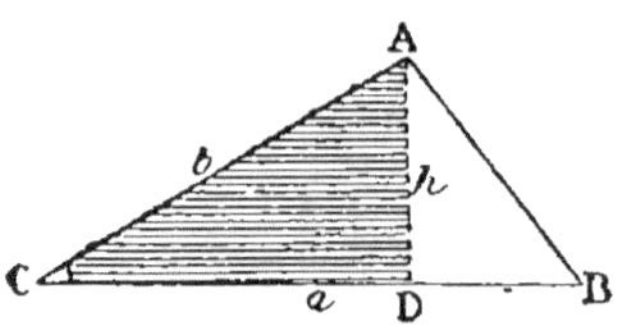

Soit le triangle ABC. Il faut prouver que l'on a :

$$\text{Surf. } ABC = \tfrac{1}{2}\,ab.\sin C$$

Menons la hauteur AD. L'angle C se trouve dans le triangle rectangle ABC, et l'on a par définition (Géom., n° 210) :

$$\text{Sin } C = \frac{h}{b} \quad \text{d'où} \quad b.\sin C = h$$

Or l'aire du triangle est $\tfrac{1}{2}bh$. Si l'on remplace h par la valeur égale $b.\sin C.$, il vient : surf. $ABC = \tfrac{1}{2}ab.\sin C$.

$$C.\ Q.\ F.\ D.$$

Application. Supposons que le triangle ABC représente un terrain sur lequel on ait mesuré $a = 60$ mètres, $b = 48$ mètres, et l'angle $C = 36°\,\tfrac{1}{2}$.

D'après la *Table des fonctions trigonométriques*, le sinus de $36°\,\tfrac{1}{2}$ est entre $0,588$ et $0,602$. On prendra $0,588$ plus la moitié de la différence entre les deux sinus; ce qui donne : $\sin 36°\,\tfrac{1}{2} = 0,595$.

L'aire du triangle sera donc $\tfrac{1}{2}.60.48.0,595$ ou $856^{\text{m}2}80$.

Exercice 21

Théorème 21. *Dans un triangle rectangle :*

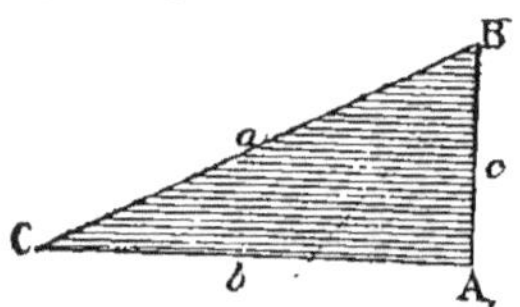

1° Un côté quelconque de l'angle droit égale l'hypoténuse multipliée par le sinus de l'angle opposé ou par le cosinus de l'angle aigu adjacent;

2° Un côté quelconque de l'angle droit égale l'autre côté multiplié par la tangente de l'angle opposé ou par la cotangente de l'angle aigu adjacent **.

---

* Le *sinus* d'un angle aigu situé dans un triangle rectangle est le quotient du côté opposé à cet angle par l'hypothénuse. — Pour un angle obtus, le sinus est le même que pour l'angle aigu supplémentaire.

** La *tangente* d'un angle aigu situé dans un triangle rectangle est le quotient du côté opposé à cet angle par le côté droit adjacent; et la *cotangente* est le quotient du côté droit adjacent par le côté opposé; on écrit en abrégé

$$\text{tg } C = \frac{c}{b}, \quad \text{et} \quad \cot C = \frac{b}{c}.$$

On a, en effet, par définition (Géom., nᵒ 210) :

$$\operatorname{Sin} C = \frac{c}{a} \quad \text{d'où} \quad a.\sin C = c$$

$$\operatorname{Cos} B = \frac{c}{a} \quad \text{d'où} \quad a.\cos B = c$$

On a de même :

$$\operatorname{Tg} C = \frac{c}{b} \quad \text{d'où} \quad b.\operatorname{tg} C = c$$

$$\operatorname{Cot} B = \frac{c}{b} \quad \text{d'où} \quad b.\cot B = c \qquad \textit{C. Q. F. D.}$$

Applications. 1º Supposons que CB représente la coupe d'un terrain qui fait avec l'horizon un angle de 30 degrés, et que la mesure ait donné CB = 55 mètres. On trouvera la différence d'altitude entre les points B et C, par la formule $c = a.\sin C = 55.0,500 = 27^m 50$.

2º De la place de la Poterne, à Clermont, le Puy-de-Dôme est élevé de 6º 15′ au-dessus de l'horizon; et la distance horizontale entre Clermont (cathédrale) et le sommet du Puy-de-Dôme est de 9680 mètres. On trouvera la différence d'altitude par la formule $c = b.\operatorname{tg} C$ (figure ci-dessus) $= 9680.0,109 = 1055$ mètres.

Exercice 22

Théorème 22. *Dans un triangle quelconque, les sinus des angles sont entre eux comme les côtés opposés.*

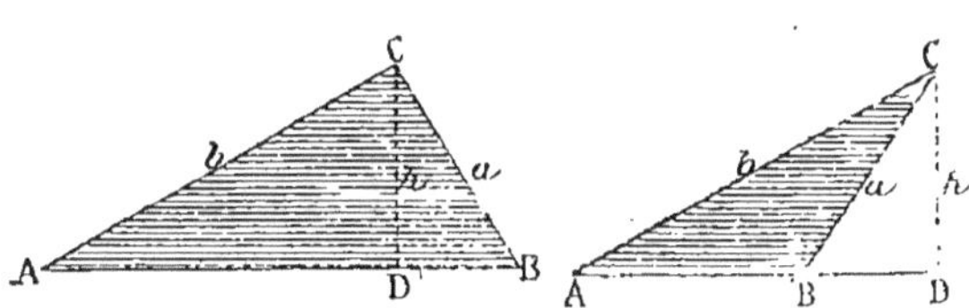

En effet, d'après la définition du sinus (Exerc. 20, en note), on a :

$$\operatorname{Sin} A = \frac{h}{b} \qquad \operatorname{Sin} B = \frac{h}{a}$$

D'où, en divisant membre à membre :

$$\frac{\operatorname{Sin} A}{\operatorname{Sin} B} = \frac{h}{b}.\frac{h}{a} = \frac{h}{b}.\frac{a}{h} = \frac{a}{b} \qquad \textit{C. Q. F. D.}$$

Application. Du clocher F de *Montferrand* à la tour en ruines R qui se trouve au *Mont-Rognon*, près Clermont, la distance est de 7554 mètres. (Fig. page 155.)

Cette ligne a été prise comme base d'un triangle qui a pour troisième sommet le clocher C de la cathédrale de *Clermont*; la mesure des angles à la base a donné : F = 32º 38′, et R = 15º 53′.

Le troisième angle C a pour valeur 131° 27'. Si l'on appelle f, r, c les trois côtés, on a $c = 7534$; et l'on trouve la distance du Mont-Rognon à la cathédrale de Clermont en posant la proportion :

$$\frac{f}{c} = \frac{\sin F}{\sin C} \quad \text{d'où} \quad f = \frac{c.\sin F}{\sin C}$$

Les tables de logarithmes donnant directement les logarithmes des sinus, cosinus et tangentes, voici le calcul fait à l'aide de ces tables (Voir des exemples au milieu du volume intitulé : *Tables de logarithmes*, par J. Bourget et F. René) :

$$\begin{aligned}
&\text{Log. } c \ . \ . \ . \ . \ . \quad 3.878\,18 \\
&\text{Log. } \sin F. \ . \ . \quad \overline{1}.731\,80 \\
&\text{Somme.} \ . \ . \ . \quad 3.609\,98 \\
&\text{Log. } \sin C. \ . \ . \quad \overline{1}.874\,79 \\
&\text{Différence.} \ . \ . \quad 3.735\,19 \ . \ . \ . \ 5435 \text{ mètres } . \ . \ . \text{ CR}
\end{aligned}$$

On trouverait de même, pour la distance des clochers de Montferrand et de la cathédrale de Clermont, $CF = 2764$ mètres.

Remarque. Un triangle analogue a été établi sur cette même base FR, avec le *Puy-de-Dôme* D pour troisième sommet; la mesure des angles à la base a donné : $F = 57°40'$, $R = 84°00'$. Un calcul analogue au précédent donne : $DR = 10291$ mètres, et $DF = 12112$ mètres.

Exercice 23

Théorème 23. *Le carré d'un côté quelconque d'un triangle égale la somme des carrés des deux autres côtés, moins deux fois le produit de ces deux côtés et du cosinus de l'angle qu'ils comprennent :*

$$a^2 = b^2 + c^2 - 2bc.\cos. A.$$

1° Soit le cas où l'angle A est aigu; on a (Exerc. 19, note) :

$$\text{Cos } A = \frac{m}{c} \quad \text{d'où} \quad c.\cos A = m$$

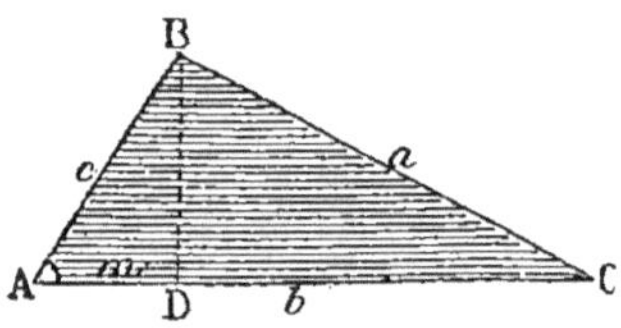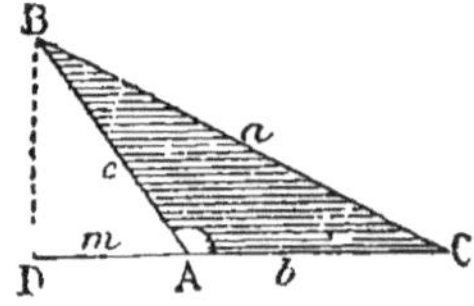

On a d'ailleurs, en vertu d'une propriété géométrique connue (Géométrie, n° 216) :
$$a^2 = b^2 + c^2 - 2bm$$

D'où, en remplaçant m par sa valeur ci-dessus :

$$a^2 = b^2 + c^2 - 2bc.\cos A \qquad\qquad \textit{C. Q. F. D.}$$

2° Si l'angle A est obtus (2e figure), nous dirons :

$$\operatorname{Cos} A = -\frac{m}{c}\,;\quad \text{d'où, en multipliant par } -c, \quad -c.\cos A = m$$

Or on a (Géom., n° 216) : $\qquad a^2 = b^2 + c^2 + 2bm$

Si l'on remplace m par sa valeur, on aura :

$$a^2 = b^2 + c^2 - 2bc.\cos A \qquad\qquad C.\,Q.\,F.\,D.$$

Application. Soit CDR le triangle qui a pour sommets la cathé-drale de Clermont, le Puy-de-Dôme et le Mont-Rognon. La distance RC ou d égale 5435 mètres, RD ou c égale 10291 mètres, et l'angle

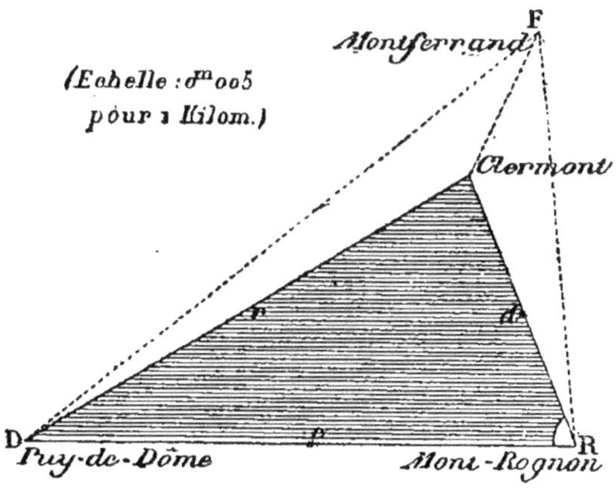

CRD ou R égale 68° 05′. Avec ces données, on peut calculer la distance CD ou r de Clermont au Puy-de-Dôme. On pose :

$$r^2 = c^2 + d^2 - 2cd.\cos R$$

Données : $\qquad c = 10291,\quad d = 5435,\quad R = 68°05′$

    Log. c. . . . 4.01246
    2 fois . . . . 8.02492 . . . 105 949 000 . . . c^2
    Log. d. . . . 3.73519*
    2 fois . . . . 7.47038 . . . 29 538 000 . . . d^2
             $c^2 + d^2$ . . . 135 487 000

    Log. 2. . . . 0.30103
    Log. c. . . . 4.01246
    Log. d. . . . 3.73519
    Log. cos R . $\overline{1}$.57201
    Somme . . . 7.62069 . . . 41 753 000 . . . $2cd\cos R$
          Différence . . . 93 734 000 . . . r^2
    Log. r^2 . . . 7.97190
    La $1/_2$. . . . 3.98595 . . . . . 9682 mètres . . . CD

* Nous prenons ce logarithme dans le tableau des calculs de l'Exercice pré-cédent.

Exercice 24

Théorème 24. *Dans un triangle, la somme de deux côtés quelconques est à leur différence comme la tangente de la demi-somme des angles opposés à ces côtés est à la tangente de la demi-différence de ces mêmes angles :*
$$\frac{a+b}{a-b} = \frac{tg\,\tfrac{1}{2}(A+B)}{tg\,\tfrac{1}{2}(A-B)}$$

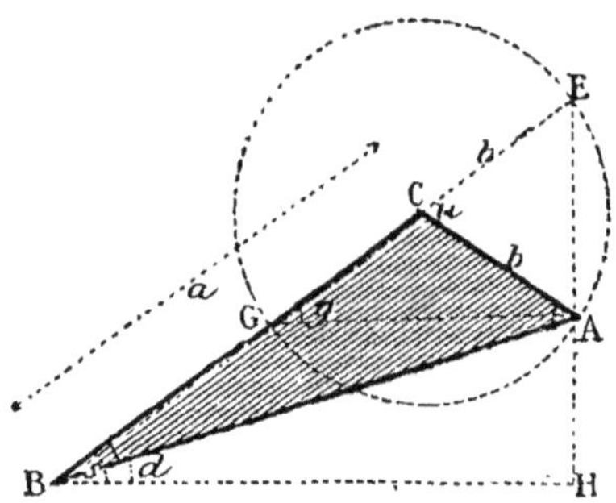

Du point C commun aux deux côtés a et b, avec un rayon égal au plus petit de ces côtés, décrivons une circonférence; prolongeons BC jusqu'en E; menons AG et sa parallèle BH, puis enfin la droite EAH.

A cause des parallèles AG et BH, on a :
$$\frac{BE}{BG} = \frac{EH}{AH} = \frac{EH:BH}{AH:BH} \quad \text{ou} \quad \frac{a+b}{a-b} = \frac{tg\,s}{tg\,d}$$

Or
$$s = g = \tfrac{1}{2}u = \tfrac{1}{2}(A+B)$$

et
$$d = s - B = \tfrac{1}{2}A + \tfrac{1}{2}B - B = \tfrac{1}{2}(A-B)$$

Donc
$$\frac{a+b}{a-b} = \frac{tg\,\tfrac{1}{2}(A+B)}{tg\,\tfrac{1}{2}(A-B)} \qquad C.\ Q.\ F.\ D.$$

Remarque. On peut faire tout un cours de *trigonométrie rectiligne* en définissant les fonctions trigonométriques dans le triangle rectangle, comme nous l'avons fait ici.

Exercice 25

Théorème de Varignon. *Si l'on considère deux côtés consécutifs AB et AD d'un parallélogramme, la diagonale comprise AC, et un point quelconque O pris dans le plan du parallélogramme,*

Le produit de la diagonale par sa distance au point O égale la somme des produits des deux côtés AB et AD par leurs distances respectives à ce même point O :

$$AC.OE = AB.OF + AD.OG \quad \text{ou} \quad cc' = bb' + dd'$$

Menons (2ᵉ figure) OA, OB, OC, OD et BD; puis, sur la direction AO, les perpendiculaires $h,\ k,\ l,\ m$.

Le point M est le milieu des diagonales AC et BD (Géom., n°94); et les droites h, k, l, m étant parallèles, on a :

$$m = 1/_2 k \quad \text{et} \quad m = 1/_2(h + l)$$

Donc
$$1/_2 k = 1/_2 h + 1/_2 l$$

Et si l'on multiplie les deux membres par g, il vient :

$$1/_2 gk = 1/_2 gh + 1/_2 gl$$

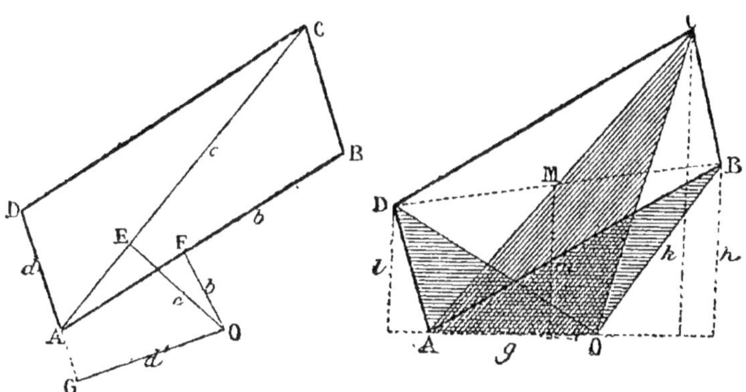

Ainsi le triangle AOC égale la somme des triangles AOB et AOD. Mais, dans ces triangles, on peut prendre pour bases les droites AC, AB et AD, ou c, b, d (1re figure), et alors les hauteurs sont les distances OE, OF, OG, ou c', b', d'. On a donc :

$$1/_2 cc' = 1/_2 bb' + 1/_2 dd' \quad \text{d'où} \quad cc' = bb' + dd'$$

$$C.\ Q.\ F.\ D.$$

Remarques. 1° Si le point O était donné à l'intérieur de l'angle BAD, l'une des perpendiculaires changerait de sens et devrait être prise négativement;

2° Si le point O est donné sur la direction de la diagonale AC, la distance c' est nulle et les produits bb' et dd' sont de signes contraires; mais ils sont égaux en valeur absolue. Dans ce cas, la relation $bb' = dd'$ donne $\dfrac{b'}{d'} = \dfrac{d}{b}$. *Les distances d'un point quelconque de la diagonale aux deux côtés sont entre elles inversement comme ces mêmes côtés.* Cette relation avait déjà été obtenue directement (Livre III, Exerc. 5).

Exercice 26

Théorème 26. *Le produit des trois côtés d'un triangle ABC égale sa surface multipliée par le double du diamètre du cercle circonscrit.*

En effet, on sait que le produit de deux côtés quelconques d'un triangle égale la hauteur relative au troisième côté, multipliée par le diamètre du cercle circonscrit (Géom., n° 227). Ainsi on a :

$$ab = 2rh$$

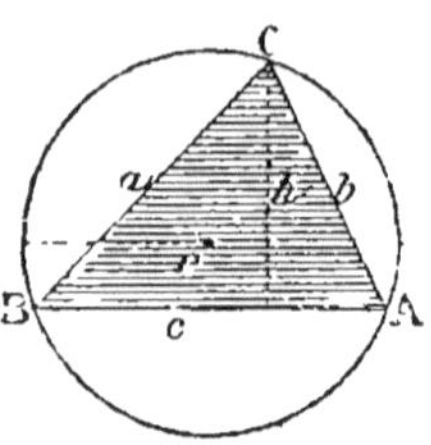

Si l'on multiplie les deux membres par c, il vient :

$$abc = ch \cdot 2r = 1/_2\,ch \cdot 4r \qquad\qquad C.\ Q.\ F.\ D.$$

Scolie. 1° En divisant les deux membres de l'égalité par $4r$, on obtient $\dfrac{abc}{4r} = 1/_2\,ch$. Ainsi *l'aire d'un triangle égale le produit des trois côtés, divisé par le double du diamètre du cercle circonscrit.*

2° Si l'on appelle S la surface du triangle, on a $4rS = abc$; d'où $r = \dfrac{abc}{4S}$. Donc *le rayon du cercle circonscrit à un triangle égale le produit des trois côtés, divisé par le quadruple de la surface.*

Exercice 27

Théorème 27. *Deux polygones quelconques* P *et* P′, *circonscrits à un même cercle, sont entre eux comme leurs périmètres* p *et* p′.

En effet, si l'on appelle r le rayon du cercle, les aires des deux polygones sont respectivement $1/_2\,pr$ et $1/_2\,p'r$ (Géom., n° 239). On a donc

$$\frac{P}{P'} = \frac{1/_2\,pr}{1/_2\,p'r} = \frac{p}{p'} \qquad\qquad C.\ Q.\ F.\ D.$$

PROBLÈMES

Exercice 28

Problème 1. *Quel côté faut-il donner à une table carrée pour que sa surface soit égale à celle d'une autre table qui a* 2ᵐ25 *sur* 0ᵐ80?

Soit x le côté demandé, on a :

$$x^2 = 2,25 \cdot 0,80 = 1,80 \quad \text{d'où} \quad x = 1^m 342$$

Exercice 29

Problème 2. *Les deux dimensions d'un champ rectangulaire sont entre elles comme les nombres 2 et 5, et la surface est de 4 ares 225. Quelles sont ces dimensions?*

Les dimensions demandées peuvent être représentées par $2x$ et $5x$. L'aire sera $10x^2$, et l'on aura, en traduisant l'aire en mètres carrés :

$$10\,x^2 = 422,50$$
$$x^2 = 42,25 \quad \text{d'où} \quad x = 6^m 50$$

Les dimensions $2x$ et $5x$ sont 13^m et $32^m 50$.

Exercice 30

Problème 3. *Construire un rectangle tel que la différence entre la base et la hauteur soit de 1 mètre, et la surface de 1 mètre carré.*

Les dimensions inconnues peuvent être représentées par x et $x+1$. L'aire sera $x^2 + x$, et l'on aura :

$$x^2 + x = 1 \quad \text{d'où} \quad x^2 + x - 1 = 0 \; {}^\star$$

d'où
$$x = -1/_2 \pm \sqrt{1/_4 + 1} = -0,500 \pm 1,118 = \begin{cases} +0,618 \\ -1,618 \end{cases}$$

L'autre dimension sera. . . . .
$$\begin{cases} 1,618 \\ -0,618 \end{cases}$$

Les réponses positives $1^m 618$ et $0^m 618$ s'appliquent seules à la question proposée.

Exercice 31

Problème 4. *L'aire d'un trapèze est de 144 mètres carrés; la hauteur est de 8 mètres, et la droite qui joint les milieux des diagonales a 2 mètres. Quelles sont les deux bases?*

L'aire égale le produit de la hauteur par la demi-somme des bases; donc le quotient $\dfrac{144}{8}$ ou 18 exprime la demi-somme des bases.

D'autre part, la droite qui joint les milieux des diagonales égale la demi-différence des bases (Livre I, Exerc. 45).

La grande base égale donc $18 + 2$ ou 20 mètres, et la petite base égale $18 - 2$ ou 16 mètres.

---

* Nous supposons désormais que l'on sait de mémoire que toute équation complète du second degré peut être amenée à la forme $x^2 + px + q = 0$, et que la double valeur de x est donnée par la formule $x = -1/_2\, p \pm \sqrt{1/_4 p^2 - q}$.

Ajoutons que lorsque nous donnons immédiatement les résultats des calculs indiqués, c'est que nous exécutons ces calculs à l'aide de la *règle de Gunter*, instrument simple, commode et précieux, dont nous ne saurions trop recommander l'usage.

Exercice 32

Problème 5. *Calculer l'aire d'un hexagone régulier de 1 mètre de côté.*

L'aire demandée égale 6 fois celle du triangle équilatéral qui a 1 mètre de côté. Si l'on appelle a le côté d'un triangle équilatéral, la hauteur a pour expression $h = \frac{1}{2}a\sqrt{3}$ (Géom., n° 234).

L'aire du triangle est donc $\frac{1}{4}a^2\sqrt{3}$.

Et l'aire de l'hexagone sera $\frac{3}{2}a^2\sqrt{3}$; et, comme on donne ici $a = 1$, l'aire se réduit à $\frac{3}{2}\sqrt{3}$.

$$\text{Soit } 1,5 \times 1,732 \text{ ou } 2^{\text{m}^2}598.$$

Exercice 33

Problème 6. *Quel côté faut-il donner à un bassin hexagonal régulier pour que sa surface soit de 100 mètres carrés?*

Soit x le côté demandé; l'aire de l'hexagone a pour expression : $\frac{3}{2}x^2\sqrt{3}$ (Exercice précédent). On doit donc avoir $\frac{3}{2}x^2\sqrt{3} = 100$

$$\text{d'où} \qquad x^2 = \frac{200}{3\sqrt{3}}$$

Log. 3. . .	0.477 12	
La $\frac{1}{2}$. . .	0.238 56	
Somme. . .	0.715 68	. . . Dénominateur
Log. 200. .	2.301 03	. . . Numérateur
Différence. .	1.585 35	. . . x^2
La $\frac{1}{2}$. . .	0.792 67	. . . $6^{\text{m}}204$ . . . x

Exercice 34

Problème 7. *Calculer l'aire du carré inscrit dans un cercle de 1 mètre carré de surface.*

Appelons r le rayon du cercle; on a :

$$\pi r^2 = 1 \quad \text{d'où} \quad r^2 = \frac{1}{\pi}$$

Désignons par x le côté du carré inscrit : x^2 sera l'aire demandée. On fera usage d'une relation connue (Géom., 231) :

$$x^2 = 2r^2 = \frac{2}{\pi}$$

Log. 2. . . .	0.301 03	
Log. π . . .	0.497 15 *	
Différence . .	$\overline{1}.803 88$	. . . $0^{\text{m}^2}63 66$ Réponse.

* On trouve ce logarithme tout préparé, aussi bien que plusieurs autres, à la dernière page des Tables de Bourget et René.

Exercice 35

Problème 8. *Quel est le côté du carré inscrit dans un cercle de 1 mètre de circonférence?*

Appelons x le côté demandé, et r le rayon du cercle. On a

$$2\pi r = 1 \quad \text{d'où} \quad r = \frac{1}{2\pi}$$

D'autre part, on a $\qquad x = r\sqrt{2} = \dfrac{\sqrt{2}}{2\pi}$

$$\begin{array}{lll}
1/_2 \log. 2. & . & . & . & 0.15051 \\
\text{Log. } 2\pi & . & . & . & 0.79818 \\
\text{Différence} & . & . & \bar{1}.35233 & . & . & . & 0^m 225075 \qquad \text{Réponse.}
\end{array}$$

Exercice 36

Problème 9. *Calculer l'aire d'un terrain triangulaire dont les côtés ont respectivement* 120^m, 98^m *et* 75 *mètres.*

On fera usage de la formule :

$$S = \sqrt{p\,(p-a)\,(p-b)\,(p-c)} \qquad \text{(Géom., n° 288).}$$

a 120	$p-a$ 26,50
b 98	$p-b$ 48,50
c 75	$p-c$ 71,50
Somme . . 293	
La $1/_2$ . . . 146,50 . . . p	

$$\begin{array}{lll}
\text{Log. } p. & . & . & . & 2.16584 \\
\text{Log. } (p-a). & . & 1.42325 \\
\text{Log. } (p-b). & . & 1.68574 \\
\text{Log. } (p-c). & . & 1.85431 \\
\text{Somme} & . & . & . & 7.12914 \\
\text{La } 1/_2. & . & . & . & 3.56457 & . & . & . & 3669^{m\,2} \qquad \text{Réponse.}
\end{array}$$

$$\text{Soit} \quad . \quad . \quad . \quad 36 \text{ ares } 69$$

Exercice 37

Problème 10. *Étant donné un cercle de 1 mètre de rayon, quel nouveau rayon faut-il prendre pour que la circonférence décrite du même centre divise le premier cercle en deux parties équivalentes? Quel rayon faudrait-il prendre si l'on voulait que le premier cercle fût divisé en moyenne et extrême raison?*

1er Cas. Soit x le rayon demandé; il faut que l'on ait :

$$\pi x^2 = \tfrac{1}{2}\pi \cdot 1^2 \quad \text{d'où} \quad x^2 = \tfrac{1}{2}$$

Log. $\tfrac{1}{2}$ ou $0,5$. . $\overline{1}.69897$

La $\tfrac{1}{2}$. . . . . $\overline{1}.84948$ . . . . $0^{\text{m}}7071 \qquad x$

2e Cas. Supposons que ce soit le petit cercle qui doive être une moyenne géométrique entre le cercle donné et la couronne comprise entre les deux. Si nous appelons z le rayon inconnu, nous poserons :

$$\frac{\pi \cdot 1^2}{\pi z^2} = \frac{\pi z^2}{\pi - \pi z^2} \quad \text{d'où} \quad \frac{1}{z^2} = \frac{z^2}{1 - z^2}$$

Ainsi $$z^4 = 1 - z^2$$

En représentant z^2 par y, on pose :

$$y^2 = 1 - y ; \quad \text{d'où} \quad y^2 + y - 1 = 0$$

Et $$y = -\tfrac{1}{2} \pm \sqrt{\tfrac{1}{4} + 1} = -0,5 \pm 1,118$$

$$y = \begin{cases} +0,618 \\ -1,618 \end{cases}$$

Le symbole y représentant un carré z^2, on ne peut admettre que la valeur positive $0,618$, de laquelle on tire : $z = 0^{\text{m}}787$.

Exercice 38

Problème 11. *Quel est le rayon d'un secteur de 18°, si la surface est de 18 centimètres carrés?*

D'après les données, le secteur d'un degré a une surface de 1 centimètre carré, et l'aire du cercle est de 360 centimètres carrés. En prenant le centimètre comme unité, et en appelant x le rayon demandé,

nous dirons : $\qquad \pi x^2 = 360 ; \quad \text{d'où} \quad x^2 = \dfrac{360}{\pi}$

Log. 360 . . . 2.55630

Log. π 0.49715

Différence . . . 2.05915 . . . x^2

La $\tfrac{1}{2}$ . . . . 1.02957 . . . $10^{\text{cm}}705 \qquad$ Réponse.

Soit . . . $0^{\text{m}}10705$

Exercice 39

Problème 12. *L'aire d'un secteur est de 12 mètres carrés, et le rayon de 4ᵐ 60. On demande le nombre de degrés de l'arc.*

Soit x le nombre des degrés de l'arc. Le secteur est au cercle entier comme le nombre des degrés du secteur est à 360; on a donc :

$$\frac{x}{360} = \frac{12}{\pi r^2} ; \quad \text{d'où} \quad x = \frac{12 \cdot 360}{\pi r^2}$$

Log. r 0.66276
2 fois 1.32552
Log π 0.49715
Somme . . . 1.82267 . . . Dénominateur
Log. 12 . . . 1.07918
Log. 360 . . . 2.55630
Somme . . . 3.63548 . . . Numérateur
Log. du dénom. 1.82267
Différence . . 1.81281 . . . 64°,984 . . . x
Soit . . . 64°59′

Exercice 40

Problème 13. *La rotonde du Panorama des Champs-Élysées, à Paris, a 55 mètres de diamètre. Quelle est la surface occupée par cet édifice?*

On obtient la réponse en appliquant la formule : $\frac{1}{4}\pi d^2$.

Log. $\frac{1}{4}$ ou 0,25. $\overline{1}.39794$
Log. π 0.49715
Log. d 1.74036
Le même . . . 1.74036
Somme . . . 3.37581 . . . 2375$^{\mathrm{m}\,2}$80
Soit . . . . 23 ares 7580

Exercice 41

Problème 14. *Quelle est la surface d'un bassin circulaire qui a 42 mètres de tour?*

La circonférence étant de 42 mètres, le rayon est $\frac{42}{2\pi}$ ou $\frac{21}{\pi}$, et l'aire du cercle est $\pi.\dfrac{21^2}{\pi^2}$ ou simplement $\dfrac{21^2}{\pi}$

Log. 21 . . . . 1.32222
2 fois 2.64444
Log. π 0.49715
Différence . . 2.14729 . . . 140$^{\mathrm{m}\,2}$37

Exercice 42

Problème 15. *Quelle est la surface du cercle inscrit dans un triangle équilatéral ayant lui-même 1 mètre carré de surface?*

Le centre est au point de concours des trois droites qui sont à la fois bissectrices, hauteurs et médianes; lesquelles droites se rencontrent aux $\frac{2}{3}$ de leurs longueurs (Géom., n° 183). Ainsi le rayon x

égale le $1/3$ de la hauteur h; et celle-ci a pour expression $1/2\,a\sqrt{3}$ (Géom., n° 234), a étant le côté du triangle.

L'aire du triangle est $1/2\,ah$, ou $1/2\,a.\,1/2\,a\sqrt{3}$, ou $1/4\,a^2\sqrt{3}$. On a donc, d'après les données du problème :

$$1/4\,a^2\sqrt{3}=1 \quad \text{d'où} \quad a^2=\frac{4}{\sqrt{3}}=\frac{4\sqrt{3}}{3} \;*$$

L'égalité $\qquad h=1/2\,a\sqrt{3}\qquad$ donne $\qquad h^2=3/4\,a^2=\sqrt{3}$

La relation $\qquad x=1/3\,h\qquad$ donne $\qquad x^2=1/9\,h^2=1/9\sqrt{3}$

Et le cercle inscrit est $\qquad \pi x^2\qquad$ ou $\qquad 1/9\,\pi\sqrt{3}$

$$
\begin{array}{lll}
\text{Log. } 1/9 & \ldots & \overline{1}.04576 \;** \\
\text{Log. } \pi. & \ldots & 0.49715 \\
1/2 \text{ log. } 3 & \ldots & 0.23856 \;*** \\
\text{Somme} & \ldots & \overline{1}.78147 \;\ldots\; 0^{m\,2}6046 \quad \text{Réponse.}
\end{array}
$$

Exercice 43

Problème 16. *Quelle est la circonférence du cercle qui a 1 mètre carré de surface?*

La circonférence est $2\pi r$. D'après l'hypothèse, on a :

$$\pi r^2=1 \quad \text{d'où} \quad r^2=1/\pi$$

Le carré de la circonférence serait $4\pi^2 r^2$, soit $4\pi^2.\,1/\pi$ ou 4π; la circonférence sera donc $2\sqrt{\pi}$

$$
\begin{array}{lll}
\text{Log. } \pi. & \ldots & 0.49715 \\
\text{La } 1/2. & \ldots & 0.24857 \cdot \\
\text{Log. } 2. & \ldots & 0.30103 \\
\text{Somme} & \ldots & 0.54960 \cdot \;\ldots\; 3^{m}545 \quad \text{Réponse.}
\end{array}
$$

Exercice 44

Problème 17. *Quelle est l'aire du cercle qui a 1 mètre de circonférence?*

On a $\qquad 2\pi r=1\;,\qquad r=\dfrac{1}{2\pi}\;,\qquad r^2=\dfrac{1}{4\pi^2}$

L'aire demandée est $\qquad \pi r^2\;,\quad$ ou $\quad \dfrac{\pi}{4\pi^2}\;,\quad$ ou $\quad \dfrac{1}{4\pi}$

---

* On opère cette transformation en multipliant le numérateur et le dénominateur par $\sqrt{3}$; il est souvent avantageux de débarrasser le dénominateur de tout signe radical.

** Pour obtenir ce logarithme, on ouvre la Table au nombre 9, et on retranche à vue le log. de 9, qui est 0.95424, du log. de 1, qui est 0.00000.

*** On prend à vue la moitié du logarithme de 3, qui est 0.47712.

$$
\begin{aligned}
&\text{Log. 4.} \quad . \quad . \quad . \quad 0.60206\\
&\text{Log. } \pi. \quad . \quad . \quad . \quad 0.49715\\
&\text{Somme} \quad . \quad . \quad . \quad 1.09921 \quad . \quad . \quad . \quad \text{Dénominateur}\\
&\text{Log. 1.} \quad . \quad . \quad . \quad 0.00000 \quad . \quad . \quad . \quad \text{Numérateur}\\
&\text{Différence} \quad . \quad . \quad \overline{2}.90079 \quad . \quad . \quad . \quad 0^{m2}07957 8\\
&\qquad\qquad\qquad \text{Soit} \quad . \quad . \quad . \quad 7^{dm2}9578
\end{aligned}
$$

Exercice 45

Problème 18. *Deux cercles concentriques ont respectivement pour rayons 6 et 10 mètres. Quelle est l'aire de la couronne comprise?*

L'aire demandée est $\quad \pi.10^2 - \pi.6^2,\quad$ ou $\quad \pi(100-36),\quad$ ou $\quad 64\pi$

$$
\begin{aligned}
&\text{Log. 64} \quad . \quad . \quad . \quad 1.80618\\
&\text{Log. } \pi. \quad . \quad . \quad 0.49715\\
&\text{Somme} \quad . \quad . \quad 2.30333 \quad . \quad . \quad . \quad 201^{m2}06 \qquad \text{Réponse.}
\end{aligned}
$$

Exercice 46

Problème 19. *La surface d'une couronne circulaire est de 1 mètre carré, et la distance des deux circonférences est de 0^m25. Quels sont les rayons des deux circonférences?*

Les deux rayons peuvent être représentés par $\quad x$ et $x+0,25$. L'aire de la couronne est :

$$\pi(x+0,25)^2 - \pi x^2 \quad \text{ou} \quad \pi(x^2+0,0625+0,50x-x^2)$$

ou simplement $\qquad\qquad \pi(0,50x+0,0625)$

On a donc $\qquad\qquad \pi(0,50x+0,0625)=1$

d'où $\qquad\qquad\qquad 0,50x+0,0625=\dfrac{1}{\pi}$

$$0,50x=\dfrac{1}{\pi}-0,0625$$

Et en doublant $\qquad\qquad x=\dfrac{2}{\pi}-0,135$

(A la Règle) $\qquad\qquad x=0,637-0,135=0^m502$

Le grand rayon est $\qquad\qquad x+0,25 \quad \text{ou} \quad 0^m752$

Exercice 47

Problème 20. *Le plan d'une propriété est dessiné à l'échelle de 1 millimètre pour mètre. Que sont les surfaces du dessin par rapport aux surfaces réelles?*

Les dimensions homologues étant dans le rapport de 1 à 1000, les surfaces homologues sont dans le rapport de 1^2 à 1000^2, ou de 1 à 1000000.

Exercice 48

Problème 21. *Dans un cercle de 1 mètre de rayon, on dessine un secteur de 60 degrés. On veut transformer ce secteur en un triangle équivalent ayant 1 mètre de hauteur. Quelle sera la base de ce triangle?*

La hauteur du triangle devant être la même que le rayon du cercle, la base du triangle sera égale à l'arc rectifié.

Le rayon est 1; la demi-circonférence est $\pi.1$ ou π; et l'arc de 60 degrés sera $1/3\,\pi$.

$$\pi \ . \ . \ . \ . \ . \ . \ . \ . \ . \ 3,1416$$
$$\text{Le } 1/3 \ . \ . \ . \ . \ . \ . \ 1^{m}0472 \qquad \text{Réponse.}$$

Exercice 49

Problème 22. *Construire une figure qui donne les côtés des carrés équivalents à 2 fois, 3 fois, 4 fois, etc., un carré donné.*

Soit OA le côté du carré donné. La diagonale OB est le côté du carré double; on construit le triangle rectangle OBC, en prenant BC

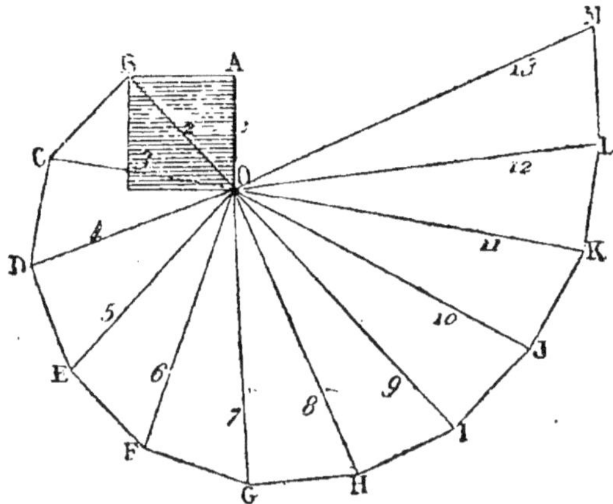

égal à OA; le carré qui serait construit sur OC serait égal à $\overline{OB}^2 + \overline{BC}^2$, et serait par conséquent triple du carré donné. La figure se continue indéfiniment par les triangles rectangles OCD, ODE, OEF, etc., dans lesquels les côtés CD, DE, EF, etc., sont égaux à OA.

Exercice 50

Problème 23. *Deux carrés ont respectivement 3 mètres et 4 mètres de côté. Calculer le côté du carré égal à leur somme, et celui du carré égal à leur différence.*

Les aires des deux carrés sont respectivement 9 et 16 mètres carrés ; la somme est 25 mètres carrés, et la différence est 7 mètres carrés ; et les côtés demandés sont les racines carrées des nombres 25 et 7, savoir : 5 mètres et 2^{m}645.

Exercice 51

Problème 24. *Le côté d'un hexagone régulier est de 9 mètres. Quel sera le côté d'un autre hexagone régulier dont l'aire doit être les* 4/9 *de l'aire du premier ?*

Les deux figures étant semblables, sont entre elles comme les carrés des dimensions homologues ; on aura donc, en appelant x le côté inconnu :

$$\frac{x^2}{9^2} = \frac{4}{9} ; \quad \text{d'où} \quad x^2 = 36 \quad \text{et} \quad x = 6$$

Exercice 52

Problème 25. *L'aire d'un terrain rectangulaire est de 58 ares 835, et son périmètre est de 365 mètres. Quelles sont ses dimensions ?*

Traduite en mètres carrés, l'aire est exprimée par le nombre 5 883,5. Ce nombre est le *produit* des deux dimensions ; la *somme* de ces mêmes dimensions est la moitié du périmètre, soit 182^{m}50.

D'après une propriété connue (voir l'Algèbre), les deux nombres demandés sont les racines de l'équation du second degré :

$$x^2 - 182,50\,x + 5\,883,50 = 0$$

de laquelle on tire $\quad x = 91,25 \pm \sqrt{91,25^2 - 5\,883,50}$

$$8\,326,56 - 5\,883,50 \ldots 2\,443,06$$

$$x = 91,25 \pm 49,42 = \begin{cases} 140^m 67 \\ 41^m 83 \end{cases}$$

Telles sont les dimensions, à 1 centimètre près.

Exercice 53

Problème 26. *Un terrain rectangulaire de 17 ares a 43 mètres de plus en longueur qu'en largeur. Quelles sont ses dimensions ?*

Les dimensions peuvent être représentées par x et $x + 43$; la surface est de 1 700 mètres carrés. On a donc successivement :

$$x\,(x + 43) = 1\,700$$
$$x^2 + 43x = 1\,700$$
$$x^2 + 43x - 1\,700 = 0$$

d'où $\qquad x = -21,5 \pm \sqrt{21,5^2 + 1\,700}$

$$462,25 + 1\,700 \ldots 2\,162,25$$

$$x = -21,5 \pm 46,5 = \begin{cases} +25 \\ -68 \end{cases}$$

La valeur positive convient seule au problème, et les dimensions demandées sont 25 et 68 mètres.

Exercice 54

Problème 27. *Dans les débris d'une enceinte circulaire, on a mesuré une corde de 12^{m}50 et sa flèche de 2^{m}75. Quelle était la surface du cercle entier?*

Appelons x la partie du diamètre qui forme le prolongement de la flèche. Le produit des deux segments du diamètre égale le carré de la moitié de la corde (Géom., n° 220); on a donc :

$$2,75\,x = 6,25^2 = 39,06$$

d'où
$$x = 14^m 204$$

Le diamètre est donc 16^{m}954, et le rayon 8^{m}477.

L'aire du cercle est πr^2...

Log. π. . . . 0.49715
Log. r. . . . 0.92824
Le même. . . 0.92824
Somme . . . 2.35363 . . . 225^{mc}75   Réponse.

Exercice 55

Problème 28. *Sur un des côtés d'un angle quelconque O, on porte une longueur OU de 1 centimètre, que l'on prend pour unité. On porte sur l'autre côté une longueur OA, représentant un nombre quelconque a. On trace UA, et l'on reproduit l'angle OUA en OAB, en OBC, en OCD, et ainsi de suite. On demande d'exprimer les longueurs OB, OC, OD, OE... en fonction du nombre a.*

Désignons par u, a, b, c, d, e... les distances OA, OB, OC, etc.

Il résulte de la construction que les droites UA, BC, DE... sont parallèles, aussi bien que AB, CD, etc., et que tous les triangles OUA, OAB, OBC, OCD... sont semblables. Si donc on considère successivement le premier triangle avec le second, le second avec le troisième, le troisième avec le quatrième, et ainsi de suite, on obtient une suite indéfinie de rapports égaux, savoir :

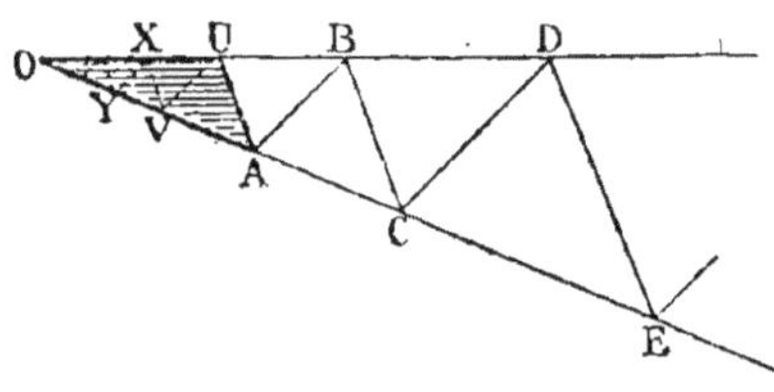

$$\frac{OU}{OA} = \frac{OA}{OB} = \frac{OB}{OC} = \frac{OC}{OD} = \frac{OD}{OE} \ldots$$

ou
$$\frac{u}{a} = \frac{a}{b} = \frac{b}{c} = \frac{c}{d} = \frac{d}{e} \ldots$$

On prendra successivement le premier rapport avec le deuxième, le deuxième avec le troisième, etc., et on en tirera :

$ub = a^2$; et, comme $u = 1$, on a . . . . . . $b = a^2$

$ac = b^2 = a^4$, d'où, en divisant par a. . . . $c = a^3$

$bd = c^2 = a^6$, ou $a^2 d = a^6$, d'où . . . . . . $d = a^4$

$ce = d^2 = a^8$, ou $a^3 e = a^8$, d'où . . . . . . $e = a^5$

Et ainsi de suite.

Ainsi les longueurs OB, OC, OD, OE... représentent les puissances successives du nombre correspondant à la longueur OA.

Remarques. 1° Le réseau brisé UABCDE... peut être repris en sens inverse EDCBAU, et continué du côté du sommet O, en UVXY.... Les nouveaux triangles sont semblables aux premiers, et l'on a :

$$\frac{OA}{OU} = \frac{OU}{OV} = \frac{OV}{OX} = \frac{OX}{OY} \dots \quad \text{ou} \quad \frac{a}{u} = \frac{u}{v} = \frac{v}{x} = \frac{x}{y} \dots$$

Et de là on tire :

$$av = u^2 = 1, \text{ d'où} \dots\dots\dots\dots\dots v = \frac{1}{a} = a^{-1}$$

$$ux = v^2 = \frac{1}{a^2} \text{ ou} \dots\dots\dots\dots\dots x = \frac{1}{a^2} = a^{-2}$$

$$vy = x^2 \text{ ou } \frac{1}{a} \cdot y = \frac{1}{a^4}, \text{ d'où} \dots\dots\dots y = \frac{1}{a^3} = a^{-3}$$

Et ainsi de suite.

Si l'on remarque que u ou 1 est lui-même la puissance *zéro* du nombre A, on voit que le réseau brisé UABCD... AUVXY..., continué indéfiniment dans les deux sens, donne, sur les deux côtés de l'angle O, des longueurs qui représentent toutes les puissances du nombre a, savoir : toutes les puissances impaires sur le côté où se trouve la longueur a, et toutes les puissances paires sur le côté où se trouve la longueur OU, que l'on prend comme unité.

2° La figure montre que si le nombre a est supérieur à 1, ses puissances d'ordre positif croissent indéfiniment, et tendent vers l'*infini*[*] ; ses puissances d'ordre négatif décroissent indéfiniment, et tendent vers *zéro*. Si le nombre a était inférieur à 1, ce serait l'inverse.

3° Le réseau brisé est d'autant plus serré que le nombre a diffère peu de 1 ; et si l'on prenait a égal à 1, le triangle OUA serait isocèle, et tout le réseau se réduirait à la simple droite UA... Ainsi toutes les puissances de 1 sont égales à 1.

4° Cherchons ce qui arrive lorsque le nombre considéré est négatif, ou lorsque l'unité elle-même est négative, ou enfin lorsque l'unité et le nombre sont tous les deux négatifs. L'*unité positive* se portera en OU sur la droite OM, et l'*unité négative* sur la direction opposée OM' ; le *nombre positif* se portera en OA sur la direction ON, et le *nombre négatif* sur la direction opposée ON'[**].

---

[*] On emploie cette expression ; mais il est bon de remarquer qu'elle n'est pas rigoureuse : quelque grand que soit un nombre fini, sa différence avec l'*infini* est elle-même une valeur *infinie*...

[**] On se demande si l'*unité* peut être négative. Nous répondrons en renvoyant à la définition bien connue de l'unité. L'unité est une quantité ; or **on**

Dans l'angle MON se trouve la ligne brisée des puissances d'un *nombre positif* OA, se rapportant à une *unité positive* OU; toutes les puissances sont positives.

Dans l'angle MON' se trouve la ligne brisée des puissances d'un *nombre négatif* OA', se rapportant à une *unité positive* OU; les puissances paires OU, OB, OD... sont positives, et les puissances impaires OA', OC', OE'... sont négatives.

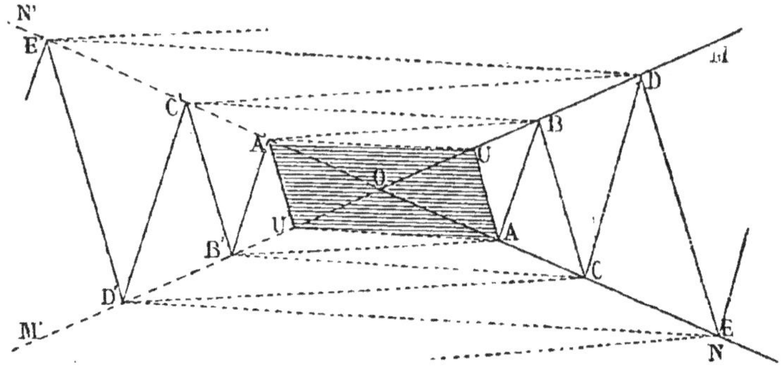

L'angle M'ON renferme la ligne brisée des puissances d'un *nombre positif* OA, se rapportant à une *unité négative* OU'; les puissances impaires OA, OC, OE... sont positives, et les puissances paires OU', OB' OD'... sont négatives.

Enfin, l'angle M'ON' renferme la ligne des puissances d'un *nombre négatif* OA', se rapportant à une *unité négative* OU'; toutes les puissances sont négatives.

5° La discussion qui précède jette un jour particulier sur la notion des puissances. — Et d'abord, l'unité, pouvant être positive ou négative, joue nécessairement un rôle dans la définition de la puissance; et il faut dire : *Une puissance quelconque d'un nombre est l'unité multipliée successivement par ce nombre, autant de fois que l'indique l'exposant**. *Et une racine quelconque d'un nombre donné comme puissance est le nombre qui, par des divisions successives répétées autant de fois que l'indique le degré, permet de descendre de la puissance à l'unité, soit positive, soit negative ***. — En second lieu, il y

admet qu'une quantité peut être *négative*, c'est-à-dire peut être prise en un sens opposé au sens que l'on avait d'abord en vue; il en est donc de même de cette quantité que l'on nomme *unité*. — Exemple : Lorsqu'on eut constaté que les degrés des méridiens terrestres sont plus grands à mesure que l'on s'approche des pôles, on pensa que la terre était allongée vers les pôles; et si un savant eût alors proposé de prendre pour unité des longueurs l'excès du *rayon polaire* sur le *rayon équatorial*, on aurait pu accepter son idée; puis, toutes mesures effectuées, on se serait trouvé en présence d'une *unité négative*, dont la valeur absolue est d'environ 20 kilomètres...

* Si l'exposant est négatif, il faut diviser au lieu de multiplier.

** Si le degré est négatif, il faut remplacer les divisions par des multiplications successives.

a lieu d'étudier à nouveau les expressions dites *imaginaires*. C'est la droite OM' qui est la branche des puissances négatives d'ordre pair, et l'on voit que ces puissances sont amenées par la nature négative de l'unité OU', quel que soit d'ailleurs le sens positif ou négatif du nombre considéré : OA ou OA'.

6° La science des nombres et la science des figures se prêtent un mutuel secours; et il y a souvent avantage à étudier sur des figures les *propriétés des nombres*, comme à étudier par les nombres les *propriétés des figures* : le calcul des figures a pour pendant la *représentation graphique des calculs*.

Par exemple, sur la première figure ci-dessus, l'unité OU est de 1 centimètre; le nombre OA est 1,3. Si l'on veut trouver la puissance 5° de ce nombre, on peut tracer les 5 premiers éléments de la ligne brisée UABCDE, et mesurer OE à l'échelle de la figure ; on a 3,71 pour les premiers chiffres de la puissance cherchée. — On pourrait se donner l'unité OU, et la longueur OE comme représentant la 5° puissance d'un nombre à chercher : il s'agirait d'aller de U en E par 5 éléments brisés, tels que les angles OUA, OAB, OBC, etc., fussent égaux. Nous ne faisons ici qu'indiquer ce problème. — Enfin, on pourrait se donner l'unité OU, le nombre OA comme racine, et la longueur OE comme représentant une puissance dont on chercherait le degré. L'élément UA permettra de construire la ligne brisée UABCDE, et le degré demandé sera égal au nombre des éléments de cette ligne. La question sera beaucoup moins simple lorsque le point donné pour la puissance sera en une position quelconque... Nous ne faisons ici qu'indiquer ces questions, dont l'étude ne serait pas sans quelque intérêt.

Exercice 56

Problème 29. *Les trois hauteurs d'un triangle ont respectivement 12, 15 et 20 mètres. Calculer l'aire de ce triangle.*

Appelons a, b, c les trois côtés, et a', b', c' les hauteurs correspondantes. Le double de la surface du triangle est exprimé par chacun des produits aa', bb', cc'. On a donc :

$$aa' = bb' \quad \text{d'où} \quad \frac{a}{b} = \frac{b'}{a'} = \frac{15}{12} = \frac{5}{4}$$

$$bb' = cc' \quad \text{d'où} \quad \frac{b}{c} = \frac{c'}{b'} = \frac{20}{15} = \frac{4}{3}$$

Ainsi les trois côtés a, b, c sont entre eux comme les nombres 5, 4, 3. Le triangle en question rentre donc dans un cas très-connu : c'est un triangle rectangle, ayant a pour hypoténuse, b et c pour côtés de l'angle droit. Or, dans un triangle rectangle, les hauteurs qui partent des extrémités de l'hypoténuse se confondent avec les côtés de l'angle droit; donc b' et c', ou 15 et 20, ne sont autre chose que les côtés de l'angle droit.

L'un de ces côtés peut être pris comme base, et l'autre comme hauteur; et ainsi l'aire du triangle est $1/_2.15.20$, ou 150 mètres carrés.

Exercice 57

Problème 30. *Exprimer l'aire d'un triangle en fonction des trois hauteurs.*

Soient a, b, c les trois côtés, et a', b', c' les trois hauteurs correspondantes. Si l'on appelle S la surface, on a :

$$S = 1/_2\,aa' = 1/_2\,bb' = 1/_2\,cc'$$

Ainsi $\qquad aa' = bb'$; d'où $\dfrac{a}{b} = \dfrac{b'}{a'} = \dfrac{b'c'}{a'c'}$

$$\qquad\qquad bb' = cc'\ ;\quad \text{d'où}\quad \dfrac{b}{c} = \dfrac{c'}{b'} = \dfrac{a'c'}{a'b'}$$

Donc les trois côtés . . . . $a\qquad b\qquad c$

sont proportionnels aux produits . . . . . . $b'c'\quad a'c'\quad a'b'$

ou, en divisant par c' . . . . $b'\qquad a'\qquad \dfrac{a'b'}{c'}$

Appelons c'' le quotient $\dfrac{a'b'}{c'}$. L'égalité $c'' = \dfrac{a'b'}{c'}$ donne $\dfrac{c''}{a'} = \dfrac{b'}{c'}$; ce qui montre que c'' est une quatrième proportionnelle aux trois droites c', b', a'.

Voilà donc trois droites, b', a', c'', qui sont dans le même rapport que les trois côtés inconnus a, b, c ; et il y a lieu de considérer deux triangles semblables.

Le triangle qui a pour côtés b', a', c'', a pour aire :

$$S' = \sqrt{p'(p'-a')(p'-b')(p'-c'')}\,,$$

valeur que l'on peut calculer (Géom., n° 288).

La hauteur h', qui tombe sur le côté b', a pour expression :

$$h' = \frac{2}{b'}\sqrt{p'(p'-a')(p'-b')(p'-c'')} \qquad (\text{Liv. III, Ex. 68}).$$

Cette hauteur a pour homologue celle qui, dans le triangle inconnu, tombe sur le côté a, et est désignée par a'.

Les deux triangles étant semblables sont entre eux comme les carrés des dimensions homologues, et l'on a :

$$\frac{S}{S'} = \frac{a'^2}{h'^2} \qquad \text{d'où} \qquad S = \frac{a'^2 S'}{h'^2} =$$

$$= \frac{a'^2\sqrt{p'(p'-a')(p'-b')(p'-c'')}}{4/b'^2\left[\sqrt{p'(p'-a')(p'-b')(p'-c'')}\right]^2} =$$

$$= \frac{a'^2 b'^2}{4\sqrt{p'(p'-a')(p'-b')(p'-c'')}}$$

Et si l'on veut remplacer c'' par sa valeur $\dfrac{a'b'}{c'}$, on a :

$$S = \dfrac{(a'b')^2}{4\sqrt{p'(p'-a')(p'-b')\left(p'-\frac{a'b'}{c'}\right)}}$$

Pour appliquer cette formule, on se rappellera que :

$$p' = \tfrac{1}{2}(a'+b'+c'') = \dfrac{1}{2}\left(a'+b'+\dfrac{a'b'}{c'}\right)$$

Scolie. On a vu, dans l'étude de cette question, que les côtés a, b, c sont entre eux comme les produits $b'c'$, $a'c'$, $a'b'$; donc : *Dans un triangle quelconque, les trois côtés sont entre eux comme les produits des hauteurs qui partent de leurs extrémités.*

Exercice 58

Problème 31. *Construire un triangle, connaissant les trois hauteurs.*

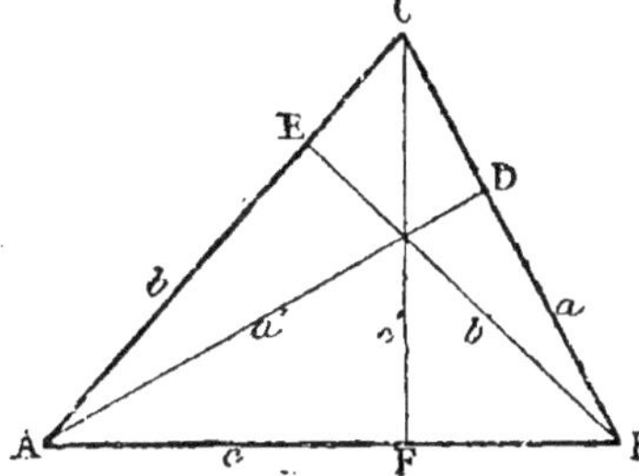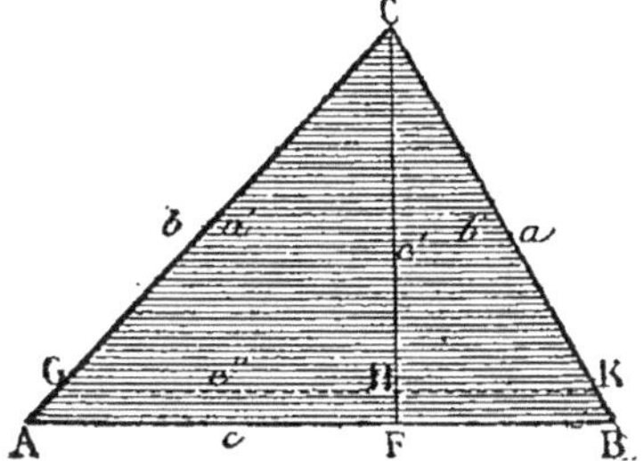

Soit ABC le triangle à reproduire par la connaissance des trois hauteurs a', b', c'. La surface $S = \tfrac{1}{2}aa' = \tfrac{1}{2}bb' = \tfrac{1}{2}cc'$.

Ainsi $\qquad aa' = bb'$; $\quad$ d'où $\quad \dfrac{a}{b} = \dfrac{b'}{a'} \ldots = \dfrac{b'c'}{a'c'}$

$\qquad\qquad bb' = cc'$; $\quad$ d'où $\quad \dfrac{b}{c} = \dfrac{c'}{b'} \ldots = \dfrac{a'c'}{a'b'}$

Donc les trois côtés . . . . $a \qquad b \qquad c$

sont entre eux comme les produits. . . . . . $b'c' \qquad a'c' \qquad a'b'$

ou, en divisant par c', comme. . . . . . . $b' \qquad a' \qquad \dfrac{a'b'}{c'}$

Posons $c'' = \dfrac{a'b'}{c'}$. Il en résulte $\dfrac{c''}{a'} = \dfrac{b'}{c'}$; ce qui montre que c'' est une quatrième proportionnelle aux trois droites c', b', a'.

On cherche cette quatrième proportionnelle par une construction connue (Géom., n° 248), et l'on construit le triangle CGK, ayant pour côtés les trois droites a', b' c''. Ce triangle est semblable au triangle demandé, et c'est le côté c'' qui est l'homologue de c. On trace la hauteur CH, sur laquelle on porte une longueur CF égale à *c'*, et l'on mène parallèlement à GK la droite AFB, qui donne le triangle demandé.

Exercice 59

Problème 32. *Construire un carré, connaissant la somme ou la différence du côté et de la diagonale.*

(Cette question a déjà été posée et résolue au Livre III, Problème 36.)

Nous allons nous proposer de déterminer, par le calcul, les éléments des triangles ABF et ABE.

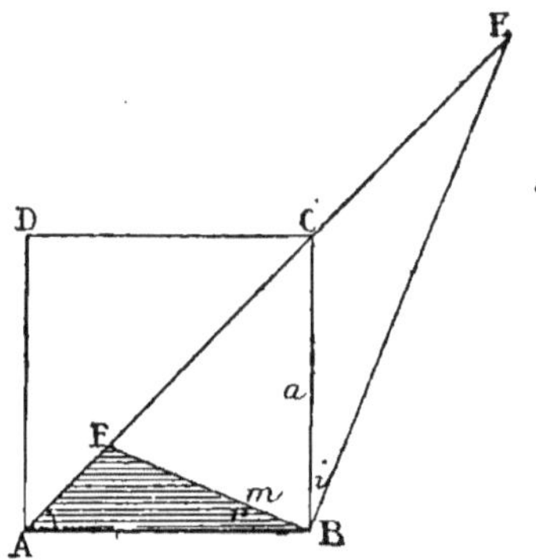

Ces triangles ont en A un angle de 45 degrés; le côté AB est le côté *a* du carré; l'autre côté, AF ou AE, de l'angle A, est égal à la différence ou à la somme de la diagonale et du côté.

La diagonale *d* est donnée par la relation connue :

$$d^2 = 2a^2; \quad \text{d'où} \quad d = a\sqrt{2} = 1,41421\,a$$

Ainsi $\qquad AF = 0,41421\,a, \quad$ et $\quad AE = 2,41421\,a$

soit, en symboles : $\qquad AF = a(\sqrt{2}-1), \quad$ et $\quad AE = a(\sqrt{2}+1)$

L'angle A, qui est de 45 degrés, a pour sinus $\dfrac{BC}{AC}$ et pour cosinus $\dfrac{AB}{AC}$; ce qui fait dans les deux cas $\dfrac{a}{d}$, ou $\dfrac{a}{a\sqrt{2}}$, ou $\dfrac{1}{\sqrt{2}}$ ou enfin, en multipliant numérateur et dénominateur par $\sqrt{2}$, $\dfrac{\sqrt{2}}{2}$; soit : $\tfrac{1}{2}\sqrt{2}$.

L'aire d'un triangle égale la moitié du produit de deux côtés quelconques et du sinus de l'angle compris (Exerc. 20); ainsi *l'aire du triangle* ABF est :

$$\tfrac{1}{2}.a.a(\sqrt{2}-1).\tfrac{1}{2}\sqrt{2} \quad \text{ou} \quad \tfrac{1}{4}a^2(2-\sqrt{2})$$

Et l'aire du triangle ABE est :

$$\tfrac{1}{2} \cdot a \cdot a(\sqrt{2}+1) \cdot \tfrac{1}{2}\sqrt{2} \quad \text{ou} \quad \tfrac{1}{4}a^2(2+\sqrt{2})$$

Voici les calculs :

$$
\begin{array}{lll}
 & 2,00000 & \\
\sqrt{2} \ . \ . \ . & 1,41421 & \\
\text{Différence} \ . & 0,58579 & \\
\text{Le } \tfrac{1}{4} \ . \ . & 0,14645 \ . \ . \ . & a^2(0,14645)=\text{ABF} \\
2+\sqrt{2} \ . \ . & 3,41421 & \\
\text{Le } \tfrac{1}{4} \ . \ . & 0,85355 \ . \ . \ . & a^2(0,87855)=\text{ABE}
\end{array}
$$

Pour calculer le troisième côté, BF ou BE, nous emploierons la formule connue (Exerc. 23) :

$$\overline{\text{BF}}^2 = \overline{\text{AB}}^2 + \overline{\text{AF}}^2 - 2\overline{\text{AB}} \cdot \overline{\text{AF}} \cdot \cos A$$

$$\overline{\text{BE}}^2 = \overline{\text{AB}}^2 + \overline{\text{AE}}^2 - 2\overline{\text{AB}} \cdot \overline{\text{AE}} \cdot \cos A$$

Or $\text{AB}=a$, $\text{AF}=a(\sqrt{2}-1)$, $\text{AE}=a(\sqrt{2}+1)$, $\cos A = \tfrac{1}{2}\sqrt{2}$

On a donc $\quad \overline{\text{BF}}^2 = a^2 + a^2(2+1-2\sqrt{2}) - 2a \cdot a(\sqrt{2}-1) \cdot \tfrac{1}{2}\sqrt{2}$

$$= a^2(1+3-2\sqrt{2}-2+\sqrt{2}) = a^2(2-\sqrt{2})$$

Donc $\quad\quad\quad\quad \text{BF} = a\sqrt{2-\sqrt{2}} = a(0,76537)$

On a de même $\quad \overline{\text{BE}}^2 = a^2 + a^2(2+1+2\sqrt{2}) - 2a \cdot a(\sqrt{2}+1) \cdot \tfrac{1}{2}\sqrt{2}$

$$= a^2(1+3+2\sqrt{2}-2-\sqrt{2}) = a^2(2+\sqrt{2})$$

Donc $\quad\quad\quad\quad \text{BE} = a\sqrt{2+\sqrt{2}} = a(1,84778)$

Enfin, pour calculer les deux angles B et F, nous désignerons par b et f les côtés AF et BF opposés à ces angles, et nous poserons (Exerc. 24 ci-dessus) :

$$\frac{f+b}{f-b} = \frac{\operatorname{tg} \tfrac{1}{2}(F+B)}{\operatorname{tg} \tfrac{1}{2}(F-B)}$$

L'angle A étant de 45 degrés, les deux autres angles égalent ensemble 180—45, ou 135 degrés; et leur demi-somme est 67° 30′.

Le côté $\quad f=\text{AB}=a$; le côté $b=\text{AF}=a(\sqrt{2}-1)$

Ainsi $\quad\quad f+b = a+a(\sqrt{2}-1) = a(1+\sqrt{2}-1) = a\sqrt{2}$

et $\quad\quad\quad f-b = a-a(\sqrt{2}-1) = a(1-\sqrt{2}+1) = a(2-\sqrt{2})$

La proportion ci-dessus devient donc, en supprimant le facteur a aux deux termes du premier rapport :

$$\frac{\sqrt{2}}{2-\sqrt{2}} = \frac{\operatorname{tg} 67°30′}{\operatorname{tg} \tfrac{1}{2}(F-B)} \quad \text{ou} \quad \frac{1.41421}{0,58579} = \frac{\operatorname{tg} 67°30′}{\operatorname{tg} \tfrac{1}{2}(F-B)}$$

$$\text{Log. } 0,58579. \quad . \quad \bar{1}.76774$$
$$\text{Log. tg } 67°30'. \quad . \quad 0.38278$$
$$\text{Somme.} \quad . \quad . \quad . \quad 0.15052$$
$$\text{Log. } 1,41421. \quad . \quad 0.15051^{\bullet}$$
$$\text{Différence.} \quad . \quad . \quad 0.00001 * \ldots . \ 45° \ldots . \ 1/2\,(F-B)$$

La demi-somme des deux angles F et B étant 67° 30', et leur demi-différence étant 45°, le plus grand angle F égale 67° 30' + 45° ou 112° 30', et le plus petit, B, est 67° 30' — 45°, ou 22° 30'.

Un calcul analogue peut être appliqué au triangle ABE ; mais on s'en dispense en remarquant que CE = CF = CB. Ainsi dans le triangle FBE la médiane BC est la moitié du côté EF, et ce triangle est rectangle en B (Livre I, Exerc. 41) ; et puisque l'angle ABC est droit, les deux angles r et i sont égaux comme ayant même complément m. D'autre part, à cause du triangle isocèle ECB, on a E = i = r. Donc les deux triangles ABE et ABF sont semblables ; car l'angle A est commun, et l'angle E = r.

On a donc   E = 22° 30',   et   ABE = 112° 30'.

Exercice 60

Problème 33. *Par un point A donné dans un cercle, mener une corde EF telle que le secteur correspondant à l'arc sous-tendu soit les $5/12$ du cercle entier.*

Puisque le secteur ECFD doit être les $5/12$ du cercle entier, l'arc EDF ou $2a$ doit être aussi les $5/12$ de la circonférence. Ainsi $2a = 5/12 . 360 = 150$ degrés, et $a = 75$ degrés ; telle est aussi la valeur de l'angle ECD, que nous nommerons simplement C.

Le problème sera résolu si l'on trouve la distance c du centre à la corde EF. Or on a (Géom., n° 210) :

$$\frac{c}{r} = \cos C = \cos 75° = 0,259$$

Ainsi $c = 0,259\,r$. Avec un rayon égal aux 259 millièmes du rayon r, on décrira une circonférence concentrique à la première ; et par le point A on mènera une tangente à cette circonférence. — On voit qu'il y a deux solutions.

Il n'y aurait qu'une solution si la circonférence auxiliaire passait par le point donné ; et le problème serait impossible si le point donné se trouvait à l'intérieur du cercle auxiliaire.

* Ce chiffre 1 ne vient ici que par suite de l'approximation des logarithmes ; du reste, si on en tenait compte, la variation serait à peine de 2 secondes.

Exercice 61

Problème 34. *Construire un triangle, connaissant ses angles et sa surface* m^2.

1ᵉʳ Cas. *Données graphiques, solution graphique.* Avec les angles donnés, on construit un triangle quelconque ABC, qui est semblable au triangle demandé.

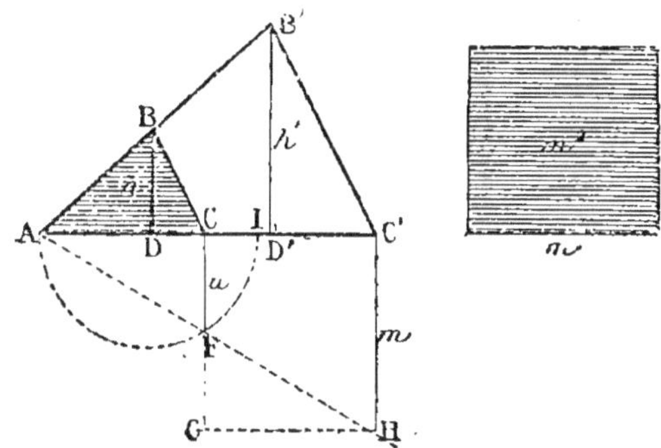

Prolongeons la base AC d'une longueur CI égale à la moitié de la hauteur h; sur AI, décrivons la demi-circonférence AFI : la perpendiculaire CF ou u est le côté du carré équivalent au triangle ABC ; car on a : $u^2 = \overline{AC} \cdot \overline{CI}$.

Sur CF portons la longueur CG égale à m; menons AFH, puis GH parallèle à AC, HC′ perpendiculaire à AC, et enfin C′B′ parallèle à BC.

AB′C′ est le triangle demandé. En effet, ses angles sont les mêmes que ceux du triangle ABC; de plus, ces deux triangles étant semblables, aussi bien que ACF et AC′H, on a :

$$\frac{\text{Triangle ABC}}{\text{Triangle AB′C′}} = \frac{\overline{AC^2}}{\overline{AC′^2}} = \frac{\overline{CF^2} \text{ ou } u^2}{\overline{C′H^2} \text{ ou } m^2}$$

En considérant les rapports extrêmes, on voit que les numérateurs sont équivalents; donc les dénominateurs le sont aussi...

2ᵉ Cas. *Données numériques, solution numérique.* Soient donnés : l'angle A $= 41°$, B $= 75°10′$, et l'aire $m^2 = 238^{m^2}70$. Le troisième angle C est de $63°50′$.

Les côtés sont dans le même rapport que les *sinus* des angles opposés (Exerc. 22 ci-dessus). Cette propriété servira à trouver trois nombres qui seront entre eux comme les côtés :

Log. sin 41°00′ . . . $\overline{1}.81694$ . . . 0,65606   sin A
Log. sin 75°10′ . . . $\overline{1}.98528$ . . . 0,96667   sin B
Log. sin 63°50′ . . . $\overline{1}.95304$ . . . 0,89752   sin C

Multiplions ces trois nombres par 10, et concevons un triangle auxiliaire A'B'C' qui aurait pour côtés :

$$a' \quad \ldots \quad 6,5606$$
$$b' \quad \ldots \quad 9,6667$$
$$c' \quad \ldots \quad 8,9752$$

Ce triangle est semblable à ABC, et son aire peut être calculée par la formule $\frac{1}{2} a'b' \sin C'$ (Exerc. 20).

    Log. 0,5 . . . $\bar{1}.69897$
    Log. a' . . . 0.81694
    Log. b' . . . 0.95528
    Log. sin C' . $\bar{1}.95304$
    Somme . . . 1.45423 . . . $28^{mq}46$ aire A'B'C'

Les deux triangles ABC et A'B'C' étant semblables, leurs surfaces sont entre elles comme les carrés des côtés homologues (Géométrie, n° 270). On a donc :

$$\frac{a^2}{a'^2} = \frac{238.70}{28,46}; \quad \text{d'où} \quad a^2 = a'^2 \frac{238.70}{28,46} = a'^2 k$$

On trouverait de même $b^2 = b'^2 k$ et $c^2 = c'^2 k$.

    Log. 238,70 . . 2.37785
    Log. 28,46 . . 1.45423
    Différence . . 0.92362 . . . k
    2 log. a' . . . 1.63388
    Somme . . . 2.55750
    La $\frac{1}{2}$ . . . 1.27875 . . . 19^m00 a

    Log. k . . . 0.92362
    2 log. b' . . . 1.97056
    Somme . . . 2.89418
    La $\frac{1}{2}$ . . . 1.44709 . . . 28^m00 b

    Log. k . . . 0.92362
    Log. c' . . . 0.95304
    Le même . . 0.95304
    Somme . . . 2.82970
    La $\frac{1}{2}$ . . . 1.41485 . . . 25^m99 c

Les côtés du triangle étant connus, la construction ne présente aucune difficulté.

Exercice 62

Problème 35. *Inscrire un carré dans un triangle équilatéral.*

Solution graphique. On construit un angle A de 60 degrés (par un triangle équilatéral quelconque AMN); on mène à l'un des côtés une perpendiculaire quelconque EF; on achève le carré EFGD; on

ı mène la droite indéfinie ADD′; on porte en AB′ et en AC′ le côté du
ı triangle équilatéral donné, et l'on trace B′C′. Le point D′ détermine
ı le carré D′E′F′G′.

En effet, les deux figures ABC et AB′C′ sont semblables; les
ı droites AD et AD′ sont homologues, aussi bien que DG et D′G′; et
ı puisque DG est le côté du carré inscrit dans le triangle équilatéral
ı ABC, D′G′ est le côté du carré inscrit dans le triangle AB′C′.

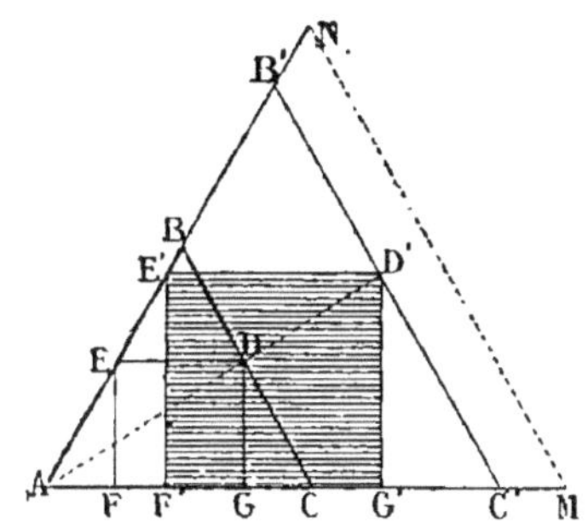
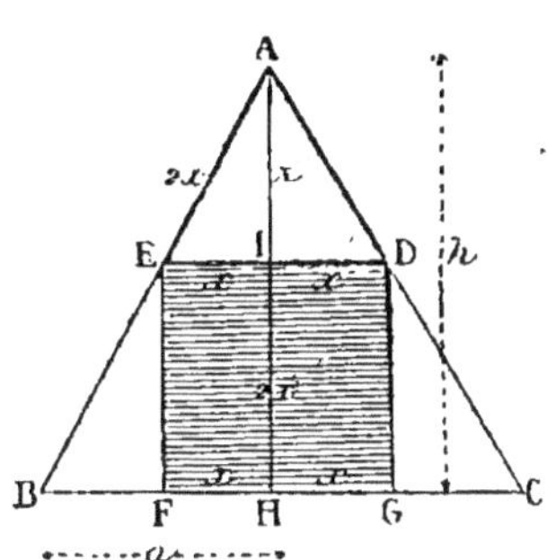

Solution numérique. Considérons un carré DEFG inscrit dans un
ı triangle équilatéral ABC. Appelons $2a$ le côté du triangle équila-
ı téral, h sa hauteur, $2x$ le côté du carré inscrit, et z la partie AI de
ı la hauteur qui se trouve au-dessus du carré.

Le triangle ADE est équilatéral, ainsi son côté $AE = 2x$; et le
ı triangle rectangle AEI donne :

$$z^2 = (2x)^2 - x^2 = 4x^2 - x^2 = 3x^2; \quad \text{d'où} \quad z = x\sqrt{3}$$

Ainsi la hauteur $AH = 2x + x\sqrt{3} = x(2 + \sqrt{3})$.

De là on tire $$\frac{h}{2 + \sqrt{3}} = x$$

D'autre part on a $\overline{AH}^2 = \overline{AB}^2 - \overline{BH}^2$ ou $h^2 = (2a)^2 - a^2 = 3a^2$
ı d'où $h = a\sqrt{3}$.

Donc $x = \dfrac{a\sqrt{3}}{2 + \sqrt{3}}$,   valeur facile à calculer.

On obtient pour x une expression plus simple en multipliant numé-
ı rateur et dénominateur par $2 - \sqrt{3}$. Il vient alors :

$$x = a\frac{(2 - \sqrt{3})\sqrt{3}}{(2 + \sqrt{3})(2 - \sqrt{3})} = a\frac{2\sqrt{3} - 3}{4 - 3} = a(2\sqrt{3} - 3)$$

* La somme des deux nombres 2 et $\sqrt{3}$, multipliée par leur différence, égale
ı le carré du premier nombre moins le carré du second, soit $4 - 3$ ou 1.

Application. Soit 30^m le côté du triangle équilatéral; on aura :

$$x = 15(2\sqrt{3} - 3)\ldots$$

$\sqrt{3}$	1,73205
2 fois	3,46410
Diminution de 3.	0,46410
La $\frac{1}{2}$ du côté .	15,00000
Produit. . . .	6^m9615 . . . x
2 fois	13^m923 . . . Côté du carré

Exercice 63

Problème 36. *Le côté d'un triangle équilatéral est a. Exprimer en fonction de a la surface du carré inscrit dans ce triangle.*

Cette question n'est qu'un complément de la précédente. Nous avons trouvé que le demi-côté du carré égale le demi-côté du triangle multiplié par $2\sqrt{3} - 3$; donc, si l'on double de part et d'autre, et si l'on désigne maintenant par x et a les côtés respectifs du carré et du triangle, on aura $\qquad x = a(2\sqrt{3} - 3)$

D'où $\qquad x^2 = a^2(4.3 + 9 - 2.2.3\sqrt{3}) = a^2(21 - 12\sqrt{3})$

Application au cas de $\qquad a = 30$ mètres :

Log. 3.	0.47712	
La $\frac{1}{2}$.	0.23856	
Log. 12	1.07918	21,0000
Somme.	1.31774 . . .	20,7845
	Différence . .	0,2155
Log. 0,2155. . .	$\bar{1}.33345$	
Log. 30^2 ou 900. .	2.95424	
Somme	2.28769 . . .	$193^{m}95$ Réponse.

Exercice 64

Problème 37. *Sur une droite quelconque, on marque deux points A et B distants de 12 mètres ou d. Décrire deux cercles tangents à*

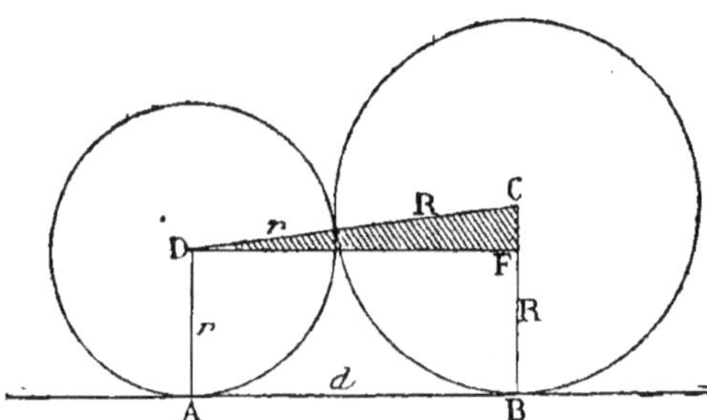

la droite en A et B, et tangents entre eux, et tels que la somme des aires de ces cercles soit de $232^{m}50$ ou S.

Analyse. Soient CB et DA, ou R et r, les rayons des deux cercles demandés. Menons DF parallèle à AB.

Le triangle CFD, rectangle en F, a pour hypoténuse $CD = R + r$; le côté $CF = R - r$, et $DF = AB = 12 = d$.

Entre les deux inconnues R et r, on a une première relation, qui est l'équation des surfaces :

$$\pi R^2 + \pi r^2 = S \quad \text{d'où} \quad R^2 + r^2 = \frac{S}{\pi} \tag{1}$$

Le triangle rectangle CFD fournit la seconde équation :

$$d^2 = (R + r)^2 - (R - r)^2 = 2R \cdot 2r = 4Rr$$

d'où
$$2Rr = \tfrac{1}{2} d^2 \tag{2}$$

La somme des équations (1) et (2) donne :

$$R^2 + r^2 + 2Rr \quad \text{ou} \quad (R + r)^2 = \frac{S}{\pi} + \frac{d^2}{2} \tag{3}$$

La différence de ces mêmes équations donne :

$$R^2 + r^2 - 2Rr \quad \text{ou} \quad (R - r)^2 = \frac{S}{\pi} - \frac{d^2}{2} \tag{4}$$

Le calcul des relations (3) et (4) donnera la somme et la différence des rayons; ce qui permettra de trouver l'un et l'autre.

On a $d = 12$, $d^2 = 144$, $\tfrac{1}{2} d^2 = 72$

Log. S ou 232,50	. 2.36642		
Log. π	. 0.49715	72,000	
Différence	. 1.86927 . . .	74,007	
	Somme . . .	146,007	
	Différence . . .	2,007	
Log. 146,007 . . .	2.16437		
La $\tfrac{1}{2}$	1.08218 . . .	12,083	R + r
Log. 2,007 . . .	0.30255		
La $\tfrac{1}{2}$	0.15127 . . .	1,417	R — r

Le grand rayon égale la demi-somme, plus la demi-différence; et le petit, la demi-somme, moins la demi-différence :

$$R = \tfrac{1}{2} \cdot 13,500 = 6^m 750$$
$$r = \tfrac{1}{2} \cdot 10,666 = 5^m 333$$

Vérification de l'aire totale.

Log. R . . .	0.82930		
2 fois	1.65860		
Log. π . . .	0.49715		
Somme . . .	2.13575 . . .	143,14	
Log. r	0.72697		
2 fois	1.45394		
Log. π . . .	0.49715		
Somme . . .	1.95109 . . .	89,35	
	Aire totale . . .	$232^m{}^2 49$	

M.   6

Exercice 65

Problème 38. *Calculer l'aire d'un trapèze en fonction des quatre côtés* a, b, c, d.

Soit $a=13$, $b=45$, $c=19$, $d=25$ mètres. Le trapèze est décomposable en un parallélogramme P, qui a d pour base et h pour hauteur, et un triangle T, qui a pour côtés a, c et m, cette dernière ligne étant égale à $b-d$, ou 20.

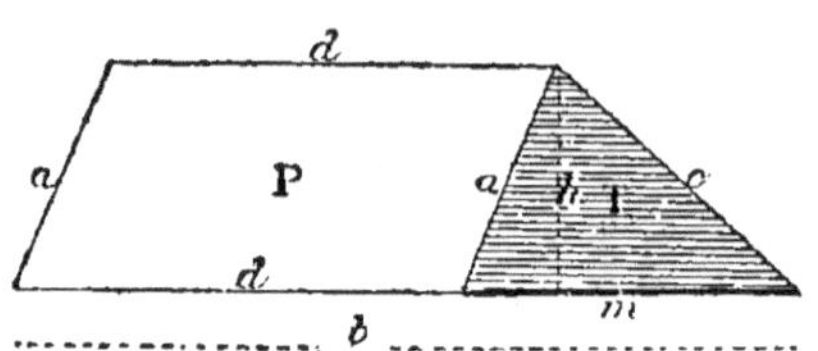

On a $1/_2\,mh=T$, d'où $h=\dfrac{2}{m}T$. Ainsi l'aire du parallélogramme P est dh ou $\dfrac{2d}{m}T$, et l'aire du trapèze est :

$$P+T=\frac{2d}{m}T+T=\frac{m+2d}{m}T=\frac{b+d}{b-d}T$$

Il reste à exprimer T en fonction des côtés du trapèze. Appelons $2p$ le périmètre du trapèze, et $2p'$ le périmètre du triangle T. L'aire de ce triangle est $\sqrt{p'(p'-a)(p'-m)(p'-c)}$

Nous disons $\qquad 2p'=a+m+c=\qquad a+b+c-d=2p-2d$

De là résulte $\qquad\qquad\qquad p'=1/_2\ (a+b+c-d)=p-d$

Si l'on retranche a, il vient $p'-a=1/_2(-a+b+c-d)=p-(d+a)$

Si l'on retranche m, ou $b-d$,... $p'-m=1/_2\ (a-b+c+d)=p-b$

Et si l'on retranche c... $\qquad p'-c=1/_2\ (a+b-c-d)=p-(d+c)$

L'aire du trapèze sera donc :

$$\frac{b+d}{b-d}\sqrt{(p-b)(p-d)(p-d-a)(p-d-c)}$$

En appliquant cette formule aux données numériques ci-dessus, on trouve pour l'aire $417^{m2}01$.

Exercice 66

Problème 39. *La grande diagonale* AC *d'un losange a* 1^m90, *et la petite diagonale* BD *est égale au côté. On demande l'aire du losange.*

Appelons $2h$ la grande diagonale AC, et a le côté. Le triangle rectangle AOB permet de calculer a, qui est égal à BD, puis l'aire du triangle ABD, et enfin le losange.

On peut aussi indiquer les calculs sur des symboles, et réserver les calculs pour la fin. On a $\qquad h^2=a^2-1/_4\,a^2=3/_4\,a^2$

De là on tire $\qquad a^2 = {}^4/_3\,h^2$

L'aire du triangle ABD est $^1/_2\,ah$; pour le losange entier on aura :

$$S = ah \qquad \text{d'où} \qquad S^2 = a^2 h^2 = {}^4/_3\,h^2 h^2 = {}^4/_3\,h^4$$

Donc $\qquad\qquad S = \dfrac{2h^2}{\sqrt{3}} \qquad \text{ou} \qquad {}^2/_3\,h^2\sqrt{3}\ ^{*}$

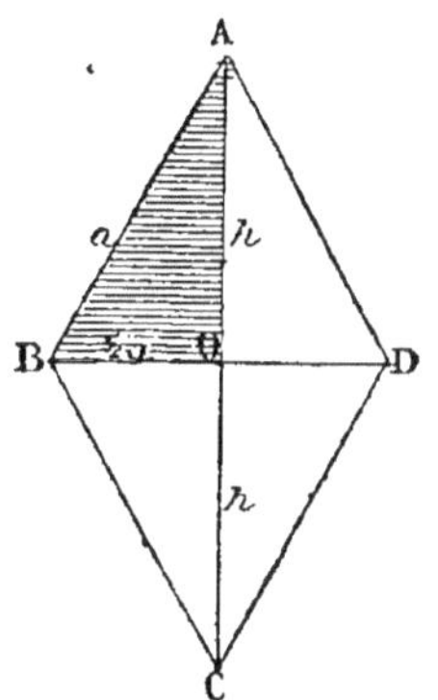

Log. $^2/_3$ . . . . $\overline{1}.82391$ **
2 log. h . . . . $\overline{1}.95544$
$^1/_2$ log. 3 . . . 0.23856
Somme . . . 0.01791 . . . . $1^{m2}0421$ Réponse.

Exercice 67

Problème 40. *Étant donné un carton carré de 1 mètre de côté, que faut-il enlever aux quatre coins pour obtenir un octogone régulier?*

1° *Solution graphique.* Sachant que les 8 rayons et les 8 apothèmes doivent former au centre 16 angles égaux, on trace les diagonales AC et BD, puis les droites EF et GH, bissectrices des angles formés par les premières droites, et enfin de nouvelles bissectrices IJ, KL, MN, PR.

Les points déterminés sur les bords par ces dernières droites sont les sommets de l'octogone demandé; et pour l'obtenir il suffit d'enlever du carré les triangles APM, BJL, CNR et DIK.

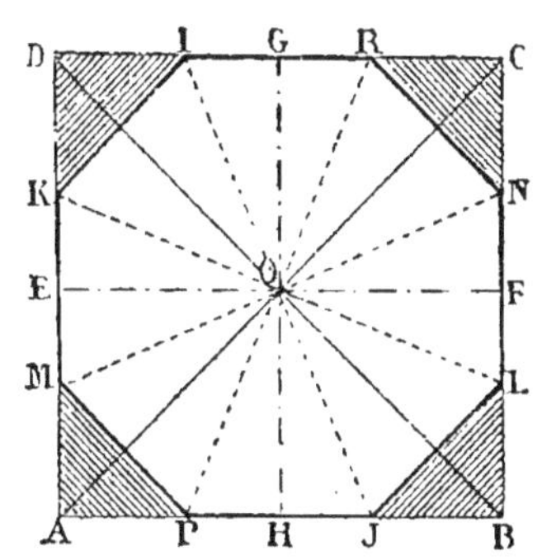

Solution numérique. D'après la longueur donnée pour le côté, la

---

  * Nous avons déjà fait remarquer que l'on obtient cette transformation en multipliant numérateur et dénominateur par $\sqrt{3}$.

  ** On retranche à vue, sur la Table, le log. de 3 du log. de 2.

figure DEOG est un carré de $0^m 50$ de côté; sa diagonale $OD = 0,50\sqrt{2} = \frac{1}{2}(1,414) = 0,707$.

Dans le triangle OGD, la bissectrice OI divise GD proportionnellement aux côtés OG et OD. On a donc : $\dfrac{GI}{ID} = \dfrac{OG}{OD}$; d'où, en augmentant les dénominateurs de leurs numérateurs : $\dfrac{GI}{GD} = \dfrac{OG}{OG + OD}$,

ou $\dfrac{GI}{0,500} = \dfrac{0,500}{1,207}$. De là on tire $GI = 0^m 207$

Ainsi $DI = DG - GI = 0,500 - 0,207 = 0^m 293$. Telle est la longueur qu'il faut porter à partir de chaque coin, pour déterminer le triangle à enlever.

Si le côté donné était 2, 3, 4... a mètres, il faudrait porter une longueur 2 fois, 3 fois, 4 fois... a fois plus grande, soit $0,293\,a$; car, dans les figures semblables, toutes les dimensions homologues sont dans un même rapport.

Solution algébrique. Soit a le côté du carré donné. Le carré DEOG a pour côté $\frac{1}{2}a$; sa diagonale $OD = \frac{1}{2}a\sqrt{2}$.

Dans le triangle OGD, la bissectrice OI donne :

$$\frac{GI}{ID} = \frac{OG}{OD}; \quad \text{d'où} \quad \frac{GI}{GI + ID} = \frac{OG}{OG + OD}$$

ou
$$\frac{GI}{\frac{1}{2}a} = \frac{\frac{1}{2}a}{\frac{1}{2}a + \frac{1}{2}a\sqrt{2}} = \frac{1}{1 + \sqrt{2}}$$

d'où
$$GI = \frac{a}{2}\left(\frac{1}{1 + \sqrt{2}}\right)$$

Ainsi
$$DI = DG - GI = \frac{a}{2} - \frac{a}{2}\left(\frac{1}{1+\sqrt{2}}\right) = \frac{a}{2}\left(1 - \frac{1}{1+\sqrt{2}}\right)$$

$$= \frac{a}{2}\left(\frac{\sqrt{2}}{1+\sqrt{2}}\right) = \frac{a}{2}\left(\frac{2}{\sqrt{2}+2}\right) = a\left(\frac{1}{2+\sqrt{2}}\right) = a\left(\frac{1}{3,41421}\right)$$

$$\begin{array}{lll}
\text{Log. } 1 & \ldots \quad 0.00000 & \\
\text{Log. } 3,41421 & \ldots \quad 0.53329 & \\
\text{Différence} & \ldots \quad \overline{1}.46671 & \ldots \quad 0,292893
\end{array}$$

La longueur à porter sur chaque coin est donc $a\,(0,292893)$.

Exercice 68

Problème 41. *Quel est le côté d'un octogone régulier de 1 mètre carré de surface?*

L'octogone régulier peut être considéré comme dérivé d'un carré dont on enlève les coins; d'autre part, les rayons et les apothèmes forment, au centre de l'octogone régulier, 16 angles égaux (Géométrie, n° 151).

Soit O le centre de ce polygone, et soit OGDE le quart de la figure totale; appelons x le côté IR ou IK. Les quatre triangles

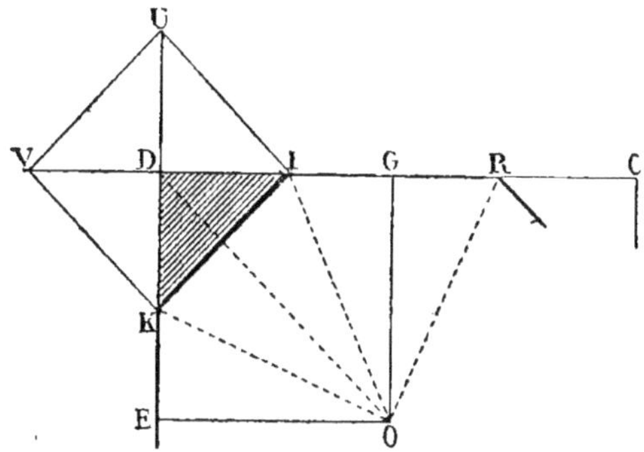

qu'il faut enlever au carré total, pour avoir l'octogone régulier, peuvent être réunis en un carré IUVK, qui a pour côté x et pour aire x^2; de sorte que l'aire de l'octogone égale l'aire du carré total diminuée de x^2.

Le côté CD du carré total égale $IR + 2ID = x + VI$. Or $\overline{VI}^2 = \overline{VK}^2 + \overline{KI}^2 = 2x^2$, d'où $VI = x\sqrt{2}$; et $CD = x + x\sqrt{2} = x(1 + \sqrt{2})$.

L'aire du carré total est $\overline{CD}^2 = x^2(1^2 + 2 + 2\sqrt{2}) = x^2(3 + 2\sqrt{2})$; et l'aire de l'octogone est $x^2(2 + 2\sqrt{2})$.

On a donc, d'après l'hypothèse : $x^2(2 + 2\sqrt{2}) = 1$

d'où
$$x^2 = \frac{1}{2 + 2\sqrt{2}}$$

$\sqrt{2}$	1,414 21	
2 fois	2,828 42	
Plus 2	4,828 42 . . . m	
Log. 1	0.000 00	
Log. m . . .	0.683 81	
Différence . . .	$\overline{1}$.316 19	
La $1/2$	$\overline{1}$.658 09	$0^m 455 08$ x

Exercice 69

Problème 42. *Les trois côtés d'un triangle sont donnés :* $a = 20^m$, $b = 17^m$, $c = 12^m$. *Calculer l'aire du triangle qui aurait pour côtés les trois hauteurs de ce triangle, ou les trois médianes, ou les trois bissectrices, ou les trois distances des côtés au centre du cercle circonscrit.*

Avec les trois côtés a, b, c, on peut calculer les quatre systèmes de lignes dont il est question dans l'énoncé (Livre III, Problème 25).

On calcule d'abord la surface du triangle considéré (Géom., n° 288), par la formule
$$S = \sqrt{p(p-a)(p-b)(p-c)}$$

$$a+b+c=49=2p$$

Log. p ou 24,5 . . . . 1.38917
Log. $(p-a)$ ou 4,5 . . 0.63321
Log. $(p-b)$ ou 7,5 . . 0.87506
Log. $(p-c)$ ou 12,5 . . 1.09691
Somme. 4.01435
La $^1/_2$ . . . . 2.00717 · . .   S

Calcul des hauteurs.

On obtient chaque hauteur en divisant la surface par la moitié du côté que l'on prend comme base.

Log. S. . . . . . 2.00717 ·
Log. $^1/_2 a$ ou 10 . 1.00000
Différence . . . 1.00717 · . . . 10^m167 a'
Log. S. . . . . . 2.00717 ·
Log. $^1/_2 b$ ou 8,5 . 0.92942
Différence . . . 1.07775 · . . . 11^m961 b'
Log. S. . . . . . 2.00717 ·
Log. $^1/_2 c$ ou 6 . . 0.77815
Différence . . . 1.22902 · . . . '16^m945 c'

Ayant les trois hauteurs, on s'assure si un triangle est possible avec ces trois lignes : il faut, et il suffit que la plus grande, c', soit moindre que la somme des deux autres; ce qui a lieu. La surface se calcule par la formule rappelée plus haut.

Somme des trois lignes. . . . 39,073 . . . $2p'$
p' 19,5365
$p'-a'$ . . . 9,3695
$p'-b'$ . . . 7,5755
$p'-c'$ . . . 2,5915

Log. p' 1.29084
Log. $(p'-a')$ . . 0.97171
Log. $(p'-b')$ . . 0.87941
Log. $(p'-c')$ . . 0.41355
Somme 3.55551
La $^1/_2$ . . . . . 1.77775 · . . $59^{m2}945$ 1re Réponse.

Telle est l'aire du triangle qui aurait pour côtés les trois *hauteurs* du triangle donné.

Calcul des médianes.

La médiane relative au côté a a pour formule :

$$a' = {}^1/_2 \sqrt{2b^2+2c^2-a^2}$$

De même
$$b' = {}^1/_2 \sqrt{2a^2+2c^2-b^2}$$
$$c' = {}^1/_2 \sqrt{2a^2+2b^2-c^2} \text{ *}$$

* Malgré de légères différences de forme, les formules données dans ce problème sont équivalentes à celles du problème 25, livre III, comme on peut facilement le vérifier.

Voici les éléments de ces calculs :

$$a = 20 \qquad a^2 = 400 \qquad 2a^2 = 800$$
$$b = 17 \qquad b^2 = 289 \qquad 2b^2 = 578$$
$$c = 12 \qquad c^2 = 144 \qquad 2c^2 = 288$$
$$2b^2 + 2c^2 - a^2 = \quad 466 \quad k$$
$$2a^2 + 2c^2 - b^2 = \quad 799 \quad l$$
$$2a^2 + 2b^2 - c^2 = 1234 \quad m$$

Log. k. 2.66839
La $1/2$ . . . . . 1.33419·
Log. $1/2$ ou 0,5 . $\overline{1}$.69897
Somme . . . . 1.03316· . . . . $10^{\mathrm{m}}794$ a'

Log. l. 2.90255
La $1/2$. . . . . 1.45127·
Log. $1/2$ . . . . $\overline{1}$.69897
Somme . . . . 1.15024· . . . $14^{\mathrm{m}}133$ b'

Log. m 3.09132
La $1/2$. 1.54566
Log. $1/2$ . . . . $\overline{1}$.69897
Somme. . . . . 1.24463 . . . $17^{\mathrm{m}}564$ c'

Telles sont les longueurs des trois *médianes*. La plus grande étant moindre que la somme des deux autres, ces trois lignes peuvent former un triangle dont nous allons calculer la surface.

Somme des trois lignes. . . . 42,491 . . . $2p'$
               p' 21,2455
           $p' - a'$ . . . 10,4515
           $p' - b'$ . . . 7,1125
           $p' - c'$ . . . 3,6815

Log. p' 1.32727
Log. $(p' - a')$ . . 1.01918
Log. $(p' - b')$ . . 0.85202
Log. $(p' - c')$ . . 0.56603
Somme 3.76450
La $1/2$. . . . . 1.88225 . . . $76^{\mathrm{m}^2}252$ 2° Réponse.

Telle est l'aire du triangle qui aurait pour côtés les trois *médianes* du triangle donné.

Calcul des bissectrices.

La bissectrice de l'angle A a pour formule :

$$a' = \frac{2}{b+c} \sqrt{bcp(p-a)}$$

De même

$$b' = \frac{2}{a+c} \sqrt{acp(p-b)}$$

$$c' = \frac{2}{a+b} \sqrt{abp(p-c)}$$

Voici les éléments de ces calculs :

$$2p = a+b+c = 49 \qquad p = 24,5$$

$$a = 20 \qquad p-a = 4,5 \qquad b+c = 29 \qquad bc = 204$$
$$b = 17 \qquad p-b = 7,5 \qquad a+c = 32 \qquad ac = 240$$
$$c = 12 \qquad p-c = 12,5 \qquad a+b = 37 \qquad ab = 340$$

Log. $(p-a)$ . . 0.65321
Log. p. 1.38917
Log. bc 2.30963
Somme 4.35201
La $1/2$ . . . . 2.17600·
Log. 2. . . . . 0.30103
Somme . . . . 2.47703·
Log. $(b+c)$. . 1.46240
Différence . . . 1.01463· . . . 10^m343 a'

Log. $(p-b)$ . . 0.87506
Log. p 1.38917
Log. ac 2.38021
Somme 4.64444
La $1/2$. 2.32222
Log. 2. . . . . 0.30103
Somme 2.62325
Log. $(a+c)$. . 1.50515
Différence . . . 1.11810 . . . 13^m125 b'

Log. $(p-c)$. . . 1.09691
Log. p. 1.38917
Log. ab 2.53148
Somme 5.01756
La $1/2$. 2.50878
Log. 2 . . . . 0.30103
Somme 2.80981
Log. $(a+b)$ . . 1.56820
Différence . . . 1.24161 . . . 17^m442 c'

Telles sont les longueurs des trois *bissectrices*. La plus grande étant moindre que la somme des deux autres, ces trois lignes peuvent former un triangle dont nous allons calculer la surface.

Somme des trois lignes. . . . 40,910 . . . $2p'$
p' 20,455
$p'-a'$ . . . 10,112
$p'-b'$ . . . 7,330
$p'-c'$ . . . 3,013

Log. p'	1.31080	
Log. $(p'-a')$ . .	1.00484	
Log. $(p'-b')$ . .	0.86510	
Log. $(p'-c')$ . .	0.47900	
Somme	3.63974	
La $1/2$	1.82987 . . . $67^{\text{m}\,2}388$	3e Réponse.

Telle est l'aire du triangle qui aurait pour côtés les trois *bissectrices* du triangle donné.

Calcul des directrices.

Nous appelons *directrices* d'un triangle les distances des côtés au centre du cercle circonscrit. Le rayon du cercle circonscrit égale le produit des trois côtés, divisé par le quadruple de la surface du triangle (Exercice 26 ci-dessus, Scolie 2).

Log. S (ci-dessus).	2.00717	
Log. 4.	0.60206	
Somme . . .	2.60923 . . . 4S	

Log. a.	1.30103	
Log. b.	1.23045	
Log. c.	1.07918	
Somme . . .	3.61066 . . . abc	
Log. 4S	2.60923	
Différence . . .	1.00143 . . . $10^{\text{m}}033$	r

La distance de chaque côté au centre du cercle circonscrit se trouve par un triangle rectangle qui a pour hypoténuse le rayon du cercle circonscrit, et pour l'autre côté de l'angle droit la moitié du côté.

On a, par exemple, en appelant a', b', c' les distances respectives des côtés a, b, c au centre du cercle circonscrit :

$$a'^2 = r^2 - 1/_4\, a^2$$
$$b'^2 = r^2 - 1/_4\, b^2$$
$$c'^2 = r^2 - 1/_4\, c^2$$

2 log. a	2.60206		
Log. 4.	0.60206		
Différence . . .	2.00000 . . .	100,000	
2 log. r	2.00286 . . .	100,660	
	$\overline{1}.81954$ . . .	0,660	Différence.
La $1/2$	$\overline{1}.90977$ . . .	$0^{\text{m}}8124$	a'

2 log. b	2.46090		
Log. 4.	0.60206		
Différence . . .	1.85884 . . .	72,250	
2 log. r	2.00286 . . .	100,660	
	1.45347 . . .	28,410	Différence.
La $1/2$	0.72673 . . .	5ᵐ330	b'
2 log. c	2.15836		
Log. 4.	0.60206		
Différence . . .	1.55630 . . .	36,000	
2 log. r	2.00286 . . .	100,660	
	1.81064 . . .	64,660	Différence.
La $1/2$	0.90532 . . .	8ᵐ041	c'

Telles sont les longueurs des trois *directrices* du triangle. La plus grande, c', étant plus longue que la somme des deux autres, il n'y a pas de triangle possible avec ces trois lignes.

Exercice 70

Problème 43. *Exprimer, en fonction du côté, les aires des polygones réguliers de 6, 12, 8, 10, 5 et 15 côtés.*

1° Hexagone régulier.

En joignant les sommets deux à deux, par les droites qui se croisent perpendiculairement, on décompose l'hexagone régulier en 6 parties, dont les dimensions ne sont autres que les côtés du triangle rectangle ABC.

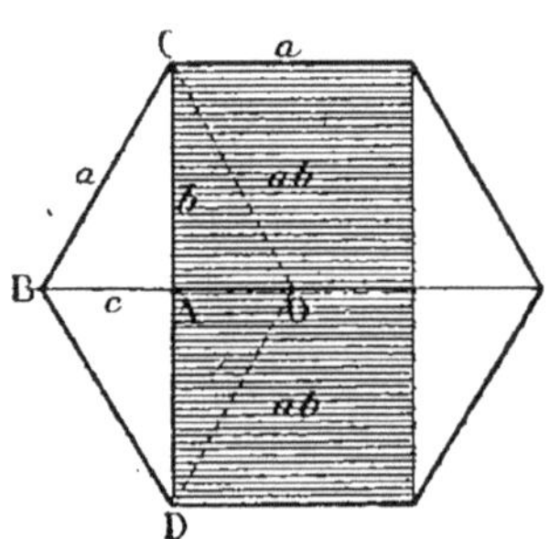

Si l'on mène les rayons OC et OD, on obtient un losange OCBD (Géom., n° 232); le point A est le milieu des diagonales (Géométrie, n° 94). Ainsi l'on a : $\quad c = 1/2 \, OB = 1/2 \, a.$

Le triangle rectangle ABC donne :

$$b^2 = a^2 - c^2 = a^2 - 1/4 \, a^2 = 3/4 \, a^2 \, ;$$

d'où $\quad b = 1/2 \, a\sqrt{3}.$

Les 6 parties de l'hexagone régulier sont :

2 rectangles ayant pour dimensions a et b, et pour aire ensemble $2ab$, ou $2a \cdot 1/2 \, a\sqrt{3}$, ou $a^2\sqrt{3}$;

4 triangles rectangles tels que ABC, que l'on pourrait assembler de manière à former 2 rectangles ayant pour dimensions b et c, et pour aire $2bc$, ou $2 \cdot 1/2 \, a\sqrt{3} \cdot 1/2 \, a$, ou $1/2 \, a^2\sqrt{3}$.

L'aire totale de l'hexagone régulier dont le côté est a, sera donc :

$a^2\sqrt{3}+\frac{1}{2}a^2\sqrt{3}$, ou $\frac{3}{2}a^2\sqrt{3}$; soit $a^2(2,59807)$ (Géom., n° 288, Scolie).

2° *Dodécagone régulier.*

En joignant les sommets deux à deux par des droites qui se croisent perpendiculairement, on décompose le dodécagone régulier en 25 parties, dont les dimensions ne sont autres que les côtés a, b, c de l'un des triangles rectangles formés par cette construction.

Soit ABC l'un de ces triangles rectangles : l'hypoténuse a est le côté du polygone. Si la circonférence circonscrite était tracée, les angles B et C seraient inscrits et comprendraient les $\frac{4}{12}$ et les $\frac{2}{12}$ de cette circonférence; on a donc : B$=60°$, et C$=30°$. Ce triangle

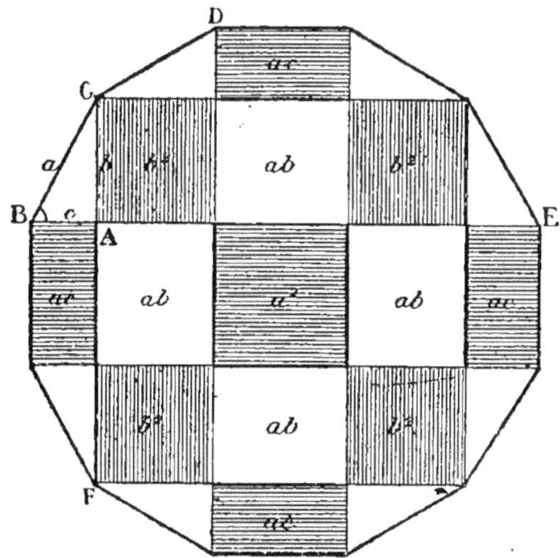

rectangle est donc juste la moitié du triangle équilatéral qui aurait a pour côté. Ainsi $c=\frac{1}{2}a$, et b, hauteur de ce triangle équilatéral, égale $\frac{1}{2}a\sqrt{3}$.

Les 25 parties de la figure totale sont donc :

1 carré central ayant pour côté a et pour aire a^2;

4 rectangles ayant pour dimensions a et c, et pour aire ensemble $4ac$, ou $4a.\frac{1}{2}a$, ou $2a^2$;

4 carrés ayant b pour côté, et pour aire totale $4b^2$, ou $4.\frac{1}{4}a^2.3$, ou $3a^2$;

4 rectangles ayant pour dimensions a et b, et pour aire totale $4ab$, ou $4a.\frac{1}{2}a\sqrt{3}$, ou $2a^2\sqrt{3}$;

8 triangles rectangles que l'on pourrait assembler deux à deux, de manière à former 4 rectangles dont les dimensions seraient b et c, et l'aire totale $4bc$, ou $4.\frac{1}{2}a\sqrt{3}.\frac{1}{2}a$, ou $a^2\sqrt{3}$.

L'aire du dodécagone régulier dont le côté est a, sera donc :
$a^2(1+2+3+2\sqrt{3}+\sqrt{3})$, ou $a^2(6+3\sqrt{3})$;

soit $\qquad a^2(11,196)$.

3° *Octogone régulier.*

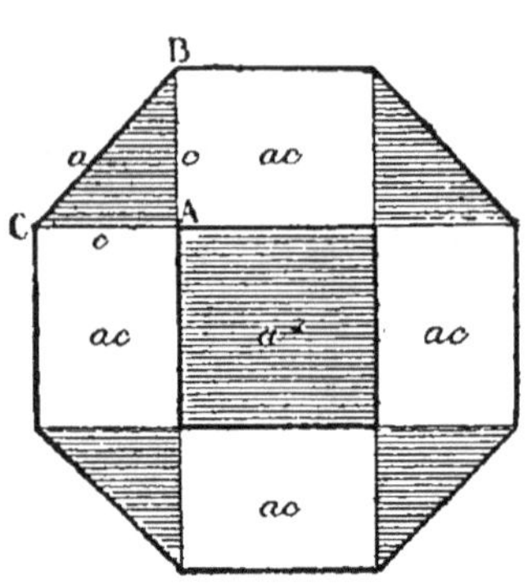

En joignant les sommets deux à deux par des droites qui se croisent perpendiculairement, on décompose l'octogone régulier en 9 parties, dont les dimensions se trouvent dans les côtés a et c de l'un des triangles rectangles formés par cette construction.

Le triangle ABC est isocèle. Ainsi l'on a : $2c^2 = a^2$, d'où

$$c^2 = \tfrac{1}{2}a^2 = \tfrac{2}{4}a^2 \quad \text{et} \quad c = a.\tfrac{1}{2}\sqrt{2}.$$

Les 9 parties de l'octogone sont :
1 carré central ayant a pour côté et pour aire a^2 ;

4 rectangles ayant pour dimensions a et c, et pour aire totale $4ac$, ou $4a.a.\tfrac{1}{2}\sqrt{2}$, ou $2a^2\sqrt{2}$;

4 triangles rectangles et isocèles, ayant a pour hypoténuse et pouvant être réunis par les côtés de l'angle droit, de manière à former un carré qui aurait a pour côté ; d'où l'aire... a^2.

L'aire de l'octogone régulier dont le côté est a, sera donc :

$a^2+2a^2\sqrt{2}+a^2$, ou $a^2(2+2\sqrt{2})$;

soit $\qquad a^2(4,8284)$.

4° *Décagone régulier.*

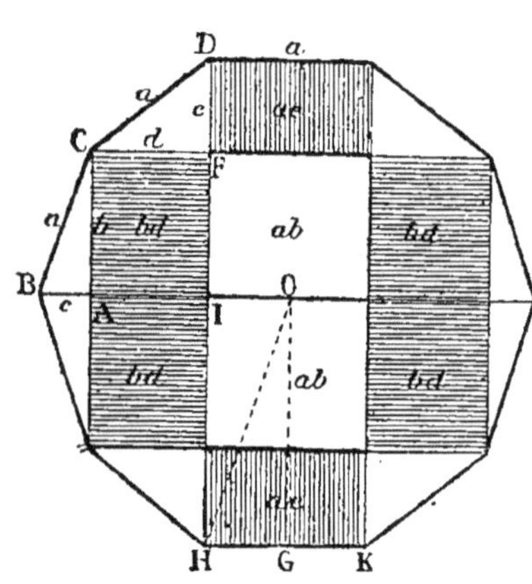

En joignant les sommets deux à deux par des droites qui se croisent perpendiculairement, on décompose le décagone régulier en 16 parties, dont les dimensions se trouvent dans les côtés b, c, d, e des triangles rectangles ABC et CDF formés par cette construction.

Menons le rayon OH et l'apothème OG, et comparons les deux triangles rectangles OGH et CAB. L'angle O a le $\tfrac{1}{20}$ de 360 degrés ou 18 degrés ; si l'on traçait la circonférence circonscrite, l'angle C serait inscrit et aurait pour mesure la moitié du $^1/_{10}$ de la circonférence ; soit 18 degrés. Ainsi les deux triangles considérés sont semblables, et l'on a :

$$\frac{\mathrm{AB}}{\mathrm{BC}} = \frac{\mathrm{GH}}{\mathrm{OH}} \quad \text{ou} \quad \frac{c}{a} = \frac{^1/_2 a}{r} ; \quad \text{d'où} \quad c = \frac{a^2}{2r}$$

Or le côté du décagone régulier égale le grand segment du rayon divisé en moyenne et extrême raison (Géom., n° 235) ; on a donc (Géom., n° 229) :

$$\frac{r}{2}(\sqrt{5}-1) = a \quad \text{d'où} \quad r = \frac{2a}{\sqrt{5}-1} = a(1,6180)\ldots = ar'$$

En portant cette valeur de r dans l'expression de c ci-dessus, on a :

$$c = \frac{a^2}{2ar'} = \frac{a}{2r'} = a(0,30901)\ldots = ac'$$

Le triangle rectangle ABC donne :

$$b^2 = a^2 - c^2 = a^2 - a^2c'^2 = a^2(1-c'^2)$$

d'où
$$b = a\sqrt{1-c'^2} = a(0,95105)\ldots = ab'$$

Si du rayon OB on retranche OI et AB, on trouve :

$$\mathrm{AI} \quad \text{ou} \quad d = a(0,80901)\ldots = ad'$$

Enfin, le triangle rectangle CDF donne :

$$c^2 = a^2 - d^2 = a^2 - a^2 d'^2 = a^2(1-d'^2)$$

d'où
$$e = a\sqrt{1-d'^2} = a(0,58781)\ldots = ac'$$

Les 16 parties du décagone sont :

2 rectangles ab, faisant ensemble $2a.ab'$ ou $2a^2b'$;
2 rectangles ac, faisant ensemble $2a.ac'$ ou $2a^2c'$;
4 rectangles bd, faisant ensemble $4ab'.ad'$ ou $4a^2b'd'$;
4 triangles rectangles valant ensemble 2 rectangles bc, soit $2ab'.ac$ ou $2a^2b'c'$;
4 triangles rectangles valant ensemble 2 rectangles de, soit $2ad'.ae$ ou $2a^2d'e'$.

L'aire totale du décagone régulier, en fonction de son côté a, est

donc
$$a^2(2b' + 2c' + 4b'd' + 2b'c' + 2d'e')$$

soit
$$a^2(7,6942)$$

Autre manière d'obtenir l'aire du décagone régulier
en fonction du côté.

Le côté du décagone régulier étant égal au grand segment du rayon divisé en moyenne et extrême raison, on a :

$$\frac{r}{a} = \frac{a}{r-a}, \quad \text{d'où} \quad r^2 - ar = a^2, \quad r^2 - ar - a^2 = 0$$

et $\qquad r = \frac{1}{2}\,a \pm \sqrt{\frac{1}{4}\,a^2 + a^2} = \frac{1}{2}\,a \pm \sqrt{\frac{5}{4}\,a^2} = \frac{1}{2}\,a\,(1 + \sqrt{5})$

ou $\qquad\qquad r = a\,(1,61803)$

Cherchons l'apothème h; on a :

$$h^2 = r^2 - \tfrac{1}{4}\,a^2 = \tfrac{1}{4}\,a^2\,(6 + 2\sqrt{5}) - \tfrac{1}{4}\,a^2 = \tfrac{1}{4}\,a^2\,(5 + 2\sqrt{5})$$

d'où $\qquad\qquad h = \tfrac{1}{2}\,a\,\sqrt{5 + 2\sqrt{5}} = a\,(1,5388)$

L'aire du décagone est le produit du demi-périmètre $5a$ par l'apothème h; soit $5a\,.\,\tfrac{1}{2}a\sqrt{5 + 2\sqrt{5}}$, ou $\tfrac{5}{2}a^2\sqrt{5 + 2\sqrt{5}}$, ou, enfin, $a^2\,(7,6942)$.

5° Pentagone régulier.

Pour le rayon r, le côté du décagone régulier est $a' = \tfrac{1}{2}r\,(\sqrt{5} - 1)$, ou $r\,(0,61803)$　　　　(Géom., n° 236, 3°).

Soit AD le côté a' du décagone, et AB ou a le côté du pentagone

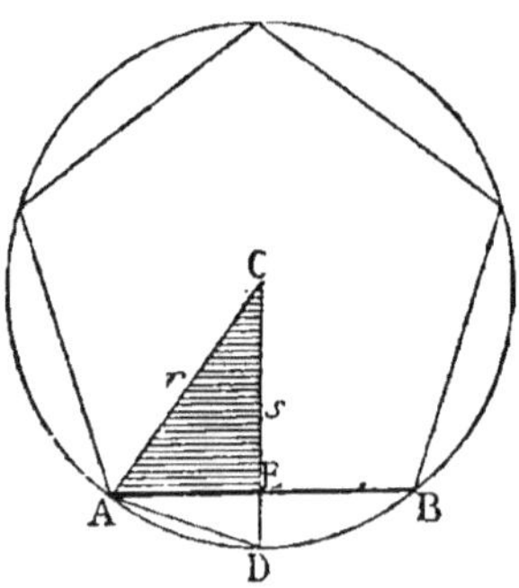

régulier. Dans le triangle ACD, l'angle C étant aigu, on a (Géométrie., n° 216) :

$$\overline{AD}^2 = \overline{CD}^2 + \overline{CA}^2 - 2\overline{CD}\,.\,\overline{CE} \quad \text{ou} \quad a'^2 = 2r^2 - 2rs$$

De là on tire $\quad 2rs = 2r^2 - a'^2 \quad$ et $\quad s = \dfrac{2r^2 - a'^2}{2r} = \dfrac{2r^2 - r^2\,(0,61803)^2}{2r}$

ou enfin $\qquad s = \tfrac{1}{2}r\,(2 - 0,61803^2) = r\,(0,80902) = \ldots rs'$

Le triangle rectangle AEC donne :

$$\overline{AE}^2 = r^2 - s^2 = r^2 - r^2 s'^2 = r^2\,(1 - s'^2);\quad \text{d'où}\quad \text{AE ou } \tfrac{1}{2}a = r\sqrt{1 - s'^2}$$

Et $\qquad\qquad$ AB ou $a = 2r\sqrt{1 - s'^2} = r\,(1,17554)$

Ainsi $\qquad\qquad r = \dfrac{a}{1,17554} = a\,(0,85065)\ldots = ar'$

$$s = rs' = ar's' = a\,(0,68821)\ldots = as''$$

L'aire du pentagone est $1/_2.5as$, ou $5/_2 a . as''$, ou $5/_2 a^2 s''$
ou enfin $a^2(1,7205)$.

6° *Pentédécagone régulier.*

On obtient le côté du pentédécagone régulier en portant dans un
même sens, à partir d'un même point A pris sur la circonférence,
un arc AB égal au $1/_6$ et un arc AC égal au $1/_{10}$ de la circonférence.
La corde BC est le côté du pentédécagone régulier (Géom., n° 237).

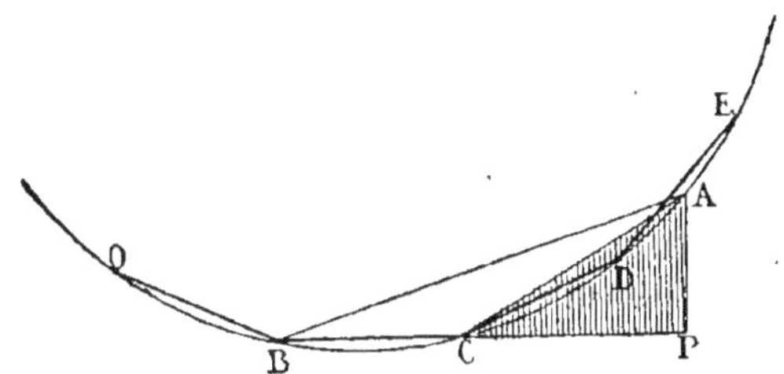

La corde AB est égale au rayon r (Géom., n° 232), et la corde AC
est égale au grand segment du rayon divisé en moyenne et extrême
raison (Géom., n° 235). Ainsi $AC = 1/_2 r(\sqrt{5}-1) = r(0,61803)$.

Menons la droite AP perpendiculaire sur le côté BC prolongé
convenablement. L'angle inscrit ABC ou B a pour mesure la moitié
du $1/_{10}$ de la circonférence, soit 18 degrés : cet angle est donc la
moitié de l'angle central du décagone régulier; et puisque la droite BA
est égale au rayon du cercle, la droite AP est égale à la moitié du
côté du décagone; soit $1/_2 r(0,61803)$, ou $r(0,30901)$.

On a donc $\overline{BP^2} = \overline{AB^2} - \overline{AP^2} = r^2 - r^2(0,30901)^2 = r^2(1-0,30901^2)$;

d'où $BP = r\sqrt{1-0,30901^2} = r(0,95106)$.

Ainsi le triangle ACP est la moitié du triangle équilatéral qui
aurait CA pour côté, et CP est la hauteur de ce triangle équilatéral; de sorte que l'on a :

$$CP = 1/_2 \overline{AC} . \sqrt{3} = 1/_2 r(0,61803)\sqrt{3} = r(0,53525)$$

Enfin on a, pour le côté a du pentédécagone régulier :

$$BC \quad \text{ou} \quad a = BP - CP = r(0,95106 - 0,53525) = r(0,41581)$$

Nous aurons r en fonction de a en posant :

$$r = \frac{a}{0,41581} = a(2,4050)... = ar'$$

L'apothème h se calcule par la formule :

$$h^2 = r^2 - 1/_4 a^2 = a^2 r'^2 - 1/_4 a^2 = a^2(r'^2 - 1/_4)$$

d'où $\qquad h = a\sqrt{r'^2 - 1/_4} = a(2,3524)... = ah'$

Enfin, l'aire du pentédécagone dont le côté est a sera :

$$1/_2.15ah = 15/_2 a . ah' = 15/_2 a^2 h' = a^2(17,643)$$

Scolie. Voici une formule applicable à un polygone régulier quelconque, et qui exprime la surface en fonction du côté :

$$S = 1/4\,na^2.\cot i$$

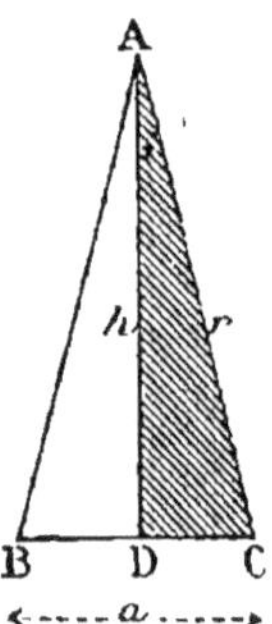

S représente la surface, a le côté, n le nombre des côtés, et i le demi-angle au centre. La *cotangente* d'un angle est le nombre *inverse* de la *tangente* de cet angle (Géom., n° 210); c'est la tangente du complément de l'angle. Les *Tables* qui donnent les *tangentes* des angles donnent aussi leurs *cotangentes*. — Voici la démonstration de la formule :

Soit ABC l'un des triangles centraux du polygone, AC ou r le rayon, BC ou a le côté, AD ou h l'apothème, i le demi-angle central, et n le nombre des côtés.

L'angle $\qquad$ BAC $= \dfrac{360^\circ}{n}$, et l'angle $\quad i = \dfrac{180^\circ}{n}$

La *tangente* de l'angle i est $\dfrac{CD}{AD}$, et sa *cotangente* est $\dfrac{AD}{CD}$ ou $\dfrac{h}{1/2\,a}$.

On a donc $\qquad \dfrac{h}{1/2\,a} = \cot i;$ $\quad$ d'où $\quad h = 1/2\,a.\cot i$

L'aire du triangle ABC est :

$$1/2\,ah, \quad \text{ou} \quad 1/2\,a.1/2\,a.\cot i, \quad \text{ou} \quad 1/4\,a^2\cot i$$

Et l'aire du polygone égale n fois celle du triangle, soit :

$$1/4\,na^2\cot i$$

Ainsi *l'aire d'un polygone régulier quelconque égale le carré du côté, multiplié par le $1/4$ du nombre des côtés et par la cotangente du demi-angle au centre.*

Appliquée aux polygones réguliers dont il a été question ci-dessus, cette formule conduira immédiatement aux résultats déjà trouvés. Nous allons l'employer pour quelques polygones réguliers que la Géométrie ne traite par aucune formule directe.

Heptagone régulier.

$n = 7\quad i = 1/7.180^\circ = 25^\circ 42',86$ $\quad *\quad$ $S = 1/4.7a^2\cot i$

Log. $7/4$ ou $1,75$. $\quad$ 0.24304

Log. cot i 0.31734

Somme . . . . . . 0.56038 . . . $(3,6340)a^2 = S$ **

---

* Les petites Tables logarithmiques donnant les angles de minute en minute, il est plus simple de subdiviser la minute en dixièmes et centièmes.

** Ces calculs pourraient aussi être faits directement, et avec une approximation suffisante, avec la petite Table qui est à la fin de la Géométrie, aussi bien que du présent volume.

Ennéagone régulier.

$$n=9 \quad i=\tfrac{1}{9}.180^\circ=20^\circ \quad S=\tfrac{9}{4}\,a^2\cot i$$

Log. $\tfrac{9}{4}$ ou $2,25$ . . . 0.35218
Log. cot i 0.43893
Somme . . . . . 0.79111 . . . $(6,1817)\,a^2=S$

Polygone régulier de 11 côtés.

$$n=11 \quad i=\tfrac{1}{11}.180^\circ=16^\circ21',82 \quad S=\tfrac{11}{4}\,a^2\cot i$$

Log. $2,75$ 0.43933
Log. cot i 0.53227
Somme . . . . . 0.97160 . . . $(9,3670)\,a^2=S$

Polygone régulier de 13 côtés.

$$n=13 \quad i=\tfrac{1}{13}.180^\circ=13^\circ50',77 \quad S=\tfrac{13}{4}\,a^2\cot i$$

Log. $3,25$ 0.51188
Log. cot i. 0.60822
Somme . . . . . 1.12010 . . . $(13,188)\,a^2=S$

Polygone régulier de 14 côtés.

$$n=14 \quad i=\tfrac{1}{14}.180^\circ=12^\circ51',43 \quad S=\tfrac{14}{4}\,a^2\cot i$$

Log. $3,50$ 0.54407
Log. cot i. 0.64160
Somme . . . . . 1.18567 . . . $(15,3345)\,a^2=S$

Polygone régulier de 16 côtés.

$$n=16 \quad i=\tfrac{1}{16}.180^\circ=11^\circ15' \quad S=\tfrac{16}{4}\,a^2\cot i$$

Log. 4 . . . . . 0.60206
Log. cot i 0.70134
Somme . . . . . 1.30340 . . . $(20,1095)\,a^2=S$

Polygone régulier de 17 côtés.

$$n=17 \quad i=\tfrac{1}{17}.180^\circ=10^\circ35',29 \quad S=\tfrac{17}{4}\,a^2\cot i$$

Log. $4,25$ 0,62839
Log. cot i 0.72811
Somme . . . . . 1.35650 . . . $(22,7247)\,a^2=S$

Polygone régulier de 18 côtés.

$$n = 18 \quad i = 1/_{18} . 180° = 10° \quad S = {}^{18}/_4\, a^2 \cot i$$

Log. 4,5 . . . . . . 0.653 21
Log. cot i. 0.753 68
Somme. . . . . . . 1.406 89 . . . $(25,5206)\, a^2 = S$

Polygone régulier de 19 côtés.

$$n = 19 \quad i = 1/_{19} . 180° = 9°28',42 \quad S = {}^{19}/_4\, a^2 \cot i$$

Log. 4,75. . . . . . 0.676 69
Log. cot i. 0.777 62
Somme. . . . . . . 1.454 31 . . . $(28,4650)\, a^2 = S$

Polygone régulier de 20 côtés.

$$n = 20 \quad i = 1/_{20} . 180° = 9° \quad S = {}^{20}/_4\, a^2 \cot i$$

Log. 5. . . . . . . 0.698 97
Log. cot i. 0.809 29
Somme. . . . . . . 1.508 26 . . . $(32,2300)\, a^2 = S$

Polygone régulier de 21 côtés.

$$n = 21 \quad i = 1/_{21} . 180° = 8°34',29 \quad S = {}^{21}/_4\, a^2 \cot i$$

Log. 5,25. . . . . . 0.720 16
Log. cot i. 0.821 81
Somme. . . . . . . 1.541 97 . . . $(34,8315)\, a^2 = S$

Voici un tableau qui résume et rapproche tous les résultats trouvés précédemment pour les *aires des polygones réguliers* en fonction du côté a :

Nombre des côtés.	Aire.	Nombre des côtés.	Aire.
3 *	$0,4330\, a^2$	12	$11,196\, a^2$
4	$1,0000\, a^2$	13	$13,188\, a^2$
5	$1,7205\, a^2$	14	$15,335\, a^2$
6	$2,5981\, a^2$	15	$17,643\, a^2$
7	$3,6340\, a^2$	16	$20,110\, a^2$
8	$4,8284\, a^2$	17	$22,725\, a^2$
9	$6,1817\, a^2$	18	$25,521\, a^2$
10	$7,6942\, a^2$	19	$28,466\, a^2$
11	$9,3670\, a^2$	20	$32,230\, a^2$

* On a vu en Géométrie (n° 288, Scolie) que l'aire du triangle équilatéral dont le côté est a a pour expression $1/_4\, a^2 \sqrt{3}$.

Exercice 71

Problème 44. *Exprimer, en fonction du rayon, les aires des poly-gones réguliers de 6, 12, 8, 10, 5 et 15 côtés.*

Hexagone régulier.

Le côté de l'hexagone régulier inscrit étant égal au rayon r du cercle circonscrit, l'aire en fonction du rayon r sera la même qu'en fonction du côté a, savoir : $^3/_2 r^2 \sqrt{3}$, ou $r^2 (2,5981)$.

(Voir au Problème précédent ; voir la Géométrie, n° 288, Scolie.)

Dodécagone régulier.

Si l'on appelle a le côté de l'hexagone régulier, r le rayon, et a' le côté du dodécagone régulier, on a la relation (Géom., n° 239) :

$$a' = \sqrt{2r^2 - r\sqrt{4r^2 - a^2}}$$

Dans le cas actuel, $a = r$, $a^2 = r^2$; $r\sqrt{4r^2 - a^2} = r\sqrt{3r^2} = r^2\sqrt{3}$

Donc $$a' = \sqrt{2r^2 - r^2\sqrt{3}} = r\sqrt{2 - \sqrt{3}}$$

L'apothème h se trouve par la relation : $h^2 = r^2 - (^1/_2 a')^2$
$= r^2 - ^1/_4 r^2 (2 - \sqrt{3}) = r^2 (1 - ^1/_2 + ^1/_4 \sqrt{3}) = r^2 (^1/_2 + ^1/_4 \sqrt{3})$

D'où $$h = r\sqrt{^1/_2 + ^1/_4 \sqrt{3}}$$

Ainsi l'aire du dodécagone égale : $^1/_2 r\sqrt{^1/_2 + ^1/_4 \sqrt{3}} . 12r\sqrt{2 - \sqrt{3}}$
$= 6r^2 \sqrt{(^1/_2 + ^1/_4 \sqrt{3})(2 - \sqrt{3})} = 6r^2\sqrt{^1/_4} = 3r^2$

Octogone régulier.

Soient a le côté du carré, et a' le côté de l'octogone ; on a :

$$a^2 = r^2 + r^2 = 2r^2$$

$$a' = \sqrt{2r^2 - r\sqrt{4r^2 - 2r^2}} = \sqrt{2r^2 - r^2\sqrt{2}} = r\sqrt{2 - \sqrt{2}}$$

L'apothème se trouve par la relation : $h^2 = r^2 - (^1/_2 a')^2$
$= r^2 - ^1/_4 r^2 (2 - \sqrt{2}) = r^2 (1 - ^1/_2 + ^1/_4 \sqrt{2}) = r^2 (^1/_2 + ^1/_4 \sqrt{2})$

D'où $$h = r\sqrt{^1/_2 + ^1/_4 \sqrt{2}}$$

L'aire du polygone est donc : $^1/_2 r\sqrt{^1/_2 + ^1/_4 \sqrt{2}} . 8r\sqrt{2 - \sqrt{2}}$, ou
$4r^2 \sqrt{(^1/_2 + ^1/_4 \sqrt{2})(2 - \sqrt{2})}$, ou $4r^2\sqrt{^1/_2}$, ou enfin $r^2 (2,8284)$.

Décagone régulier.

Le côté $\quad a = ^1/_2 r (\sqrt{5} - 1) = r (0,61803) \ldots ra'$

Pour trouver l'apothème h, nous dirons :

$$h^2 = r^2 - (^1/_2 a)^2 = r^2 - ^1/_4 r^2 a'^2 = r^2 (1 - ^1/_4 a'^2)$$

D'où $\qquad h = r\sqrt{1 - \tfrac{1}{4}a'^2} = r(0,95104)\ldots rh'$

L'aire du décagone régulier, en fonction du rayon, est donc :

$\tfrac{1}{2}h.10a$, ou $\tfrac{1}{2}rh'.10ra'$, ou $5r^2a'h'$, ou $r^2(2,9389)$

Pentagone régulier.

Côté du pentagone régulier : $a = r(1,17554)\ldots ra'$ (Voir au Problème précédent).

Apothème : $h = \sqrt{r^2 - (\tfrac{1}{2}a)^2} = \sqrt{r^2 - \tfrac{1}{4}r^2a'^2} = r\sqrt{1 - \tfrac{1}{4}a'^2}$
$$= r(0,80902)\ldots rh'$$

Aire du pentagone régulier :

$$\tfrac{1}{2}h.5a = \tfrac{5}{2}rh'.ra' = \tfrac{5}{2}r^2a'h' = r^2(2,3776)$$

Pentédécagone régulier.

Côté : $\qquad a = r(0,41581)\ldots ra'$ $\qquad$ (Voir le Problème précédent).

Apothème : $h = \sqrt{r^2 - (\tfrac{1}{2}a)^2} = \sqrt{r^2 - \tfrac{1}{4}r^2a'^2} = r\sqrt{1 - \tfrac{1}{4}a'^2}$
$$= r(0,97815)\ldots rh'$$

Aire du pentédécagone régulier :

$$\tfrac{1}{2}h.15a = \tfrac{15}{2}rh'.ra' = \tfrac{15}{2}r^2a'h' = r^2(3,0504)$$

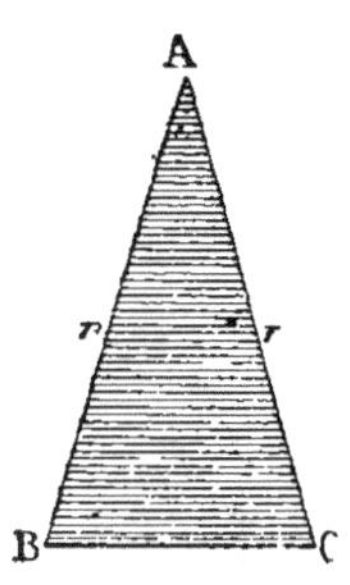

Scolie. Voici une formule applicable à un polygone régulier quelconque, et qui exprime *la surface en fonction du rayon* :

$$S = \tfrac{1}{2}nr^2.\sin i$$

n représente le nombre des côtés, r le rayon, et i l'angle au centre. — Soit ABC l'un des triangles centraux du polygone que l'on considère.

L'angle $i = \dfrac{360^\circ}{n}$, l'aire du triangle égale

$\tfrac{1}{2}rr.\sin i$ ou $\tfrac{1}{2}r^2\sin i$ (Exercice 20 ci-dessus); donc l'aire du polygone égale $\tfrac{1}{2}nr^2\sin i$.

Ainsi *l'aire d'un polygone régulier quelconque égale le carré du rayon multiplié par la moitié du nombre des côtés, puis par le sinus de l'angle au centre.*

Appliquée aux polygones réguliers dont il a été question ci-dessus, cette formule conduit immédiatement aux résultats déjà trouvés. La voici employée pour quelques autres polygones :

Heptagone régulier.

$$n = 7 \qquad i = 360^\circ : 7 = 51^\circ 25',71$$

Log. $\tfrac{1}{2}n$ ou 3,5 . . 0.54407
Log. sin i. . . . . $\overline{1}$.89311
Somme. . . . . . 0.43718 . . . $(2,7364)r^2$

Ennéagone régulier.

$$n = 9 \qquad i = 360° : 9 = 40°$$

Log. $\frac{1}{2} n$ ou 4,5 . . . 0.65321
Log. sin i . . . . . $\overline{1}$.80807
Somme. . . . . . 0.46128 . . . $(2,8925) r^2$

Polygone régulier de 11 côtés.

$$\tfrac{1}{2} n = 5,5 \qquad i = 360° : 11 = 32°43',64$$

Log. 5,5 . . . . . 0.74036
Log. sin i . . . . $\overline{1}$.73291
Somme. . . . . . 0.47327 . . . $(2,9735) r^2$

Polygone régulier de 13 côtés.

$$\tfrac{1}{2} n = 6,5 \qquad i = 360° : 13 = 27°41',54$$

Log. 6,5 . . . . . 0.81291
Log. sin i . . . . $\overline{1}$.66719
Somme. . . . . . 0.48010 . . . $(3,0206) r^2$

Polygone régulier de 14 côtés.

$$\tfrac{1}{2} n = 7 \qquad i = 360° : 14 = 25°42',86$$

Log. 7 . . . . . . 0.84510
Log. sin i . . . . . $\overline{1}$.63737
Somme. . . . . . 0.48247 . . . $(3,0372) r^2$

Polygone régulier de 16 côtés.

$$\tfrac{1}{2} n = 8 \qquad i = 360° : 16 = 22°30'$$

Log. 8 . . . . . . 0.90309
Log. sin i . . . . . $\overline{1}$.58284
Somme. . . . . . 0.48593 . . . $(3,0615) r^2$

Polygone régulier de 17 côtés.

$$\tfrac{1}{2} n = 8,5 \qquad i = 360° : 17 = 21°10',59$$

Log. 8,5 . . . . . 0.92942
Log. sin i . . . . $\overline{1}$.55780
Somme. . . . . . 0.48722 . . . $(3,0706) r^2$

Polygone régulier de 18 côtés.

$$\tfrac{1}{2} n = 9 \qquad i = 360° : 18 = 20°$$

Log. 9 . . . . . . 0.95424
Log. sin i . . . . . $\overline{1}$.53405
Somme. . . . . . 0.48829 . . . $(3,0781) r^2$

Polygone régulier de 19 côtés.

$$\tfrac{1}{2}n = 9,5 \qquad i = 360° : 19 = 18° 56',84$$

Log. 9,5 . . . . . . 0.97772
Log. sin i. . . . . $\overline{1}$.51148
Somme. . . . . . . 0.48920 . . . $(3,0846)r^2$

Polygone régulier de 20 côtés.

$$\tfrac{1}{2}n = 10 \qquad i = 360° : 20 = 18°$$

Log. 10 . . . . . . 1.00000
Log. sin i. . . . . $\overline{1}$.48998
Somme. . . . . . . 0.48998 . . . $(3,0901)r^2$

En rapprochant les divers résultats qui viennent d'être obtenus, on obtient le tableau ci-après, qui donne, en fonction du rayon, les aires des polygones réguliers de 3 à 20 côtés :

Nombre des côtés.	Aire du polygone.	Nombre des côtés.	Aire du polygone.
3 *	$1,29904\,r^2$	12	$3,0000\,r^2$
4 **	$2,0000\,r^2$	13	$3,0206\,r^2$
5	$2,3776\,r^2$	14	$3,0372\,r^2$
6	$2,5981\,r^2$	15	$3,0504\,r^2$
7	$2,7364\,r^2$	16	$3,0615\,r^2$
8	$2,8284\,r^2$	17	$3,0706\,r^2$
9	$2,8925\,r^2$	18	$3,0781\,r^2$
10	$2,9389\,r^2$	19	$3,0846\,r^2$
11	$2,9735\,r^2$	20	$3,0901\,r^2$

Remarque. Le coefficient de r^2 croît sans cesse; mais la variation diminue de plus en plus, et tend vers *zéro :* le coefficient lui-même tend vers le nombre π; car le polygone régulier, dans lequel le nombre des côtés augmente indéfiniment, tend vers le cercle dont l'aire a pour formule πr^2.

Voici le calcul de la formule générale appliqué à quelques autres polygones :

Polygone régulier de 36 côtés.

$$\tfrac{1}{2}n = 18 \qquad i = 360° : 36 = 10°$$

Log. 18 . . . . . . 1.25527
Log. sin i. . . . . $\overline{1}$.23967
Somme. . . . . . . 0.49494 . . . $(3,12564)r^2$

* Voir Géom., n° 234. Le côté du triangle équilatéral inscrit égale $r\sqrt{3}$, et la hauteur égale $\tfrac{3}{2}r$; ainsi l'aire égale $\tfrac{1}{2}.r\sqrt{3}.\tfrac{3}{2}r = \tfrac{3}{4}r^2\sqrt{3}$.

** Voir Géom., n° 231. Le côté du carré inscrit égale $r\sqrt{2}$, et l'aire du carré est $r\sqrt{2}.r\sqrt{2}$ ou $2r^2$.

Polygone régulier de 72 côtés.

$$1/_2\, n = 36 \qquad i = 360 : 72 = 5°$$

Log. 36	1.55630
Log. sin i	$\bar{2}$.94030
Somme.	0.49660 . . . $(3,13764)r^2$

Polygone régulier de 180 côtés.

$$1/_2\, n = 90 \qquad i = 360° : 180 = 2°$$

Log. 90	1.95424
Log. sin i	$\bar{2}$.54282
Somme.	0.49706 . . . $(3,14093)r^2$

Polygone régulier de 360 degrés.

$$1/_2\, n = 180 \qquad i = 360° : 360 = 1°$$

Log. 180	2.25527
Log. sin i	$\bar{2}$.24186
Somme.	0.49713 . . . $(3,14143)r^2$

Polygone régulier de 720 côtés.

$$1/_2\, n = 360 \qquad i = 360° : 720 = 0°\,30'$$

Log. 360	2.55630
Log. sin i	$\bar{3}$.94084
Somme.	0.49714 . . . $(3,14150)r^2$

Polygone régulier de 1 800 côtés.

$$1/_2\, n = 900 \qquad i = 360° : 1\,800 = 0°\,12'$$

Log. 900	2.95424
Log. sin i	$\bar{3}$.54291
Somme.	0.49715 . . . $(3,14157)r^2$

On voit dans ce dernier cas le logarithme connu du nombre π, et la valeur de ce même nombre π avec cinq chiffres $(3,1416)$; ce dont il faut se contenter, puisque le calcul est fait avec des tables logarithmiques à cinq décimales.

Exercice 72

Problème 45. *Diviser en parties équivalentes, ou dans un rapport donné :*

1° *Un triangle, par des droites partant du sommet;*
2° *Un parallélogramme, par des parallèles aux côtés;*
3° *Un trapèze, par des droites joignant les deux bases.*

1° On divise la base du triangle selon le rapport donné, et l'on joint le sommet aux points de division. Les triangles que l'on forme ainsi ayant même hauteur, sont entre eux comme leurs bases.

2° On divise l'un des côtés du parallélogramme selon le rapport donné, et par les points de division on mène des parallèles aux côtés adjacents. Les parallélogrammes que l'on forme ainsi, ayant même hauteur, sont entre eux comme leurs bases.

3° On divise les deux bases du trapèze selon le rapport donné, et l'on joint deux à deux les points de division. On forme ainsi des trapèzes A, B, C, qui, ayant même hauteur, sont entre eux comme les demi-sommes des bases ou comme les sommes des bases respectives ; ce qui est encore selon le rapport donné.

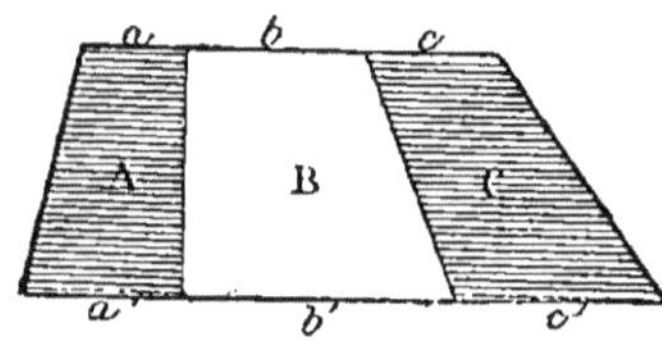

Car si l'on appelle a et a', b et b', c et c' ... les bases respectives des divers trapèzes, on a, en vertu des propriétés des droites concourantes (Géom., n°s 206 et 207) :

$$\frac{a}{b}=\frac{a'}{b'}=\frac{a+a'}{b+b'}=\frac{1/2\,(a+a')}{1/2\,(b+b')}$$

De même
$$\frac{b}{c}=\frac{b'}{c'}=\frac{b+b'}{c+c'}=\frac{1/2\,(b+b')}{1/2\,(c+c')}$$

Ainsi les trapèzes A, B, C sont entre eux comme les segments a, b, c.

Exercice 73

Problème 46. *Par des parallèles à l'un des côtés d'un triangle, diviser ce triangle en trois parties qui soient entre elles comme les nombres 2, 3, 7.*

Soit ABC le triangle donné, et soit BC le côté auquel on doit mener des parallèles.

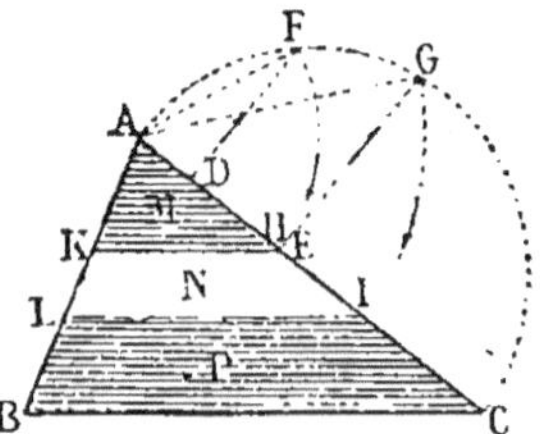

On divise le côté AC en trois parties, AD, DE, EC, qui soient entre elles dans le rapport des nombres 2, 3, 7 ; on décrit la demi-circonférence AGC ; on mène au côté AC les perpendiculaires DF et EG ; du point A, avec les distances AF et AG comme rayons, on décrit les arcs FH et GI ; enfin on mène au côté BC les parallèles HK et IL, qui opèrent la division demandée.

Car, les triangles AKH et ABC étant semblables, on a :

$$\frac{AKH}{ABC} = \frac{\overline{AH^2}}{\overline{AC^2}} \text{ ou } \frac{\overline{AF^2}}{\overline{AC^2}} = \frac{AD}{AC} = \frac{2}{12}$$

De même

$$\frac{ALI}{ABC} = \frac{\overline{AI^2}}{\overline{AC^2}} \text{ ou } \frac{\overline{AG^2}}{\overline{AC^2}} = \frac{AE}{AC} = \frac{5}{12}$$

Ainsi le triangle AKH ou M est les $^2/_{12}$ du triangle total, le triangle ALI est les $^5/_{12}$ du triangle total ; d'où il suit que le trapèze N est les $^3/_{12}$ du triangle total, et la partie restante P est les $^7/_{12}$ du triangle total. Les trois parties M, N, P sont donc entre elles comme les nombres 2, 3, 7.

Scolie. *Solution numérique.* Les trois triangles semblables. . . . . AKH   ALI   ABC

doivent être dans le rapport des nombres. . .   2   5   12

Tel doit être aussi le rapport des carrés. . . $\overline{AH^2}$ $\overline{AI^2}$ $\overline{AC^2}$

Il s'ensuit que les lignes. . . . . AH   AI   AC

doivent être dans le rapport des nombres. . . $\sqrt{2}$ $\sqrt{5}$ $\sqrt{12}$

lesquelles racines carrées sont. 1,414   2,236   3,464

On aura donc

$$\frac{AH}{AC} = \frac{\sqrt{2}}{\sqrt{12}} = \sqrt{\frac{2}{12}}$$

d'où

$$AH = AC\sqrt{2/_{12}} = AC\,(0,408)$$

De même

$$\frac{AI}{AC} = \frac{\sqrt{5}}{\sqrt{12}} = \sqrt{\frac{5}{12}}$$

d'où

$$AI = AC\sqrt{5/_{12}} = AC\,(0,646)$$

Exercice 74

Problème 47. *Aux bases d'un trapèze* ABCD, *mener une parallèle qui divise ce trapèze dans un rapport donné:* $^8/_5$, *par exemple.*

Achevons le triangle BCO ; sur OC décrivons une demi-circonférence, puis, du point O, l'arc DE ; abaissons sur OC la perpendiculaire EF ; divisons la longueur FC dans le rapport de 8 à 5 ; par le point obtenu G, menons GH perpendiculaire sur OC ; portons la distance OH en OI, et menons IJ parallèle aux bases du trapèze.

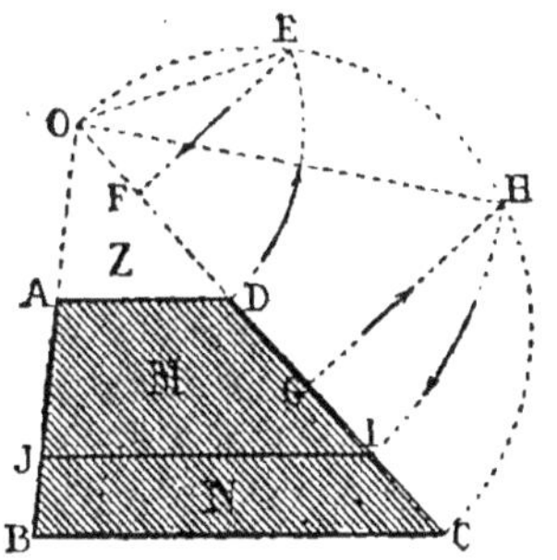

6*

Les trois triangles . . . . OAD OJI OBC

sont entre eux comme. . . . . . . $\overline{OD}{}^2$ $\overline{OI}{}^2$ $\overline{OC}{}^2$

ou comme. . . . . $\overline{OE}{}^2$ $\overline{OH}{}^2$ $\overline{OC}{}^2$

ou, enfin, comme les lignes. . . . OF OG OC

Or la différence FG des deux premières lignes est à la différence GC des deux dernières comme 8 est à 5. Il en est donc de même de la différence M des deux premiers triangles à l'égard de la différence N des deux derniers.

Scolie I. Voici une autre manière de justifier la construction ci-dessus. Prenons le triangle OAD ou Z comme unité de surface; on peut poser :

$$OAD = \frac{OF}{OF} \cdot Z$$

$$\frac{OJI}{OAD} = \frac{\overline{OI}{}^2}{\overline{OD}{}^2} = \frac{\overline{OH}{}^2}{\overline{OE}{}^2} = \frac{OG}{OF}; \quad \text{d'où} \quad OJI = \frac{OG}{OF} \cdot Z$$

$$\frac{OBC}{OAD} = \frac{\overline{OC}{}^2}{\overline{OD}{}^2} = \frac{\overline{OC}{}^2}{\overline{OE}{}^2} = \frac{OC}{OF}; \quad \text{d'où} \quad OBC = \frac{OC}{OF} \cdot Z$$

Si l'on fait la différence des deux premiers triangles et celle des deux derniers, on a $M = \dfrac{FG}{OF} \cdot Z$ et $N = \dfrac{GC}{OF} \cdot Z$

Ainsi les trapèzes M et N sont entre eux comme les lignes FG et GC, et par conséquent comme les nombres 8 et 5.

Scolie II. Si l'on voulait, par des parallèles aux bases, diviser le trapèze ABCD en 2, 3, 4... n parties équivalentes, on diviserait FC en 2, 3, 4.... n parties égales, et l'on répéterait, pour chaque point de division, la construction indiquée ci-dessus.

Exercice 75

Problème 48. *Par un point D donné sur le périmètre d'un triangle ABC, mener une droite qui divise ce triangle en deux parties équivalentes.*

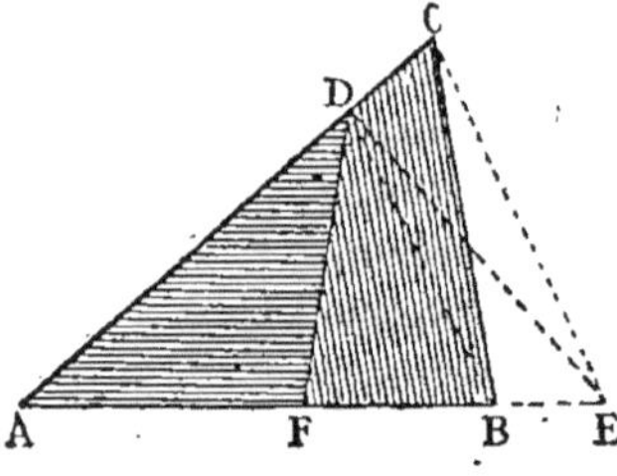

On mène DB et sa parallèle CE, et l'on joint le point D au point F, milieu de AE.

Les deux triangles BDC et BDE sont équivalents comme ayant même base BD, et même hauteur. Ainsi le premier de ces triangles peut être remplacé par le second. Les triangles AED et ABC sont équivalents, et AFD est la moitié de l'un et de l'autre.

Scolie I. *Solution numérique.* Soit AB $= 28^m$, AC $= 31$, AD $= 25$.

Appelons x la distance inconnue AF. Les deux triangles ADF et ABC ayant en A un angle commun, sont entre eux comme les produits des côtés qui comprennent cet angle (Géom., n° 269); et puisque le triangle ADF doit être la moitié de ABC, on doit aussi avoir : $\overline{AD}.x = 1/_2.\overline{AB}.\overline{AC}$ ou $25x = 1/_2.28.31$; d'où $x = 17^m 36$.

On voit que la distance AF est indépendante du troisième côté BC, aussi bien que de l'angle A.

Scolie II. Pour obtenir 3, 4... n parties équivalentes, on divise AE en 3, 4... n parties égales, et l'on joint le point D aux divers points de division. Si la droite AE est divisée dans un rapport quelconque, le triangle donné se trouve divisé dans le même rapport.

Scolie III. *Cas particulier.* Soit à diviser le triangle ABC en trois parties équivalentes, par des droites partant du point D. On prolonge AB, on mène DB et sa parallèle CE. 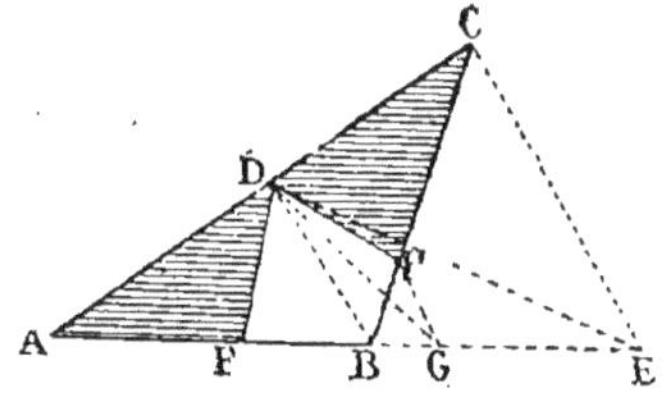 Le triangle BDC peut être remplacé par son équivalent BDE, et ainsi le triangle donné ABC est équivalent au triangle ADE. On divise AE en 3 parties égales, et l'on joint le point D aux points de division F et G.

Mais le point G se trouvant sur le prolongement de la base AB, on mène GH parallèle à BD, et l'on remplace le triangle BGD par le triangle équivalent BHD; et, par suite, la droite DG est remplacée par DH.

<h3 style="text-align:center">Exercice 76</h3>

Problème 49. *Diviser un triangle* ABC *en trois parties équivalentes, par des droites partant de deux points* D *et* F *donnés sur le périmètre.*

On détermine un premier triangle ADE égal au $1/_3$ du triangle total, et un second triangle AFG égal aux $2/_3$ du triangle total (Problème précédent). Il en résulte que les trois parties M, N et R sont équivalentes. 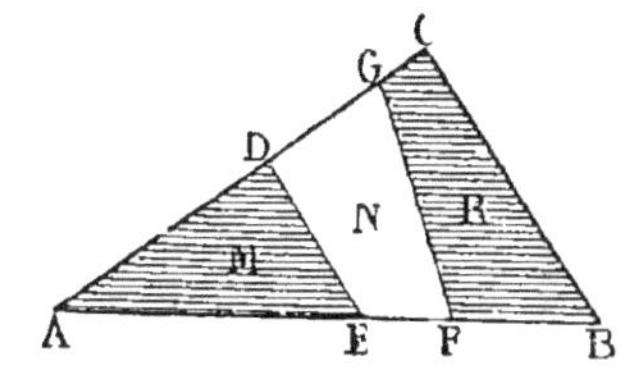

Scolie. 1° Le triangle donné peut être divisé dans un rapport quelconque.

2° Dans les deux cas, le problème peut être résolu par le calcul.

<h3 style="text-align:center">Exercice 77</h3>

Problème 50. *Diviser un quadrilatère* ABCD *en deux parties équivalentes, par une droite partant d'un point* E *donné sur le périmètre.*

On mène les droites EA et EB, et leurs parallèles DF et CG.

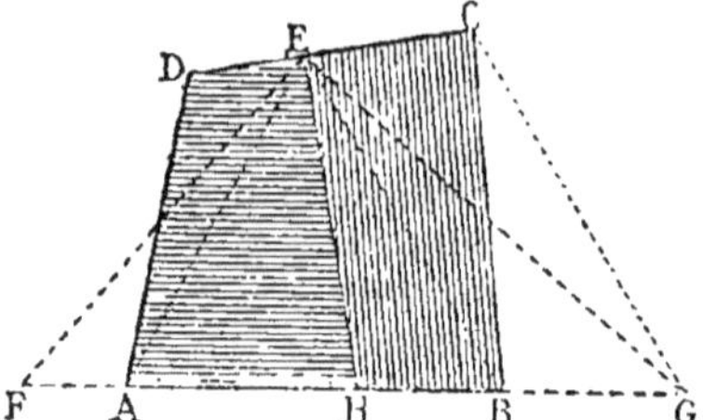

On obtient la division demandée en joignant le point E au point H, milieu de FG.

En effet, le triangle EDA, du quadrilatère, peut être remplacé par EFA, et de même ECB par EGB. Ainsi le triangle EFG est équivalent au quadrilatère donné.

Donc EFH, moitié du triangle EFG, est aussi moitié du quadrilatère; et si l'on remplace la partie EFA par EDA, on conclura que EHAD est la moitié du quadrilatère donné.

Scolie. 1° S'il fallait diviser le quadrilatère en 3, 4, 5... n parties équivalentes, ou bien dans un rapport donné, on diviserait dans les mêmes conditions la droite FG.

2° Si le point E n'était pas donné, on le prendrait à volonté. Dans

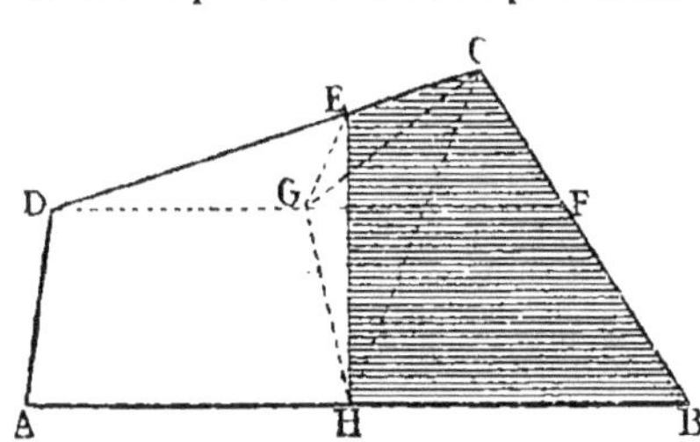

ce cas, on peut décomposer le quadrilatère en un trapèze ABFD et un triangle CDF.

On mène la ligne brisée CGH par les milieux des bases du trapèze, ce qui détermine un quadrilatère BCGH égal à la moitié du quadrilatère donné.

Considérant alors le triangle CGH, on transporte son sommet G en E, parallèlement au côté CH; et la droite EH opère la division demandée.

Exercice 78

Problème 51. *Diviser un polygone quelconque ABCDE en deux parties équivalentes, ou dans un rapport donné, par une droite partant d'un point K donné sur le périmètre.*

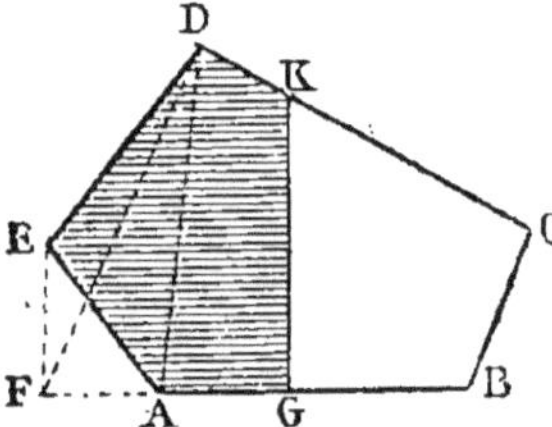

En transportant le sommet E en F, parallèlement à DA, on diminue de 1 le nombre des côtés du polygone : on peut ainsi ramener la figure à un quadrilatère, et même à un triangle ayant sa base sur la direction AB et son sommet en K. On rentre ainsi dans des cas connus (Exercices précédents).

Exercice 79

Problème 52. *D'un point P donné dans une figure quelconque,*

mener des droites qui divisent cette figure en deux parties équiva-
lentes, ou en deux parties qui soient
dans un rapport donné.

On mène, par le point donné, une
sécante quelconque CPF ; et la figure
donnée se trouve ainsi décomposée en
deux polygones, ABCF et CDEF, qui
se trouvent dans un cas connu (Exercice précédent).

Dans chaque polygone on opère la
division demandée, et la ligne brisée GPH satisfait aux conditions.

Exercice 80

Problème 53. *D'un point P donné dans une figure quelconque,
mener des droites qui divisent cette figure en 3, 4, 5... n parties équivalentes, ou en parties qui soient dans un rapport donné.*

Soit à diviser le polygone ABCDE
en trois parties qui soient entre elles
comme les nombres 4, 3, 6. L'une des
lignes de partage peut être donnée ;
ou bien on se donne à volonté une
première droite PG.

On mesure tous les côtés du polygone, ainsi que les distances du point
P à ces mêmes côtés ; puis l'on évalue
les aires des divers triangles GPB,

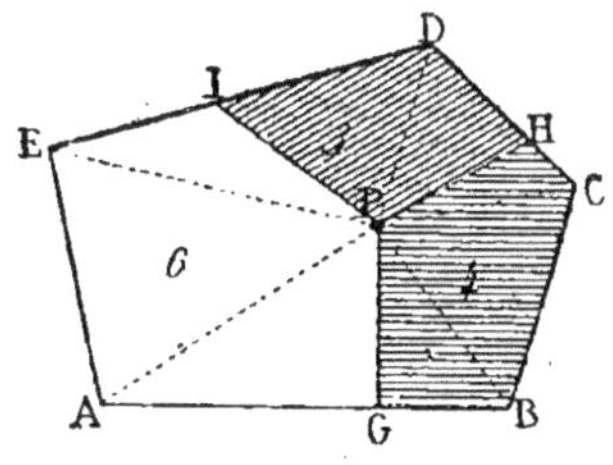

BPC, CPD, etc., d'où l'on conclut l'aire totale, que nous supposerons ici de 353 mètres carrés. (La figure est supposée à l'échelle de
1 millimètre pour mètre.)

On partage ce nombre 353 proportionnellement aux nombres
4, 3, 6 :

$$\frac{353}{13} \begin{cases} 4 \ldots\ldots\ldots 108,5 \\ 3 \ldots\ldots\ldots\; 81,5 \\ 6 \ldots\ldots\ldots 163,0 \end{cases} 353$$

1re Partie.

Le triangle   GPB a . . . . 35^{m2} ⎫
                BPC donne . . . . 54^{m2} ⎬ $108^{m2}50$
On détermine   CPH de . . . . . . $19^{m2}50$ ⎭

(Le calcul de CH n'offre pas de difficulté, puisque l'on connaît
l'aire 19,5 du triangle CPH, ainsi que la hauteur qui part du
point P).

2e Partie.

Le triangle   HPD a . . . . $24^{m2}50$ ⎫ $81^{m2}50$
On détermine   DPI de . . . . . . 57^{m2} ⎭

Le 3e lot se trouve tout formé par le reste.

Scolie. La solution par le calcul peut s'appliquer aux différents cas précédents.

Exercice 81

Problème 54. *Diviser un triangle ABC en deux parties équivalentes, par une droite EF perpendiculaire à la base.*

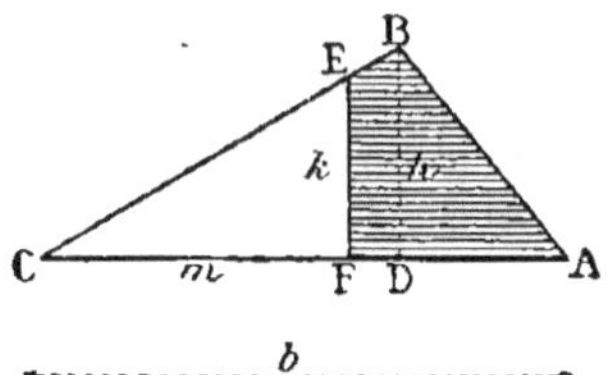

Analyse. On doit avoir :

$$EFC = 1/_2\, ABC; \quad \text{d'où} \quad mk = 1/_2\, bh$$

Or on a
$$\frac{m}{k} = \frac{CD}{h}$$

Multipliées membre à membre,
ces égalités donnent :
$$m^2 = 1/_2\, b.\overline{CD}$$

Ainsi la distance CF est égale à la moyenne géométrique entre $1/_2$ AC et CD...

Scolie. 1° On peut demander que le triangle ABC soit divisé par EF dans un rapport quelconque : $5/_7$, par exemple. On poserait alors
$$EFC = 5/_{12}\, ABC; \quad \text{d'où} \quad mk = 5/_{12}\, bh$$

On a encore
$$\frac{m}{k} = \frac{CD}{h}$$

D'où, en multipliant,
$$m^2 = 5/_{12}\, b.\overline{CD}$$

Alors la distance CF sera égale à la moyenne géométrique entre CD et $5/_{12}$ AC.

2° Si les deux parties doivent être dans le rapport de p à r, la distance CF sera égale à la moyenne géométrique entre CD et
$$\frac{p}{p+r}.AC.$$

3° La distance CD est l'un des deux segments que la hauteur détermine sur la base, et c'est le segment sur lequel doit être élevée la perpendiculaire EF.

Si le triangle doit être divisé en deux parties équivalentes, la perpendiculaire sera du côté du grand segment.

Dans le cas où les deux parties sont inégales, si la petite partie doit être du côté du grand segment, c'est aussi sur ce segment que sera la perpendiculaire.

Mais si la petite partie devait être du côté du petit segment, il faudrait préalablement déterminer, par une construction ou par un calcul, de quel côté de la hauteur il faudrait porter son attention.

Par exemple, dans la figure ci-dessus, si l'on voulait que la partie de droite fût les $5/7$ de celle de gauche, on diviserait CD en 7 parties égales; et, relevant ces divisions sur une bande de papier, on présenterait ces divisions sur la longueur DA. Si DA égalait exactement 5 divisions, le partage demandé se trouverait fait par la hauteur BD; car les triangles de droite et de gauche, ayant même hauteur h, sont entre eux comme leurs bases DA et DC.

Si DA contenait plus de 5 divisions, on conclurait que le triangle BDA serait plus grand que les $5/7$ de BDC, et, par suite, que la ligne k serait à droite de h.

Mais si DA contenait moins de 5 divisions, le triangle BDA serait moindre que les $5/7$ de BDC; et, par suite, la droite k devrait se trouver à gauche de h.

4° S'il fallait diviser le triangle en 3 parties qui fussent entre elles comme les nombres 2, 5, 8, on ferait deux constructions indépendantes : la première pour obtenir un triangle partiel qui fût les $7/15$ du triangle total, et la seconde pour obtenir un triangle qui fût les $2/7$ du triangle déjà obtenu, ou bien les $2/15$ du triangle total.

5° Le problème peut être résolu par le calcul. Soit· $b = 30$, $h = 11$, $CD = 20$. Appelons x la distance CF, pour laquelle on aurait $EFC = 1/2\,ABC$, ou $1/2\,xk = 1/2 \cdot 1/2\,bh$, ou $kx = 1/2\,bh$.

La proportion $\qquad \dfrac{EF}{CF} = \dfrac{BD}{CD}$ donne :

$$EF \quad \text{ou} \quad k = \frac{BD}{CD} \cdot CF = \frac{11}{20}x$$

En portant cette valeur de k dans la relation donnée plus haut, il vient

$$\frac{11}{20}x \cdot x = 1/2\,bh = 1/2 \cdot 30 \cdot 11$$

d'où

$$x^2 = \frac{1}{2} \cdot 30 \cdot 11 \cdot \frac{20}{11} = 300 \quad \text{et} \quad x = 17,32 \ldots CF$$

Un calcul analogue s'appliquerait aux autres cas dont il est question ci-dessus.

Exercice 82

Problème 55. *Diviser un trapèze donné ABCD en trois parties équivalentes, par des droites parallèles à l'un des côtés non parallèles : à AD, par exemple.*

On trace la droite EF par les milieux des côtés non parallèles; on divise cette droite en trois parties égales, et par les points de division on mène les droites PR et MN parallèles à AD.

Car si l'on suppose le triangle FHB transporté en FGC, on voit que le parallélogramme AHGD est divisé en trois parties égales...

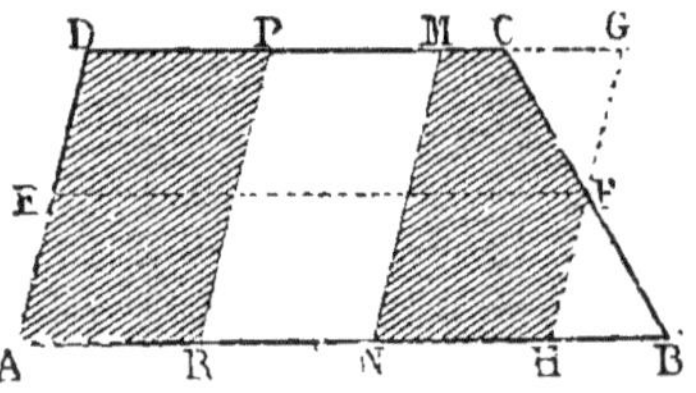 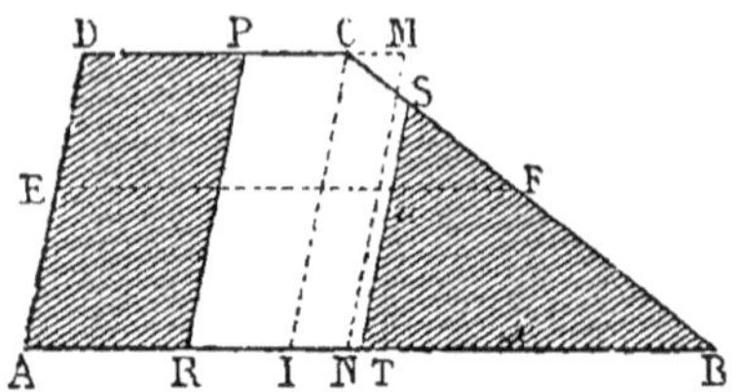

Scolie. Une difficulté se présente lorsque l'une des lignes de division coupe le côté opposé à celui auquel on mène des parallèles. Ici, par exemple, la droite MN doit être remplacée par une autre ST, dont la position sera déterminée par le calcul.

Soit   AB ou $b = 39$,   DC ou $b' = 15$,   et   AD ou CI $= 16$

On a   IB $= 39 - 15 = 24$

Appelons x la distance inconnue TB, et u le côté ST. La relation $\dfrac{u}{x} = \dfrac{CI}{IB}$ donne :

$$u = \frac{CI}{IB} x = \frac{16}{24} x = \frac{2}{3} x$$

Si l'on appelle h la hauteur du trapèze, on a la relation :

$$STB = {}^1/_3 . h . {}^1/_2 (b + b')$$

On a aussi $CIB = {}^1/_2 h (b - b')$

Et comme ces triangles sont entre eux comme les carrés des côtés homologues   TB ou x,   et   IB ou $b - b'$, on a :

$$\frac{x^2}{(b - b')^2} = \frac{{}^1/_3 (b + b')}{b - b'} ; \quad \text{d'où} \quad x^2 = {}^1/_3 (b + b')(b - b')$$

Ainsi, x est une moyenne géométrique entre la différence des bases et le $^1/_3$ de leur somme; on peut donc trouver x graphiquement.

En remplaçant les symboles par les valeurs données, il vient :

$$x^2 = {}^1/_3 . 54 . 24 = 432 \quad \text{et} \quad x = 20,8$$

Exercice 83

Problème 56. *Étant donné un point* A *dans l'ouverture d'un angle aigu* O, *construire un triangle ayant l'un des sommets au point donné, et les deux autres sommets sur les deux côtés de l'angle, de manière que le périmètre de ce triangle soit minimum.*

On détermine les points A′ et A″ symétriques du point A par rapport aux côtés de l'angle donné; on mène A′A″, ce qui donne en B et C les deux autres sommets du triangle demandé. De sorte que le périmètre du triangle ABC est moindre que celui de tout autre triangle ADE.

En effet, les droites OM et ON sont respectivement perpendicu-

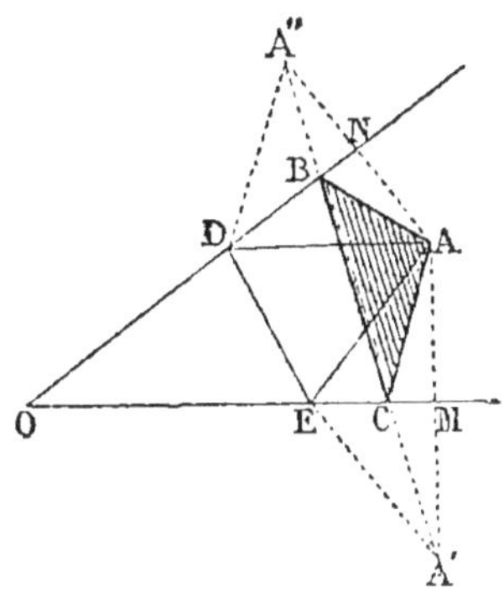

laires sur les milieux des droites AA′ et AA″; on a donc : CA = CA′, EA = EA′, BA = BA″, DA = DA″. Ainsi le périmètre du triangle ABC est égal à la ligne droite A′A″, et le périmètre du triangle ADE est égal à la ligne brisée A′EDA″...

Exercice 84

Problème 57. *On prolonge deux côtés AB et AC d'un triangle au-dessous de la base BC, de manière que la somme des prolongements soit égale à cette base. Dans quel cas la droite qui joindra les extrémités sera-t-elle un minimum?*

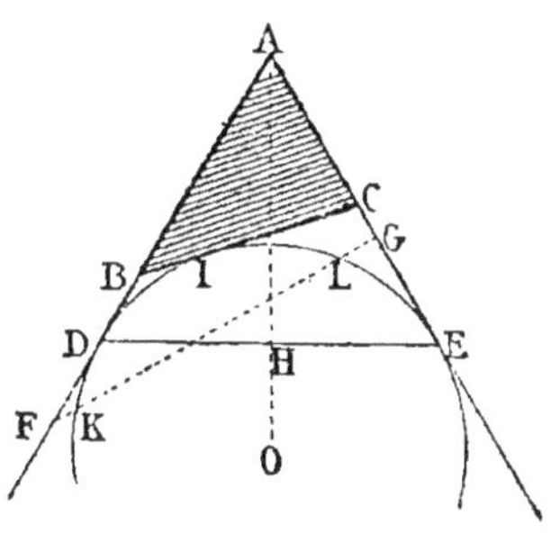

Entre la base BC et les prolongements des deux autres côtés, traçons le cercle ex-inscrit O. Si l'on prend pour longueurs des prolongements les tangentes BD et CE, on a : BD = BI, CE = CI. Ainsi la somme des prolongements est égale à la base BC; et la droite DE, qui joint les extrémités des prolongements, est une corde dont la distance au centre est la partie OH de la bissectrice de l'angle A.

Tout autre système de prolongements s'obtiendra en remplaçant une longueur quelconque EG d'un côté, par une longueur égale DF portée de l'autre côté.

Et si l'on suppose ces deux longueurs égales EG et DF partant de *zéro* et croissant peu à peu, le point F reste sur AD, et le point G se rapproche de A. Donc la droite GF tend vers la direction de la tangente AD, et ainsi cette droite GF s'éloigne de plus en plus du centre O.

Donc la corde DE est plus petite que KL, et, à plus forte raison, plus petite que FG.

C'est donc en arrêtant les prolongements aux points de contact avec le cercle ex-inscrit, que l'on obtient la distance la plus courte entre les extrémités de ces mêmes prolongements.

Exercice 85

Problème 58. *Étant donné un triangle* ABC, *trouver sur l'un des côtés,* BC, *par exemple, le point pour lequel la somme des distances aux deux autres côtés est un minimum.*

Portons le petit côté AC en AD; menons CD et sa parallèle GH par un point quelconque F pris sur le côté BC.

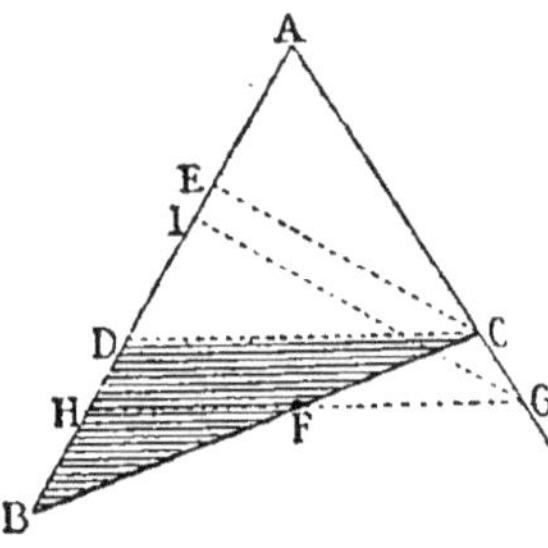

Le triangle ACD est isocèle; et pour tout point de la base CD, la somme des distances aux deux autres côtés est égale à la hauteur CE (Livre 1, Exercice 25). De même le triangle AGH est isocèle; et pour tout point de la base GH, la somme des distances aux deux autres côtés est égale à la hauteur GI.

Ainsi de tous les points du côté BC, c'est le point C qui donne le minimum pour la somme de ses distances aux deux autres côtés.

Scolie. 1° On voit que l'une des deux distances est nulle; et l'autre est l'une des hauteurs du triangle considéré. Donc, *de tous les points du périmètre d'un triangle, celui pour lequel la somme des distances aux deux côtés opposés est un minimum, est le sommet opposé au grand côté.*

2° Dans le cas du triangle équilatéral, il n'y a pas de minimum, non plus que sur la base d'un triangle isocèle.

Exercice 86

Problème 59. *Si un point* M *se meut sur le diamètre* AB *d'un cercle, les deux segments* x *et* z *qu'il détermine font une somme constante* AB; *mais le produit* xz *de ces deux segments varie. Quand est-ce que ce produit sera maximum?*

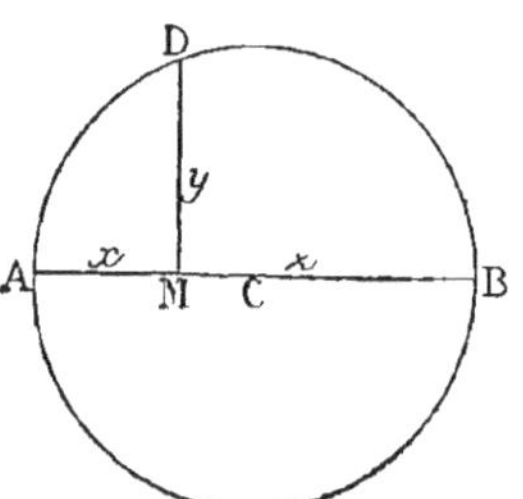

On sait que le carré de la perpendiculaire abaissée d'un point quelconque de la circonférence sur le diamètre, égale le produit des deux segments qu'elle détermine sur le diamètre (Géom., n° 220). On a donc : $xz = y^2$.

Le produit xz sera maximum lorsque y le sera : ce qui aura lieu lorsque le point mobile M sera au centre C; car alors la perpendiculaire y sera égale au rayon du cercle.

Corollaire. *Pour deux nombres variables dont la somme est constante, le produit est maximum quand ces nombres sont égaux.* Chacun d'eux égale la moitié de la somme constante.

Exercice 87

Problème 60. *Si une corde* MN *tourne autour d'un point fixe* O, *la longueur de cette corde varie; mais le produit des deux segments* OM *et* ON *est constant. Quand est-ce que cette corde mobile est au maximum de sa longueur? Quand est-elle au minimum?*

La corde est au maximum de sa longueur quand sa distance au centre est nulle : c'est le diamètre mené par le point O.

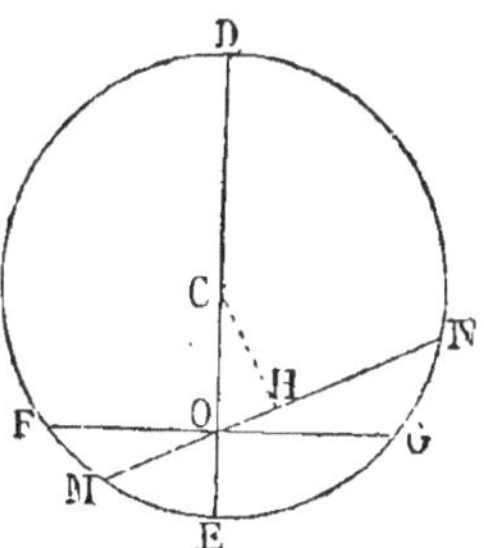

Le minimum de longueur pour la corde correspond au maximum de sa distance au centre : ce qui a lieu quand la corde est dans la position FG perpendiculaire au diamètre DE ; car CO étant perpendiculaire à la direction FG, est oblique pour toute autre direction MN. Ainsi CO est plus grand que CH, et la corde FG est plus courte que toute autre corde menée par le point O.

Corollaire. *Pour deux nombres variables dont le produit est constant, la somme est minimum quand ces nombres sont égaux.* Chacun d'eux égale la racine carrée du produit constant.

Exercice 88

Problème 61. *Démontrer que toute figure non convexe* ABCDE *peut être transformée en une autre isopérimètre et de surface plus grande.*

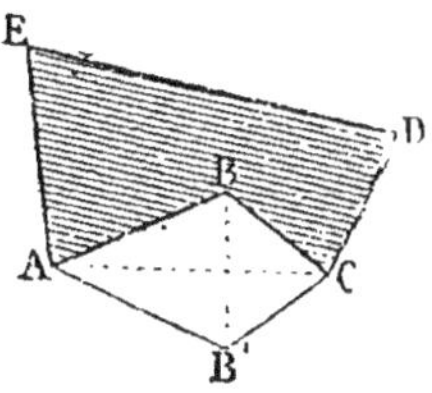

Menons AC, et déterminons le point B' symétrique de B par rapport à AC. AC étant perpendiculaire au milieu de BB', on a :
$$AB = AB', \quad CB = CB'.$$

Ainsi la figure convexe AB'CDE a le même périmètre que la figure donnée, et elle a en plus la surface ABCB'. Donc *toute figure non convexe...*

Exercice 89

Problème 62. *De tous les rectangles isopérimètres, quel est le plus grand?*

Soient x et z les dimensions variables, et $2p$ le périmètre constant. On a : $2x + 2z = 2p$; d'où $x + z = p$, somme constante.

L'aire du rectangle est xz. Or, pour deux nombres variables dont la somme est constante, le produit est maximum quand ces nombres sont égaux (Exerc. 86, Corollaire). Donc le rectangle en question est maximum quand $x = z$; auquel cas la figure est un carré ayant pour côté le $1/4$ du périmètre considéré, $2p$.

Exercice 90

Problème 63. *De tous les rectangles équivalents, quel est celui qui a le plus petit périmètre?*

Soient x et z les dimensions variables, et k^2 la surface constante. Appelons $2y$ le périmètre variable $2x + 2z$, et, par suite, y la somme $x + z$.

On a : $xz = k^2$, produit constant. Or, pour deux nombres variables dont le produit est constant, la somme est minimum quand ces nombres sont égaux (Exerc. 88, Corollaire). Donc le rectangle en question a le périmètre minimum quand $x = z$; auquel cas la figure est un carré ayant pour côté la racine carrée de l'aire considérée, k^2.

Exercice 91

Problème 64. *De tous les triangles isopérimètres, quel est le plus grand en surface?*

Soient x, y, z les trois côtés variables, $2p$ le périmètre constant, et S la surface variable. On a : $x + y + z = 2p$, somme constante.

La surface $S = \sqrt{p(p-x)(p-y)(p-z)}$.

Supposons d'abord inégaux les quatre facteurs qui sont sous le radical. Si les côtés y et z étaient remplacés l'un et l'autre par leur demi-somme, rien ne serait changé au périmètre $2p$, et le produit des deux facteurs $(p-y)$ et $(p-z)$ serait remplacé par un produit plus grand. Et cette considération peut se répéter à propos des côtés x et y.

Le maximum de la surface a donc lieu quand le triangle est équilatéral; auquel cas chaque côté égale le $1/3$ du périmètre considéré, $2p$.

Exercice 92

Problème 65. *De tous les triangles ayant même surface, quel est celui qui a le plus petit périmètre?*

Soit A un triangle quelconque. Soient B et C deux triangles équilatéraux : l'un isopérimètre avec A, et l'autre équivalent à A. Appelons $3p$ le périmètre commun aux deux triangles A et B, et $3p'$ le périmètre du triangle C.

Les deux triangles A et B étant isopérimètres, c'est l'équilatéral B qui est le plus grand. On a donc $A < B$; et, comme $A = C$, on a aussi $C < B$; d'où $3p' < 3p$.

Ainsi le triangle équilatéral C a un périmètre moindre que tout triangle irrégulier équivalent. Donc, *de tous les triangles ayant même surface, c'est l'équilatéral qui a le plus petit périmètre.*

Exercice 93

Problème 66. *De tous les polygones réguliers isopérimètres, mais d'un nombre inégal de côtés, quel est le plus grand? — Conclure que le cercle est plus grand que tout polygone régulier isopérimètre.*

A un même cercle, supposons circonscrit un polygone régulier dans lequel le nombre des côtés augmente indéfiniment. Il est admis comme évident que ce polygone tend vers le cercle, et que son périmètre tend vers la circonférence; de sorte qu'à mesure que le nombre des côtés augmente, la surface diminue, aussi bien que le périmètre.

Ainsi, si l'on considère deux polygones réguliers ayant même apothème, par exemple un hexagone et un heptagone, c'est ce dernier qui est le plus petit, et quant à la surface, et quant au périmètre.

Donc, si l'on voulait donner à l'heptagone le même périmètre qu'à l'hexagone, il faudrait augmenter l'apothème, et, par suite, la surface.

En généralisant, nous dirons : *De tous les polygones réguliers isopérimètres, c'est celui qui a le plus de côtés qui est le plus grand.*

Corollaire. *Le cercle est plus grand que tout polygone régulier isopérimètre avec lui.* Car le cercle peut être considéré comme un polygone régulier d'une infinité de côtés.

Exercice 94

Problème 67. *De deux polygones réguliers équivalents, mais d'un nombre inégal de côtés, quel est celui qui a le plus petit périmètre?*

Considérons, par exemple, un pentagone régulier A, et, en même temps, deux heptagones réguliers B et C : l'un isopérimètre avec A, et l'autre équivalent à A. Appelons p le périmètre commun aux deux polygones A et B, et p' le périmètre du polygone C.

Les deux polygones A et B étant isopérimètres, c'est l'heptagone B qui est le plus grand en surface (Exercice précédent). On a donc $A < B$; et, comme $A = C$, on a aussi $C < B$. Mais C et B sont deux heptagones réguliers; donc l'inégalité $C < B$ entraîne l'inégalité $p' < p$.

Ainsi le pentagone A et l'heptagone C sont équivalents, et c'est l'heptagone qui a le plus petit périmètre. En généralisant, nous dirons : *De deux polygones réguliers équivalents, c'est celui qui a le plus de côtés qui a le plus petit périmètre.*

Corollaire. *Le cercle a un périmètre moindre que tout polygone régulier qui lui est équivalent.* Car le cercle peut être considéré comme un polygone régulier d'une infinité de côtés.

M.   7

Exercice 95

Problème 68. *De tous les triangles formés avec deux côtés donnés* b *et* c, *et un troisième pris à volonté, quel est le plus grand?*

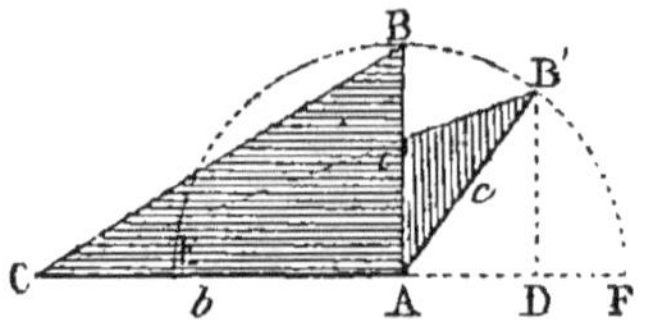

Prenons pour base le côté b, que nous supposerons fixé en la position AC; l'autre côté donné c peut se mouvoir autour du point A, le point B décrivant une circonférence.

Lorsque le côté mobile c est perpendiculaire à la base b, la hauteur du triangle est égale à c; en toute autre position du côté mobile, la hauteur B'D est moindre que B'A ou c.

C'est donc lorsque les deux côtés b et c sont perpendiculaires l'un à l'autre que l'on a le triangle maximum.

Autre solution. Soit A l'angle variable formé par les deux côtés b et c; l'aire du triangle est exprimée par la formule $S = \tfrac{1}{2}bc . \sin A$ (Exerc. 20 ci-dessus). Or $\tfrac{1}{2}bc$ est une quantité constante; donc le triangle est maximum lorsque $\sin A$ est lui-même maximum : ce qui a lieu quand l'angle A est droit. Alors $\sin A = 1$, et $S = \tfrac{1}{2}bc$.

Exercice 96

Problème 69. *A un triangle donné* ABC, *circonscrire le triangle équilatéral maximum.*

Analyse. Soit GHI le plus grand triangle équilatéral que l'on puisse circonscrire au triangle donné ABC.

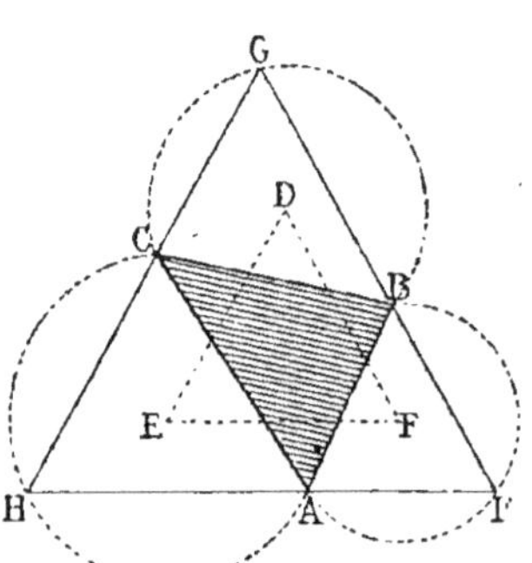

Les sommets G, H, I appartiennent aux arcs décrits sur les côtés BC, CA, AB, et capables d'une valeur angulaire de 60 degrés.

La droite GH est la sécante la plus grande que l'on puisse mener par le point d'intersection C des deux cercles D et E; donc cette droite GH est parallèle à la ligne des centres DE (Livre II, Exerc. 7). De même HI est parallèle à EF, et GI est parallèle à DF.

Donc, pour retrouver le triangle GHI, il faut décrire sur les côtés AB, BC et CA, des arcs capables d'angles de 60 degrés, joindre les centres de ces arcs, et mener, par les sommets du triangle donné, des parallèles aux lignes des centres.

Exercice 97

Problème 70. *Quel est le plus grand des triangles qui ont même base* b, *et même angle* B *opposé à cette base?*

Le sommet mobile B appartient à l'arc décrit sur la base AC, et capable de la valeur angulaire donnée.

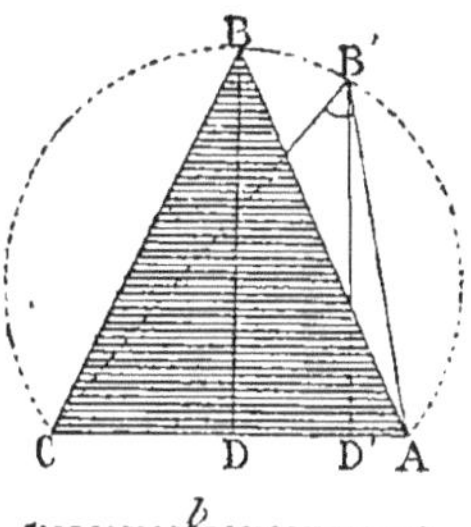

La base étant constante, l'aire dépend de la hauteur; et la hauteur BD est à son maximum lorsqu'elle est élevée au milieu de la corde AC, auquel cas *le triangle est isocèle...*

Exercice 98

Problème 71. *Inscrire dans un cercle le rectangle maximum.*

Soit ABCD un rectangle quelconque inscrit au cercle donné. Les cordes DA et DC sont respectivement égales à BC et BA ; donc les arcs soustendus sont respectivement égaux, et l'arc ADC égale CBA. Il suit de là que la diagonale AC est un diamètre ; et il en est de même de BD.

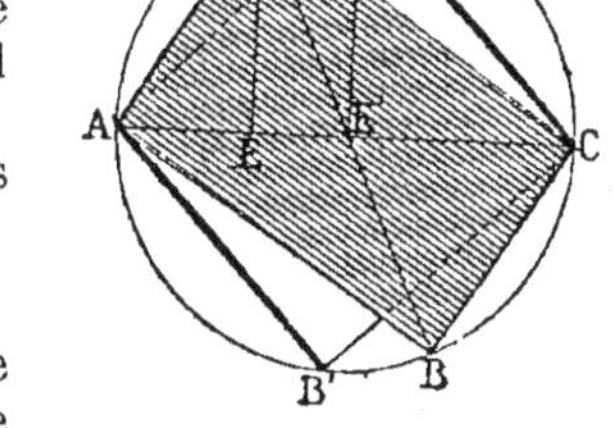

L'aire du rectangle ABCD égale 2 fois celle du triangle ADC

$$= 2 . \overline{AC} . \tfrac{1}{2} \overline{DE} = \overline{AC} . \overline{DE}.$$

Or le facteur AC est constant ; donc le maximum de l'aire concorde avec le maximum de DE, lequel a lieu lorsque cette ligne passe au centre. Alors la figure est un carré, puisque ses diagonales sont égales et se coupent rectangulairement en leurs milieux.

Ainsi *le rectangle maximum inscrit dans un cercle est le carré.*

Exercice 99

Problème 72. *Construire une figure C semblable à une figure donnée A, et équivalente à une autre figure donnée B.*

Soient m et x deux lignes homologues quelconques des figures A et C.

Les figures données A et B peuvent être transformées en des carrés équivalents a^2 et b^2.

Ainsi les deux figures   A   et   C
ont pour aires respectives a^2 et b^2
et pour lignes homologues m et x.

On a donc $\quad \dfrac{a^2}{b^2} = \dfrac{A}{C} = \dfrac{m^2}{x^2}$;   de là on conclut $\quad \dfrac{a}{b} = \dfrac{m}{x}$.

On peut trouver la ligne x homologue de m; ce qui permet de construire la figure C.

Exercice 100

Problème 73. *Étant donné le rayon OA ou* r *d'un cercle, et le côté AC ou* a *d'un polygone régulier de n côtés, exprimer l'aire de ce polygone, puis l'aire du polygone régulier inscrit de 2n côtés. Appliquer les formules au cas de* n=6.

1° On calcule l'apothème OI ou s par le triangle rectangle OAI :

$$s^2 = r^2 - \tfrac{1}{4}\,a^2$$

d'où
$$s = \sqrt{r^2 - \tfrac{1}{4}\,a^2}$$

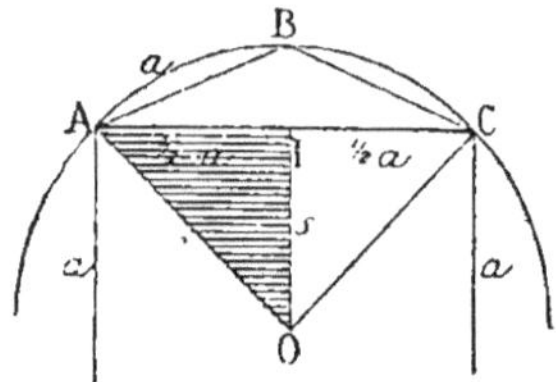

L'aire du triangle AOC est $\tfrac{1}{2}as$, et l'aire du polygone est $\tfrac{1}{2}na\sqrt{r^2 - \tfrac{1}{4}\,a^2}$.

S'il s'agit d'un hexagone régulier, on a :

$$n=6, \quad a=r, \quad \sqrt{r^2 - \tfrac{1}{4}\,a^2} = \sqrt{\tfrac{3}{4}\,r^2} = \tfrac{1}{2}r\sqrt{3}$$

L'aire de l'hexagone régulier sera donc $\tfrac{3}{2}r^2\sqrt{3}$ ou $r^2(2,5981)$ (Géom., n° 288, Scolie).

2° Pour calculer le côté a' du polygone régulier de $2n$ côtés, on posera la formule connue (Géom., n° 239) :

$$a' = \sqrt{2r^2 - r\sqrt{4r^2 - a^2}}$$

Si le polygone primitif est un hexagone régulier, on a : $a=r$,

et $\quad a' = \sqrt{2r^2 - r\sqrt{3r^2}} = \sqrt{2r^2 - r^2\sqrt{3}} = r\sqrt{2 - \sqrt{3}}$.

L'apothème h se trouve par la relation :

$$h^2 = r^2 - (\tfrac{1}{2}a')^2 = r^2 - \tfrac{1}{4}a'^2 ; \quad \text{d'où} \quad h = \sqrt{r^2 - \tfrac{1}{4}a'^2}$$

L'aire du polygone régulier de $2n$ côtés est donc :

$$\tfrac{1}{2}.2na'\sqrt{r^2 - \tfrac{1}{4}a'^2} \quad \text{ou} \quad na'\sqrt{r^2 - \tfrac{1}{4}a'^2}$$

Si le polygone primitif est un hexagone régulier, on a pour le dodécagone régulier :

$$6r\sqrt{2 - \sqrt{3}}\,\sqrt{r^2 - \tfrac{1}{4}r^2(2 - \sqrt{3})}, \quad \text{ou} \quad 6r\sqrt{2 - \sqrt{3}}.r\sqrt{1 - \tfrac{1}{2} + \tfrac{1}{4}\sqrt{3}},$$

ou $6r^2\sqrt{(2 - \sqrt{3})(\tfrac{1}{2} + \tfrac{1}{4}\sqrt{3})}$, ou $6r^2\sqrt{\tfrac{1}{4}}$, ou $6r^2.\tfrac{1}{2}$, ou enfin $3r^2$.

Exercice 101

Problème 74. *Exprimer le côté, le périmètre et la surface de l'hexagone régulier inscrit à un cercle dont le rayon est r; puis le côté, le périmètre et la surface du dodécagone régulier circonscrit au même cercle.*

L'hexagone régulier inscrit a pour côté r, pour périmètre $6r$, et pour apothème $\sqrt{r^2 - 1/4\,r^2}$ ou $\sqrt{3/4\,r^2}$, soit $1/2\,r\sqrt{3}$ ou r (0,86602).

L'aire est $3r \cdot 1/2\,r\sqrt{3}$, soit $3/2\,r^2\sqrt{3}$ ou r^2 (2,69808).

L'hexagone régulier circonscrit a pour apothème le rayon r du cercle. Les deux hexagones étant semblables (Géom., n° 193), le rapport des dimensions homologues est égal à celui des apothèmes, et le rapport des aires est égal au carré du rapport des apothèmes. On a donc :

Rapport des apothèmes . . . . . $\dfrac{r}{1/2\,r\sqrt{3}}$ ou $\dfrac{2}{\sqrt{3}}$

Côté de l'hexagone circonscrit . . $r \cdot \dfrac{2}{\sqrt{3}}$ ou $\dfrac{2r}{\sqrt{3}}$

Périmètre . . . . $6r \cdot \dfrac{2}{\sqrt{3}}$ ou $\dfrac{12r}{\sqrt{3}}$

Aire . . . $\dfrac{3r^2\sqrt{3}}{2}\left(\dfrac{2}{\sqrt{3}}\right)^2$ ou $\dfrac{3r^2\sqrt{3}}{2} \cdot \dfrac{4}{3}$ ou $2r^2\sqrt{3}$

Scolie. L'hexagone régulier circonscrit égale 1 fois et $1/3$ l'hexagone régulier inscrit; et par conséquent l'inscrit est les $3/4$ du circonscrit.

Exercice 102

Problème 75. *Étant données les aires p et P de deux polygones réguliers semblables, l'un inscrit et l'autre circonscrit à un même cercle, exprimer les aires des deux polygones réguliers inscrit et circonscrit d'un nombre double de côtés.*

Pour fixer les idées, considérons le carré inscrit p et le carré circonscrit P à un même cercle O. Appelons p' et P' les octogones réguliers inscrit et circonscrit.

1° Les polygones p et p' sont entre eux comme les triangles OAH et OAE, qui en sont les $1/8$; ces triangles ayant même hauteur AH, sont entre eux comme leurs bases OH et OE, lesquelles lignes sont entre elles comme OA et OC, à cause des parallèles AH et CE ; ces lignes OA et OC sont entre elles comme les triangles OAE et OCE, qui ont même hauteur à partir du sommet E ; enfin ces triangles répétés 8 fois donnent les polygones p' et P. Voici tous ces rapports en une seule suite :

$$\frac{p}{p'} = \frac{OAH}{OAE} = \frac{OH}{OE} = \frac{OA}{OC} = \frac{OAE}{OCE} = \frac{p'}{P}$$

De l'égalité des rapports extrêmes, on tire :

$$p'^2 = pP \;; \quad \text{d'où} \quad p' = \sqrt{pP}$$

Ainsi *le nouveau polygone inscrit est une moyenne géométrique entre les deux polygones donnés.*

2° En reprenant le premier et le quatrième rapport de la suite précédente, on a : $\dfrac{p}{p'} = \dfrac{OA \text{ ou } OE}{OC}$

Or, dans l'octogone circonscrit comme dans tout polygone régulier, les apothèmes et les rayons font, autour du centre, des angles égaux. Ainsi la droite OF est bissectrice de l'angle EOC, et l'on a : $\dfrac{OE}{OC} = \dfrac{EF}{FC}$. Ces dernières lignes sont entre elles comme les triangles EOF et FOC, qui ont même hauteur OE. En prenant les rapports extrêmes dont il vient d'être question, on a : $\dfrac{p}{p'} = \dfrac{EOF}{FOC}$.

Augmentons les dénominateurs de leurs numérateurs, et doublons ensuite les numérateurs, il vient : $\dfrac{2p}{p+p'} = \dfrac{FOG}{EOC}$.

Ces derniers triangles sont entre eux comme les polygones P' et P, dont ils sont les $1/8$, et l'on a enfin :

$$\frac{2p}{p+p'} = \frac{P'}{P} \;; \quad \text{d'où} \quad P' = \frac{2pP}{p+p'}$$

Exercice 103

Problème 76. *Appliquer au calcul du nombre π les formules du problème précédent, en partant des carrés inscrit et circonscrit à un cercle de 1 mètre de rayon.*

Les formules du problème précédent permettent de calculer successivement les aires des polygones réguliers inscrits et circonscrits de 8, 16, 32... côtés. Or, à mesure que se multiplie le nombre des côtés, les polygones tendent vers le cercle ; et par conséquent l'aire de ces polygones tend vers la valeur πr^2, qui exprime l'aire du cercle. Et comme ici on suppose $r = 1$, l'expression πr^2 se réduit à π.

Ainsi, en calculant les aires des polygones successifs, on pourra affirmer que π est une valeur intermédiaire entre les nombres qui expriment les aires des polygones inscrit et circonscrit d'un même nombre de côtés; et si ces nombres ont, sur la gauche, des chiffres communs, ces chiffres appartiendront nécessairement au nombre π.

Les formules trouvées ci-dessus sont analogues à celles qui ont été trouvées pour le calcul des périmètres (Livre III, Problème 52). Le calcul logarithmique y est analogue aussi, et il présente dans les deux cas l'inconvénient de trop nombreux passages des nombres aux logarithmes et des logarithmes aux nombres.

On obvie à cet inconvénient en considérant, non les quantités elles-mêmes, mais leurs *inverses* ou *réciproques*.

On appelle *nombres inverses* deux nombres dont le produit est 1; tels sont : 3 et $1/3$, 4 et $1/4$, $2/3$ et $3/2$, 10 et $0,1$, etc.

Deux nombres inverses ont 1 pour moyenne géométrique : $\dfrac{3}{1} = \dfrac{1}{1/3}$; d'où $3 . 1/3 = 1^2 = 1$. Connaissant l'un des deux nombres, on trouve facilement l'autre.

Soient A, B, C, D, quatre nombres tels que l'on ait les deux relations : $\quad C = \sqrt{AB}\quad$ et $\quad D = \dfrac{2AB}{A+C}$.

Appelons a, b, c, d les inverses des nombres considérés. On aura :

$$A = \frac{1}{a}, \quad B = \frac{1}{b}, \quad C = \frac{1}{c}, \quad D = \frac{1}{d}$$

La première relation devient :

$$\frac{1}{c} = \sqrt{\frac{1}{a} \cdot \frac{1}{b}} = \sqrt{\frac{1}{ab}} = \frac{1}{\sqrt{ab}}$$

Les deux expressions extrêmes ayant les numérateurs égaux, les dénominateurs le sont aussi; et l'on a : $c = \sqrt{ab}$. Ainsi, *lorsque trois nombres sont tels que l'un d'eux est une moyenne géométrique entre les deux autres, la même relation existe entre les inverses de ces trois nombres.*

La seconde relation devient :

$$\frac{1}{d} = \frac{2 . 1/a . 1/b}{1/a + 1/c}; \quad \text{d'où, en renversant,} \quad d = \frac{1/a + 1/c}{2 . 1/ab}$$

Multiplions numérateur et dénominateur par ab, il vient :

$$d = \frac{b + ab/c}{2} = 1/2 \left(b + \frac{ab}{c} \right)$$

Or, d'après la première relation, on a : $c^2 = ab$; donc $d = 1/2 (b+c)$. Ainsi d est une moyenne arithmétique entre b et c.

Les relations que nous venons de supposer entre les quatre nombres A, B, C, D, sont précisément celles qui existent entre les quatre symboles p, P, p', P' :

$$p' = \sqrt{pP} \qquad P' = \frac{2pP}{p+p'}$$

224   EXERCICES DE GÉOMÉTRIE

Donc, *si nous convenons de désigner par ces quatre mêmes symboles les inverses des nombres primitifs*, nous poserons :

$$p' = \sqrt{pP} \quad \text{et} \quad P' = \tfrac{1}{2}(P + p')$$

Le calcul est ainsi ramené à des moyennes géométriques et arithmétiques, alternativement.

Il est évident que les valeurs que l'on trouvera pour p' et P' tendront vers le nombre inverse de π, soit 0,31831.

Nombres inverses des aires des carrés.

Carré inscrit, aire   2;   inverse, $\tfrac{1}{2}$ ou 0,500000 p
Carré circonscrit,   4;   inverse, $\tfrac{1}{4}$ ou 0,250000   P

Les inverses des octogones.

Log. p. . . . $\bar{1}.69397$		
Log. P. . . . $\bar{1}.39794$ . . . 0,250000	P	
Somme. . . . $\bar{1}.09691$		
La $\tfrac{1}{2}$ . . . . $\bar{1}.54845\cdot$ . . . 0,353550	p'	
Somme . . . 0,603550		
La $\tfrac{1}{2}$ . . . 0,301775	P	

Polygones de 16 côtés.

(p et P ne sont autres que p' et P' des polygones précédents).

Log. p. . . . $\bar{1}.54845\cdot$		
Log. P. . . . $\bar{1}.47968\cdot$ . . . 0,301775	P	
Somme. . . . $\bar{1}.02814$		
La $\tfrac{1}{2}$ . . . . $\bar{1}.51407$ . . . 0,326638	p'	
Somme . . . 0,628413		
La $\tfrac{1}{2}$ . . . 0,314206	P'	

Polygones de 32 côtés.

Log. p. . . . 1.51407		
Log. P. . . . $\bar{1}.49722$ . . . 0,314206	P	
Somme. . . . $\bar{1}.01129$		
La $\tfrac{1}{2}$ . . . . $\bar{1}.50564\cdot$ . . . 0,320365	p'	
Somme . . . 0,634571		
La $\tfrac{1}{2}$ . . . 0,317285	P'	

Polygones de 64 côtés.

Log. p. . . . $\bar{1}.50564\cdot$		
Log. P. . . . $\bar{1}.50143$ . . . 0,317285	P	
Somme. . . . $\bar{1}.00709\cdot$		
La $\tfrac{1}{2}$ . . . . $\bar{1}.50355$ . . . 0,318823	p'	
Somme . . . 0,636108		
La $\tfrac{1}{2}$ . . . 0,318054	P'	

Polygones de 128 côtés.

Log. p. . . .	$\overline{1}.50355$		
Log. P. . . .	$\overline{1}.50250$ . . .	$0,318054$	P
Somme . . .	$\overline{1}.00605$		
La $1/_2$	$\overline{1}.50302\cdot$ . .	$0,318439$	p'
	Somme . .	$0,636493$	
	La $1/_2$	$0,318246$	P'

Polygones de 256 côtés.

Log. p. . . .	$\overline{1}.50302\cdot$		
Log. P. . . .	$\overline{1}.50276\cdot$ . . .	$0,318246$	P
Somme . . .	$\overline{1}.00579$		
La $1/_2$	$\overline{1}.50289\cdot$ . . .	$0,318342$	p'
	Somme . . .	$0,636588$	
	La $1/_2$ . . .	$0,318294$	P'

Polygones de 512 côtés.

Log. p. . . .	$\overline{1}.50289\cdot$		
Log. P. . . .	$\overline{1}.50283$ . . .	$0,318294$	P
Somme . . .	$\overline{1}.00572\cdot$		
La $1/_2$	$\overline{1}.50286$ . . .	$0,318315$	p'
	Somme . . .	$0,636609$	
	La $1/_2$ . . .	$0,318304$	P'

Polygones de 1024 côtés.

Log. p. . . .	$\overline{1}.50286$		
Log. P. . . .	$\overline{1}.50284\cdot$ . . .	$0,318304$	P
Somme . . .	$\overline{1}.00570\cdot$		
La $1/_2$	$\overline{1}.50285$ . . .	$0,318308$	p'
	Somme . . .	$0,636612$	
	La $1/_2$	$0,318306$	P'

Nous devons arrêter là ces calculs, car nous ne pouvons compter que sur les cinq premiers chiffres ; on peut donc poser :

$$\frac{1}{\pi} = 0,31831 \quad \text{et} \quad \log. \frac{1}{\pi} = \overline{1}.50285$$

Or
$$\log. \frac{1}{\pi} = \log. 1 - \log. \pi$$

Donc
$$\log. \pi = \log. 1 - \log. \frac{1}{\pi}$$

Log. 1 . . .	0.00000	
Log. $\dfrac{1}{\pi}$ . . .	$\overline{1}.50285$	
Différence . .	0.49715 . . .	$3,14157$

La valeur de π, donnée avec cinq chiffres, sera donc : $3,1416$

Exercice **104**

Problème 77. *Étant donnés l'apothème* a *et le rayon* r *d'un polygone régulier quelconque, exprimer l'apothème* a′ *et le rayon* r′ *du polygone régulier équivalent, qui a un nombre double de côtés.*

Si a et r sont l'apothème et le rayon d'un polygone considéré,

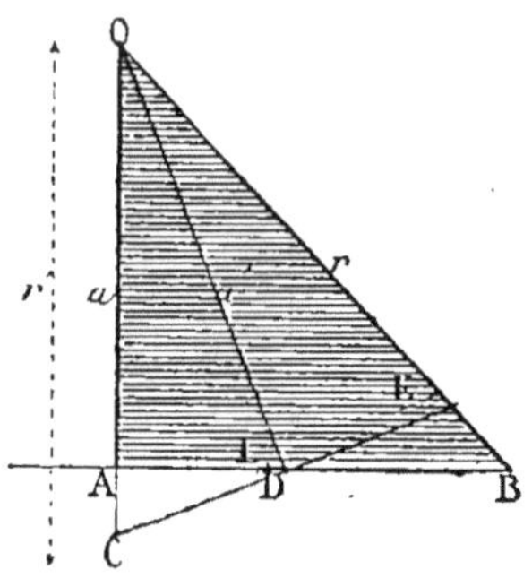

AB est le demi-côté de ce polygone, et OAB est le demi-triangle central.

Pour que ce polygone soit transformé en un polygone régulier équivalent, et d'un nombre double de côtés, il faut que le triangle AOB soit remplacé par un triangle isocèle équivalent COE, ayant même angle en O.

Ces deux triangles ayant même angle O, sont entre eux comme les produits des côtés qui comprennent l'angle égal ; et, puisque les triangles sont équivalents, les produits des côtés qui comprennent l'angle O sont égaux, et l'on a :

$$OC.OE = OA.OB$$

ou
$$r'^2 = ar ; \quad \text{d'où} \quad r' = \sqrt{ar}$$

Ainsi *le nouveau rayon est une moyenne géométrique entre l'apothème et le rayon du polygone précédent.*

Pour trouver l'expression du nouvel apothème a', remarquons que les triangles rectangles et semblables ODC et OAL donnent :

$$\frac{OD}{OC} = \frac{OA}{OL} \quad \text{ou} \quad \frac{a'}{r'} = \frac{a}{OL} ; \quad \text{d'où} \quad a' = \frac{ar'}{OL} \tag{1}$$

Il s'agit d'exprimer OL en fonction de a et de r. Le triangle rectangle OAL donne :

$$\overline{OL}^2 = \overline{OA}^2 + \overline{AL}^2 = a^2 + \overline{AL}^2 ; \quad \text{d'où} \quad OL = \sqrt{a^2 + \overline{AL}^2} \tag{2}$$

AL est une partie de AB ; la bissectrice OL donne :

$$\frac{AL}{LB} = \frac{a}{r} ; \quad \text{d'où} \quad \frac{AL}{AB} = \frac{a}{a+r} \quad \text{et} \quad AL = AB.\frac{a}{a+r} \tag{3}$$

Cherchons AB ; on a :

$$\overline{AB}^2 = r^2 - a^2 = (r+a)(r-a); \quad \text{d'où} \quad AB = \sqrt{r+a}\sqrt{r-a}$$

Remontons aux relations précédentes (3), (2), (1), il vient :

$$AL = \sqrt{r+a}\sqrt{r-a}.\frac{a}{r+a} = \frac{a\sqrt{r-a}}{\sqrt{r+a}} \quad \text{et} \quad \overline{AL}^2 = \frac{a^2(r-a)}{r+a}$$

$$OL = \sqrt{a^2 + \frac{a^2(r-a)}{r+a}} = a\sqrt{1 + \frac{r-a}{r+a}} = a\sqrt{\frac{2r}{r+a}}$$

Et enfin $\quad a' = ar' : a\sqrt{\dfrac{2r}{r+a}} = r'\sqrt{\dfrac{r+a}{2r}}$

Ainsi $\quad\quad\quad\quad r' = \sqrt{ar} \quad \text{et}\, a' = r'\sqrt{\dfrac{r+a}{2r}}$

Exercice 105

Problème 78. *Appliquer au calcul du nombre π les formules du problème précédent, en partant du carré qui a 1 mètre de côté.*

A mesure que grandit le nombre des côtés du polygone régulier de surface constante, la forme de ce polygone tend vers la forme du cercle; ainsi le rayon et l'apothème tendent à se confondre en une valeur unique, qui est celle du rayon du cercle équivalent au polygone.

Le carré de 1 mètre de côté a 1 mètre carré de surface; telle sera aussi la surface de tous les polygones successifs et du cercle lui-même.

Et comme l'aire du cercle a pour formule πr^2, on posera :

$$\pi r^2 = 1 \; ; \quad \text{d'où} \quad \pi = \frac{1}{r^2}$$

Il faut donc calculer le rayon et l'apothème des polygones successifs jusqu'à ce que les décimales que l'on conservera soient communes. On aura alors, au même degré d'approximation, le rayon du cercle qui a un mètre carré de surface, et on déduira la valeur de π.

Le rayon du carré est la moitié de la diagonale, et l'apothème est la moitié du côté : $r = {}^1\!/_2\sqrt{2}$, et $a = {}^1\!/_2$

```
Log. 2.  . . . . 0.301 03
La 1/2  . . . . 0.150 51 ·
Log. 0,5  . . . 1.698 97
Somme.  . . . 1.849 48 ·  . . . 0,707 108   r
                       a  . . . 0,500 000   a
                   r + a  . . . 1,207 108
```

Octogone régulier.

```
Log. r . . . . . 1.849 48 ·
Log. a . . . . . 1.698 97
Somme.  . . . . 1.548 45 ·
La 1/2  . . . . . 1.774 23  . . . 0,594 612   r'
Log. r . . . . . 1.849 48 ·
Log. 2 . . . . . 0.301 03
Somme.  . . . . 0.150 51 ·        Dénominateur
Log. (r + a) . . 0.081 74 ·       Numérateur
Différence.  . . 1.931 23
La 1/2  . . . . . 1.965 61 ·
```

Log. r' . . . . . $\overline{1}.77423$
Somme. . . . $\overline{1}.73984\cdot$ . . . $0,549344$ a'
         $r'+a'$ . . . $1,143956$

Polygone de 16 côtés.

(r et a ne sont autre chose que r' et a' du calcul précédent.)

Log. r . . . . . $\overline{1}.77423$
Log. a . . . . . $\overline{1}.73984\cdot$
Somme. . . . $\overline{1}.51407\cdot$
La $1/_2$ . . . . $\overline{1}.75704$ . . . $0,571529$ r'
Log. r . . . . . $\overline{1}.77423$
Log. 2 . . . . . 0.30103
Somme. . . . 0.07526 Dénominateur
Log. $(r+a)$ . . 0.05841 Numérateur
Différence. . . $\overline{1}.98315$
La $1/_2$ . . . . $\overline{1}.99157\cdot$
Log. r'. . . . . $\overline{1}.75704$
Somme. . . . $\overline{1}.74861\cdot$ . . . $0,560543$ a'
         $r'+a'$ . . . $1,132072$

Polygone de 32 côtés

Log. r . . . . . $\overline{1}.75704$
Log. a . . . . . $\overline{1}.74861\cdot$
Somme. . . . $\overline{1}.50565\cdot$
La $1/_2$ . . . . $\overline{1}.75283$ . . . $0,566014$ r'
Log. r . . . . . $\overline{1}.75704$
Log. 2 . . . . . 0.30103
Somme. . . . 0.05807 Dénominateur
Log. $(r+a)$. . 0.05388 Numérateur
Différence. . . $\overline{1}.99581$
La $1/_2$ . . . . $\overline{1}.99790\cdot$
Log. r'. . . . . $\overline{1}.75283$
Somme. . . . $\overline{1}.75073\cdot$ . . . $0,563294$ a'
         $r'+a'$ . . . $1,129308$

Polygone de 64 côtés.

Log. r . . . . . $\overline{1}.75283$
Log. a . . . . . $\overline{1}.75073\cdot$
Somme. . . . $\overline{1}.50356\cdot$
La $1/_2$ . . . . $\overline{1}.75178$ . . . $0,564630$ r'

Log. r . . . . . $\overline{1}.75283$
Log. 2 . . . . . 0.30103
Somme. . . . 0.05386 Dénominateur
Log. $(r+a)$. . 0.05281 Numérateur
Différence. . . $\overline{1}.99895$
La $1/_2$ . . . . $\overline{1}.99947 \cdot$
Log. r' . . . . $\overline{1}.75178$
Somme. . . . $\overline{1}.75125 \cdot$ . . . $0,563962$ c'

         $r'+a'$ . . . $1,128612$

Polygone de 128 côtés.

Log. r . . . . $\overline{1}.75178$
Log. a . . . . $\overline{1}.75125 \cdot$
Somme. . . . $\overline{1}.50303 \cdot$
La $1/_2$ . . . . $\overline{1}.75152$ . . . $0,564312$ r'
Log. r . . . . $\overline{1}.75178$
Log. 2 . . . . 0.30103
Somme. . . . 0.05281 Dénominateur
Log. $(r+a)$. . 0.05254 Numérateur
Différence. . . $\overline{1}.99973$
La $1/_2$ . . . . $\overline{1}.99986 \cdot$
Log. r' . . . . $\overline{1}.75152$
Somme. . . . $\overline{1}.75138 \cdot$ . . . $0,564150$ a'

         $r'+a'$ . . . $1,128462$

Polygone de 256 côtés.

Log. r . . . . $\overline{1}.75152$
Log. a . . . . $\overline{1}.75138 \cdot$
Somme. . . . $\overline{1}.50290 \cdot$
La $1/_2$ . . . . $\overline{1}.75145$ . . . $0,564225$ r'
Log. r . . . . $\overline{1}.75152$
Log. 2 . . . . 0.30103
Somme. . . . 0.05255 Dénominateur
Log. $(r+a)$. . $0.05248 \cdot$ Numérateur
Différence. . . $\overline{1}.99993 \cdot$
La $1/_2$ . . . . $\overline{1}.99997$
Log. r' . . . . $\overline{1}.75145$
Somme. . . . $\overline{1}.75142$ . . . $0,564186$ a'

         $r'+a'$ . . . $1,128411$

Polygone de 512 côtés.

Log. r	$\overline{1}.751\,45$	
Log. a	$\overline{1}.751\,42$	
Somme . . .	$\overline{1}.502\,87$	
La $^1/_2$	$\overline{1}.751\,43\cdot$ . . . 0,564 206 r
Log. r	$\overline{1}.751\,45$	
Log. 2	$0.301\,03$	
Somme. . . .	$0.052\,48$	Dénominateur
Log. $(r+a)$. .	$0.052\,46\cdot$	Numérateur
Différence. . .	$\overline{1}.999\,98\cdot$	
La $^1/_2$	$\overline{1}.999\,99$	
Log. r'	$\overline{1}.751\,43\cdot$	
Somme. . . .	$\overline{1}.751\,42\cdot$ . . . 0,564 193 a
	$r'+a'$ . . . 1,128 399	

Polygone de 1024 côtés.

Log. r	$\overline{1}.751\,43\cdot$	
Log. a	$\overline{1}.751\,42\cdot$	
Somme. . . .	$\overline{1}.502\,86$	
La $^1/_2$	$\overline{1}.751\,43$ . . . 0,564 200 r'
Log. r	$\overline{1}.751\,43\cdot$	
Log. 2	$0.301\,03$	
Somme. . . .	$0.052\,46\cdot$	Dénominateur
Log. $(r+a)$. .	$0.052\,46$	Numérateur
Différence. . .	$0.000\,00$	
La $^1/_2$	$0.000\,00$	
Log. r	$\overline{1}.751\,43$	
Somme. . . .	$\overline{1}.751\,43$ . . . 0,564 200 a'

Dans le polygone régulier de 1024 côtés, le rayon et l'apothème ont
la même expression numérique quant aux cinq premiers chiffres, les
seuls sur lesquels nous puissions compter dans l'usage des tables
logarithmiques à cinq décimales.

On peut donc poser aussi pour le cercle équivalent à ce polygone :

$$r = 0^{\mathrm{m}}564\,20$$

Or l'aire de ce cercle est de 1 mètre carré, comme pour chacun des
polygones sur lesquels ont porté les calculs. On a donc :

$$\pi r^2 = 1 \; ; \quad \text{d'où} \quad \pi = \frac{1}{r^2}$$

Log. r	$\overline{1}.751\,43$	
2 fois	$\overline{1}.502\,86$	Dénominateur
Log. 1	$0.000\,00$	Numérateur
Différence. .	$0.497\,14$ . . . 3,1415 π

LIVRE V

GÉNÉRALITÉS SUR LES DROITES ET LES PLANS

THÉORÈMES

Exercice 1

Théorème 1. *Si une droite AB et un plan M sont parallèles, tout plan N perpendiculaire à la droite est aussi perpendiculaire au plan donné, et réciproquement.*

1° Par un point quelconque 1 pris sur le plan M, menons une droite IC parallèle à AB ; cette droite est contenue dans le plan M (Géom., n° 308), et elle est, comme sa parallèle AB, perpendiculaire au plan N (Géom., n° 322) ; donc le plan M qui contient cette droite IC, est aussi per-

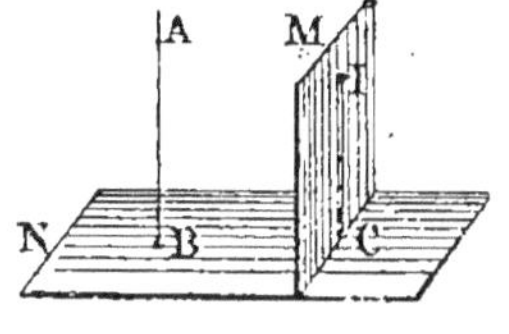

pendiculaire au plan N (Géom., n° 332), et celui-ci, par réciproque, est perpendiculaire au plan M.

2° Réciproquement : *Une droite AB et un plan M perpendiculaires à un même plan N sont parallèles.*

En effet, si la droite AB et le plan M se rencontraient en un point quelconque, O, par exemple, on pourrait de ce point abaisser une

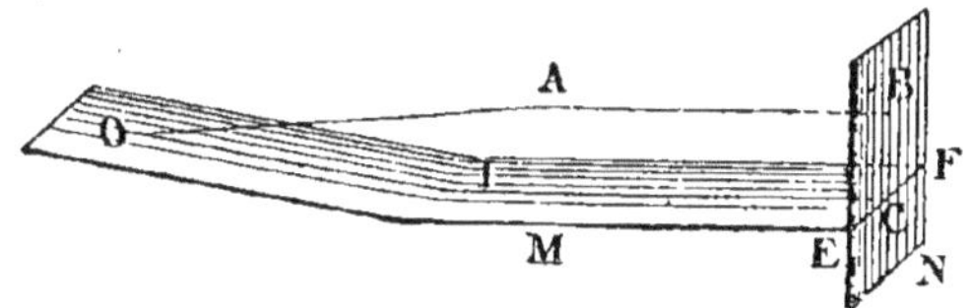

droite OIC perpendiculaire à l'intersection EF ; cette droite serait perpendiculaire au plan N (Géom., n° 334), et ainsi il y aurait deux perpendiculaires abaissées d'un même point sur un même plan, ce qui est impossible.

Donc la droite AB et le plan M sont parallèles.

Exercice 2

Théorème 2. *Une droite* AB *et un plan* M *perpendiculaires à une même droite* CD *sont parallèles.*

En effet, si la droite AB et le plan M se rencontraient en un point quelconque, O, par exemple, on pourrait joindre ce point au point d'intersection E de la droite CD et du plan M.

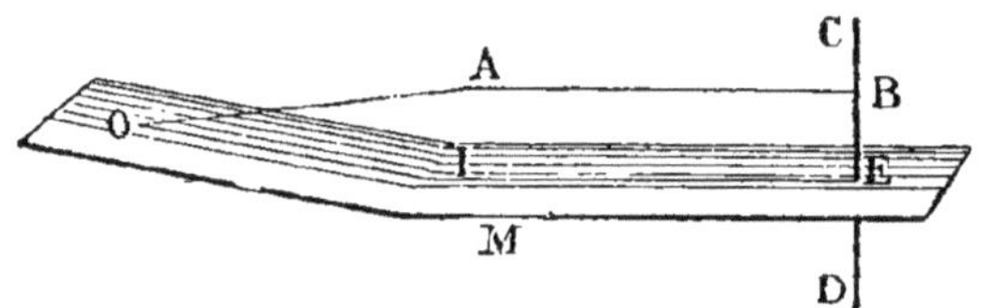

La ligne CD étant donnée perpendiculaire au plan M, serait aussi perpendiculaire à OIE; et ainsi il y aurait d'un même point O deux perpendiculaires, OAB et OIE, abaissées sur une même droite, ce qui est impossible.

Donc la droite AB et le plan M sont parallèles.

Exercice 3

Théorème 3. *Étant donnés un dièdre* MIJN *et une droite inté-rieure* AB *perpendiculaire à l'arête et oblique aux deux plans, si un plan se meut par cette droite en coupant les deux faces du dièdre, l'angle plan déterminé sur le plan mobile est minimum lorsque ce plan est perpendiculaire à l'arête.*

Soit CD la position du plan mobile lorsqu'il est perpendiculaire à l'arête IJ, et soit EF une autre position quelconque de ce même plan mobile.

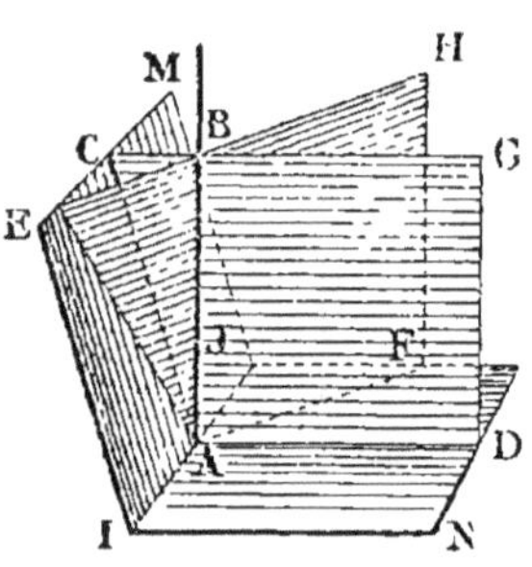

L'arête IJ est perpendiculaire au plan CD, et par suite aux droites AC et AD qui sont dans ce plan. Ces droites AC et AD sont les projections de la droite AB sur les deux faces du dièdre.

Or l'angle que fait une droite avec sa projection sur un plan est moindre que l'angle qu'elle fait avec toute autre droite menée par son pied dans ce plan (Géom., n° 340); on a donc :

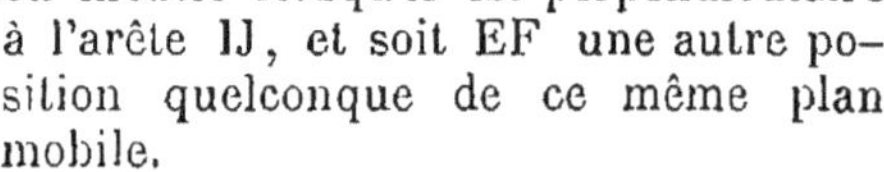

$$\text{Angle} \quad BAC < BAE$$
$$BAD < BAF$$

d'où, en additionnant, $\qquad CAD < EAF \qquad$ *C. Q. F. D.*

Exercice 4

Théorème 4. *Deux trièdres* S *et* S' *qui ont deux faces* b *et* c, b' *et* c', *respectivement égales, et le dièdre compris inégal, ont aussi la troisième face inégale, et réciproquement.*

Sur l'arête commune aux deux faces respectivement égales, portons

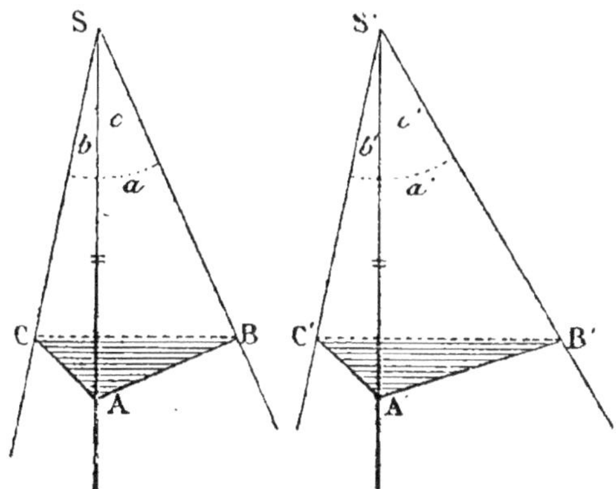

des longueurs égales SA et S'A'; puis menons, perpendiculairement à ces mêmes arêtes, les plans ABC et A'B'C'. La droite SA sera perpendiculaire aux lignes AB et AC, et de même S'A' aux lignes A'B' et A'C'.

Les triangles SAC et S'A'C' sont égaux, comme ayant un côté égal (SA, S'A') adjacent à des angles respectivement égaux; donc AC = A'C' et SC = S'C'.

De même les triangles SAB et S'A'B' sont égaux, et l'on a : AB = A'B' et SB = S'B'.

1° Les dièdres SA et S'A' sont mesurés par les angles plans CAB et C'A'B'; de sorte que si l'on a SA < S'A', on a aussi CAB < C'A'B'.

Ainsi les triangles ABC et A'B'C' ont deux côtés respectivement égaux, et l'angle compris A < A'; donc CB < C'B' (Géométrie, n° 50).

Dès lors les triangles CBS et C'B'S' ont deux côtés respectivement égaux, et le troisième côté CB < C'B'; donc l'angle *a* est plus petit que *a'*.   *C. Q. F. D.*

2° Supposons que l'on donne la face *a* < *a'*. Les triangles CBS et C'B'S' ont deux côtés respectivement égaux, et l'angle *a* < *a'*; donc CB < C'B'.

Dès lors les triangles ABC et A'B'C' ont deux côtés respectivement égaux, et le troisième côté CB < C'B'; donc l'angle CAB est plus petit que C'A'B', et le dièdre SA est plus petit que S'A'.

C. Q. F. D.

Exercice 5

Théorème 5. *Si deux faces* ASB *et* ASC *d'un trièdre sont égales, les dièdres opposés* SC *et* SB *sont aussi égaux, et réciproquement. Le trièdre est dit alors* isocèle *ou* isoèdre.

1° Portons sur les arêtes trois longueurs égales SA, SB, SC; menons le plan ABC et un autre plan ASD par l'arrête SA et par le milieu de BC.

Le triangle BSC est isocèle, et ce triangle est divisé en deux parties égales par la médiane SD.

Le plan ASD divise le trièdre donné en deux trièdres égaux, comme ayant les faces respectivement égales (Géom., n° 353, 3°); donc les dièdres homologues SB et SC sont égaux.   *C. Q. F. D.*

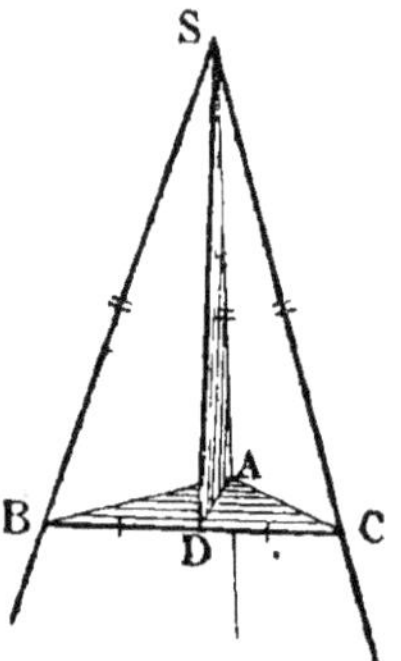
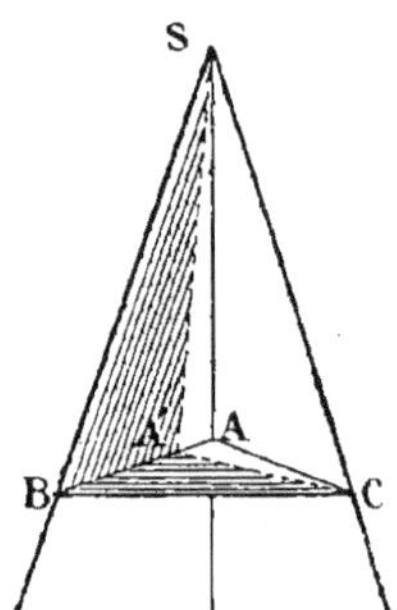

2° Si les dièdres SB et SC sont donnés égaux, il s'agit de prouver que les faces opposées ASC et ASB sont égales.

Si l'on supposait la face ASC plus petite que ASB, on porterait la valeur angulaire CSA en BSA′, et l'on mènerait le plan CSA′. Les deux trièdres SABC et SA′BC auraient un dièdre égal compris entre des faces respectivement égales, et ces deux trièdres seraient égaux; ce qui est impossible, car le second n'est qu'une partie du premier.

Donc, on ne peut supposer inégales les faces ASB et ASC... (Géométrie, n°s 52 et 53).

Corollaire. *Un trièdre équilatéral ou équièdre est équiangle, et réciproquement* (Géom., n° 54).

Scolie. Dans le trièdre isocèle SABC (1re figure ci-dessus), le plan ASD est mené par l'arête *sommet* SA et par la bissectrice SD de la face opposée, laquelle face pourra être nommée *base*. Ce plan partage le trièdre total en deux trièdres partiels égaux dans toutes leurs parties; donc les dièdres partiels formés en SA sont égaux. Il en est de même des dièdres formés en SD; et ces derniers sont droits.

Ainsi le plan ASD remplit quatre conditions, dont deux suffisent pour le déterminer. De là découlent quatre propositions qui se trouvent toutes démontrées par l'une quelconque d'entre elles, et que l'on pourrait d'ailleurs établir séparément (Géom., n° 55) :

Dans tout trièdre isocèle :

1° *Le plan mené par l'arête sommet et par la bissectrice de la face opposée est perpendiculaire à cette face, et est bissecteur du dièdre du sommet;*

2° *Le plan mené par l'arête sommet perpendiculairement à la face opposée passe par la bissectrice de cette face, et est bissecteur du dièdre du sommet;*

3° *Le plan bissecteur du dièdre-sommet est perpendiculaire à la face opposée, et passe par la bissectrice de cette face;*

4° *Le plan mené perpendiculairement à la face de base par la bissectrice de cette même face, divise le dièdre opposé en deux dièdres égaux.*

Exercice 6

Théorème 6. *Dans tout trièdre* S , *à un plus grand dièdre se trouve opposée une plus grande face, et réciproquement* (Géométrie , n°s 57 et 58).

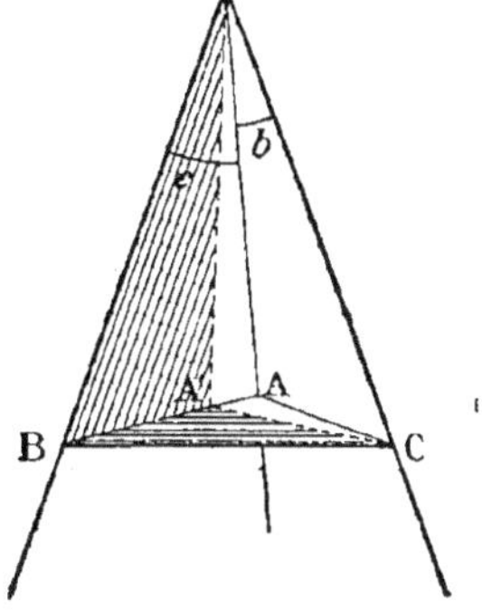

1° Soit donné le dièdre SB $<$ SC. Menons un plan SCA′ qui détermine en SC, avec la face de devant, un dièdre égal à SB. Le trièdre SA′BC sera isocèle (Exerc. 5, 2°), et la face A′SB sera égale à A′SC.

Entre les faces du trièdre SACA′ on a la relation (Géom., n° 349) :

$$ASC < ASA' + A'SC.$$

Remplaçons la face A′SC par son égale A′SB, il vient, tout étant réduit,

$$ASC < ASB. \qquad C.\,Q.\,F.\,D.$$

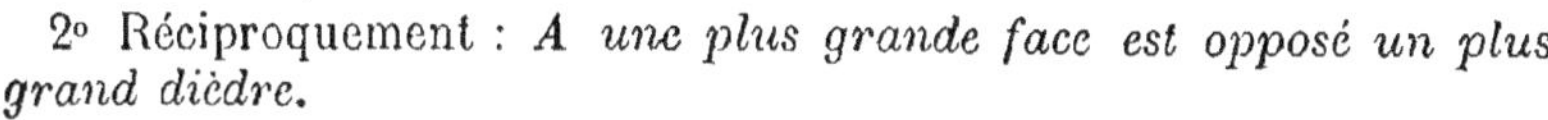

2° Réciproquement : *A une plus grande face est opposé un plus grand dièdre.*

Soit, dans le trièdre SABC, la face *c* plus grande que *b*. Il faut prouver que le dièdre SC est plus grand que SB.

Si l'on supposait égaux ces deux dièdres, les faces opposées seraient égales (Exerc. 5, 2°); ce qui est contre l'hypothèse.

Si l'on supposait le dièdre SC plus petit que SB, on aurait, en vertu du théorème direct, $c < b$; ce qui est encore contraire à l'hypothèse.

Ainsi le dièdre SC est plus grand que SB. $\qquad C.\,Q.\,F.\,D.$

Exercice 7

Théorème 7. *Si un angle solide est coupé en toutes ses arêtes par un plan quelconque, variable de position, la somme des angles plans déterminés sur les faces de l'angle solide d'un même côté du plan sécant est constante.*

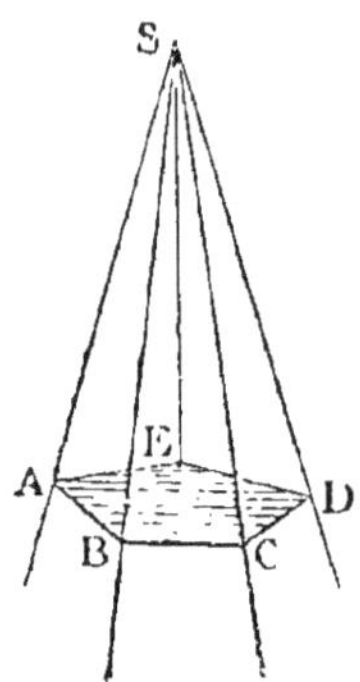

Soit n le nombre des faces latérales de l'angle solide considéré. Tout plan M qui coupe toutes les arêtes d'un même côté du sommet, détermine sur les faces latérales n triangles, pour lesquels la somme totale des angles est un nombre d'angles droits exprimé par $2n$.

Cette somme se compose de deux parties : 1° la somme des valeurs angulaires qui forment les faces de l'angle solide, en S; 2° la somme des angles déterminés sur ces mêmes faces au-dessus du plan sécant. Or, quelle que soit la position du plan sécant, la première partie est constante; donc, la deuxième l'est aussi.

Considérons, en second lieu, les angles qui sont déterminés sur les faces au-dessous du plan sécant. Chacun de ces angles est le supplément de l'angle adjacent qui se trouve au-dessus de ce même plan; à chaque arête il y a ainsi une somme de 4 angles droits : et la valeur totale des angles, tant supérieurs qu'inférieurs, est un nombre de droits exprimé par $4n$. Mais la somme des angles supérieurs est constante; donc, la somme des angles inférieurs l'est aussi.

Exercice 8

Théorème 8. *Deux angles solides sont égaux lorsqu'ils ont les faces respectivement égales et les dièdres respectivement égaux.*

On suppose que ces éléments sont disposés dans le même ordre de part et d'autre; et dès lors on conçoit que la face a peut coïncider avec a', le dièdre A avec A', la face b avec b', le dièdre B avec B', etc. Ainsi les deux angles solides sont égaux.

Exercice 9

Théorème 9. *Pour qu'on puisse former un trièdre avec trois faces données* a, b, c, *il faut et il suffit que la somme des trois faces soit moindre que 4 droits, et que la plus grande face soit moindre que la somme des deux autres.*

1° La première condition résulte de ce qu'un trièdre est nécessairement convexe, et que, dans un tel angle, la somme des faces est inférieure à 4 droits (Géom., n° 350).

2° Soit a la plus grande face et c la plus petite. Assemblons les deux faces b et c par l'arête commune SA, et ouvrons-les de manière à les mettre dans un même plan MM.

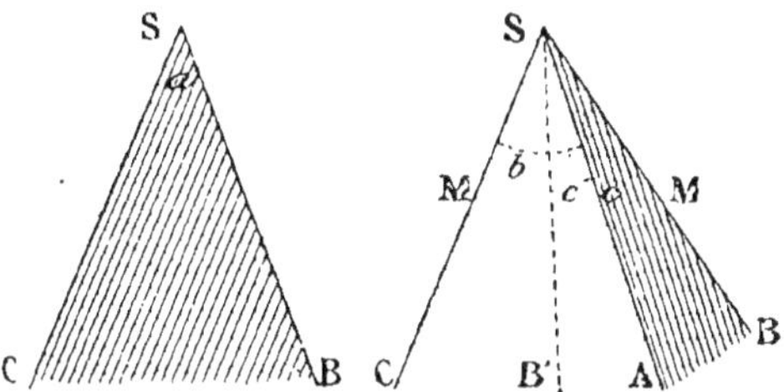

Si l'on faisait tourner la face c autour de l'arête SA d'un demi-tour, l'arête SB se trouverait transportée en SB' dans l'ouverture b.

L'angle total CSB est la somme des faces b et c, et l'angle CSB' est la différence de ces mêmes faces.

La grande face a est donnée plus petite que la somme des deux autres; et comme elle est plus grande que chacune des deux autres, elle est, à plus forte raison, plus grande que leur différence.

Si donc on transportait la face a sur le plan CSB, cette face serait trop petite pour atteindre les deux arêtes SC et SB, et trop grande pour tenir entre SC et SB'.

Or, dans le mouvement rotatoire qui transporte SB en SB', l'angle des deux arêtes SC et SB passe par toutes les valeurs intermédiaires de CSB à CSB'.

Il y a donc, en avant du plan MM, une position de SB pour laquelle l'angle CSB est égal à la face a; ce qui montre que le trièdre est possible.

Exercice 10

Théorème 10. *Pour que l'on puisse former un trièdre avec trois angles dièdres donnés* A, B, C, *il faut et il suffit que leur somme soit comprise entre 2 et 6 droits, et que le plus petit dièdre, augmenté de 2 droits, surpasse la somme des deux autres.*

Soit A le plus petit dièdre. Appelons a', b', c' des angles plans supplémentaires de A, B, C. L'angle a' sera le plus grand de ces trois suppléments.

1° Les conditions énoncées sont nécessaires, car ce sont des propriétés de tout trièdre (Géom., n° 352).

2° Les conditions données peuvent se résumer ainsi :

$$6 \text{ droits} > A + B + C > 2 \text{ droits} \qquad A + 2 \text{ droits} > B + C$$

De là résultent les relations ci-après entre les valeurs supplémentaires (on retranche de 6 droits les trois membres de la première relation, et de 4 droits les deux membres de la seconde) :

$$0 < a' + b' + c' < 4 \text{ droits} \qquad a' < b' + c'$$

Ainsi la somme des trois angles plans a', b', c' est inférieure à 4 angles droits, et le plus grand, a', est moindre que la somme des deux autres.

Donc un trièdre peut être construit avec trois faces égales respectivement à a', b', c'. Le trièdre supplémentaire de ce premier trièdre aura pour dièdres les suppléments de a', b', c', soit les dièdres donnés A, B, C (Géom., n° 348).

Donc, *pour que l'on puisse former...*

Exercice 11

Théorème 11. *Les trois plans perpendiculaires aux faces d'un trièdre S, menés par les arêtes opposées à ces faces, se rencontrent en une même droite* (plans hauteurs).

Les plans en question ne sont autre chose que les plans projetants des trois arêtes sur les faces opposées.

Considérons deux de ces plans, SBE et SCF (le sommet S n'est 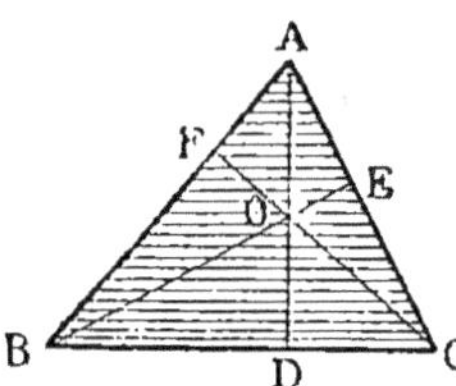 pas représenté ici ; il faut le supposer en avant du plan ou dessin ABC) ; soit SO l'intersection de ces deux plans. Coupons le trièdre S par un plan quelconque ABC perpendiculaire à SO ; cette droite SO, perpendiculaire au plan ABC, sera aussi perpendiculaire aux intersections ou traces BE et CF situées dans ce plan.

Le plan SBE, perpendiculaire aux deux plans ABC et SAC, est perpendiculaire à leur intersection AC; ainsi la trace BE, perpendiculaire à AC, est l'une des hauteurs du triangle ABC.

Il en est de même de la trace CF, et aussi de la trace du troisième plan SAD. Or les trois hauteurs du triangle ABC se rencontrent en un même point O (Livre I, Exerc. 34); donc les trois *plans hauteurs* du trièdre S se rencontrent en une même droite SO.

$$C.\ Q.\ F.\ D.$$

Exercice 12

Théorème 12. *Dans un trièdre quelconque S, les trois plans bissecteurs des dièdres se rencontrent en une même droite dont chaque point est équidistant des faces.*

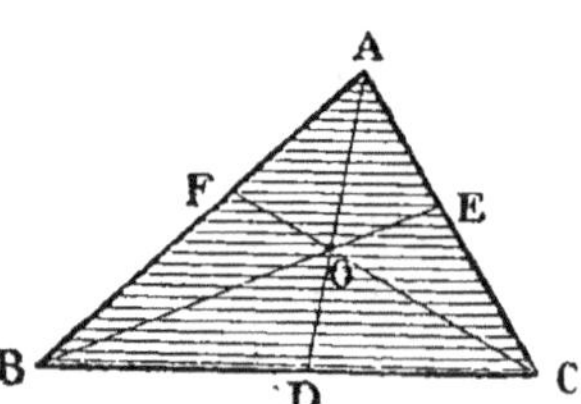

(Supposez le sommet S en avant du plan ABC.)

Soit SO l'intersection de deux plans bissecteurs SBE et SCF.

La droite SO appartenant au plan bissecteur SBE, chaque point de SO est équidistant des faces SBA et SBC (Géom., n° 329, 7°) ; de même, SO appartenant au plan bissecteur SCF, chaque point de SO est équidistant des faces SBC et SCA.

Donc chaque point de SO est équidistant des trois faces du trièdre, et en particulier des deux faces du dièdre SA; d'où il suit que cette ligne SO appartient au plan bissecteur de ce même dièdre SA. Donc, *dans un trièdre quelconque...*

Exercice 13

Théorème 13. *Dans tout trièdre S, les trois plans qui passent par les arêtes et par les bissectrices des faces opposées, se rencontrent suivant une même droite* (plans médians).

(Supposez le sommet S en avant du plan ABC.)

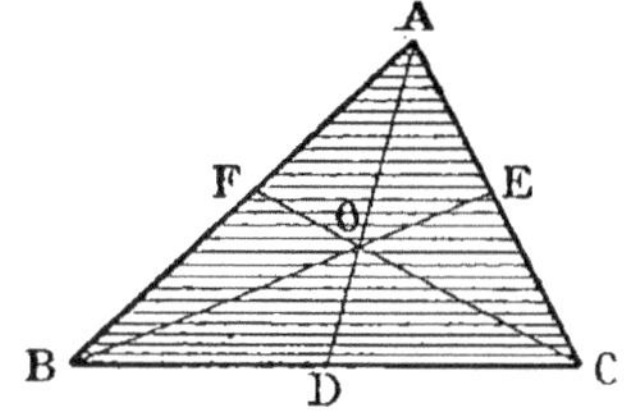

Portons sur les arêtes des longueurs égales SA, SB, SC, et coupons le trièdre par le plan ABC.

Soient SBE et SCF deux des plans médians. Les distances SA et SC étant égales, la droite AC est perpendiculaire à la bissectrice SE, et a le point E pour milieu. Ainsi la trace BE est une médiane du triangle ABC; il en sera de même de CF et de la troisième trace AD.

Or les trois médianes du triangle ABC se rencontrent en un même point O; ce point est donc commun aux trois plans médians. Et comme la section ABC peut être faite à une distance quelconque du sommet S, on voit que les trois plans médians se rencontrent suivant une même droite SO.   *C. Q. F. D.*

Exercice 14

Théorème 14. *Les trois plans menés perpendiculairement aux faces d'un trièdre S par les bissectrices de ces mêmes faces, se rencontrent suivant une même droite dont chaque point est équidistant des trois arêtes.*

(Supposez le sommet S en avant du plan ABC.)

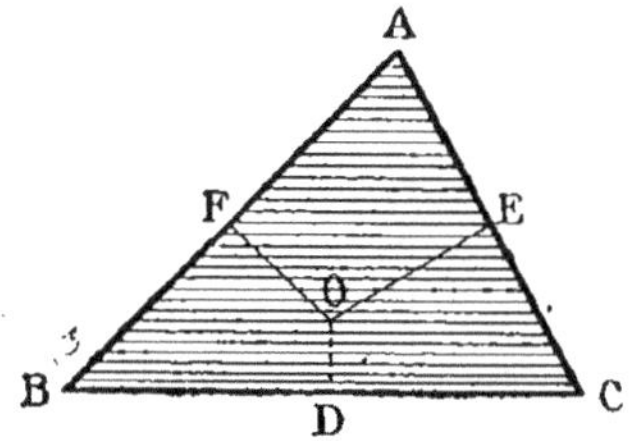

Portons sur les arêtes des longueurs égales SA, SB, SC, et coupons le trièdre par le plan ABC.

Considérons deux des plans en question; par exemple, SOE et SOF.

Les distances SA et SC étant égales, la droite AC est perpendiculaire à la bissectrice SE, et a le point E pour milieu.

D'autre part, le plan indéfini SOE est le lieu des points équidistants des deux côtés de l'angle ASC; ainsi le point O de ce plan est équidistant des arêtes SA et SC. De même le plan indéfini AOF est le lieu des points équidistants des côtés de l'angle ASB, et le point O de ce plan est équidistant des arêtes SA et SB.

Donc chaque point de SO est équidistant des trois arêtes du trièdre, et en particulier des deux arêtes de la face BSC; d'où il suit que cette ligne SO appartient au plan mené perpendiculairement à la face BSC par la bissectrice de cette même face. Donc, *les trois plans...*

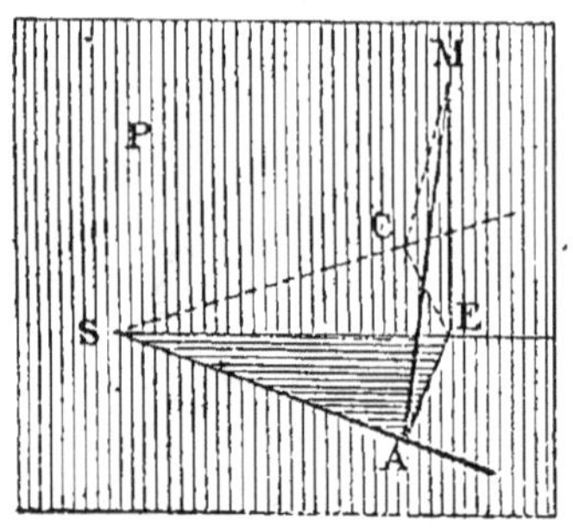

Scolie. Nous avons admis, dans ce qui précède, que le plan indéfini P, mené perpendiculairement au plan d'un angle ASC par la bissectrice SE de ce même angle, est le lieu des points équidistants des côtés de l'angle S. Cette propriété est une conséquence du *théorème des trois perpendiculaires* (Géom., n° 301).

En effet, soit M un point quelconque du plan P. Menons ME perpendiculaire à SE, puis les droites EA et EC perpendiculaires aux côtés de l'angle S, et enfin MA et MC. On a EA=EC; la droite ME est perpendiculaire au plan ASC; MA et MC sont deux obliques qui s'écartent également de la perpendiculaire : ainsi ces lignes sont égales, et le point M est équidistant des côtés SA et SC.

Remarque. Les quatre propriétés qui viennent d'être établies sur les trièdres ont une grande analogie avec quatre propriétés connues sur les triangles (Livre I, Exercices 31 à 34).

Exercice 15

Théorème 15. *La projection d'une surface plane quelconque sur un plan égale le produit de cette surface par le cosinus de l'angle qu'elle fait avec le plan.*

1° Considérons d'abord un triangle ABC situé dans le plan M, et sa projection A'B'C' sur le plan N, et supposons que l'un des côtés, AC, par exemple, soit parallèle à l'intersection EF des deux plans. La projection A'C' sera parallèle à EF et égale à AC.

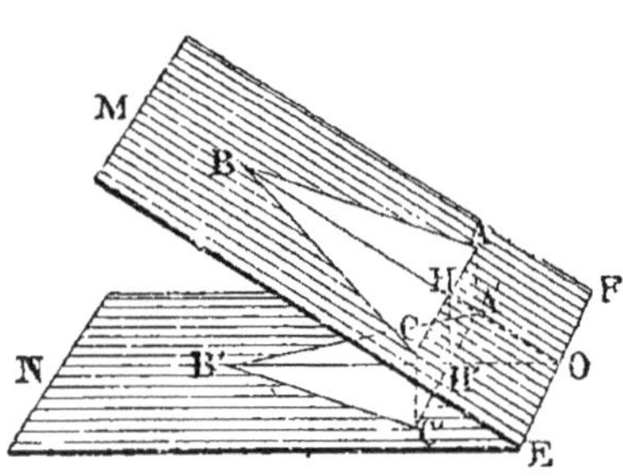

Prenons ce côté AC pour base du triangle. La hauteur BH ou h, perpendiculaire sur AC, est aussi perpendiculaire sur EF, et sa projection B'H' ou h' sur le plan N sera également perpendiculaire à l'intersection EF; de sorte que l'angle BOB' est l'angle des deux plans.

Or dans le plan BOB' on a (Livre IV, Exercice 19):

$$h' = h \cdot \cos 0$$

Multiplions le premier membre par $\frac{1}{2}$A'C' et le second par $\frac{1}{2}$AC, ce qui revient à multiplier les deux membres par $\frac{1}{2}b$, il vient :

$$\tfrac{1}{2}bh' = \tfrac{1}{2}bh \cdot \cos 0$$

Or $\frac{1}{2}bh'$ est l'aire de la projection A'B'C', et $\frac{1}{2}bh$ est l'aire du triangle considéré ABC. Donc le théorème est vrai dans ce cas.

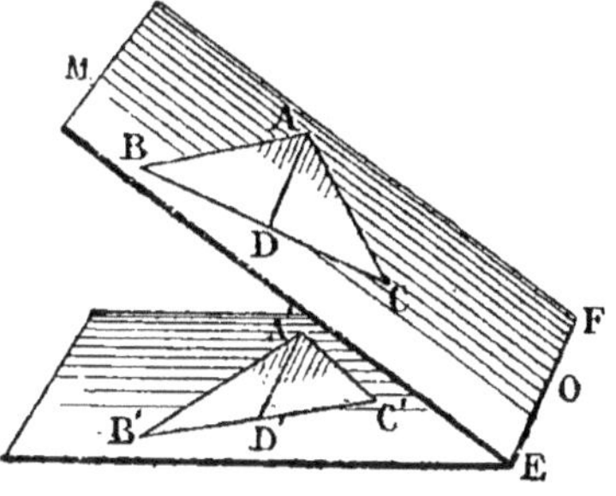

2º Si le triangle considéré ABC n'a aucun côté parallèle à l'intersection EF des deux plans MN, on mène une droite AD parallèle à EF, et le triangle ABC se trouve ainsi décomposé en deux triangles ABD et ACD qui rentrent dans le premier cas considéré. On aura donc :

$$A'B'D' = ABD \cdot \cos 0$$
$$A'C'D' = ACD \cdot \cos 0$$

d'où, en additionnant, $A'B'C' = ABC \cdot \cos 0$

3º Un polygone quelconque étant décomposable en triangles, la formule du théorème sera encore applicable. Il en sera de même des figures terminées en tout ou en partie par des lignes courbes; car ces figures sont des limites de polygones rectilignes, et on peut même les considérer comme des polygones d'une infinité de côtés.

LIEUX GÉOMÉTRIQUES

Exercice 16

Lieu 1. *Un plan M tourne autour d'une droite fixe XY (une girouette autour de son axe); d'un point fixe O, on abaisse des perpendiculaires sur le plan mobile en ses diverses positions. Quel est le lieu de ces perpendiculaires?*

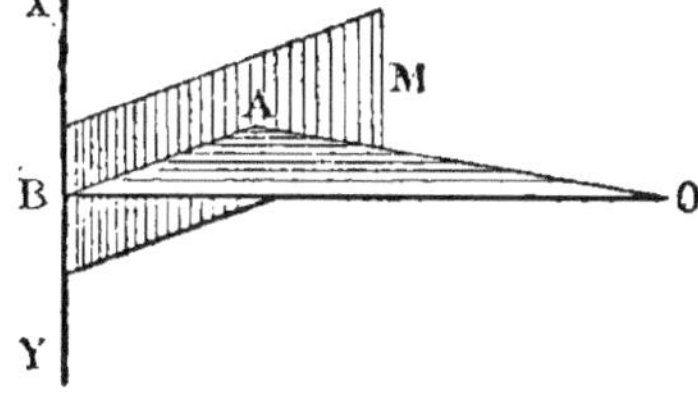

Soit OA la perpendiculaire au plan M. Menons la droite AB perpendiculaire à l'axe XY, et traçons OB.

7*

En vertu du théorème des trois perpendiculaires (Géom., n° 301), la droite OB est perpendiculaire à XY.

Ainsi l'axe XY est perpendiculaire aux deux droites OB et AB, et par suite à leur plan OAB.

Le lieu de la perpendiculaire OA est donc *le plan mené par le point donné O perpendiculairement à l'axe donné XY.*

Scolie. Le triangle OAB est rectangle en A, et l'hypoténuse OB est immobile; donc le lieu du pied A de la perpendiculaire OA est la circonférence décrite sur OB dans le plan mené par le point O perpendiculairement à l'axe XY.

Exercice 17

Lieu 2. *Étant données deux droites quelconques AB et CD, on fait mouvoir une troisième droite MN le long de la première et parallèlement à la seconde. Quel est le lieu décrit par la droite mobile?*

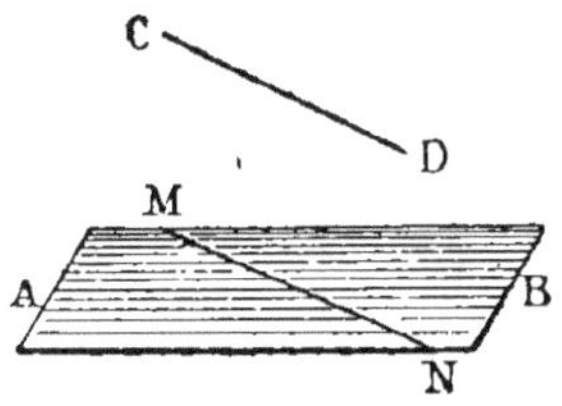

Les deux droites MN et CD étant parallèles, tout plan mené par MN est parallèle à CD (Géom., n° 304). Or, en l'une quelconque de ses positions, la droite mobile MN détermine avec AB un plan parallèle à la droite CD. C'est donc ce plan qui est le lieu demandé.

Exercice 18

Lieu 3. *Lieu des points équidistants de deux plans parallèles.*

C'est un troisième plan mené parallèlement aux deux plans donnés par le milieu d'une perpendiculaire commune à ces deux plans.

Car toutes les perpendiculaires menées entre ces trois plans seront divisées en deux parties égales (Géom., n° 317).

Exercice 19

Lieu 4. *Lieu des points équidistants de deux plans quelconques.*

C'est l'ensemble des deux plans bissecteurs des dièdres formés par ces deux plans. Car le plan bissecteur d'un dièdre est le lieu des points équidistants des deux faces de ce dièdre (Géom., n° 329, 7°).

Exercice 20

Lieu 5. *Lieu des parallèles menées à un plan donné A par un point donné O.*

C'est le plan M mené par le point donné parallèlement au plan donné. Car toute droite OM menée dans ce plan est parallèle au plan donné A... (Géom., n° 302).

Exercice 21

Lieu 6. *Lieu des points équidistants de deux droites* AB *et* CD *qui se coupent.*

Les droites données déterminent un plan PQ. Le lieu cherché comprend d'abord les bissectrices indéfinies EF et GH des angles que forment les droites données; mais le lieu complet se compose des plans indéfinis M et N menés par les bissectrices EF et GH perpendiculairement au plan PQ.

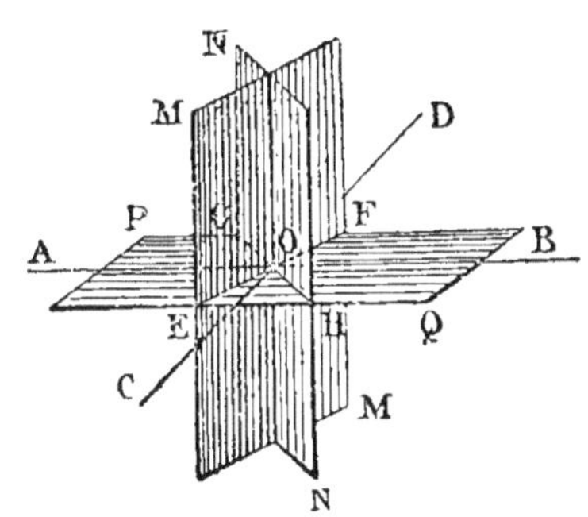

Pour un point quelconque de l'un de ces plans, l'égalité des distances aux deux droites AB et CD s'établirait par le théorème des obliques égales, et le principe des obliques s'écartant également de la perpendiculaire.

Exercice 22

Lieu 7. *Un point fixe* O *est projeté sur un plan* M *mobile autour d'une droite fixe* XY. *Quel est le lieu des projections?* (Voir l'Exercice 16 ci-dessus, Scolie.)

Le lieu est une circonférence décrite dans un plan perpendiculaire à la droite fixe, avec la distance du point fixe à la droite fixe pour diamètre.

Exercice 23

Lieu 8. *Lieu des milieux des droites menées entre deux droites données dans l'espace.*

Par la droite AB on peut mener un plan M parallèle à la droite CD, et par cette dernière un plan N parallèle à AB (Géométrie, n° 313).

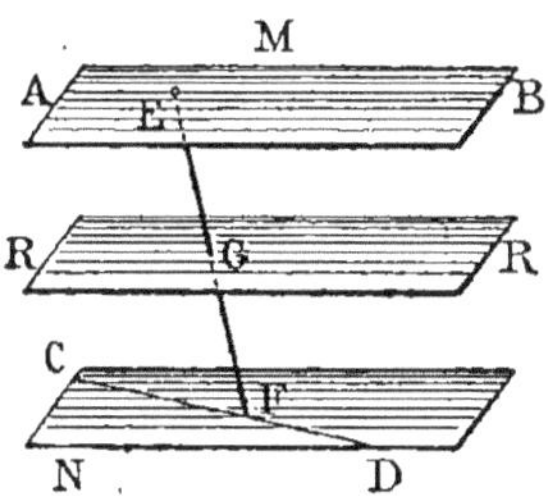

Le plan RR, mené à égale distance des plans M et N, est le lieu demandé. Car ce plan contient les milieux de toutes les droites menées de M à N.

Exercice 24

Lieu 9. *Lieu des points équidistants de trois points* A, B, C *donnés en ligne brisée.*

Formons le triangle ABC, et sur les milieux des côtés menons les perpendiculaires DO, EO, FO. Le point O est équidistant des trois sommets; de sorte que si l'on traçait des droites OA, OB, OC, ces droites seraient égales.

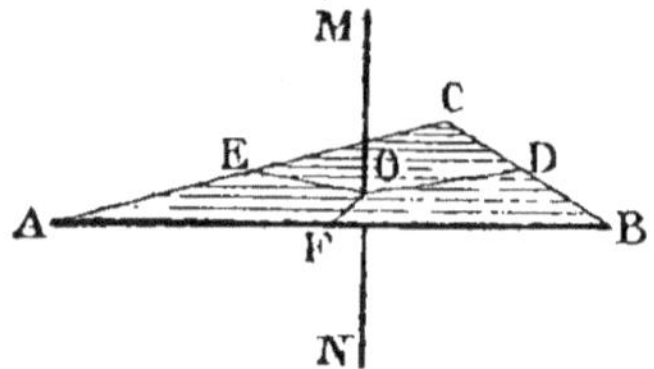

Le lieu demandé sera la droite indéfinie MN menée par le point O perpendiculairement au plan du triangle ABC. Car, pour tout point M de cette droite, les distances MA, MB, MC sont égales, comme obliques dont les pieds s'écartent également du pied de la perpendiculaire.

PROBLÈMES

Exercice 25

Problème 1. *Trouver la distance d'un point donné* M *à un plan donné* ABC.   (Figure ci-dessus.)

Du point M, avec un cordon d'une longueur suffisante, on marque sur le plan trois points quelconques A, B, C, équidistants de M; on construit le triangle ABC, et on élève sur les milieux des côtés des perpendiculaires qui déterminent le point O équidistant des sommets. La droite MO est la distance demandée. Car les obliques MA, MB et MC étant égales, leurs pieds s'écartent également du pied de la perpendiculaire. Or le point O est le seul point du plan pour lequel on ait $OA = OB = OC$. Ainsi MO est perpendiculaire au plan ABC, et représente la distance du point M à ce plan.

Exercice 26

Problème 2. *La flèche d'un clocher forme un angle solide régulier à 8 faces, dont la somme est de 90 degrés. On demande la valeur de chacun des angles des faces latérales vers la base de la flèche.*

Angles des 8 triangles, ensemble . . . 8.2 ou 16 droits
Somme des 8 angles de la pointe . . . 1 droit
Différence : les 16 angles vers la base. . . 15 droits
Valeur de l'un de ces angles. . . . . . $^{15}/_{16}$ de droit
Soit $84°\,^3/_8$ ou $84°\,22'\,1/_2$

Exercice 27

Problème 3. *Un cercle de 0^m05 de diamètre est posé de manière à faire, avec un plan donné, un angle de 15 degrés. Quelles seront les deux dimensions extrêmes de sa projection sur le plan?*

Le cercle détermine un plan dont l'intersection avec le plan donné forme l'arête d'un dièdre de 15 degrés.

Le diamètre parallèle à l'arête du dièdre se projette en sa vraie longueur, 5 centimètres; et c'est le diamètre mené perpendiculairement à l'arête du dièdre qui est le plus réduit par la projection. Si l'on appelle b ce diamètre et b' sa projection, on a :

$$b' = b \cdot \cos 15° = 5 \cdot 0,966 = 4,83$$

Soit $\qquad\qquad$ 0^{m}0483

Exercice 28

Problème 4. *Une droite de* 0^{m}04 *est posée de manière que sa projection sur un plan soit de* 0^{m}03. *Quel est l'angle de la droite et du plan?*

Soit x l'angle demandé. On a (Géom., n° 210) :

$$\operatorname{Cos} x = \frac{0,03}{0,04} = 0,750$$

d'où, à l'aide de la table, $\qquad x = 41°{}^5/_{12}$ ou $41°25'$

Exercice 29

Problème 5. *Un jalon de 2 mètres étant placé verticalement sur un sol horizontal donne* 2^{m}50 *d'ombre. Quelle est, en degrés, la hauteur du Soleil au-dessus de l'horizon?*

Le rapport des longueurs du jalon et de l'ombre donne la tangente trigonométrique de l'angle x :

$$\operatorname{Tg} x = \frac{2}{2,50} = 0,800 ; \quad \text{d'où} \quad x = 38°{}^{19}/_{29} \text{ ou } 38°39'$$

Exercice 30

Problème 6. *La somme des 8 faces de l'angle solide de la flèche d'un clocher pouvant varier de 0 à 360 degrés, on demande entre quelles limites peut varier la somme des angles des faces latérales vers la base de la flèche.*

Somme totale des angles des 8 faces . . 8.2 ou 16 droits
Somme des 8 angles de la pointe. . . . de 0 à 4 droits
Somme des 16 angles vers la base . . . de 16 à 12 droits

Ainsi la somme demandée est variable de 12 à 16 droits, soit de 1080 à 1440 degrés.

Exercice 31

Problème 7. *Que deviennent ces limites dans le cas général d'un angle solide de* n *faces?*

Somme totale des angles . . . . . $2n$ droits
Angles de la pointe . . . . . .   de 0 à 4 droits
Angles vers la base . . · . . .   de $2n$ à $(2n-4)$ droits

Exercice 32

Problème 8. *A quelle hauteur une échelle de 5 mètres touche-t-elle un mur, si le pied est à 2 mètres du mur?*

La longueur de l'échelle, la hauteur cherchée et la distance du pied au mur forment un triangle rectangle, et l'on a :

$$x^2 = 5^2 - 2^2 = 25 - 4 = 21 ; \quad \text{d'où} \quad x = 4^m58$$

Exercice 33

Problème 9. *Une salle a 3 mètres de hauteur; on attache au plafond une corde de 4 mètres, et, tenant cette corde tendue, on trace un cercle sur le plancher. On demande la surface de ce cercle.*

Le cordon tendu l forme l'hypoténuse d'un triangle rectangle qui a pour côtés de l'angle droit le rayon r du cercle et la verticale h abaissée du point d'attache du cordon.

On a $\qquad\qquad r^2 = l^2 - h^2 = 16 - 9 = 7$

L'aire du cercle est $\quad \pi r^2$, ou 3,1416.7, ou $21^{m2}9912$

Exercice 34

Problème 10. *Une tige AP de 1^m30 est perpendiculaire à un plan M; du pied de cette tige, on décrit sur le plan une circonférence de 0^m40 de rayon. En un point B de cette circonférence on mène une tangente BC de 0^m36 de longueur. On demande la distance AC de l'extrémité de cette tangente à l'extrémité de la tige.*

(Supposez le point A en avant du plan M.)

La distance AC est l'hypoténuse d'un triangle APC, rectangle

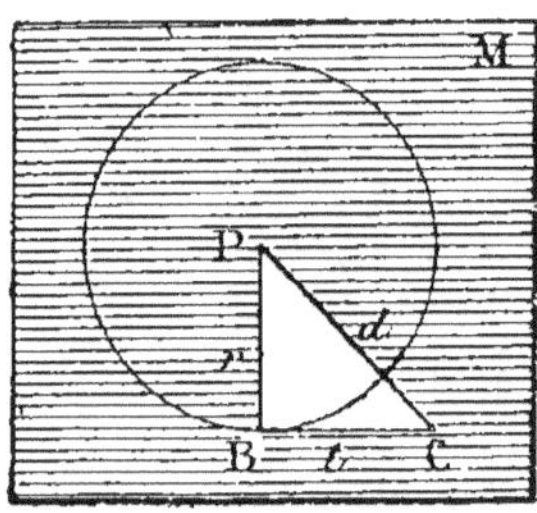

en P. Le côté PC ou d se trouvera par le triangle rectangle PBC. Appelons h la longueur de la tige AP, et x la distance demandée AC. On a :

$$h = 1^m30, \quad r = 0^m40, \quad t = 0^m36$$
$$d^2 = r^2 + t^2 = 0,1600 + 0,1296 = 0,2896$$
$$x^2 = h^2 + d^2 = 1,6900 + 0,2896 = 1,9796$$

d'où $\qquad\qquad\qquad x = 1^m407$

Exercice 35

Problème 11. *Par un point* O *donné dans un angle solide* S *à quatre faces, mener un plan sécant* AC *tel que la section* ABCD *soit un parallélogramme.*

Analyse. Les deux plans SAB et SCD passant par deux droites parallèles AB et CD, leur intersection SE est parallèle à ces mêmes droites.

De même, les plans SAD et SBC passant par les droites parallèles AD et BC, leur intersection SF est parallèle à ces mêmes droites.

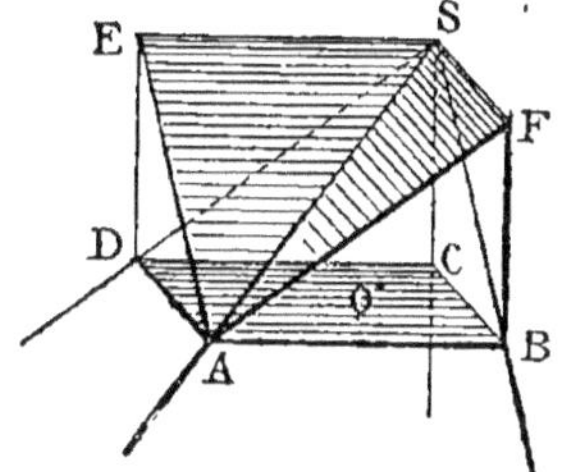

Ainsi. les côtés du parallélogramme ABCD sont parallèles aux intersections SE et SF des faces opposées de l'angle solide.

Pour résoudre le problème, on déterminera d'abord les intersections SE et SF des faces opposées de l'angle solide, et par le point O on mènera un plan AC parallèle au plan des droites SE et SF.

Exercice 36

Problème 12. *Mener un plan qui coupe un trièdre trirectangle* S *de manière que la section* ABC *soit égale à un triangle donné.*

Un trièdre trirectangle est un trièdre dont chaque face est un angle droit ; on en a un exemple dans chaque coin d'une caisse, d'une chambre...

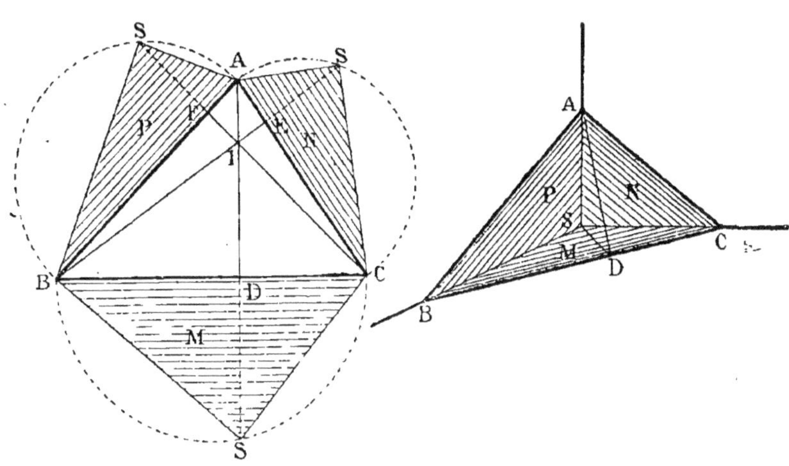

Analyse. Sur la face M (2ᵉ figure), menons SD perpendiculaire à BC, et dans le triangle ABC menons AD. En vertu du théorème des trois perpendiculaires, AD est perpendiculaire à BC. Ainsi AD est une hauteur du triangle ABC, et SD la hauteur du triangle rectangle BSC.

Donc le triangle rectangle BSC peut être complétement déterminé, car on connaît son hypoténuse BC et le pied D de la hauteur correspondante (1ᵉ figure).

Ce triangle étant construit, on porte les distances SB et SC (1ʳᵉ figure) sur les arêtes correspondantes du trièdre ; on détermine d'une manière analogue la longueur à porter sur l'arête SA, ce qui donne le troisième sommet du triangle demandé.

Exercice 37

Problème 13. *Étant données deux droites indéfinies quelconques AB et CD, mener un plan parallèle à chacune de ces droites, à égale distance de l'une et de l'autre.*

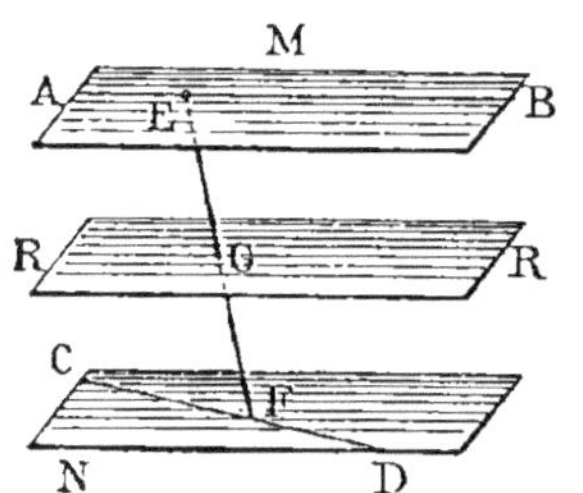

Par la droite AB, on peut mener un plan M parallèle à la droite CD, et par CD on peut mener un plan N parallèle à AB (Géom., n° 313).

Les deux plans M et N sont parallèles ; car, s'ils se rencontraient, la droite AB rencontrerait le plan N, et la droite CD le plan M, ce qui serait contradictoire avec les constructions qui viennent d'être indiquées.

Si donc on mène un plan RR équidistant des deux plans M et N, ce plan sera parallèle à chacune des deux droites AB et CD et se trouvera à égale distance de chacune d'elles.

Exercice 38

Problème 14. *Par une droite donnée AB, mener un plan qui passe à égale distance de deux points donnés C et D.*

Analyse. Les perpendiculaires CE et DF doivent être égales ; ces

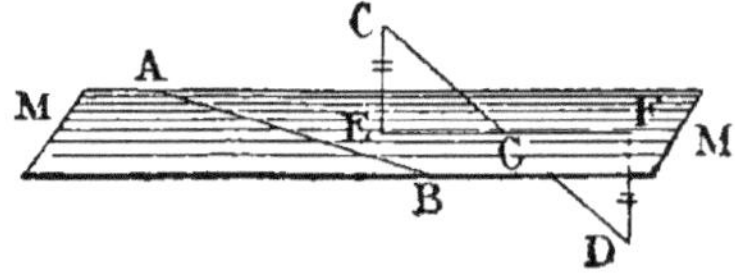

droites sont parallèles, comme étant perpendiculaires à un même plan ; donc les triangles CEG et DFG sont égaux, comme ayant un côté égal adjacent à des angles respectivement égaux. Ainsi CG=GD.

Le plan M est donc déterminé par la droite donnée AB et le point G, milieu de la droite CD, qui joint les points donnés.

Exercice 39

Problème 15. *Par un point donné O, mener un plan qui passe à égale distance de trois autres points donnés A, B, C.*

Les trois points donnés A, B, C, déterminent un plan ABC.

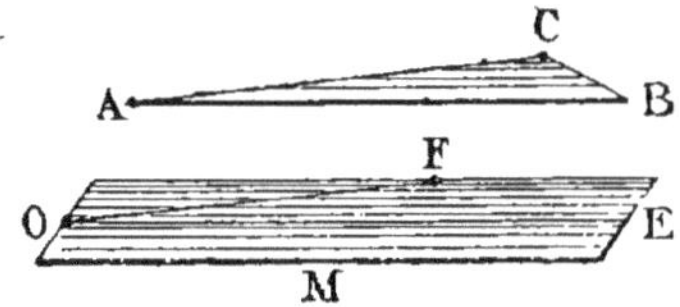

Par le point O, on mènera les droites OE et OF respectivement parallèles à AB et AC ; et le plan M déterminé par ces droites sera parallèle au plan ABC, et par suite équidistant des trois points donnés.

LIVRE VI

THÉORÈMES

Exercice 1

Théorème 1. *Le volume d'un prisme triangulaire ABCDEF égale le produit d'une face latérale quelconque ABCD par la moitié de la distance IJ de cette face à l'arête opposée.*

En effet, si l'on mène les plans AG et EG respectivement paral-

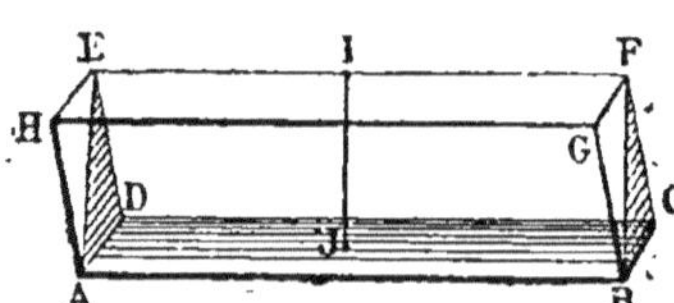

lèles aux faces EC et AC, et si l'on prolonge les faces triangulaires du prisme, on détermine un parallélipipède AF qui est double du prisme considéré.

Or dans le parallélipipède total on peut prendre pour base la face ABCD, auquel cas la hauteur est la distance IJ des deux bases.

Le volume du parallélipipède égale le produit de la face ABCD par la distance IJ; donc le volume du prisme triangulaire ABCDEF égale la moitié de ce même produit. *C. Q. F. D.*

Exercice 2

Théorème 2. *Le volume d'un prisme régulier égale le produit de la surface latérale par la moitié de l'apothème de la base.*

En effet, dans un prisme régulier de n faces latérales on peut, par des plans menés par l'axe et par les arêtes latérales, décomposer le solide en n prismes triangulaires égaux.

Appelons F l'aire de chaque face latérale du solide, et a l'apothème de la base.

Le volume d'un prisme partiel est . . . . $\frac{1}{2}a.F$

Et le volume total est. . . . . $\frac{1}{2}a.nF$

C. Q. F. D.

Exercice 3

Théorème 3. *Le volume d'une pyramide régulière égale la surface latérale multipliée par le $1/3$ de la distance d'une face latérale au centre de la base.*

Soit n le nombre des faces latérales, F l'une de ces faces, et t la distance du centre à chaque face latérale.

Par des plans menés par l'axe et par les arêtes latérales, on peut décomposer le solide en n pyramides triangulaires égales. Comme on peut prendre pour base d'une pyramide triangulaire telle face que l'on veut, on dira :

$$\text{Volume d'une pyramide partielle.} \quad . \quad . \quad . \quad {}^{1}/_{3}\,t\,.\,\text{F}$$
$$\text{Volume total.} \quad . \quad . \quad . \quad . \quad . \quad . \quad . \quad . \quad {}^{1}/_{3}\,t\,.\,n\text{F}$$

$$C.\ Q.\ F.\ D.$$

Exercice 4

Théorème 4. *Le volume d'un tétraèdre égale le $1/3$ d'une arête quelconque a multipliée par la projection R du solide entier sur un plan M perpendiculaire à cette arête.*

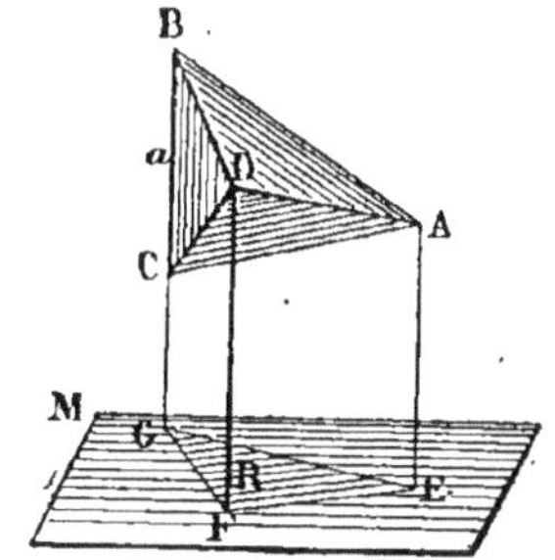

En effet, le tétraèdre ABCD égale le tronc de prisme triangulaire droit $\overline{\text{EFG}}\ \overline{\text{BAD}}$ moins le tronc $\overline{\text{EFG}}\ \overline{\text{CAD}}$. Le volume est donc :

$$\quad\quad {}^{1}/_{3}\text{R}\,(\text{GB}+\text{FD}+\text{EA})$$
$$\text{moins} \quad {}^{1}/_{3}\dot{\text{R}}\,(\text{GC}+\text{FD}+\text{EA})$$
$$\text{soit} \quad\quad {}^{1}/_{3}\text{R}\,.\,\overline{\text{BC}} \quad \text{ou} \quad {}^{1}/_{3}a\,.\,\text{R}$$

$$C.\ Q.\ F.\ D.$$

Exercice 5

Théorème 5. *Si une pyramide a pour base un trapèze, le volume de cette pyramide égale le $1/3$ de la somme des bases a et b du trapèze multiplié par la projection R du solide entier sur un plan M perpendiculaire à ces mêmes bases.*

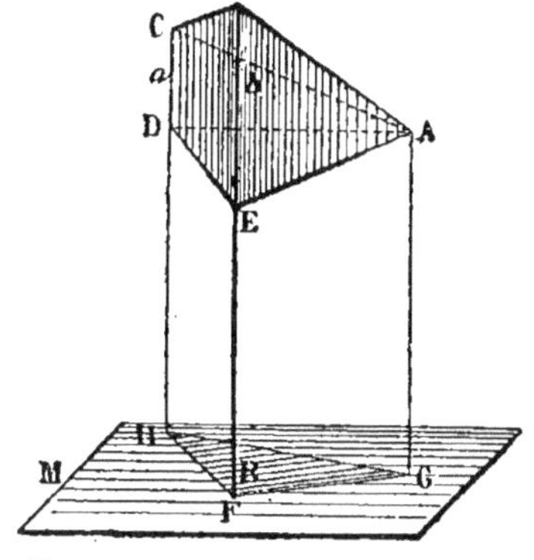

En effet, la pyramide ABCDE égale le tronc de prisme triangulaire droit $\overline{\text{FGH}}\ \overline{\text{ABC}}$ moins le tronc $\overline{\text{FGH}}\ \overline{\text{ADE}}$. Le volume est donc :

$$\quad\quad {}^{1}/_{3}\text{R}(\text{HC}+\text{FB}+\text{GA})$$
$$\text{moins} \quad {}^{1}/_{3}\text{R}(\text{HD}+\text{FE}+\text{GA})$$
$$\text{soit} \quad\quad {}^{1}/_{3}\text{R}\,(\text{CD}+\text{BE})$$
$$\text{ou} \quad\quad {}^{1}/_{3}\,(a+b)\,\text{R}$$

$$C.\ Q.\ F.\ D.$$

Exercice 6·

Théorème 6. *Dans un tétraèdre* SABC *les trois droites qui joignent les milieux des arêtes opposées se rencontrent en un même point, qui est le milieu de chacune d'elles.*

Considérons d'abord deux de ces droites; par exemple, DF et EG. Menons les droites DE et FG.

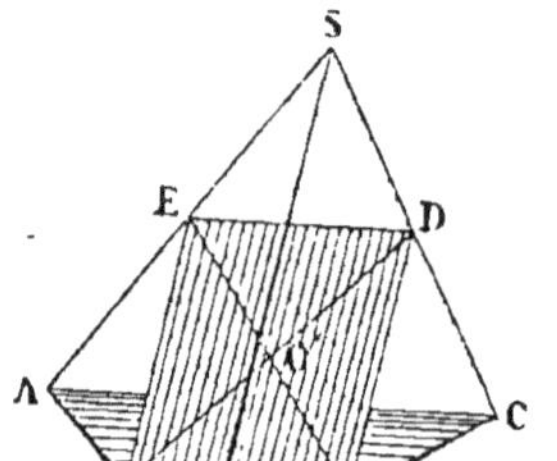

Dans le triangle SAC, la droite DE est parallèle à AC, et en est la moitié; de même, dans le triangle ABC, la droite FG est parallèle à AC, et en est la moitié.

Ainsi les deux droites DE et FG sont égales et parallèles, la figure DEFG est un parallélogramme qui a pour diagonales les droites DF et EG; donc ces droites se coupent en leurs milieux.

La troisième droite, qui joindrait les milieux de SB et de AC, couperait aussi DF en son milieu, donc les trois droites en question se rencontrent en un même point, qui est le milieu de chacune d'elles.

Scolie. Les quatre droites AB, BC, CS et AS, qui ne sont pas dans un même plan, forment ensemble le périmètre de ce que l'on nomme un *quadrilatère gauche*. On voit que pour un tel quadrilatère, comme pour un quadrilatère plan, *les milieux des côtés sont les sommets d'un parallélogramme.*

Exercice 7

Théorème 7. *Par un point quelconque de la base d'une pyramide régulière d'un nombre pair de faces, on mène une perpendiculaire* MR *qui rencontre toutes les faces latérales, prolongées s'il est nécessaire. Démontrer que la somme des distances du pied de la perpendiculaire aux points d'intersection de cette droite avec les faces latérales est constante, quelle que soit la position du point pris sur la base.*

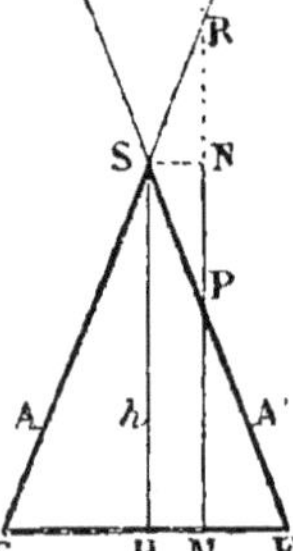

Le nombre des faces étant pair, la base est un polygone régulier d'un nombre pair de côtés, et ces côtés sont parallèles deux à deux; donc les faces qui passent par les côtés opposés de la base se rencontrent, par leurs prolongements, selon une droite parallèle à la base.

·Soit SEFR une coupe faite suivant la droite MR perpendiculairement à deux faces opposées A et A'. La droite SH est égale à la hauteur h de la pyramide; si l'on mène SN parallèle à EF, cette droite SN est perpendiculaire à MR; les deux triangles SNP et SNR sont égaux; NR=NP; la longueur MN est la moyenne arithmétique des deux longueurs MP et MR. De sorte que l'on a :   MP + MR = 2MN = 2h.

Il en sera ainsi pour deux faces opposées quelconques. Donc, si n exprime le nombre des faces, la somme des distances en question sera nh, quantité constante.

Exercice 8

Théorème 8. *Dans un tétraèdre quelconque, les 6 plans bissecteurs des dièdres se rencontrent en un même point, qui est équidistant des 4 faces.*

En effet, dans le trièdre D, les trois plans bissecteurs se rencontrent suivant une droite DX dont chaque point est équidistant des faces a, b, c (Livre V, Exerc. 12).

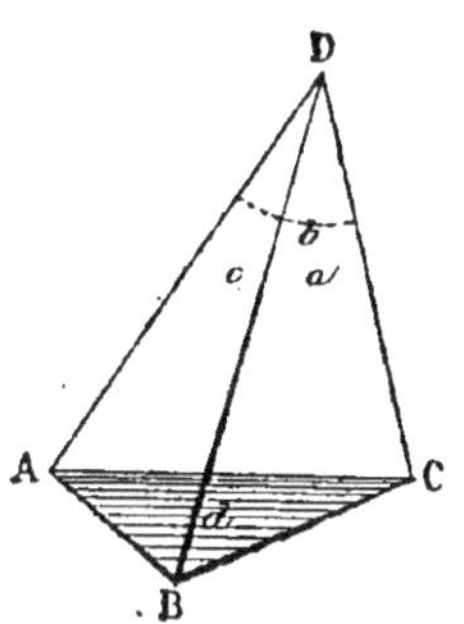

Dans le trièdre A, les trois plans bissecteurs se rencontrent suivant une droite AY dont chaque point est équidistant des faces b, c, d.

Ainsi les deux doites DX et AY se trouvent l'une et l'autre sur le plan bissecteur du dièdre AD, commun aux deux trièdres considérés, et le point de rencontre de ces deux droites est équidistant des quatre faces a, b, c, d.
C. Q. F. D.

Exercice 9

Théorème 9. *Sur les trois faces latérales d'une pyramide triangulaire dont le sommet est S, on construit des prismes triangulaires quelconques dont les bases supérieures, prolongées convenablement, se rencontrent en un point commun O.*

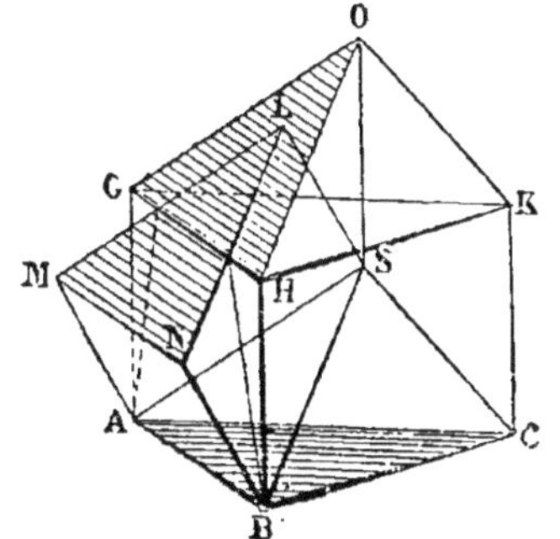

Sur la base de la pyramide primitive, on construit un prisme dont les arêtes latérales ont pour longueur et pour direction SO. Démontrer que ce dernier prisme égale la somme des trois autres.

Soit ABSLMN l'un des prismes latéraux. La base supérieure LMN peut être transportée parallèlement à elle-même, et dans son propre plan, en OGH; et ce prisme est équivalent à ABSOGH.

De même, quelle que soit la position des deux autres prismes latéraux, ils sont équivalents : l'un à BCSOHK, et l'autre à ACSOGK.

M.   8

Les deux tétraèdres SABC et OGHK sont équivalents; car tous leurs éléments, faces et dièdres, sont respectivement égaux.

Or si du solide ABCKOGH on enlève la pyramide OGHK, il reste un prisme triangulaire ABCKGH construit sur la base ABC, avec des arêtes latérales égales et parallèles à SO.

Si du même solide ABCKOGH on enlève la pyramide SABC, il reste l'ensemble des trois prismes latéraux.

Donc le volume du prisme construit sur la base égale la somme des volumes des prismes latéraux.   *C. Q. F. D.*

Exercice 10

Théorème 10. *Les milieux des arêtes d'un tétraèdre régulier ABCD servent de sommets à un octaèdre régulier.*

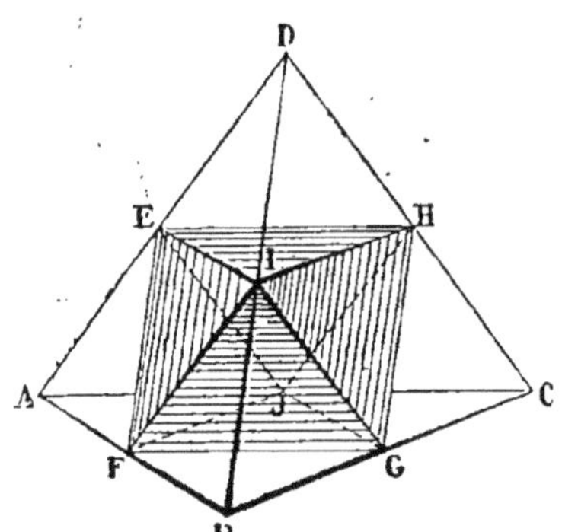

En effet, la section EIH est semblable à ABC, avec des dimensions moitiés; ainsi EIH est un triangle équilatéral dont le côté est $\frac{1}{2}a$, si l'on appelle a l'arête du tétraèdre donné.

La même remarque s'applique aux sections IFG, EFJ et GHJ.

La face FGJ est tout entière dans le triangle ABC; ces deux triangles sont semblables, et les dimensions du petit triangle sont moitiés de celles du grand : ainsi FGJ est un triangle équilatéral dont le côté est $\frac{1}{2}a$.

Il en est de même des faces EFI, GHI et EHJ.

Donc la figure EFGHIJ est un octaèdre régulier.   *C. Q. F. D.*

Exercice 11

Théorème 11. *Si la hauteur d'un prisme triangulaire égale 2 fois le diamètre du cercle circonscrit à la base, le prisme équivaut au parallélipipède qui aurait pour dimensions les trois côtés de cette même base.*

Soient a, b, c les trois côtés de la base; d le diamètre du cercle circonscrit à cette base : la hauteur du prisme sera $2d$.

On sait que le produit des trois côtés d'un triangle égale sa surface multipliée par le double du diamètre du cercle circonscrit (Livre IV, Exerc. 26). Ainsi, en appelant S la surface du triangle, on a :

$$abc = S.2d$$

Or le second membre de cette égalité exprime le volume du prisme, et le premier membre exprime le volume du parallélipipède qui aurait pour dimensions les trois côtés a, b, c. Donc, *si la hauteur...*

Exercice 12

Théorème 12. *Deux prismes sont égaux lorsqu'ils ont un angle solide compris sous trois faces respectivement égales et semblablement placées.*

Les trois faces dont il est ici question comprennent nécessairement les bases et deux faces latérales contiguës.

Les deux angles solides sont des trièdres égaux, comme ayant les faces respectivement égales; donc, ces trièdres peuvent coïncider. Alors les bases égales coïncident, aussi bien que les faces latérales données égales.

Ces deux faces déterminent la direction et la longueur d'une première arête latérale, direction et longueur qui sont les mêmes pour toutes les arêtes latérales.

Ainsi les deux solides coïncident, ce qui prouve leur égalité.

Exercice 13

Théorème 13. *Deux droites* AB *et* A'B', *symétriques par rapport à un plan* MN, *font avec ce plan des angles égaux.*

La droite AA' est perpendiculaire au plan MN, et a son milieu en D; de même, BB' est perpendiculaire au plan MN, et a son milieu en C.

Donc CD est la projection commune des deux droites sur le plan MN; et si, dans le plan AB', on mène les droites AH et A'H' parallèles à CD, on a en i et i' les angles des deux droites avec le plan MN : et comme les deux trapèzes rectangles CDAB et CDA'B' pourraient coïncider, il en résulte que l'angle $i = i'$. C. Q. F. D.

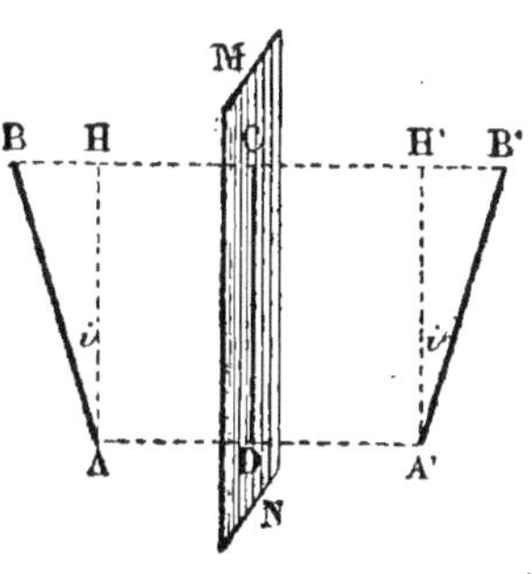

Exercice 14

Théorème 14. *Si deux plans* AB *et* A'B' *sont symétriques par rapport à un troisième* MN, *ce dernier plan est bisecteur de l'angle des deux premiers.*

Soit EF l'intersection des plans AB et MN. Tous les points de AB devant avoir leurs symétriques sur A'B', la droite EF doit appartenir aux deux plans AB et A'B'.

Si l'on mène les trois droites OC, OC' et OD perpendiculaires à l'intersection EF, ces droites sont dans un même plan perpendiculaire à EF. Ainsi OC et OC' sont symétriques par rapport au plan MN; ces lignes font des angles égaux avec ce plan (Exerc. 13). Et comme les angles DOC et DOC' mesu-

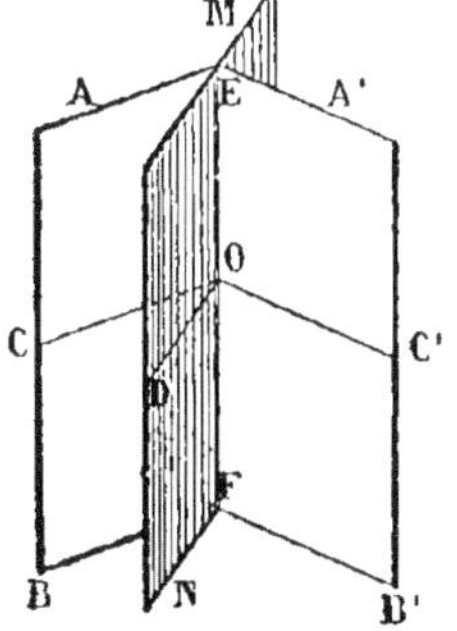

rent les dièdres formés de part et d'autre, le plan MN est bissecteur de l'angle des deux plans AB et A'B'.   *C. Q. F. D.*

Exercice 15

Théorème 16. *Il ne peut exister que cinq polyèdres réguliers.*

On appelle-ici *polyèdre régulier* un polyèdre qui a pour faces des polygones réguliers égaux, et dont tous les angles solides sont égaux. Il en résulte que tous les dièdres sont aussi égaux.

Un tel polyèdre est nécessairement *convexe.*

Pour qu'un polygone régulier puisse fournir les faces d'un polyèdre régulier, il faut que son angle intérieur soit assez petit pour fournir les faces d'un angle solide convexe; et, comme il faut au moins trois faces pour former un angle solide, l'angle intérieur du polygone doit être inférieur au $1/3$ de 360 degrés, ou à 120 degrés.

Triangle équilatéral. L'angle du triangle équilatéral est de 60 degrés. Il peut former un angle solide de 3 faces, un de 4 faces et un de 5 faces; de là dérivent trois polyèdres réguliers, savoir :

     Le *tétraèdre* (4 triangles équilatéraux);
     L'*octaèdre*   8   »   »
     L'*icosaèdre*   20   »   »

Carré. L'angle du carré étant de 90 degrés, ne peut former qu'un seul angle solide, un trièdre; d'où dérive l'*hexaèdre* régulier, ou le *cube.*

Pentagone. L'angle du pentagone régulier est de 108 degrés; trois pentagones réunis font un angle solide, et donnent lieu à la construction du *dodécaèdre régulier.*

Dans les autres polygones réguliers, l'angle intérieur est trop grand pour qu'on puisse en faire des angles solides.

Il n'y a donc que 5 polyèdres réguliers convexes.

PROBLÈMES

Exercice 16

Problème 1. *Calculer la diagonale d'une caisse qui a la forme et les dimensions d'un mètre cube.*

On sait que, dans tout parallélipipède rectangle, le carré de la diagonale égale la somme des carrés des trois dimensions (Géométrie, n° 365); on a donc ici :

$$x^2 = 1^2 + 1^2 + 1^2 = 3 ; \quad \text{d'où} \quad x = \sqrt{3} = 1^m 732$$

Exercice 17

Problème 2. *Calculer la diagonale d'un cube qui a un mètre carré de surface totale.*

Soit x la diagonale, et a l'arête du cube. On a pour la surface :

$$6a^2 = 1 \qquad a^2 = {}^1/_6$$

$$x^2 = 3a^2 = {}^3/_6 \quad \text{ou} \quad {}^1/_2$$

$$x = \frac{1}{\sqrt{2}} = {}^1/_2 \sqrt{2} = 0^m 707$$

Exercice 18

Problème 3. *Une salle a la forme d'un parallélipipède rectangle ; la diagonale a $14^m 50$, et les trois dimensions sont entre elles comme les nombres 3, 6 et 7. Quel est le volume d'air contenu dans cette salle ?*

Les dimensions peuvent être représentées par $3x$, $6x$ et $7x$; et l'on a : $\qquad 14,50^2 = 9x^2 + 36x^2 + 49x^2 = 94x^2$

De là résulte $\qquad x^2 = \dfrac{14,50^2}{94} \quad$ et $\quad x = \dfrac{14,50}{\sqrt{94}}$

Le volume demandé est : $\quad 3x.6x.7x \quad$ ou $\quad 126x^3$

Log. 94 . . . 1.97313		
La $^1/_2$ . . . . . 0.98656·	Dénominateur	
Log. 14,50 . . 1.16137	Numérateur	
Différence . . 0.17480·	x	
3 fois . . . . 0.52441·		
Log. 126 . . . 2.10037		
Somme . . . 2.62478· . . . $421^{ms}486$	Réponse.	

Exercice 19

Problème 4. *Une caisse d'emballage a été garnie intérieurement d'une enveloppe de zinc présentant un développement superficiel de $3^{m2} 60$; la longueur de la caisse est double de sa largeur, et les surfaces extrêmes sont des carrés égaux. On demande le volume intérieur.*

Les dimensions intérieures sont x, x et $2x$, et le volume a pour expression $2x^3$.

On trouvera x par la valeur donnée pour la surface totale, laquelle se compose de 6 faces, dont deux ont pour aire x^2, et les quatre autres ont pour aire $2x.x$ ou $2x^2$. L'aire totale est donc :

$$2.x^2 + 4.2x^2 \quad \text{ou} \quad 10x^2 ; \qquad \text{et l'on a :}$$

$$10x^2 = 3,60 ; \quad \text{d'où} \quad x^2 = 0,36 \quad \text{et} \quad x = 0,6$$

De là on tire $x^3 = 0,216$; et le volume $2x^3$ est $0^{m^3}432$, soit 432 décimètres cubes, ou 432 litres.

Exercice 20

Problème 5. *Que coûtera la maçonnerie d'un pavillon octogonal régulier de 3 mètres de côté, 4 mètres de hauteur hors de terre, et 1 mètre de fondation, à raison de 5 francs le mètre carré extérieur de maçonnerie? (Les vides des portes et fenêtres se comptent comme les parties pleines.)*

La surface développée égale un rectangle qui aurait 8 fois 3 mètres ou 24 mètres de base, et 5 mètres de hauteur. L'aire est 24.5 ou 120 mètres carrés; et le prix est 120 fois 5 francs ou 600 francs.

Exercice 21

Problème 6. *Une salle de classe a 8 mètres de longueur, 7 de largeur et 4 de hauteur; le plafond et les murs doivent être peints à la colle, à raison de 0 fr. 30 le mètre carré. Quelle sera la dépense?*

Le plafond donne une surface de 7 fois 8 ou 56 mètres carrés.

Les quatre murs développés forment un rectangle qui a pour hauteur 4 mètres, et pour base $8+8+7+7$ ou 30 mètres; l'aire est donc 4 fois 30 ou 120 mètres carrés.

La surface totale est 176 mètres carrés, et la dépense 0 fr. 30.176 ou 52 fr. 80.

Exercice 22

Problème 7. *Les trois dimensions d'un parallélipipède rectangle étant a, b, c, exprimer le volume de ce parallélipipède, sa surface totale, la diagonale, la somme des arêtes, et enfin l'arête du cube équivalent.*

Volume . . . . abc

Surface totale . . . . $2(ab+ac+bc)$

Diagonale . . . . $\sqrt{a^2+b^2+c^2}$

Somme des arêtes. . . . . . . $4(a+b+c)$

Arête du cube équivalent. . . . $\sqrt[3]{abc}$

Exercice 23

Problème 8. *L'arête d'un cube étant a, trouver l'expression de la diagonale de ce cube, et de la surface d'une section faite par deux arêtes opposées.*

La diagonale du cube est :

$$\sqrt{a^2+a^2+a^2}\ ,\quad \text{ou}\quad \sqrt{3a^2}\ ,\quad \text{ou enfin}\quad a\sqrt{3}$$

La diagonale de l'une des faces est :

$$\sqrt{a^2+a^2}\ ,\quad \text{ou}\quad \sqrt{2a^2}\ ,\quad \text{ou enfin}\quad a\sqrt{2}$$

Le plan diagonal est un rectangle qui a pour dimensions $a\sqrt{2}$ et a; sa surface est donc $a^2\sqrt{2}$.

Exercice 24

Problème 9. *La densité du plomb fondu étant* 11,35 *, quelle arête faudrait-il donner à un cube de plomb pour que le poids fût de* 1 *kilogramme?*

La densité d'un corps est un nombre abstrait qui exprime :

En *grammes*,   le poids de 1 *centimètre cube* de ce corps;

En *kilogrammes*,   »   1 *décimètre cube*   »

En *tonnes*,   »   1 *mètre cube*   »

Soit x l'arête inconnue exprimée en *centimètres*. Le volume sera x^3, et le poids en *grammes* $11,35x^3$. On peut donc poser :

$$11,35\,x^3=1000\ ;\quad \text{d'où}\quad x^3=\frac{1000}{11,35}$$

Log. 1000 . . . 3.000 00
Log. 11,35 . . . 1.055 00
Différence . . . 1.945 00
Le $1/3$ . . . . 0.648 33 . . . 4^{cm}450 x
       Soit   44 millimètres $1/2$

Exercice 25

Problème 10. *La couronne d'Hiéron, roi de Syracuse, pesait dans l'air* 7 465 *grammes, et perdait dans l'eau les* 625 *dix-millièmes de son poids. Quel était son volume? Quelle était sa densité?*

Les 625 dix-millièmes du poids font 466^{gr}56. En vertu du principe d'Archimède, ce poids perdu dans l'eau exprime le poids de l'eau déplacée par le corps; or ce poids d'eau correspond à un volume de 466^{cm3}56 : tel est donc aussi le volume du corps immergé.

Pour calculer la densité, il suffit de chercher en grammes le poids de 1 centimètre cube du corps. 466^{cm3}56 pèsent 7 465 grammes; 1 seul centimètre cube pèse 466,56 fois moins, soit 16,000. Ainsi 1 centimètre cube de ce métal pesait 16 grammes.

Remarque. Le poids d'un centimètre cube d'or pur est 19^{gr}26, et le poids d'un centimètre cube d'argent pur est 10^{gr}47. La couronne d'Hiéron était un alliage d'or et d'argent.

Exercice 26

Problème 11. *Un terrain rectangulaire de 130 mètres sur 65 est en contre-haut de 6 mètres par rapport à une route qui le longe.*

On veut mettre cet emplacement de niveau avec la route, et les terres enlevées seront employées à la construction d'un remblai de chemin de fer.

La coupe de ce remblai est un trapèze de 10 mètres de hauteur; la largeur est de 10 mètres en haut et de 30 mètres en bas. Quelle longueur du remblai fournira le terrain ci-dessus?

Le volume de la terre à enlever est 130.65.6 ou 50 700 mètres cubes.

D'après les données, le trapèze que forme la coupe du terrain est

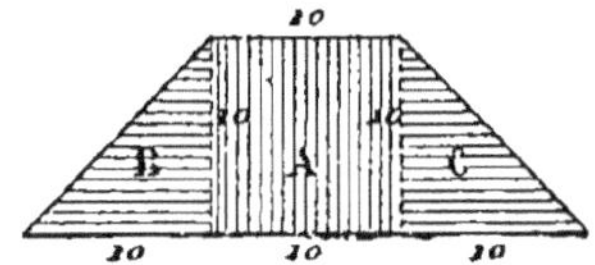

décomposable en trois parties, savoir : un carré A de 10 mètres de côté, et deux triangles rectangles et isocèles B et C qui pourraient être réunis de manière à former un second carré de 10 mètres de côté.

L'aire du trapèze est donc de 200 mètres carrés. On aura donc, en appelant x la longueur du remblai :

$$200x = 50\,700 ; \quad \text{d'où} \quad x = 253^{\mathrm{m}}50$$

Exercice 27

Problème 12. *La grande pyramide de Chéops, en Égypte, a pour base un carré de 230 mètres de côté, et les faces latérales sont des triangles équilatéraux. Quel est le volume?*

Cette pyramide est la moitié d'un octaèdre régulier; toutes les arêtes du polyèdre sont égales au côté AB ou a.

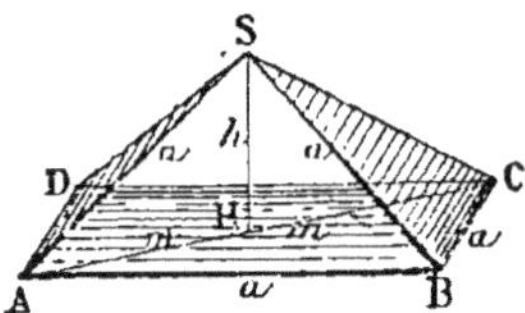

La pyramide étant régulière, la hauteur SH tombe au milieu du carré qui sert de base, et par conséquent au milieu de la diagonale AC.

On calculera AC par le triangle ABC, et SH par le triangle AHS.

$$(2m)^2 = a^2 + a^2 \qquad 4m^2 = 2a^2 \qquad m^2 = \tfrac{1}{2}a^2$$

$$h^2 = a^2 - m^2 = a^2 - \tfrac{1}{2}a^2 = \tfrac{1}{2}a^2 \qquad h = \frac{a}{\sqrt{2}}$$

Volume de la pyramide : $\tfrac{1}{3}a^2 \cdot \dfrac{a}{\sqrt{2}}$ ou $\dfrac{a^3}{3\sqrt{2}}$

Log. 2	0.301 03	
La $\tfrac{1}{2}$	0.150 51·	
Log. 3	0.477 12	
Somme	0.627 63·	Dénominateur
Log. 230 . . .	2.361 73	
3 fois	7.085 19	Numérateur
Log. dénom. . .	0.627 63·	
Différence . . .	6.457 55· . . .	2 867 830 mètres cubes.

Soit   2 868 décam. cubes ou 2ʰᵐˢ 868.

Exercice 28

Problème 13. *Les deux bases d'un tronc de pyramide ont : l'une 8 mètres carrés, l'autre 2 mètres carrés. On veut construire un prisme équivalent, ayant la même hauteur (qu'on ne donne pas) et ayant une base carrée. Quel sera le côté de cette base?*

Si l'on appelle B et B′ les bases du tronc, h sa hauteur et V le volume, on a :

$$V = \tfrac{1}{3}h(B + B' + \sqrt{BB'}) = \tfrac{1}{3}h(8 + 2 + 4) = \tfrac{1}{3}h \cdot 14$$

Soit x le côté demandé, on aura : $V = hx^2$. Et le volume étant le même de part et d'autre, on peut poser :

$$hx^2 = \tfrac{1}{3}h \cdot 14 \; ; \quad \text{d'où} \quad x^2 = \tfrac{14}{3}$$

Log. 14 . . .	1.14613	
Log. 3	0.47712	
Différence . .	0.66901	
La $\tfrac{1}{2}$	0.33450· . . .	2ᵐ160

Exercice 29

Problème 14. *L'obélisque de Louqsor, qu'on voit à Paris sur la place de la Concorde, est un monolithe en granit dont la partie principale est un tronc pyramidal à base carrée, ayant 21ᵐ60 de hauteur. Les côtés des bases ont respectivement 2ᵐ42 et 1ᵐ54. On demande le poids de cette pierre, sachant que la densité du granit est 2,75.*

$$V = 1/3\,h\,(B + B' + \sqrt{BB'})$$

Log. 2,42	0.38382		
2 fois	0.76764	. . . 5^{m2}8565	B
Log. 1,54	0.18752	:	
2 fois	0.37504	. . . 2^{m2}3716	B'
Log. B	0.76764	:	
Somme	1.14268	:	
La 1/$_2$	0.57134	. . . 3^{m2}7268	B''
	1.07755 . ←— . 11,9549		
Log. 1/$_3$h ou 7,20.	0.85733		
Log. 2,75	0.43933		
Somme des 3 log. .	2.37421	. . . 236 ^{tonnes}70	Réponse.

Exercice 30

Problème 15. *Un tas de pierres menues est posé sur un rectangle de 4 mètres sur 1^{m}50; il s'élève à une hauteur de 0^{m}60; les faces latérales sont en talus, et le dessus est un rectangle de 3 mètres sur 0^{m}50. On demande le volume.*

Soit ABCD la coupe transversale de ce tas de pierres. Cette coupe

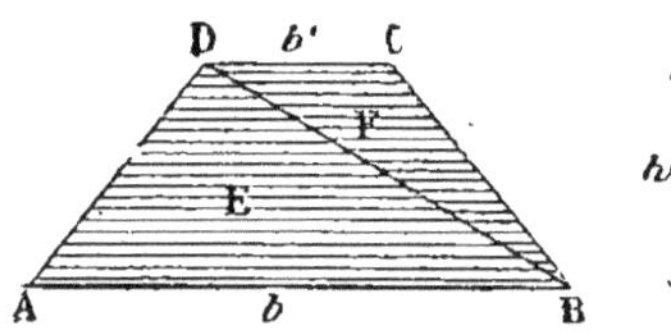

est un trapèze dont les bases sont $b = 1^m50$ et $b' = 0^m50$; la hauteur h est 0^{m}60.

Perpendiculairement à la coupe existent les quatre arêtes longitudinales, savoir : deux grandes, passant en A et B, et ayant chacune 4 mètres, soit m; et deux petites, passant en C et D, et ayant chacune 3 mètres, soit n.

Par les arêtes longitudinales qui passent en B et en D, on peut mener un plan qui partagera le solide entier en deux troncs de prismes triangulaires, ayant respectivement pour sections droites les triangles E et F.

Les volumes seront respectivement (Géom., n° 397, 2°) :

$$1/3\,E\,(m+m+n) \quad \text{et} \quad 1/3\,F\,(m+n+n)$$

ou $\qquad\qquad\qquad 11/3\,E \quad$ et $\quad 10/3\,F$

Il reste à évaluer les triangles E et F. On a :

$$E = 1/2 . 1,50 . 0,60 = 0^{m2}45$$
$$F = 1/2 . 0,50 . 0,60 = 0^{m2}15$$

Volume du premier tronc. . .	11/3 . 0,45	ou	1^{m3}650
Volume du deuxième tronc. .	10/3 . 0,15	ou	0^{m3}500
Volume total			2^{m3}150

Exercice 31

Problème 16. *La densité de la fonte de fer est 7,20. Quel est le volume d'une masse de fonte pesant 25 kilogrammes?*

1 décimètre cube de fonte pèse 7ᵏˢ20 : autant de fois ce nombre est contenu dans 25 kilogrammes, autant il y a de décimètres cubes.

Le volume est donc $\dfrac{25}{7,2}$ ou 3dms472

ou   0ᵐ³003 472

Exercice 32

Problème 17. *De 1795 à 1860, on a fabriqué en France une somme de 5 milliards en pièces d'or au titre ⁹/₁₀. La densité de l'or fondu est 19,258, et celle du cuivre est 8,788. Si l'on faisait fondre toute cette monnaie d'or, et si l'on faisait un cube de tout l'or et un autre de tout le cuivre contenu, quelles seraient les arétes de ces cubes?*

Poids de	1 franc	en argent	5 grammes.
»	1 000 francs	»	5 kilogrammes.
»	1 million	»	5 tonnes.
»	1 milliard	»	5 000 »
»	5 milliards	»	25 000 »

Le poids de la même somme en or sera 15 fois ¹/₂ moindre,

soit. . . . . 1 612 tonnes 90

Poids du cuivre.   161   29

Poids de l'or pur. 1 451   61

1 mètre cube de cuivre pèserait 8 tonnes 788 : autant de fois ce nombre est contenu dans 161,29, autant de mètres cubes de cuivre il y a.

Log. 161,29 . . . 2.207 60
Log. 8,788 . . . . 0.943 89
Différence . . . . 1.263 71 . . . . x^3
Le ¹/₃ . . . . . 0.421 24 . . . 2ᵐ6378 x

Tel est le côté du cube de cuivre.

1 mètre cube d'or pèse 19 tonnes 258 : il y aura autant de mètres cubes que ce nombre sera contenu dans le poids de l'or pur, 1 451 tonnes 61.

Log. 1 451,61 . . . 3.161 85
Log. 19,258 . . . 1.284 61
Différence . . . . 1.877 24 . . . y^3
Le ¹/₃ . . . . . 0.625 75 . . . 4ᵐ224 3 y

Tel est le côté du cube d'or pur.

Exercice 33

Problème 18. *Dans le cas où l'on fait les plans d'un bâtiment à l'échelle de 1 centimètre pour mètre, que sont les dimensions, surfaces et volumes représentés au plan, à l'égard des dimensions, surfaces et volumes réels?*

Le rapport des dimensions homologues est   1 : 100
Le rapport des surfaces   »   1 : 10 000
Et le rapport des volumes   »   1 : 1 000 000

Exercice 34

Problème 19. *Quel est le volume d'un tétraèdre régulier ayant 1 décimètre d'arête?*

On sait (Géom., n° 395, 2°) que le volume du tétraèdre régulier, en fonction de son arête a, est $\frac{1}{12}a^3\sqrt{2}$; ici, $\frac{1}{12}\sqrt{2}$.

Log. 2 . . . 0.301 03
La $\frac{1}{2}$ . . . 0.150 51·
Log. 12 . . . 1.079 18
Différence . . $\overline{1}$.071 33· . . . $0^{dm3}117\,851$

Soit $117^{cm3}851$

Exercice 35

Problème 20. *Quelle arête faut-il donner à un tétraèdre régulier pour que le volume soit de 1 décimètre cube?*

L'arête demandée étant représentée par x, on a :

$$\tfrac{1}{12}x^3\sqrt{2}=1 ; \quad \text{d'où} \quad x^3=12:\sqrt{2}$$

Log. 12 . . . . . 1.079 18
$\frac{1}{2}$ log. 2 . . . . 0.150 51·
Différence . . . . 0.928 66·
Le $\frac{1}{3}$ . . . . . 0.309 55 . . . $2^{dm}040$ x

Soit $0^{m}204\,0$

Exercice 36

Problème 21. *Quelle est la hauteur d'un tétraèdre régulier ayant 1 mètre carré de surface totale?*

Soit h la hauteur cherchée, et a l'arête du tétraèdre.

Chacune des quatre faces a une surface de $0^{m2}25$, soit 25 décimètres carrés; et comme chaque face est un triangle équilatéral, on a (Géom., n° 288, Scolie) :

$$25=\tfrac{1}{4}a^2\sqrt{3} ; \quad \text{d'où} \quad \frac{4.25}{\sqrt{3}}=a^2$$

On connaît la relation qui existe entre la hauteur et l'arête du tétraèdre (Géom., n° 395) :

$$h^2 = \frac{2a^2}{3} = \frac{2.4.25}{3\sqrt{3}} \; ; \quad \text{d'où} \quad h = \frac{2.5\sqrt{2}}{3\sqrt[4]{3}}$$

Log. 3 . . . . ·. . 0.47712
Le $^1/_4$ 0.11928
Somme . . . . . 0.59640   Dénominateur
Log. 10 + log. $\sqrt{2}$. . 1.15051   Numérateur
Différence . . . . 0.55411· . . . $3^{\text{dm}}5818$ h
Soit $0^{\text{m}}25328$

Exercice 37

Problème 22. *Un dodécaèdre régulier a $0^{\text{m}}12$ d'arête. Quelle est l'arête d'un autre dodécaèdre régulier dont le volume est double du premier?*

Les deux solides étant semblables, leurs volumes sont entre eux comme les cubes des dimensions homologues; il faut donc que l'on ait :

$$x^3 = 2.12^3 \; ; \quad \text{d'où} \quad x = 12\sqrt[3]{2}$$

Log. 2 . . . . . . 0.30103
Le $^1/_3$ 0.10034
Log. 12 . . . . . 1.07918
Somme . . . . . 1.17952 . . . $15^{\text{cm}}119$ x

Soit $0^{\text{m}}15119$

Exercice 38

Problème 23. *Par chaque sommet d'un tétraèdre quelconque, on mène un plan parallèle à la face opposée. On demande ce qu'est le nouveau tétraèdre à l'égard du premier.*

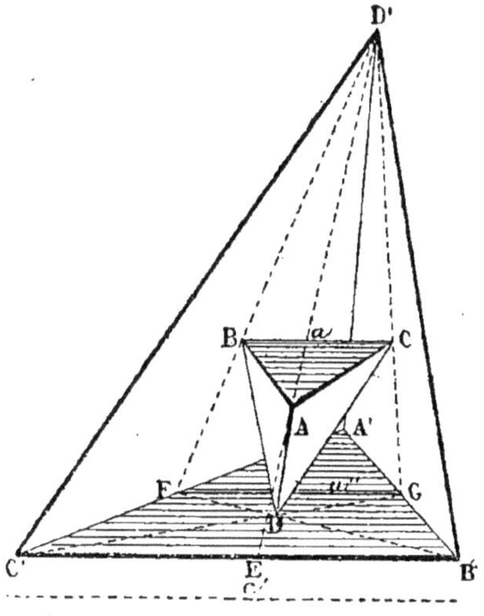

Considérons un tétraèdre quelconque A'B'C'D'. Traçons sur les faces latérales les médianes qui partent du point D', et sur la base les médianes qui partent des points B' et C'.

Le point de rencontre D de ces dernières médianes est aux $^2/_3$ de leurs longueurs respectives; et de même, si l'on marque les points A, B, C aux $^2/_3$ des médianes qui partent du point D', on aura les points de rencontre des médianes des faces latérales.

Prenons les points A, B, C, D comme sommets d'un tétraèdre.

Le plan ABC, coupant dans un même rapport les droites D'E, D'F, D'G, est parallèle à A'B'C' (Géom., n° 386); il en est de même des autres faces. Et ainsi les deux tétraèdres sont semblables, quoique les éléments soient disposés dans un *ordre inverse*.

Il résulte de ces considérations que si l'on se donnait d'abord le tétraèdre ABCD, et si l'on menait, par les sommets, des plans parallèles aux faces opposées, c'est le tétraèdre A'B'C'D' que l'on obtiendrait. Il reste à trouver le rapport des volumes.

Dans le triangle D'FG, la droite BC passe aux $2/3$ des côtés D'F et D'G : ainsi $a = 2/3\,a''$. Dans le triangle A'B'C', la droite FG joint les milieux de deux côtés; ainsi l'on a : $a'' = 1/2\,a'$ et $a = 2/3 \cdot 1/2\,a' = 1/3\,a'$.

De là on conclut : $a^3 = 1/27\,a'^3$. Et tel est aussi le rapport des deux tétraèdres. Donc le tétraèdre A'B'C'D' égale 27 fois le tétraèdre ABCD.

Exercice 39

Problème 24. *Une pyramide de 0^m36 de hauteur a pour base un hexagone régulier de 0^m12 de côté.*

1° *A quelle distance du sommet se trouve une section S parallèle à la base B, si la surface de cette section est de 1 décimètre carré?*

2° *A quelle distance est la section, si le volume du tronc restant est de 2 décimètres cubes?*

Prenons pour unités le décimètre, le décimètre carré et le décimètre cube. Appelons h la hauteur de la pyramide, et x la distance demandée.

1° L'aire de l'hexagone régulier est $3/2\,a^2\sqrt{3}$ (Géom., n° 288, Scolie, 2°); on a donc ici :

$$B = 3/2 \cdot 1,2^2\sqrt{3}$$

On a d'ailleurs (Géom., n° 385) :

$$\frac{x^2}{h^2} = \frac{S}{B} \;;\quad \text{d'où}\quad x^2 = \frac{h^2 S}{B} = \frac{3,6^2 \cdot 1}{3/2 \cdot 1,2^2\sqrt{3}}$$

$1/2$ log. 3	0.23856	
Log. 1,44	0.15836	
Log. 1,50	0.17609	
Somme	0.57301	Dénominateur
Log. 12,96	1.11261	Numérateur
Différence	0.53960	x^2
La $1/2$	0.26980 . . .	1,8612 x
Soit	0^m18612	

2° Le volume de la pyramide totale est :

$$1/3\,Bh, \quad \text{soit}\quad 1/3 \cdot 3/2 \cdot 1,2^2\sqrt{3} \cdot 3,6 \quad \text{ou}\quad 1,8 \cdot 1,44\sqrt{3}\ldots \quad V$$

$1/_2$ log. 3 . . . . . 0.23856
Log. 1,44 . . . . . 0.15836
Log. 1,8 . . . . . 0.25527
Somme . . . . . 0.65219 . . . $4^{dm3}4894$ V
Volume du tronc 2,0000
Pyramide partielle 2,4894   V'

Les volumes V' et V sont entre eux comme les cubes des hauteurs x et h ; on a donc :

$$\frac{x^3}{h^3} = \frac{V'}{V} ; \quad \text{d'où} \quad x^3 = \frac{h^3 V'}{V}$$

Log. h ou 3,6 . . 0.55630
3 fois 1.66890
Log. V' 0.39609
Somme . . . . . 2.06499   Numérateur
Log. V . . . . . 0.65219   Dénominateur
Différence . . . . 1.41280 x^3
Le $1/_3$ . . . . . 0.47093 . . . $2^{dm}9575$
   Soit 0^m29575

Exercice 40

Problème 25. *A quelle distance du sommet faut-il couper une pyramide parallèlement à la base pour que les deux parties soient équivalentes?*

Soient P et P' les pyramides totale et partielle ; h et h' les hauteurs respectives. On a la relation :

$$\frac{h'^3}{h^3} = \frac{P'}{P} = \frac{1}{2} \qquad \frac{h'}{h} = \frac{1}{\sqrt[3]{2}}$$

Log. 2 . . . . . 0.30103
Le $1/_3$ . . . . . 0.10034   Dénominateur
Log. 1 . . . . . 0.00000   Numérateur
Différence . . . . $\overline{1}.89966$ . . . 0,7937

Ainsi $h' = h(0,7937)$

Remarque. On peut poser :

$$\frac{h'}{h} = \frac{1}{\sqrt[3]{2}} = \frac{\sqrt[3]{2}\,\sqrt[3]{2}}{\sqrt[3]{2}\,\sqrt[3]{2}\,\sqrt[3]{2}} = \frac{\sqrt[3]{4}}{2} \text{ ou } 1/_2\sqrt[3]{4}$$

Ainsi $h' = 1/_2\, h\sqrt[3]{4}$

Exercice 41

Problème 26. *Dans quel rapport faut-il couper la hauteur d'une pyramide parallèlement à la base, pour diviser cette pyramide en 3, 4... n parties équivalentes?*

S'il s'agit de diviser en 3 parties équivalentes, on détermine une première section qui donne une pyramide partielle égale au $1/3$ de la pyramide totale; puis, sans tenir compte de cette première opération, on détermine une nouvelle section qui donne une pyramide partielle égale aux $2/3$ de la pyramide totale.

De même, pour diviser en 4 parties équivalentes, on déterminera séparément, à partir du sommet, des pyramides égales respectivement à $1/4$, $2/4$, $3/4$ de la pyramide totale. Et ainsi des autres cas.

S'il s'agit de 3 parties équivalentes, on considère 3 pyramides P', P'' et P, et l'on pose les nombres.

		$1/3$	$2/3$	1
exprimant le rapport des pyramides. . .		P'	P''	P
ou des cubes des hauteurs.		h'^3	h''^3	h^3
Ainsi les hauteurs.		h'	h''	h
sont comme les nombres		$\sqrt[3]{1/3}$	$\sqrt[3]{2/3}$	$\sqrt[3]{1}$
dont les valeurs sont.		$0,693$	$0,874$	1

S'il s'agit de 4 parties équivalentes, on trouvera pareillement pour

les hauteurs.	h'	h''	h'''	h
les nombres	$\sqrt[3]{1/4}$	$\sqrt[3]{2/4}$	$\sqrt[3]{3/4}$	$\sqrt[3]{1}$
ou	$0,630$	$0,794$	$0,909$	1

S'il s'agissait de n parties équivalentes, on trouverait de même

pour les hauteurs.	h'	h''	h'''	. . . . h
les nombres	$\sqrt[3]{1/n}$	$\sqrt[3]{2/n}$	$\sqrt[3]{3/n}$	 1

Exercice 42

Problème 27. *A quelle distance du sommet faut-il couper une pyramide parallèlement à la base, pour que les deux parties du solide soient entre elles comme 5 est à 3?*

La pyramide partielle P' sera les $5/8$ de la pyramide totale P; on aura donc aussi :

$$h'^3 = 5/8 \, h^3 \; ; \quad \text{d'où} \quad h' = h\sqrt[3]{5/8} = 0,855 \, h$$

Exercice 43

Problème 28. *Un tronc pyramidal a pour volume 1 décimètre cube, et pour hauteur 15 centimètres; l'une des bases est un carré de 6 centimètres de côté. Calculer le côté de l'autre base.*

Prenons pour unités le centimètre et ses dérivés ; posons : $V = 1\,000$, $h = 15$, $a = 6$, et appelons x le côté inconnu. En appliquant la formule qui exprime le volume du tronc de pyramide, on a :

$$\tfrac{1}{3}\,h\,(a^2 + x^2 + \sqrt{a^2 x^2}) = V$$

ou
$$5\,(36 + x^2 + 6x) = 1000$$

d'où
$$x^2 + 6x + 36 = 200$$

et
$$x^2 + 6x = 164$$

Ajoutons 3^2 ou 9 . . . . $x^2 + 6x + 3^2 = 173$

Extrayons la $\sqrt{}$ . . . . $x + 3 = 13,153$

Donc $x = 10,153$, soit $0^m 101\,53$

On voit que a était le côté de la petite base.

Exercice 44

Problème 29. *Un tronc pyramidal a pour volume 1 décimètre cube, et pour bases des triangles équilatéraux de 12 et 7 centimètres de côté. Calculer la hauteur.*

L'aire du triangle équilatéral a pour expression $\tfrac{1}{4} a^2 \sqrt{3}$ (Géométrie, n° 288, Scolie) ; on aura donc successivement :

$$\tfrac{1}{3} h\,(\tfrac{1}{4} \cdot 12^2 \sqrt{3} + \tfrac{1}{4} \cdot 7^2 \sqrt{3} + \tfrac{1}{4} \cdot 12 \cdot 7 \cdot \sqrt{3}) = 1\,000$$

$$h \cdot \tfrac{1}{4} \sqrt{3}\,(12^2 + 7^2 + 12 \cdot 7) = 3\,000$$

$$h \cdot \tfrac{1}{4} \cdot 277 \sqrt{3} = 3\,000$$

Et enfin
$$h = \frac{12\,000}{277\sqrt{3}} = \ldots$$

Log. 3 . . . . . . 0.477 12
La $\tfrac{1}{2}$ 0.238 56
Log. 277 . . . . . 2.442 48
Somme . . . . . 2.681 04   Dénominateur
Log. 12 000 . . . . 4.079 18   Numérateur
Différence . . . . 1.398 14 . . . 25^{cm}012 h

Soit $0^m 250\,12$

Exercice 45

Problème 30. *Un plateau parallélipipède en bois de hêtre de $0^m 20$ d'épaisseur est mis en flottaison sur l'eau. On demande l'épaisseur de la partie qui surnage, si la densité de ce plateau est 0,80*

Le poids du corps flottant est égal au poids de l'eau déplacée. Le volume du corps flottant et le volume de l'eau déplacée sont deux parallélipipèdes de même base B, et les hauteurs sont 20 et x centimètres ; ces volumes ont pour expression 20B et Bx.

Le poids du parallélipipède d'eau est d'autant de grammes qu'il s'y trouve de centimètres cubes, soit Bx grammes.

Chaque centimètre cube de hêtre pèse $0^{gr}80$; et ainsi le poids du plateau flottant est $20B.0,8$ ou $16B$.

Les deux poids étant égaux, on a :

$$Bx = 16B \; ; \quad \text{d'où} \quad x = 16$$

Ainsi la partie immergée a une épaisseur de 16 centimètres, et la partie qui surnage a 4 centimètres.

Exercice 46

Problème 31. *Un bassin de 0^m75 de profondeur a la forme d'un prisme droit ; la base est un octogone régulier de 6 mètres de côté. Quelle est la contenance de ce bassin ?*

On sait (Livre IV, Problème 43) que l'aire de l'octogone régulier dont le côté est a a pour expression $a^2(2 + 2\sqrt{2})$; on aura donc pour le volume demandé :

$$V = 6^2(2 + 2\sqrt{2})0,75$$

$\sqrt{2}$	1,414 21
2 fois	2,828 42
Ajoutons 2.	4,828 42
Produit par 36 . . .	173,823
Produit par 0,75 . .	$130^{m3}367$ V

Exercice 47

Problème 32. *Un prisme droit hexagonal régulier a une hauteur de 1 décimètre, et une surface totale de 3 décimètres carrés ; ce prisme est en étain (densité 7,29). On demande le volume et le poids du solide.*

Soit x le côté de la base. Le périmètre de la base sera $6x$, et la surface latérale $6x.1$ ou $6x$.

L'aire des deux bases est (Géom., n° 288, Scolie) : $2.\frac{3}{2}x^2\sqrt{3}$ ou $3x^2\sqrt{3}$.

L'aire totale est $3x^2\sqrt{3} + 6x$, et l'on a :

$$3x^2\sqrt{3} + 6x = 3 \; ; \quad \text{d'où} \quad x^2\sqrt{3} + 2x = 1$$

On divise par $\sqrt{3}$ ou 1,732	$x^2 + 1,154x = 0,5774$
On ajoute $(\frac{1}{2}.1,154)^2$ ou $0,3333$ . .	$x^2 + 1,154x + 0,5774^2 = 0,9107$
On extrait la racine carrée.	$x + 0,5774 = 0,9543$
On retranche 0,5774, il vient . .	$x = 0^{dm}3769$

L'aire de la base est $\frac{3}{2}x^2\sqrt{3}$; et comme la hauteur est 1, le volume sera aussi exprimé par $\frac{3}{2}x^2\sqrt{3}$.

Log. x	$\overline{1}.576\,23$
Le même. . . .	$\overline{1}.576\,23$
Log. $\sqrt{3}$ . . .	$0.238\,56$
Log. $1,50$ . . .	$0.176\,09$
Somme	$\overline{1}.567\,11$ . . . . $0^{\mathrm{dm3}}369\,4$

Soit $369^{\mathrm{cm3}}1$

Exercice 48

Problème 33. *Un parallélipipède rectangle a 1 décimètre de hauteur et 6 décimètres carrés de surface totale; la longueur est double de la largeur. On demande le volume.*

Les trois dimensions sont : $x,\ \ 2x$ et 1.

La surface totale est $2(x.2x + x.1 + 2x.1)$ ou $2(2x^2 + 3x)$; et l'on a :
$$2(2x^2 + 3x) = 6$$
d'où
$$2x^2 + 3x = 3$$
et
$$x^2 + {}^3/_2\,x = {}^3/_2$$

Ajoutons $({}^3/_4)^2$ ou ${}^9/_{16}$ . . . $\quad x^2 + {}^3/_2\,x + ({}^3/_4)^2 = {}^{33}/_{16}$

Extrayons la $\sqrt{}$ . . . . . . $\quad x + {}^3/_4 = {}^1/_4\sqrt{33}$

Retranchons ${}^3/_4$ $\qquad\qquad\qquad x = {}^1/_4(\sqrt{33} - 3)$

Le volume sera $\qquad 2x.x.1$ ou $2x^2$

Log. 33	$1.518\,51$	
La ${}^1/_2$	$0.759\,25\cdot$	$5,744\,6'$
Retranchons 3.	. . . . .	$2,744\,6$
Le ${}^1/_4$	. . . . .	$0,686\,15 \quad x$
Log. x	$\overline{1}.836\,42$	
2 fois	$\overline{1}.672\,84$	
Log. 2.	$0.301\,03$	
Somme	$\overline{1}.973\,87$	$0^{\mathrm{dm3}}941\,60$

Exercice 49

Problème 34. *Tracer sur un carton le développement de chacun des cinq polyèdres réguliers, en prenant pour chacun une arête de 1 décimètre.*

Cette question ne présente pas de difficulté; et il nous suffira de donner ici le dessin des divers développements, en prenant 1 centimètre pour chaque arête.

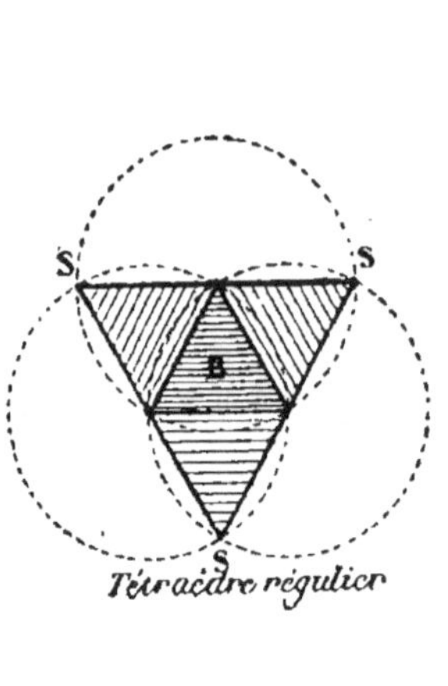

Tétraèdre régulier

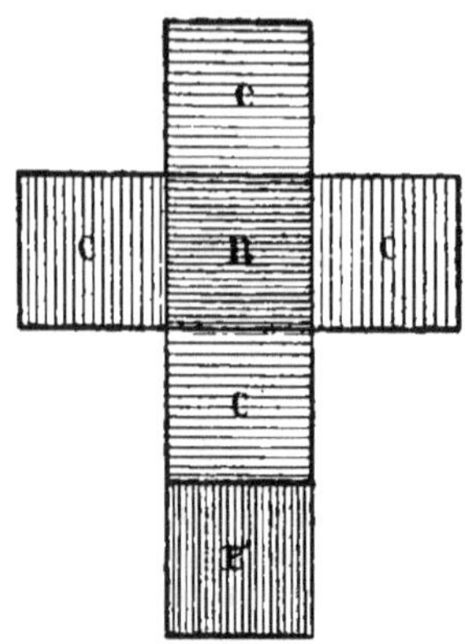

Hexaèdre régulier

Octaèdre régulier

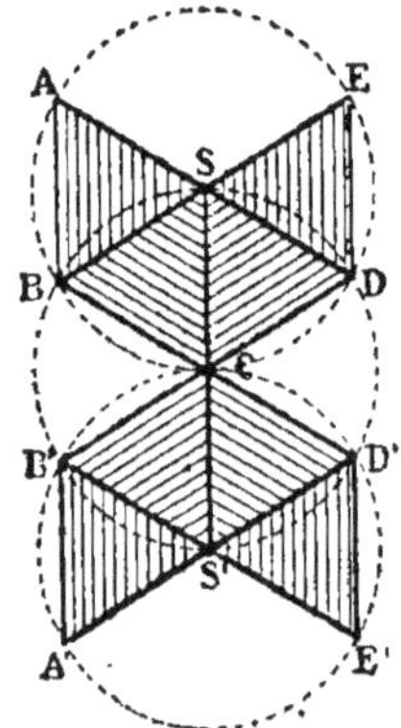

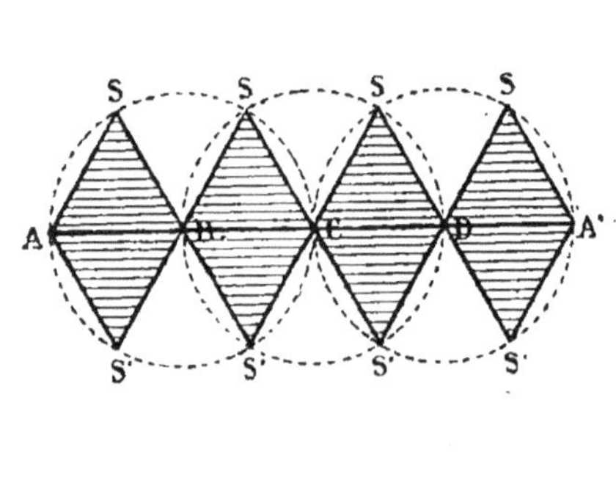

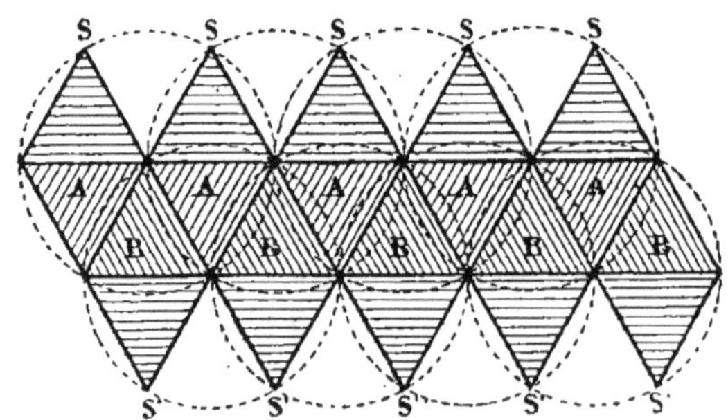

Icosaèdre régulier

Pour obtenir un dodécaèdre régulier on assemble, par un côté commun AB, deux pentagones réguliers ABCDE, ABC'D'E'. Tous les sommets de détail se déterminent par le tracé successif des lignes DC', DE' et leurs analogues partant de D'; AC, BE, CE, et leurs analogues; GI et FH, et leurs analogues; FH', IG', et leurs analogues.

Pour obtenir l'arête donnée, on décrit un premier cercle O et un pentagone ABCDE, puis les droites DA, DB, CE : c'est IH qui est l'arête correspondante. On tracera des droites indéfinies OI et OH, entre lesquelles on posera, parallèlement à IH, l'arête donnée. Alors, par les nouveaux points obtenus sur les rayons OI et OH, on mènera des parallèles à ID et à HD : ce qui déterminera le rayon qu'il faudra prendre pour la construction définitive.

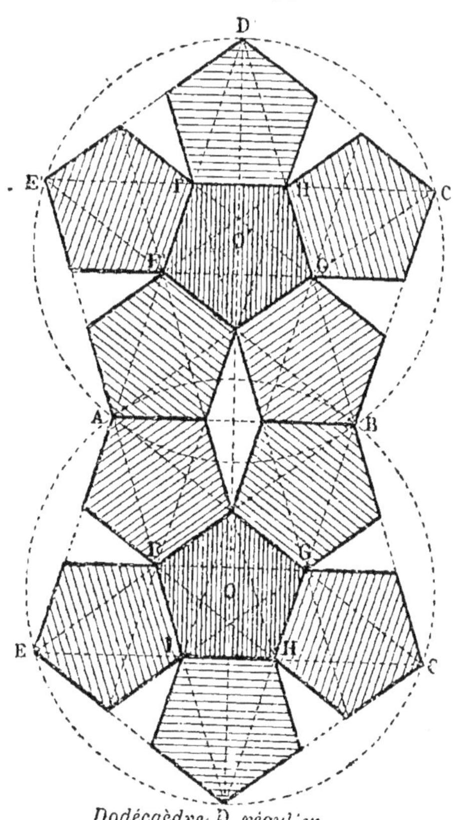

Dodécaèdre D régulier

LIVRE VII

LES TROIS CORPS RONDS

THÉORÈMES

Exercice 1

Théorème 1. *Le volume d'un cylindre circulaire droit égale le produit de sa surface latérale par la moitié du rayon.*

Ce théorème n'est qu'une extension de la propriété analogue déjà établie pour un prisme régulier (Livre VI, Exerc. 2).

Le cylindre peut lui-même être considéré comme un prisme régulier d'une infinité de faces latérales, et l'on peut répéter la démonstration déjà faite pour le prisme.

Scolie. La surface latérale est exprimée par $2\pi rh$; le produit par la moitié du rayon sera $2\pi rh \cdot \frac{1}{2}r$ ou $\pi r^2 h$, expression conforme à celle que l'on connaît.

Exercice 2

Théorème 2. *Le volume d'un cylindre circulaire droit égale la surface du rectangle générateur multipliée par la circonférence que décrit le point de concours des diagonales de ce même rectangle.*

Le rectangle générateur a pour dimensions r et h, et pour surface rh; la circonférence dont il est question au théorème a pour rayon $\frac{1}{2}r$, et pour longueur $2\pi \cdot \frac{1}{2}r$ ou πr.

Le produit du rectangle par la circonférence est $\pi r^2 h$, expression du volume du cylindre.

Exercice 3

Théorème 3. *Dans un cylindre circulaire droit, la surface latérale est à la somme des bases comme la hauteur est au rayon.*

On a, en effet, dans le cylindre :

$$\text{Volume} = \text{Base} \times \text{hauteur} = Bh$$
$$\text{Volume} = \text{Surface latérale} \times \tfrac{1}{2}\,\text{rayon} = \tfrac{1}{2}Sr$$

Donc $\qquad \tfrac{1}{2}Sr = Bh \quad$ et $\quad Sr = 2Bh$

Si l'on divise les deux membres par r et par 2B, il vient :

$$\frac{S}{2B} = \frac{h}{r} \qquad C.\ Q.\ F.\ D.$$

Exercice 4

Théorème 4. *Dans un cylindre circulaire droit, la section faite suivant l'axe est à la base, comme la hauteur est au 1/4 de la circonférence du cylindre.*

La section faite suivant l'axe est double du rectangle générateur du cylindre, soit 2R. On a, pour le volume V, les deux expressions ci – après :

$$V = Bh \quad \text{et} \quad V = R.2\pi.^1/_2 r = \pi r R$$

On a donc $\qquad \pi r R = Bh \quad \text{et} \quad 2\pi r R = 2Bh$

En divisant par πr et par B, on a :

$$\frac{2R}{B} = \frac{2h}{\pi r} = \frac{h}{^1/_2 \pi r} \qquad C.\ Q.\ F.\ D.$$

Exercice 5

Théorème 5. *Si la hauteur d'un cylindre égale le diamètre, le volume égale la surface totale multipliée par le 1/3 du rayon.*

Considérons une sphère inscrite à ce cylindre. Les bases peuvent être considérées comme des polygones réguliers d'une infinité de côtés, et la surface latérale comme formée de rectangles ayant une dimension égale à la hauteur du cylindre et l'autre dimension infiniment petite.

Dès lors, le cylindre se décompose naturellement en deux parties :

1° Deux pyramides ayant pour sommet commun le centre de la sphère, et pour bases les bases du cylindre; la hauteur est le rayon de la sphère inscrite, lequel est aussi le rayon du cylindre;

2° Une infinité de pyramides latérales ayant pour sommet commun le centre de la sphère inscrite, et pour bases les rectangles latéraux dont il a été question plus haut; ces pyramides ont pour hauteur le rayon du cylindre.

Donc le volume du cylindre égale la surface totale multipliée par le 1/3 du rayon. $\qquad C.\ Q.\ F.\ D.$

Exercice 6

Théorème 6. *Le volume d'un cône circulaire droit égale la surface latérale multipliée par le 1/3 de la distance du centre de la base au côté du cône.*

Ce théorème n'est qu'une extension de la propriété analogue déjà établie pour une pyramide régulière (Livre VI, Exerc. 3).

Le cône peut lui-même être considéré comme une pyramide régulière d'une infinité de faces latérales, et l'on peut répéter la démonstration déjà faite pour la pyramide.

Exercice 7

Théorème 7. *Le volume d'un cône circonscrit à une sphère égale le produit de sa surface totale par le $1/3$ du rayon de la sphère.*

Ce théorème est vrai pour un cône quelconque circonscrit à une sphère. La base peut être considérée comme un polygone ayant tous ses côtés infiniment petits, et la surface latérale sera composée de triangles tangents à la sphère et ayant l'un des côtés infiniment petit.

Dès lors, le cône se décompose naturellement en deux parties :

1° Une pyramide ayant pour sommet le centre de la sphère, et pour base la base du cône ; la hauteur est le rayon de la sphère inscrite ;

2° Une infinité de pyramides triangulaires ayant pour sommet commun le centre de la sphère, et pour bases les triangles latéraux dont il a été question plus haut ; ces pyramides ont pour hauteur le rayon de la sphère.

Donc le volume du cône égale la surface totale multipliée par le $1/3$ du rayon.   *C. Q. F. D.*

Exercice 8

Théorème 8. *Le volume d'un cône circulaire droit égale le $1/3$ de la surface du triangle générateur multiplié par la circonférence du cône.*

Le triangle générateur a pour aire $1/_2 rh$; la circonférence est $2\pi r$; le $1/_3$ du produit de ces deux quantités est $1/_3 . 1/_2 rh . 2\pi r$ ou $1/_3 \pi r^2 h$, ce qui est bien l'expression du volume du cône.

Exercice 9

Théorème 9. *Le volume d'un tronc conique circonscrit à une sphère égale le produit de sa surface totale par le $1/3$ du rayon de la sphère.*

Les bases peuvent être considérées comme des polygones réguliers semblables, et d'un nombre infini de côtés ; la surface latérale est alors formée de trapèzes tangents à la sphère, et ayant des bases infiniment petites.

Dès lors, le tronc de cône se décompose naturellement en deux parties :

1° Deux pyramides ayant pour sommet commun le centre de la sphère, et pour bases les bases du tronc ; la hauteur est le rayon de la sphère inscrite ;

2° Une infinité de pyramides latérales ayant pour sommet commun le centre de la sphère, et pour bases les trapèzes latéraux dont il a été question plus haut; ces pyramides ont pour hauteur le rayon de la sphère.

Donc le volume du tronc égale la surface totale multipliée par le $1/3$ du rayon de la sphère inscrite.   *C. Q. F. D.*

Exercice 10

Théorème 10. *Deux solides quelconques* A *et* A' *circonscrits à des sphères égales sont entre eux comme leurs surfaces totales* F *et* F'.

En effet, r étant le rayon des sphères inscrites, on a identiquement :

$$\frac{A}{A'} = \frac{1/3\,F r}{1/3\,F' r} \cdots = \frac{F}{F'} \qquad\qquad C.\ Q.\ F.\ D.$$

Exercice 11

Théorème 11. *Si le côté* l *d'un tronc de cône égale la somme des rayons* r *et* r' *des bases, la hauteur* h *égale deux fois la moyenne géométrique de ces mêmes rayons, et le volume* V *égale la surface totale* S *multipliée par le* $1/6$ *de la hauteur.*

1° Le côté l est l'hypoténuse d'un triangle rectangle qui a pour côtés de l'angle droit la hauteur h et la différence $r - r'$ des rayons.

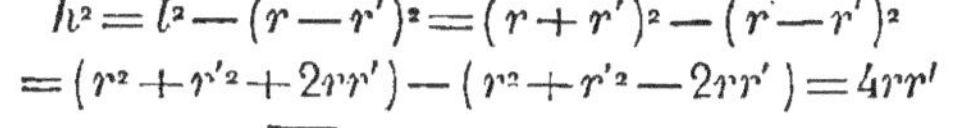

On a donc :

$$h^2 = l^2 - (r - r')^2 = (r + r')^2 - (r - r')^2$$
$$= (r^2 + r'^2 + 2rr') - (r^2 + r'^2 - 2rr') = 4rr'$$

Donc $h = 2\sqrt{rr'}$, c'est-à-dire 2 fois la moyenne géométrique des rayons.

2° On a : $V = 1/3\,h(B + B' + \sqrt{BB'}) = 1/3\,\pi h(r^2 + r'^2 + rr')$.

D'autre part, les bases sont πr^2 et $\pi r'^2$; la surface latérale est : $1/2\,l(2\pi r + 2\pi r')$, ou $\pi l(r + r')$, ou $\pi(r + r')(r + r')$, ou enfin $\pi(r^2 + r'^2 + 2rr')$.

La surface totale sera donc $\pi(2r^2 + 2r'^2 + 2rr')$ ou $2\pi(r^2 + r'^2 + rr')$.

Le produit de cette expression par $1/6\,h$ est $1/3\,\pi h(r^2 + r'^2 + rr')$, ce qui est le volume V du tronc.

Scolie. 1° Dans tout tronc de cône circonscrit à une sphère, le côté est égal à la somme des rayons, en vertu de l'égalité des tangentes qui partent d'un même point. Réciproquement, à tout tronc de cône dans lequel le côté est égal à la somme des rayons, on peut inscrire une sphère; et le volume égale le produit de la surface totale par le $1/3$ du rayon, soit ici le $1/6$ de la hauteur (Exerc. 9).

8^*

2° On peut démontrer plus directement la seconde partie du théorème proposé en considérant le tronc de cône en question comme composé de trois parties : 1° le cône engendré par OCD, lequel a pour volume $1/_3\pi r^2$. OD ou $1/_6\pi r^2 h$; 2° le cône engendré par OAB, lequel a pour volume $1/_3\pi r'^2$. OA ou $1/_6\pi r'^2 h$; 3° le volume engendré par le triangle OBC, lequel volume a pour expression $1/_3$ OI. surf BC ou $1/_6 h$. surf BC. En additionnant, on obtient pour le volume total :
$1/_6 h(\pi r^2 + \pi r'^2 + \text{surface latérale})$ ou $1/_6 h$. surface totale.

Exercice 12

Théorème 12. *Si la hauteur d'un tronc de cône égale 4 fois la différence des rayons des bases, le volume de ce tronc égale la différence des deux sphères qui auraient ces mêmes rayons.*

Pour démontrer ce théorème et ceux du même genre, on constate l'identité des formules algébriques qui expriment les grandeurs que l'on compare.

On suppose ici : $\qquad\qquad h = 4\,(r - r')$

On a : $V = 1/_3 h\,(\mathrm{B} + \mathrm{B}' + \sqrt{\mathrm{BB}'}) = 4/_3\,(r - r')(\pi r^2 + \pi r'^2 + \pi rr')$
$$= 4/_3\,\pi r^3 - 4/_3\,\pi r'^3.$$

C. Q. F. D.

Exercice 13

Théorème 13. *Par deux points A et B donnés sur une sphère, on ne peut faire passer qu'un arc de grand cercle, à moins que les deux points donnés ne soient les extrémités d'un même diamètre.*

En effet, les deux points donnés et le centre déterminent un plan ; il n'y a donc qu'un seul grand cercle qui contienne les deux points donnés, et par suite un seul arc de grand cercle qui passe par ces deux points.

Si les deux points donnés étaient les extrémités d'un diamètre, ces deux points et le centre seraient en ligne droite, et il y aurait une infinité de grands cercles passant par les deux points.

Exercice 14

Théorème 14. *Par 4 points A, B, C, D, non situés dans un même plan, on peut faire passer une sphère, et une seule.*

Les points donnés déterminent deux triangles : ABC et ACD. Par les points E, F, G, milieux des côtés qui partent du point A, menons à ces côtés les perpendiculaires EI, EH, FI et GH; menons ensuite les droites IM et HN perpendiculaires aux plans ACD et ABC ; enfin, par le point E, menons un plan perpendiculaire à l'intersection AC : ce plan sera perpendiculaire aux deux plans ACD et

ABC; il passera par les droites EI et
EH, et contiendra les deux droites IM
et HN. Comme la ligne IEH est brisée
en E, les droites IM et HN se rencontrent dans le plan IH.

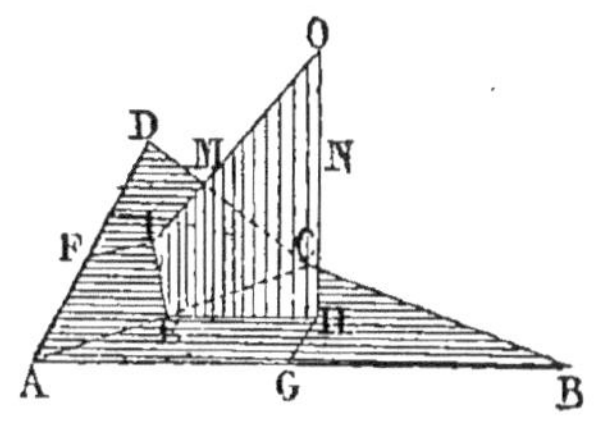

Il s'agit de prouver que le point de
rencontre O est le centre de la sphère
qui passe par les quatre points donnés,
et que c'est l'unique centre possible.

1° Les distances OA, OB, OC sont égales, comme obliques dont
les pieds s'écartent également du pied de la perpendiculaire OH; il
en est de même des distances OA, OC, OD, à cause de la perpendiculaire OI. Donc le point O est équidistant des quatre points
A, B, C, D; et la sphère qui aura O pour centre et OA pour rayon
passera par ces quatre points.

2° La droite IM est le lieu des points équidistants des points
A, C, D, et la droite HN est le lieu des points équidistants des
points A, B, C; donc l'unique rencontre O de ces deux droites est
le seul point de l'espace qui soit équidistant des quatre points donnés.
Il n'y a donc pas d'autre centre possible que le point O, et pas
d'autre rayon possible que la distance OA. Donc, *par quatre points
donnés...*

Scolie. 1° Les quatre points donnés servent de sommets à un tétraèdre ABCD; donc *à un tétraèdre quelconque on peut circonscrire
une sphère, et une seule;*

2° Les lignes analogues à IO et HO, que l'on pourrait élever sur
les deux autres faces du tétraèdre, passeraient au point O ; et les
points I et H sont les centres des cercles circonscrits aux faces ACD
et ABC. Donc, *dans un tétraèdre quelconque, il y a un point de
rencontre unique, pour les perpendiculaires élevées sur les quatre
faces, par les centres des cercles circonscrits à ces mêmes faces.*

Exercice 15

Théorème 15. *On peut inscrire une sphère à un tétraèdre quelconque.*

Car les 6 plans bissecteurs des dièdres se rencontrent en un même
point, qui est équidistant des quatre faces (Livre VI, Exerc. 8). Ce
point peut servir de centre à une sphère qui sera tangente à toutes les
faces.

Exercice 16

Théorème 16. *Si trois sphères se coupent deux à deux, les plans
d'intersection se coupent suivant une même droite perpendiculaire au
plan des trois centres.*

En effet, si l'on dessine la coupe de la figure selon le plan des trois centres, on a trois cercles qui se coupent, et les trois cordes d'intersection se rencontrent en un même point (Livre III, Exerc. 24).

Si, par ces cordes, on mène des plans perpendiculaires au plan des centres, on obtient les trois plans d'intersection des sphères; et leur intersection commune est la perpendiculaire menée au plan des centres par le point de concours des trois cordes.

Exercice 17

Théorème 17. *Si trois droites rectangulaires coupent une même sphère, la somme des carrés des cordes comprises est constante.*

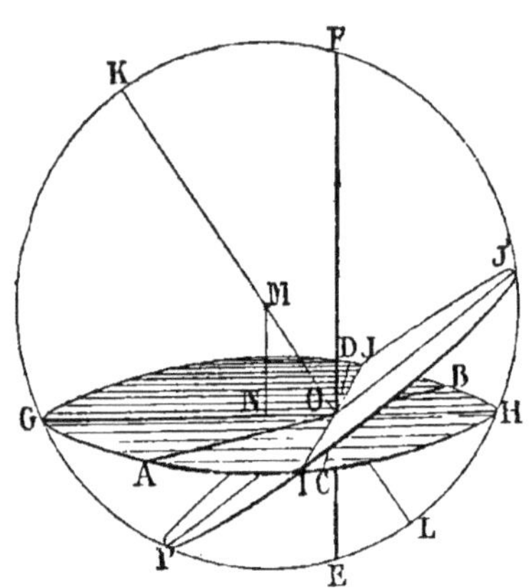

1° Soit d'abord le point O donné dans la sphère, et soient AB, CD, EF, les trois droites rectangulaires données.

Les deux premières droites AB et CD déterminent un petit cercle qui a GOH pour diamètre; soit IJ la corde menée dans ce cercle par le point O, perpendiculairement à GH : cette corde est la plus courte que l'on puisse mener par le point O.

On sait (Livre III, Exerc. 23) que la somme des carrés des cordes AB et CD égale le carré du diamètre GH, plus le carré de la corde minimum IJ :

$$\overline{AB}^2 + \overline{CD}^2 = \overline{GH}^2 + \overline{IJ}^2 \tag{1}$$

Menons dans la sphère, par le point O, le diamètre KL; puis le petit cercle I'J' perpendiculaire à ce diamètre. On a : MN perpendiculaire à GH, IJ perpendiculaire à GH; et par suite, en vertu du théorème des trois perpendiculaires, MO perpendiculaire à IJ.

Donc cette droite IJ appartient au cercle I'J' aussi bien qu'au cercle GH : c'est une corde de ce dernier cercle, et c'est un diamètre du cercle I'J'. De sorte que l'on a : IJ = I'J', et $\overline{IJ}^2 = \overline{I'J'}^2$.

Dans le grand cercle qui contient les deux droites EF et KL, on a :

$$\overline{GH}^2 + \overline{EF}^2 = \overline{KL}^2 + \overline{I'J'}^2 = \overline{KL}^2 + \overline{IJ}^2$$

Remplaçons $\overline{GH}^2$ par sa valeur tirée de la relation précédente (1), il vient :

$$\overline{AB}^2 + \overline{CD}^2 + \overline{EF}^2 - \overline{IJ}^2 = \overline{KL}^2 + \overline{IJ}^2$$

d'où

$$\overline{AB}^2 + \overline{CD}^2 + \overline{EF}^2 = \overline{KL}^2 + 2\overline{IJ}^2, \quad \text{quantité constante.}$$

Donc, *si trois cordes rectangulaires se coupent à l'intérieur d'une sphère, la somme des carrés de ces cordes égale le carré du diamètre de la sphère, plus 2 fois le carré de la corde minimum qui passe par le point de concours des premières cordes.*

2° Si le point O est donné hors de la sphère, on considère le petit cercle déterminé par a et b, deux des trois droites données. Dans ce petit cercle, *la somme des carrés des deux cordes égale le carré du diamètre* d *du petit cercle, moins 4 fois le carré de la tangente* e menée du point O (Livre III, Exerc. 23, 2°). Cette tangente au petit cercle est en même temps tangente à la sphère :

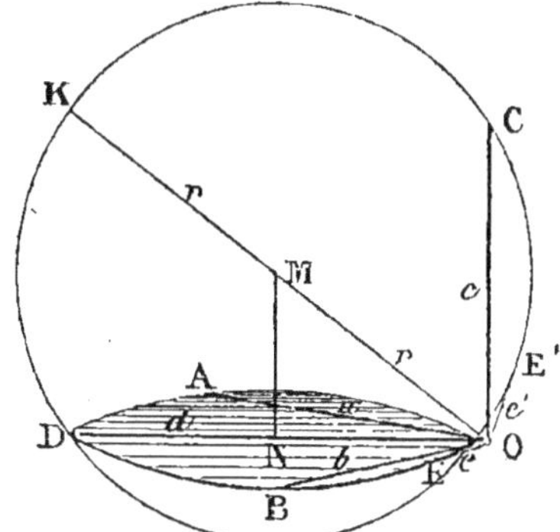

$$a^2 + b^2 = d^2 - 4c^2 = d^2 - 4e'^2 \quad (1)$$

Par le point O, par le centre M de la sphère et par le centre N du petit cercle qui contient les deux premières cordes, menons un plan KDO : la sphère sera coupée selon un grand cercle, et le petit cercle selon un de ses diamètres. Le plan ainsi mené sera perpendiculaire au petit cercle, et ainsi il contiendra la troisième corde c.

Dans le grand cercle de ce plan, on a en remarquant que $é = e$:
$$d^2 + c^2 = (2r)^2 - 4c^2$$

Remplaçons d^2 par sa valeur tirée de la relation précédente (1), il vient :
$$a^2 + b^2 + c^2 + 4c^2 = (2r)^2 - 4e^2$$
d'où
$$a^2 + b^2 + c^2 = (2r)^2 - 8e^2, \qquad \text{quantité constante.}$$

Donc, *si trois cordes rectangulaires concourent en un même point situé hors d'une sphère, la somme des carrés de ces cordes égale le carré du diamètre de la sphère, moins 8 fois le carré de la tangente menée de ce point à la sphère.*

Exercice 18

Théorème 18. *Dans un triangle sphérique* ABC, *chaque côté est plus petit que la somme des deux autres et plus grand que leur différence.*

Un triangle sphérique est la partie de la surface de la sphère comprise entre trois arcs de grand cercle.

Construisons le trièdre central OABC. Les faces de ce trièdre sont des angles plans qui ont respectivement pour mesures les côtés a, b, c du triangle considéré.

Donc entre ces côtés existent les mêmes relations qu'entre les faces du trièdre O (Géom., n° 349).

Exercice 19

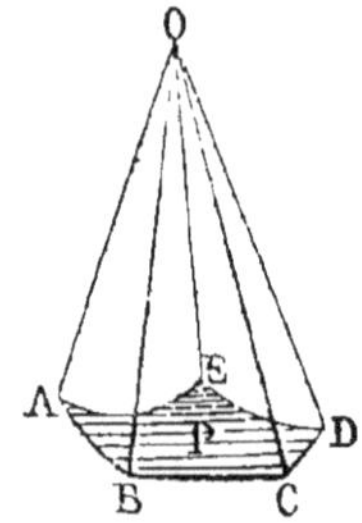

Théorème 19. *Dans tout polygone sphérique convexe* P, *la somme des côtés est moindre que la circonférence d'un grand cercle.*

Construisons l'angle solide central O, correspondant au polygone P. La somme des faces de cet angle solide est moindre que 4 droits (Géom., n° 350); donc la somme des mesures de ces mêmes faces est moindre qu'une circonférence entière de la sphère...

Corollaire. Dans tout triangle sphérique, la somme des côtés est moindre qu'une circonférence de grand cercle.

Exercice 20

Théorème 20. *Le plus court chemin pour aller d'un point à un autre sur la surface de la sphère est l'arc de grand cercle qui passe par ces deux points.*

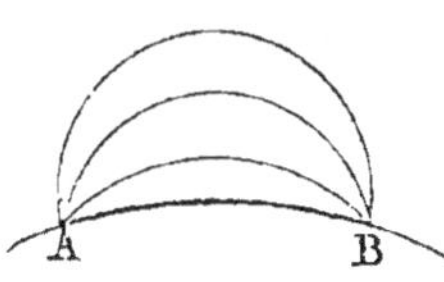

En effet, on ne peut songer ici à la ligne droite, si ce n'est pour s'en rapprocher le plus possible. Or, de tous les arcs que l'on fait passer par deux points donnés A et B, le plus court, celui qui se rapproche le plus de la ligne droite, est évidemment celui qui est décrit avec le plus grand rayon. Donc sur la sphère ce sera l'arc de grand cercle.

Exercice 21

Théorème 21. *Si un premier triangle sphérique* ABC *est polaire d'un second* A'B'C', *celui-ci est aussi polaire du premier.*

Un premier triangle ABC est polaire d'un autre A'B'C' lorsque les sommets du premier sont les *pôles* respectifs des côtés du second.

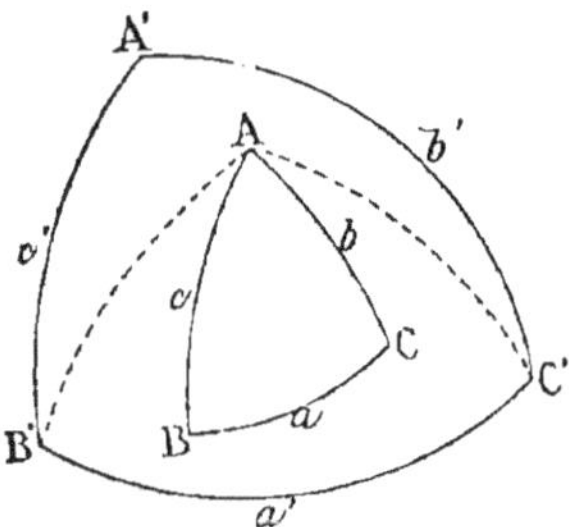

On nomme *pôles* d'un arc les extrémités du diamètre mené dans la sphère perpendiculairement au plan de cet arc. Un arc quelconque a deux pôles. Tout arc de grand cercle est équidistant de ses deux pôles, et peut être nommé *arc d'é-quateur* par rapport à ses pôles. Tout arc de grand cercle mené d'un pôle à son équateur est un *quadrant*, c'est-à-dire un quart de circonférence. D'un pôle à son équateur on peut mener une infinité de quadrants (ce sont des quarts de *méridiens*).

Le point B′ est le pôle de l'arc b, donc l'arc B′A est un quadrant; de même C′ est le pôle de c, et l'arc C′A est un quadrant.

Le point A étant distant d'un quadrant des points B′ et C′, est le pôle de l'arc B′C′ ou a'.

On prouverait de même que B est le pôle de b', et C le pôle de c'.

C. Q. F. D.

Exercice 22

Théorème 22. *Dans deux triangles polaires ABC et A′B′C′, chaque angle de l'un est le supplément du côté opposé dans l'autre.*

Et, pour cette raison, deux *triangles polaires* sont en même temps appelés *triangles supplémentaires*.

Un *angle sphérique* est une ouverture plus ou moins grande entre deux arcs de grand cercle : c'est l'*angle dièdre* formé par les plans des deux cercles auxquels ces arcs appartiennent.

Un angle sphérique a pour mesure l'*arc d'équateur* compris entre ses côtés, et qui a le sommet comme *pôle*.

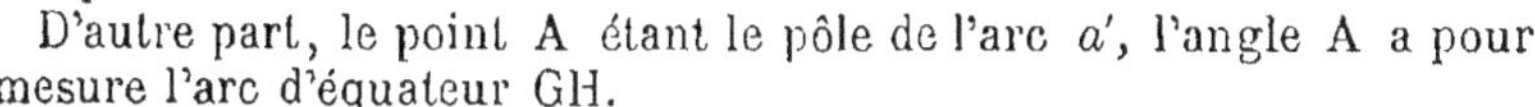

Le point B′ étant le pôle de l'arc ACH, l'arc B′H est un quadrant ; de même C′ étant le pôle de ABG, C′G est un quadrant.

D'autre part, le point A étant le pôle de l'arc a', l'angle A a pour mesure l'arc d'équateur GH.

Ainsi, quant au nombre des degrés, on a :

$$A + a' = GH + B'C' = B'H + C'G = 180 \text{ degrés.}$$

On démontrerait de même que B et b' sont supplémentaires, ainsi que C et c'.

Et la même démonstration peut se répéter entre A′ et a, B′ et b, C′ et c.

Exercice 23

Théorème 23. *A deux triangles polaires correspondent des trièdres centraux supplémentaires, et réciproquement* (Figure précédente).

Appelons O le centre de la sphère, et concevons les trièdres centraux correspondants aux triangles ABC et A′B′C′.

Les angles A, B, C du premier triangle ne sont autre chose que les dièdres du trièdre OABC, et les côtés a, b, c sont les mesures des faces de ce même trièdre. Il en est de même entre le second triangle et le second trièdre.

Or, dans les triangles, l'angle A et le côté a' sont supplémentaires; donc, dans les trièdres, le dièdre OA et la face B′OC′ sont aussi supplémentaires.

Ainsi un dièdre quelconque de l'un des trièdres a pour supplément la face opposée dans l'autre; donc ces deux trièdres sont supplémentaires.   *C. Q. F. D.*

Scolie. Les propriétés des triangles polaires amènent les propriétés des trièdres supplémentaires, et réciproquement.

Exercice 24

Théorème 24. *Deux triangles tracés sur la même sphère ou sur des sphères égales sont égaux :*
1° Lorsqu'ils ont un côté égal adjacent à des angles respectivement égaux ;
2° Lorsqu'ils ont un angle égal compris entre des côtés respectivement égaux ;
3° Lorsqu'ils ont les trois côtés égaux chacun à chacun ;
4° Lorsqu'ils ont les trois angles égaux chacun à chacun.

Ces divers cas d'égalité peuvent se démontrer directement, comme pour les triangles plans; mais on les démontre aussi par la considération des trièdres centraux correspondants : il est évident qu'à des triangles sphériques égaux correspondent des trièdres centraux égaux, et réciproquement.

Or, aux divers triangles dont il est question ci-dessus correspondent des trièdres centraux égaux (Géom., n°s 353 et 354) :

1° Comme ayant une face égale adjacente à des dièdres respectivement égaux ;
2° Comme ayant un dièdre égal compris entre des faces respectivement égales ;
3° Comme ayant les trois faces respectivement égales ;
4° Comme ayant les trois dièdres respectivement égaux.

Donc, *deux triangles sphériques sont égaux...*

Exercice 25

Théorème 25. *Dans tout triangle sphérique, la somme des côtés est comprise entre 0 et 360 degrés, et la somme des angles entre 2 et 6 droits.*
(On nomme *excès sphérique* l'excédant variable de la somme des angles d'un triangle sphérique sur 2 angles droits.)

Les côtés du triangle sphérique servent de mesures aux faces du trièdre central correspondant, et les angles du triangle sphérique ne sont autre chose que les dièdres du trièdre central correspondant.

Or, la somme des faces du trièdre est comprise entre 0 et 360 degrés, et la somme de ses angles entre 2 et 6 droits (Géom., n°s 350 et 352); il en est donc de même dans le triangle sphérique correspondant.

Exercice 26

Théorème 26. *Un fuseau sphérique est à la surface de la sphère comme l'angle dièdre du fuseau est à 4 droits.*

On appelle *fuseau* la surface sphérique ABCA' comprise entre deux arcs de grands cercles d'un pôle à l'autre. L'angle dièdre AA' est mesuré par l'angle plan BOC, lequel a pour mesure l'arc d'équateur BC.

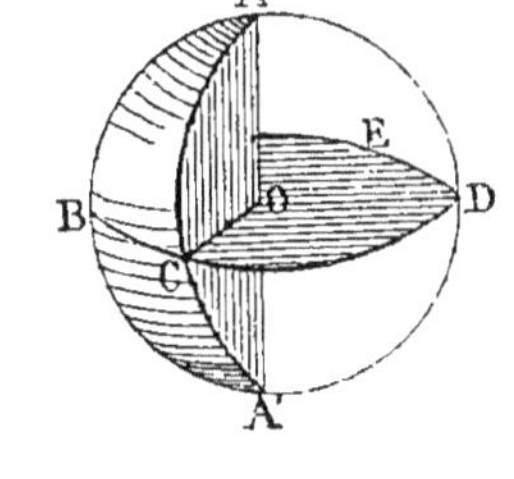

Si la surface de la sphère était divisée en 360 fuseaux égaux, l'équateur BCDE serait divisé en 360 arcs d'un degré, et il y aurait autour de AA' 360 dièdres d'un degré.

Si chaque fuseau d'un degré était subdivisé en 10 fuseaux égaux, chaque degré de l'équateur serait subdivisé en 10 arcs égaux, et dans chaque dièdre d'un degré il y aurait 10 dièdres égaux.

Et il en sera de même des centièmes, des millièmes de degré, etc.

Donc ce que l'arc BC est à la circonférence entière, l'angle BOC l'est à 4 droits, le dièdre AA' l'est à 4 droits, et le fuseau ABCA' l'est à la surface de la sphère.   *C. Q. F. D.*

Exercice 27

Théorème 27. *Dans une sphère quelconque, deux triangles sphériques* ABC, A'B'C', *symétriques par rapport au centre* O, *sont égaux en surface.*

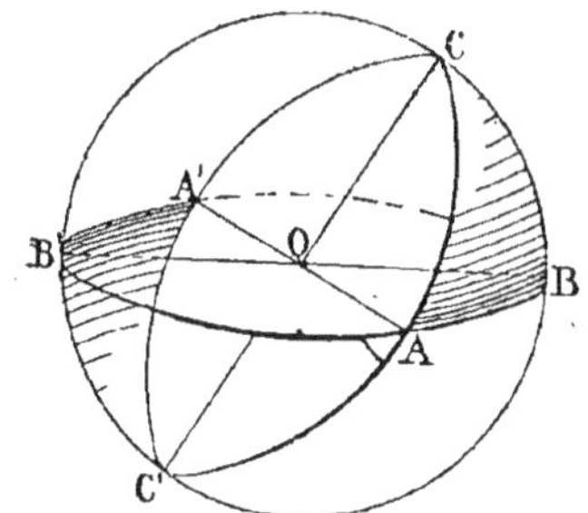

En effet, les plans des grands cercles déterminent deux trièdres opposés symétriques; donc leurs éléments (angles et faces) sont respectivement égaux; donc, dans les triangles sphériques correspondants, les éléments (angles et côtés) sont aussi respectivement égaux, quoique disposés dans un ordre inverse.

Remarque. Deux triangles sphériques symétriques deviendraient superposables si l'un d'eux était retourné, dans sa courbure, à la façon d'une calotte.

Exercice 28

Théorème 28. *Si deux arcs de grands cercles* BAB' *et* CAC' *se coupent dans un même hémisphère, la somme des deux triangles opposés* ABC *et* AB'C' *équivaut au fuseau entier qui serait compris entre ces deux arcs.*

En effet, le triangle ABC équivaut (Figure précédente) à A'B'C', et l'on a :

$$AB'C' + ABC = AB'C' + A'B'C' = \text{fuseau } AB'C'A'$$

C. Q. F. D.

Exercice 29

Théorème 29. *L'aire d'un triangle sphérique est à l'aire de la sphère entière comme son excès sphérique est à 8 angles droits.*

En effet, on a (Exercice précédent) :

$$T + U = \text{fuseau } A, \quad T + V = \text{fuseau } B, \quad T + Z = \text{fuseau } C$$

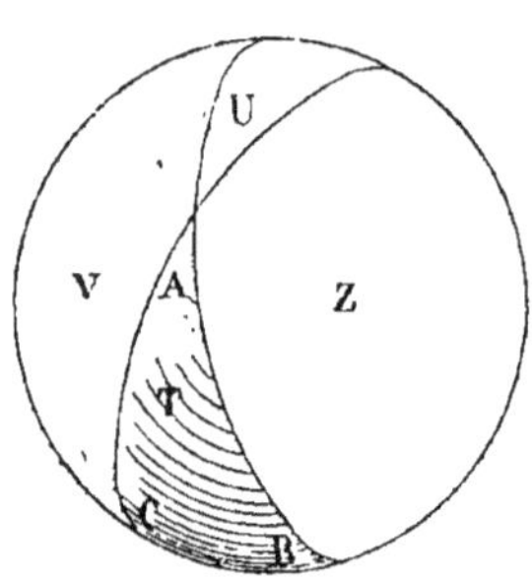

En additionnant, on obtient :

$$\tfrac{1}{2}\text{ surf. sphère} + 2T = \text{fus A} + \text{fus B} + \text{fus C}$$

ou, en appelant S la surface de la sphère :

$$\tfrac{1}{2}S + 2T = \text{fus A} + \text{fus B} + \text{fus C}$$

d'où

$$2T = \text{fus A} + \text{fus B} + \text{fus C} - \tfrac{1}{2}S$$

Divisons tout par S, il vient :

$$\frac{2T}{S} = \frac{\text{fus A}}{S} + \frac{\text{fus B}}{S} + \frac{\text{fus C}}{S} - \frac{\tfrac{1}{2}S}{S}$$

Or, le rapport d'un fuseau à la surface de la sphère égale le rapport de son angle à 4 droits (Exerc. 26); on peut donc poser :

$$\frac{2T}{S} = \frac{A}{4 \text{ droits}} + \frac{B}{4 \text{ droits}} + \frac{C}{4 \text{ droits}} - \frac{2 \text{ droits}}{4 \text{ droits}} \; *$$

ou

$$\frac{2T}{S} = \frac{(A + B + C) - 2 \text{ droits}}{4 \text{ droits}}$$

Si l'on divise les deux membres par 2, on a :

$$\frac{T}{S} = \frac{(A + B + C) - 2 \text{ droits}}{8 \text{ droits}} = \frac{\text{Excès sphérique}}{8 \text{ droits}}$$

C. Q. F. D.

---

* Il est évident que le rapport $\dfrac{\tfrac{1}{2}S}{S}$ peut être remplacé par $\dfrac{2 \text{ droits}}{4 \text{ droits}}$, comme par tout autre rapport qui vaudrait $\tfrac{1}{2}$.

Exercice 30

Théorème 30. *Sur une même sphère ou sur des sphères égales, deux triangles qui ont la même somme pour leurs angles sont égaux en surface.*

En effet, puisque la somme des angles est la même de part et d'autre, l'excès de cette somme sur 2 droits est aussi le même, aussi bien que le rapport de chaque triangle à la surface de la sphère. Et puisque les sphères sont égales, les triangles considérés sont aussi égaux.

REMARQUES. 1° *Deux triangles sphériques quelconques qui ont la même somme pour leurs angles sont entre eux comme les carrés des rayons des sphères auxquelles ils appartiennent;* car ces triangles ayant même excès sphérique, sont une même fraction des surfaces totales des deux sphères. Or, deux sphères quelconques sont deux figures semblables : leurs surfaces sont donc entre elles comme les carrés des rayons, et il en est de même des triangles sphériques considérés.

2° Pour trouver des *figures sphériques semblables*, il faut exécuter des constructions homologues sur des sphères de rayons différents. Alors on retrouve une *théorie de similitude* analogue à celle que l'on voit dans la Géométrie plane. Les *figures planes* peuvent même être considérées comme des figures sphériques tracées sur une sphère dont le rayon est infini.

Deux *triangles sphériques semblables* correspondent à des *trièdres centraux égaux;* ils ont réellement les mêmes angles, et leurs côtés sont des arcs respectivement semblables, dont les longueurs absolues sont dans un même rapport.

Exercice 31

Théorème 31. *Si deux sphères se coupent, leur intersection est un cercle dont le plan est perpendiculaire à la ligne des centres, et le centre de ce cercle se trouve sur cette même ligne.*

Faisons passer un plan ECFD par les centres A et B, et traçons les droites EF et CD. La première de ces droites est perpendiculaire au milieu de la corde commune CD.

Si la figure entière fait un demi-tour autour de EF, les deux sphères seront reproduites, et en même temps la droite CD décrira

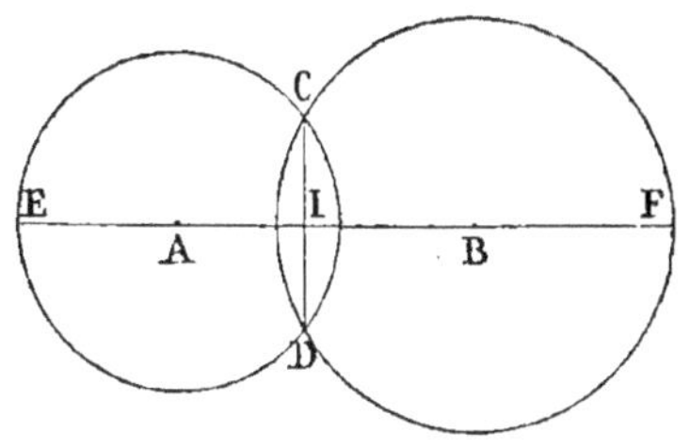

l'intersection; donc cette intersection est un cercle qui a le point I pour centre, et IC pour rayon.   *C. Q. F. D.*

Exercice 32

Théorème 32. *Deux sphères quelconques peuvent avoir, l'une par rapport à l'autre, cinq positions différentes; et les conditions relatives aux rayons et à la distance des centres sont les mêmes que pour les circonférences* (Géom., n° 128).

En effet, étant données deux circonférences dans l'une quelconque des cinq positions connues, si l'on fait tourner la figure totale autour de la ligne des centres, on produit deux sphères qui sont absolument dans les mêmes conditions que les deux circonférences...

Exercice 33

Théorème 33. *Pour qu'on puisse construire un triangle sphérique avec trois côtés donnés, il faut et il suffit que la somme des trois côtés soit moindre qu'une circonférence, et que le grand côté soit plus petit que la somme des deux autres.*

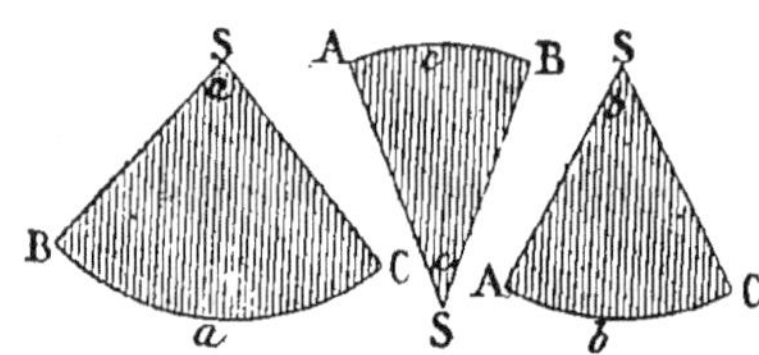

En effet, si l'on construit trois angles plans ayant respectivement pour mesures les trois arcs donnés, la somme de ces trois angles sera moindre que 4 droits, et le plus grand sera moindre que la somme des deux autres. On peut donc construire un trièdre avec ces trois faces (Livre V, Exerc. 9); et ce trièdre, transporté au centre de la sphère, déterminera un triangle sphérique qui aura pour côtés les trois arcs donnés.

Exercice 34

Théorème 34. *Sur une même sphère, tous les cercles parallèles ont les mêmes pôles.*

Car les pôles d'un cercle sont les extrémités du diamètre mené perpendiculairement à ce cercle (Géom., n° 456, 2°), et tout diamètre perpendiculaire à l'un des cercles considérés est aussi perpendiculaire aux autres.

Exercice 35

Théorème 35. *Dans tout triangle sphérique, si deux côtés sont égaux, les angles opposés sont aussi égaux, et réciproquement.*

En effet, dans le trièdre central correspondant il y a deux faces égales, les dièdres opposés sont égaux, et ces dièdres ne sont autre chose que des angles du triangle sphérique (Livre V, Exerc. 5).

Si deux angles sont donnés égaux dans le triangle sphérique, le trièdre a aussi deux angles égaux, et, par suite, deux faces égales: ce qui entraîne l'égalité de deux côtés dans le triangle.

Exercice 36

Théorème 36. *L'arc de grand cercle AD, mené du sommet au milieu de la base d'un triangle sphérique isocèle, est perpendiculaire à cette base et divise l'angle du sommet en deux parties égales.*

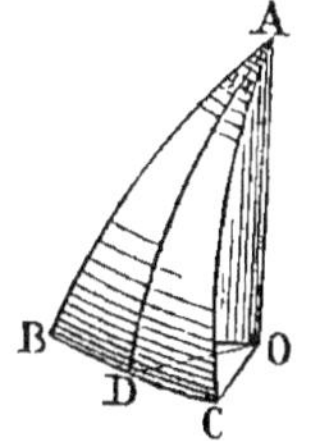

En effet, les deux triangles ADB et ADC sont égaux, comme étant équilatéraux entre eux. Donc les angles en A sont égaux, aussi bien que les angles en D; et ces derniers angles sont droits, car les plans BOC et AOD se rencontrent de manière à faire des angles adjacents égaux...

Exercice 37

Théorème 37. *Sur une même sphère, deux triangles isocèles symétriques T et T' sont superposables.*

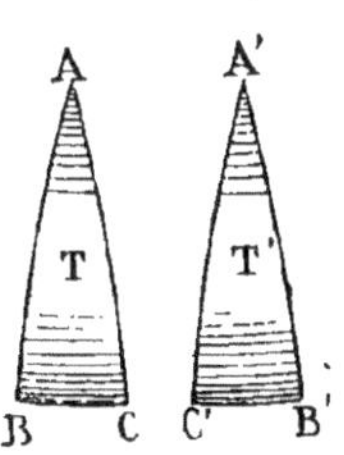

Car les angles B et C étant égaux, peuvent se substituer l'un à l'autre : de sorte que B peut coïncider avec C', et C avec B'. De même les côtés égaux AB et AC peuvent se substituer : AB peut coïncider avec A'C', et AC avec A'B'.

Exercice 38

Théorème 38. *Dans tout triangle sphérique, à un plus grand angle est opposé un plus grand côté, et réciproquement.*

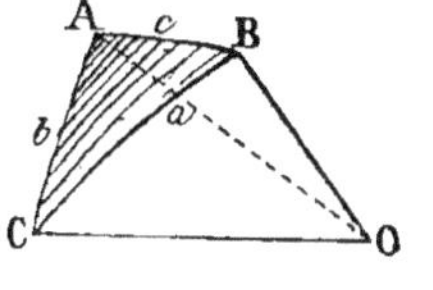

Considérons le trièdre central OABC. Si l'on a $a > c$, on a aussi la face BOC > BOA, et par suite (Livre V, Exerc. 6) le dièdre OA > OC ou l'angle sphérique A > C.

Pareillement, donner l'angle A > C, c'est donner le dièdre OA > OC. On en conclut la face BOC > BOA, d'où l'arc BC > BA...

Donc, *dans tout triangle sphérique...*

Exercice 39

Théorème 39. *Si l'on prend le triangle sphérique tri-rectangle pour unité de surface, et l'angle droit pour unité d'angle, la surface d'un polygone sphérique est exprimée par la somme des angles, moins le produit de 2 droits par le nombre des côtés moins 2.*

En effet, par des arcs de grands cercles on peut décomposer le polygone en autant de triangles sphériques qu'il y a de côtés moins 2.

M.   9

Soit T l'un de ces triangles, A la somme de ses angles, et A' son *excès sphérique* A—2. On a, en appelant S la surface de la sphère, laquelle vaut 8 triangles tri-rectangles (Exerc. 29) :

$$\frac{T}{S}=\frac{A'}{8} \quad \text{ou} \quad \frac{T}{8}=\frac{A'}{8}$$

Ainsi, en prenant les nombres comme abstraits, on a :

$$T=A'=A-2$$

On trouverait de même pour l'aire d'un second triangle B—2, pour un troisième C—2, et ainsi de suite.

De sorte que pour $(n-2)$ triangles, l'aire sera :

$$(A-2)+(B-2)+(C-2)+\dots$$

ou

$$(A+B+C+\dots)-2(n-2) \qquad C.\ Q.\ F.\ D.$$

Exercice 40

Théorème 40. *Dans tout prisme triangulaire droit, on peut inscrire un cylindre; à ce même solide on peut circonscrire un cylindre.*

En effet, aux deux bases peuvent être inscrits et circonscrits des cercles respectivement égaux et parallèles, et une droite peut se mouvoir perpendiculairement aux bases en suivant les cercles inscrits ou les cercles circonscrits; cette droite décrira les cylindres dont il est question. Donc, *dans tout prisme triangulaire droit...*

Exercice 41

Théorème 41. *A trois plans indéfinis parallèles à une même droite, et qui se coupent deux à deux, on peut mener quatre cylindres circulaires tangents.*

En effet, les trois plans dont il est question ne sont autre chose que les faces latérales d'un prisme triangulaire prolongées indéfiniment.

Si l'on coupe le système de ces trois plans par un quatrième plan perpendiculaire aux intersections des premiers, on obtient une figure plane connue, savoir : un triangle dont les côtés sont prolongés indéfiniment.

Or, à trois droites indéfinies qui se rencontrent deux à deux on peut mener quatre cercles tangents. Si une droite indéfinie se meut en suivant les circonférences de ces cercles et en restant parallèle aux intersections des plans donnés, cette droite mobile décrira quatre surfaces cylindriques tangentes aux trois plans donnés.

PROBLÈMES

Exercice 42

Problème 1. *L'hectolitre usité dans le commerce, est un cylindre ayant $0^m\,503$ de diamètre et de hauteur. Quelle en est la surface latérale ?*

Appelons d le nombre donné $0,503$. La circonférence est πd, et la surface latérale πdd ou πd^2.

Le nombre n'étant donné qu'avec trois chiffres, on ne peut compter que sur les trois premiers chiffres du résultat; et la *Règle à calcul* suffit pour trouver $\pi d^2 = 0^{m2}\,79\,50$, à 10 centimètres carrés près.

Exercice 43

Problème 2. *Quel diamètre faut-il donner à un cylindre pour que sa surface totale soit de 1 mètre carré, si la hauteur doit égaler le diamètre ?*

Soit x le diamètre et la hauteur. La circonférence est πx, et la surface latérale $\pi x . x$ ou πx^2.

Chaque base est $1/4\,\pi x^2$; les deux bases donnent $1/2\,\pi x^2$; et la surface totale est $\pi x^2 + 1/2\,\pi x^2$ ou $3/2\,\pi x^2$.

On a donc $3/2\,\pi x^2 = 1$; d'où $x^2 = \dfrac{2}{3\pi}$.

Log. 3. . . .	0.477 12	
Log. π. . . .	0.497 15	
Somme . . .	0.974 27	Dénominateur
Log. 2. . . .	0.301 03	Numérateur
Différence . .	$\overline{1}$.326 76	x^2
La $1/2$. . . .	$\overline{1}$.663 38 . . .	$0^m\,460\,66$ x

Exercice 44

Problème 3. *Le diamètre d'un cylindre est à sa hauteur comme 3 est à 5, et la surface latérale est de 83 décimètres carrés. Quelles sont les dimensions ?*

Le diamètre et la hauteur peuvent être appelés $3x$ et $5x$. La circonférence est $3\pi x$ et la surface latérale $3\pi x . 5x$, soit $15\pi x^2$. On a donc $15\pi x^2 = 83$; d'où $x^2 = \dfrac{83}{15\pi}$.

Log. 15. . . .	1.176 09	
Log. π. . . .	0.497 15	
Somme . . .	1.673 24	Dénominateur
Log. 83. . . .	1.919 08	Numérateur
Différence . .	0.245 84	x^2
La.$^1/_2$	0.122 92	x
Log. 3. . . .	0.477 12	
Somme . . .	0.600 04 . . .	3^{dm} 981 5
Log. x. . . .	0.122 92	
Log. 5. . . .	0.698 97	
Somme . . .	0.821 89 . . .	6^{dm} 635 7

Diamètre : 0^m 398 15.   Hauteur : 0^m 663 57.

Exercice 45

Problème 4. *Quelle est la hauteur d'un cylindre dont la base a 16 décimètres carrés, et la surface latérale 60 décimètres carrés?*

Soit x la hauteur, et d le diamètre. On a :

$$\tfrac{1}{4}\pi d^2 = 16, \quad d^2 = \frac{64}{\pi} \quad \text{et} \quad d = \frac{8}{\sqrt{\pi}}$$

Circonférence : πd, ou $\dfrac{8\pi}{\sqrt{\pi}}$, ou $8\sqrt{\pi}$

Surface latérale : $8\sqrt{\pi}.x = 60$, $\quad x = \dfrac{60}{8\sqrt{\pi}} = \dfrac{7,5}{\sqrt{\pi}}$

Log. π. . . .	0.497 15	
La $^1/_2$. . . .	0.248 57 ·	Dénominateur
Log. 7,5. . .	0.875 06	Numérateur
Différence . .	0.626 48 · . . .	4^{dm} 231 4 x
Soit	0^m 423 14	

Exercice 46

Problème 5. *Quel est le rayon d'un cylindre dont la hauteur est de 25 centimètres, et la surface totale 25 décimètres carrés?*

Prenons le décimètre comme unité, et appelons x le rayon.

Surface des bases	$2\pi x^2$
— latérale	$2\pi x.2,5$ ou $5\pi x$
— totale	$2\pi x^2 + 5\pi x = 25$
Divisons par 2π	$x^2 + 2,5x = 3,979$
Ajoutons $(^1/_2.2,5)^2$ ou $1,562$	$x^2 + 2,5x + 1,25^2 = 5,541$
Extrayons la racine carrée	$x + 1,25 = 2,354$
Ajoutons $1,25$	$x = 3^{dm} 604$
Soit	0^m 360 4

Exercice 47

Problème 6. *Un tronc de cylindre circulaire droit a 0ᵐ18 de diamètre, et les arêtes extrêmes ont respectivement 0ᵐ175 et 0ᵐ295.
Quelle est la surface totale de ce solide, et quel en est le volume?*

L'axe égale la demi-somme des arêtes extrêmes, soit 0ᵐ235. La
surface latérale et le volume sont les mêmes que s'il s'agissait d'un
cylindre droit de 0ᵐ235 de hauteur (Géom., nᵒˢ 427, 431).

Prenons le décimètre comme unité.

$$\text{Le volume est} \quad \ldots \quad \pi.0,9^2.2,35 \quad \text{ou} \quad 5^{dm3}980$$

$$\text{Surface de la base.} \quad \ldots \quad \pi.0,9^2 \quad \text{ou} \quad 2^{dm2}54$$

$$\text{— latérale.} \quad \ldots \quad \pi.1,8.2,35 \quad \text{ou} \quad 13^{dm2}30$$

Il reste à trouver la surface de la coupe oblique S. La projection
de cette section sur la base B est la base elle-même. Si l'on appelle a
l'angle des deux plans, on a : $B = S.\cos a$; d'où $\dfrac{B}{\cos a} = S$

Pour trouver l'angle a, nous remarquerons que sa tangente trigonométrique est le quotient de la différence des arêtes extrêmes par le
diamètre, soit $\dfrac{1.2}{1,8}$ ou $0,667$; ce qui correspond, d'après la Table,
à un angle de 33º,7. Le cosinus de cet angle est 0,832, et l'on a :

$$S = \frac{2.540}{0,832} = 3^{dm2}05$$

$$\text{Base et côté} \quad \ldots \ldots \quad 15^{dm2}84$$
$$\text{Surface totale} \quad \ldots \ldots \quad 18^{dm2}89$$

Exercice 48

Problème 7. *On veut faire un cuvier cylindrique dont la hauteur
soit égale au diamètre, et dont la contenance soit de 1 000 litres.
Quelle surface de bois ou de tôle faudra-t-il (surface latérale et un
fond)?*

Soit x le diamètre et la hauteur.

Le volume est $\frac{1}{4}\pi x^2.x$ ou $\frac{1}{4}\pi x^3$

Et l'on a : $\frac{1}{4}\pi x^3 = 1$, $x^3 = \dfrac{4}{\pi}$, $x = \left(\dfrac{4}{\pi}\right)^{1/3}$

L'aire de la base sera $\frac{1}{4}\pi x^2$, et la surface latérale sera $\pi x.x$ ou
πx^2; de sorte que la surface demandée sera $\frac{5}{4}\pi x^2$

$$\text{Log. 4.} \quad \ldots \ldots \quad 0.602\,06$$
$$\text{Log. } \pi. \quad \ldots \ldots \quad 0.497\,15$$
$$\text{Différence} \quad \ldots \quad 0.104\,91$$
$$\text{Le } \tfrac{1}{3} \quad \ldots \ldots \quad 0.034\,97 \quad \ldots \quad 1^m084 \quad x$$
$$\text{2 fois} \quad \ldots \ldots \quad 0.069\,94 \quad \quad x^2$$
$$\text{Log } \pi. \quad \ldots \ldots \quad 0.497\,15$$
$$\text{Log. } \tfrac{5}{4} \text{ ou } 1,25 \quad \ldots \quad 0.096\,91$$
$$\text{Somme des 3 log.} \quad \ldots \quad 0.664\,00 \quad \ldots \quad 4^{m2}61\,32 \quad \text{Réponse.}$$

Exercice 49

Problème 8. *La contenance d'un seau cylindrique est de 10 litres, et la surface latérale est de 18 décimètres carrés. Quel est le rayon?*

Prenons le décimètre comme unité; appelons x le rayon, et y la hauteur.

$$\text{Volume} \ldots \ldots \ldots \quad \pi x^2 y = 10$$

$$\text{Surface latérale} \ldots \quad 2\pi x y = 18 ; \quad \text{d'où} \quad y = \frac{9}{\pi x}$$

L'équation du volume devient $\dfrac{9\pi x^2}{\pi x} = 10$, ou $9x = 10$ et $x = {}^{10}/_9 = 1^{dm}111$; soit $0^m 111$.

Exercice 50

Problème 9. *Un vase cylindrique a $1^m 25$ de circonférence, et la section faite suivant l'axe est de $1^{m2} 44$. Quelle est la contenance de ce vase?*

Appelons r le rayon de la base. On a :

$$2\pi r = 1,25 ; \quad \text{d'où} \quad r = \frac{1,25}{2\pi} = 0^m 199$$

La section faite suivant l'axe ayant $1^{m2} 44$, le rectangle générateur du cylindre a une surface de $0^{m2} 72$; et comme l'une des dimensions est $0^m 199$, l'autre est $0,72 : 0,199$ ou $0^m 362$: telle est la hauteur h du cylindre.

La contenance sera $\pi r^2 h$ ou $0^{m3} 450$.

Nous venons de résoudre le problème en exécutant les opérations, à mesure qu'elles se présentent, à l'aide de la *Règle à calcul.*

Il est généralement préférable de se contenter de représenter les opérations successives, et de n'exécuter les calculs que sur une formule définitive, ramenée à sa plus simple expression; on évite ainsi plusieurs opérations inutiles.

Ici, par exemple, on appellera c la circonférence $1,25$, r le rayon, h la hauteur, S la section $1,44$, et V le volume; et l'on posera successivement :

$$2\pi r = c \qquad r = \frac{c}{2\pi} \qquad r^2 = \frac{c^2}{4\pi^2}$$

$$2rh = S \qquad h = \frac{S}{2r} = \frac{\pi S}{c}$$

$$V = \pi r^2 h = \pi \cdot \frac{c^2}{4\pi^2} \cdot \frac{\pi S}{c} = \frac{cS}{4}$$

Calcul.

S.	1,44	
Le $^1/_4$	0,36	à multiplier par 1,25
Le $^1/_4$	0,09	
Somme	$0^{m3} 450$	volume cherché

Exercice 51

Problème 10. *Dans un cône de 7 centimètres de hauteur, on fait une section parallèle à la base, à 3 centimètres du sommet. Qu'est cette section par rapport à la base?*

Appelons B la base et S la section ; on a : $\dfrac{S}{B}=\dfrac{3^2}{7^2}=\dfrac{9}{49}$. Ainsi la section est les $9/_{49}$ de la base.

Exercice 52

Problème 11. *A quelle distance du sommet faut-il faire une section S parallèle à la base B d'un cône, pour que cette section soit la moitié de la base?*

Soit h la hauteur, et x la distance demandée. Il faut qu'on ait :

$$\frac{x^2}{h^2}=\frac{S}{B}=\frac{1}{2}$$

d'où $\qquad \dfrac{x}{h}=\sqrt{\dfrac{1}{2}} \quad$ et $\quad x=h\sqrt{1/_2}=0,707$

Exercice 53

Problème 12. *Dans un cône on fait deux sections S et T parallèles à la base B, de telle sorte que ces deux sections et la base soient dans le rapport des nombres 1, 2, 3. Comment la hauteur a-t-elle été divisée?*

Appelons x, y et h les distances des trois plans au sommet du cône. On a :

$$\frac{x^2}{h^2}=\frac{S}{B}=\frac{1}{3}; \quad \text{d'où} \quad \frac{x}{h}=\sqrt{1/_3} \quad \text{et} \quad x=h\sqrt{1/_3}=0,577\,h$$

$$\frac{y^2}{h^2}=\frac{T}{B}=\frac{2}{3}; \quad \text{d'où} \quad \frac{y}{h}=\sqrt{2/_3} \quad \text{et} \quad y=h\sqrt{2/_3}=0,816\,h$$

Ainsi les sections S et T sont respectivement aux 577 millièmes et aux 816 millièmes de la hauteur.

Exercice 54

Problème 13. *A quelle distance du sommet faut-il faire une section S parallèle à la base B d'un cône, pour que le rapport de cette section à la base soit égal à un nombre donné k?*

Il faut qu'on ait $\qquad \dfrac{x^2}{h^2}=\dfrac{S}{B}=k$

d'où $\qquad \dfrac{x}{h}=\sqrt{k} \quad$ et $\quad x=h\sqrt{k}$

Exercice 55

Problème 14. *Un cône a 87 millimètres de diamètre et 1 décimètre de hauteur. Quelle est sa surface totale?*

Appelons r, h et l, le rayon, la hauteur et le côté du cône, et prenons le centimètre comme unité.

$$l^2 = h^2 + r^2 \quad \text{et} \quad l = \sqrt{h^2 + r^2}$$

Surface de la base . . . . . πr^2 ou $\pi r r$
—   latérale . . . . . . $\pi r l$
—   totale . . . . $\pi r (r + l)$

Calcul à la Règle.

h^2 ou 10^2 100	
r^2 ou $4,35^2$ 18,92	
Somme 118,92	
Racine carrée . . . . . 10^{cm}90	l
r 4,35	
Somme 15,25	$r + l$
π 3,14	
Produit $\pi r(r+l)$ . . . . 203^{cm2}	

Soit   0^{m2}02 08

Exercice 56

Problème 15. *La base B d'un cône a 42 millimètres de diamètre, et la surface totale est de 2 décimètres carrés. Quelle est la hauteur?*

Prenons le centimètre comme unité. Le rayon r est 2^{cm}1 ; la surface de la base est πr^2 ou $\pi . 2,1^2$, soit 13^{cm2}85.

La surface latérale est $200 - 13,85$, ou 186^{cm2}15, ou S

Appelons x la hauteur, et l le côté du cône. On a :

$$l^2 = r^2 + x^2 \qquad S = \pi r l \qquad S^2 = \pi^2 r^2 l^2 = \pi^2 r^2 (r^2 + x^2)$$

De là $r^2 + x^2 = \dfrac{S^2}{\pi^2 r^2}$ et $x^2 = \dfrac{S^2}{\pi^2 r^2} - r^2$

Calcul à la Règle.

S^2 . . . . 34 630	
$\pi^2 r^2$ 43,5	
Quotient 796	
r^2 4,41	
Différence 791,59	
Racine carrée . . . . . 28^{cm}12	

Soit   0^{m}281 x

Exercice 57

Problème 16. *Le côté d'un cône est de 14 centimètres, et la surface de la base est de 80 centimètres carrés. Quelle est la hauteur?*

Appelons r, x et l, le rayon, la hauteur et le côté. On a :

$$\pi r^2 = 80 ; \quad \text{d'où} \quad r^2 = \frac{80}{\pi} = 25,45 \quad \text{et} \quad r = 5^{cm}045$$

$$x^2 = l^2 - r^2 = 196 - 25,45 = 170,55$$

Donc $$x = 13^{cm}05$$

Exercice 58

Problème 17. *Le côté d'un cône est de 345 millimètres, et la surface latérale étant développée sur un plan forme un secteur de 54 degrés. Quelle est la hauteur du cône?*

Le côté l sert de rayon au secteur...

Demi-circonférence . . . . . πl

Arc de 54° . . . . $\dfrac{54\pi l}{180}$ ou $\dfrac{3\pi l}{10}$

Cet arc n'est autre chose que la circonférence du cône, et l'on a :

$$2\pi r = \frac{3\pi l}{10} ; \quad \text{d'où} \quad r = \frac{3l}{20}$$

Enfin, la hauteur s'obtient par la relation connue :

$$h^2 = l^2 - r^2 = l^2 - \frac{9l^2}{400} = \frac{391\,l^2}{400}$$

d'où $$h = \frac{l}{20}\sqrt{391} , \quad \text{formule facile à calculer}$$

par logarithmes.

```
Log. 391    . . . . . 2.592 18
La ½   . . . . . . 1.296 09  ⎫
Log. l ou 345  . . 2.537 82  ⎬
Log. 1/20 ou 0,05 . 2.698 97  ⎭
Somme . . . . . . 2.532 88  . . . 341ᵐᵐ10 . . . . h
```

Exercice 59

Problème 18. *Quelles dimensions aura un cône circulaire droit de 1 décimètre cube de volume, si la hauteur égale le diamètre?*

Soit x le diamètre et la hauteur. On a :

$$\frac{1}{3} \cdot \frac{1}{4} \pi x^2 x = 1 ; \quad \text{d'où} \quad \pi x^3 = 12 \quad \text{et} \quad x^3 = \frac{12}{\pi}$$

Log. 12 . . . . . . 1.079 18
Log. π 0.497 15
Différence 0.582 03
Le $1/3$ . . . . . 0.194 01 . . . . 1^{dm}563 ou 0^{m}156 3

Exercice **60**

Problème 19. *Un ferblantier doit faire un arrosoir conique de 2 litres de contenance, et la hauteur du cône doit être double du diamètre. Calculer le rayon et la corde du secteur circulaire qu'il doit découper préalablement sur le métal.*

Appelons r et h le rayon et la hauteur du cône, B la base, S la surface latérale, V le volume, 2c la circonférence, x le côté, et 2z la corde du secteur à décrire. On a : $h = 4r$

$$V = 1/3\,\pi r^2 h = 4/3\,\pi r^3$$

(Remarquons que le volume est égal à celui de la sphère qui aurait même rayon r.)

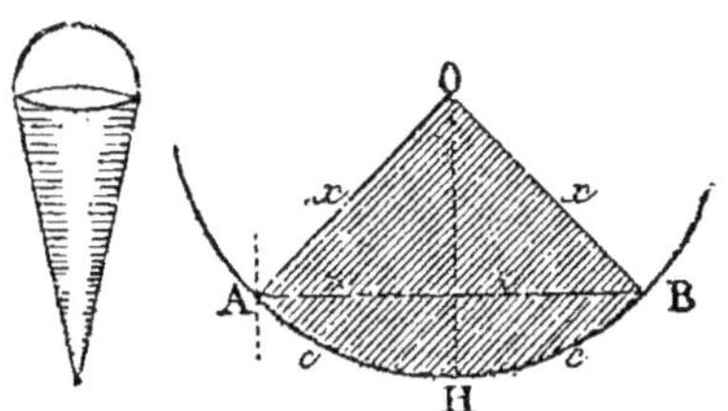

Nous poserons : $4/3\,\pi r^3 = 2$; d'où $r^3 = \dfrac{3}{2\pi}$ et $r = \left(\dfrac{3}{2\pi}\right)^{1/3}$

Hauteur. . . . . $h = 4\left(\dfrac{3}{2\pi}\right)^{1/3} = \left(\dfrac{64 \cdot 3}{2\pi}\right)^{1/3} = \left(\dfrac{96}{\pi}\right)^{1/3}$

Circonférence. . $2c = 2\pi\left(\dfrac{3}{2\pi}\right)^{1/3} = \left(\dfrac{8\pi^3 \cdot 3}{2\pi}\right)^{1/3} = \left(12\pi^2\right)^{1/3}$

(Cette circonférence sera la longueur de l'arc à décrire.)

Côté du cône. . $x^2 = h^2 + r^2 = 16r^2 + r^2 = 17r^2 \quad x = r\sqrt{17}$

Calcul des quantités r, 2c, x.

Log. 3. . . . . 0.477 12
Log. 2π 0.798 18
Différence . . 1.678 94
Le $1/3$ . . . . 1.892 98 . . . . 0^{dm}781 60   *r*

Log. π. . . . 0.497 15
Le même. . . 0.497 15
Log. 12 . . . 1.079 18
Somme . . . 2.073 48
Le $1/3$ . . . . 0.691 16 . . . 4^{dm}910 9   2c

Log. 17 . . . 1.230 45
La $\frac{1}{2}$. . . . 0.615 22·
Log. r . . .. . $\overline{1}$.892 98
Somme . . . 0.508 20· . . . $3^{dm}222\;5$ x

Le côté x du cône est le rayon de l'arc à décrire sur le métal pour découper l'arrosoir. La longueur absolue de l'arc est donnée par la valeur $2c$; nous chercherons le nombre des degrés de cet arc, puis, par les Tables, la longueur $2z$ de la corde.

Rayon du secteur x

Demi-circonférence. . . . . πx

Arc d'un degré . . . . . . · $\dfrac{\pi x}{180}$

Nombre des degrés de l'arc c. . $c : \dfrac{\pi x}{180}$, ou $\dfrac{180\,c}{\pi x}$, ou $\dfrac{90.2c}{\pi x}$

Log. π. . . . 0.497 15
Log. x. . . . 0.508 20·
Somme . . . 1.005 35·   Dénominateur
Log. $2c$ . . . 0.691 16
Log. 90 . . . $\overline{1}$.954 24
Somme . . . 2.645 40   Numérateur
Différence . . 1.640 04· . . . $43°,656$
                    ou $43°39',36$ c

On a par définition $\dfrac{z}{x} = \sin c$

De là résulte $z = x.\sin c$ et $2z = 2x.\sin c$

Log. $\sin c$ . . $\overline{1}$.839 06
Log. x . . . 0.508 20·
Log. 2 . . . 0.301 03
Somme . . . 0.648 29· . . . $4^{dm}449\;3$ $2z$

Ainsi l'ouvrier décrira un arc avec un rayon de 0^m322, et déterminera la longueur de l'arc par une corde de 0^m445. Les rayons menés par les extrémités de l'arc donneront le secteur qui doit devenir la surface latérale du cône; l'ouvrier mènera parallèlement à l'un des rayons, et en dehors du secteur, une droite qui déterminera la bande de recouvrement pour la soudure.

Exercice 61

Problème 20. *Quel est le volume d'un cône dont la section par l'axe est un triangle équilatéral de 1 mètre carré d'étendue?*

Le côté l de ce cône est égal au diamètre $2r$.
On connaît l'aire du triangle équilatéral en fonction du côté :
$$\tfrac{1}{4}l^2\sqrt{3}, \quad \text{soit} \quad \tfrac{1}{4}.4r^2\sqrt{3} \quad \text{ou} \quad r^2\sqrt{3}$$

On a donc ici $r^2\sqrt{3}=1$ et $r^2=\dfrac{1}{\sqrt{3}}$ ou $\dfrac{1}{3^{1/2}}$

Côté . . . . $l=2r$ $l^2=4r^2$

Hauteur . . . $h^2=l^2-r^2=4r^2-r^2=3r^2=\dfrac{3}{3^{1/2}}=3^{1/2}$

d'où $h=\sqrt{3^{1/2}}=3^{1/4}$

Volume . . . $V=\dfrac{1}{3}\pi r^2 h=\dfrac{\pi}{3}\cdot\dfrac{1}{3^{1/2}}\cdot 3^{1/4}=\dfrac{\pi}{3^{5/4}}$

Log. 3. . . .	0.477 12		
Le $^1/_4$	0.119 28		
Somme . . .	0.596 40	Dénominateur	
Log. π . . .	0.497 15	Numérateur	
Différence . .	$\overline{1}.900\,75$ . . .	$0^{m3}795\,700$	Volume.

Exercice 62

Problème 21. *La surface totale d'un cône est* $3^{m2}48$, *et le triangle rectangle générateur est isocèle. On demande le volume.*

Soit r le rayon et la hauteur. Le côté l se trouvera par la relation :

$$l^2=2r^2 ; \quad \text{d'où} \quad l=r\sqrt{2}$$

La surface totale est :

$$\pi r(r+l) \quad \text{ou} \quad \pi r(r+r\sqrt{2}), \quad \text{soit} \quad \pi r^2(1+\sqrt{2})$$

Et l'on peut poser :

$$\pi r^2(1+\sqrt{2})=3,48 \quad \text{ou} \quad S ; \quad \text{d'où} \quad r^2=\frac{S}{\pi(1+\sqrt{2})}$$

Volume . . . $V=^1/_3\pi r^2 . r=^1/_3\pi r^3=\dfrac{1}{3}\pi\dfrac{S^{3/2}}{\pi^{3/2}(1+\sqrt{2})^{3/2}}$

$$=\frac{S^{3/2}}{3\pi^{1/2}(1+\sqrt{2})^{3/2}}$$

Log. 2,414 21 .	0.382 78	
La $^1/_2$	0.191 39	
$^1/_2$ Log. π. . .	0.248 57·	
Log. 3. . . .	0.477 12	
Somme des 4 log.	1.299 86·	Dénominateur
Log. S ou 3,48.	0.544 58	
La $^1/_2$	0.270 79	
Somme . . .	0.812 37	Numérateur
Log. dénom. .	1.299 86·	
Différence . .	$\overline{1}.512\,50$· . . .	$0^{m3}325\,465$ Volume.

Exercice 63

Problème 22. *Avec trois masses égales et homogènes de terre glaise, on construit une sphère, un cône et un cylindre; dans les trois corps le diamètre est de 1 décimètre. On demande la hauteur du cône et celle du cylindre.*

Dans les trois corps, le volume V est celui de la sphère, soit $1/_6 \pi d^3$ ou $1/_6 \pi$; soit $0^{dm}523\,599$.

Appelons x la hauteur du cylindre; celle du cône sera $3x$. Dans les deux solides le diamètre est 1, et par suite le rayon $1/_2$.

Base B des deux solides . . $1/_4 \pi d^2$ ou $1/_4 \pi$

Hauteur x du cylindre. . .   V : B, soit $1/_6 \pi : 1/_4 \pi$ ou $2/_3$;

    ce qui donne . . . . . $x = 0^{dm}666\,66\ldots$ et $3h = 2$ décimètres.

Telles sont les hauteurs demandées.

Exercice 64

Problème 23. *Quelle est la surface totale d'un tronc de cône circulaire droit dont les diamètres ont 48 et 30 millimètres, et la hauteur 72 millimètres?*

Prenons le centimètre comme unité, et posons :

$$r = 2^{cm}4, \quad r' = 1^{cm}5, \quad h = 7^{cm}2, \quad r'' = 1/_2\,(r + r') = 1^{cm}95$$

Côté l . . . . $l^2 = h^2 + (r - r')^2 = 51,84 + 0,81 = 52,65$

         d'où $l = 7^{cm}25$

Base inférieure. . . . . $B = \pi r^2 \quad = 18^{cm2}10$

Base supérieure. . . . . $B' = \pi r'^2 \quad = 7^{cm2}07$

Surface latérale. . . . . $S = 2\pi r''l = 88^{cm2}80$

Surface totale . . . . . $113^{cm2}97$,   soit $0^{m2}01\,14$

Exercice 65

Problème 24. *On veut construire un tronc de cône de 1 mètre carré de surface totale S; le diamètre de la grande base doit être égal à la hauteur, et celui de la petite base à la moitié de la hauteur. Quel est le volume de ce tronc de cône?*

Soit $2x$ le diamètre de la petite base; $4x$ sera la valeur du grand diamètre et de la hauteur h; les deux rayons étant x et $2x$, le rayon moyen r'' sera $3/_2 x$; le côté l se trouve par la relation

$$l^2 = h^2 + (r - r')^2 = 16x^2 + x^2 = 17x^2, \quad \text{d'où l'on tire} \quad l = x\sqrt{17}.$$

La surface totale est $\pi(2x)^2 + \pi x^2 + 2\pi \cdot 3/_2 x \cdot x\sqrt{17}$,

ou $4\pi x^2 + \pi x^2 + 3\pi x^2\sqrt{17}$,   ou $\pi x^2(5 + 3\sqrt{17})$.

Ainsi $\pi x^2(5+3\sqrt{17})=100$ décim. carrés , $\quad x^2=\dfrac{100}{\pi(5+3\sqrt{17})}$

Volume . . . $V=\frac{1}{3}h(B+B'+\sqrt{BB'})=\frac{1}{3}.4x.\pi(4x^2+x^2+2x^2)$
$$=\frac{4}{3}\pi x.7x^2=\frac{28}{3}\pi x^3$$

Calcul de x.

Log. 17. . . .	1.230 45	
La $\frac{1}{2}$	0.615 22·	
Log. 3	0.477 12	5
Somme . . .	1.092 34· . . .	12,369
	1.239 77 . ◁ − .	17,369
Log. π	0.497 15	
Somme	1.736 92	Dénominateur
Log. 100 . . .	2.000 00	Numérateur
Différence . . .	0.263 08	x^2
La $\frac{1}{2}$	0.131 54	x

Calcul de V.

3 log. x . . .	0.394 62
Log. π	0.497 15
Log. 28. . . .	1.447 16
Log. $\frac{1}{3}$. . . .	$\overline{1}$.522 88 [*]
Somme des 4 log.	1.861 81 . . . 72^{dm³}747

soit   0^{m³}072 747   V

Exercice 66

Problème 25. *S'il faut tracer sur un carton le développement de la surface latérale du tronc de cône dont il est question au problème précédent, on demande les rayons des arcs qu'il faut décrire pour découper cette surface latérale.*

D'après les données, la petite circonférence est moitié de la grande. Ainsi, lorsque la surface latérale sera développée, le petit arc sera moitié du grand ; et comme ces deux arcs sont semblables, le petit rayon cherché sera moitié du grand. La différence des deux sera égale au petit rayon, et cette différence n'est autre chose que le côté du tronc de cône : $l=x\sqrt{17}$.

Log. $\sqrt{17}$ . .	0.615 22·	
Log. x . . .	0.131 54	
Somme . . .	0.746 76· . . .	5^{dm}581 7 petit rayon
		11^{dm}163 4 grand rayon

Soit   0^{m}558 et 1^{m}116 pour les deux rayons.

---

[*] Pour obtenir ce logarithme, on retranche à vue le log de 3, qui est 0.477 12, du log de 1, qui est 0.000 00.

Pour déterminer complétement le secteur à découper, on peut calculer l'une des deux cordes (Exerc. 60). On peut aussi se contenter de déterminer la valeur de l'angle au centre; car cet angle peut être construit à l'aide du *rapporteur*.

Proposons-nous de calculer l'angle par le petit arc. Cet arc n'est autre chose que la petite circonférence du tronc de cône, soit $2\pi x$, en longueur absolue.

La circonférence qui aurait l pour rayon, aurait pour longueur :

$$2\pi l \quad \text{ou} \quad 2\pi x\sqrt{17}$$

L'arc d'un degré serait
$$\frac{2\pi x\sqrt{17}}{360}$$

Et le nombre des degrés contenus dans l'arc $2\pi x$ serait :

$$2\pi x : \frac{2\pi x\sqrt{17}}{360} \quad \text{ou} \quad \frac{360}{\sqrt{17}}$$

Log. 360 . . . 2.556 30
Log. $\sqrt{17}$ . . . 0.615 22·
Différence . . . 1.944 07· . . . 87°,313

Tel est l'angle qu'il faut construire, et du sommet duquel on décrira les arcs de 0^m558 et 1^m116 de rayons.

Exercice 67

Problème 26. *Un abat-jour en papier a la forme de la surface latérale d'un tronc de cône; la petite ouverture a 55 millimètres de diamètre, et la grande en a 197; le côté du tronc est de 106 millimètres. Calculer les rayons des arcs à décrire sur un papier, pour découper un abat-jour pareil.*

Les circonférences $\pi d'$ et πd seront les arcs des secteurs semblables qu'il faut décrire, et qui auront pour rayons x et $x+l$. On a donc
$$\frac{x}{x+l} = \frac{\pi d'}{\pi d} = \frac{d'}{d}$$

De là on tire, en diminuant les dénominateurs de valeurs égales aux numérateurs respectifs :

$$\frac{x}{l} = \frac{d'}{d-d'} \; ; \quad \text{d'où} \quad x = \frac{d'l}{d-d'}$$

On peut donc trouver x, soit graphiquement comme 4e proportionnelle, soit par le calcul :

$$x = \frac{55 \cdot 106}{197-55} = \frac{5\,830}{142} = 41^{mm}06 \quad \text{petit rayon}$$

Le grand rayon sera $41,06+106$ ou $147^{mm}06$.

Détermination de l'angle du secteur.

Circonférence entière de rayon x . $2\pi x$

Arc d'un degré . . . . $\dfrac{2\pi x}{360}$,   ou $\dfrac{\pi x}{180}$

Longueur du petit arc . . . . . $\pi d'$

Nombre des degrés . . . . . . $\pi d' : \dfrac{\pi x}{180}$,   ou $\dfrac{180\,d'}{x}$,   ou $241^\circ,14$

On construira au centre un angle de $118^\circ,86$; le restant du tour entier donnera le développement cherché, $241^\circ,14$.

Exercice 68

Problème 27. *Une cuvette a la forme d'un tronc de cône ; le fond a un diamètre intérieur de 13 centimètres ; au bord supérieur le diamètre est 227 millimètres, et le talus intérieur a 9 centimètres. Quelle est la contenance de cette cuvette ?*

Posons $d = 22^{cm}7$, $d' = 13^{cm}$, $l = 9^{cm}$, et appelons h la hauteur. La différence des diamètres est $9^{cm}7$, et celle des rayons est $4^{cm}85$, valeur que nous nommerons c.

On a $h^2 = l^2 - c^2 = 81 - 23,5 = 57,5$;   d'où $h = 7^{cm}58$

$$V = \tfrac{1}{3} h . \tfrac{1}{4} \pi (d^2 + d'^2 + dd')$$

$$
\begin{array}{lll}
d^2 & \ldots & 515 \\
d'^2 & \ldots & 169 \\
dd' & \ldots & 295 \\
\text{Somme} & \ldots & 979 = f
\end{array}
$$

$$V = \tfrac{1}{12} \pi h f = 1\,942^{cms}, \quad \text{soit} \quad 1^{litre} 942$$

Exercice 69

Problème 28. *Si l'on verse un litre d'eau dans cette cuvette, à quelle hauteur s'élèvera l'eau au-dessus du fond ?*

Dans les questions de ce genre, il est bon de considérer le cône

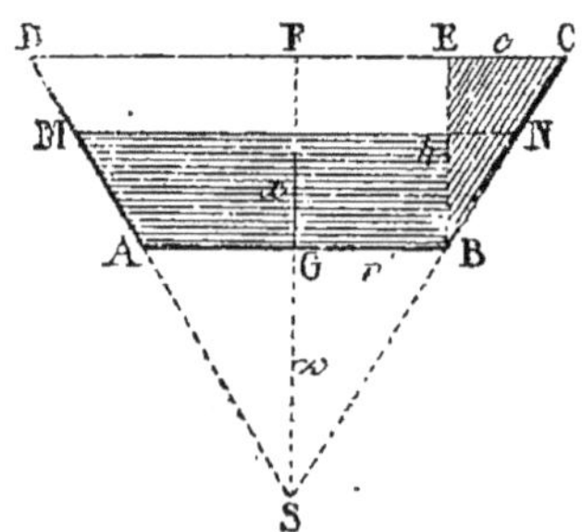

enlevé ASB, puis un cône MSN ayant en plus le volume désigné, savoir 1 000 centimètres cubes.

On a $\qquad \dfrac{z}{r'}=\dfrac{h}{c}$; $\quad$ d'où $\quad z=\dfrac{hr'}{c}=\dfrac{7,58.6,5}{4,85}=10^{cm}15$

Le volume du cône dont la coupe est ASB égale :

$$\tfrac{1}{3}\pi r'^2 z \quad \text{ou} \quad 449^{cm3}$$

Le volume du cône MSN sera de 1 449 centimètres cubes ; et, comme ces deux cônes sont semblables, on a :

$$\frac{(z+x)^3}{z^3}=\frac{1\,449}{449}$$

D'où $\qquad (z+x)^3=\dfrac{1\,449\,z^3}{449}=3\,375 , \quad z+x=15$

Et enfin $\qquad\qquad\qquad x=4^{cm}85$

Exercice 70

Problème 29. *Quel est le volume d'une sphère circonscrite à un cube de 1 décimètre de côté?*

Le diamètre de cette sphère est la diagonale d du cube.

$$d^2=1^2+1^2+1^2=3 , \qquad d=3^{1/2}$$

$$\text{Sphère} = \tfrac{1}{6}\pi d^3 = \tfrac{1}{6}\pi . 3^{3/2}=\tfrac{1}{2}\pi . 3^{1/2}$$

Log. 3 . . . . . . 0.477 12
La $\frac{1}{2}$ 0.238 56
Log. π 0.497 15
Log. 0,5 . . . . . $\overline{1}$.698 97
Somme de 3 log. . 0.434 68 . . . $2^{dm3}720\,7$ Réponse.

Exercice 71

Problème 30. *Quelle est la surface d'une sphère circonscrite à un tétraèdre régulier de 1 décimètre d'arête?*

Soit ABC la face que nous prendrons comme base. Traçons sur cette base la droite AD, qui est à la fois, pour le triangle équilatéral ABC, bissectrice, médiane, hauteur et perpendiculaire au milieu de BC.

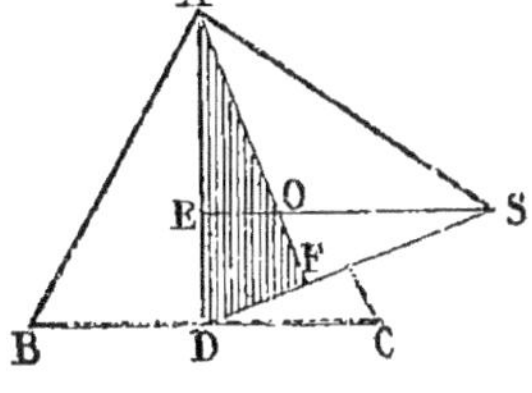

Le plan mené par cette droite AD et par le quatrième sommet S du tétraèdre, est aussi, dans ce solide, plan bissecteur, plan médian, plan hauteur, plan perpendiculaire à la face ABC, selon la médiane AD.

Ainsi les 6 plans analogues qui pourraient être menés dans ce tétraèdre se rencontrent en un même point (Livre VI, Exerc. 8).

Or, parmi ces 6 plans, les trois qui tombent sur la face ABC sont perpendiculaires à cette face; donc leur intersection commune est la hauteur SE du tétraède. (Nous supposons ici la section ASD rabattue sur le plan de la base.)

Cette hauteur SE tombe aux $2/3$ de la médiane AD; et de même, la hauteur qui partirait du sommet A tomberait aux $2/3$ de la médiane opposée SD. (Cette droite SD est la médiane de la face BSC.)

Il s'agit de calculer la position du point O sur la hauteur SE ou sur AF; car OS ou OA est le rayon de la sphère circonscrite.

L'arête $AB = 1$, $BD = 1/2$

$$\overline{AD^2} = 1^2 - (1/2)^2 = 3/4 \qquad AD = 1/2\sqrt{3}$$

$$SF \text{ ou } AE = 2/3 AD = 2/3 . 1/2\sqrt{3} = 1/3\sqrt{3}$$

$$\overline{SE^2} = \overline{AS^2} - \overline{AE^2} = 1^2 - 1/9 . 3 = 1 - 1/3 = 2/3$$

D'où $$SE = \sqrt{2/3}$$

On a aussi $$AF = \sqrt{2/3}$$

Les triangles semblables AEO et AFD donnent :

$$\frac{AO}{AE} = \frac{AD}{AF} ; \quad \text{d'où} \quad AO = \frac{AE . AD}{AF}$$

Ainsi OA ou $$OS = \frac{1/3\sqrt{3} . 1/2\sqrt{3}}{\sqrt{2/3}} = \frac{1/2}{\sqrt{2} : \sqrt{3}} = \frac{1/2\sqrt{3}}{\sqrt{2}} = \frac{\sqrt{3}}{2\sqrt{2}} = 1/2\sqrt{3/2}$$

Tel est le rayon r de la sphère circonscrite.

La surface de cette sphère sera :

$$S = 4\pi r^2 = 4\pi . 1/4 . 3/2 = 3/2 \pi$$

π 3,14 16
La $1/2$ 1,57 08
Somme . . . 4$^{\text{dm2}}$71 24   Réponse.

Exercice 72

Problème 31. *Quel doit être le diamètre d'une boule pour que sa surface soit de 1 mètre carré?*

Le diamètre étant x, l'aire d'un grand cercle est $1/4 \pi x^2$, et l'aire de la sphère est πx^2. On a donc :

$$\pi x^2 = 1 ; \quad \text{d'où} \quad x^2 = 1/\pi \quad \text{et} \quad x = \sqrt{1/\pi}$$

Log. 1. . . . . 0.000 00
Log. π 0.497 15
Différence . . $\overline{1}$.502 85
La $1/2$ . . . . $\overline{1}$.751 42 . . . . 0^{m}564 2

Exercice 73

Problème 32. *Quel est le volume d'une sphère dont la surface est égale à celle d'un cube de 25 centimètres de côté?*

Le côté du cube est le $1/4$ du mètre; l'aire d'une face est $1/16$ de mètre carré, et l'aire totale $6/16$ ou $3/8$ de mètre carré. Telle est aussi l'aire de la sphère.

On a donc, en appelant d le diamètre :

$$\pi d^2 = \frac{3}{8} \qquad d^2 = \frac{3}{8\pi} \qquad d = \left(\frac{3}{8\pi}\right)^{1/2}$$

$$\text{Volume.} \quad \ldots \quad V = \frac{1}{6}\pi d^3 = \frac{1}{6}\pi\left(\frac{3}{8\pi}\right)^{3/2}$$

Log. π	0.497 15	
Log. 8	0.903 09	
Somme. . : .	1.400 24	Dénominateur
Log. 3	0.477 12	Numérateur
Différence. . .	$\overline{1}$.076 88	
La $1/2$	$\overline{1}$.538 44	
Somme. . . .	$\overline{2}$.615 32	
Log. π . . .	0.497 15	
Log. $1/6$ . . .	$\overline{1}$.221 85	
Somme des 3 log.	$\overline{2}$.334 32 . . . $0^{mc}021\,594$ Réponse.	

Exercice 74

Problème 33. *Un triangle équilatéral ABC, dont le côté est a, tourne autour de l'un de ses côtés AC. Quel est le volume engendré?*

Ce volume est la somme de deux cônes égaux engendrés par les deux moitiés BDC et BDA du triangle tournant.

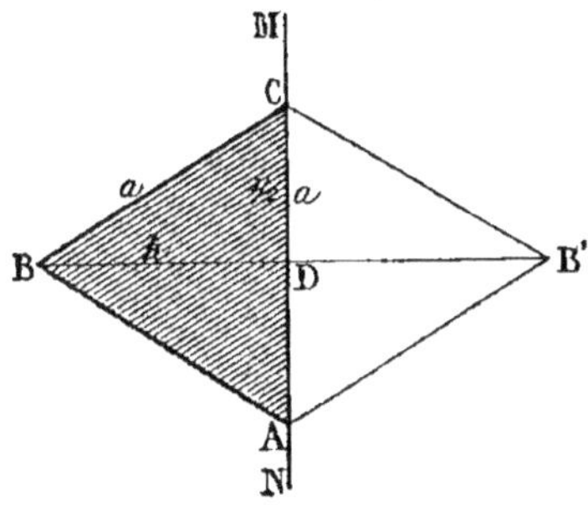

Le côté est a la hauteur est $1/2\,a$, et le rayon est h. On a :

$$h^2 = a^2 - 1/4\,a^2 = 3/4\,a^2$$

$$\text{Volume total} \ldots \quad V = 2/3\,\pi h^2 \cdot 1/2\,a = 2/3\,\pi \cdot 3/4\,a^2 \cdot 1/2\,a = 1/4\,\pi a^3$$

Remarque. Cette expression rappelle la sphère $1/6 \pi a^3$ qui aurait a pour diamètre :

$$\frac{V}{\text{Sphère}} = \frac{1/4 \pi a^3}{1/6 \pi a^3} = \frac{3}{2}$$

Ainsi le volume engendré égale 1 fois $1/2$ le volume de la sphère qui aurait pour diamètre le côté du triangle tournant.

Exercice 75

Problème 34. *Exprimez le volume engendré par ce même triangle, s'il tourne autour d'un axe mené par l'un des sommets parallèlement au côté opposé.*

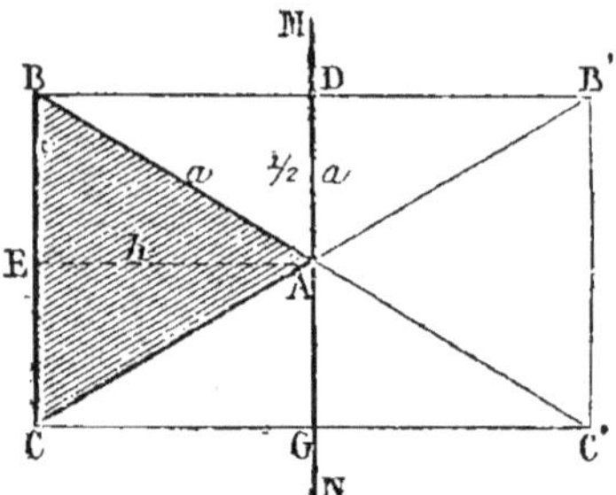

Le volume en question est le cylindre engendré par le rectangle BCGD, moins les deux cônes égaux engendrés par les triangles ADB et AGC.

La hauteur du cylindre est a, et celle de chaque cône est $1/2 a$; de part et d'autre le rayon est la hauteur h du triangle tournant, et l'on a

$$h^2 = 3/4 \, a^2$$

Volume $\quad V = \pi h^2 a - 2/3 \pi h^2 \cdot 1/2 a = 2/3 \pi h^2 a = 2/3 \pi \cdot 3/4 a^2 \cdot a = 1/2 \pi a^3$

Exercice 76

Problème 35. *Exprimez, en fonction du côté a, le volume engendré par un hexagone régulier tournant autour de l'un de ses côtés.*

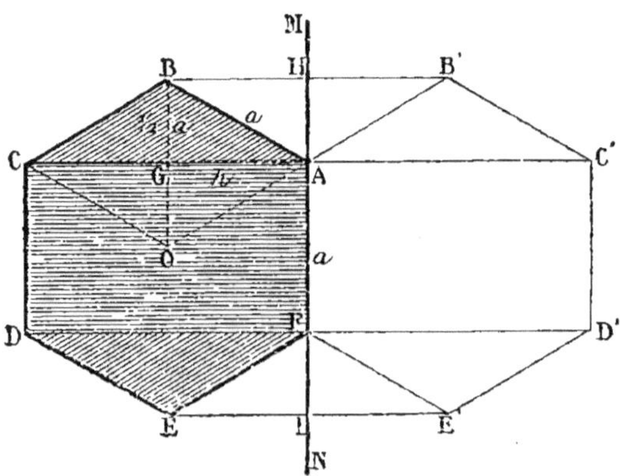

Le volume en question égale le cylindre engendré par ACDF, plus deux troncs de cônes égaux, engendrés par AHBC et FIED, moins deux cônes égaux, engendrés par AHB et FIE.

La hauteur AF du cylindre est a; celle des troncs de cônes et des cônes est AH, qui égale BG ou $1/2 a$; BH ou AG, ou h, est le rayon des cônes, et le petit rayon des troncs de cônes; AC ou $2h$ est le rayon du cylindre, et le grand rayon des troncs de cônes.

$$h^2 = a^2 - 1/4\, a^2 = 3/4\, a^2 \qquad h = 1/2\, a\sqrt{3}$$
$$(2h)^2 = 4h^2 = 3a^2 \qquad 2h = a\sqrt{3}$$

Le produit des deux rayons sera $2h . h$ ou $3/2 a^2$

Volume du cylindre . .$\qquad \pi(2h)^2 a = \pi . 3a^2 . a = 3\pi a^3$

Volume total des troncs. $\quad 2/3 \pi . 1/2 a(3a^2 + 3/4 a^2 + 3/2 a^2) = 7/4 \pi a^3$

Volume total des cônes .$\qquad 2/3 \pi . 3/4 a^2 . 1/2 a = 1/4 \pi a^3$

Volume demandé . . .$\qquad 3\pi a^3 + 7/4 \pi a^3 - 1/4 \pi a^3 = 9/2 \pi a^3$ Réponse

Exercice 77

Problème 36. *Exprimez, en fonction du côté* a *d'un cube, la surface et le volume de la sphère inscrite et de la sphère circonscrite.*

Pour la sphère inscrite, le diamètre est a,
La surface est πa^2,
Et le volume $1/6 \pi a^3$.

Pour la sphère circonscrite, le diamètre est la diagonale d du cube; on a : $d^2 = 3a^2$ et $d = a\sqrt{3}$.
La surface est πd^2 ou $3\pi a^2$,

Et le volume $1/6 \pi d^3$, ou $1/6 \pi . 3a^2 . a\sqrt{3}$, ou $1/2 \pi a^3 \sqrt{3}$.

Exercice 78

Problème 37. *Exprimez, en fonction du côté* a *d'un tétraèdre régulier, la surface et le volume de la sphère inscrite et de la sphère circonscrite.*

Soit ABC l'une des faces que nous prendrons comme base. Par la droite AD, médiane de cette base, et par le quatrième sommet S, menons le plan ASD, qui est rabattu ici sur le plan de la base, pour qu'on puisse le voir en sa vraie grandeur.

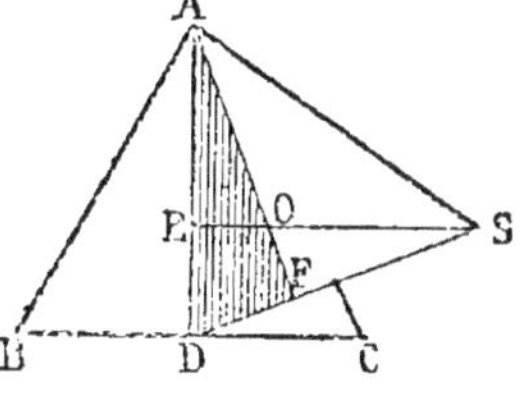

La hauteur SE du tétraèdre tombe sur la médiane AD; et comme elle doit aussi bien tomber sur une autre médiane quelconque, le point E ne peut être que le point de concours des médianes. Ainsi AE est les $2/3$ de AD.

La droite SD est une médiane de la face de devant BSC; la hauteur qui part du point A doit de même arriver en F, aux $2/3$ de SD.

Le point de rencontre O de ces hauteurs est équidistant des faces et équidistant des sommets. La distance aux faces est OE, OF : nous la nommerons r, puisque c'est le *rayon de la sphère inscrite*. La distance aux sommets est OA, OS, que nous nommerons R, comme *rayon de la sphère circonscrite*.

$$R + r = SE = AF = h, \quad \text{hauteur du tétraèdre.}$$

Appelons m la médiane AD ou SD. Le triangle ADB donne :

$$\overline{AD}^2 \text{ ou } m^2 = a^2 - \tfrac{1}{4}a^2 = \tfrac{3}{4}a^2 ; \quad \text{d'où} \quad m = \tfrac{1}{2}a\sqrt{3}$$
$$AE = \tfrac{2}{3}m = \tfrac{2}{3} \cdot \tfrac{1}{2}a\sqrt{3} = \tfrac{1}{3}a\sqrt{3}$$
$$DE = \tfrac{1}{3}m = \tfrac{1}{3} \cdot \tfrac{1}{2}a\sqrt{3} = \tfrac{1}{6}a\sqrt{3}$$

Le triangle SED donne :

$$h^2 = m^2 - \tfrac{1}{9}m^2 = \tfrac{8}{9}m^2 = \tfrac{8}{9} \cdot \tfrac{3}{4}a^2 = \tfrac{2}{3}a^2 \quad \text{et} \quad h = a\sqrt{\tfrac{2}{3}} = \tfrac{1}{3}a\sqrt{6}$$

Les triangles semblables AEO et AFD donnent :

$$\frac{AO}{AE} = \frac{AD}{AF} ; \quad \text{d'où} \quad AO = \frac{AE \cdot AD}{AF}$$

ou
$$R = \frac{\tfrac{2}{3}m \cdot m}{h} = \frac{\tfrac{2}{3}m^2}{\tfrac{1}{3}a\sqrt{6}} = \frac{\tfrac{2}{3} \cdot \tfrac{3}{4}a^2}{\tfrac{1}{3}a\sqrt{6}} = \frac{\tfrac{1}{2}a}{\tfrac{1}{3}\sqrt{6}} = \tfrac{1}{4}a\sqrt{6}$$

Les mêmes triangles donnent :

$$\frac{OE}{AE} = \frac{DF}{AF} ; \quad \text{d'où} \quad OE = \frac{AE \cdot DF}{AF}$$

ou
$$r = \frac{\tfrac{2}{3}m \cdot \tfrac{1}{3}m}{h} = \frac{\tfrac{2}{9}m^2}{\tfrac{1}{3}a\sqrt{6}} = \frac{\tfrac{2}{9} \cdot \tfrac{3}{4}a^2}{\tfrac{1}{3}a\sqrt{6}} = \frac{\tfrac{1}{6}a^2}{\tfrac{1}{3}a\sqrt{6}} = \tfrac{1}{12}a\sqrt{6}$$

On a donc $\quad\quad\quad R = \tfrac{1}{4}a\sqrt{6} \quad \text{et} \quad r = \tfrac{1}{12}a\sqrt{6}$

et par suite $\quad\quad$ Diamètre $D = \tfrac{1}{2}a\sqrt{6} \quad \text{et} \quad d = \tfrac{1}{6}a\sqrt{6}$

Surfaces des deux sphères :

$$\tfrac{4}{16}\pi a^2 \cdot 6 \text{ ou } \tfrac{3}{2}\pi a^2, \quad \text{et} \quad \tfrac{1}{36}\pi a^2 \cdot 6 \text{ ou } \tfrac{1}{6}\pi a^2$$

Volumes des deux sphères :

$$\tfrac{1}{6}\pi \cdot \tfrac{3}{4}a^3\sqrt{6} \text{ ou } \tfrac{1}{8}\pi a^3\sqrt{6}, \quad \text{et} \quad \tfrac{1}{6}\pi \cdot \tfrac{1}{36}a^3\sqrt{6} \text{ ou } \tfrac{1}{216}\pi a^3\sqrt{6}$$

Remarque. En effectuant les calculs des coefficients on obtient, en se bornant aux trois chiffres que donne la *Règle à calcul* :

1° Pour les surfaces des sphères. . . $a^2(4,710)$ et $a^2(0,524)$

2° Pour les volumes . . . . $a^3(0,962)$ et $a^3(0,0356)$

Exercice 79

Problème 38. *Sur le prolongement du diamètre* DI *d'un cercle donné par son rayon* r, *on marque un point* O *duquel on trace une tan-*

gente OT ou t. On suppose que la figure tourne autour de OD, et on demande quelle doit être la distance IO pour que la surface engendrée par la tangente OT soit à la zone engendrée par l'arc IT comme 3 est à 2.

Menons le rayon CT ou r; posons : $CH = v$, $HT = z$, $HI = u$, $IO = x$, $OH = y$.

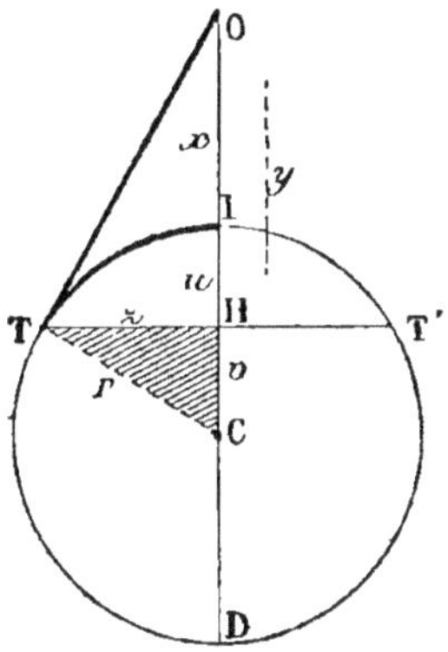

La surface conique est $\pi z t$, et la zone est $2\pi r u$. Il faut que l'on ait :

$$\frac{\pi z t}{2\pi r u} = \frac{3}{2}, \quad \text{ou} \quad z t = 3 r u, \quad \text{ou} \quad z^2 t^2 = 9 r^2 u^2$$

Proposons-nous de tout évaluer en fonction de r et de v. On a :

$$z^2 = r^2 - v^2 = (r+v)(r-v)$$

$$u = r - v$$

$$\frac{t^2}{z^2} = \frac{r^2}{v^2}; \quad \text{d'où} \quad t^2 = \frac{r^2 z^2}{v^2} \quad \text{et} \quad t = \frac{rz}{v}$$

$$y^2 = t^2 - z^2$$

$$x = y - u$$

La condition du problème est $\qquad z^2 t^2 = 9 r^2 u^2$

ou $\qquad \dfrac{r^2 z^4}{v^2} = 9 r^2 (r-v)^2$; d'où $\quad z^4 = 9 v^2 (r-v)^2$

ou $\qquad (r+v)^2 (r-v)^2 = 9 v^2 (r-v)^2$, ou $\quad (r+v)^2 = 9 v^2$

Cette équation du second degré en v est facile à résoudre, et nous donnerons ici un exemple d'application de la formule générale que l'on enseigne en Algèbre :

$$v^2 + 2rv + r^2 = 9 v^2 ; \quad \text{d'où} \quad 0 = 8 v^2 - 2 r v - r^2$$

Et, en divisant par 8, $\qquad v^2 - {}^2/_8\, rv - {}^1/_8\, r^2 = 0$

De là on tire $\qquad v = \dfrac{r}{8} \pm \sqrt{\dfrac{r^2}{8^2} + \dfrac{r^2}{8}} = \dfrac{r}{8} \pm \sqrt{\dfrac{9 r^2}{8^2}}$

$$v = \frac{r}{8} \pm \frac{3r}{8} = \left\{ \begin{array}{l} {}^1/_2\, r \\ -{}^1/_4\, r \end{array} \right.$$

Ainsi la distance v ou CH doit être la moitié du rayon. Il en résulte, pour les autres lignes, les valeurs suivantes :

$$u = {}^1/_2\, r$$
$$z = {}^1/_2\, r\sqrt{3} \quad = 0,866\ r$$
$$t = 2z = r\sqrt{3} = 1,732\ r$$
$$y = {}^3/_2\, r \qquad = 1,500\ r$$
$$x = y - u \quad = \qquad r \qquad \text{Réponse.}$$

Vérification. Surface conique . . . $\quad \pi z t = 3/_2\, \pi r^2$

$\qquad\qquad$ Surface de la zone. . . $\quad 2\pi r u = \pi r^2$

Exercice 80

Problème 39. *Un triangle équilatéral* T *tourne autour d'un axe* MN *situé dans son plan, perpendiculairement à la base* a; *la distance de l'axe au triangle est égale au côté* a. *On demande le volume et la surface du solide engendré.*

Le volume demandé est la différence des troncs de cônes engendrés

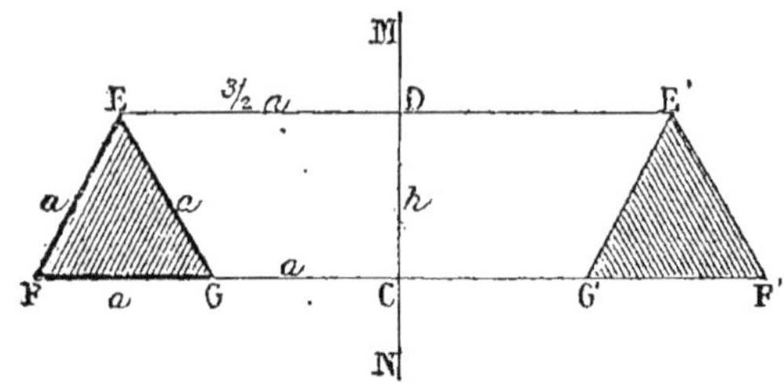

par CDEF et CDEG; les rayons sont $2a$, $3/2\,a$ et a; la hauteur h est la hauteur d'un triangle équilatéral dont le côté est a: de sorte que l'on a
$$h^2 = a^2 - 1/4\,a^2 = 3/4\,a^2 \quad \text{et} \quad h = 1/2\,a\sqrt{3}$$

Les deux troncs de cône sont :
$$1/3 \cdot 1/2\,a\sqrt{3} \cdot \pi\,(4a^2 + 9/4\,a^2 + 3a^2), \quad \text{ou} \quad 1/6\,\pi a^3\,37/4\sqrt{3}, \quad \text{ou} \quad 37/24\,\pi a^3\sqrt{3}$$
et
$$1/3 \cdot 1/2\,a\sqrt{3} \cdot \pi\,(9/4\,a^2 + a^2 + 3/2\,a^2), \quad \text{ou} \quad 1/6\,\pi a^3 \cdot 19/4\sqrt{3}$$
ou
$$19/24\,\pi a^3\sqrt{3}$$

La différence, qui exprime le volume demandé, est :
$$18/24\,\pi a^3\sqrt{3} \quad \text{ou} \quad 3/4\,\pi a^3\sqrt{3}$$

Les surfaces latérales de ces troncs de cônes sont :
$$\pi a\,(2a + 3/2\,a) \quad \text{ou} \quad 7/2\,\pi a^2, \quad \text{et} \quad \pi a\,(3/2\,a + a) \quad \text{ou} \quad 5/2\,\pi a^2$$

La somme des deux surfaces latérales est $6\pi a^2$.

Il faut y ajouter l'aire de la couronne engendrée par la base FG du triangle tournant, savoir :
$$\pi\,(2a)^2 - \pi a^2, \quad \text{ou} \quad 4\pi a^2 - \pi a^2, \quad \text{ou} \quad 3\pi a^2$$

Et l'aire totale du solide est $9\pi a^2$, soit 9 fois l'aire du cercle qui aurait a pour rayon.

Exercice 81

Problème 40. *Sur un côté d'un carré, on construit à l'extérieur un triangle équilatéral, et l'on fait tourner le pentagone ainsi obtenu autour de l'un des côtés extérieurs du triangle. On demande le volume engendré, en fonction du côté* a.

Le volume en question égale :
Le cône engendré par EGB,
Plus les troncs de cône engendrés par BCIG et CDFI,
Moins le cône engendré par ADF.

Le premier cône a pour hauteur $1/_2 a$, et pour rayon h, dont le carré $h^2 = 3/_4 a^2$.

$$\text{Volume} \quad \ldots \quad 1/_3 \pi h^2 \cdot 1/_2 a = 1/_3 \pi \cdot 3/_4 a^2 \cdot 1/_2 a = 1/_8 \pi a^3$$

Pour faciliter la recherche des dimensions des autres figures, remarquons qu'autour du point A il y a une valeur angulaire de 4 droits. Les carrés donnent 2 angles droits ; donc les angles BAB′ et DAD′ font ensemble 2 droits. Or, BAB′ = 2 fois le $1/_3$ de 2 droits ; donc DAD′ = $1/_3$ de 2 droits.

Ainsi le triangle isocèle DAD′ est équilatéral ; BCH = ADF, c'est-à-dire la moitié d'un triangle équilatéral. On a donc AF = GI ; d'où, en enlevant la partie commune AI, il vient IF = AG = $1/_2 a$.

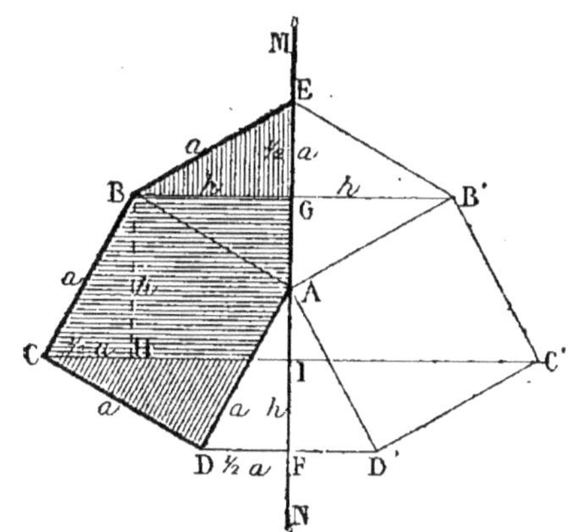

Le grand tronc de cône a pour hauteur h, et pour rayons h et $h + 1/_2 a$; soit $1/_2 a \sqrt{3}$ et $1/_2 a (1 + \sqrt{3})$. Les carrés des rayons sont $3/_4 a^2$ et $1/_2 a^2 (2 + \sqrt{3})$.

$$\text{Volume} \ldots \quad 1/_3 \cdot 1/_2 a \sqrt{3} \cdot \pi [1/_2 a^2 (2 + \sqrt{3}) + 3/_4 a^2 + 1/_4 a^2 (3 + \sqrt{3})]$$
$$= 1/_6 \pi a^3 \sqrt{3} (10/_4 + 3/_4 \sqrt{3}) = 1/_{24} \pi a^3 (9 + 10 \sqrt{3})$$

Le petit tronc de cône a pour hauteur IF ou $1/_2 a$, et pour rayons $1/_2 a$ et $(h + 1/_2 a)$; soit $1/_2 a$ et $1/_2 a (1 + \sqrt{3})$. Les carrés des rayons sont $1/_4 a^2$ et $1/_2 a^2 (2 + \sqrt{3})$.

$$\text{Volume} \ldots \ldots \quad 1/_3 \cdot 1/_2 a \cdot \pi [1/_4 a^2 + 1/_2 a^2 (2 + \sqrt{3}) + 1/_4 a^2 (1 + \sqrt{3})]$$
$$= 1/_6 \pi a^3 \cdot 1/_4 (1 + 4 + 2 \sqrt{3} + 1 + \sqrt{3}) = 1/_8 \pi a^3 (2 + \sqrt{3})$$

Enfin, le cône à retrancher a pour hauteur h ou $1/_2 a \sqrt{3}$, et pour rayon $1/_2 a$.

Son volume est $1/_3 \pi \cdot 1/_4 a^2 \cdot 1/_2 a \sqrt{3}$ ou $1/_{24} \pi a^3 \sqrt{3}$.

$$\text{Volume demandé} \ldots \ldots \quad 1/_{24} \pi a^3 (9 + 10 \sqrt{3} + 6 + 3 \sqrt{3} - \sqrt{3})$$
$$= 1/_{24} \pi a^3 (15 + 12 \sqrt{3}) = 1/_8 \pi a^3 (5 + 4 \sqrt{3})$$

Soit environ $\qquad\qquad 4,69\, a^3$

Exercice 82

Problème 41. *Un carré dont le côté est a tourne autour d'un axe* MN *mené dans son plan par l'un des sommets, perpendiculairement à la* *diagonale qui part de ce sommet. On demande la surface et le volume du solide engendré.*

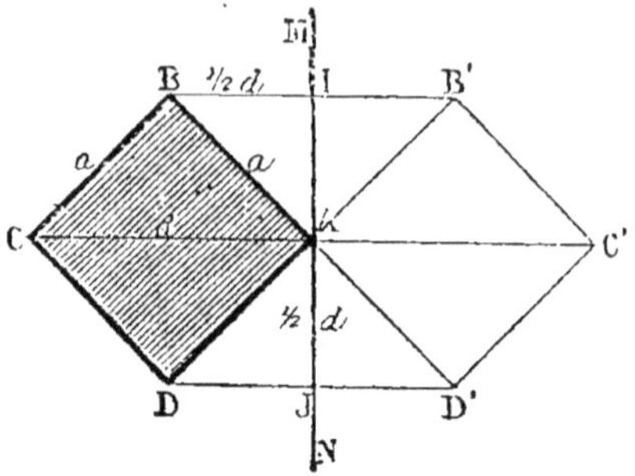

Le volume égale :

2 troncs de cônes égaux, engendrés par AIBC et AJDC,

Moins 2 cônes égaux, engendrés par AIB et AJD.

Le côté est a; — la hauteur égale la moitié de la diagonale, soit $1/2\,d$; les rayons sont d et $1/2\,d$. On sait que $d^2 = 2a^2$, et $d = a\sqrt{2}$; ainsi $d^3 = 2a^3\sqrt{2}$

On a donc pour le volume :

$$V = {}^2/_3 \cdot 1/_2\, d\pi\,(d^2 + 1/_4\,d^2 + 1/_2\,d^2) - {}^2/_3\,\pi \cdot 1/_4\,d^2 \cdot 1/_2\,d$$

$$= 1/_3\,\pi d^3\,(1 + 1/_4 + 1/_2) - 1/_{12}\,\pi d^3 = 1/_2\,\pi d^3 \quad \text{ou} \quad \pi a^3\sqrt{2}$$

La surface totale du solide égale la somme des surfaces latérales des deux troncs de cônes et des deux cônes :

$$S = 2\pi a\,(d + 1/_2\,d) + 2\pi \cdot 1/_2\,da = 2\pi a\,(3/_2\,d + 1/_2\,d)$$

$$= 4\pi ad = 4\pi a \cdot a\sqrt{2} = 4\pi a^2\sqrt{2}$$

Exercice 83

Problème 42. *Un hexagone régulier a pour côté a; on prolonge l'un des côtés BA d'une longueur AG égale à a, et par l'extrémité du prolongement, on mène au côté une perpendiculaire MN qui sert d'axe de rotation à l'hexagone. On demande la surface et le volume du solide engendré.*

Le triangle AFG est équilatéral, ainsi que FGF'.

$$GA = a, \quad GB = 2a, \quad HF = 1/_2\,a, \quad HC = 5/_2\,a,$$

$$GH \text{ ou } h = 1/_2\,a\sqrt{3}$$

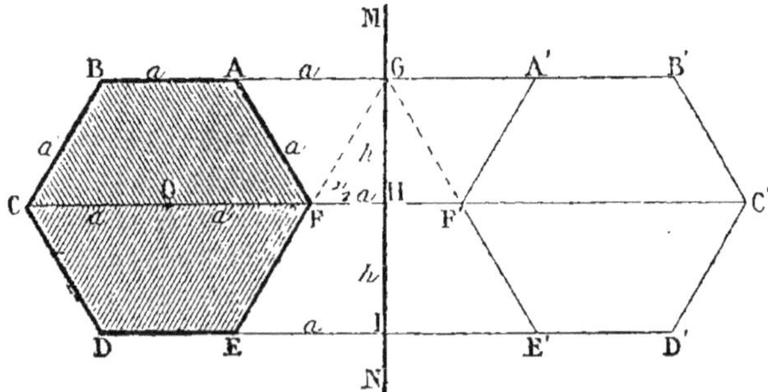

Le volume demandé égale :

2 troncs de cônes égaux, engendrés par GHCB et IHCD,

Moins 2 autres troncs égaux, engendrés par GHFA et IHFE.

$$V = {}^2/_3 \cdot {}^1/_2\, a\sqrt{3} \cdot \pi\,(4a^2 + {}^{25}/_4\, a^2 + 5a^2) - {}^2/_3 \cdot {}^1/_2\, a\sqrt{3} \cdot \pi\,(a^2 + {}^1/_4\, a^2 + {}^1/_2\, a^2)$$
$$= {}^1/_3\, \pi a^3 \sqrt{3}\,({}^{61}/_4 - {}^7/_4) = {}^{18}/_4\, \pi a^3 \sqrt{3}$$

Soit environ $\qquad\qquad 24,50\ a^3$

La surface du solide égale la somme des surfaces latérales des quatre troncs de cônes, plus les deux couronnes engendrées par AB et DE.

$$S = 2\pi a\,(2a + {}^5/_2\, a) + 2\pi a\,(a + {}^1/_2\, a) + \pi\,(4a^2 - a^2)$$
$$= \pi a^2\,(9 + 3 + 3) = 15\pi a^2$$

Exercice 84

Problème 43. *Un hexagone régulier dont le côté est a tourne autour d'un axe MN mené dans son plan par l'un des sommets F, perpendiculairement au rayon OF qui aboutit à ce sommet. On demande la surface et le volume du solide engendré.*

Le triangle AFA′ est équilatéral; $IF = h = {}^1/_2\, a\sqrt{3}$, $IA = {}^1/_2\, a$, $IB = {}^3/_2\, a$, $FC = 2a$.

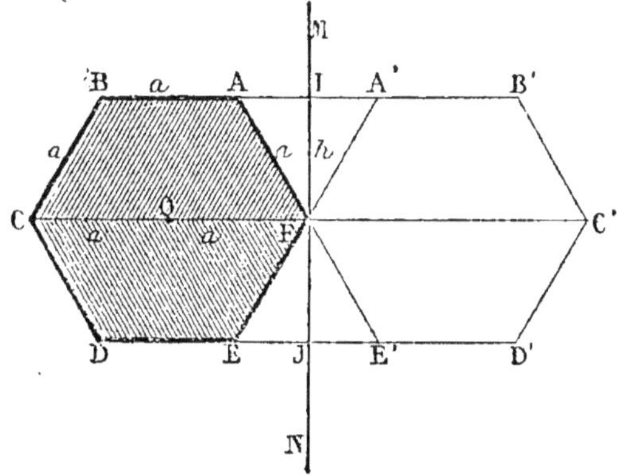

Le volume engendré égale :
2 troncs de cônes égaux, engendrés par IFCB et JFCD,
Moins 2 cônes égaux, engendrés par AFI et EFJ.

$$V = {}^2/_3 \cdot {}^1/_2\, a\sqrt{3} \cdot \pi\,(4a^2 + {}^9/_4\, a^2 + 3a^2) - {}^2/_3\, \pi \cdot {}^1/_4\, a^2 \cdot {}^1/_2\, a\sqrt{3}$$
$$= {}^1/_3\, \pi a^3 \sqrt{3}\,({}^{37}/_4 - {}^1/_4) = 3\pi a^3 \sqrt{3}$$

Soit environ $\qquad\qquad 16,33\ a^3$

La surface engendrée égale :
La surface latérale des deux troncs de cônes,
Plus la surface latérale des deux cônes,
Plus les deux couronnes engendrées par AB et DE.

$$S = 2\pi a\,(2a + {}^3/_2\, a) + 2\pi \cdot {}^1/_2\, a \cdot a + \pi\,({}^9/_4\, a^2 - {}^1/_4\, a^2)$$
$$= 2\pi a^2\,({}^7/_2 + {}^1/_2 + 1) = 10\pi a^2$$

Exercice 85

Problème 44. *Suez est à 30° 16' et Calcutta à 86° de longitude orientale. Quel est l'angle formé par les méridiens de ces deux villes ?*

Les longitudes étant dans le même sens, l'angle demandé est exprimé par la différence des deux nombres donnés, soit :

$$85° 60' - 30° 16' = 55° 44'$$

Exercice 86

Problème 45. *Quelle est la surface du triangle sphérique compris entre ces méridiens et l'équateur ?*

On supposera la Terre sphérique, et on se basera sur la définition du mètre.

Prenons le kilomètre comme unité. La demi – circonférence $\pi r = 20\,000$, $r = 1/\pi \cdot 20\,000$, $r^2 = 1/\pi^2 \cdot 400\,000\,000$.

L'aire de l'hémisphère est $2\pi r^2$. soit $1/\pi \cdot 800\,000\,000$.

Cet hémisphère contient 360 demi–fuseaux d'un degré; un demi-fuseau a donc une surface 360 fois moindre, et 55 demi–fuseaux $^{11}/_{15}$ ont $55\ ^{11}/_{15}$ fois plus : soit environ 39 400 000 kilomètres carrés.

Remarque. La difficulté que nous rencontrons à nous faire une idée d'un si grand nombre de kilomètres carrés doit nous faire conclure que l'unité employée est trop petite : et il serait à souhaiter que, dans la nomenclature des *unités de longueurs,* on fît mention du *kilomètre,* du *myriamètre* et du *grade terrestre.* Le grade est la centième partie du $1/_4$ du méridien, et il égale 10 myriamètres ou 100 kilomètres; le *grade carré* égale 100 myriamètres carrés ou 10 000 kilomètres carrés. L'aire donnée plus haut est de 3 940 *grades carrés.*

Le *grade carré* constituerait une très-bonne unité pour les surfaces géographiques : les nombres seraient plus faciles à retenir et à comparer. Voici, par exemple, les étendues respectives des principaux États de l'Europe :

	grades carrés			grades carrés
1. Russie d'Europe. . .	587	9. Italie	30
2. Suède et Norwége. .	74	10. Portugal	9
3. Autriche-Hongrie. .	62	11. Grèce.	5
4. Allemagne	55	12. Suisse	4
5. Turquie d'Europe. .	53	13. Danemark	4
6. France	53	14. Hollande.	3
7. Espagne	47	15. Belgique.	3
8. Angleterre	30		

Pour les États moindres, comme pour les provinces ou départements, on pourrait employer le *myriamètre carré,* qui est la 100ᵉ partie du *grade carré,* et qui égale 100 *kilomètres carrés.*

Exercice 87

Problème 46. *Quel est le nombre des degrés d'un fuseau qui est les $3/16$ de la surface entière de la sphère?*

La sphère entière comprend 360 fuseaux d'un degré; le nombre demandé sera donc les $3/16$ de 360, soit 67° $1/2$.

Exercice 88

Problème 47. *Une boule a 1 mètre de circonférence. Quel est le nombre des degrés d'un fuseau de 4 décimètres carrés, tracé sur cette boule?*

Nous pouvons poser, en prenant le décimètre comme unité :

$$2\pi r = 10 \; ; \quad \text{d'où} \quad r = \frac{10}{2\pi}$$

Surface de la sphère. . . . $S = 4\pi r^2 = \frac{4\pi \cdot 100}{4\pi^2} = \frac{100}{\pi}$

Fuseau d'un degré. . . . . $\frac{100}{360\pi}$ ou $\frac{5}{18\pi}$

Nombre des degrés du fuseau considéré :

$$4 : \frac{5}{18\pi} = \frac{4 \cdot 18\pi}{5} = 14{,}4\pi = 45° \, 1/4$$

Exercice 89

Problème 48. *Trouver le volume engendré par un demi-décagone régulier dont le côté est a, tournant autour du diamètre.*

Le volume en question comprend :

1 cylindre engendré par HCDI;

2 troncs de cônes égaux, par GBCH et IDEJ ;

2 cônes égaux, par ABG et JEF.

Le cylindre a pour volume $\pi m^2 a$.

Les deux troncs de cônes, $2/3 \pi c (m^2 + b^2 + mb)$.

Et les deux cônes, $2/3 \pi b^2 c$.

Il s'agit d'exprimer, en fonction du côté a, les longueurs b, c, e, m. Menons le diamètre DC′; cherchons d'abord toutes les valeurs en

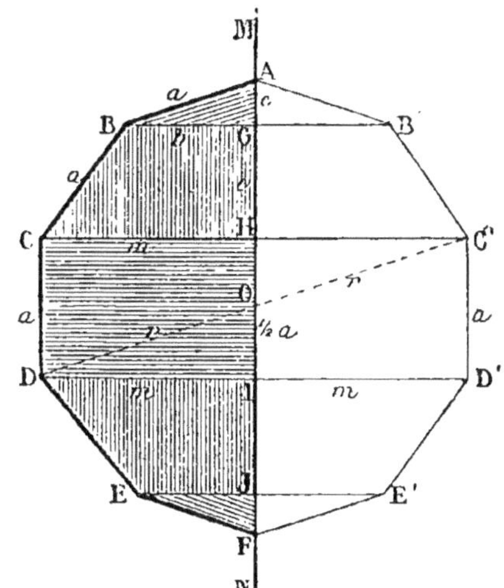

fonction du rayon r; nous remplacerons ensuite r par sa valeur en a, tirée de la relation $a = 1/_2\,r\,(\sqrt{5}-1)$; d'où :

$$r = \frac{2a}{\sqrt{5}-1} \qquad r^2 = \frac{2a^2}{3-\sqrt{5}} \qquad r^3 = \frac{a^3}{\sqrt{5}-2}$$

Nous aurons aussi besoin de la relation $a^2 = 1/_2\,r^2\,(3-\sqrt{5})$.

Si l'on décrivait la circonférence circonscrite au décagone, l'angle B du triangle ABG comprendrait un arc égal au $1/_{10}$ de la circonférence; et il en serait de même de l'angle D du triangle DD'C' : ainsi ces deux triangles rectangles sont semblables.

Le triangle rectangle DD'C' donne :

$$(2m)^2 = (2r)^2 - a^2 \quad \text{ou} \quad 4m^2 = 4r^2 - 1/_2\,r^2\,(3-\sqrt{5})$$

d'où $\qquad m^2 = 1/_8\,r^2\,(5+\sqrt{5}) \quad$ et $\quad m = 1/_2\,r\,\sqrt{1/_2(5+\sqrt{5})}$

Les triangles semblables ABG et DD'C' donnent :

$$\frac{AG}{AB} = \frac{C'D'}{DC'} \quad \text{ou} \quad \frac{c}{a} = \frac{a}{2r}$$

Ainsi $\quad c = \dfrac{a^2}{2r} = \dfrac{1/_2\,r^2\,(3-\sqrt{5})}{2r} = 1/_4\,r\,(3-\sqrt{5}) \qquad c^2 = 1/_8\,r^2\,(7-3\sqrt{5})$

Le triangle rectangle ABG donne :

$$b^2 = a^2 - c^2 = 1/_2\,r^2\,(3-\sqrt{5}) - 1/_8\,r^2\,(7-3\sqrt{5}) = 1/_8\,r^2\,(5-\sqrt{5})$$

d'où $\qquad\qquad b = 1/_2\,r\,\sqrt{1/_2(5-\sqrt{5})}$

La figure montre que $\quad GH = OA - OH - AG$

ou $\qquad c = r - 1/_2\,a - c = r - 1/_4\,r\,(\sqrt{5}-1) - 1/_4\,r\,(3-\sqrt{5}) = 1/_2\,r$

Voici maintenant l'expression des volumes :

1 cylindre engendré par CDIH . . . $\pi m^2 a$
2 troncs de cônes BCHG . . . . . . $2/_3\,\pi c\,(m^2 + b^2 + bm)$
2 cônes ABG . . . . $2/_3\,\pi b^2 c$

Volume total . . . $V = 2/_3\,\pi\,(3/_2\,am^2 + cm^2 + b^2 c + bcm + b^2 c)$

$3/_2\,am^2 = 3/_4\,r\,(\sqrt{5}-1) \cdot 1/_8\,r^2\,(5+\sqrt{5}) \qquad\qquad = 3/_8\,r^3\sqrt{5}$

$cm^2 \qquad = 1/_2\,r \cdot 1/_8\,r^2\,(5+\sqrt{5}) \qquad\qquad\qquad = 1/_{16}\,r^3\,(5+\sqrt{5})$

$b^2 c \qquad = 1/_8\,r^2\,(5-\sqrt{5}) \cdot 1/_2\,r \qquad\qquad\qquad = 1/_{16}\,r^3\,(5-\sqrt{5})$

$bcm \qquad = 1/_2\,r\,\sqrt{1/_2(5-\sqrt{5})} \cdot 1/_2\,r \cdot 1/_2\,r\,\sqrt{1/_2(5+\sqrt{5})} = 1/_8\,r^3\sqrt{5}$

Volume total . . . $V = 1/_{12}\,\pi r^3\,(5+4\sqrt{5})$

Telle est l'expression du volume en fonction du rayon. Pour l'obtenir en fonction du côté a, il suffit de remplacer r^3 par sa valeur $\dfrac{a^3}{\sqrt{5}-2}$.

$$V = \tfrac{1}{12}\pi a^3 \frac{5+4\sqrt{5}}{\sqrt{5}-2}$$

Si l'on exécute les calculs des coefficients, on obtient, pour ces deux formules :

$$V = 3,652\ r^3 \qquad V = 15,475\ a^3$$

Exercice 90

Problème 49. *Trouver le volume d'un segment sphérique à une base, dans une sphère de 9 centimètres de rayon, l'épaisseur du segment étant de 4 centimètres.*

Appelons r le rayon de la sphère, h la hauteur du segment, et m le rayon de la base de ce segment. On a :

$$m^2 = h(2r-h)$$

Et le volume demandé a pour expression (Géom., n° 477) :

$$V = \tfrac{1}{6}\pi h^3 + \tfrac{1}{2}\pi m^2 h = \tfrac{1}{6}\pi h^3 + \tfrac{1}{2}\pi h(2r-h)h$$
$$= \tfrac{1}{6}\pi h^3 + \pi h^2 r - \tfrac{1}{2}\pi h^3 = \pi h^2 r - \tfrac{1}{3}\pi h^3 = \pi h^2(r - \tfrac{1}{3}h)$$

En effectuant les calculs, on trouve $V = 385^{cm^3} 3$.

Exercice 91

Problème 50. *Calculer le volume de maçonnerie d'un puits de 9^m50 de profondeur et 1^m10 de diamètre intérieur, le mur ayant 0^m45 d'épaisseur.*

Le volume demandé est une couronne cylindrique qui aura pour formule $(\pi r^2 - \pi r'^2)h$ ou $\pi h(r+r')(r-r')$

On a $\qquad h = 9,5 \qquad r = 0,55 \qquad r = 1$
$$r+r' = 1,55 \qquad r-r' = 0,45$$
Et $\qquad V = \pi \cdot 9,50 \cdot 1,55 \cdot 0,45 = 20^{m^3}82$

Exercice 92

Problème 51. *Un cône en bois de noyer (densité $0,671$) a 0^m145 de hauteur et 0^m095 de diamètre; il plonge dans l'eau par sa pointe. On demande la hauteur et le diamètre du petit cône immergé.*

Prenons le centimètre comme unité ; on aura :

$$h = 14,5 \qquad d = 9,5$$

Volume . . . . . $V = \tfrac{1}{3} \cdot \tfrac{1}{4}\pi d^2 h = \tfrac{1}{12}\pi d^2 h = 342^{cm^3}4$
Poids . . . . . $342,4 \cdot 0,671 = 229^{g}7$

Ce poids est aussi le poids de l'eau déplacée; et ainsi le volume du cône immergé est $V' = 229^{cm3}7$.

Les deux cônes étant semblables, leurs dimensions homologues sont dans un même rapport, qui est égal à la racine cubique du rapport des volumes; soit $0,874\,7 = k$. On aura donc :

$$h' = hk = 14,5 \cdot 0,874\,7 = 12^{cm}68$$
$$d' = dk = 9,5 \cdot 0,874\,7 = 8^{cm}31$$

Exercice 93

Problème 52. *Calculer le diamètre d'un boulet de fonte de 12 hectogrammes, la densité de la fonte étant 7,207.*

Nous prendrons pour unités le décimètre et le kilogramme. Soit x le diamètre, d la densité, et P le poids $1^{kg}2$. On a :

$$\tfrac{1}{6}\pi x^3 d = P ; \quad \text{d'où} \quad x^3 = \frac{P}{\tfrac{1}{6}\pi d}$$

Log. $\tfrac{1}{6}\pi$ . . .	$\overline{1}.719\,00$	
Log. d	$0.857\,75$	
Somme. . . .	$0.576\,75$	Dénominateur
Log. P. . . .	$0.079\,18$	Numérateur
Différence. . .	$\overline{1}.502\,43$	
Le $\tfrac{1}{3}$	$\overline{1}.834\,14$ . . . $0^{dm}6825$
Soit	$0^{m}068\,25$

Exercice 94

Problème 53. *Le diamètre de la Lune est les 273 millièmes de celui de la Terre. Qu'est le volume de la Lune par rapport à celui de la Terre?*

Les deux corps sont supposés sphériques, et par conséquent semblables ; ainsi le rapport des volumes est égal au cube du rapport des dimensions.

$$\frac{\text{Lune}}{\text{Terre}} = \frac{273^3}{1\,000^3} = \frac{20\,350\,000}{1\,000\,000\,000} , \quad \text{soit} \quad 0,020\,35, \text{ environ } \tfrac{1}{49}$$

Exercice 95

Problème 54. *Un cône circulaire droit a 0^m20 de hauteur et 387 centimètres cubes de volume. A quelle distance du sommet faut-il faire une section parallèle à la base, pour que le volume du cône partiel soit de 95 centimètres cubes?*

Soit x la distance demandée; on a :

$$\frac{x^3}{20^3} = \frac{95}{387} ; \quad \text{d'où} \quad x^3 = \frac{95 \cdot 8\,000}{387}$$

Log. 95 . . . 1.977 72
Log. 8 000 . . . 3.903 09
Somme. . . . 5.880 81
Log. 387 . . . 2.587 71
Différence . . 3.293 10 . . . x^3
Le $1/3$ . . . . 1.097 70 . . . $12^{cm}523$ x

Exercice 96

Problème 55. *Un verre à vin de Champagne est conique ; il a 15 cen-timètres de profondeur, et 6 centimètres de diamètre au bord.*

On y verse du mercure (densité 13,596), de l'eau (densité 1) et de l'huile (densité 0,915); ces trois liquides remplissent le verre, et for-ment trois couches d'égale épaisseur. On demande les poids respectifs de mercure, d'eau et d'huile.

L'épaisseur de chaque couche est de 5 centimètres. Le mercure forme un cône ; l'eau et l'huile, des troncs de cônes. La hauteur totale étant divisée en trois parties égales, les diamètres respectifs de la base et des sections sont 6, 4 et 2 centimètres, et les rayons, 3, 2, 1.

En partant chaque fois du fond du verre, on peut considérer trois cônes semblables, ayant respectivement pour hauteurs 5, 10 et 15 cen-timètres. Les volumes respectifs de ces cônes sont :

$$1/3\,\pi.3^2.15 \quad \text{ou} \quad 141^{cm3}3$$
$$1/3\,\pi.2^2.10 \quad \text{ou} \quad 41^{cm3}88$$
$$1/3\,\pi.1^2.5 \quad \text{ou} \quad 5^{cm3}236$$

Volume du cône de mercure. . . . $5^{cm3}236$
»   du tronc de cône d'eau. . . 36,64
»   »   d'huile . . 99,42

Il ne reste qu'à calculer les poids.

Mercure . . .	Volume	$5^{cm3}236$	Densité	13,596	Poids	$71^{gr}19$
Eau	»	36,64	»	1 »	»	$36^{gr}64$
Huile.	»	99,42	»	0,915	»	$90^{gr}97$

Exercice 97

Problème 56. *Un verre à pied de forme conique a 0^m12 de diamètre à l'ouverture, et une contenance de $1/2$ litre; on l'emplit avec du mercure et de l'eau, à poids égaux de l'un et de l'autre liquide. Quelle est la hauteur de chaque couche liquide?*

Appelons r et h le rayon et la hauteur du cône, x la hauteur du cône de mercure, et prenons le centimètre comme unité; on a :

Volume total. . . . . . . $1/3\,\pi.6^2 h = 500$

d'où
$$h = \frac{1\,500}{36\pi} = 13^{cm}27$$

Le cône de mercure est au cône total comme x^3 est à h^3.

$$\frac{V'}{V} = \frac{x^3}{h^3} \ ; \quad \text{d'où} \quad V' = \frac{x^3}{h^3} V$$

Si l'on appelle d la densité $13,596$ du mercure, le poids du cône de mercure sera $\qquad V'd \quad$ ou $\quad \dfrac{x^3}{h^3} Vd$

Le volume du tronc de cône d'eau est :

$$V'' = V - V' = V - \frac{x^3}{h^3} V = V\left(\frac{h^3 - x^3}{h^3}\right)$$

Ce nombre exprime aussi, en grammes, le poids du tronc de cône d'eau.

Posons maintenant la condition d'égalité des poids; ce sera l'équation qui permettra de calculer x.

$$\frac{x^3}{h^3} Vd = V\frac{h^3 - x^3}{h^3} \qquad x^3 \frac{Vd}{h^3} = V - x^3 \frac{V}{h^3} \qquad x^3\left(\frac{Vd}{h^3} + \frac{V}{h^3}\right) = V$$

d'où $$x^3 = V\frac{h^3}{Vd + V} = \frac{h^3}{d+1}$$

d'où enfin $$x = \sqrt[3]{\frac{h}{d+1}} = \sqrt[3]{\frac{13,27}{14,596}}$$

```
Log. 14,596  .  .  1,164 23
Le 1/3  .  .  .  .  0.388 08          Dénominateur
Log. 13,27 .  .  .  1.122 87          Numérateur
Différence  .  .  .  0.734 79  .  .  .  5cm 430      x
     Hauteur totale  .  .  .  .  .  .  .  13,27
     »       du tronc de cône d'eau .  7,84
```

Ainsi les hauteurs du mercure et de l'eau sont :

$$0^m 054\ 3 \quad \text{et} \quad 0^m 078\ 4$$

Exercice 98

Problème 57. *Un réservoir a la forme d'un tronc de cône; le fond a 1 mètre de diamètre; on y a déjà versé une couche d'eau de $0^m 68$, et le diamètre, à la surface de l'eau, est de $1^m 42$.*

De combien montera le niveau de l'eau, si on laisse tomber dans le réservoir un bloc cubique de pierre ayant $0^m 40$ de côté?

Le bloc cubique a un volume de 64 décimètres cubes. Nous considèrerons trois cônes : le cône qui serait obtenu sous le bassin par le prolongement de la surface latérale; un second cône formé du premier augmenté du tronc de cône d'eau; et un troisième cône analogue après l'immersion du bloc.

Calculons la hauteur y du premier cône :

$$\frac{y}{r} = \frac{h}{e}$$

d'où

$$y = \frac{hr}{e} = \frac{6,8 \cdot 5}{2,1} = 16^{\text{dm}}18$$

Le second cône OCD a pour hauteur $y + h$, soit $22^{\text{dm}}98$; et pour rayon r' ou $7^{\text{dm}}1$. Son volume V'' est :

$$\tfrac{1}{3}\pi r'^2 (h + y) \quad \text{ou} \quad 1\,212^{\text{dm³}}3.$$

Le troisième cône a 64 décimètres cubes de plus que le second, soit $1\,276^{\text{dm³}}3$. Si l'on appelle z sa hauteur et V''' son volume, on a, en le comparant au second :

$$\frac{z^3}{(h+y)^3} = \frac{V'''}{V''} ; \quad \text{d'où} \quad z^3 = (h+y)^3 \frac{V'''}{V''}$$

Log. 22,98 . . .	1.361 35
3 fois	4.084 05
Log. V''' . . .	3.105 95
Somme. . . .	7.190 00
Log. V'' . . .	3.083 61
Différence. . . .	4.106 39
Le $1/3$	1.368 80 . . . z^3 . . . $23^{\text{dm}}378$
A retrancher $(y+h)$ . . .	22,980
Reste pour x	$0^{\text{dm}}398$

Ainsi le niveau monte de $0^{\text{m}}039\,8$, soit 40 millimètres.

Exercice 99

Problème 58. *Un cylindre massif en fer laminé (densité 7,788) pèse 120 kilogrammes, et a une longueur de 3 mètres. Quel est son diamètre?*

Chaque décimètre cube de ce corps pèse $7^{\text{kg}}788$; ainsi le nombre des décimètres cubes sera $120 : 7,788$ ou $15,42$.

Si l'on appelle d le diamètre, le volume a pour expression $\tfrac{1}{4}\pi d^2 h$ ou $\tfrac{1}{4}\pi d^2 \cdot 30$; et l'on peut poser $\tfrac{1}{4}\pi d^2 \cdot 30 = 15,42$.

D'où $d^2 = \dfrac{4 \cdot 15,42}{30\pi}$ et $d = 0^{\text{dm}}655$, soit $0^{\text{m}}065\,5$.

Exercice 100

Problème 59. *Un gramme de mercure pris à la température 0° (densité 13,596) est introduit dans un tube capillaire, et y occupe une longueur de $0^{\text{m}}137$. Calculer le diamètre du tube.*

Prenons pour unités le millimètre et le milligramme. Chaque millimètre cube de mercure pèse $13^{mg}596$; ainsi le nombre des millimètres cubes du petit cylindre sera $1\,000 : 13,596$ ou $73,54$.

Le volume a pour expression $\frac{1}{4}\pi d^2 h$ ou $\frac{1}{4}\pi d^2 . 137$; et l'on peut poser $\frac{1}{4}\pi d^2 . 137 = 73,54$.

D'où $\quad d^2 = \dfrac{4 . 73,54}{137\,\pi} \quad$ et $\quad d = 0^{mm}683\,8$.

Exercice 101

Problème 60. *Quel sera le prix d'une conduite en fonte (densité 7,200) ayant 100 mètres de longueur et $0^m 06$ de diamètre intérieur, si l'épaisseur de la fonte est de 6 millimètres, et la valeur de $0^f 30$ le kilogramme?*

Prenons pour unités le décimètre et le kilogramme.

Le rayon intérieur est $0^{dm}30$, et le rayon extérieur est $0^{dm}36$. La surface de la coupe transversale de la fonte est $\pi r^2 - \pi r'^2$, ou $\pi(r^2 - r'^2)$, ou $\pi(r + r')(r - r')$; soit $\pi . 0,66 . 0,06 \ldots S$.

Le volume V est $1\,000\,S$; le poids P est $1\,000\,S . 7,2$; et le prix est $P . 0,30$, soit $1\,000\,\pi . 0,66 . 0,06 . 7,2 . 0,30$ ou $268^f 30$.

Dans ce problème il n'a pas été tenu compte du surplus de fonte des emboîtures.

Exercice 102

Problème 61. *Les diamètres des bases d'un tronc de cône ont respectivement 22 et 4 centimètres. Quel diamètre devra avoir un cylindre, pour que, sous la même hauteur que le tronc, il ait aussi le même volume?*

Soient r et r' les rayons des bases du tronc, x le rayon inconnu, et h la hauteur commune aux deux solides. Il faut qu'on ait :

$$\pi x^2 h = \tfrac{1}{3}\pi h (r^2 + r'^2 + rr')$$

d'où $\qquad\qquad x^2 = \tfrac{1}{3}(r^2 + r'^2 + rr')$

Si l'on remplace r et r' par leurs valeurs, il vient :

$$x^2 = 49 \quad\text{et}\quad x = 7$$

Le diamètre demandé est de 14 centimètres.

Exercice 103

Problème 62. *De 1795 à 1860, on a frappé, en France, pour 5 milliards de monnaie d'or au titre 0,900. Quels seraient les diamètres des deux sphères de cuivre et d'or pur que l'on pourrait fondre avec tout ce métal?*

Densité de l'or fondu 19,26
» du cuivre fondu . . . 8,85

Poids de 1 franc	en argent	. . . . . .	5 grammes
» 1 000 francs	»	. . . . . .	5 kilogrammes
» 1 000 000 francs	»	. . . . . .	5 tonnes
» 1 milliard	»	. . . . . . 5 000	»
» 5 milliards	»	. . . . . . 25 000	»

$$\text{Poids de 5 milliards en or} \quad . . . \quad 1\,612^{\text{ton.}}903$$

Comme la Loi tolère, en plus ou en moins, une différence de plusieurs millièmes du poids des pièces, le poids ci-dessus ne peut être compté comme exact au delà des tonnes, et il faut poser ici :

Poids de 5 milliards en or	. . . . . .	1 613 tonnes
» du cuivre	. . . .	$161^{\text{ton.}}3$
» de l'or pur	. . . .	$1\,451^{\text{ton.}}7$

| Volume de l'or pur | . . . | $1\,451,7 : 19,26$ | ou | $75^{\text{m3}}32$ |
| » du cuivre | . . . . | $161,3 : 8,85$ | ou | $18^{\text{m3}}22$ |

Pour achever le problème il suffit de savoir calculer le diamètre d d'une sphère, connaissant son volume V. On a :

$$\tfrac{1}{6}\pi d^3 = V \; ; \quad \text{d'où} \quad d = \sqrt[3]{\frac{6V}{\pi}}$$

En appliquant cette formule aux deux cas ci-dessus, on obtient :

$$\text{Pour la sphère d'or} \qquad 5^{\text{m}}240$$
$$\text{»} \qquad \text{»} \qquad \text{de cuivre} \quad 3^{\text{m}}266$$

Exercice 104

Problème 63. *On demande le rayon du cercle équivalent à une zone de 4 centimètres de hauteur, appartenant à une sphère de 9 centimètres de rayon.*

Nous appellerons x le rayon inconnu, r le rayon de la sphère, et h la hauteur de la zone; et nous poserons :

$$\pi x^2 = 2\pi r h \; ; \quad \text{d'où} \quad x^2 = 2rh = 72$$

et
$$x = 8^{\text{cm}}49 \, , \quad \text{soit} \quad 0^{\text{m}}0849$$

Exercice 105

Problème 64. *Une zone de 1 décimètre carré appartient à une sphère de 13 centimètres de rayon; l'une des bases de la zone est à 5 centimètres du centre. On demande la surface du cercle qui forme la seconde base.*

Soit x la hauteur de la zone; on a la relation :

$$2\pi r x = 100 \; ; \quad \text{d'où} \quad x = \frac{100}{2\pi . 13} = 1^{\text{cm}}225$$

M.   19

L'aire de la zone est la même, que l'on prenne la seconde base

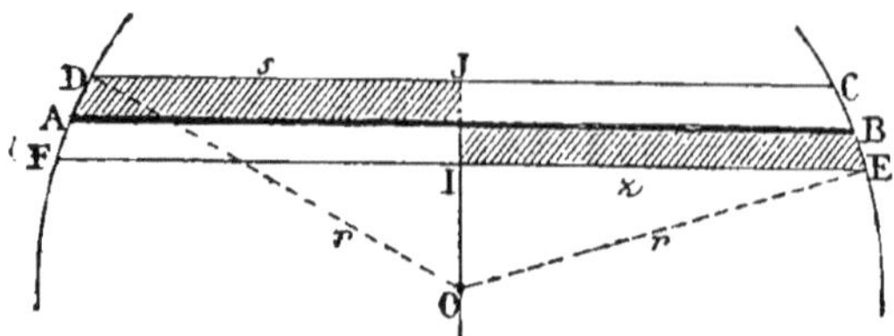

au-dessus ou au-dessous de AB. La distance du centre à cette seconde base sera donc :

$$5 \pm 1,225, \quad \text{soit} \quad \begin{cases} 6^{\text{cm}}225 \dots \dots \text{OJ} \\ 3^{\text{cm}}775 \dots \dots \text{OI} \end{cases}$$

r^2 169	r^2 169
OJ^2 38,75	OI^2 14,25
Différence. . 130,25 s^2	Différence. . 154,75 s^2
π 3,142	π 3,142
Produit. . . 409$^{\text{cm}^2}$1	Produit . . . 486$^{\text{cm}^2}$2
Réponse : 0$^{\text{m}^2}$0409	Réponse : 0$^{\text{m}^2}$0486

Exercice 106

Problème 65. *Le demi-cercle générateur d'une sphère a* 0^{m}40 *de diamètre; dans ce demi-cercle on a tracé, parallèlement à l'axe, une corde de* 0^{m}20. *Quelle est la surface engendrée par cette corde?*

Prenons le décimètre pour unité.

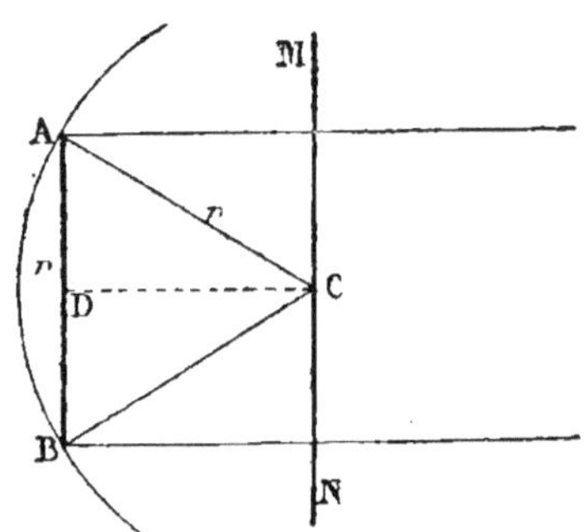

D'après les données, la corde AB est égale au rayon du cercle : ainsi le triangle ABC est équilatéral ; la hauteur CD égale :

$$\tfrac{1}{2}r\sqrt{2} = 0,7071 \; r$$

La surface engendrée par AB est cylindrique et a pour expression :

$$2\pi \cdot \text{CD} \cdot \text{AB} = 2\pi \cdot \tfrac{1}{2}r\sqrt{2} \cdot r = \pi r^2\sqrt{2}$$

Log. $\sqrt{2}$ . . . . . 0.150 51 ·
Log. r^2 ou 4 . . . . 0.602 06
Log. π 0.497 15
Somme . . . . . 1.249 72 · . . . 17^{dm2}771
      Soit   0^{m2}17 77

Exercice 107

Problème 66. *Un aérostat sphérique a 4 mètres de diamètre; on l'emplit avec de l'hydrogène impur pesant 100 grammes par mètre cube; le taffetas verni qui forme l'enveloppe pèse 150 grammes par mètre carré.*

Quel poids pourra enlever ce ballon si l'air atmosphérique pèse 1 293 grammes par mètre cube, et si l'on réserve 5 kilogrammes de force ascensionnelle?

Volume du ballon . . $V = \frac{1}{6}\pi . 4^3 = \frac{32}{3}\pi = 33^{m3}500$

Poids de l'air déplacé . $P = V . 0,001\,293 = 0^{ton.}043\,33$

Surface du taffetas . . $S = \pi d^2 = 50^{m2}25$

Poids de l'enveloppe . . . . . $P' = S . 0,000\,15 = 0^{ton.}000\ 753\ 7$

  »   du gaz contenu . . . . . $P'' = V . 0,000\,1\ = 0,\ \ 033\ 50$

Force ascensionnelle   5

           Total . . . . . . 39^{kg}25

Rappel du poids de l'air 43, 33

Différence (poids qui pourra être enlevé) . . . . . 4^{kg}08

Exercice 108

Problème 67. *Un aérostat vide et plié pèse 63^{kg}45; le taffetas pèse 0^{kg}150 par mètre carré. On demande le poids que pourra enlever ce ballon, l'hydrogène et l'air étant dans les conditions données au problème précédent.*

Surface du ballon. . . . $S = 63, 45 : 0, 15 = 423^{m2}$
Diamètre . . . . $d = \sqrt{S : \pi} = 11^m 603$
Volume . . . . $V = \frac{1}{6}\pi d^3 = 818^{m3}0$
Poids de l'air déplacé . . $P = V . 0,001\,293 = 1^{ton.}057\ 5$

Poids de l'enveloppe . . . . . $P' = S . 0^{ton.}000\,15 = 0^{ton.}006\ 345$

  »   du gaz contenu . . . . . $P'' = V . 0,\ 000\,1\ = 0,\ \ 081\ 80$

      Total. 0,   088 1

Rappel du poids de l'air 1,   057 5

Différence . . . . 0$^{ton.}$969 4

      Réponse : 969 kilogrammes.

Exercice 109

Problème 68. *Un cube de cuivre (densité 8,85) pesant 1ᵏᵍ75 est placé sur un tour et réduit à une sphère dont le diamètre est les 3/4 de l'arête du cube primitif. On demande le poids de la tournure de cuivre obtenue.*

Nous prendrons pour unités le centimètre et le gramme.

Poids de 1 centimètre cube de cuivre. $\qquad d = 8^{gr}85$

Volume du cube. . . . . $V = P : d = 197^{cm3}75$

Arête du cube. . . . . $a = \sqrt[3]{V} = \quad 5^{cm}826$

Diamètre de la sphère . . . . . $d' = {}^3/_4\, a = \quad 4^{cm}370$

Volume de la sphère . . . . . $V' = {}^1/_6 \pi d'^3 = \quad 43^{cm3}70$

Rapppel du volume du cube. . . $V = 197,\quad 75$

Différence (tournure enlevée) . . $V'' = 154,\quad 05$

Poids de la tournure. . . . . $154,05 \cdot 8,85$ ou $1\,362^{gr}5 \qquad P''$

Remarque. Si l'on voulait exprimer P'' en fonction des données, il suffirait de reprendre la même suite d'idées, en se contentant d'indiquer les opérations.

On peut aussi partir de la fin, et remonter jusqu'aux données par des substitutions successives :

$$P'' = V''d = (V - V')d = (V - {}^1/_6 \pi d'^3)d$$
$$= (V - {}^9/_{128} a^3 \pi)\, d = (V - {}^9/_{128} \pi V)\, d$$
$$= Vd(1 - {}^9/_{128}\pi) = P(1 - {}^9/_{128}\pi)$$

Exercice 110

Problème 69. *Un boulet de fonte (densité 7,200) pèse 12 kilogrammes. Quel poids d'or faudrait-il pour former autour de ce boulet une couche de 0ᵐ0006 d'épaisseur, la densité de l'or étant 19,26 ?*

Volume du boulet. . . . $V = P : d$

Calcul du rayon . . . . ${}^4/_3 \pi r^3 = V$; $r^3 = V : {}^4/_3 \pi$

Rayon total . . . . . . $R = r + e$ (*e* épaisseur de l'or)

Volume de l'or. . . . . $V' = {}^4/_3 \pi (R^3 - r^3)$

Poids de l'or . . . . . $P' = V'd'$

Calculs.

Prenons pour unités le centimètre et le gramme.

Log. P. . . . 4.079 18

Log. d. . . . 0.857 33

Différence. . . 3.221 85 $\qquad$ V

Log. ${}^4/_3 \pi$. . . 0.622 09

Différence. . . 2.599 76 . . . $397^{cm3}891 \qquad r^3$

Le ${}^1/_3$ . . . . 0.866 59 . . . $7^{cm}3551 \qquad r$

$$
\begin{array}{lllll}
 & c & . \ . \ . & 0,\ 060\ 0 & \\
0.870\,12 & . \ \leftarrow . & 7,\ 415\,1 & R \\
3\ \text{fois}\ . \ . \ . & 2.610\,36 & . \ . \ . & 407^{cm^3}\,718 & \cdot R^3 \\
r^3 & . \ . \ . & 397,\ 891 & \\
0.992\,42 & . \ \leftarrow . & 9,\ 827 & R^3 - r^3 \\
\end{array}
$$

Log. $4/3\,\pi$. . . . 0.622 09
Somme. . . . 1.614 51   V'
Log. d' . . . 1.284 66
Somme . . . 2.899 17 . . . $792^{gr}\,82$ Réponse.

Remarque. En raison de la faible épaisseur de la couche d'or, on obtiendrait la réponse, avec une certaine approximation, en considérant la couche d'or comme un volume prismatique qui aurait pour base la surface du boulet et pour hauteur l'épaisseur de la couche :

$$V' = 4\pi r^2 e , \quad \text{et} \quad P' = V'd'$$

Le calcul se ferait comme ci-dessus : au commencement pour la recherche de r, et à la fin pour la recherche de P'. C'est le passage de r à V' qui diffère.

Log. r 0.866 59
Le même. . . 0.866 59
Log. π 0.497 15
Log. 4 . . . . 0.602 06
Log. c ou 0,06. $\overline{2}$.778 15
Log. d'. . . . 1.284 66
Somme. . . . 2.895 20 . . . $735^{gr}\,60$

$$4/3\,\pi\,(r+e)^3 = 4/3\,\pi\,(r^3 + 3r^2e + 3re^2 + e^3) = 4/3\,\pi r^3 + (4\pi r^2 e + 4\pi re^2 + 4/3\,\pi e^3)$$

Ainsi, au poids du volume prismatique $4\pi r^2 e$, il faudrait ajouter le poids du volume analogue $4\pi e^2 r$, et celui de la sphère $4/3\,\pi e^3$.

Exercice 111

Problème 70. *Un creuset a la forme d'un tronc de cône; le fond a un diamètre de 0m04, et le bord supérieur un diamètre de 0m07; la hauteur est de 0m10. Il contient du métal en fusion; à la surface, ce métal a 0m06 de diamètre.*

Quel devra être le diamètre d'un moule sphérique que le métal fondu doit remplir exactement?

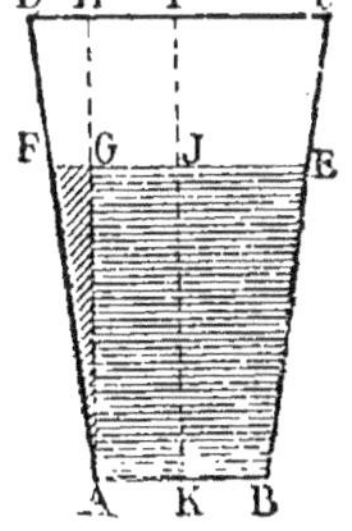

On a AK = 2, EJ = 3, DI = 3 $1/2$. Donc FG = 1, et DH = 1 $1/2$. Ainsi, dans le triangle AFG, les dimensions sont les $2/3$ de celles du triangle semblable ADH; par exemple, la hauteur AG = $2/3$ AH = $2/3$ de 10 = 6 $2/3$

Dès lors on peut calculer le volume V de la partie ABEF occupée par le métal fondu; après quoi on calculera le diamètre de la sphère équivalente.

$$EJ = r = 3, \quad AK = r' = 2, \quad h = AG = 6\,^2/_3$$
$$V = {}^1/_3\,\pi h\,(r^2 + r'^2 + rr')$$
$${}^1/_6\,\pi x^3 = V = {}^1/_3\,\pi h\,(r^2 + r'^2 + rr')$$
$$x^3 = 2h\,(r^2 + r'^2 + rr') = 13\,^1/_3 \cdot 19$$

Log. 13,3333 . . 1.124 94
Log. 19 . . . . 1.278 75
Somme 2.403 69
Le $^1/_3$ . . . . . 0.801 23 . . . 6^{cm}327 4

Soit $\qquad\qquad$ 0^{m}063 274

Exercice 112

Problème 71. *Un cylindre de* 0^{m}05 *de rayon et un cône de* 0^{m}08 *de rayon reposent sur un même plan; la hauteur commune est de* 0^{m}20. *A quelle hauteur faut-il mener un second plan parallèle au premier pour que les deux volumes inférieurs soient équivalents?*

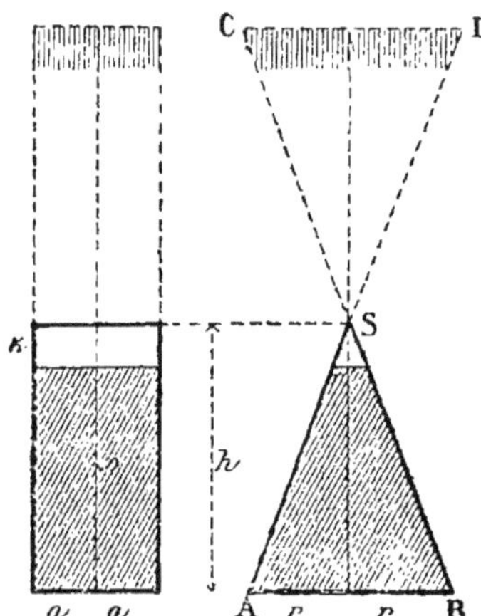

Soit h la hauteur commune,
a le rayon du cylindre,
r le rayon du cône,
z la distance du plan sécant au sommet du cône,
x la partie restante de la hauteur,
Et r' le petit rayon du tronc de cône.

On a, en prenant le centimètre comme unité :

$$h = 20, \quad a = 5, \quad r = 8, \quad x = h - z$$

Le volume du cylindre inférieur est $\pi a^2 x$, et le volume du tronc de cône est $^1/_3\,\pi x\,(r^2 + r'^2 + rr')$. On a donc pour l'équation des volumes :

$$\pi a^2 x = {}^1/_3\,\pi x\,(r^2 + r'^2 + rr')$$

d'où $\qquad 3a^2 = r'^2 + rr' + r^2 \quad$ et $\quad r'^2 + rr' - (3a^2 - r^2) = 0$

On tire de là $\qquad r' = -\,^1/_2\,r \pm \sqrt{{}^1/_4\,r^2 + 3a^2 - r^2}$
$$= -\,^1/_2\,r \pm \sqrt{3a^2 - {}^3/_4\,r^2}$$

En mettant les valeurs numériques, il vient :

$$r' = -4 \pm \sqrt{75 - 48} = -4 \pm 5,20$$

Et enfin $\qquad\qquad r' = \begin{cases} \quad 1^{\mathrm{cm}}20 \\ -9^{\mathrm{cm}}20 \end{cases}$

Pour trouver à quelle distance du sommet du cône doit être la section, on pose la proportion :

$$\frac{z}{r'} = \frac{h}{r} \; ; \quad \text{d'où} \quad z = \frac{r'h}{r} = \left\{ \begin{array}{l} 3 \\ -23 \end{array} \right.$$

On peut chercher aussi la distance de la base au plan secant :

$$x = h - z = \left\{ \begin{array}{l} 17 \\ 43 \end{array} \right.$$

Il y a donc deux solutions; la seconde suppose un prolongement des deux corps.

Vérification pour $x = 17$ et $r' = 1,20$:

    Cylindre . . . . . . $\pi a^2 x = \pi . 5^2 . 17 = 1\,337^{cm3}$

    Tronc de cône . . . $1/_3 \pi . 17 (8^2 + 1,2^2 + 8 . 1,2) = 1\,337^{cm3}$

Vérification pour $x = 43$ et $r' = -9,20$:

    Cylindre . . . . . . $\pi a^2 x = \pi . 5^2 . 43 = 3\,378^{cm3}$

    Tronc de cône . . . $1/_3 . \pi 43 (8^2 + 9,2^2 - 8 . 9,2) = 3\,378^{cm3}$

Remarque. Si l'on menait les droites AC et BD, on aurait, entre les droites AB et CD, la coupe d'un tronc de cône ordinaire ou *direct*; la coupe ABSCD correspond à un tronc de cône *inverse*.

Exercice 113

Problème 72. *Un tronc de cône a $0^m 12$ de hauteur; les diamètres des bases ont $0^m 08$ et $0^m 05$.*

On veut mener deux plans parallèles aux bases, de manière que la surface latérale soit divisée dans le rapport des nombres 4, 5, 3, en partant de la grande base.

A quelle hauteur sera chaque plan?

Soit DEFG la coupe du tronc considéré. Appelons S le sommet du cône entier, et menons EI parallèle à l'axe AH. On a, en prenant le centimètre pour unité :

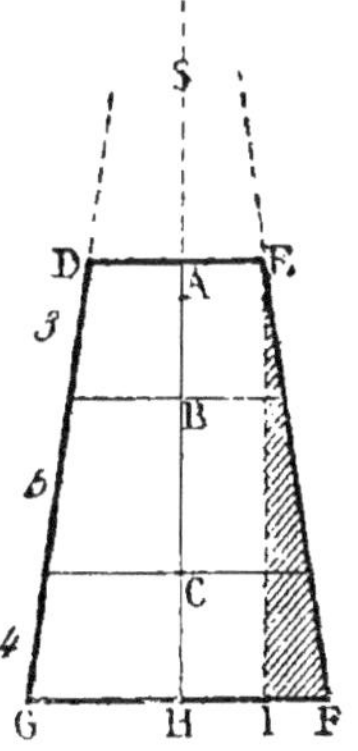

$$\text{AH ou } h = 12, \quad \text{AE ou } r' = 2\,^1/_2, \quad \text{HF ou } r = 4,$$
$$\text{IF} = 1\,^1/_2$$

$$\frac{\text{SH}}{\text{HF}} = \frac{\text{EI}}{\text{IF}} \; ; \quad \text{d'où} \quad \text{SH} = \frac{hr}{r - r'} = 32$$

$$\text{SA} = 32 - 12 = 20$$

$$\overline{\text{SE}}^2 = \overline{\text{SA}}^2 + \overline{\text{AE}}^2 = 406,25 \; ; \quad \text{d'où} \quad \text{SE} = 20^{cm} 155$$

$$\overline{\text{EF}}^2 = \overline{\text{EI}}^2 + \overline{\text{IF}}^2 = 146,25 \; ; \quad \text{d'où} \quad \text{EF} = 12, \; 093$$

$$\text{SF} = 32, \; 248$$

Surface latérale du cône SDE . . . . $\pi . \text{AE} . \text{SE} = 158^{cm2} 40$

    »   »   »   SGF . . . . $\pi . \text{HF} . \text{SF} = 405, \;\;\; 36$

    »   »   du tronc de cône DEFG . .   246,   96

Le cône qui a pour hauteur SB a pour surface latérale :

$$158,40 + {}^{3}/_{12} . 246,96 \quad \text{ou} \quad 220^{\text{cm}2}14$$

Le cône qui a pour hauteur SC a pour surface latérale :

$$158,40 + {}^{8}/_{12} . 246,96 \quad \text{ou} \quad 323^{\text{cm}2}04$$

Les trois cônes qui ont pour hauteurs les droites SA, SB, SC, étant semblables, les surfaces latérales sont entre elles comme les carrés des hauteurs. On a donc :

$$\frac{\overline{SB}{}^2}{\overline{20}{}^2} = \frac{220,14}{158,40} ; \quad \text{d'où} \quad SB = 23^{\text{cm}}59$$

$$\frac{\overline{SC}{}^2}{\overline{20}{}^2} = \frac{323,04}{158,40} ; \quad \text{d'où} \quad SC = 28^{\text{cm}}57$$

$$\left.\begin{array}{l} AB = SB - SA = 3^{\text{cm}}59 \\ BC = SC - SB = 4^{\text{cm}}98 \\ CH = SH - SC = 3^{\text{cm}}43 \end{array}\right\} \quad \text{Somme : } 12^{\text{cm}}$$

Exercice 114

Problème 73. *Un tronc de cône a $0^{\text{m}}12$ de hauteur; les diamètres des bases ont $0^{\text{m}}08$ et $0^{\text{m}}05$.*

On veut mener deux plans parallèles aux bases, de manière que le volume soit divisé dans le rapport des nombres 4, 5, 3, en partant de la grande base.

A quelle hauteur sera chaque plan?   (Figure ci-dessus.)

Soit DEFG la coupe du tronc considéré. Appelons S le sommet du cône entier, et menons EI parallèle à l'axe AH. On a, en prenant le centimètre pour unité :

$$AH \text{ ou } h = 12, \quad AE \text{ ou } r' = 2\,{}^1/_2, \quad HF \text{ ou } r = 4, \quad IF = 1\,{}^1/_2$$

$$\frac{SH}{HF} = \frac{EI}{IF} ; \quad \text{d'où} \quad SH = \frac{hr}{r - r'} = 32$$

$$SA = 32 - 12 = 20$$

$$\begin{array}{lll} \text{Volume du cône SDE} & \ldots\ldots & {}^1/_3\,\pi r'^2 . SA = 130^{\text{cm}3}900 \\ \text{»}\qquad\text{»}\qquad SGF & \ldots\ldots & {}^1/_3\,\pi r^2 . SH = 536,\ \ 163 \\ \text{»}\quad \text{du tronc de cône DEFG} . & & 405,\ \ 263 \end{array}$$

Volume du cône qui a pour hauteur SB :

$$130,900 + {}^{3}/_{12} . 405,263 \quad \text{ou} \quad 232^{\text{cm}3}210$$

Volume du cône qui a pour hauteur SC :

$$130,900 + {}^{8}/_{12} . 405,263 \quad \text{ou} \quad 401^{\text{cm}3}076$$

Les trois cônes qui ont pour hauteurs les droites SA, SB, SC, étant semblables, sont entre eux comme les cubes des hauteurs. On a donc :

$$\frac{\overline{SB}^3}{20^3} = \frac{232,210}{130,930} ; \quad \text{d'où} \quad SB = 24^{cm}211$$

$$\frac{\overline{SC}^3}{20^3} = \frac{401.076}{130,900} ; \quad \text{d'où} \quad SC = 29^{cm}048$$

$$\left.\begin{array}{l} AB = SB - SA = 4^{cm}21 \\ BC = SC - SB = 4^{cm}84 \\ CH = SH - SC = 2^{cm}95 \end{array}\right\} \quad \text{Somme} = 12^{cm}$$

Exercice 115

Problème 74. *Une sphère de platine de 0^m03 de diamètre est enveloppée d'une couche de cuivre de 2 centimètres d'épaisseur.*

On demande le poids total, les densités étant $21,15$ et $8,85$.

La sphère totale a 7 centimètres de diamètre, et son volume est $V = \frac{1}{6}\pi.7^3$.

La sphère de platine a pour volume $V' = \frac{1}{6}\pi.3^3$, et pour poids $\frac{1}{6}\pi.27.21,15$.

La couche de cuivre a pour volume $\frac{1}{6}\pi(7^3 - 3^3)$, et pour poids $\frac{1}{6}\pi(7^3 - 3^3)8,85$ ou $\frac{1}{6}\pi.316.8,85$.

$$
\begin{array}{llll}
\text{Log. } \tfrac{1}{6}\pi & . & \overline{1}.719\,00 & \\
\text{Log. } 27 & . & 1.431\,36 & \\
\text{Log. } 21,15 & . & 1.325\,31 & \\
\text{Somme} & . & 2.475\,67 & . \quad 299^{gr}00
\end{array}
$$

$$
\begin{array}{llll}
\text{Log. } \tfrac{1}{6}\pi & . & \overline{1}.719\,00 & \\
\text{Log. } 316 & . & 2.499\,69 & \\
\text{Log. } 8,85 & . & 0.946\,94 & \\
\text{Somme} & . & 3.165\,63 & . \quad 1\,464^{gr}30
\end{array}
$$

$$\text{Poids total} \quad . \quad . \quad 1\,763^{gr}30$$

Exercice 116

Problème 75. *Les pièces de deux sous pèsent 10 grammes, et renferment, en poids, 95 centièmes de cuivre, 4 d'étain et 1 de zinc; les densités respectives sont $8,85$ $7,29$ et $7,19$.*

Combien faudrait-il de ces pièces pour fondre un boulet sphérique de 25 centimètres de diamètre?

Le nombre demandé est égal au quotient du volume du boulet, $\frac{1}{6}\pi.25^3$ ou V, par le volume de la pièce de 10 centimes.

$$
\begin{array}{lll}
\text{Poids de la pièce de 10 centimes} & . . . & 10 \text{ grammes} \\
\text{Le } \tfrac{1}{100} \quad . . . . . \text{ (zinc)} & . . . . & 0^{gr}1 \\
\text{Les } \tfrac{4}{100} \quad . . . . . \text{ (étain)} & . . . . & 0^{gr}4 \\
\text{Les } \tfrac{95}{100} . \quad . . . . . \text{ (cuivre)} & . . . . & 9^{gr}5
\end{array}
$$

Chaque centimètre cube de cuivre pèse 8gr85 ; le volume du cuivre est donc exprimé par le quotient de 9,50 par 8,85 : ce qui fait 1cm³073 4

Volume de l'étain . . . . 0,4 : 7,29   ou   0, 548 7

   »   du zinc . . . . . 0,1 : 7,19   ou   0, 013 9

Total (volume de la pièce) . . . . 1cm³636 0   V′

$$\text{Log. } 1/6\,\pi \quad . \quad . \quad \overline{1}.719\,00$$
$$3 \text{ log. } 25 . \quad . \quad . \quad 4.193\,82$$
$$\text{Somme} \quad . \quad . \quad . \quad 3.912\,82 \qquad V$$
$$\text{Log. } V′ \quad . \quad . \quad . \quad 0.213\,78$$
$$\text{Différence} \quad . \quad . \quad 3.699\,04 \quad . \quad . \quad . \quad 5\,000,8$$

Soit . . . 5 001   pièces

Exercice 117

Problème 76. *Un tronc de cône et un cylindre ont 0m15 de hauteur commune ; la base inférieure a 0m10 de diamètre dans l'un et dans l'autre.*

Quel doit être le diamètre de la base supérieure du tronc de cône pour que son volume soit les 3/5 du volume du cylindre ?

Le rayon donné est 5. Si l'on appelle x le rayon inconnu, on aura l'équation :

$$1/3\,\pi h\,(5^2 + x^2 + 5x) = 3/5\,\pi\,.\,5^2\,.\,h$$

d'où
$$5^2 + x^2 + 5x = 45$$
$$x^2 + 5x - 20 = 0$$
$$x = -5/2 \pm \sqrt{25/4 + 20} = -5/2 \pm 1/2\,.\,10,247 = \begin{cases} +2^{cm}623 \\ -7^{cm}623 \end{cases}$$

La première valeur de x correspond à un tronc de cône ordinaire, et la seconde à un tronc de cône inverse (analogue à ABSCD, exercice 71 ci-dessus).

Vérification.

Volume du cylindre : $V = \pi\,.\,5^2\,.\,15 = 375\pi = 1178^{cm³}1$

Les 3/5 de ce volume égalent $225\pi = 706,\quad 9$

Volume du tronc ordinaire $(x = 2,623)$:

$$V′ = 1/3\,\pi\,.\,15\,(25 + 6,88 + 13,12) = 5\pi\,.\,45 = 225\pi = 706,9$$

Volume du tronc inverse $(x = -7,623)$:

$$V″ = 1/3\,\pi\,.\,15\,(25 + 58,11 - 38,11) = 5\pi\,.\,45 = 225\pi = 706,9$$

Exercice 118

Problème 77. *On trace sur un terrain deux circonférences concentriques distantes de 3 mètres; la circonférence intérieure a 20 mètres de diamètre; entre les deux circonférences on creuse un fossé trapézoïde de 1ᵐ20 de profondeur, 3 mètres de largeur aux bords, et 1ᵐ50 au fond.*

La terre enlevée a été disposée autour du fossé en un remblai trapézoïde isocèle de 3 mètres de largeur inférieure et 1ᵐ50 de largeur supérieure. Quelle sera la hauteur de ce remblai, supposé que la terre y soit battue de manière à reprendre sa densité primitive?

Le volume du fossé ABCD égale le tronc de cône engendré par MCDN, moins le tronc MBAN.

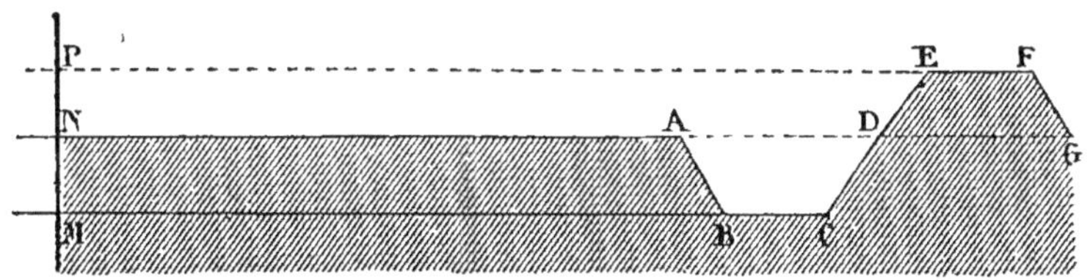

Le volume du remblai DEFG égale le tronc PFGN, moins le tronc PNDE.

NA ou $a = 10^m$	PE ou $e = 13^m75$
MB ou $b = 10^m75$	PF ou $f = 15^m25$
MC ou $c = 12^m25$	NG ou $g = 16^m$
ND ou $d = 13^m$	MN ou $h = 1^m20$

$$\text{Tronc MCDN} = \tfrac{1}{3}\pi h (c^2 + d^2 + cd)$$
$$\text{Tronc MBAN} = \tfrac{1}{3}\pi h (a^2 + b^2 + ab)$$

$$\text{Tronc PFGN} = \tfrac{1}{3}\pi x (f^2 + g^2 + fg)$$
$$\text{Tronc PNDE} = \tfrac{1}{3}\pi x (d^2 + e^2 + de)$$

c^2	150,06	a^2	100
d^2	169	b^2	115,56
cd	159,25	ab	107,50
Somme . . .	478,31	Somme . . .	323,06

$$\text{Fossé ABCD} \quad \ldots \ldots \ldots \quad \tfrac{1}{3}\pi . 1,20 . 155,25$$

f^2	232,56	d^2	169
g^2	256	e^2	189,06
fg	244	de	178,75
Somme . . .	732,56	Somme . . .	536,81

$$\text{Remblai DEFG} \quad \ldots \ldots \ldots \quad \tfrac{1}{3}\pi x . 195,75$$

Équation des volumes . . . . . . $\tfrac{1}{3}\pi x . 195,75 = \tfrac{1}{3}\pi . 1,20 . 155,25$

$$x = 186,30 : 195,75 = 0^m952$$

Exercice 119

Problème 78. *Un octaèdre régulier a une surface totale de 1 mètre carré. Calculer la surface de la sphère circonscrite.*

Si l'on appelle a l'arête de l'octaèdre régulier, l'aire du triangle équilatéral qui sert de face est $\frac{1}{4} a^2 \sqrt{3}$, et l'aire totale est $2a^2 \sqrt{3}$.

D'après l'énoncé on a $2a^2 \sqrt{3} = 1$; d'où $a^2 = \dfrac{1}{2\sqrt{3}} = \dfrac{\sqrt{3}}{6}$.

Lorsqu'on coupe le tétraèdre régulier par deux arêtes opposées, la section est un carré dont le côté est a ; la sphère circonscrite a pour diamètre la diagonale d de ce carré. On a $d^2 = 2a^2 = \frac{1}{3}\sqrt{3}$.

La surface de la sphère est πd^2 ou $\frac{1}{3} \pi \sqrt{3}$.

$$
\begin{array}{llll}
\text{Log. } \tfrac{1}{3} & . \ . \ . & \overline{1}.522\,88 \\
\text{Log. } \pi & . \ . \ . & 0.497\,15 \\
\text{Log. } \sqrt{3} & . \ . \ . & 0.238\,56 \\
\text{Somme} & . \ . \ . & 0.258\,59 & . \ . \ . \ 1^{\text{m}2}\,81\,38
\end{array}
$$

Exercice 120

Problème 79. *Un cône circonscrit à une sphère de 0ᵐ08 de rayon a une surface totale de 50 décimètres carrés. Quelles sont ses dimensions?*

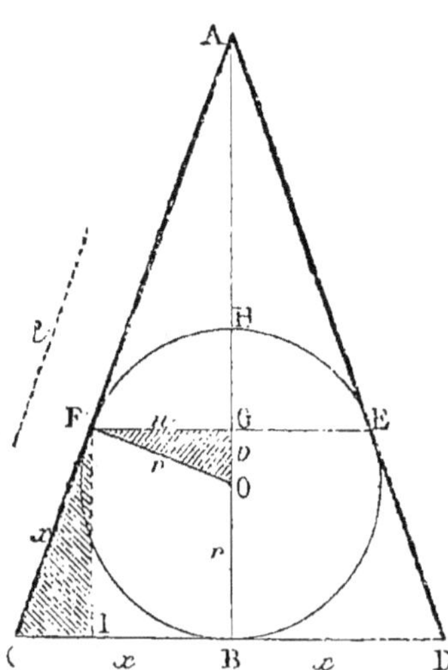

Prenons le centimètre pour unité, et posons $r = 8$ et $S = 5\,000$.

Soit BH le diamètre de la sphère donnée, et AB une droite indéfinie servant d'axe à un cône circonscrit.

Supposons le sommet A mobile sur AB. Si le sommet A s'élève indéfiniment, le cône tend vers un cylindre de même diamètre que la sphère, avec une hauteur qui tend vers l'infini : ainsi la surface totale de ce cône tend aussi vers l'infini.

Si le sommet A se rapproche indéfiniment du point H, la hauteur BA tend vers BH, le rayon BC tend vers l'infini, et la surface totale tend aussi vers l'infini.

On voit par là : 1° qu'il doit y avoir une position du point A pour laquelle la surface totale du cône serait un *minimum;* 2° qu'il doit y avoir deux positions du même point A pour lesquelles la surface totale sera égale à la valeur donnée S. Les deux positions pourront être données par une équation du second degré.

Appelons x le rayon de la base du cône, l le côté, $2u$ la corde EF des contacts, et v la distance OG de cette corde au centre de la sphère.

Prenons cette distance v pour inconnue principale.

La surface totale du cône est $\pi x^2 + \pi x l$ ou $\pi x(x+l)$. Il s'agit d'exprimer cette surface en fonction de v.

Si l'on mène FI parallèle à AB, le triangle rectangle FIC est semblable à ABC; ce dernier est semblable à AFO, à cause de l'angle commun en A; à son tour, le triangle AFO est semblable à FGO, à cause de l'angle commun en O.

Le triangle OGF donne
$$u^2 = r^2 - v^2 = (r+v)(r-v)$$

d'où
$$u = \sqrt{r+v}\,\sqrt{r-v}$$

Le triangle FIC donne $\overline{CF}^2 = \overline{FI}^2 + \overline{CI}^2$

ou
$$x^2 = (r+v)^2 + (x-u)^2 = (r+v)^2 + x^2 + u^2 - 2xu$$

De là
$$2xu = (r+v)^2 + u^2 \quad \text{et} \quad x = \frac{(r+v)^2 + u^2}{2u}$$

ou
$$x = \frac{(r+v)(r+v) + (r+v)(r-v)}{2\sqrt{r+v}\,\sqrt{r-v}} = \frac{(r+v)(r+v+r-v)}{2\sqrt{r+v}\,\sqrt{r-v}} = \frac{2r(r+v)}{2\sqrt{r+v}\,\sqrt{r-v}}$$

ou
$$x = \frac{r\sqrt{r+v}\,\sqrt{r+v}}{\sqrt{r+v}\,\sqrt{r-v}} = \frac{r\sqrt{r+v}}{\sqrt{r-v}} = r\sqrt{\frac{r+v}{r-v}}$$

De là
$$x^2 = r^2 \cdot \frac{r+v}{r-v}$$

Les triangles semblables ABC et FGO donnent :
$$\frac{CA}{CB} = \frac{OF}{OG} \quad \text{ou} \quad \frac{l}{x} = \frac{r}{v}$$

d'où
$$l = \frac{r}{v}x = \frac{r^2}{v}\sqrt{\frac{r+v}{r-v}}$$

Surface totale du cône . . . . . . $S = \pi x^2 + \pi x l$

ou
$$S = \pi r^2 \frac{r+v}{r-v} + \pi r\sqrt{\frac{r+v}{r-v}} \cdot \frac{r^2}{v}\sqrt{\frac{r+v}{r-v}}$$

$$S = \pi r^2 \cdot \frac{r+v}{r-v} + \frac{\pi r^3}{v} \cdot \frac{r+v}{r-v} = \pi r^2 \cdot \frac{r+v}{r-v}\left(1 + \frac{r}{v}\right)$$

$$S = \pi r^2 \cdot \frac{r+v}{r-v} \cdot \frac{r+v}{v} = \pi r^2 \cdot \frac{(r+v)^2}{(r-v)v}$$

Les symboles r et S ayant une valeur connue, il reste à résoudre par rapport à v l'équation :

$$S = \pi r^2 \cdot \frac{(r+v)^2}{(r-v)v} \;;\quad \text{d'où} \quad \frac{S}{\pi r^2} = \frac{r^2 + v^2 + 2rv}{rv - v^2}$$

On a successivement, en appelant m le quotient de S par πr^2 :

$$mrv - mv^2 = r^2 + v^2 + 2rv$$
$$0 = v^2(1+m) + v(2r - mr) + r^2$$
$$0 = v^2 + \frac{2r - mr}{1+m}\,v + \frac{r^2}{1+m}$$

Cherchons les valeurs numériques.

$$
\begin{aligned}
&\text{S} \quad . \quad . \quad . \quad . \quad . \quad . \quad 5\,000 \\
&\pi r^2 \text{ ou } 64\pi \quad . \quad . \quad . \quad\ \ 201,06 \\
&\text{Quotient.} \quad . \quad . \quad . \quad\ \ 24,868 \quad . \quad . \quad . \quad m \\
&mr \quad . \quad . \quad . \quad . \quad . \quad\ \ 198,94
\end{aligned}
$$

$$\text{Équation} \ . \ . \ . \ . \quad v^2 + \frac{16 - 198,94}{25,868}\,v + \frac{64}{25,868} = 0$$
$$v^2 - 7,072\,1\,v + 2,472\,3 \quad = 0$$
$$v = 3,536 \pm \sqrt{12,503 - 2,472} = 3,536 \pm \sqrt{10,031}$$
$$v = 3,536 \pm 3,167 = \begin{cases} 6^{cm}703 & 1^{re} \text{ valeur} \\ 0^{cm}369 & 2^{e} \text{ valeur} \end{cases}$$

Calculons les dimensions pour la 1re valeur de v.

$$\text{Rayon} \ . \ . \ . \ . \ . \quad x = r\sqrt{\frac{r+v}{r-v}} = 8\sqrt{\frac{14,703}{1,297}} = 26^{cm}935$$

$$\text{Côté} \ . \ . \ . \ . \ . \ . \quad l = \frac{r}{v}\,x = \frac{8}{6,703}\cdot 26,935 \quad = 32^{cm}154$$

$$\text{Hauteur} \ . \ . \ . \ . \quad h = \sqrt{l^2 - x^2} \qquad\qquad = 17^{cm}645$$

Surface totale. $\pi x(x+l) = 3,1416 \cdot 26,935 \cdot 59,089 = 5\,000$
à 1 unité près.

Calcul des dimensions pour $v = 0^{cm}369$:

$$\text{Rayon} \ . \ . \ . \ . \ . \ . \quad x = 8\sqrt{\frac{8,369}{7,631}} = \quad 8^{cm}38$$

$$\text{Côté} \ . \ . \ . \ . \ . \ . \ . \quad l = \frac{8}{0,369}\cdot 8,38 = 181^{cm}7$$

$$\text{Hauteur} \ . \ . \ . \ . \ . \quad h = \sqrt{l^2 - x^2} \quad = 181^{cm}5$$

Surface totale.   .   . $\pi x(x+l) = 3,1416 \cdot 8,38 \cdot 190,08 = 5\,000$

Exercice 121

Problème 80. *Dans une sphère de 0^m12 de diamètre, on considère un segment à une base, dont la surface totale est de 1 décimètre carré. Quelle est l'épaisseur de ce segment?*

Appelons h l'épaisseur du segment, m le rayon de sa base, s la distance de cette base au centre, et r le rayon de la sphère.

L'aire totale du segment se compose du cercle πm^2 et de la zone $2\pi rh$. Nous allons chercher à exprimer ces valeurs en fonction de s.

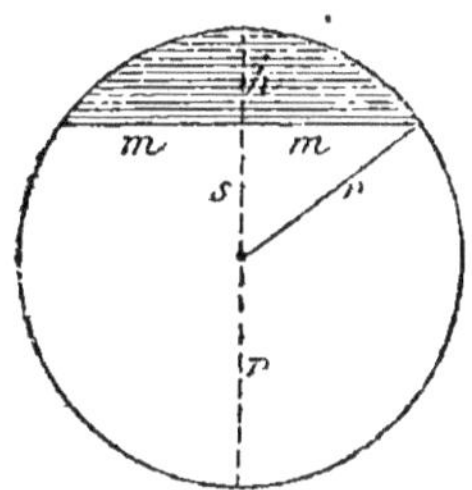

On a $\qquad m^2 = r^2 - s^2 = (r+s)(r-s) \quad$ et $\quad h = r - s$

Donc $\quad \pi m^2 + 2\pi rh = \pi(r+s)(r-s) + 2\pi r(r-s)$

$$= \pi(r-s)(r+s+2r) = \pi(r-s)(3r+s)$$

$$= \pi(3r^2 - 2rs - s^2)$$

Équation, le centimètre étant pris pour unité :

$$\pi(108 - 12s - s^2) = 100 \qquad 108 - 12s - s^2 = \frac{100}{\pi}$$

$$s^2 + 12s - 108 + \frac{100}{\pi} = 0$$

$$s = -6 \pm \sqrt{36 + 108 - 100 : \pi}$$

$$s = -6 \pm 10,59 = \begin{cases} 4^{cm}59 & s \\ -16^{cm}59 \end{cases}$$

$$h = r - s = 6 - 4,59 = 1^{cm}41 \qquad\qquad \text{Réponse.}$$

Exercice 122

Problème 81. *Que faut-il faire :*

1° Pour tracer sur une sphère un arc de grand cercle passant par deux points donnés A *et* B ?

2° Pour mener, par un point A *donné sur la sphère, un arc de grand cercle perpendiculaire à un autre arc donné* BC ?

1° A l'aide du compas sphérique, et avec une ouverture égale -

à $r\sqrt{2}$, soit $1,414\, r$, on décrit, des points A et B, des arcs qui déterminent en P le pôle de l'arc demandé AB.

2° Du point A, avec une ouverture égale à $r\sqrt{2}$, on coupe l'arc donné BC ; et du point obtenu C, avec la même ouverture, on décrit l'arc demandé BAP.

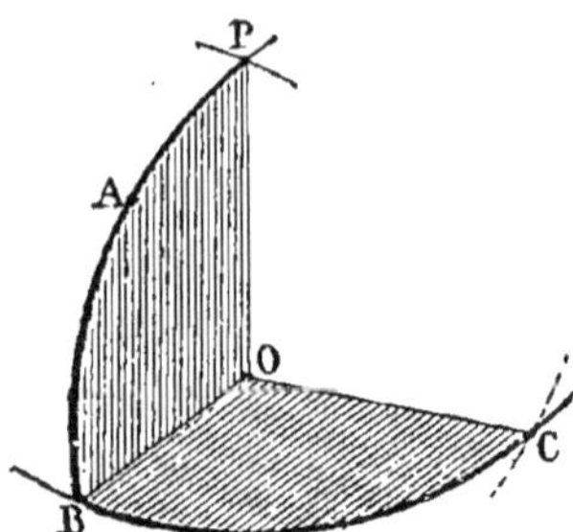

Car si O est le centre de la sphère, le point C étant d'ailleurs le pôle de l'arc BP, la droite CO est perpendiculaire au plan OBP, et par suite aux droites OB et OP ; et si l'on prend l'arc BP égal à un quadrant, le point P, distant d'un quadrant des points B et C, est le pôle de l'arc BC : ainsi la droite OP est perpendiculaire au plan OBC, et par suite aux droites OB et OC.

Donc l'angle POC est droit, les plans OBC et OBP sont perpendiculaires, aussi bien que les arcs BC et BP.

Exercice 123

Problème 82. *Trouver l'angle dièdre de chacun des 5 polyèdres réguliers convexes.*

Tétraèdre régulier.

Soit ABC la base d'un tétraèdre, et ADS le rabattement d'une section faite par le milieu de l'arête BC perpendiculairement à cette arête. Cette section passe nécessairement par les sommets A et S, puisque ces points sont équidistants des points B et C.

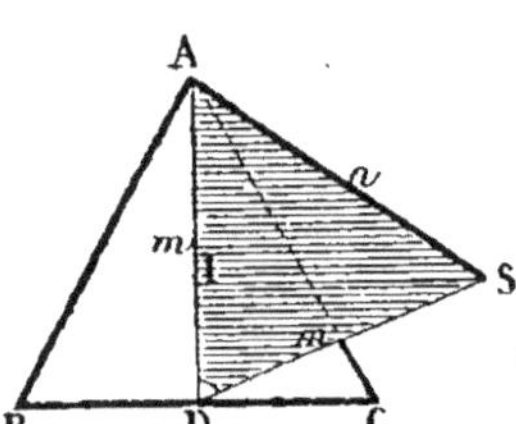

La perpendiculaire SI est la hauteur du tétraèdre ; le point I se trouve sur la droite AD, médiane de la base. Ce même point doit se trouver sur chaque médiane de la base ; et ainsi il est au point de concours des médianes, et par conséquent aux $^2/_3$ de la longueur AD. Donc $DI = ^1/_3\,m$.

La droite SD est une médiane de la face BSC ; on a donc : $SD = AD = m$.

L'angle dièdre que l'on cherche n'est autre chose que l'angle D du triangle rectangle DIS, et cet angle a pour cosinus DI : DS, ou $^1/_3\,m : m$, ou simplement $^1/_3$: soit 0,333...

Le logarithme de $^1/_3$ est $\overline{1}.522\,88$; et l'angle qui a $^1/_3$ pour cosinus est de 70°31′,72.

Hexaèdre régulier.

Dans l'hexaèdre régulier ou cube, les faces sont perpendiculaires entre elles, et le dièdre est de 90 degrés.

Octaèdre régulier.

L'octaèdre régulier est décomposable en deux pyramides quadrangulaires régulières, ayant pour base commune un carré ABCD dont le côté est l'arête a du polyèdre.

La droite EF, qui joint les sommets de ces pyramides, est perpendiculaire au carré ABCD en son milieu O.

Par le point I, milieu de l'arête BC, menons un plan perpendiculaire à cette arête. Ce plan passe nécessairement par les points E et F, qui sont équidistants de B et de C.

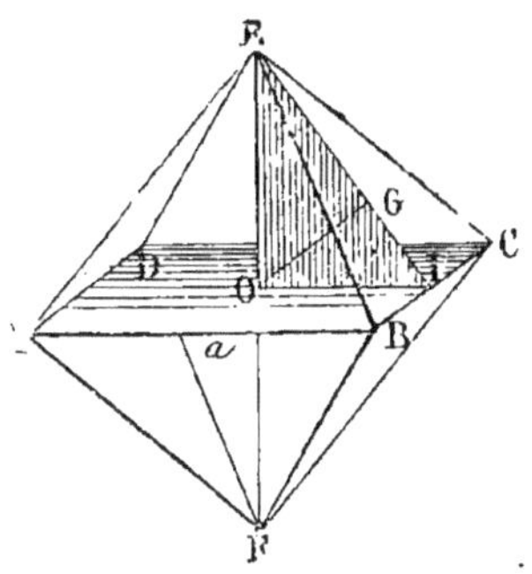

L'angle OIE est la moitié du dièdre cherché; et cet angle a pour cosinus IO : IE, soit $\tfrac{1}{2}a : \tfrac{1}{2}a\sqrt{3}$ ou $1 : \sqrt{3}$.

    Log. 1 . . . . . 0.000 00
    Log. $\sqrt{3}$ 0.238 56
    Différence. . . $\overline{1}$.761 44 . . . 54°44′,12
              2 fois . . . 109°28′,24   Réponse.

Dodécaèdre régulier.

Soit H le milieu de l'arête BM. A cause des pentagones réguliers

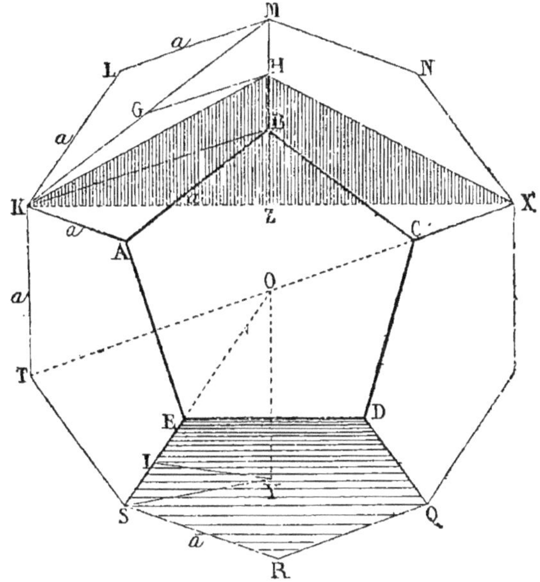

qui servent de faces au polyèdre, la droite KH est perpendiculaire à BM; et il en est de même de X·H : ainsi l'angle plan KHX est le dièdre demandé; et KHZ, moitié de ce même angle, a pour sinus KZ : KH, valeur à trouver.

Dans le pentagone régulier ABMLK, l'angle L est de 108 degrés; donc, dans le triangle isocèle KLM, chacun des angles K et M est de 36 degrés.

Soit G le milieu de KM ; la droite $GH = \frac{1}{2}KB = \frac{1}{2}KM = GM$. Ainsi le triangle MGH est isocèle, et son angle $H = M = 108° - 36° = 72°$ et $G = 36°$.

Il suit de là que le triangle MGH est semblable au triangle central d'un décagone régulier ; donc :

$$MH \text{ ou } \tfrac{1}{2}a = \tfrac{1}{2}\overline{GM}(\sqrt{5}-1) = \tfrac{1}{4}\overline{KM}(\sqrt{5}-1)$$

De là on tire $KM = \dfrac{2a}{\sqrt{5}-1}$. En multipliant numérateur et dénominateur par $\sqrt{5}+1$, on obtient :

$$KM = \tfrac{1}{2}a(\sqrt{5}+1) \quad \text{et} \quad \overline{KM}^2 = \tfrac{1}{2}a^2(3+\sqrt{5})$$

On voit que *la diagonale d'un pentagone régulier égale la moitié du côté multipliée par* $\sqrt{5}+1$.

En appliquant cette formule au pentagone régulier qui aurait pour sommets les points K, M, X, Q, S, on posera :

$$KX = \tfrac{1}{2}\overline{KM}(\sqrt{5}+1) = \tfrac{1}{4}a(\sqrt{5}+1)^2 = \tfrac{1}{2}a(3+\sqrt{5})$$
$$\overline{KX}^2 = \tfrac{1}{2}a^2(7+3\sqrt{5})$$
$$KZ = \tfrac{1}{2}KX = \tfrac{1}{4}a(3+\sqrt{5}) \qquad \overline{KZ}^2 = \tfrac{1}{8}a^2(7+3\sqrt{5})$$

Le triangle rectangle KHM donne :

$$\overline{KH}^2 = \overline{KM}^2 - \overline{MH}^2 = a^2\left(\frac{3+\sqrt{5}}{2}-\frac{1}{4}\right) = \tfrac{1}{4}a^2(5+2\sqrt{5})$$

Enfin $\qquad \sin KHZ = \dfrac{KZ}{KH} \quad \text{et} \quad \sin^2 KHZ = \dfrac{\overline{KZ}^2}{\overline{KH}^2}$ [*]

ou $\quad \sin^2 KHZ = \dfrac{\tfrac{1}{8}a^2(7+3\sqrt{5})}{\tfrac{1}{4}a^2(5+2\sqrt{5})} = \dfrac{\tfrac{1}{2}(7+3\sqrt{5})(5-2\sqrt{5})}{(5+2\sqrt{5})(5-2\sqrt{5})} = \dfrac{5+\sqrt{5}}{10}$

$$\text{Sin } KHZ = \sqrt{\tfrac{1}{10}(5+\sqrt{5})} \quad [**]$$

---

[*] C'est pour éviter quelques radicaux que nous prenons le carré du sinus; toutes réductions faites, on indiquera une racine à extraire.

[**] Dans chaque polyèdre, on remarque que l'angle est une valeur indépendante de l'arête : cela doit être, puisqu'il y a similitude entre tous les tétraèdres réguliers, entre tous les cubes, entre tous les octaèdres réguliers, etc.

$$\sqrt{5} \quad . \quad . \quad . \quad 2{,}236\,07 \quad \text{à augmenter de } 5$$
$$7{,}236\,07$$

$$\overline{1}.859\,50 \quad . \dashv - . \quad 0{,}723\,607$$

$$\text{La } 1/_2 \quad . \quad . \quad . \quad \overline{1}.929\,75 \quad . \quad . \quad . \qquad 58°16'{,}9$$
$$\text{2 fois} \quad . \quad . \quad . \qquad 116°33'{,}8 \qquad \text{Réponse.}$$

Icosaèdre régulier.

Les faces étant des triangles équilatéraux, les médianes BL et EL sont perpendiculaires à l'arête IA, et l'angle ELB est l'angle plan correspondant au dièdre cherché.

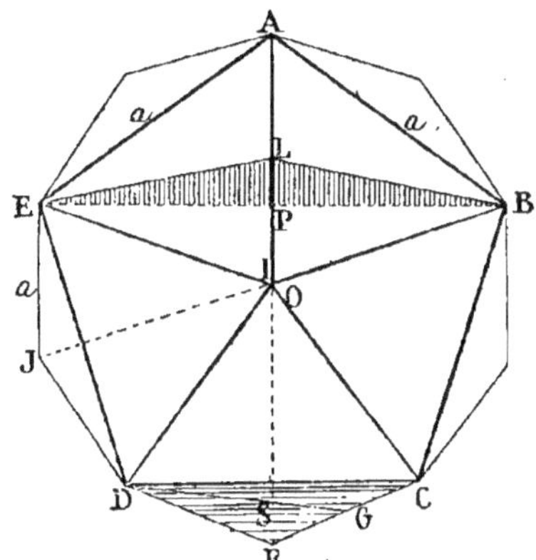

Dans le pentagone régulier ABCDE, la diagonale $BE = 1/_2\,a\,(\sqrt{5}+1)$ et $BP = 1/_2\,\overline{BE} = 1/_4\,a\,(\sqrt{5}+1)$.

Dans le triangle équilatéral ABI, la hauteur $BL = 1/_2\,a\sqrt{3}$.

On a donc
$$\sin BLP = \frac{BP}{BL} = \frac{1/_4\,a\,(\sqrt{5}+1)}{1/_2\,a\sqrt{3}} = \frac{\sqrt{5}+1}{2\sqrt{3}}$$

$$\sqrt{5} \quad . \quad . \quad . \quad 2{,}236\,07 \quad \text{à augmenter de } 1$$
$$3{,}236\,07 \quad \text{Numérateur}$$

Log. $\sqrt{3}$ . .	0.238 56	
Log. 2 . . .	0.301 03	
Somme. . .	0.539 59	Dénominateur
Log. num. .	0.510 02	
Différence. .	$\overline{1}.970\,43$ . . .	69°05'{,}8
	2 fois . . .	138°11'{,}6

Exercice 124

Problème 83. *Pour chacun des 5 polyèdres réguliers convexes, exprimer, en fonction de l'arête* a :

1° *Les rayons des sphères inscrite et circonscrite;*
2° *La surface et le volume de chacun de ces polyèdres.*

Tétraèdre régulier.

Les rayons des sphères inscrite et circonscrite au tétraèdre régulier ont été calculés au problème 37 ci-dessus; on a trouvé :

$$r = \tfrac{1}{12}\,a\sqrt{6} \quad \text{et} \quad R = \tfrac{1}{4}\,a\sqrt{6}$$

ou
$$r = 0,204\,08\,a \quad \text{et} \quad R = 0,612\,37\,a$$

L'aire du triangle équilatéral est $\tfrac{1}{4}\,a^2\sqrt{3}$.

Donc la *surface* du tétraèdre régulier est $a^2\sqrt{3}$ ou $1,732\,05\,a^2$.

Le *volume* égale la surface totale multipliée par le $\tfrac{1}{3}$ du rayon de la sphère inscrite; on a donc :

$$V = \tfrac{1}{3}\,a^2\sqrt{3}\cdot\tfrac{1}{12}\,a\sqrt{6} = \tfrac{1}{36}\,a^3\sqrt{18} = \tfrac{1}{36}\,a^3\cdot 3\sqrt{2} = \tfrac{1}{12}\,a^3\sqrt{2}$$

ou
$$0,117\,85\,a^3$$

Hexaèdre régulier.

Rayon de la sphère inscrite . . $\tfrac{1}{2}a$ ou $0,500\,00\,a$
   »   »   »   circonscrite . $\tfrac{1}{2}a\sqrt{3}$ ou $0,866\,02\,a$
Surface totale . · . . . . . $6\,a^2$
Volume . . . . a^3

Octaèdre régulier.

(Voir, à l'Exercice précédent, la figure et les préliminaires relatifs à l'octaèdre.)

Le point O est le centre du polyèdre. La droite OG est le rayon de la sphère inscrite, et OE est le rayon de la sphère circonscrite : ces deux lignes appartiennent au triangle rectangle EOI.

$$OI = \tfrac{1}{2}AB = \tfrac{1}{2}a \qquad \overline{OI}^2 = \tfrac{1}{4}a^2$$

Dans le triangle équilatéral BCE, on a :

$$EI = \tfrac{1}{2}a\sqrt{3} \quad \text{et} \quad \overline{EI}^2 = \tfrac{3}{4}a^2$$

Le triangle rectangle EOI donne :

$$\overline{OE}^2 = \overline{EI}^2 - \overline{OI}^2 = \tfrac{3}{4}a^2 - \tfrac{1}{4}a^2 = \tfrac{2}{4}a^2 ; \quad \text{d'où} \quad OE = \tfrac{1}{2}a\sqrt{2}$$

Rayon de la *sphère circonscrite*. . . . . . $\tfrac{1}{2}a\sqrt{2}$ ou $0,707\,10\,a$

Les triangles rectangles EGO et EOI sont semblables, à cause de l'angle commun en E; et l'on a :

$$\frac{OG}{OI} = \frac{OE}{EI} ; \quad \text{d'où} \quad OG = \frac{OI\cdot OE}{EI}$$

ou
$$OG = \frac{\tfrac{1}{2}a\cdot\tfrac{1}{2}a\sqrt{2}}{\tfrac{1}{2}a\sqrt{3}} = \tfrac{1}{2}a\sqrt{2/3} \quad \text{ou} \quad 0,408\,24\,a$$

Tel est le rayon de la *sphère inscrite*.

La *surface* totale égale 8 fois l'aire du triangle équilatéral dont le côté est a, soit $8.\frac{1}{4}a^2\sqrt{3}$, ou $2a^2\sqrt{3}$, ou $3{,}464\,10\,a^2$.

Le *volume* égale la surface totale multipliée par le $\frac{1}{3}$ du rayon de la sphère inscrite, soit $\frac{1}{3}.2a^2\sqrt{3}.\frac{1}{2}a\sqrt{2/3}$, ou $\frac{1}{3}a^3\sqrt{2}$, ou $0{,}471\,40\,a^3$.

Dodécaèdre régulier.

(Voir, à l'Exercice précédent, la figure et les préliminaires relatifs au dodécaèdre.)

La sphère circonscrite passe par les points T, K, X; donc le triangle TKX est rectangle, et il donne :

$$\overline{TX^2}=\overline{TK^2}+\overline{KX^2}=a^2+\tfrac{1}{2}a^2(7+3\sqrt{5})=\tfrac{1}{2}a^2(9+3\sqrt{5})$$

De là
$$TX=a\sqrt{\tfrac{1}{2}(9+3\sqrt{5})}$$

et
$$OT=\tfrac{1}{2}a\sqrt{\tfrac{1}{2}(9+3\sqrt{5})}\quad\text{ou}\quad 1{,}401\,2\,a$$

Tel est le rayon de la *sphère circonscrite.*

Le rayon de la sphère inscrite est la perpendiculaire OY abaissée du centre sur l'une des faces. Cette perpendiculaire tombe au centre du pentagone SQ; on la calculera par le triangle rectangle OYS.

L'hypoténuse $OS=OT$, rayon de la sphère circonscrite; et l'on a :

$$\overline{OS^2}=\tfrac{1}{4}a^2.\tfrac{1}{2}(9+3\sqrt{5})=\tfrac{1}{8}a^2(9+3\sqrt{5})$$

Le côté SY de l'angle droit est le rayon du pentagone. Désignons ce rayon par r, et appelons a' le côté du décagone qui aurait le même rayon r. On a (Géom., n° 239, à la fin) :

$$a'=\sqrt{2r^2-r\sqrt{4r^2-a^2}}$$

Si l'on remplace a' par sa valeur (Géom., n° 236, 3°), il vient :

$$\tfrac{1}{2}r(\sqrt{5}-1)=\sqrt{2r^2-r\sqrt{4r^2-a^2}}$$

En isolant a^2, on obtient $a^2=\frac{1}{2}r^2(5-\sqrt{5})$; d'où, en isolant r^2 :

$$r^2\ \text{ou}\ \overline{SY^2}=\frac{2a^2}{5-\sqrt{5}}=\tfrac{1}{10}a^2(5+\sqrt{5})$$

On obtient cette dernière forme en multipliant numérateur et dénominateur par $5+\sqrt{5}$.

On a donc
$$\overline{OY^2}=\overline{OS^2}-\overline{SY^2}$$

ou
$$\overline{OY^2}=a^2.\frac{9+3\sqrt{5}}{8}-a^2.\frac{5+\sqrt{5}}{10}=\tfrac{1}{4}a^2\frac{25+11\sqrt{5}}{10}$$

Enfin
$$OY=\frac{a}{2}\sqrt{\frac{25+11\sqrt{5}}{10}}\quad\text{ou}\quad 1{,}113\,6\,a$$

Tel est le rayon de la *sphère inscrite.*

La surface du dodécaèdre égale 12 fois celle du pentagone dont le coté est a. Nous avons déjà trouvé $\overline{SY^2} = \frac{1}{10} a^2 (5 + \sqrt{5})$.

Le triangle rectangle SYI donne :

$$\overline{YI^2} = \overline{SY^2} - \overline{SI^2} \quad \text{ou} \quad \overline{YI^2} = a^2 \frac{5 + \sqrt{5}}{10} - \frac{a^2}{4} = a^2 \frac{5 + 2\sqrt{5}}{20}$$

d'où
$$YI = \frac{1}{2} a \sqrt{\frac{1}{5}(5 + 2\sqrt{5})}$$

L'aire du pentagone est donc :

$$\frac{1}{2} \cdot 5a \cdot \frac{1}{2} a \sqrt{\frac{1}{5}(5 + 2\sqrt{5})} \quad \text{ou} \quad \frac{5}{4} a^2 \sqrt{\frac{1}{5}(5 + 2\sqrt{5})}$$

Et l'*aire* du dodécaèdre est :

$$15 a^2 \sqrt{\frac{5 + 2\sqrt{5}}{5}} \quad \text{ou} \quad 20,646 \ a^2$$

Le *volume* égale le $\frac{1}{3}$ du produit de la surface par le rayon de la sphère inscrite, soit :

$$\frac{1}{3} \cdot 15 a^2 \sqrt{\frac{5 + 2\sqrt{5}}{5}} \cdot \frac{1}{2} a \sqrt{\frac{25 + 11\sqrt{5}}{10}} \quad \text{ou} \quad \frac{5}{2} a^3 \sqrt{\frac{47 + 21\sqrt{5}}{10}}$$

ou
$$7,663 \ 0 \ a^3$$

Icosaèdre régulier

(Voir, à l'Exercice précédent, la figure et les préliminaires relatifs à l'icosaèdre.)

Les sommets B, E, J appartiennent à la surface de la sphère circonscrite; donc le triangle BEJ est rectangle en E, et l'on a :

$$\overline{BJ^2} = \overline{JE^2} + \overline{BE^2}$$

ou, en appelant O le centre du polyèdre :

$$4\overline{OJ^2} = a^2 + \frac{1}{4} a^2 (\sqrt{5} + 1)^2 = \frac{1}{2} a^2 (5 + \sqrt{5})$$

De là $\overline{OJ^2} = \frac{1}{8} a^2 (5 + \sqrt{5})$ et $OJ = \frac{a}{2} \sqrt{\frac{5 + \sqrt{5}}{2}}$ ou $0,951 \ 0 \ a$

Tel est le rayon de la *sphère circonscrite*.

Le rayon de la *sphère inscrite* est la perpendiculaire OS abaissée du centre sur une face quelconque; CDF, par exemple. Le point O étant équidistant des points C, D, F, le pied de la perpendiculaire OS est de même équidistant de ces points; et ainsi le point S est au centre du triangle équilatéral CDF, et par suite aux $\frac{2}{3}$ de la médiane ou hauteur DG.

Cette ligne $DG = \frac{1}{2} a \sqrt{3}$; donc $DS = \frac{2}{3} \cdot \frac{1}{2} a \sqrt{3} = \frac{1}{3} a \sqrt{3}$.

Le triangle rectangle OSD donne $\overline{OS^2} = \overline{OD^2} - \overline{DS^2}$

ou
$$\overline{OS}^2 = a^2\,\frac{5+\sqrt{5}}{8} - a^2\,\frac{1}{3} = a^2\,\frac{7+3\sqrt{5}}{24}$$

d'où
$$OS = \frac{a}{2}\sqrt{\frac{7+3\sqrt{5}}{6}} \quad \text{ou} \quad 0,755\,76\,a$$

Tel est le rayon de la *sphère inscrite*.

La *surface* du polyèdre égale 20 fois celle du triangle équilatéral,
soit $\qquad 20\,.\,{}^1/_4\,a^2\sqrt{3}$, ou $5a^2\sqrt{3}$, ou $8,660\,25\,a^2$

Enfin, le *volume* égale la surface multipliée par le $1/3$ du rayon de la sphère inscrite, soit :

$$\tfrac{1}{3}\,.\,5a^2\sqrt{3}\,.\,\tfrac{1}{2}a\sqrt{\frac{7+3\sqrt{5}}{6}} \quad \text{ou} \quad \frac{5a^3}{6}\sqrt{\frac{7+3\sqrt{5}}{2}}$$

ou
$$2,181\,7\,a^3$$

Remarque. Aux recherches précédentes pourrait s'ajouter celle du rayon ρ de la *sphère tangente à toutes les arêtes* du polyèdre. Dans les *Archives de Mathématiques et de Physique* (tome LIX, 1876), M. Georges Dostor, ingénieur, professeur à l'Université catholique de Paris, a donné une étude très-intéressante sur les trois sphères que l'on peut considérer dans chaque polyèdre régulier, et sur les relations qui existent entre leurs rayons respectifs R, r et ρ. On trouve, pour les cinq polyèdres, les valeurs suivantes de ρ :

$$\tfrac{1}{4}a\sqrt{2} \qquad \tfrac{1}{2}a\sqrt{2} \qquad \tfrac{1}{2}a \qquad \tfrac{1}{8}a\,(\sqrt{5}+1)^2 \qquad \tfrac{1}{4}a\,(\sqrt{5}+1)$$

Et l'on obtient, entre les trois rayons de chaque polyèdre, les relations suivantes :

$$Rr = \rho^2 \qquad Rr = \rho^2\,{}^1/_2\,\sqrt{3} \qquad Rr = \rho^2\,.\,{}^2/_3\sqrt{3}$$

$$Rr = \rho^2\,\frac{6}{\sqrt{6\,(5+\sqrt{5})}} \qquad\qquad Rr = \rho^2\,\frac{\sqrt{6\,(5+\sqrt{5})}}{6}$$

RÉSUMÉ DES ÉLÉMENTS DES 5 POLYÈDRES RÉGULIERS CONVEXES

Faces	Angle	Rayon R	Apoth. r	Rayon ρ	Surface	Volume
4 triang.	70°32′	$0,612a$	$0,204a$	$0,354a$	$1,732a^2$	$0,118a^3$
6 carrés	90°00′	$0,866a$	$0,500a$	$0,707a$	$6,000a^2$	$1,000a^3$
8 triang.	109°28′	$0,707a$	$0,408a$	$0,500a$	$3,464a^2$	$0,471a^3$
12 pentag.	116°34′	$1,401a$	$1,114a$	$1,309a$	$20,646a^2$	$7,663a^3$
20 triang.	138°11′	$0,951a$	$0,756a$	$0,809a$	$8,660a^2$	$2,182a^3$

LIVRE VIII

LES COURBES USUELLES

ELLIPSE

Exercice 1

Problème. *Trouver l'aire de l'ellipse en la considérant comme la projection d'un cercle sur un plan* (Géom., n° 504).

Soit a le rayon du cercle.

Le diamètre mené parallèlement à l'intersection du plan donné avec le plan du cercle, se projette en vraie grandeur parallèlement à l'intersection, et donne le grand axe $2a$ de l'ellipse.

Le diamètre $2a$, mené dans le cercle perpendiculairement à l'intersection des deux plans, se projette en une ligne $2b$, qui est le petit axe de l'ellipse (Géom., n° 504). Ces deux lignes donnent l'angle I des deux plans, et cet angle a pour cosinus $\dfrac{b}{a}$ (Géométrie, n° 210).

Or, la projection d'une surface plane quelconque sur un plan égale le produit de cette surface par le cosinus de l'angle qu'elle fait avec le plan (Livre V, Exerc. 15); on a donc :

$$\text{Ellipse} = \text{cercle} \cdot \cos \text{I} = \pi a^2 \cdot \frac{b}{a} = \pi ab$$

C. Q. F. D.

Exercice 2

Théorème. *Les diamètres de l'ellipse sont des droites qui passent au centre.*

On appelle *diamètre* une droite qui divise en deux parties égales une série de cordes parallèles. Deux diamètres sont dits *conjugués* lorsque chacun d'eux divise en deux parties égales les cordes parallèles à l'autre.

Dans le cercle dont la projection donne l'ellipse, considérons une série de cordes parallèles : les milieux de ces cordes sont sur un même diamètre du cercle, et ce diamètre se projette suivant une droite qui passe par le centre de l'ellipse.

Toutes les cordes parallèles du cercle donnent, par leurs projections, des cordes parallèles de l'ellipse; car tous les plans projetants sont parallèles.

Le milieu de chaque corde du cercle se projette au milieu de la corde correspondante de l'ellipse; car chaque partie de cette dernière corde égale la moitié de la corde du cercle multipliée par le cosinus de l'angle formé par la corde et par sa projection.

Ainsi la projection d'un diamètre quelconque du cercle donne un diamètre de l'ellipse, et toute droite menée par le centre d'une ellipse est un diamètre. Donc *les diamètres de l'ellipse...*

Exercice 3

Théorème. *Deux diamètres rectangulaires du cercle principal ont pour projections deux diamètres conjugués de l'ellipse.*

Soient deux diamètres rectangulaires MM' et NN', et des cordes EE' et FF' parallèles à l'un d'eux. Les lignes nn', cc', ff' sont paral-

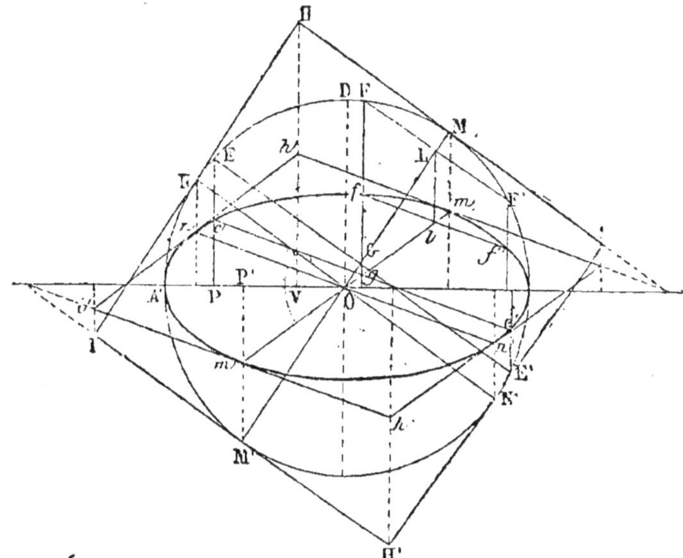

lèles (Exerc. 2); les projections g et l des points G et L, où les cordes sont coupées par MM', sont au point de rencontre des cordes de l'ellipse et de mm' : ces points d'ailleurs sont au milieu de leurs cordes respectives (Exerc. 2). Donc mm' divise en deux parties égales les cordes cc' et ff' parallèles à nn'; donc mm', qui passe au centre, est un *diamètre*. De même nn' divise en deux parties égales les cordes parallèles à mm'; donc mm' et nn', projections de deux diamètres rectangulaires du cercle principal, sont deux *diamètres conjugués* de l'ellipse.

10*

Exercice 4

Théorème. *Les parallèles* hi' *et* h'i, *menées à un diamètre* mm' *par les extrémités de son conjugué, sont tangentes à l'ellipse; et réciproquement, la corde des contacts de deux tangentes parallèles à un diamètre donné* mm' *est le conjugué de ce diamètre.*

1° Les parallèles HI' et H'I, au diamètre MM', sont perpendiculaires à NN', et, par suite, sont tangentes au cercle; les projections hi' et h'i n'ont qu'un point commun avec l'ellipse, et elles sont tangentes à cette courbe, puisqu'elle est convexe (Géom., n° 482).

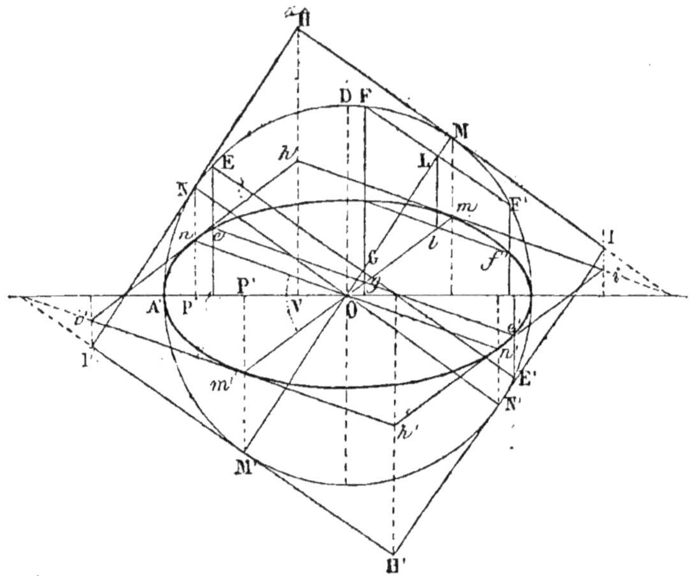

2° Réciproquement, la ligne des contacts NN', dans le cercle, est perpendiculaire aux tangentes; donc sa projection nn' est le diamètre conjugué de mm', projection de MM'.

Exercices 5, 6, 7 et 8.

Théorèmes. 5. *Les parallélogrammes circonscrits à l'ellipse, et dont les côtés sont parallèles à deux diamètres conjugués, sont équivalents au rectangle construit sur les axes.*

6. *En désignant par* a' *et* b' *deux demi-diamètres conjugués, et par* V *l'angle qu'ils forment, on a la relation :*

$$4a'b' \cdot \sin V = 4ab$$

7. *La somme des carrés des projections de deux diamètres conjugués sur un axe quelconque égale le carré de cet axe :*

$$\overline{OP}^2 + \overline{OP'}^2 = a^2 \quad \text{et} \quad \overline{Pn}^2 + \overline{P'm'}^2 = b^2$$

8. *La somme des carrés de deux diamètres conjugués égale la somme des carrés des axes*

$$a'^2 + b'^2 = a^2 + b^2$$

Les relations 6 et 8 sont connues sous le nom de *théorèmes d'Apollonius.*

5. Le cosinus d'inclinaison égale $\dfrac{b}{a}$;

donc le parallélogramme $hih'i' = \mathrm{HIH'I'} . \dfrac{b}{a}$.

Or le carré circonscrit au cercle égale $2a . 2a = 4a^2$; donc le parallélogramme égale $4a^2 . \dfrac{b}{a} = 4ab$, et ainsi il est équivalent au rectangle des axes.   *C. Q. F. D.*

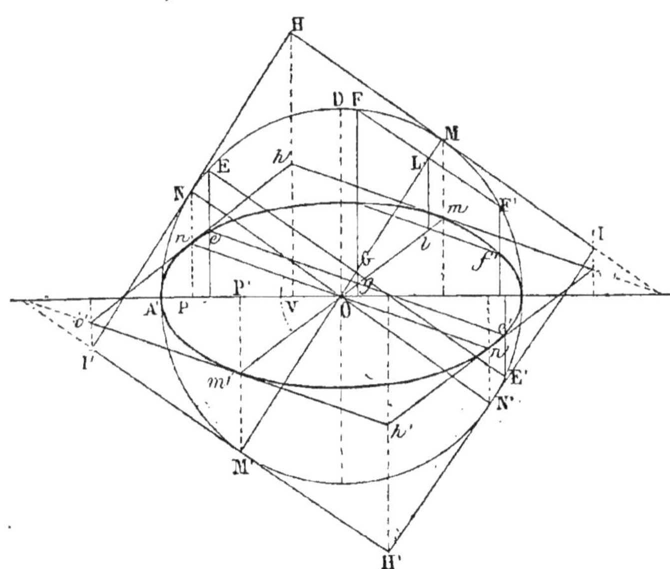

6. L'aire du parallélogramme s'obtient en multipliant le produit de 2 côtés adj. par le sinus de l'angle qu'ils forment (Livre IV, Exercice 20); donc $4a'b' . \sin \mathrm{V} = 4ab$, d'où $a'b' \sin \mathrm{V} = ab$.

C. Q. F. D.

7. Les triangles rectangles ONP et OP'M' sont égaux; car l'angle NOP est le complément de P'OM' : il égale donc l'angle M', et $\mathrm{ON} = \mathrm{OM'} = a$.

Donc $\mathrm{NP} = \mathrm{OP'}$; et, puisqu'on a $\overline{\mathrm{OP}}^2 + \overline{\mathrm{NP}}^2 = \overline{\mathrm{NO}}^2 = a^2$, on peut écrire $\overline{\mathrm{OP}}^2 + \overline{\mathrm{OP'}}^2 = a^2.$ (1)

Les projections de a' et de b' sur le petit axe égalent Pn et P'm'.

Or $\dfrac{\mathrm{P'}m'}{\mathrm{P'M'}}=\dfrac{b}{a}$, $\overline{\mathrm{P'M'}^2}$ ou $\overline{\mathrm{PO}^2}=\dfrac{a^2}{b^2}.\overline{\mathrm{P'}m'^2}$, $\dfrac{\mathrm{P}n}{\mathrm{PN}}=\dfrac{b}{a}$, $\mathrm{PN}^2=\dfrac{a^2}{b^2}.\overline{\mathrm{P}n^2}$.

La relation $\overline{\mathrm{PO}^2}+\overline{\mathrm{PN}^2}=a^2$ devient $\dfrac{a^2}{b^2}.\overline{\mathrm{P'}m'^2}+\dfrac{a^2}{b^2}.\overline{\mathrm{P}n^2}=a^2$;

d'où
$$\overline{\mathrm{P}m'^2}+\overline{\mathrm{P}n^2}=a^2.\dfrac{b^2}{a^2}=b^2. \tag{2}$$

8. En ajoutant les relations (1) et (2) on trouve :
$$\overline{\mathrm{OP}^2}+\overline{\mathrm{OP}'^2}+\overline{\mathrm{P}m'^2}+\overline{\mathrm{P}n^2}=a^2+b^2$$

Or $\overline{\mathrm{OP}^2}+\overline{\mathrm{P}n^2}=a'^2$ et $\overline{\mathrm{OP}'^2}+\overline{\mathrm{P}m'^2}=b'^2$;

donc
$$a'^2+b'^2=a^2+b^2. \qquad C.\ Q.\ F.\ D.$$

Exercice 9

Problème. *Calculer les longueurs* a *et* b *des demi-axes, connaissant deux diamètres conjugués et leur angle.*

On a les deux relations : $a'^2+b'^2=a^2+b^2$ et $a'b'.\sin \mathrm{V}=ab$ (Voir *Algèbre* F. J. O. P.).

Écrivons : $a^2+b^2=a'^2+b'^2$ et $2ab=2a'b'\sin \mathrm{V}$.

Successivement, ajoutons et retranchons membre à membre ces deux égalités; on trouve :

$$a^2+2ab+b^2=a'^2+b'^2+2a'b'.\sin \mathrm{V}$$
ou
$$(a+b)^2=a'^2+b'^2+2a'b'.\sin \mathrm{V}$$
$$a^2-2ab+b^2=a'^2+b'^2-2a'b'.\sin \mathrm{V}$$
ou
$$(a-b)^2=a'^2+b'^2-2a'b'.\sin \mathrm{V}$$
Donc
$$a+b=\pm\sqrt{a'^2+b'^2+2a'b'.\sin \mathrm{V}}$$
et
$$a-b=\pm\sqrt{a'^2+b'^2-2a'b'.\sin \mathrm{V}}$$

Connaissant la somme et la différence des demi-axes, on obtient facilement a et b :

$$a=\frac{1}{2}\sqrt{a'^2+b'^2+2a'b'.\sin \mathrm{V}}+\frac{1}{2}\sqrt{a'^2+b'^2-2a'b'.\sin \mathrm{V}}$$

$$b=\frac{1}{2}\sqrt{a'^2+b'^2+2a'b'.\sin \mathrm{V}}-\frac{1}{2}\sqrt{a'^2+b'^2-2a'b'.\sin \mathrm{V}}$$

Exercice 10

Théorème. *L'ellipse a deux diamètres conjugués égaux; ils correspondent aux diagonales du rectangle construit sur les axes.*

En nous bornant aux demi-diamètres, on voit que les diagonales

OE et OF du carré, dont les côtés sont parallèles aux axes, sont

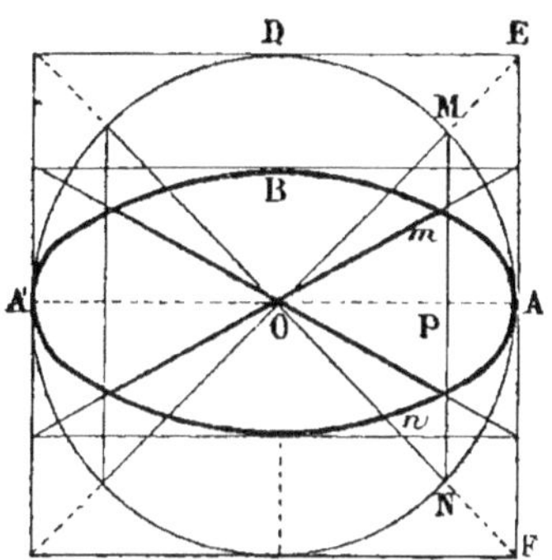

également inclinées sur AA'; et, puisque PM = PN, on a :

$$Pm = Pn, \quad \text{d'où} \quad Om = On$$

Exercice 11

Théorème. *Pour une tangente quelconque à l'ellipse, le produit de l'abscisse du point de contact par l'abscisse du point où cette tangente coupe le grand axe égale le carré du demi grand axe.*

(Il y a un théorème analogue pour le petit axe.)

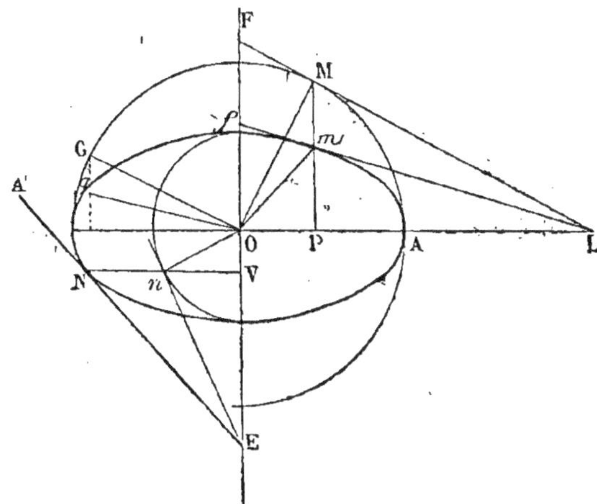

Soit la tangente mL, et soit ML la tangente correspondante du cercle principal (Géom., n° 507); le triangle rectangle OLM donne :

$$\overline{OL} . \overline{OP} = \overline{OM}^2 = a^2$$

De même $$OE . OV = \overline{On}^2 = b^2$$

Exercice 12

Théorème. *Les axes d'une ellipse interceptent sur une tangente quel-conque des segments dont le produit égale le carré du demi-diamètre conjugué au diamètre du point de contact.*

Soit la tangente L*mf*, et soit LMF la correspondante. MO est perpendiculaire à la tangente au cercle et à sa parallèle GO;

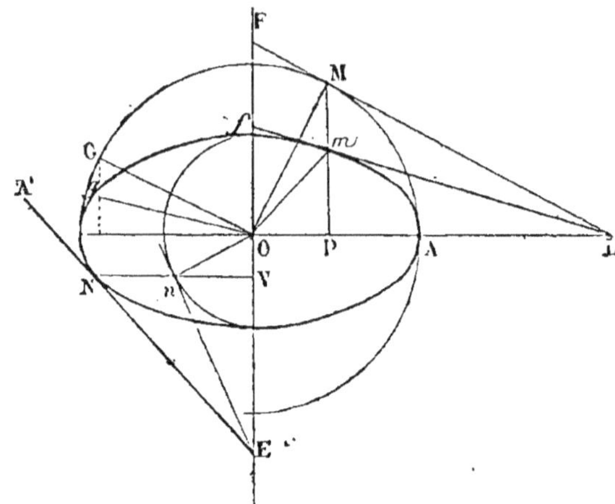

MO et GO donnent deux demi-diamètres conjugués *m*O et *g*O; *g*O est parallèle à L*f*, puisque GO et LF sont parallèles (Exercice 2). On a donc :

$$\frac{g\mathrm{O}}{\mathrm{GO}} = \frac{\mathrm{L}m}{\mathrm{LM}} = \frac{mf}{\mathrm{MF}}$$

Mais le triangle rectangle FOL donne :

$$\overline{\mathrm{ML}} . \overline{\mathrm{MF}} = \overline{\mathrm{OM}}^2 \quad \text{ou} \quad \overline{\mathrm{ML}} . \overline{\mathrm{MF}} = \overline{\mathrm{OG}}^2$$

En réduisant toutes ces lignes dans un même rapport, on a :

$$m\mathrm{L} . mf = \overline{\mathrm{O}g}^2 \qquad \textit{C. Q. F. D.}$$

Exercice 13

Théorème. *Pour déterminer les axes d'une ellipse, connaissant deux demi-diamètres conjugués OM et ON, et leur angle MON ou V, il faut mener par M une parallèle à NO, élever la perpendiculaire MC égale à NO, faire passer par CO une circonférence qui ait son centre sur DE. Les points D et E font connaître la direction des axes (Exerc. 12); puis on décrit une demi-circonférence sur le dia-mètre OE. La perpendiculaire MPA'' donne OA'' = a (Exerc. 11).*

La droite DME, parallèle à NO, est tangente à l'ellipse (Exercice 5); la perpendiculaire élevée au milieu de OC détermine le centre de la circonférence auxiliaire. Si l'on joint le point O aux extrémités du diamètre, on a :

$$\overline{DM}.\overline{ME}=\overline{MC}{}^2=\overline{NO}{}^2$$

Donc (Exerc. 12) les droites OD et OE font connaître la direction des axes.

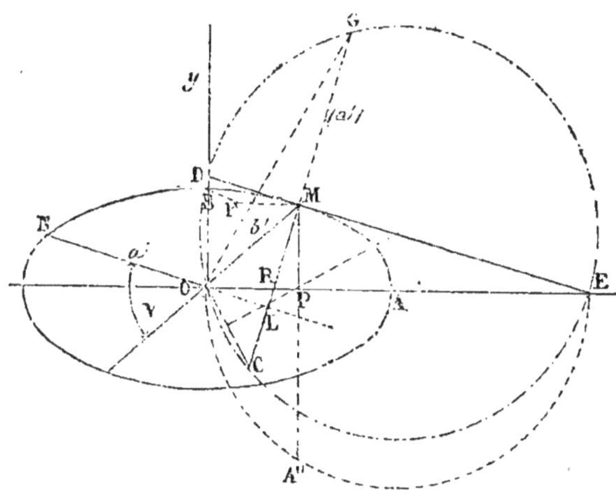

Sur le diamètre OE, décrivons une circonférence, abaissons la perpendiculaire MPA″ ; nous aurons :

$$\overline{OA''}{}^2=\overline{OP}.\overline{OE}$$

Donc (Exerc. 11) OA″ est la valeur du demi grand axe.

On déterminerait d'une manière analogue le petit axe.

Remarques. 1° Comme construction, ce procédé est médiocre; car, O et C étant souvent très-rapprochés, la circonférence est mal déterminée.

Le procédé suivant, dû à M. Chasles, est bien préférable; mais la démonstration directe de la seconde partie est longue et assez difficile.

Du point M, abaissons une perpendiculaire sur NO ou a'; prenons MG=MC=a', et menons OG et OC.

OG=$a+b$, OC=$a-b$, et le grand axe est la bissectrice de l'angle COG.

Le triangle OMG donne (Géom., n° 216) :

$$\overline{OG}{}^2=a'^2+b'^2+2a'.\text{ML}$$

Mais ML=$b'.\sin\text{MOL}=b'.\sin\text{V}$ (Livre IV, Exerc. 21).

Donc $\overline{OG}{}^2=a'^2+b'^2+2a'b'.\sin\text{V}=(a+b)^2$ (Exerc. 9).

De même, dans le triangle OMC, $\overline{OC}{}^2=\overline{MC}{}^2+b'^2-2\overline{MC}.\overline{ML}$; mais MC=$a'$. Donc $\overline{OC}{}^2=a'^2+b'^2-2a'b'.\sin\text{V}$; donc $\overline{OC}{}^2=(a-b)^2$.

La deuxième partie se démontre facilement en utilisant la première construction. Il suffit de remarquer que la circonférence qui a la tangente pour diamètre passe au point G, puisque $MG = MC$. Donc OE est bissectrice, car les angles COE et GOE ont pour mesure les arcs égaux GE et CE.

Enfin la droite MF, parallèle à la bissectrice, donne $OF = b$, $FG = a$; car $RG = a' + MR$, $RC = a' - MR$, $OG = a + b$, $OC = a - b$. Et puisqu'on a, à cause de la bissectrice, $\dfrac{a' + MR}{a' - MR} = \dfrac{a + b}{a - b}$, et que, dans une proportion, la somme des deux premiers termes est à leur différence dans le rapport de la somme des deux derniers à leur différence, on a : $\dfrac{2a'}{2MR} = \dfrac{2a}{2b}$ ou $\dfrac{a'}{MR} = \dfrac{a}{b}$. D'ailleurs, $\dfrac{a'}{MR} = \dfrac{GF}{FO}$; donc $GF = a$ et $FO = b$.

2° Le calcul des axes est parfois nécessaire. Par exemple, lorsque le mur de tête d'un pont biais est en talus, l'arc de tête est une demi-ellipse rapportée à deux diamètres conjugués; et il faut calculer les axes pour trouver, au moyen des tables connues, le développement de *l'arc de tête*. La détermination *géométrique* des axes est une question très-intéressante, mais en réalité moins utile dans les applications; car, l'ellipse ne se déterminant que par points, il n'est guère plus difficile de déterminer les points lorsqu'on connaît en grandeur et en position deux diamètres conjugués, que lorsqu'on connaît les axes.

Exercice 14

Problème. *Sans recourir au procédé général, déterminer les axes lorsqu'on connaît les deux diamètres conjugués égaux et leur angle.*

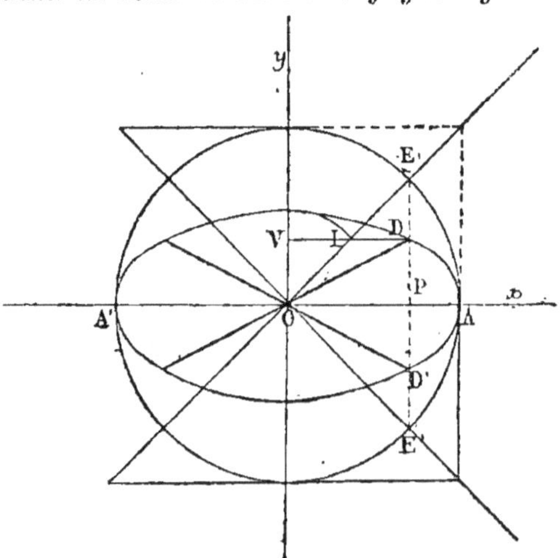

Soit $OD = OD'$. Le grand axe est sur la bissectrice de l'angle DOD'; Oy est perpendiculaire à Ox. Menons la bissectrice de l'angle xOy :

l'ordonnée DP fait connaître OE, rayon du cercle principal. D'ailleurs l'abscisse DV donne $OL = b$ (Géom., n° 506).

Remarque. Le cas où l'on connaît les deux diamètres conjugués égaux et leur angle se présente souvent; par exemple, dans les *voûtes en décharge*, dans les avant – becs des ponts biais à plusieurs arches, etc. Dans ce cas, l'aire de l'ellipse égale $\pi\overline{DO}^2 . \sin DOD'$, ou $\pi a'^2 . \sin V$; $OP = \overline{OD} . \cos DOP = a' . \cos \tfrac{1}{2}V$. Or OE ou $a = OP\sqrt{2}$; donc $a = a'\sqrt{2} . \cos \tfrac{1}{2}V$.

De même $OV = a' \sin \tfrac{1}{2}V$; d'où $b = a'\sqrt{2} . \sin \tfrac{1}{2}V$.

Exercice 15

Problème. *En considérant l'ellipse comme la projection du cercle principal, et sans construire la courbe :*

Mener une tangente : 1° par un point donné sur la courbe, 2° par un point donné hors de la courbe, 3° parallèlement à une ligne donnée ;

Et mener une normale : 1° par un point pris sur la courbe, 2° parallèlement à une ligne donnée.

Tangente.

1° Soit N le point donné; l'ordonnée PN fait connaître le point M du cercle. On mène MT tangente au cercle, et puis TN (Géométrie, n° 507).

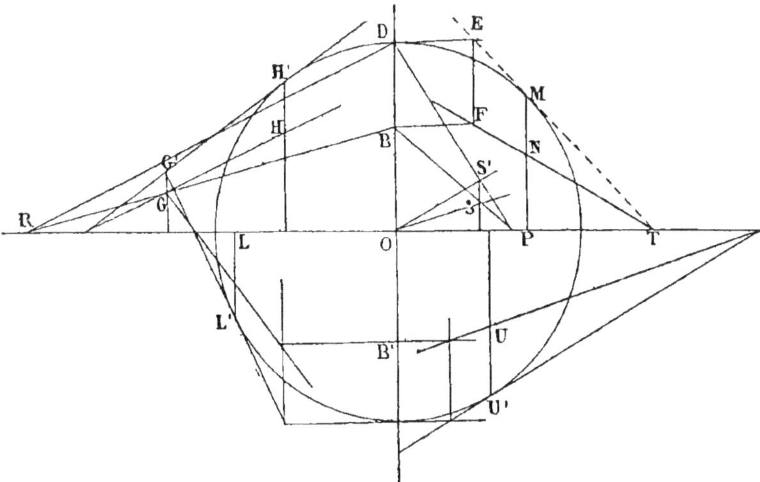

Si le point T est trop éloigné, on mène DE et BF (Géom., n° 509), et puis FN. Une remarque analogue s'applique aux autres cas.

2° Soit G le point donné. On mène BGR ; G′ est le point correspondant par rapport au cercle principal. On mène les tangentes G'H' et G'L'; puis GL et GH, tangentes demandées.

3° Soit OS la direction donnée. On cherche la ligne correspondante OS', et l'on mène la tangente U' parallèle à OS', puis U parallèle à OS.

Normale.

1° Soit M le point donné. On mène la tangente MI et la perpendiculaire MN, qui est la normale demandée.

Remarque. La normale MN n'est pas la projection de la normale OM' du point correspondant; aussi faut-il préalablement déterminer la tangente MI.

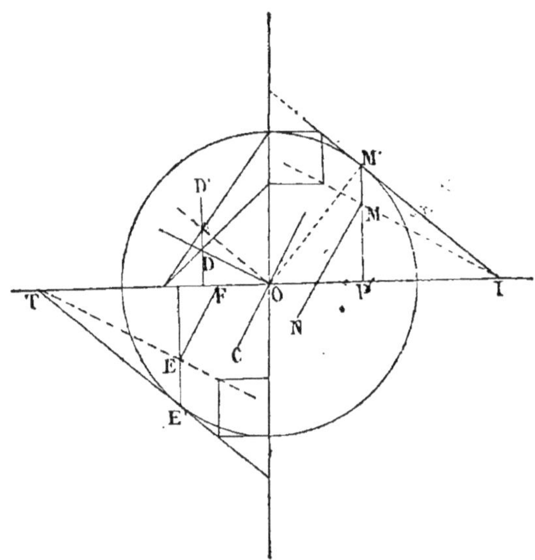

2° Soit OC la direction donnée, et OD une perpendiculaire à OC. On détermine OD' et la tangente TE', qui lui est parallèle : la tangente ET sera parallèle à DO, et par suite la normale EF le sera à CO.

Scolie. Des constructions analogues permettent de résoudre les mêmes questions lorsqu'on connaît deux diamètres conjugués quelconques et leur angle; mais il faut s'appuyer sur quelques théorèmes non démontrés dans le VIIIe livre. — Si l'on incline d'une quantité constante les ordonnées d'une ellipse, on obtient une ellipse rapportée à deux diamètres conjugués. On peut toujours partir du cercle en inclinant les ordonnées et les réduisant toutes dans un même rapport.

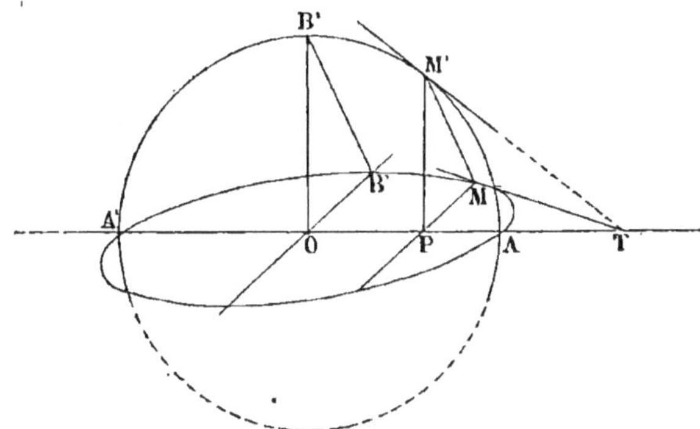

Les tangentes aux points correspondants M et M′ rencontrent AA′ au même point.

Exercice 16

Théorème. *La droite qui joint le point de concours de deux tangentes au milieu de la corde des contacts passe au centre de l'ellipse.*

Soient PM et PN deux tangentes à l'ellipse, et soient P′M′ et P′N′

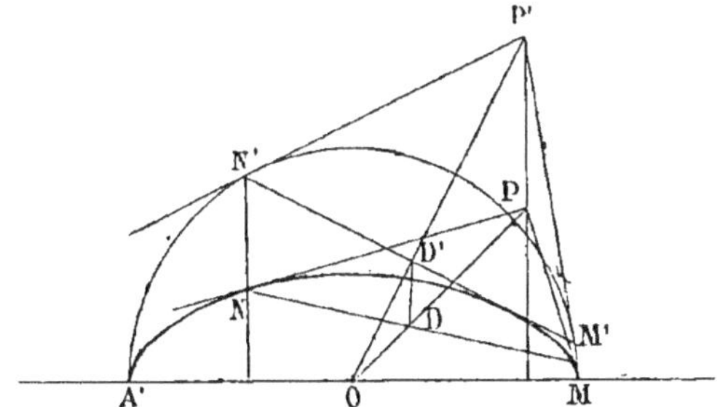

les tangentes correspondantes au cercle principal. P′O passe au milieu de la corde M′N′; donc sa projection PO passe au milieu de MN, et la droite PD passe au centre.

Exercice 17

Théorème. *On peut construire une ellipse par points lorsqu'on connaît deux diamètres conjugués et leur angle.*

Lorsqu'on connaît deux diamètres conjugués et leur angle, le parallélogramme circonscrit fait connaître 4 tangentes et leurs points de contact; on obtient 4 autres points en joignant A au point E, milieu de CB, et C au point A, etc. D'une manière plus générale, en prenant $DG = AD$, il faut qu'on ait : $\dfrac{DP}{DF} = \dfrac{AV}{AG}$.

Une droite divisée en parties égales a pour projection une droite divisée en un même nombre de parties égales; et généralement, puisque les projections de deux parallèles sont proportionnelles à ces lignes, si une droite est divisée dans un rapport donné, il en sera de même de sa projection. Il suffit donc d'établir pour la circonférence les propriétés énoncées à l'Exercice 17, pour qu'on puisse les appliquer à l'ellipse : deux diamètres conjugués de cette dernière courbe remplacent deux diamètres rectangulaires du cercle, et réciproquement.

1° Prenons $cc = \frac{1}{2}bc$. Les triangles rectangles $a'ec$ et $ac'c$ sont semblables, car $cc = \frac{1}{2}ca'$ et $ac' = \frac{1}{2}aa'$. Donc l'angle $ca'e = a'ac$; donc l'angle $a'ac + aa'm = 1$ droit, et l'angle m est droit. Par suite,

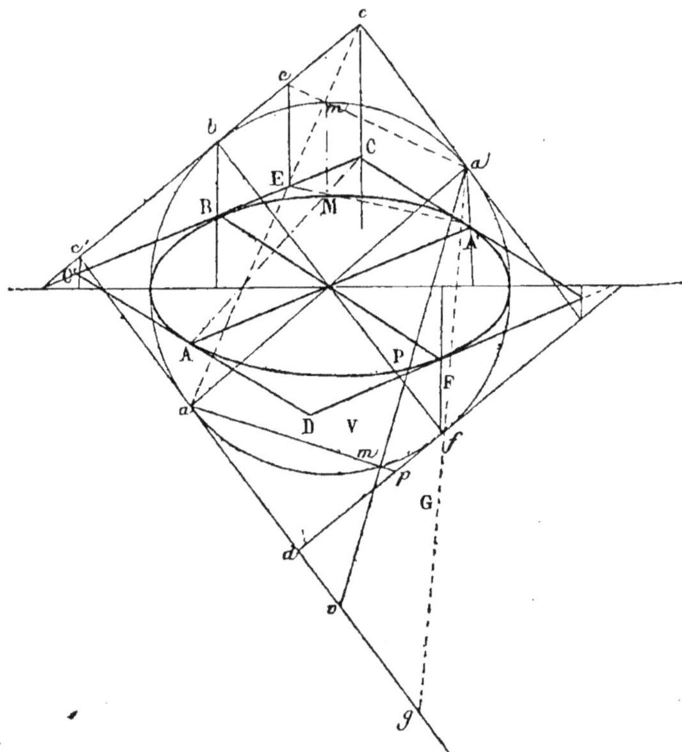

les droites $a'e$ et ac se coupent sur la circonférence; leurs projections A'E et AC se coupent sur l'ellipse. D'ailleurs, le point E est le milieu de CB...

Pour la seconde partie, bornons-nous à considérer le cercle. Prenons $dg = ad$ ou $ag = 2ad = aa'$. Si l'on a $\dfrac{dp}{df} = \dfrac{av}{ag}$, les triangles rectangles adp et $aa'v$ sont encore semblables; l'angle m est droit. Donc ce point appartient à la circonférence...

Exercice 18

Théorème. *La projection d'une ellipse sur un plan quelconque est une ellipse.*

Toute propriété descriptive qui se conserve en projection conduit à ce résultat. Ainsi, dans la figure précédente, les points tels que M appartiennent à la courbe; mais en projetant cette ellipse et les lignes de constructions, telles que AC et A'E, et le parallélogramme circonscrit, on obtient une figure analogue. Les projections des divers points de la courbe donnent donc une ellipse...

Exercice 19

Théorème. *Le produit des distances des foyers à une tangente quelconque est constant.*

Les points M et M', projections des foyers, sont sur le cercle prin-

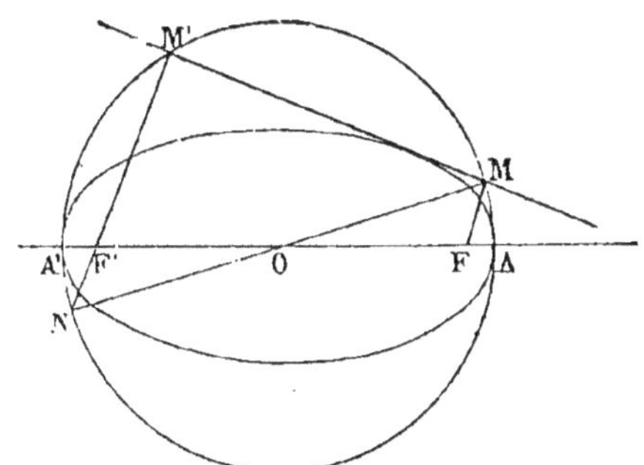

cipal (Géom., nº 498); prolongeons M'F'. Puisque $OF = OF'$, et que les lignes FM et F'M' sont parallèles, on a :

$$MF = NF'$$

Or
$$\overline{NF'} \cdot \overline{F'M'} = \overline{A'F'} \cdot \overline{F'A}$$

Donc
$$\overline{FM} \cdot \overline{F'M'} = \overline{A'F'} \cdot \overline{F'A} = (a-c)(a+c) = a^2 - c^2$$

ou
$$\overline{FM} \cdot \overline{F'M'} = b^2$$

Exercices 20 et 24

Problème. *Construire une ellipse ou une hyperbole avec les données suivantes :*

1º *Le centre, la longueur du grand axe et deux tangentes.*

Du centre donné O, avec a pour rayon, on décrit le cercle principal; aux points C et C', D et D', où les tangentes sont coupées

<table><tr><td>M.</td><td align="right">11</td></tr></table>

par le cercle, on élève, aux tangentes, des perpendiculaires qui se coupent deux à deux aux foyers (Géom., n°ˢ 498 et 528). Si les foyers sont dans le cercle, on a une ellipse, et, dans le cas contraire, une hyperbole.

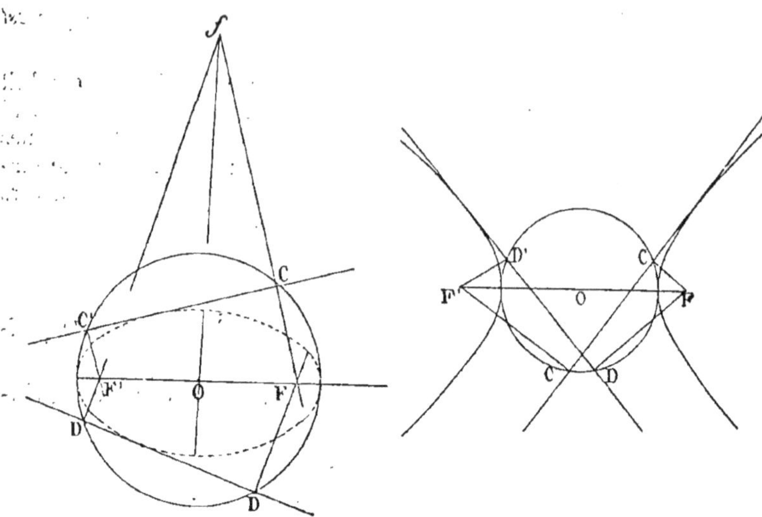

Généralement il y a deux solutions; car on peut chercher le point f où se coupent les perpendiculaires C et D'....: ff' est la distance focale d'une hyperbole...

2° *Le grand axe (position et longueur) et une tangente.*

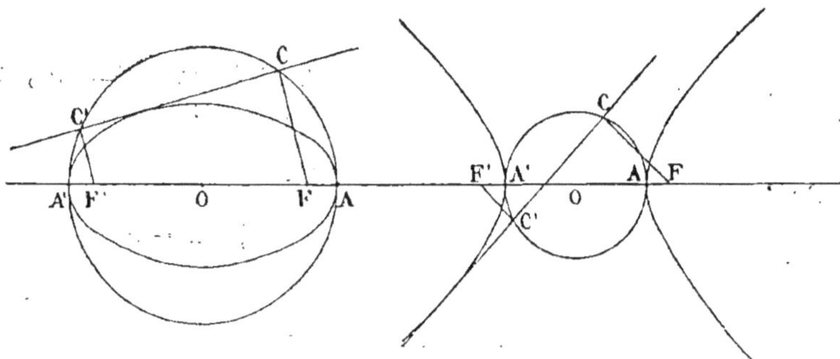

On décrit le cercle principal sur le grand axe donné AA'; les perpendiculaires élevées à la tangente en C et C' donnent les foyers. On obtient, suivant le cas, une ellipse ou une hyperbole : une ellipse, lorsque la tangente ne rencontre pas le grand axe entre les sommets A et A'; une hyperbole, dans le cas contraire.

3° *Un des foyers, une tangente, la direction du grand axe et sa longueur 2a.*

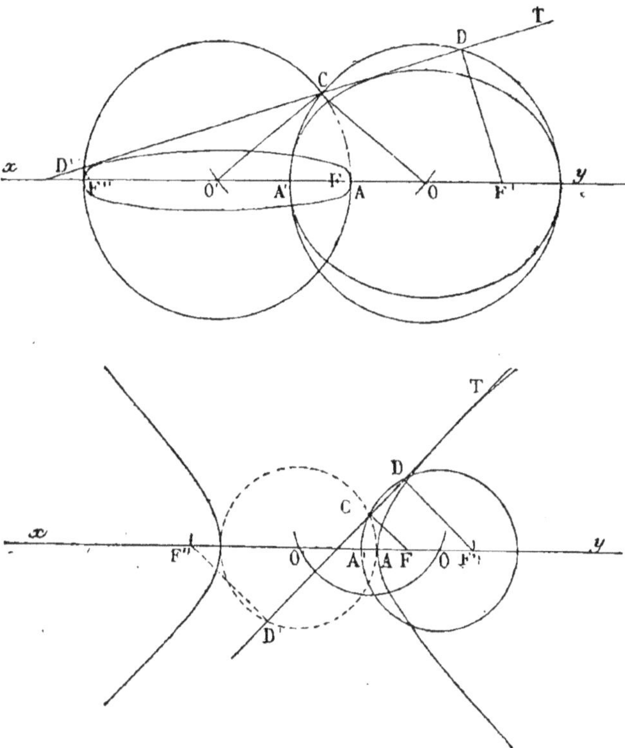

Du foyer F on abaisse, sur la tangente T, la perpendiculaire FC; du point C, avec a pour rayon, on coupe xy en O et O'; du point O comme centre, avec a pour rayon, on décrit le cercle principal; au point D, on élève une seconde perpendiculaire à la tangente; et le second foyer est en F'.

Le cercle décrit de O' comme centre donne une seconde solution.

Quand les foyers sont dans le cercle, la courbe est une ellipse; c'est une hyperbole quand ces points F et F'' sont hors du cercle.

La première figure donne deux ellipses; et la seconde, une hyperbole et une ellipse. On peut avoir deux hyperboles : il suffit que la tangente coupe xy entre A et A'.

4° *Les deux foyers et le rapport des axes* $\dfrac{b}{a}$.

Pour l'ellipse, le rapport est toujours < 1.

On prend OM et ON tels que l'on ait : $\dfrac{\text{NM}}{\text{NO}} = \dfrac{a}{b}$, et par le point F on mène une parallèle à NM.

On a (Géom., n° 492) $\dfrac{BF}{OB} = \dfrac{a}{b}$; donc $BF = a$, $BO = b$.

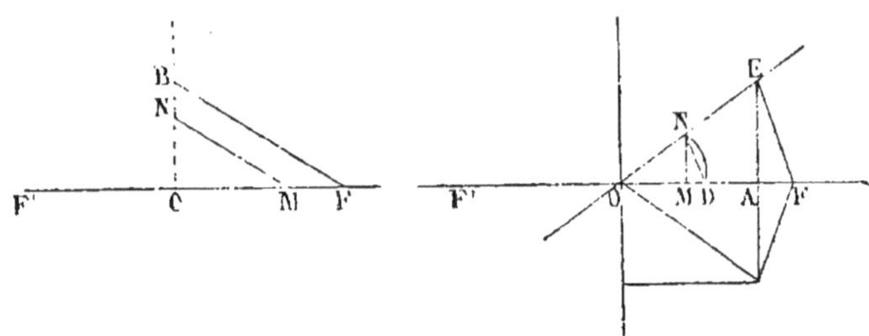

Pour l'hyperbole, on élève une perpendiculaire MN telle que l'on ait : $\dfrac{OM}{MN} = \dfrac{a}{b}$. Du centre O on décrit l'arc ND, et par le foyer F on mène FE parallèle à ND ; on a : $\dfrac{OA}{AE} = \dfrac{a}{b}$. Donc $OA = a$, $AE = b$; car $\overline{AO^2} + \overline{AE^2} = \overline{OE^2} = c^2$ (Géom., n° 521).

OE est une asymptote (Géom., n° 527).

5° *Un foyer, une tangente, le point de contact et la longueur* 2a *ou la longueur* 2c.

On détermine F_1 symétrique du foyer par rapport à la tangente donnée T ; on joint F_1 au point de contact M et on prend $F_1 F' = 2a$. — F' est le second foyer.

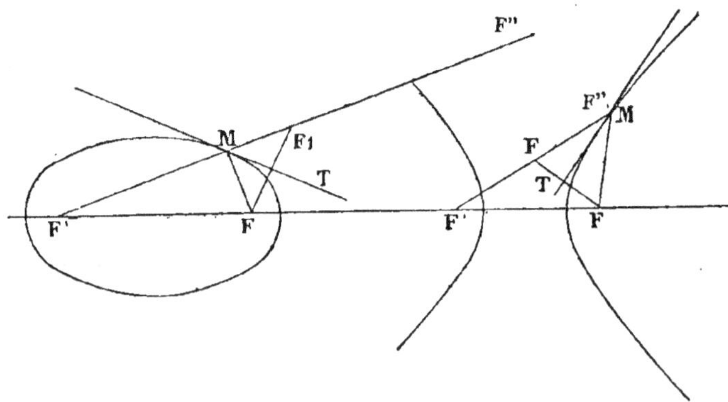

Quand FF' est moindre que 2a, et que les deux points sont du même côté de la tangente, on a une ellipse ; quand FF' est $> 2a$, et que les points F et F' sont de part et d'autre de la tangente, la courbe est une hyperbole. Dans la première figure, en prenant

$F_1F'' = 2a$, comme FF'' ou $2c$ est $> F_1F''$ ou $2a$, on obtient aussi une hyperbole; dans la deuxième figure, si $F_1F'' = 2a$, comme on a $FF'' > 2a$, on obtient une deuxième hyperbole.

En résumé, on obtient une ellipse et une hyperbole, ou bien deux hyperboles.

6° *Un foyer et trois tangentes.*

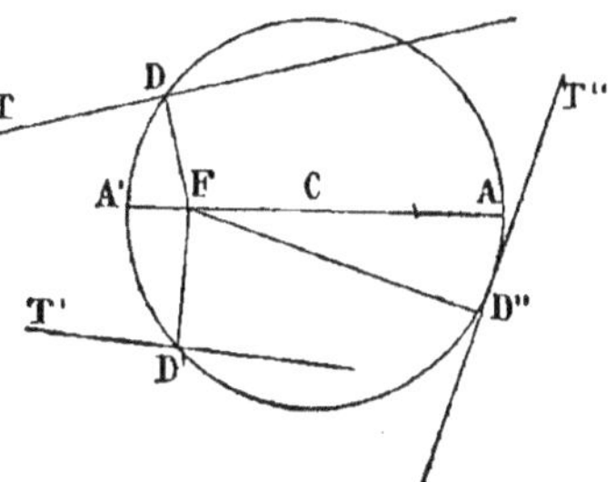

Il faut projeter le foyer sur chaque tangente. Le cercle qui passe par D, D', D'' est le cercle principal, FC fait connaître le grand axe...

On obtient une ellipse lorsque le point F est dans le cercle, et une hyperbole dans le cas contraire.

7° *Un foyer, deux tangentes et l'un des points de contact.*

Cherchons les symétriques E et E' du foyer F; joignons E' au

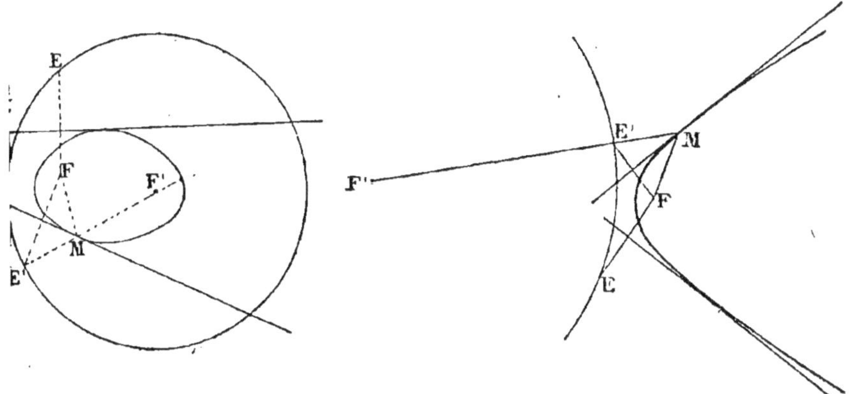

point de contact M. Le cercle directeur doit passer par les points E et E', et avoir son centre sur E'M. Ainsi le point où la perpendiculaire élevée au milieu de EE' coupe E'M est le second foyer.

La courbe est une ellipse lorsque le cercle décrit comprend le foyer F, et une hyperbole si le point F est hors du cercle directeur.

8° *Construire une ellipse, connaissant deux tangentes, les points de contact et la droite sur laquelle doit se trouver le grand axe.*

Soient les tangentes RM et RM', les points de contact M et M', et xy la droite du grand axe.

La ligne RCO, qui joint R au milieu de la corde des contacts, passe au centre (Exerc. 16); puis $a^2 = OT.OP$ (Exerc. 11). Il faut donc décrire une circonférence sur le diamètre OT. L'ordonnée MP donne $\overline{OE}^2 = \overline{OP}.\overline{OT}$; donc $OE = a$. On peut décrire le cercle principal et achever l'ellipse.

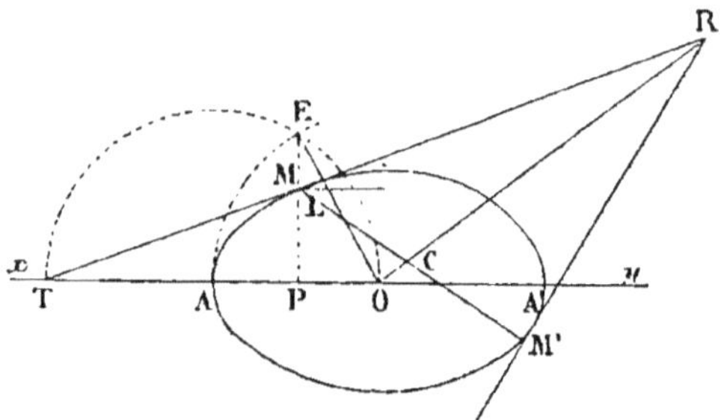

La ligne ML, parallèle à xy, donne OL pour le demi–petit axe (Géom., n° 506).

HYPERBOLE

Exercices 21 et 22

Théorèmes. *Deux hyperboles sont dites conjuguées lorsqu'elles ont les mêmes asymptotes et les mêmes axes; mais l'axe transverse de l'une est l'axe non transverse de l'autre, et réciproquement.*

Dans l'hyperbole équilatère, tous les diamètres conjugués sont égaux; les parallélogrammes construits sur deux diamètres conjugués ont leurs sommets sur les asymptotes.

En admettant que le lieu géométrique du point milieu P des cordes MM′ parallèles soit une droite OP qui passe au centre, on voit, à cause de la symétrie de la figure par rapport à chaque asymptote, qu'en prenant $OH = OL$ la droite HG est tangente; le point de contact B est au milieu de HG, puisque A est au milieu de LG. Donc ces diamètres AO et OB sont parallèles aux côtés du losange GLG'H, et par suite aux cordes MM' ou NN' qu'ils divisent. D'ailleurs ils sont égaux entre eux, et les sommets du losange GLG'H sont sur les asymptotes. Par rapport à une hyperbole donnée, un diamètre est transverse et son conjugué est non transverse.

Exercice 23

Théorème. *Le produit des distances des foyers à une tangente quelconque à l'hyperbole est constant.*

Joignons M au centre; soit N le point où cette ligne coupe F'M' :

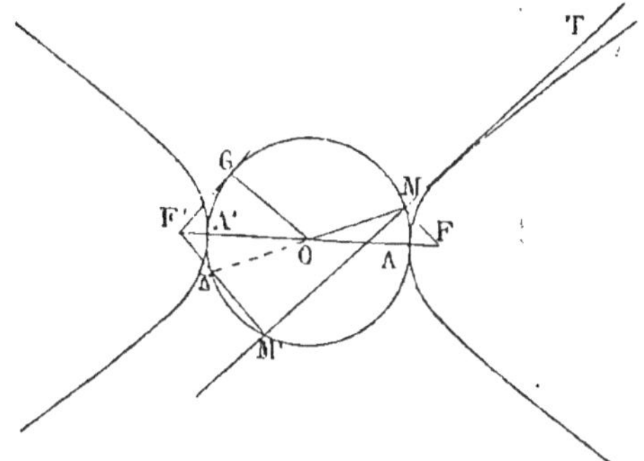

les triangles FMO et F'NO sont égaux, car F'O = FO; les angles en O sont égaux ainsi que les angles en F et F', puisque les lignes MF et F'M' sont perpendiculaires à la tangente. Donc F'N = MF et NO = OM. Ainsi N est le point où le cercle principal coupe F'M'. Or $\overline{F'M'} . \overline{MF}$ ou $\overline{F'M'} . \overline{F'N} = \overline{F'G^2} = c^2 - a^2 = b^2$, donc $\overline{FM} . \overline{F'M'} = b^2$.

Exercice 24

Problème. *Construire une hyperbole avec les données des sept premiers cas de l'Exercice 20 sur l'ellipse.*

(Ce problème est traité avec l'Exercice 20 ci-dessus.)

PARABOLE

Exercice 25

Théorème. *Les tangentes menées à la parabole par un point extérieur font des angles égaux avec la ligne qui joint ce point au*

*foyer, et avec la parallèle à l'axe menée par ce même point exté-
rieur ;*

*Et la droite qui joint ce point au foyer est bissectrice de l'angle
des rayons vecteurs des points de contact.*

Soient les tangentes PM et PN, et soit PH la parallèle à l'axe.

1° Il faut prouver que l'angle FPN=HPM.

Cherchons les symétriques E et G du foyer. Ces points appartiennent à la directrice (Géom., n° 546); les projections I et J du foyer
sont sur la tangente, au sommet (Géom., n° 548).

La circonférence décrite sur PF, comme diamètre, passe aux
points I et J, puisque les angles FIP et FJP sont droits.

Les angles inscrits FIJ et FPJ sont égaux; mais FIJ et HPI sont
égaux comme ayant les côtés respectivement perpendiculaires. Donc
l'angle HPM=FPN.

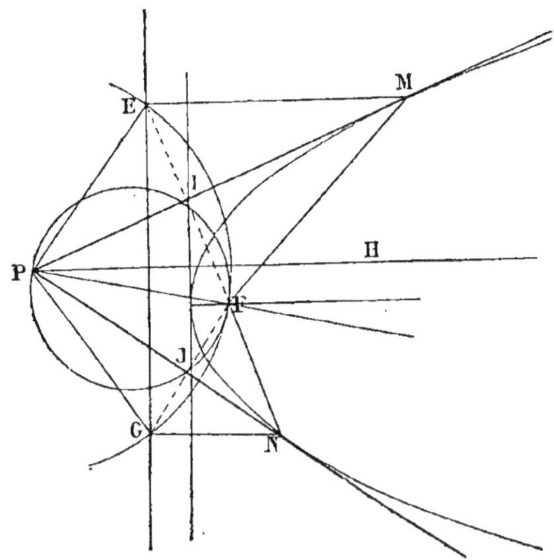

2° Il faut prouver que la droite PF est bissectrice de l'angle MFN,
ou que l'angle PFM=PFN.

Or PFM=PEM, PFN=PGN et PEM=PGN, puisque ces derniers égalent 1 droit plus PGE ou son égal PEG. Donc l'angle
PFM=PFN.   *C. Q. F. D.*

Exercice 26

Théorème. *Les tangentes menées d'un même point de la directrice
sont perpendiculaires l'une à l'autre; la corde des contacts passe au
foyer; et la droite qui joint le point de concours des tangentes au
foyer est perpendiculaire à la corde des contacts.*

Pour mener les tangentes à la parabole, du point P, comme centre, avec le rayon PF, il faut décrire une circonférence (Géomét., n° 552). Les perpendiculaires EM et GN déterminent les points de contact. Joignons le foyer aux points M et N.

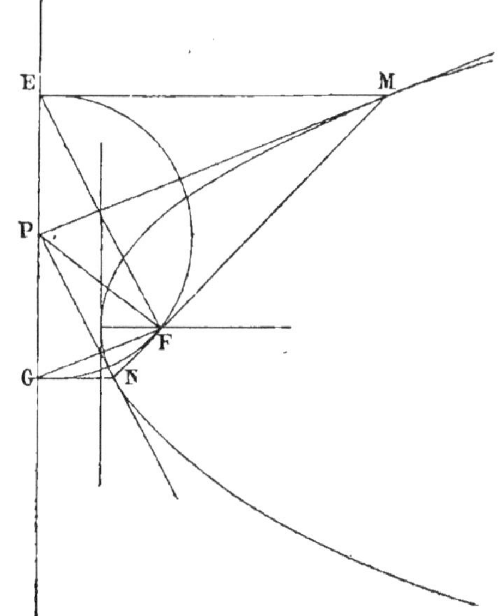

L'angle PFM = PEM = 1 droit ; de même, l'angle PFN est droit. Donc les droites FM et FN sont dans le prolongement l'une de l'autre. Ainsi la corde des contacts MN passe au foyer, et PF est perpendiculaire à cette ligne.

Cela résulte aussi de la deuxième partie du Théorème de l'Exercice 25.

Les tangentes étant perpendiculaires aux droites EF et GF se coupent à angle droit, puisque l'angle EFG est inscrit dans une demi-circonférence.

Scolie. *La directrice est le lieu des points de concours des tangentes qui se coupent à angle droit ;* autrement, la directrice est le lieu des points de concours des tangentes pour lesquelles la corde des contacts passe par le foyer.

Exercice 27

Théorème. *Pour tracer le balancier des machines à vapeur, connaissant la demi-longueur AP et la demi-largeur PM = PN, on divise MP et AP en un même nombre de parties égales ; par les points de division de MP on mène des parallèles à l'axe, et l'on joint N à chaque point de division de l'axe.*

Prouver que l'on obtient un arc de parabole.

Pour le point B, par exemple, on a : $BC = \dfrac{3}{5} MP$; et les triangles semblables BCD et DPN donnent : $\dfrac{CD}{DP} = \dfrac{BC}{MP} = \dfrac{3}{5}$

$$CD = {}^3/_5\, DP = {}^3/_5 \cdot {}^2/_5\, AP = {}^6/_{25}\, AP$$

Or $AC = \dfrac{3}{5} AP - CD = \dfrac{15}{25} AP - \dfrac{6}{25} AP = \dfrac{9}{25} AP$; et puisque $\dfrac{BC}{MP} = \dfrac{3}{5}$

ou $\dfrac{BC^2}{MP^2} = \dfrac{9}{25} = \dfrac{AC}{AP}$, le point B appartient à une parabole qui a la ligne AP pour axe, A pour sommet, et MP pour ordonnée extrême considérée (Géom., n° 551).

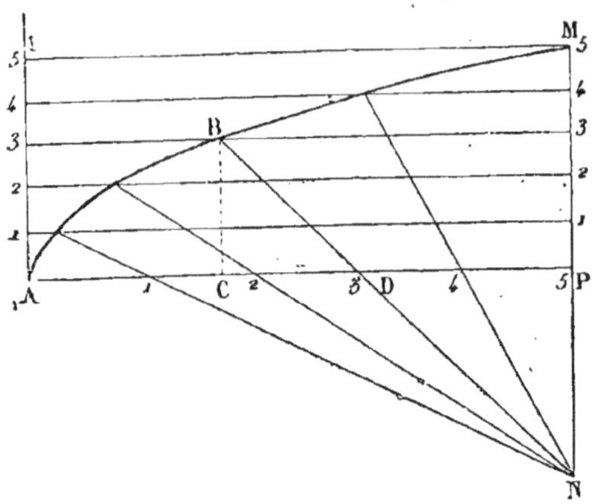

On emploie aussi le tracé suivant * :

Le sommet A est joint aux points 1′, 2′, etc.; les points où ces lignes coupent les parallèles de même cote appartiennent à une parabole (Géom., n° 550).

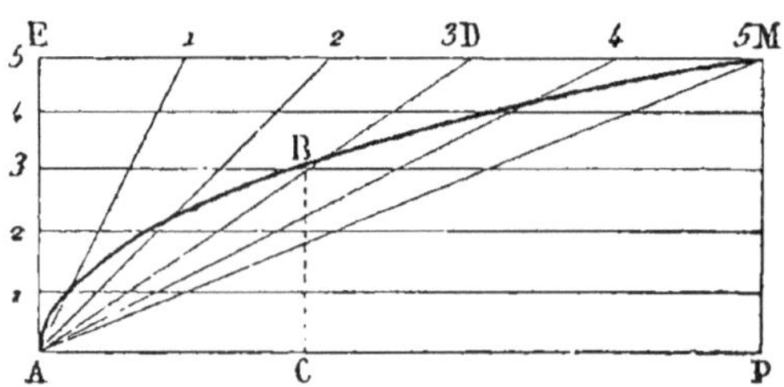

La démonstration est analogue à la précédente :

$$\frac{BC}{MP} = \frac{3}{5}, \qquad \frac{BC^2}{\overline{MP^2}} = \frac{9}{25}$$

Or les triangles semblables ABC et ADE donnent : $\dfrac{AC}{ED} = \dfrac{BC}{AE} = \dfrac{3}{5}$

mais $ED = \dfrac{3}{5}AP$. Donc $\dfrac{AC}{\frac{3}{5}AP} = \dfrac{3}{5}$ ou $\dfrac{AC}{AP} = \dfrac{9}{25} = \dfrac{BC^2}{MP^2}$.

Les carrés des ordonnées sont dans le même rapport que les abscisses ; on a donc une parabole.

* Communiqué par M. Humeau, professeur à l'école des arts et métiers d'Aix.

Exercice 28

Problème. *Construire une parabole avec les données suivantes :*

1° Le foyer et deux tangentes.

On projette le foyer sur les deux tangentes. La droite BC est la tangente au sommet (Géom., n° 548), et la perpendiculaire FA est l'axe.

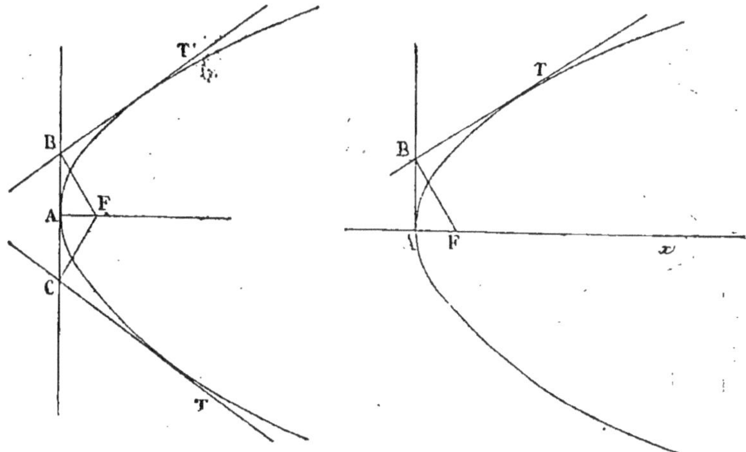

2° Le foyer, l'axe et une tangente.

On projette le foyer sur la tangente, et du point B on abaisse la perpendiculaire BA sur l'axe Fx : le sommet A est ainsi déterminé.

3° La directrice, une tangente et le point de contact.

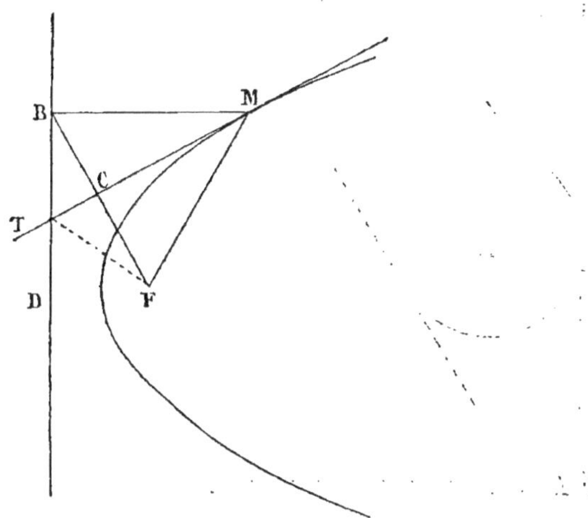

Projetons le point de contact M sur la directrice, et le point B sur la tangente. Puisque B est le symétrique du foyer, il suffit de prendre CF = BC.

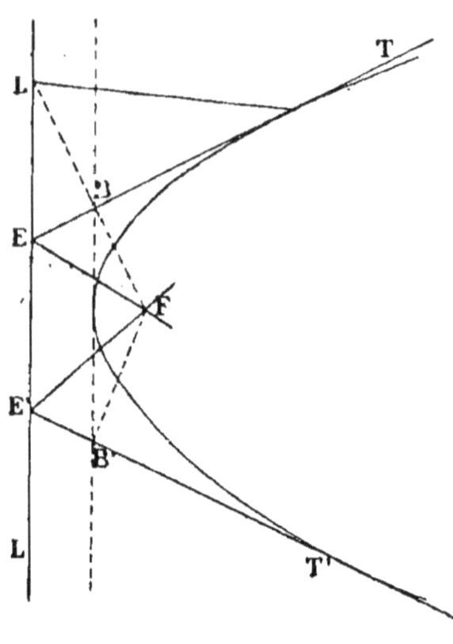

4° *La directrice et deux tangentes, ou la tangente au sommet et deux autres tangentes.*

Dans le premier cas, soient E et E' les points où les tangentes données coupent la directrice. Faisons l'angle TEF=TEL, et T'E'F = T'E'L'. Le foyer est déterminé; car la tangente étant perpendiculaire au milieu de la droite qui joint le foyer à un point L de la directrice (Géom., n° 543), les angles TEF et TEL sont égaux.

Dans le deuxième cas, les perpendiculaires élevées aux tangentes aux points B et B', où elles coupent la tangente au sommet, donnent le foyer (Géomét., n° 548).

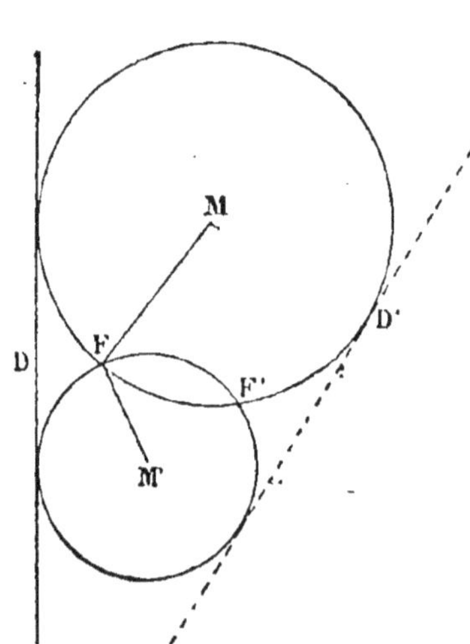

5° *Le foyer ou la directrice, et deux points.*

Si le foyer F est donné, ainsi que les points M et M', il faut mener une tangente aux circonférences décrites des centres M et M' avec les rayons MF et M'F. D est la directrice. Il y a deux solutions.

Si la directrice D est donnée, il faut décrire des circonférences tangentes à cette ligne. On a deux solutions, ou une seule, ou il n'y en a aucune, suivant que les circonférences se coupent en deux points, ou sont tangentes, ou ne se rencontrent pas.

6° *L'axe, une tangente et le point de contact.*

La perpendiculaire élevée au milieu de MT passe au foyer, puisqu'on doit avoir FT = FM (Géom., n° 544).

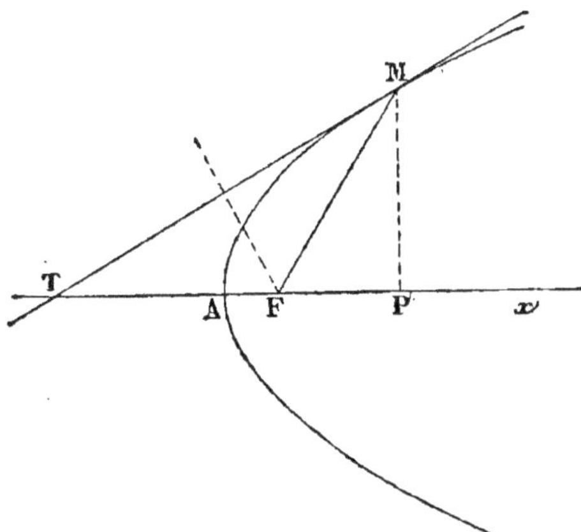

Le point A , milieu de la sous-tangente TP, est le sommet de la parabole (Géom., n° 549).

7° *L'axe et deux points.*

Soient Ax, M et B, l'axe et les points donnes.

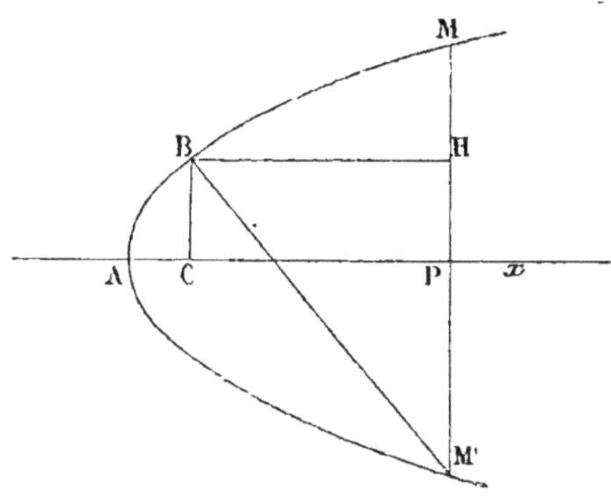

Si A est le sommet, on aura :

$$\frac{\overline{MP}^2}{\overline{BC}^2} = \frac{AP}{AC} \quad \text{(Géom., n° 551)};$$

d'où
$$\frac{\overline{MP}^2 - \overline{BC}^2}{\overline{BC}^2} = \frac{AP - AC \ \text{ou} \ CP}{AC}$$

et
$$AC = \frac{CP \cdot \overline{BC}^2}{\overline{MP}^2 - \overline{BC}^2} = \frac{\overline{CP} \cdot \overline{BC}^2}{(MP + BC)(MP - BC)}$$

ou
$$AC = \frac{CP \cdot \overline{BC}^2}{\overline{HM'} \cdot \overline{HM}}, \quad \text{quantité facile à construire}$$

Le point M′ est le symétrique de M.

Remarque. On peut arriver à la solution plus rapidement en utili-

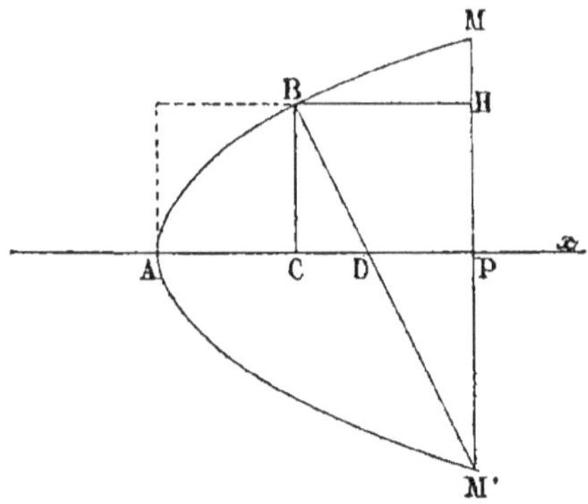

sant l'Exercice 27; car, en cherchant M', point symétrique de M,
on a :
$$\frac{AD}{DP} = \frac{PH}{HM} ; \quad \text{d'où} \quad AD = \frac{DP \cdot HP}{HM},$$
4ᵉ proportionnelle à construire.

8° *Deux tangentes et les points de contact.*

Soient M et M′ les points de contact donnés sur les tangentes
PM et PM′.

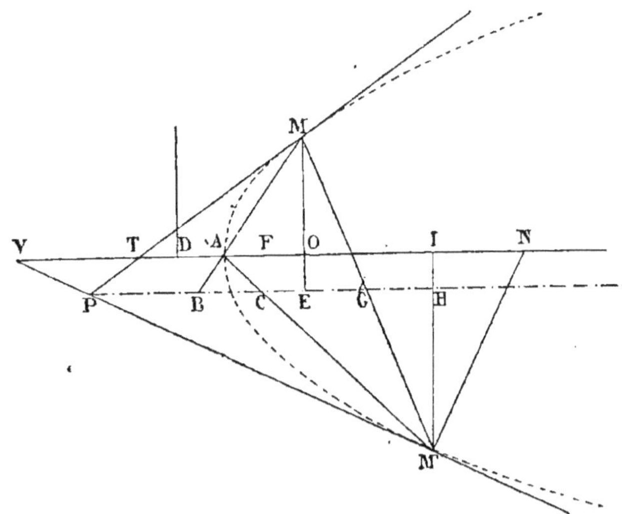

La droite PG, qui joint P au milieu de la corde des contacts, est
parallèle à l'axe (Géom., n° 560). Projetons M et M′ sur PG; joignons M au point B, milieu de PE, et le point M′ au point C,

milieu de PH. L'intersection des deux droites MB et M'C est le sommet A de la parabole; car on a : AT=AO, AV=AI, et les sous-tangentes sont divisées en deux parties égales par le sommet (Géom., n° 549).

Menons la normale M'N, et portons la moitié de la *sous-normale* IN de A en F et en D : on a ainsi le foyer et la directrice, ce qui permet de tracer la parabole.

LIEUX GÉOMÉTRIQUES

Exercice 29

Lieu 1. *De tous les points d'une circonférence on abaisse des perpendiculaires sur une droite quelconque située dans le plan du cercle. Quel est le lieu du milieu de ces perpendiculaires ?*

Soient AA' et xy la droite et la circonférence données, et $2l$ la distance du centre à la droite.

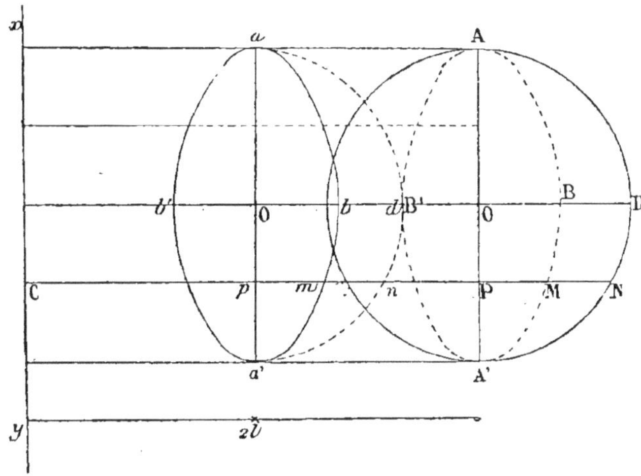

Pour un point N quelconque on a : $mC = \frac{1}{2}NC$. Or $NC = 2l + NP$; donc $Cm = l + \frac{1}{2}PN$...

Or, si nous divisons les ordonnées, telles que PN, en deux parties égales, nous obtenons l'ellipse ABA'B', dans laquelle $BB' = \frac{1}{2}AA'$; et, puisque la courbe $aba'b'$ est obtenue en prenant sur chaque parallèle une longueur constante Mm égale à l, nous obtenons une courbe égale à la première, car on a : $\dfrac{pm}{pn} = \dfrac{ob}{od}$, puisque $\dfrac{PM}{PN} = \dfrac{OB}{OD}$,

Donc $aba'b'$ est une ellipse.

Exercice 30

Lieu 2. *Lieu du centre des ellipses tangentes à deux droites en des points donnés, et lieu du centre et du foyer F des ellipses tangentes à deux droites et dont l'autre foyer F' est fixe.*

1º D'après l'Exercice 16, le lieu du centre O des ellipses est sur la droite BP, qui joint le milieu de la corde MN des contacts au point P ;

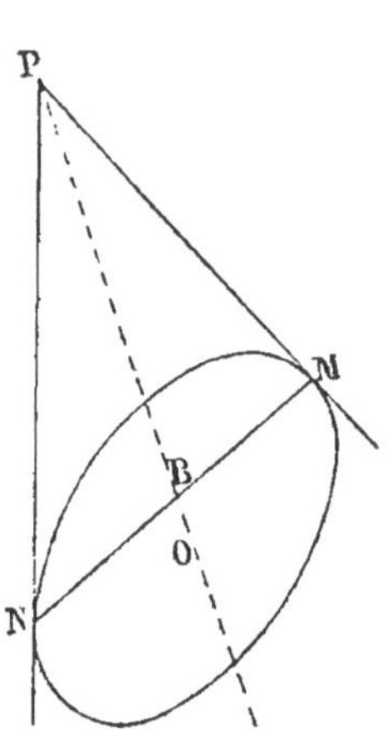
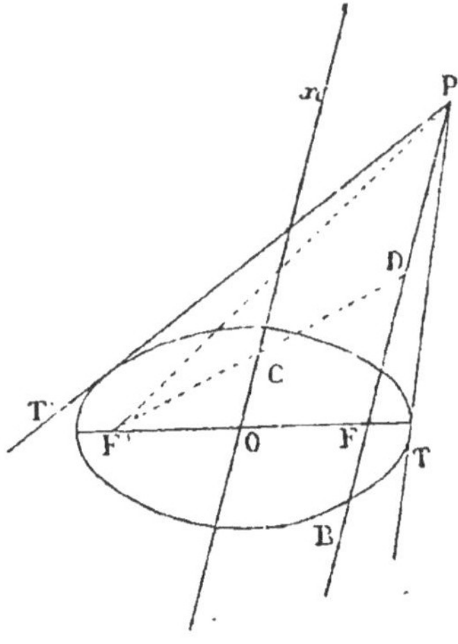

2º Le lieu du foyer F est une droite BP qui fait, avec la tangente TP, un angle égal à F'PT' (Géom., nº 503) ; le lieu du centre est une parallèle Ox menée à égale distance de F' et de BP, car on a constamment F'C = CD.

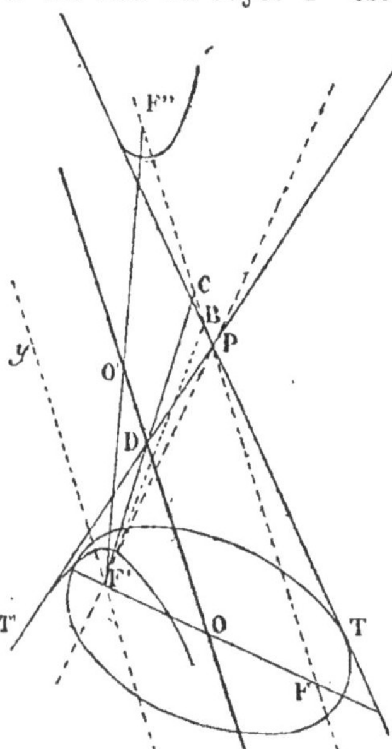

Remarque. La droite F'P est la position extrême de l'axe focal des ellipses tangentes aux deux lignes données. Pour F'P, l'ellipse est réduite au grand axe F'P ; jusqu'à cette limite extrême, les points de contact sur chaque droite se rapprochent de plus en plus du point P.

Au delà, pour F'B, on a une hyperbole dont les foyers sont F' et B ; de même, pour F'F", la droite F'DC donne le centre D sur la tangente T'. Cette ligne est donc une asymptote ; et le point où OO' rencontrerait la tangente T serait le centre de l'hyperbole qui aurait TP pour asymptote. La droite $F'y$, parallèle à FP et à OO', correspond à une parabole (Géom., nº 541).

Exercice 31

Lieu 3. *Lieu des points également distants de deux circonférences, ou d'une circonférence et d'une droite.*

1° *Cas de deux circonférences.* Soit le point M tel que l'on ait : $MB = MB'$; d'où $MF - MF' = BF - B'F' = (R - r)$, quantité constante.

Le point M appartient à une hyperbole dans laquelle
$$2a = R - r,$$
et dont F et F' sont les foyers. Le point A', milieu de DD', est un des sommets, car
$$A'F - A'F' = R - r ;$$
il en est de même du point A, milieu de EE', car $AF' - AE =$
$$(AE' - E'F') - (AE - EF) = AE' - E'F' - AE + EF = EF - E'F' = R - r.$$

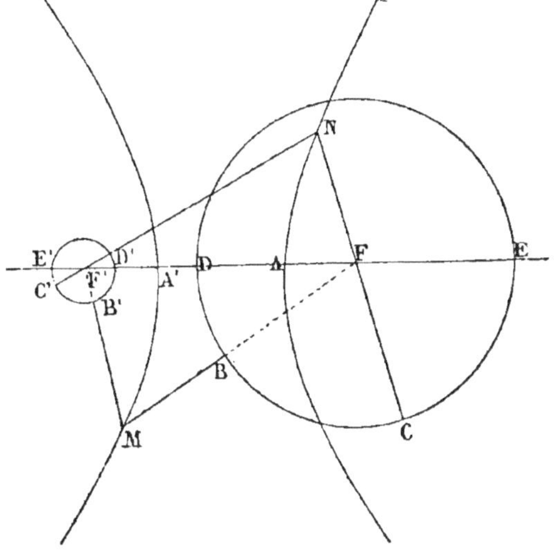

Lorsqu'on a $NC = NC'$, le point N appartient à cette même branche.

Les points de l'hyperbole obtenue sont les centres des circonférences tangentes aux deux circonférences données : extérieurement à l'une, et intérieurement à l'autre.

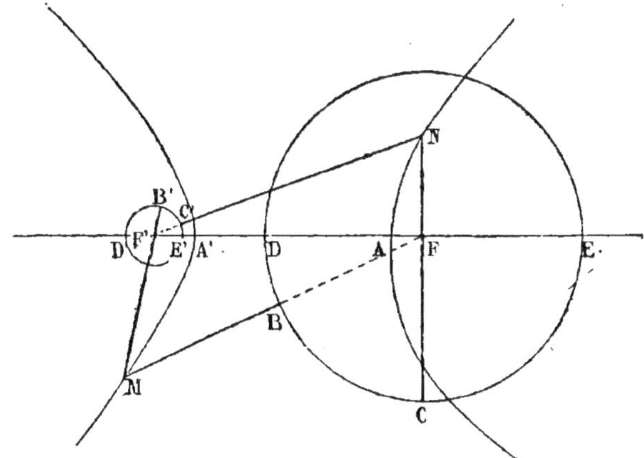

En procédant d'une manière anologue, on voit que le lieu complet comprend une seconde hyperbole : A' est le milieu de DD', et A, celui de EE'. On a : MB = MB', et par suite la valeur $2a$ ou MF — MF' = (MB + R) — (MB' — r), $2a$ = (R + r) ; la circonférence décrite de M, avec le rayon MB = MB', est tangente intérieurement à la circonférence F', et extérieurement à la circonférence F ; le contraire a lieu pour les points de la branche de droite. Lorsque les circonférences sont intérieures, le lieu se compose de deux ellipses.

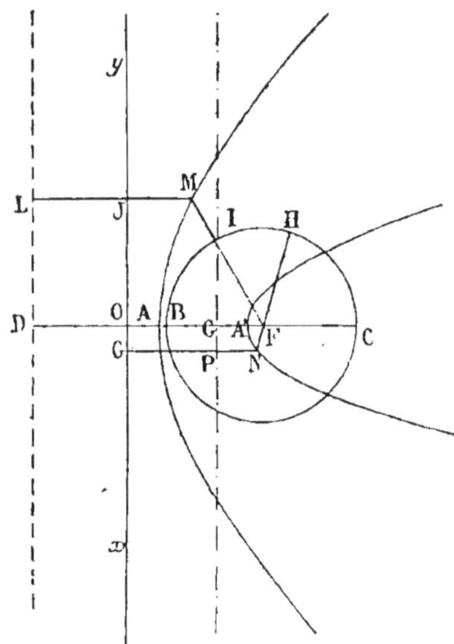

2° Pour une circonférence et une droite xy, le lieu se compose de deux paraboles : le milieu de OB est le sommet de l'une d'elles. On prend AD = AF ; puisque ML = MF, on a MI = MJ, car A est le milieu de OB et celui de FD. Donc LJ = IF...

A', milieu de OC, est le sommet de la seconde parabole.

NF = NP ; donc NH = NG.

La discussion des divers cas que peuvent présenter deux circonférences, et une circonférence et une droite, est intéressante, mais n'offre aucune difficulté.

Exercice 32

Lieu 4. *Lieu du centre des cercles qui passent par un point fixe, et qui sont tangents à une droite donnée ou à une circonférence donnée.*

Ce n'est qu'un cas particulier du lieu précédent : un cercle est réduit à son centre. D'ailleurs, suivant que le point donné est intérieur ou extérieur au cercle donné, on a une ellipse ou une hyperbole (Géom., n°ˢ 487 et 516).

Exercice 33

Lieu 5. *Par les points où une tangente mobile coupe deux droites fixes tangentes à une parabole, on mène des parallèles aux tangentes fixes : lieu du point de concours de ces parallèles.*

Pour une troisième tangente quelconque DE, on a (Géométrie, n° 558) : $\dfrac{EC}{EB} = \dfrac{DB}{AD}$. Or, si nous menons la parallèle DH jusqu'à la corde des contacts, puis, par le point H, une parallèle à AB jusqu'à la rencontre de la tangente BC, nous aurons les égalités : $\dfrac{EC}{EB} = \dfrac{CH}{AH} = \dfrac{EH}{DA}$ ou $\dfrac{DB}{DA}$. Donc la ligne DE ainsi déterminée

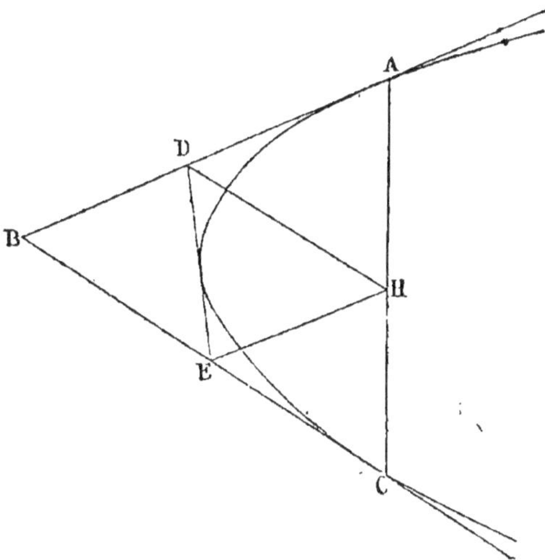

divise les tangentes fixes en segments inversement proportionnels; et cette ligne DE n'est autre chose que la tangente mobile (Géométrie, n° 559). Donc, si l'on construit le parallélogramme DBEH, le sommet H sera sur la corde des contacts.

Exercice 34

Lieu 6. *Lieu du foyer des paraboles qui ont une directrice donnée et qui passent par un point donné, ou qui sont tangentes à une droite donnée ;*

Lieu des sommets des mêmes paraboles.

1° Puisque le point M est à égale distance du foyer et de la directrice, le lieu du foyer est le cercle décrit de M comme centre tangentiellement à la directrice ; car, pour un foyer quelconque F, on a : MF = ML.

Le sommet A est au milieu de la perpendiculaire FD ; donc (Exercice 29) le lieu du sommet est une ellipse : le grand axe $aa' = 2\overline{LM}$, et LM est le petit axe.

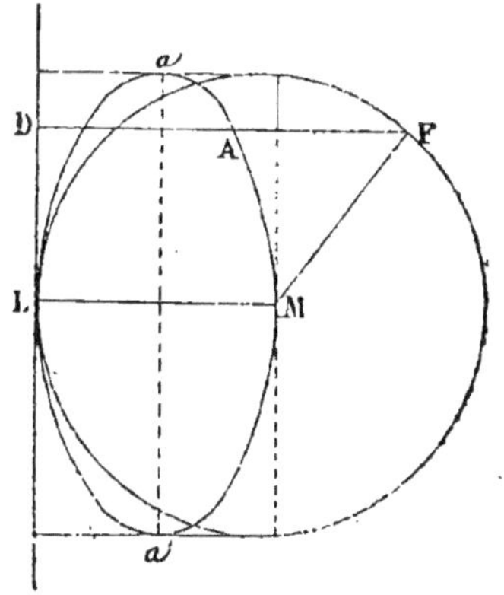

2° Soient TP la tangente et LD la directrice données. Pour une parabole quelconque, remplissant les conditions imposées, N est le

symétrique du foyer, et la tangente est perpendiculaire au milieu
de FN (Géom., n° 543). Donc l'angle FPM = NPM ; et la ligne PR,

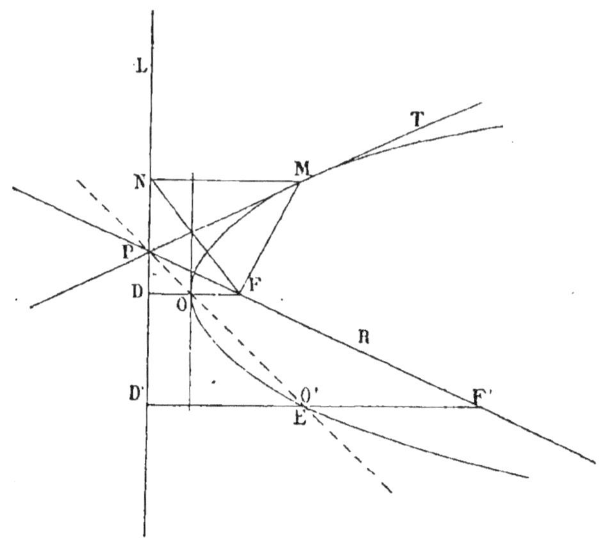

qui fait, avec la tangente, un angle égal à celui que cette tangente
fait avec la directrice, est le lieu des foyers.

3° Si d'un foyer quelconque F nous abaissons la perpendiculaire FD sur la directrice, le sommet correspondant est au milieu
de DF ; donc le lieu des sommets est la droite POE ainsi menée,
car on aura constamment D'O' = O'F'.

Exercice 35

Lieu 7. *Lieu des points pour lesquels la somme ou la différence
des distances à une droite et à un point donnés est constante.*

Soient donnés la droite *xy* et le point F. Puisqu'on a constamment MF — MB = IJ, si nous menons CD parallèle à *xy*, à une
distance égale à IJ, nous aurons MF = CM ; donc le lieu est une
parabole, F est le foyer, et CD la directrice. La partie de cette
parabole comprise entre la droite *xy* et la directrice correspond à la
somme, car NE = NF ; donc NF + NH = EH = IJ
    On obtient un résultat analogue pour la deuxième figure en pre-
nant MB — MF = I'J', constante donnée ; mais, lorsque cette constante est moindre que la distance du point F à *xy*, il n'y a pas de

point qui corresponde à la somme : pour IJ, on a 'a parabole P;

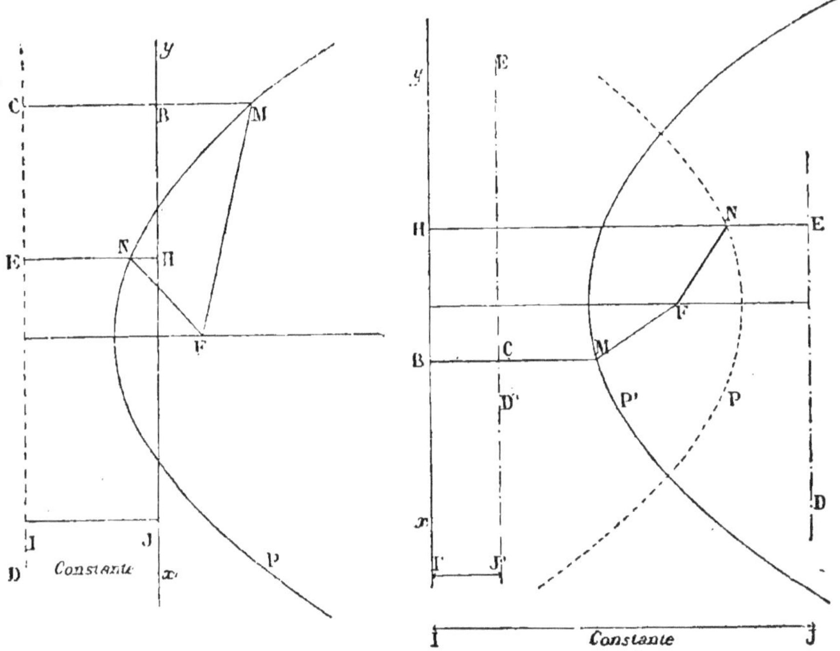

NH + NF = IJ; et aux points où cette parabole couperait xy, la somme serait remplacée par une différence.

HÉLICE

Exercice 36

Problème. *Exprimer la longueur d'un arc d'hélice en fonction de sa projection horizontale et de l'une des quantités suivantes :*

1° *La différence des ordonnées de ses extrémités;*

2° *Le pas de l'hélice;*

3° *L'angle constant que forment les tangentes avec les génératrices.*

On résout facilement ce problème et le suivant en considérant l'angle plan dont l'enroulement sur le cylindre produit l'hélice.

1° D'après la définition de la courbe, l'arc $VP = vp$, $NM = nm$, etc.

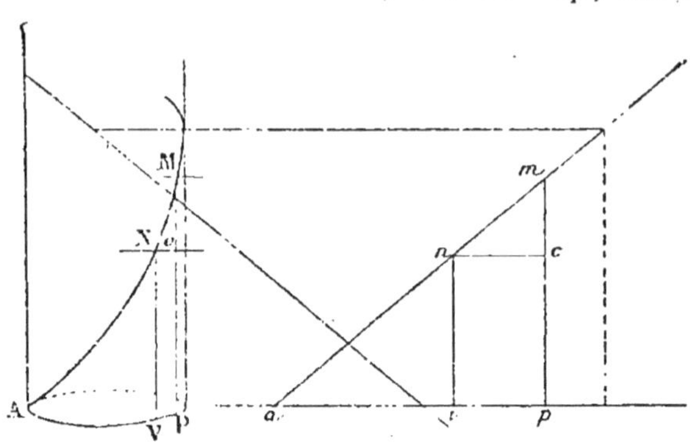

Or
$$nm = \sqrt{\overline{nc^2} + (mp - nv)^2}$$

donc
$$NM = \sqrt{\overline{(\text{arc } VP)^2} + (MP - NV)^2}$$

2° Le pas, AB ou $a'b$, est ordinairement représenté par h.

On a :
$$\frac{mc}{h} = \frac{vp}{aa'}$$

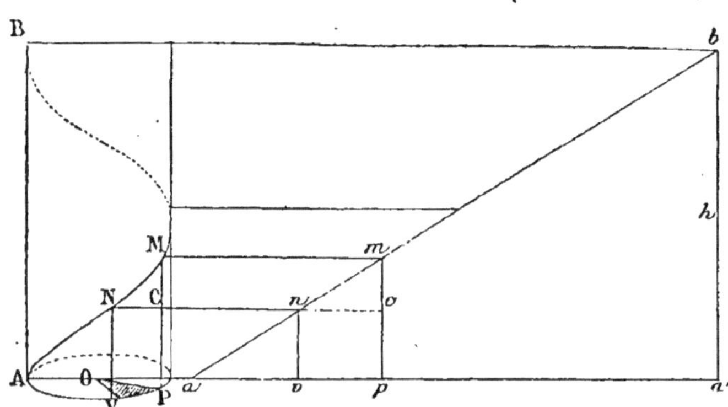

Or mc est la différence des ordonnées, $aa' = 2R\pi$

$$\frac{mc}{h} = \frac{vp}{2R\pi}$$

$$\overline{mc^2} = \frac{h^2 \cdot \overline{vp^2}}{(2R\pi)^2}$$

Donc
$$NM = \sqrt{\overline{(\text{arc } VP)^2} + \frac{h^2 \cdot (\text{arc } VP)^2}{(2R\pi)^2}}$$

ou
$$NM = \text{arc } VP \sqrt{1 + \frac{h^2}{4R^2\pi^2}}$$

3° Soit α l'angle constant baa' :

$$\frac{nc}{nm} = \cos mnc = \cos \alpha \quad \text{ou} \quad nm = \frac{nc}{\cos \alpha}$$

donc
$$NM = \frac{\text{arc VP}}{\text{cosinus } \alpha}$$

Exercice 37

Problème. *Évaluer l'aire de la surface cylindrique comprise :*

1° *Entre un arc d'hélice, les ordonnées extrêmes, et la projection horizontale de l'hélice;*

2° *Entre deux arcs d'hélices de même pas, et les génératrices qui limitent ces arcs;*

3° *Entre deux arcs d'hélices de même pas, et les arcs de deux nouvelles hélices normales aux premières.*

1°
$$mpnv = \frac{(mp + nv)}{2} \cdot vp$$

donc
$$MPNV = \frac{MP + NV}{2} \cdot \text{arc VP}$$

2° Les hélices de même pas sont parallèles, et **proviennent de** droites nm et $n'm'$ parallèles.

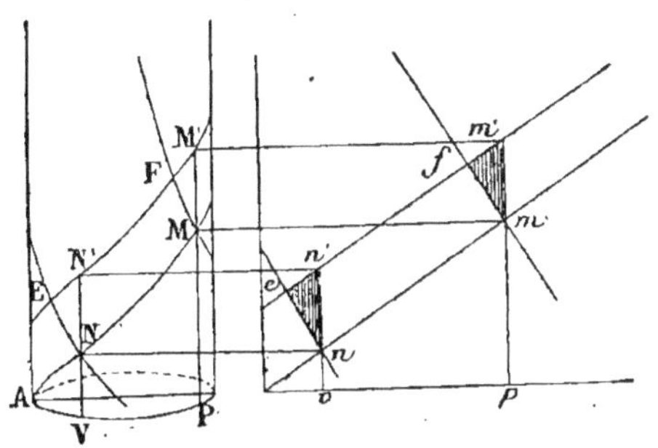

Or, le parallélogramme $\qquad nn'mm' = vp \cdot mm'$
donc l'aire de $\qquad\qquad$ NN'MM' $= \text{arc VP} \cdot$ MM'

3° Les hélices normales aux premières proviennent de **droites** en et fm perpendiculaires aux lignes nm et $n'm'$. On peut d'ailleurs prouver directement que la surface ENN' $=$ FMM'.

Mais le rectangle $\qquad enmf = nm \cdot fm$ ou $vp \cdot mm'$
donc l'aire $\qquad\qquad$ ENFM $=$ NM $\cdot$ FM ou arc VP $\cdot$ MM'

Ordinairement on multiplie l'arc projection, ou VP, par la **distance** MM' mesurée sur une génératrice.

DES MÉTHODES

POUR DÉMONTRER OU RÉSOUDRE LES EXERCICES ÉLÉMENTAIRES
DE GÉOMÉTRIE

---

1. Les exercices de géométrie comprennent des théorèmes et des problèmes.

Les méthodes indiquent la marche qu'il convient de suivre pour arriver à démontrer le théorème énoncé ou pour résoudre le problème proposé. En géométrie, il n'est pas possible d'indiquer une voie qui conduise inévitablement au but; mais du moins on peut diriger les recherches et faire trouver plus facilement le résultat demandé.

Les deux méthodes générales sont l'*analyse* et la *synthèse*.

§ I. -- Démonstration des Théorèmes.

2. Pour démontrer un théorème par l'analyse, on cherche si la proposition énoncée peut se déduire d'une vérité déjà connue. Si cela a lieu, le théorème est démontré; dans le cas contraire, on cherche si la proposition énoncée se déduit d'une deuxième proposition qui puisse, à son tour, se déduire d'une troisième qui soit établie. On peut ainsi trouver un nombre quelconque de propositions intermédiaires; mais, en résumé, on part du théorème énoncé; et, par une suite de propositions hypothétiques de chacune desquelles on peut déduire la précédente, on arrive à une vérité connue.

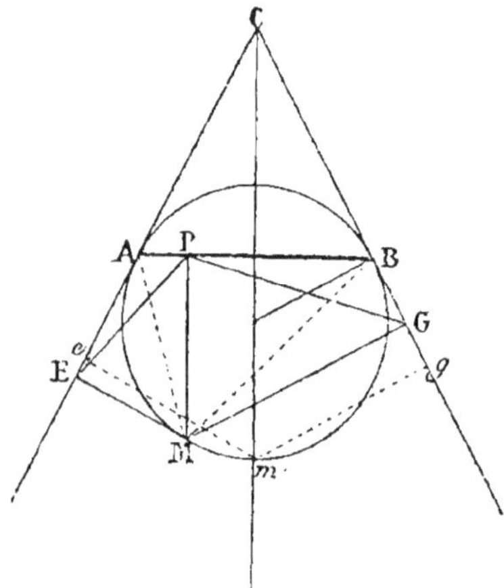

3. *Démontrer que la distance MP d'un point quelconque d'une circonférence à une corde donnée AB, est moyenne proportionnelle entre les distances ME, MG du même point aux tangentes AC, BC menées aux extrémités de la corde donnée.*

Analyse. L'égalité hypothétique $\overline{MP}^2 = ME \times MG$ peut être déduite des rapports égaux :

$$\frac{ME}{\overline{MP}} = \frac{MP}{\overline{MG}} .$$

Cette égalité pourrait se déduire de la similitude des triangles EMP, PMG, dont les angles au point M sont respectivement égaux aux angles obtenus au point m de la bissectrice en abaissant les perpendiculaires me, mg.

La similitude des triangles serait elle-même établie indépendamment des rapports égaux hypothétiques, si l'on démontrait, par exemple, que l'angle $MPE = MGP$. Or le quadrilatère APME ayant deux angles droits opposés est inscriptible, donc l'angle $MPE = MAE$; de même $MGP = MBP$, mais les angles MBA, MAE ont même mesure : $\dfrac{\text{arc AM}}{2}$. Ainsi l'angle $MPE = MGP$, et le théorème est démontré.

4. Par *l'analyse* on peut aussi, du théorème à démontrer regardé comme vrai, déduire une deuxième proposition, de celle-ci en déduire une troisième, jusqu'à ce que l'on parvienne à une proposition connue. Comme raisonnement, c'est l'ordre inverse du précédent; et l'on parvient au même résultat, pourvu que deux propositions consécutives soient toujours réciproques, c'est-à-dire que l'une entraîne l'autre et toutes ses conséquences, et réciproquement.

Cette marche est même parfois plus facile à suivre que la précédente.

E x e m p l e. Si nous avions $\overline{MP^2} = ME \times MG$, de là nous déduirions $\dfrac{ME}{MP} = \dfrac{MP}{MG}$; et puisque l'angle $PME = PMG$, les deux triangles PME, PMG seraient semblables, comme ayant un angle égal compris entre deux côtés homologues proportionnels. Donc nous pourrions en conclure que l'angle $MPE = MGP$; et comme nous démontrons directement l'égalité de ces deux angles, nous en concluons que toutes les propositions intermédiaires sont vraies, et que par suite
$$\overline{MP^2} = ME \times MG.$$

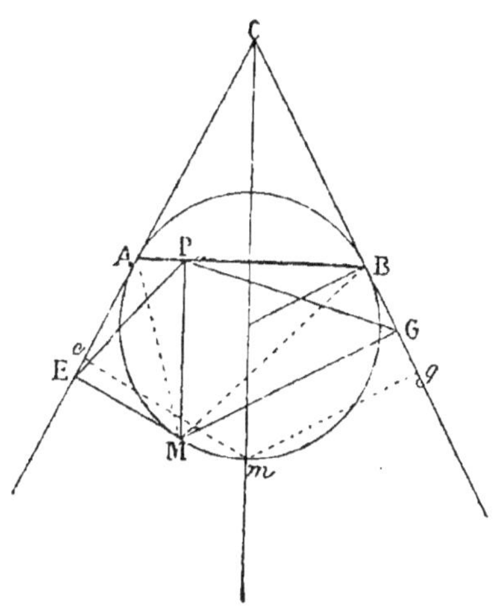

Remarque. Dans l'exemple cité, deux propositions consécutives sont toujours réciproques. Ainsi, de même que de la similitude des triangles établie par l'égalité des angles on déduit $\dfrac{ME}{MP} = \dfrac{MP}{MG}$, de même de l'égalité des rapports et de l'égalité des angles en M on déduit que l'angle $MPE = MPG$, etc.

5. *Synthèse.* Pour démontrer un théorème par la synthèse, on part d'une vérité connue; on en déduit une deuxième proposition, de

11*

celle-ci une troisième, etc., jusqu'à ce que l'on tombe sur le théorème proposé.

Comme enchaînement de propositions, la synthèse suit donc une marche inverse de l'analyse.

En appliquant la synthèse à l'exemple proposé, on dirait :

Le quadrilatère MPAE est inscriptible, donc l'angle $MPE = MAE$; de même $MGP = MBP$, mais $MAE = MBP$, donc l'angle $MPE = MGP$. D'ailleurs les triangles MPE, MGP ont des angles égaux en M; ils sont donc semblables et fournissent les rapports égaux $\dfrac{ME}{MP} = \dfrac{MP}{MG}$

d'où l'on déduit $\overline{MP}^2 = ME \times MG$.   *C. Q. F. D.*

6. *Réduction à l'absurde.* La démonstration d'un théorème par la réduction à l'absurde consiste à admettre comme vraie la proposition contradictoire du théorème énoncé, et à en déduire une suite de conséquences jusqu'à ce que l'on parvienne à un résultat incompatible avec les vérités connues. Il faut avoir soin d'étudier tous les cas différents de la proposition contradictoire; sans cela, de l'absurdité de l'un d'eux on ne pourrait conclure la vérité du théorème énoncé.

La démonstration par la réduction à l'absurde contraint à reconnaître l'exactitude de la proposition énoncée; néanmoins elle satisfait peu l'esprit, parce qu'elle ne traite point directement le théorème demandé : aussi on y recourt plus rarement qu'autrefois. Néanmoins il faut reconnaître que la réduction à l'absurde est très-utile pour la démonstration des propositions réciproques; et dans ce cas elle est parfois la méthode naturelle.

EXEMPLES : Géom., n°ˢ 58, 108, 116, etc.

§ II. — Recherche des Problèmes.

7. Pour traiter un problème par l'analyse on le suppose résolu; et des rapports des données et des inconnues on cherche à déduire des conséquences, jusqu'à ce que l'on parvienne ainsi à des résultats connus.

Les constructions étant supposées effectuées, on peut aussi rechercher les propositions dont elles seraient les conséquences, en procédant d'une manière analogue à ce qui a été dit pour la démonstration des théorèmes. Mais il faut examiner si les propositions déduites les unes des autres sont réciproques; sans quoi on peut, suivant la marche suivie, ou perdre des solutions, ou en introduire d'étrangères à la question proposée.

8. Dans la marche synthétique, on indique immédiatement les constructions à effectuer pour arriver au résultat demandé, et l'on justifie successivement les constructions qu'on a faites.

EXEMPLE *Construire un carré, connaissant la somme l de la diagonale et du côté.*

Analyse. Soit ABCD le carré demandé. Portons BC en CE sur le prolongement de la diagonale. Il faut que AE = l. En menant BE, on voit que le triangle BCE est isocèle. ACB = 45°, donc $CEB = CBE = \frac{45}{2}$; de là on déduit la construction suivante :

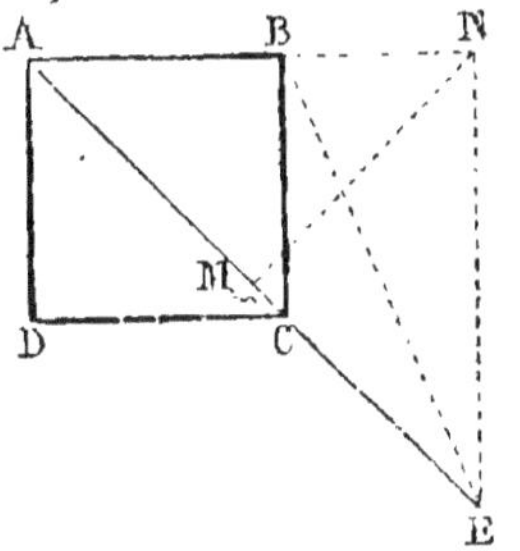

Il faut prendre AE = l, au point A faire un angle de 45°, au point E un angle de $\frac{45}{2}$, par le point B mener une perpendiculaire BC à AB, et terminer le carré. Pour construire les angles, le moyen le plus exact est d'élever une perpendiculaire au milieu de AE, de tracer AN et NE, et de mener la bissectrice de l'angle NEC.

Synthèse. Au milieu de AE = l j'élève une perpendiculaire, et je prends $MN = \frac{l}{2}$; je joins N aux points A et E; je mène la bissectrice de l'angle AEN : cette ligne EB détermine le côté du carré. Au point B j'élève une perpendiculaire à AB, etc.

La figure ABCD est le carré demandé, car l'angle CAB = 45 ; et, puisque B = 90, l'angle ACB égale aussi 45°, BC = AB. D'ailleurs l'angle CBE = BCA — CEB; il égale donc $45° - \frac{45}{2} = \frac{45}{2}$. Ainsi le triangle BCE est isocèle; CE = BC, et la diagonale AC plus le côté BC = AE.

9. *Remarque.* L'analyse est par excellence la méthode pour découvrir; aussi on en fait constamment usage dans la recherche des problèmes.

La synthèse permet à celui qui sait d'exposer ce qu'il connaît. Elle est très-souvent employée, dans les éléments, à la démonstration des théorèmes; mais dans la recherche des problèmes elle rend moins de services, puisque rien ne vient indiquer *a priori* les constructions à effectuer. Néanmoins les questions géométriques sont si variées, que pour certaines d'entre elles on est conduit à employer tantôt l'analyse et tantôt la synthèse; à plus forte raison en est-il ainsi des méthodes particulières qui vont être exposées.

§ III. — Méthodes diverses.

10. PAR SIMPLIFICATION. On ramène le problème proposé à un plus facile à résoudre, le second à un troisième, etc., jusqu'à ce que l'on parvienne à une construction que l'on sache effectuer.

1ᵉʳ EXEMPLE (Livre III, Exerc. 94). Décrire une circonférence tangente à trois circonférences données; on le ramène au nᵒ 90: décrire une circonférence tangente à deux circonf. données, et qui passe par un point donné; ce deuxième problème se ramène au nᵒ 89: décrire une circonférence tangente à une circonférence donnée et qui passe par deux points donnés; et ce troisième problème se ramène au suivant: construire une circonférence qui passe par trois points donnés. Ce dernier étant connu, il en est de même des intermédiaires et du premier.

La marche indiquée est complétement analytique; mais, comme les questions successives ne sont pas réciproques les unes des autres, il faut étudier chacune d'elles avec soin, afin de ne pas omettre certaines solutions. Ainsi le quatrième problème n'en a qu'une; le troisième en a deux; le deuxième, quatre; et le premier en a huit.

La méthode synthétique expose en premier lieu le problème le plus simple. Dans l'exemple cité, c'est le quatrième; puis viennent successivement le troisième, le deuxième et le premier. Celui-ci peut même conduire à poser la question suivante:

Deux hyperboles ont un foyer commun; on connaît les foyers et les axes transverses. Trouver les points d'intersection sans construire les courbes.

2ᵉ EXEMPLE. *Dans une ellipse, quelle est la distance* OL *du centre à une corde* MN *parallèle à* AA', *et dont la longueur est la moitié du grand axe* (Baccalauréat ès sciences; Toulouse, août 1874)?

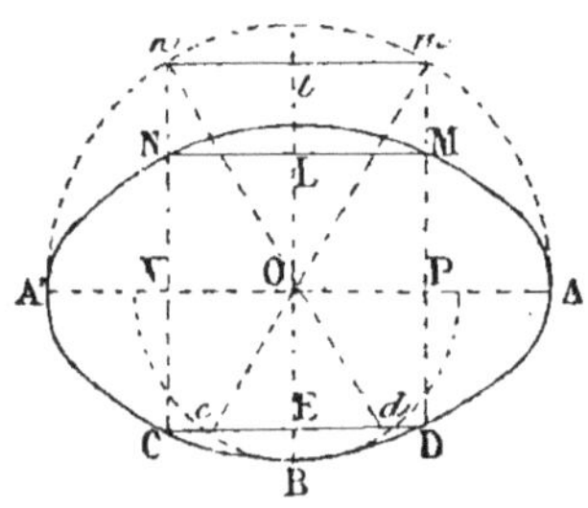

1ᵒ Considérons le cercle principal de l'ellipse. La corde correspondante *mn* égale a, rayon de ce cercle; en joignant les extrémités au centre, on forme un triangle équilatéral *nom*. La hauteur de ce triangle égale $\frac{a}{2}\sqrt{3}$ (Géom., nᵒ 234). Or cette distance est réduite, pour la corde de l'ellipse, dans le rapport $\frac{b}{a}$ (Géom., nᵒ 505); donc la distance du centre à la corde de l'ellipse égale

$$\frac{b}{a} \times \frac{a}{2}\sqrt{3} = \frac{b}{2}\sqrt{3}.$$

2ᵒ On peut arriver plus rapidement à ce résultat. Par rapport au cercle décrit sur le petit axe, la demi-corde $\frac{a}{2}$ est l'abscisse DE d'un point D; pour le petit cercle, la demi-corde correspondante $d\mathrm{E} = \frac{b}{2}$ (Géom., nᵒ 506). Mais $dc = b$ est la base d'un triangle équilatéral; donc $\mathrm{OE} = \frac{b}{2}\sqrt{3}$.

3° Le moyen général pour traiter ces questions, c'est d'employer l'équation de la courbe : $a^2y^2 + b^2x^2 = a^2b^2$ (Géom., n° 513).

Remplaçons x par ML ou $\frac{a}{2}$, d'où $x^2 = \frac{a^2}{4}$, l'équation devient

successivement : $a^2y^2 + \frac{b^2a^2}{4} = a^2b^2$, $y^2 + \frac{b^2}{4} = b^2$, $y^2 = \frac{3b^2}{4}$; d'où

$y = \frac{b}{2}\sqrt{3}$.

11. PAR DÉCOMPOSITION. On divise la surface ou le volume étudié en surfaces ou volumes élémentaires connus : c'est ainsi qu'on opère en arpentage, dans l'évaluation des terrassements, etc., et même en géométrie élémentaire, lorsqu'on étudie le trapèze comme composé de deux triangles déterminés par une diagonale, ou comme formé par un parallélogramme ayant pour base b et un triangle ayant pour base $B - b$.

12. PAR SIMILITUDE. On construit une figure semblable à la figure demandée, et on compare une dimension à son homologue donnée. On opère surtout ainsi lorsque le problème proposé, ou le problème plus simple auquel on a pu le ramener, ne dépend que d'une ligne donnée.

EXEMPLE. Construire un carré, connaissant la somme de la diagonale et du côté (Livre III, Exerc. 79).

L'emploi des figures semblables fournit des solutions faciles à trouver, mais peu élégantes. Il est surtout utile dans l'inscription d'une figure semblable à une figure donnée.

EXEMPLE. Inscrire un carré dans un triangle donné (Livre IV, Exerc. 62).

Remarque. Avant de construire la figure semblable, souvent il faut recourir à l'*inversion* (Livre III, Exerc. 86). Voir n° 14.

13. PAR DUPLICATION. Autour d'une droite on rabat la figure, afin d'obtenir une figure symétrique; et dans ce cas, la solution se présente parfois immédiatement. On peut appliquer cette méthode aux Exercices 25 et 26 du Livre I.

1er EXEMPLE. *Dans un triangle isocèle la somme des distances d'un point quelconque de la base aux deux autres côtés est constante, et la différence des distances d'un point pris sur le prolongement de la base est aussi constante.*

Dans le rabattement, à cause des angles égaux en M, ME devient ME′ sur le prolongement de DM.

Or DE′ = CG, quantité constante.

De même NL devient NL′, et $NH - LN = L'H = CG$.

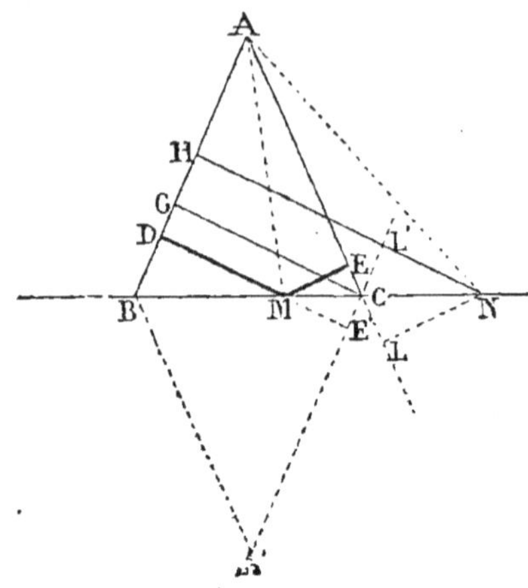

Le problème du chemin minimum (Géom., n° 160) est encore une application de cette méthode.

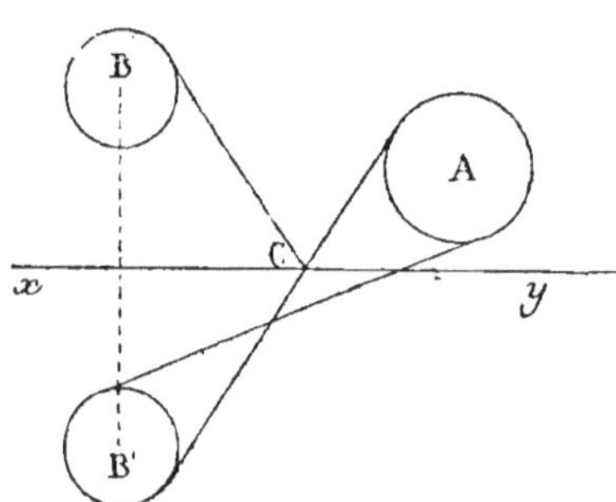

2ᵉ Exemple. *Sur une droite donnée* xy, *déterminer un point* G *tel que les tangentes menées de ce point à deux circonférences données* A *et* B *fassent des angles égaux avec* xy.

Je cherche B′ symétrique de B ; je mène une tangente commune aux circonférences A et B′.

Le point G est le point demandé.

Il y a généralement quatre solutions.

14. Par inversion. A l'énoncé direct on substitue un problème inverse ; puis on revient ordinairement au primitif à l'aide d'une figure égale ou semblable. On emploie les problèmes inverses dans la plupart des cas relatifs à l'inscription d'une figure dans une autre.

1ᵉʳ Exemple. *Dans un triangle donné* ABC, *inscrire un triangle égal à un triangle donné* DEF.

Circonscrivons au triangle DEF un triangle égal à ABC.

Sur DE décrivons un segment capable de l'angle B ; sur DF, un segment capable de l'angle A ; par le point D menons une sécante *ab* égale à AB (Livre II, Exerc. 59).

Les triangles *abc*, ABC sont égaux, comme ayant un côté égal adjacent à deux angles égaux; donc la figure de droite est semblable

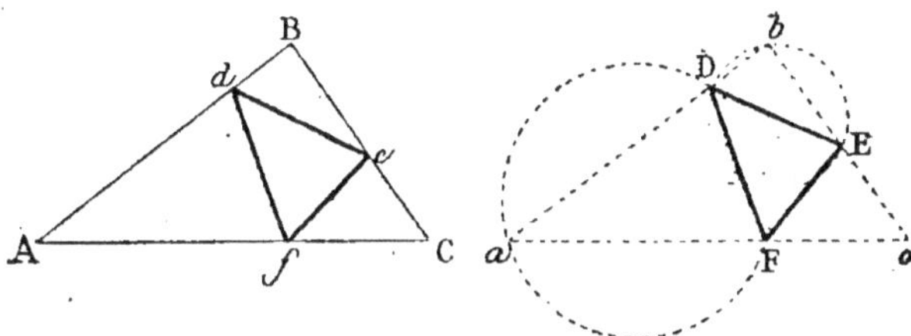

à celle qu'on demande. Prenons $Ad = aD$, etc., et *def* sera le triangle demandé.

Remarque. Dans la plupart des cas on se borne à indiquer la solution de la question inverse, car de celle-ci il est facile de remonter à la première.

2ᵉ **Exemple.** *Deux parallèles* AC *et* DB *sont éloignées d'une longueur donnée* d; *d'un point fixe* O, *distant de* h *de la première, on mène la perpendiculaire commune* OAB. *A quelle distance* y *de cette droite une autre perpendiculaire commune* CD *sera-t-elle vue du point* O *sous un angle maximum* COD (Trigonométrie, chapitre 11, Application nᵒ 10)?

Prenons l'inverse.
Par le point O menons une parallèle aux droites AC, BD; et, DC

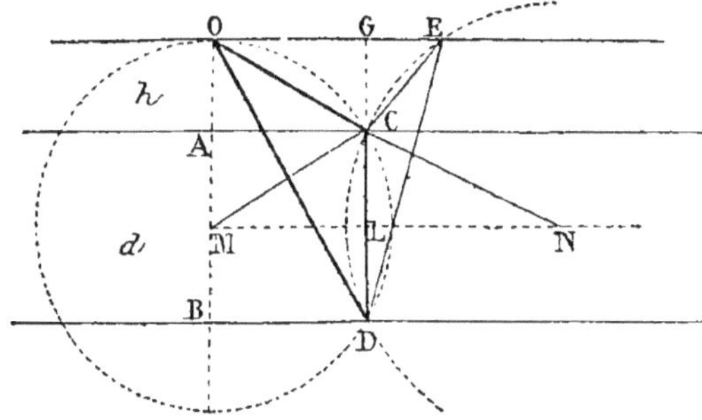

étant donnée de position, cherchons sur OE le point O qui donne l'angle maximum COD.

Pour un cercle quelconque N, qui passe par D et C, et qui rencontre la parallèle, l'angle $E = N$.

Donc il sera maximum lorsque le rayon sera le plus petit possible. Ainsi par DC faisons passer un cercle M tangent à la parallèle, l'angle $O = M$; et, puisque CM est $<$ CN, on a : angle $M > N$. Prolongeons CD, on a : y^2 ou $\overline{OG^2} = CG \times DG$, $y^2 = h(h + d)$;

la tangente de l'angle maximum égale $\dfrac{CL}{ML} = \dfrac{d}{2\sqrt{h(h+d)}}$, et le

rayon du cercle tangent égale $\sqrt{\dfrac{d^2}{4} + h(h+d)}$.

15. PAR DES CONSTRUCTIONS AUXILIAIRES. Cette méthode n'est, en réalité, qu'un procédé dont l'emploi est réclamé par la plupart des questions à traiter. Il est impossible d'indiquer d'une manière générale les constructions qu'il faut employer; mais parfois une seule ligne donne des rapports inattendus d'où dérive directement la solution.

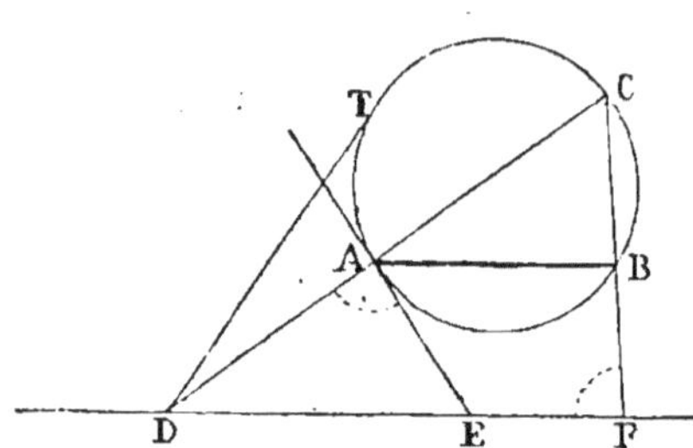

1er EXEMPLE. *Une droite et un cercle étant donnés, trouver un point C tel qu'en le joignant à deux points D et F de la droite, la corde AB soit parallèle à AB.*

Soit le problème résolu. Par le point A menons une tangente. Les triangles semblables DAE et DFC donnent : $\dfrac{DA}{DE} = \dfrac{DF}{DC}$, d'où

$DE = \dfrac{DA \times DC}{DF}$; mais $DA \times DC = \overline{DT}^2$, donc $DE = \dfrac{\overline{DT}^2}{DF}$. Ainsi

on peut connaître DE; et la tangente AE conduit à la solution.

2e EXEMPLE (dans l'Exercice 82 du Livre III). La ligne EF, menée parallèlement aux perpendiculaires AG, BH, conduit immédiatement à diviser AB dans le rapport donné; et, par suite, la solution est obtenue d'une manière très-simple.

16. PAR DES SURFACES AUXILIAIRES. Pour démontrer certaines relations entre des lignes données, on peut employer des surfaces auxiliaires.

1er EXEMPLE. *Dans un triangle isocèle la somme des distances d'un point quelconque de la base aux deux autres côtés est constante, et la différence des distances d'un point pris sur le prolongement de cette base est aussi constante.*

Menons AM et AN.

Le double de l'aire du triangle isocèle peut être exprimé par $AB \times CG$ ou par $AB \times MD + AC \times ME$ lorsqu'on considère les deux triangles ABM, AMC; mais $AC = AB$.

Donc $$AB \times CG = AB(MD + ME)$$

d'où $$CG = MD + ME$$

Pour le point N on a : $AB \times CG = AB \times NH - AC \times NL$

d'où $$CG = NH - NL$$

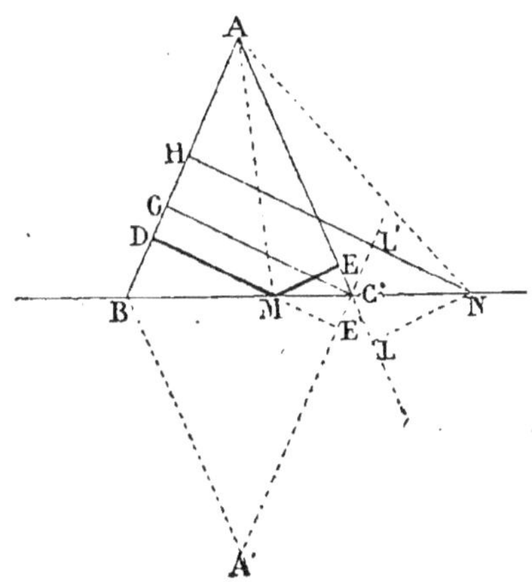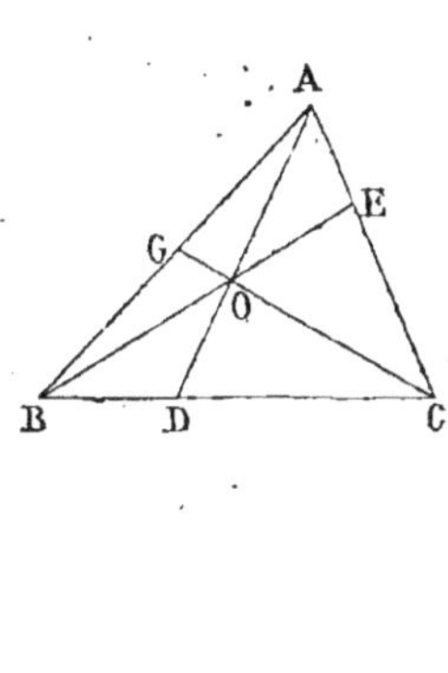

2ᵉ Exemple. *Lorsque trois droites issues des sommets d'un triangle se coupent au même point O, on a la relation :*

$$\frac{DO}{AD} + \frac{OE}{BE} + \frac{OG}{CG} = 1$$

En effet, les triangles BOC et BAC sont entre eux comme leurs hauteurs, ou comme les lignes DO et AD, proportionnelles à ces hauteurs.

$$\frac{BOC}{BAC} = \frac{DO}{AD}; \quad \text{de même} \quad \frac{BOA}{ACB} = \frac{OG}{CG} \quad \text{et} \quad \frac{AOC}{ABC} = \frac{OE}{BE}$$

En ajoutant ces égalités on trouve :

$$\frac{BOC + BOA + AOC}{ABC} \quad \text{ou} \quad 1 = \frac{DO}{AD} + \frac{OE}{BE} + \frac{OG}{CG}$$

On trouverait, par une marche analogue, que :

$$\frac{AO}{AD} + \frac{BO}{BE} + \frac{CO}{CG} = 2$$

L'Exercice 25 du Livre IV, relatif aux Moments, en fournit un autre exemple. Il en est de même de la démonstration donnée par Legendre pour prouver que deux parallèles coupent les sécantes en parties proportionnelles.

17. Par des volumes auxiliaires. Plusieurs cas peuvent se pré— senter.

1ᵉʳ *Cas.* On emploie des volumes pour obtenir des relations entre certaines lignes.

EXEMPLE. *Lorsqu'un tétraèdre a trois faces égales, la somme des distances d'un point quelconque de la quatrième face à chacune des trois autres est constante.*

La démonstration est analogue à celle du premier exemple du n° 16 : on joint le point donné aux quatre sommets, ce qui décompose le solide donné en trois pyramides ayant pour base une des faces latérales, etc.

Le deuxième exemple du n° 16 conduit au théorème suivant, facile à démontrer à l'aide de volumes auxiliaires : Lorsque des droites issues de chaque sommet d'un tétraèdre se coupent en un même point O dans l'intérieur du solide, l'unité est la valeur qu'on obtient lorsqu'on divise par la ligne entière correspondante chaque segment compris depuis le point O jusqu'à la face de la pyramide.

Remarque. La méthode par les surfaces ou les volumes auxiliaires, 1er cas, est parfois moins élégante qu'une solution directe; mais elle s'applique à un assez grand nombre de questions. Au point de vue des méthodes que l'on peut employer pour démontrer le 1er théorème du n° 16, on peut faire les remarques suivantes :

La démonstration de l'Exercice 25, Livre 1, est ingénieuse, mais ne s'applique qu'aux théorèmes donnés 25 et 26; la méthode par duplication, n° 13, ci-dessus, est plus générale, mais ne convient qu'aux figures planes; et l'emploi des surfaces auxiliaires, n° 16, a de bien plus nombreuses applications, et conduit à des démonstrations analogues, n° 17, pour la géométrie dans l'espace.

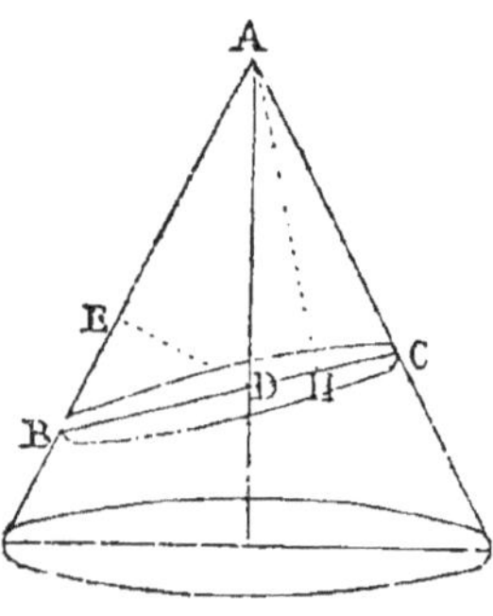

2e *Cas.* On considère des volumes connus, pour obtenir l'aire d'une surface donnée.

EXEMPLE. *Trouver la surface convexe d'un cône de révolution coupé par une section oblique.*

La section BC est une ellipse dont on peut mesurer ou calculer les axes. Du point D, où l'axe rencontre la section, abaissons une perpendiculaire DE sur une génératrice; abaissons la perpendiculaire AH sur la section.

Le volume du cône ABC égale ellipse $BC \times \dfrac{AH}{3}$; mais le point D est à égale distance de toutes les génératrices. Le cône peut donc être regardé comme la limite vers laquelle tend la somme des pyramides triangulaires qui auraient le point D pour sommet, et dont le triangle de base aurait pour côtés deux génératrices voisines et une corde de l'ellipse. Donc le volume peut s'obtenir en multipliant la surface latérale par $\dfrac{DE}{3}$; donc aussi : Surface convexe $BAC = \dfrac{\text{ellipse } CB \times AH}{DE}$.

3ᵉ *Cas.* On considère un volume auxiliaire pour étudier les propriétés de la surface.

EXEMPLE. *Sur une sécante quelconque, l'hyperbole et ses asymptotes interceptent des segments égaux.*

Considérons le cône formé par la rotation de ON autour de Ox

Un plan sécant perpendiculaire au méridien principal, et dont la trace serait NN′, couperait le cône suivant une ellipse, puisque toutes les génératrices de la même nappe seraient rencontrées (Géométrie, n° 570).

Soit NGN′ le rabattement de la moitié de l'ellipse : le plan qui donne l'hyperbole est éloigné de l'axe du cône de la longueur OB (Géomét., n° 573) ; donc sa trace

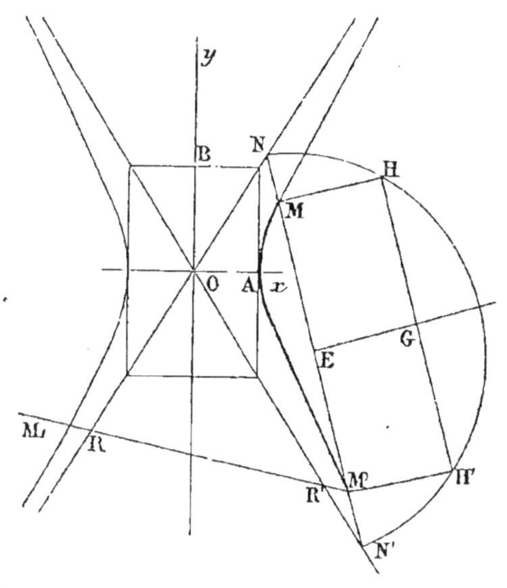

sur l'ellipse est une corde HH′ parallèle à NN′, et telle que EG = OB. Mais, NN′ étant le grand axe de l'ellipse, la perpendiculaire élevée au milieu de NN′ divise toute corde parallèle en deux parties égales : ainsi GH = GH′, donc MN = M′N′.

Si la sécante coupait les deux branches, la section serait une hyperbole dont RR′ serait l'axe transverse ; M′M$_t$ serait la projection d'une corde parallèle ; donc encore, M$_t$R = M′R′.

A l'aide de la propriété démontrée, on construit très-facilement une hyperbole lorsqu'on connaît les asymptotes et un point de la courbe.

18. PAR EXTENSION. 1° Les propriétés des figures planes sont étendues aux angles solides ou aux figures sphériques ;

2° Les propriétés d'une figure élémentaire sont étendues à une figure dont la première n'est qu'un cas particulier ; souvent on emploie un solide auxiliaire.

Les Exercices 11, 12, 13, 14, etc., du Vᵉ Livre, offrent des exemples du **1er** *Cas* ; d'ailleurs les propriétés démontrées pour les trièdres se trouvent, par le fait, établies pour les triangles sphériques ; enfin, la transformation par rayons réciproques (n° 19) peut être aussi utilisée.

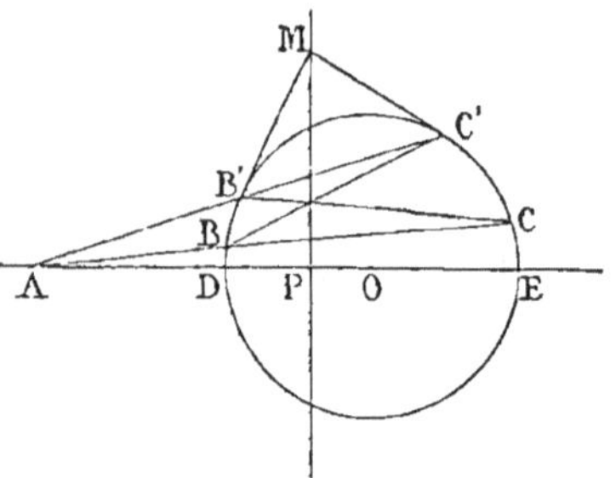

2° *Cas.* Lorsqu'une sécante AC, à un cercle donné O, se meut autour d'un point fixe A, les tangentes aux points B et C se coupent sur une droite MP, perpendiculaire au rayon mené par le point A ; la distance OP est donnée par la relation $OP = \dfrac{OC^2}{AO}$ (Exercice 38, Livre III).

Pour deux sécantes quelconques issues du point A, on démontre aussi que les cordes BC' et B'C se coupent sur la polaire ; il en est de même des cordes BB', CC'.

Or, pour généraliser, imaginons que le cercle appartienne à un cône de révolution. Joignons le sommet aux points A et P : les plans tangents suivant les génératrices SB, SC, se couperont suivant SM, qui appartient au plan polaire de SA ; par suite, pour une section quelconque, l'ellipse *de*, par exemple, les propriétés des polaires se trouvent démontrées.

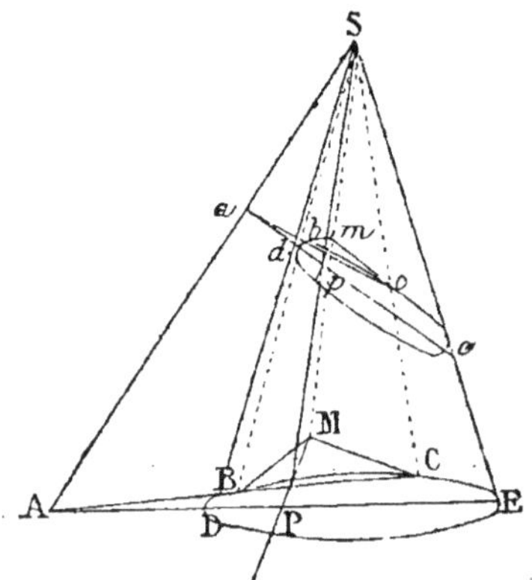

Pour la sécante *abc*, les tangentes se couperont sur *pm*, intersection du plan polaire et de la section, etc. etc.

Les points de concours des droites qui joignent deux à deux les quatre points que donnent deux sécantes issues du point *a*, se coupent aussi sur la polaire *pm*.

Cette méthode, très-féconde, a été surtout employée par Desargues : on trouve immédiatement la plupart des propriétés de l'ellipse lorsqu'on considère la courbe obtenue par la section oblique d'un cylindre de révolution.

19. TRANSFORMATION DES FIGURES. Cette méthode est la plus féconde de toutes : par des transformations purement géométriques, de nombreuses découvertes ont été faites. Les principaux modes d'investigation reposent sur la théorie des *Transversales* : des *polaires réciproques*, de l'*homographie*, de l'*involution*, etc. (Voir *Introduction à la Géométrie supérieure*, par HOUSEL, et les *Appendices* du Cours de

Géométrie par Rouché et de Comberousse). Nous nous bornerons à dire un mot de la *transformation par rayons vecteurs réciproques*.

Lorsque du centre d'un cercle on abaisse une perpendiculaire sur

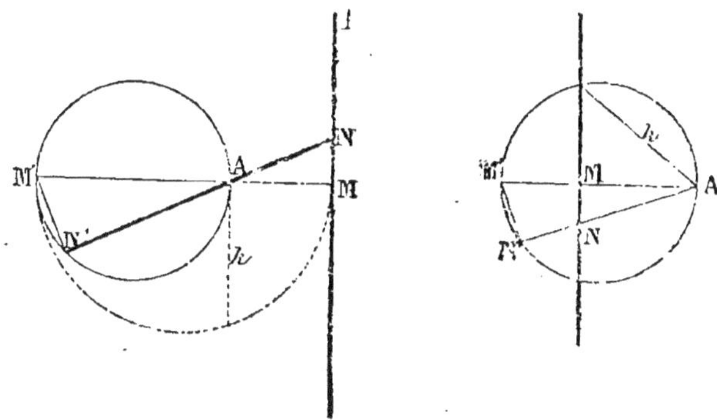

une droite donnée, on dit que la droite donnée et le cercle sont des figures inverses par rapport au point A. On a :

$$AN \times AN' = AM \times AM' = k^2 \quad \text{(Exerc. 37, page 102)}.$$

L'inverse d'un cercle par rapport à un point A non situé sur la circonférence est un autre cercle (Exerc. 37).

Dans tous les cas, le produit k^2 est la *puissance*.

Entre M'N' et son inverse MN on a la relation suivante :

$$\frac{M'N'}{MN} = \frac{AM'}{AN} ; \quad \text{mais} \quad AN \times AN' = k^2, \quad \text{d'où} \quad AN = \frac{k^2}{AN'}.$$

Donc $\dfrac{M'N'}{MN} = \dfrac{AM' \times AN'}{k^2}$, $\quad MN = \dfrac{M'N'}{AM' \times AN'} \times k^2 ;$ c'est-à-dire

MN égale son inverse M'N' multipliée par la puissance, mais divisée par le produit des rayons vecteurs de la ligne inverse.

L'*Exercice* 43 correspond au cas où la puissance égale $2R^2$.

Si l'on fait tourner la figure autour de l'axe MM', la droite MN décrit un plan, et c'est la figure inverse de la sphère que-décrit le cercle ; lorsque la puissance égale $2R^2$, et que MN est dans le cercle, le plan passe par le centre : on retrouve les projections stéréographiques.

20. *Remarque.* Un cercle a pour inverse un cercle ; mais le centre de l'un d'eux n'est pas l'inverse de l'autre.

Ainsi la puissance égale $AE \times AD$; ou, en représentant par r et R les rayons, la puissance égale $(AO - r)(AO' + R)$.

Divisons par AO, afin d'avoir l'inverse du centre O ; on trouve :

$$\frac{AO \times AO' + AO \times R - rAO' - Rr}{AO} = AO' + R - \frac{r \times AO'}{AO} - \frac{Rr}{AO}.$$

Mais $\dfrac{r \times AO'}{AO} = R$, donc la distance du point A à l'inverse du

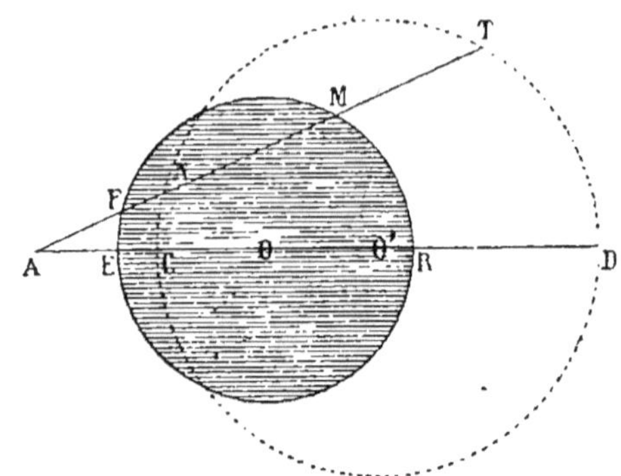

centre O égale $AO' + R - R - \dfrac{Rr}{AO} = AO' - \dfrac{Rr}{AO}$. Ainsi elle est moindre que AO'.

Applications. 1er EXEMPLE. 1er *Théorème de Ptolémée* (Exercice 16, Livre III). Considérons un quadrilatère inscrit. Menons une droite quelconque xy, perpendiculaire au diamètre qui passe par le sommet A : la puissance égale $AE \times AF = k^2$.

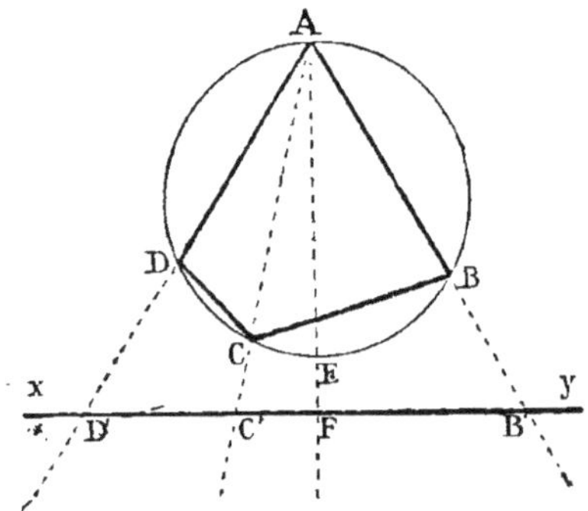

Les segments déterminés par les droites AD, AC, AB donnent la relation :
$$D'B' = D'C' + C'B' \tag{1}$$

Mais $\quad D'B' = DB \times \dfrac{k^2}{AD \times AB}, \quad D'C' = DC \times \dfrac{k^2}{AD \times AC},$

$$C'B' = CB \times \dfrac{k^2}{AC \times AB}.$$

L'égalité (1) devient : $\dfrac{DB \times k^2}{AD \times AB} = \dfrac{DC \times k^2}{AD \times AC} + \dfrac{CB \times k^2}{AC \times AB}.$

En réduisant au même dénominateur et simplifiant, on trouve :

$$DB \times AC = DC \times AB + CB \times AD \qquad (2)$$

Donc le produit des diagonales égale la somme des produits des côtés opposés.

Remarque. Quand le triangle ADB est équilatéral, $AD = DB = AB$; l'égalité (2) devient $AC = DC + CB$ (Exerc. 21).

Autre démonstration. Prenons pour origine un point quelconque du cercle ; désignons par a, b, c, d les rayons vecteurs AO, BO, CO, DO.

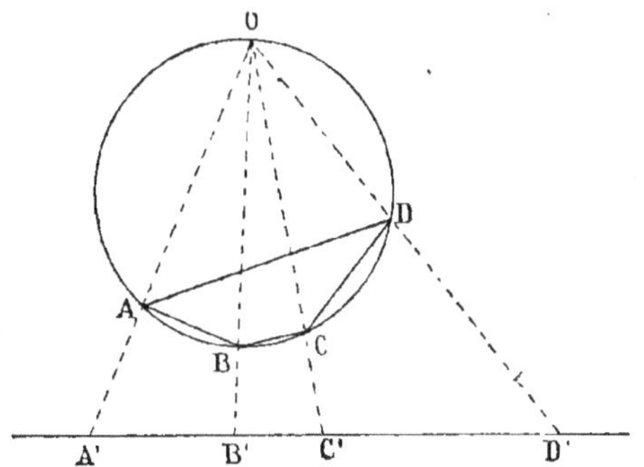

On a toujours, pour quatre segments consécutifs :

$$A'B' \times C'D' + A'D' \times B'C' = B'D' \times A'C' \qquad (1)$$

Car, en remplaçant les lignes A'D', B'D' et A'C' par les segments qui les composent, chaque membre de l'égalité (1) a pour valeur ·

$$A'B' \times C'D' + A'B' \times B'C' + B'C' \times B'C' + C'D' \times B'C'. \qquad (2)$$

Mais $\qquad A'B' = \dfrac{AB}{ab}, \qquad C'D' = \dfrac{CD}{cd}, \qquad$ etc.

En mettant ces valeurs dans (2), on trouve :

$$\frac{AB \times CD}{abcd} + \frac{AD \times BC}{adbc} = \frac{BD \times AC}{bdac}.$$

Et, en supprimant le dénominateur commun, on a :

$$AB \times CD + AD \times BC = BD \times AC \qquad \textit{C. Q. F. D.}$$

Remarque. Lorsque $AB \times CD = AD \times BC$, on a aussi : $A'B' \times C'D' = A'D' \times BC'$ ou $\dfrac{B'C'}{B'A'} = \dfrac{D'C'}{D'A'}$. Dans ce cas, la droite A'C' est dite divisée *harmoniquement* aux points B' et D' ; réciproquement, B'D' est divisée de la même manière aux points A' et C'. Les droites qui concourent au point O forment un *faisceau harmonique*. On sait que toute droite qui traverse un tel faisceau est toujours divisée harmoniquement ; on a donc le résultat suivant :

Lorsque les rectangles formés par les côtés opposés d'un quadrilatère inscrit sont équivalents, toute droite qui coupe le faisceau formé en joignant les quatre sommets du quadrilatère à un point quelconque de la circonférence circonscrite est divisée harmoniquement par ce faisceau.

Remarque. La transformation par rayons vecteurs réciproques est surtout utile pour tout ce qui est relatif à la géométrie de position, et pour examiner comment telle proposition connue peut se transformer.

Examinons le cas spécial où la puissance $AM \times AN = 2R^2$.

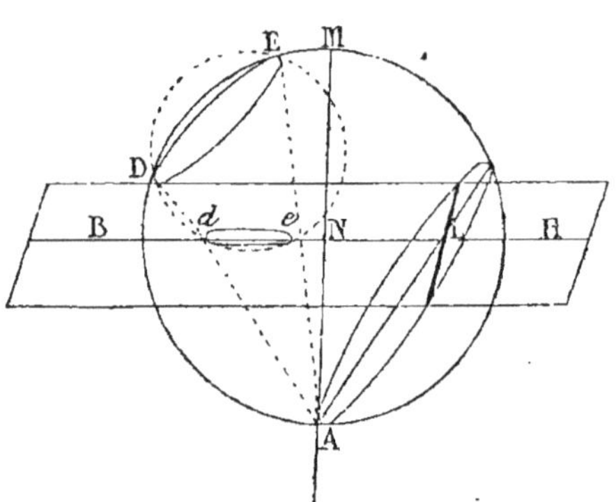

Alors, $AN = R$ (l'on peut prendre le point N sur le prolongement de AM); faisons tourner le cercle et la droite BN autour de l'axe AM, et cherchons l'inverse des cercles tracés sur la sphère.

1° Tout cercle qui passe par l'origine A a pour figure inverse une droite du plan BN. En effet, tous les rayons vecteurs du cercle passent par le point A et sont dans un même plan; l'intersection de ce plan et du plan BN est une droite L.

2° Tout cercle DE qui ne passe point par l'origine, a *un cercle* pour figure inverse. En effet, faisons passer une sphère par le cercle DE et le point d : tout rayon vecteur AE est coupé par le plan en un point e tel que $Ac \times AE = Ad \times AD$. Mais si nous appelons c' le point où le rayon vecteur AE rencontre la sphère, on a aussi : $Ac' \times AE = Ad \times AD$. Donc c' n'est autre chose que le point c. Ainsi le cône ADE et la sphère DEde coupent le plan BN suivant la même courbe : on obtient donc un cercle.

2ᵉ EXEMPLE. Considérons une suite de circonférences tangentes deux à deux et tangentes aux côtés d'un angle A. En prenant dans le plan un point quelconque O pour origine, et une puissance quelconque k^2, les côtés de l'angle et la bissectrice qui contient les centres ont pour figure inverse des circonférences qui passent par le même point. On doit avoir : $OB \times OB' = OC \times OC' = OD \times OD' = k^2$. Les circonférences tangentes deux à deux ont pour inverse des circonférences tangentes deux à deux et tangentes aux inverses des côtés de l'angle : on arrive donc à ce théorème lorsqu'on inscrit une suite de circonférences tangentes deux à deux entre deux cercles B et C. Les points de contact sont sur une même circonférence D.

Remarque. Les points inverses des centres placés sur AD' sont sur le cercle OD; mais D, par exemple, n'est pas le centre du cercle qui correspond à D' (20). Les centres des nouveaux cercles sont aussi sur une circonférence qui passe par O, E; car on peut démontrer que leurs inverses sont sur une droite qui passe par le point A. Les tangentes Om, Od, On forment des angles égaux aux angles MAD', D'AN. Cette remarque est très-importante. Ainsi, dans la transformation par rayons vecteurs réciproques, les angles de la figure inverse sont égaux à ceux de la première figure.

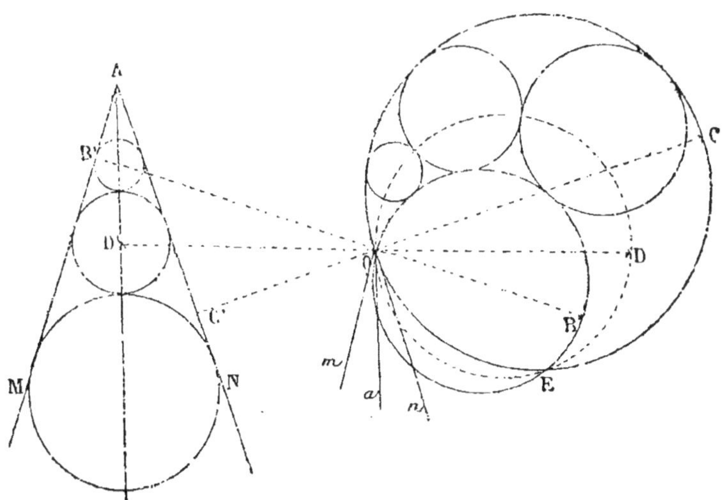

En prenant pour origine un point hors du plan, la figure inverse de l'angle A, etc., est une série de circonférences tangentes à deux petits cercles égaux passant par l'origine; l'inverse de BC est une figure analogue pour deux cercles quelconques de la sphère; et le lieu des points de contact des cercles tangents est encore un cercle.

Au moyen de transformations analogues on peut trouver, à l'aide d'un triangle plan, un grand nombre de propriétés des triangles sphériques formés par trois arcs de petits cercles.

Citons encore l'application suivante (Exerc. 89, Livre III):

Par deux points A et B on fait passer une circonférence M qui soit tangente à une circonférence donnée O. Or, en considérant une sphère dont le centre appartiendrait à la perpendiculaire élevée sur le plan ABO, au point F, et en prenant pour origine un des points où cette perpendiculaire rencontre la sphère, les figures inverses des droites, telles que AB,

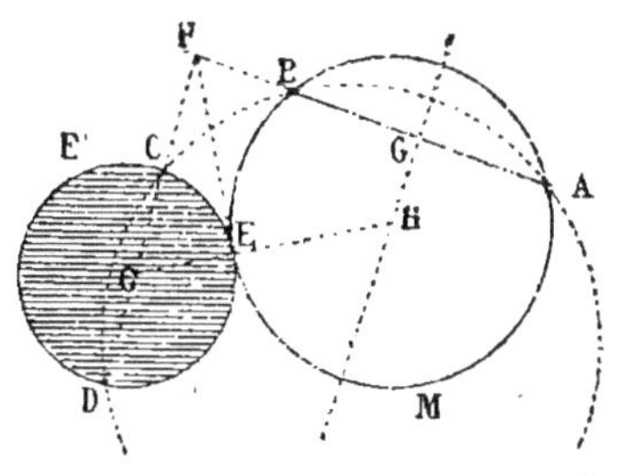

EF, DC, seraient des grands cercles; les inverses des circonférences O, G et ABCD seraient des circonférences. On a donc le théorème suivant : *Lorsque sur une sphère on fait passer par deux points fixes A et B une suite de cercles tangents à un cercle donné O ou qui coupent ce cercle, tous les grands cercles qui correspondent aux tangentes ou aux cordes communes concourent au même point.*

L'Exercice 90, dans lequel on considèrerait les tangentes communes, donnerait le théorème suivant : *Lorsqu'on mène deux grands cercles tangents tous les deux extérieurement ou intérieurement à deux petits cercles donnés, tout grand cercle mené par le point de rencontre des deux premiers coupe les deux petits cercles sous des angles égaux, et les points F, G sont les points de contact d'un cercle tangent aux deux qu'on a donnés, etc.*

Remarque. Ces deux théorèmes permettent de résoudre sur la sphère tous les problèmes relatifs aux cercles tangents. (Plusieurs cas ont été proposés pour l'admission à l'école des Mines de Saint-Étienne, en 1867.)

Sans recourir aux rayons vecteurs réciproques, on peut démontrer les deux théorèmes ci-dessus; mais la voie à suivre est bien plus laborieuse que celle-ci.

21. EMPLOI DES LIEUX GÉOMÉTRIQUES. La résolution d'un problème revient souvent à déterminer la position d'un point. Or, lorsqu'on ne tient pas compte de l'une des données, on trouve une ligne; puis, en prenant la condition négligée, mais en faisant abstraction d'une seconde donnée, on a encore une ligne à laquelle appartient le point cherché. L'intersection des deux lieux géométriques donne le point demandé.

EXEMPLE. *Construire un triangle, connaissant la base AB, la hauteur h et la valeur k² de la somme des carrés des deux autres côtés.*

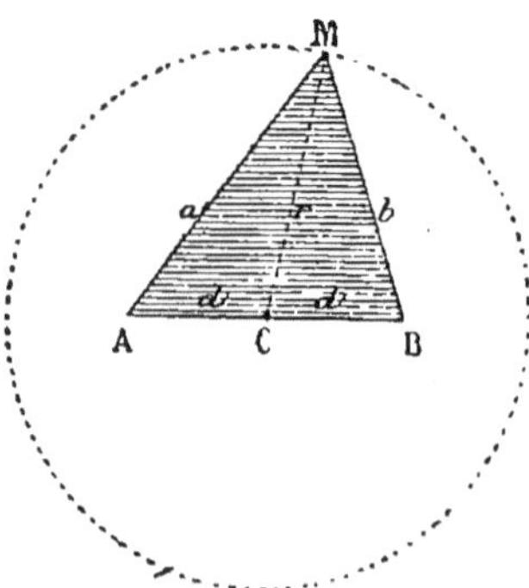

En ne tenant pas compte de la hauteur, et en se reportant à l'Exercice 33 du Livre III, page 100, on voit que le sommet M est sur une circonférence décrite du milieu C avec un rayon :

$$r = \sqrt{\tfrac{1}{2}\,k^2 - d^2}$$

Puis, en négligeant la condition $a^2 + b^2 = k^2$, et en considérant la hauteur donnée h, on voit que le sommet doit se trouver sur une parallèle à AB menée à une distance h de AB. Donc le sommet M sera déterminé par l'intersection de la circonférence et d'une droite parallèle à la base.

Cette méthode est très-utile ; mais il convient de donner quelques explications sur la recherche des lieux géométriques.

Généralement, on détermine plusieurs points du lieu, et surtout les principaux : on reconnaît ainsi approximativement la nature de ce lieu, et on cherche ensuite à démontrer que la ligne obtenue est bien celle que l'on soupçonnait. La question est plus difficile lorsque le lieu est composé de plusieurs parties différentes ; soit le problème suivant (Concours des lycées, 1865 ; cours de logique, section scientifique) :

Un triangle isocèle est donné. On demande le lieu géométrique des points tels que la distance de chacun d'eux à la base soit moyenne proportionnelle entre les distances du même point aux deux autres côtés.

On reconnaît immédiatement que le centre du cercle inscrit et les centres H, I, J des cercles ex-inscrits appartiennent au lieu demandé car $\overline{IL}^2 = IN \times IR$.

Mais A et B appartiennent aussi au lieu demandé ; car la distance de ces points à la base et à l'un des côtés est nulle : ce qui suffit pour annuler le produit et le carré. Mais les points ainsi déterminés ne peuvent appartenir ni à une seule droite ni à un système de droites ; et les meilleurs élèves ont été arrêtés par cette considération, tandis que ceux qui n'avaient songé qu'aux points A, O, B, H ont donné pour réponse une circonférence (3) : et telle était bien la solution de-

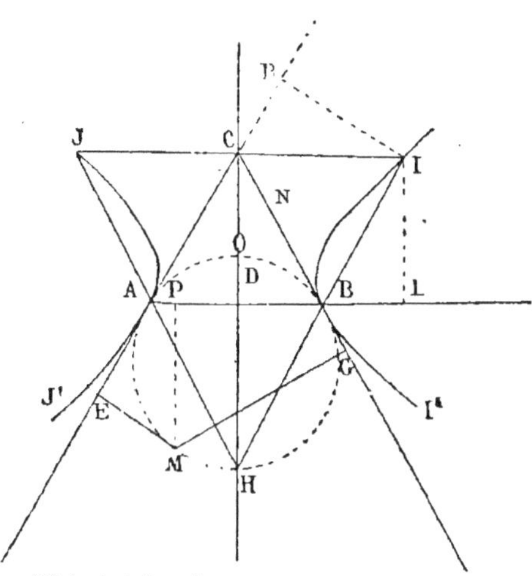

(Il faut abaisser la perpendiculaire IN sur CB.)

mandée. Mais, par la géométrie analytique, on reconnaît que le lieu se compose, en outre, d'une hyperbole II', JJ' tangente en A et B aux côtés du triangle, et par suite à la circonférence ADBH.

Remarque. Souvent une partie seulement de la ligne trouvée satisfait à la question posée ; l'autre partie se rapporte parfois à une question analogue (Exemple : Exercices 57 et 58, Livre I). Les côtés du rectangle correspondent à la somme ; le prolongement des côtés correspond à la différence. Quand on cherche le segment capable de l'angle α, une partie de la circonférence correspond à l'angle α, et l'autre à $180° - \alpha$. Dans certains cas, il est plus difficile de se rendre compte du résultat obtenu.

EXEMPLE. *Par un point extérieur à une circonférence on mène des sécantes. Quel est le lieu du milieu des cordes?*

C'est la circonférence décrite sur AO comme diamètre.

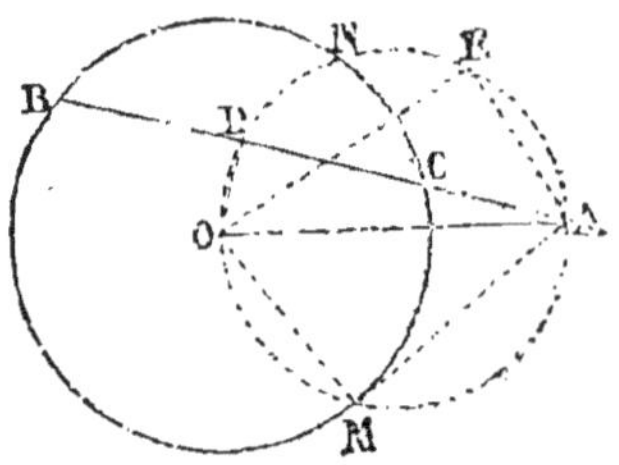

L'arc MON seul correspond à des cordes; on peut néanmoins se rendre compte de la présence de l'arc MAN.

L'angle D étant droit, la question pourrait être posée : *Quel est le lieu géométrique du sommet de l'angle droit d'un triangle rectangle qui a* AO *pour hypoténuse?* Dans ce cas, E appartient évidemment au lieu; mais il y a une autre manière de se rendre compte de la présence de l'arc MAN.

L'équation du cercle, lorsqu'on prend son centre pour origine d'axes rectangulaires, est $x^2 + y^2 = R^2$ (Géom., n° 513); celle d'une sécante quelconque passant par le point A est du premier degré,

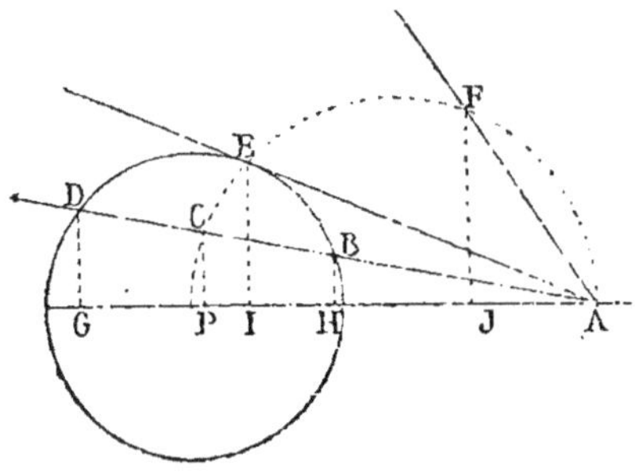

avec un coefficient angulaire variable pour caractériser sa position par rapport à AG (Algèbre, 267). En éliminant x, on aura une équation du second degré en y. Les deux valeurs obtenues correspondent à DG et BH. La demi-somme des racines est l'ordonnée du point milieu C; elle égale en valeur absolue la moitié du coefficient de y dans l'équation définitive. Or, quelle que soit l'inclinaison de la droite, cette valeur est réelle. Ainsi la corde est imaginaire pour une droite telle que AF, mais le milieu F est réel.

22. Les *principaux lieux géométriques* à utiliser dans la recherche des problèmes sont les suivants :

(**a**) Lieu des points dont la somme ou la différence des distances à deux droites données égale une ligne donnée (*Exercices de Géométrie,* Livre I, n°ˢ 57 et 58);

(**b**) Lieu des points dont les distances à deux droites sont dans un rapport donné : c'est une ligne qui passe par le sommet de l'angle;

(**c**) Lieu des points dont les distances à deux points donnés sont dans un rapport donné (*Exerc. de Géom.,* Livre III, Exerc. 32);

(**d**) Lieu des points où les droites menées d'un point à une droite ou à une circonférence sont divisées dans un rapport donné $\dfrac{m}{n}$ (Voir les Exercices 8 et 9, Livre III : le premier lieu est une parallèle EF telle que $\dfrac{AF}{FC}$ ait le rapport voulu $\dfrac{m}{n}$; le second est une circonférence telle qu'on ait $\dfrac{ND}{DC} = \dfrac{m}{n}$, d'où $\dfrac{ND}{NC} = \dfrac{r}{R} = \dfrac{m}{m+n}$. N est le centre extérieur de similitude ; il y a une autre solution qui correspond au centre intérieur de similitude) ;

(e) Lieu des points N où une droite AM menée d'un point A à une droite ou à une circonférence est divisée en deux parties telles que le produit $AM \times AN$ est constant (Exercices 37 et 43, Livre III) ;

(f) Lieu des points dont la somme ou la différence des carrés des distances à deux points donnés égale une valeur donnée (Exerc. 33).

La solution par les lieux géométriques est celle qui se présente *le plus facilement à l'esprit* ; à ce point de vue il ne faut point la négliger, bien que parfois une solution directe soit plus élégante.

Par le point d'intersection de deux cercles A et B, mener une sécante commune telle qu'on ait :

$$1^{\circ} \quad \frac{MC}{CN} = \frac{m}{n} \; ; \qquad 2^{\circ} \quad MC \times CN = k^2.$$

1° La solution directe est très‑simple (Exerc. 82, Livre III) ; la suivante ne l'est pas moins. Sur le prolongement de AC je prends CD tel qu'on ait $\dfrac{AC}{CD} = \dfrac{m}{n}$; je décris la circonférence DC, et NCM est la sécante demandée.

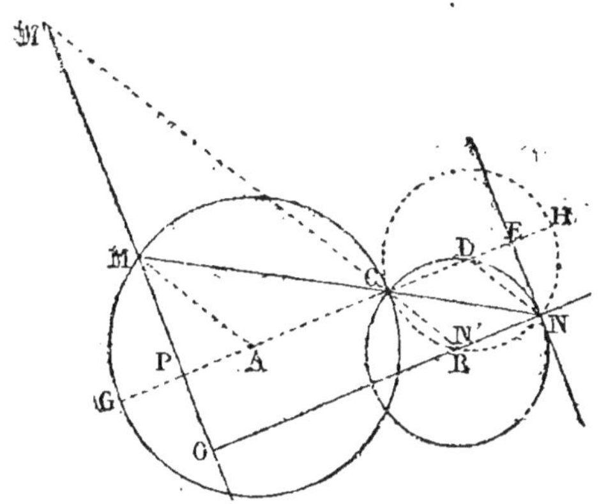

2° Sur le prolongement de AC je prends CE tel qu'on ait $CG \times CE = k^2$; j'élève une perpendiculaire EN, et le point N est déterminé.

Le problème est tout aussi facile lorsqu'une des circonférences est remplacée par une *courbe quelconque* ; or les autres procédés élé mentaires ne pourraient rien dans ce cas. Il en serait de même du suivant : *Par un point C pris dans un angle O mener une sécante telle que* $MC \times CN = k^2$, si la droite ON était remplacée par une courbe quelconque (Exerc. 87, Livre III). Du point C j'abaisse une perpendiculaire CP sur un des côtés ; je prends la grandeur CH telle que $CH \times CP = k^2$, et sur CH comme diamètre je décris une circonférence : elle coupe ordinairement le second côté en deux points N et N', ce qui fournit deux solutions. On a :

$$CN \times CM = CH \times CP = k^2.$$

La solution donnée au n° 87 peut s'oublier ; mais il n'en est pas de même de celle-ci.

2ᵉ **Exemple.** *Construire un trapèze, connaissant les angles et les diagonales* (énoncé de Blanchet).

On sait que dans un trapèze, à partir du point de concours des diagonales, les segments AO, OB sont dans le même rapport que les diagonales.

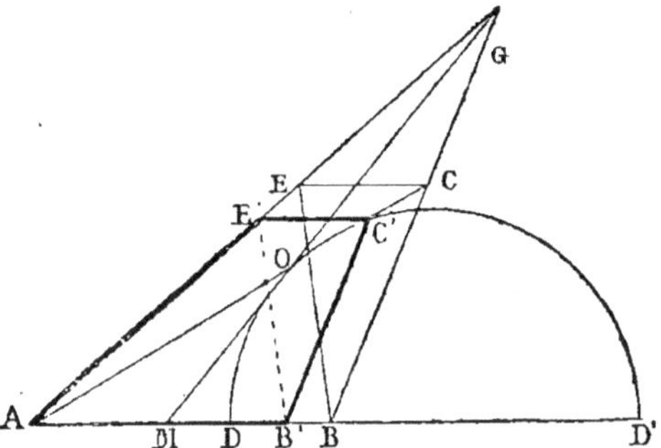

Soient d et d' les diagonales. Sur une droite quelconque AB je fais les angles donnés A et B ; je décris le lieu DD' des points dont les distances aux points A et B sont dans le rapport $\dfrac{d}{d'}$; et je mène la médiane MG, qui généralement coupe le lieu en deux points. Menons AOC, BOE, la figure obtenue est un trapèze, comme il est facile de le démontrer ; de plus, il est semblable au proposé. Portons d de A en C', menons les parallèles C'E', E'B' ; et AB'C'E' est le trapèze demandé. Le point a été déterminé par la rencontre de deux lieux géométriques (*dans la gravure la médiane, le demi-cercle et les diagonales* AC, EB *devraient se couper au même point*).

23. Emploi de l'algèbre. On prend une ou plusieurs grandeurs à chercher pour inconnues ; on établit autant d'équations qu'il y a d'inconnues ; on résout le système d'équation, et l'on construit la valeur trouvée pour l'inconnue qu'on a conservée dans les éliminations qu'on a faites.

Les principales expressions algébriques à construire sont les suivantes :

(a) $\begin{cases} x = \dfrac{ab}{c} \\[2mm] \text{ou}\quad \dfrac{a}{c} = \dfrac{x}{b} \end{cases}$ 4ᵉ proportionnelle (Géom., nᵒ 248).

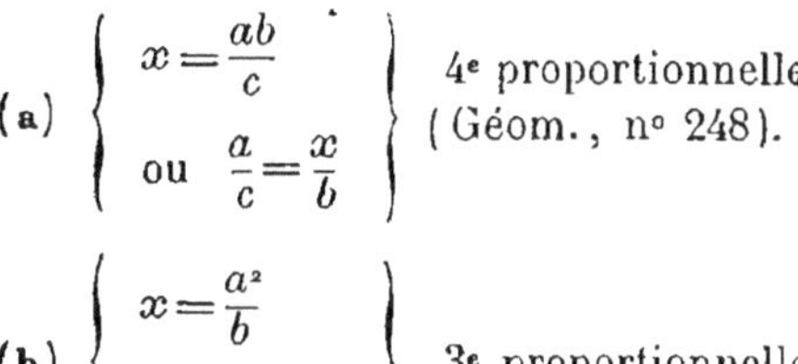
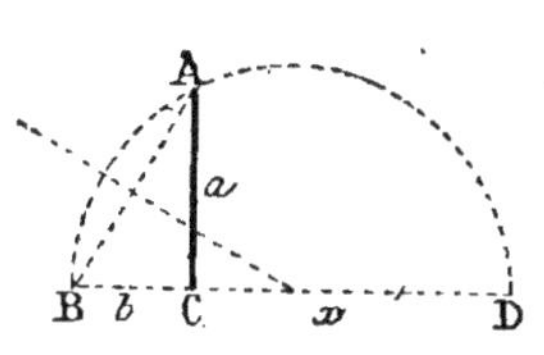

(b) $\begin{cases} x = \dfrac{a^2}{b} \\[2mm] \text{ou}\quad \dfrac{a}{b} = \dfrac{x}{a} \end{cases}$ 3ᵉ proportionnelle.

Outre le procédé de la 4ᵉ proportionnelle on emploie la construction suivante :

On prend $BC = b$, une perpendiculaire $AC = a$, et on fait passer une demi-circonférence par A et B, et qui ait le centre sur BC ; alors $x = \dfrac{a^2}{b}$.

(c) $\begin{cases} x = \sqrt{ab} \\ x^2 = ab \end{cases}$ moyenne proportionnelle (Géom., nᵒ 249).

(d) $\begin{cases} x = \sqrt{a^2 + b^2} \\ x^2 = a^2 + b^2 \end{cases}$ et $\begin{cases} x = \sqrt{a^2 - b^2} \\ x^2 = a^2 - b^2 \end{cases}$ (Géom., nᵒ 285).

(e) $x = \sqrt{a^2 \pm bc}$ $\begin{cases} \text{Il faut remplacer } bc \text{ par un carré, et l'on} \\ \text{est ramené au 4ᵉ cas.} \end{cases}$

(f) $x = \dfrac{abc}{de}$.   En posant $\dfrac{ab}{d} = y$,   on a $x = \dfrac{cy}{e}$.

Il faut trouver deux quatrièmes proportionnelles.
On peut aussi construire directement la valeur de x.
Après avoir pris $OA = a$, $OB = b$, $OC = c$, $OD = d$, $OE = e$, on

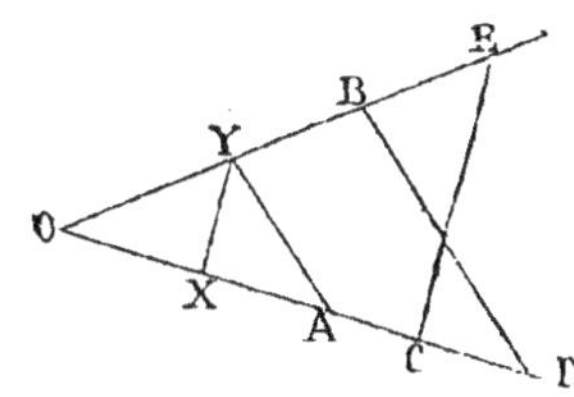

joint BD, CE ; par le point A on mène AY parallèle à BD, puis YX parallèle à CE. OX est la longueur cherchée.

(g) $\begin{cases} x = a\sqrt{\dfrac{m}{n}} \\[3mm] \dfrac{x^2}{a^2} = \dfrac{m}{n} \end{cases}$ (Géom., nᵒ 283).

$$(\mathbf{h}) \begin{cases} x = \dfrac{m \cdot a^2}{b^2} \\[2ex] \dfrac{x}{m} = \dfrac{a^2}{b^2} \end{cases}$$

Sur les côtés d'un angle droit on prend $CA = a$, $CB = b$; on

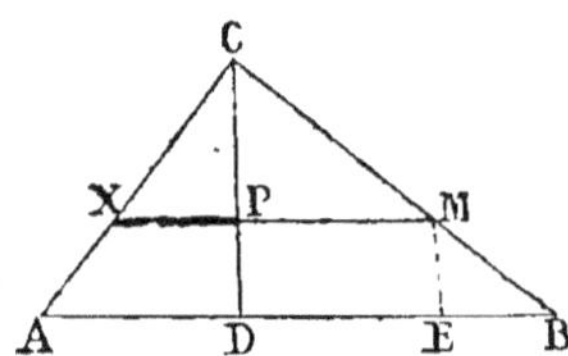

abaisse la perpendiculaire CD sur l'hypoténuse; on porte m de D en E. Puis les lignes EM, MX donnent : $\dfrac{PX}{PM} = \dfrac{a^2}{b^2}$.

$$(\mathbf{i}) \qquad x = \sqrt{a^2 \pm \sqrt{b^4 - c^4}}$$

On peut écrire : $\qquad b^4 - c^4 = (b^2 + c^2)(b^2 - c^2)$

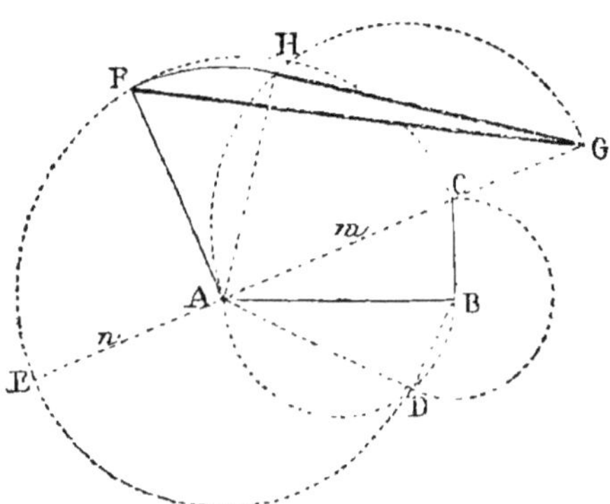

Puis, soit : $\qquad b^2 + c^2 = m^2$ et $b^2 - c^2 = n^2$

On a : $\qquad x = \sqrt{a^2 \pm \sqrt{m^2 \times n^2}} = \sqrt{a^2 \pm mn}$

On est ramené au n° 6.

Soit $AB = b$. Décrivons une demi-circonférence sur AB comme diamètre, élevons une perpendiculaire au point B, et prenons $BC = DB = c$; nous aurons AC^2 ou $m^2 = b^2 + c^2$, $\overline{AD}^2$ ou $n^2 = b^2 - c^2$. Prenons $AE = n$, nous aurons $AF^2 = mn$; portons a de A en G. Alors $\overline{FG}^2 = a^2 + mn$; et, lorsque $AH = AF$, on a $\overline{GH}^2 = a^2 - mn$.

(j)
$$x = \sqrt{a^2 \pm \sqrt{b^4 + c^4}}$$

On peut écrire :
$$b^4 + c^4 = c^2\left(\frac{b^4}{c^2} + c^2\right)$$

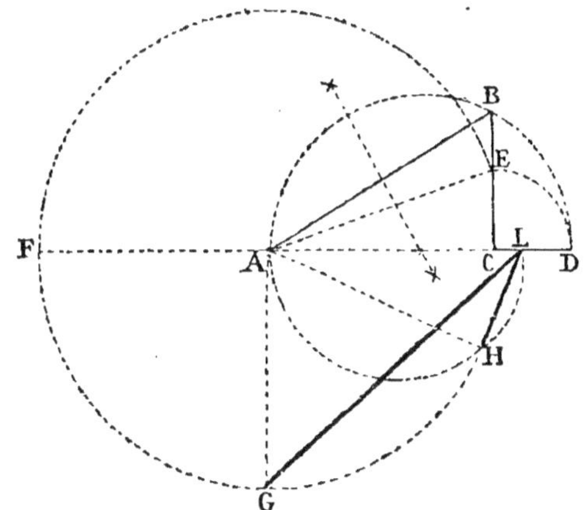

Posons $\dfrac{b^2}{c} = d,$ nous aurons :
$$b^4 + c^4 = c^2(d^2 + c^2), \quad \text{puis} \quad d^2 + c^2 = f^2$$

On aura :
$$b^4 + c^4 = c^2 \times f^2$$

d'où
$$x = \sqrt{a^2 \pm cf}$$

Prenons $AC = c$, $CB = b$. En décrivant une demi-circonférence ABD, on a : $d = \dfrac{b^2}{c}$ ou $d^2 = \dfrac{b^4}{c^2}$. Portons d de C en E, nous aurons : $f^2 = c^2 + d^2$; puis, prenant $AF = AE = f$, on a : $\overline{AG}^2 = AF \times AC = fc$. Et si $AL = a$, on trouve :

$$\overline{GL}^2 = a^2 + fc \quad \text{ou} \quad GL = \sqrt{a^2 + \sqrt{b^4 + c^4}}$$

et
$$\overline{HL}^2 = a^2 - fc, \quad HL = \sqrt{a^2 - \sqrt{b^4 + c^4}}$$

(k) *Construire directement les racines de l'équation du second degré.*
$$x^2 + px + q = 0$$

Il y a quatre cas à considérer.

On peut toujours rendre x^2 positif. Alors, en faisant passer la quantité toute connue à droite, et en la remplaçant par a^2, afin que tous les termes soient du même degré, on peut avoir les quatre cas suivants :

(1) $\quad x^2 - px = -a^2$		(2) $\quad x^2 - px = +a^2$
(3) $\quad x^2 + px = -a^2$		(4) $\quad x^2 + px = +a^2$

La première équation peut s'écrire :

$$-x^2+px=+a^2 \quad \text{ou} \quad x(p-x)=a^2$$

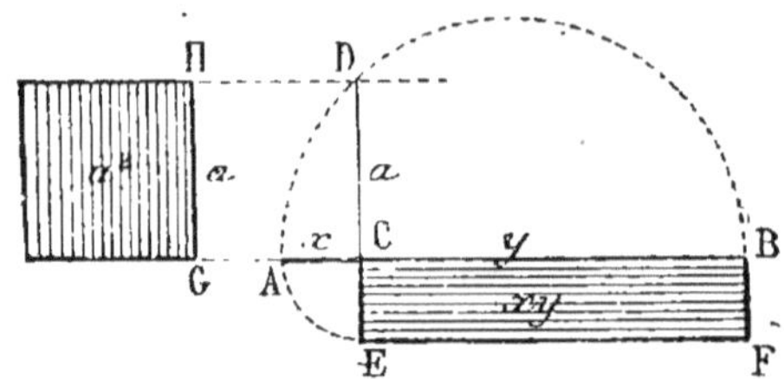

Les deux facteurs x et $p-x$ ont pour somme p.

Le problème correspond à l'énoncé suivant (Géométrie F. P. B., Livre IV, Problème IV, page 136) :

Trouver les côtés d'un rectangle, connaissant la somme de deux côtés adjacents et la surface du rectangle.

La deuxième équation peut s'écrire :

$$x(x-p)=a^2$$

La différence des facteurs x et $x-p$ égale p.

On est ramené au Problème V, n° 279 de la Géométrie :

Trouver les côtés DI, DE *d'un rectangle équivalent au carré* a².

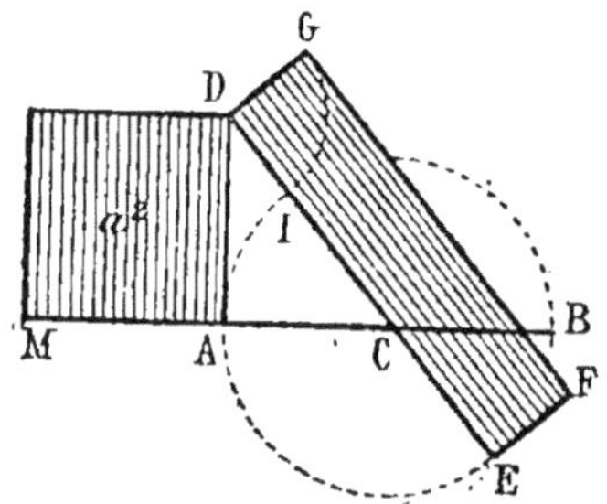

La différence des côtés doit égaler AB.

L'équation (3) donne les mêmes racines que l'équation (1), mais changées de signe; de même (4) se ramène à (2).

(1) *Construire directement l'équation bicarrée.*

(5) $x^4-a^2x^2+b^4=0$

(6) $x^4-a^2x^2-b^4=0$

(7) $x^4+a^2x^2+b^4=0$

(8) $x^4+a^2x^2-b^4=0$

En posant

$$x^2=by$$

ces équations deviennent :

(5 bis) $y^2-\dfrac{a^2}{b}y+b^2=0$

(6 bis) $y^2-\dfrac{a^2}{b}y-b^2=0$

(7 bis) Racines imaginaires.

(8 bis) $y^2+\dfrac{a^2}{b}y-b^2=0$

On obtient les racines des équations en y en opérant comme ci-dessus ; puis une quatrième proportionnelle donne x.

Exemple pour (5 *bis*). Faisons passer une demi-circonférence par A et B, ayant son centre sur BC, on aura $CD = \dfrac{a^2}{b}$; puis décrivons une demi-circonférence sur CD, prenons $CB' = b$, on aura CE

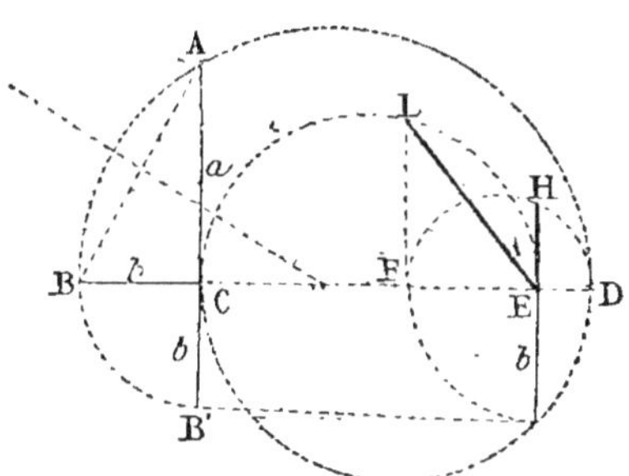

et DE pour les deux racines de l'équation en y : car $CE \times ED = b^2$ et $CE + DE = \dfrac{a^2}{b}$.

Pour avoir x, prenons $EF = b$; on a : $\overline{EH}^2 = DE \times b$. Ainsi $x^2 = \overline{HE}^2$; de même $x^2 = \overline{EL}^2$, puisque $\overline{EL}^2 = b \times CE$ ou by.

Les quatre racines sont : $\pm$ EH, $\pm$ EL.

24. EXEMPLE. *Dans un triangle donné, inscrire un rectangle dont les côtés* y *et* z *remplissent certaines conditions.*

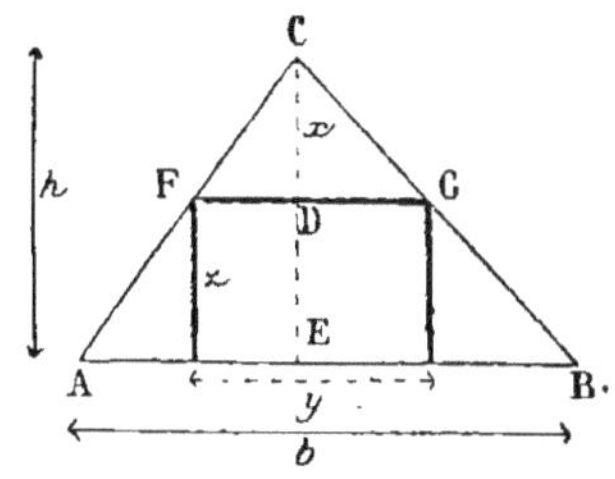

Cas divers.

Soient $CD = x$, $FG = y$	(**a**)	$y + z = p$
et $DE = z$.	(**b**)	$y - z = d$
Prenons x pour inconnue,	(**c**)	$\dfrac{y}{z} = \dfrac{m}{n}$
et exprimons les deux côtés		
y et z en fonction des connues	(**d**)	$yz = a^2$
h, b et de l'inconnue x.	(**e**)	$y^2 + z^2 = a^2$
	(**f**)	$y^2 - z^2 = a^2$

$$\frac{CD}{CE}=\frac{FG}{AB} \quad \text{ou} \quad \frac{x}{h}=\frac{y}{b}\,, \qquad y=\frac{bx}{h} \tag{1}$$

D'ailleurs
$$z=h-x \tag{2}$$

(a) Dans le problème (a), $y+z=p$

donc
$$\frac{bx}{h}+h-x=p\,, \qquad x=\frac{h(p-h)}{b-h}$$

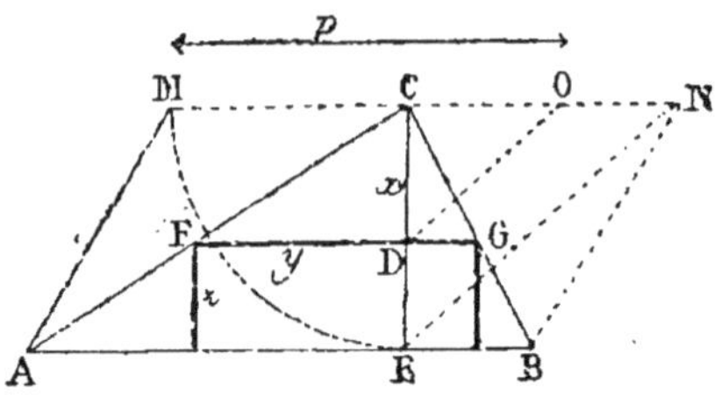

C'est une quatrième proportionnelle à construire ; on a :
$$\frac{b-h}{p-h}=\frac{h}{x}$$

Sur une ligne quelconque passant par le sommet du triangle, prenons $CM=h$, puis $MN=AB$ et $MO=p$; alors $CN=b-h$, $CO=p-h$. Joignons NE, la parallèle OD détermine x.

(b) $y-z=d$,   donc $\dfrac{bx}{h}-(h-x)=d$

$$x=\frac{h(d+h)}{b+h} \quad \text{ou} \quad \frac{h+b}{h+d}=\frac{h}{x}$$

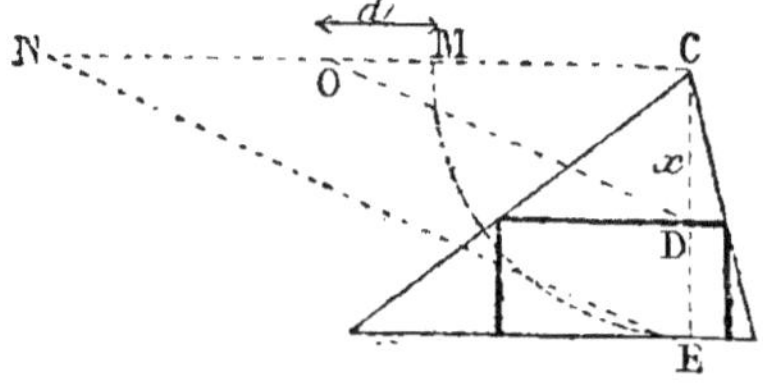

Prenons $CM=h$, $MN=b$, $MO=d$; joignons NE, et menons la parallèle OD. On a :
$$\frac{NC}{OC}=\frac{CE}{CD}\,, \qquad \frac{h+b}{h+d}=\frac{h}{x}$$

La discussion des solutions des Problèmes (a) et (b) est très-intéressante.

(c) $\dfrac{y}{z}=\dfrac{m}{n}\,,$ $\dfrac{\frac{bx}{h}}{h-x}=\dfrac{m}{n}\,,$ $\dfrac{bx}{h(h-x)}=\dfrac{m}{n}\,,$ $bxn=mh^2-mhx\,,$

$$bnx+mhx=mh^2\,, \qquad x=\frac{mh^2}{mh+nb}$$

Pour construire cette expression, divisons tout par m :

$$x = \frac{h^2}{h + \frac{n}{m}\, b}$$

Le dénominateur est la somme de deux lignes.

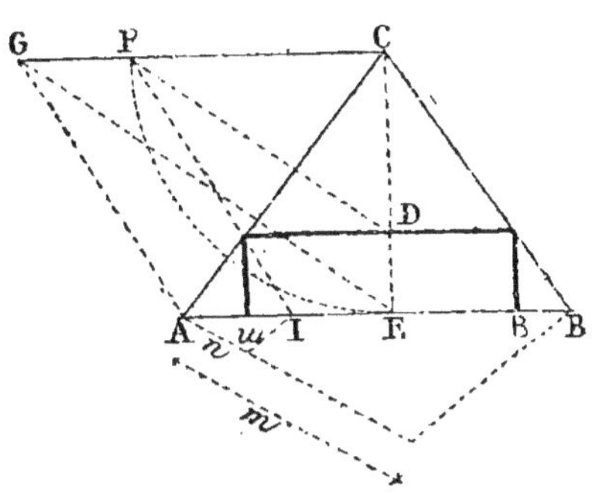

Déterminons $\qquad \frac{n}{m}\, b = u$; d'où $\frac{m}{n} = \frac{b}{u}$

Sur une droite quelconque menée par A, prenons les grandeurs m et n, on aura $AI = u$ et $x = \frac{h^2}{u + h}$, ou $\frac{h + u}{h} = \frac{h}{x}$; prenons $CF = h$ et $FG = u$, joignons GE. La parallèle FD donne la réponse.

Remarque. Quand $\frac{m}{n} = 1$, la figure est un carré ; la valeur de x devient $\frac{h^2}{h + b}$. On doit prendre $FG = b$, et continuer comme ci-dessus.

(d) $yz = a^2$ (le rectangle dont avoir une superficie donnée).

On a $\frac{bx}{h} \times (h - x) = a^2$, $bhx - bx^2 = ha^2$, $x^2 - hx = \frac{-ha^2}{b}$,

ou $\qquad\qquad x(x - h) = \frac{-h}{b}\, a^2$

Nous pouvons employer la première formule de (k), n° 23 ; mais, avant tout, il faut trouver un carré m^2 égal à $\frac{h}{b}\, a^2$; d'où $\frac{m^2}{a^2} = \frac{h}{b}$ (Problème [g]), et écrire $x(h - x) = + m^2$.

Sur h comme diamètre, décrire une demi-circonférence ; prendre $CG = m$: et CD, CD′ sont les deux racines.

Il faut qu'on ait au plus $m = \dfrac{h}{2}$, ou $\dfrac{h}{b}\,a^2 = \dfrac{h^2}{4}$, ou $\dfrac{a^2}{b} = \dfrac{h}{4}$.

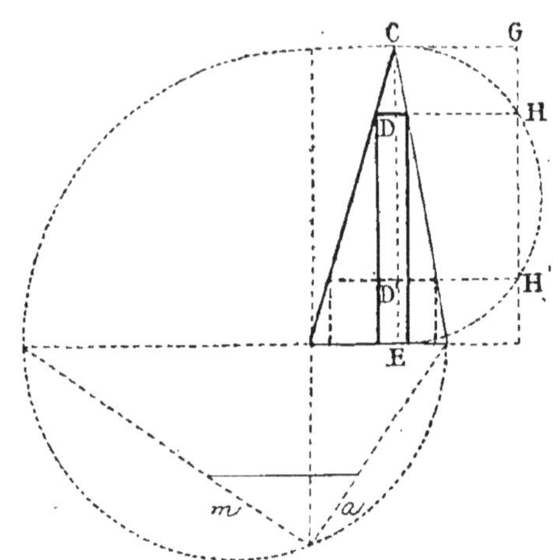

Le plus grand rectangle est celui qui est donné par $x = \dfrac{h}{2}$.

(c) $\qquad y^2 + z^2 = a^2$ ou $\left(\dfrac{bx}{h}\right)^2 + (h-x)^2 = a^2$

$$\dfrac{b^2x^2}{h^2} + h^2 - 2hx + x^2 = a^2, \qquad b^2x^2 + h^4 - 2h^3x + h^2x^2 = a^2h^2$$

$$x^2(b^2 + h^2) - 2h^3x = a^2h^2 - h^4, \qquad x^2 - \dfrac{2h^3}{b^2 + h^2}x = \dfrac{a^2h^2 - h^4}{b^2 + h^2}$$

Au lieu de construire directement les racines, résolvons l'équation :

$$x = \dfrac{h^3}{b^2 + h^2} \pm \sqrt{\dfrac{h^6 + (b^2 + h^2)(a^2h^2 - h^4)}{(b^2 + h^2)^2}}\text{ou}\dfrac{h^6 + a^2h^2b^2 + a^2h^4 - b^2h^4 - h^6}{(b^2 + h^2)^2}$$

$$x = \dfrac{h^3}{b^2 + h^2} \pm \sqrt{\dfrac{h^2(a^2b^2 + a^2h^2 - b^2h^2)}{(b^2 + h^2)^2}}$$

Cette expression, déjà fort compliquée, se construit aussi facilement que les précédentes, mais exige un plus grand nombre d'opérations.

Le numérateur peut s'écrire : $h^4\left(\dfrac{a^2b^2}{h^2} + a^2 - b^2\right)$. Le premier terme de la parenthèse est le carré de la quatrième proportionnelle $\dfrac{ab}{h}$; puis on ajoute ce carré à a^2, et on en soustrait b^2.

Soit m^2 la valeur obtenue, on a alors :

$$x = \dfrac{h^3}{b^2 + h^2} \pm \sqrt{\dfrac{h^4m^2}{(b^2 + h^2)^2}} = \dfrac{h^3 \pm h^2m}{b^2 + h^2} = \dfrac{h^2}{b^2 + h^2}(h \pm m)$$

Et le problème est l'inverse de (g); il consiste à trouver une ligne x qui soit à une autre ligne $(h \pm m)$ dans le rapport des deux carrés h^2 et $(h^2 + b^2)$. On peut écrire :

$$\frac{x}{h \pm m} = \frac{h^2}{h^2 + b^2} \qquad (\text{Voir } [h], \text{ n}^\circ 23).$$

Soient $AB = h$, $AC = b$; $\overline{CB}^2$ égale donc $b^2 + h^2$. Puis sur les côtés d'un angle droit prenons $BD = BC$, $BE = BA = h$; abaissons

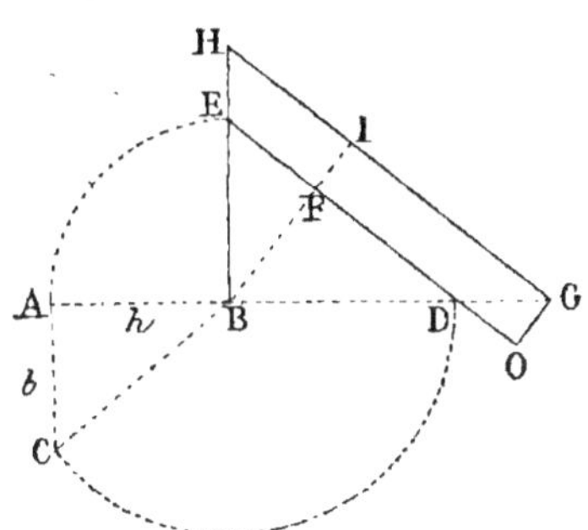

la perpendiculaire BF. On a : $\dfrac{FE}{FD} = \dfrac{h^2}{h^2 + b^2}$. Puis prenons FO égale, par exemple, $(h+m)$; menons OG parallèle à BF, et GH parallèle à DO. On aura : $\dfrac{HI}{IG \text{ ou } h+m} = \dfrac{h^2}{h^2 + b^2}$

(f) $y^2 - z^2 = a^2$, $\left(\dfrac{bx}{h}\right)^2 - (h-x)^2 = a^2$, $\dfrac{b^2 x^2}{h^2} - h^2 + 2hx - x^2 = a^2$

$b^2 x^2 - h^4 + 2h^3 x - h^2 x^2 = h^2 a^2$, $x^2(b^2 - h^2) + 2h^3 x = h^2 a^2 + h^4$

$x^2 + \dfrac{2h^3}{b^2 - h^2} = \dfrac{h^2(a^2 + h^2)}{b^2 - h^2}$.   Analogue au précédent.

25. *Remarque.* En employant les lieux géométriques, il est très-facile d'imaginer un grand nombre de questions qu'on peut traiter comme la précédente. En appelant x et y les deux parties d'une droite à mener, ou les deux dimensions d'un rectangle à construire, etc., on a les six relations suivantes :

(a) $x + y = p$ } La somme ou la différence des variables égale
(b) $x - y = d$ { une longueur donnée.

(c) $\dfrac{x}{y} = \dfrac{m}{n}$ } Le rapport des variables égale un rapport donné.

(d) $xy = a^2$ } Le produit des variables égale une valeur donnée.

(e) $x^2 + y^2 = a^2$ } La somme ou la différence des carrés des va-
(f) $x^2 - y^2 = a^2$ { riables égale un carré donné.

Nous nous bornons aux six relations élémentaires que l'on rencontre ordinairement; mais, dans une question donnée, on pourrait poser : $mx \pm ny = p$ ou $mx^2 \pm ny^2 = a^2$, m et n étant des coefficients quelconques; ou même établir toute autre relation, ainsi que cela a lieu pour le problème traité précédemment (n° 24). Le lieu géométrique cité donne une des relations ci-dessus; on peut donc se poser cinq problèmes.

EXEMPLE. *Les deux segments d'une corde menée par un point fixe pris à l'intérieur d'une circonférence donnent un produit constant. On peut demander les cinq questions suivantes:*
Par un point pris dans une circonférence, mener une corde :

(a) *qui égale une ligne donnée* $x + y = p$;

(b) *dont la différence des segments égale une longueur donnée ou* $x - y = d$;

(c) *qui soit divisée par ce point dans un rapport donné ou* $\dfrac{x}{y} = \dfrac{m}{n}$;

(e), (f) *telle que la somme ou la différence des carrés des segments ait une valeur donnée ou* $x^2 \pm y^2 = a^2$.

26. PRINCIPAUX LIEUX A UTILISER. 1. Lorsque la hauteur et la base d'un triangle sont égales entre-elles, tout rectangle inscrit a un périmètre constant.

2. Le rectangle inscrit dans un carré, et dont les côtés sont parallèles aux diagonales du carré, a un périmètre constant.

3. La somme des distances d'un point quelconque de la base d'un triangle isocèle aux deux autres côtés est constante.

4. La somme des rayons vecteurs d'un point de l'ellipse est constante.

Dans tous ces cas, l'équation générale est : $x + y = p$.

5. Dans les n°⁵ 1, 2, la différence des côtés adjacents est constante lorsque le rectangle est ex-inscrit; il en est de même dans le n° 3 quand le point est pris sur le prolongement du triangle isocèle; et enfin pour l'hyperbole.

On a donc : $x - y = d$.

Le *rapport* est constant lorsqu'on considère :

6. Les distances d'un point quelconque d'une droite à deux autres qui la coupent en un même point;

7. Les distances d'un point de la circonférence aux points A et B (Exerc. 6, Livre III);

8. Les distances d'un point d'une ellipse ou d'une hyperbole à un foyer et à la directrice correspondante;

9. Les distances d'un point fixe aux points où toute droite menée par ce point fixe coupe deux parallèles.

10. Question analogue pour deux circonférences, en prenant pour point fixe un des centres de similitude; on a : $\dfrac{x}{y} = \dfrac{m}{n}$.

Le *produit* de deux lignes est constant quand on considère :

11. Les deux segments d'une corde menée par un point fixe;

12. La sécante entière et sa partie extérieure quand le point est fixe;

13. Les rayons vecteurs réciproques des lieux géométriques des Exercices 15 et 37 du Livre III;

14. Les distances d'un point quelconque d'une hyperbole à ses deux asymptotes.

Dans tous ces problèmes on a : $xy = a^2$.

La *somme des carrés* des distances est constante :

15. Pour le lieu géométrique Exercice 33, Livre III;

Pour tout point de l'ellipse par rapport aux deux diamètres conjugués égaux.

16. La différence des carrés est constante pour le lieu de l'Exercice 33.

Remarque. Les méthodes particulières n'ont jamais qu'une valeur relative; le grand art est de savoir les utiliser à propos, suivant la nature de la question à traiter. Ainsi il convient de renoncer à l'algèbre lorsque les deux inconnues sont liées par une relation fondamentale trop compliquée; dans ce cas, on peut recourir aux procédés particuliers ou à l'intersection des lieux géométriques.

Exemple. *Par* C, *point d'intersection de deux circonférences* A *et* B, *mener une sécante* EF *telle que les cordes* CE, CF *remplissent certaines conditions.*

Soient $CI = x$, $CM = y$, $CA = r$, $CB = R$.

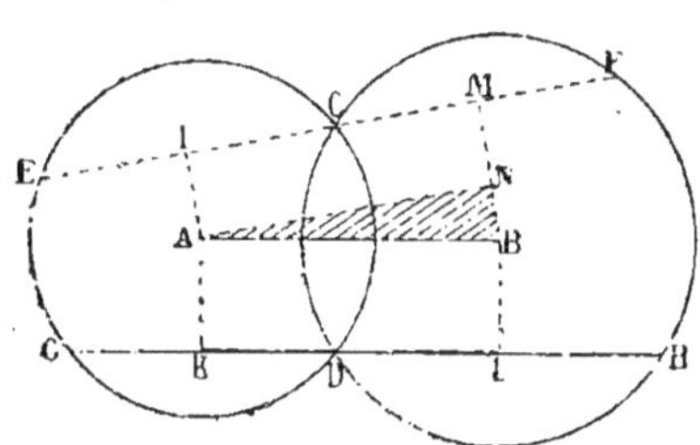

On peut obtenir une relation entre les deux demi-cordes x et y; car, en menant AN parallèle à la sécante, on trouve :

$$\overline{AB}^2 = \overline{AN}^2 + \overline{BN}^2 \quad \text{ou} \quad = \overline{AN}^2 + (BM - AI)^2$$

Mais $\quad AN = x + y$, $\quad BM = \sqrt{R^2 - y^2}$, $\quad AI = \sqrt{r^2 - x^2}$

donc $\quad \overline{AB}^2 = (x + y)^2 + (\sqrt{R^2 - y^2} - \sqrt{r^2 - x^2})^2$

Cette équation est trop compliquée pour qu'on puisse l'employer ordinairement, bien qu'on en trouve un exemple dans l'Algèbre de Briot. Le problème $x+y=p$ est résolu (Exercice 59, page 60); $\dfrac{x}{y}=\dfrac{m}{n}$ (Exercice 58, page 60); $xy=a^2$ (Voir n° 22, 1er Exemple, page 405). On trouve facilement la solution pour $x-y=d$ lorsque la sécante coupe un des petits arcs CD.

Il est utile d'étudier aussi l'exemple suivant; pour certains cas les solutions directes sont très-simples, mais l'algèbre reprend l'avantage pour plusieurs autres cas :

Par un point A *pris entre les côtés* OX, OY *d'un angle droit, mener une sécante limitée aux côtés de l'angle, de manière que les deux segments* x *et* y *de la droite soient liés par une relation donnée.*

Soient a et b les distances du point A aux côtés OX, OY. On trouve la relation :
$$x^2y^2 = a^2x^2 + b^2y^2 \qquad (1)$$

En se reportant au n° 25, pour les divers problèmes à se proposer, on connaît les solutions suivantes : $(c)\ \dfrac{x}{y}=\dfrac{m}{n}$ (l'Exercice 54, p. 58, est un cas particulier); (d) ou $xy=a^2$ (Exercice 87, page 130 et n° 22, 2e Exemple).

Le calcul a néanmoins ses avantages spéciaux, car il permet de traiter (c), (d), (e), (f) à l'aide d'une équation bicarrée.

Mais (a) et (b) donnent une équation complète du quatrième degré.

Lorsque dans (1), $a=b$, la relation fondamendale devient :
$$x^2y^2 = a^2(x^2 + y^2) \qquad (2)$$

et l'on peut résoudre (a) et (b). On tombe sur le *problème de Papus: Par un point* A *pris sur la bissectrice d'un angle droit, mener une sécante telle que la partie* (x+y), *comprise entre les côtés de cet angle, ait une longueur donnée* p.

A l'aide de quelques artifices de calcul on résout le système des équations (2) et (a) ou $x+y=p$. En élevant cette dernière au carré, on trouve successivement :
$$x^2 + 2xy + y^2 = p^2, \qquad x^2 + y^2 = p^2 - 2xy$$

L'équation (2) devient : $x^2y^2 = a^2(p^2 - 2xy)$.

On regarde xy comme inconnue.
$$xy = -a^2 \pm \sqrt{a^2(a^2 + p^2)}$$

On connaît donc la somme et le produit des deux inconnues, et le problème peut être regardé comme résolu (Algèbre 149, page 111).

§ IV. — Discussion et généralisation d'un problème.

27. Discuter un problème, c'est étudier les divers cas qui peuvent se présenter lorsque certaines données varient. Dans plusieurs questions il faut même tenir compte de la position que peuvent avoir les données.

Soit à décrire une circonférence tangente à trois cercles donnés A, B, D.

Le contact peut être extérieur ou intérieur. Dans le premier cas, représentons les cercles par A, B, D; et dans le second, par a, b, d. On a les huit solutions suivantes :

$$
\begin{array}{lll}
(1) \quad \text{A, B, D} & & (3) \left\{ \begin{array}{l} \text{A, } b, d \\ a, \text{ B, } d \\ a, b, \text{ D} \end{array} \right. \\
(2) \left\{ \begin{array}{l} \text{A, B, } d \\ \text{A, } b, \text{ D} \\ a, \text{ B, D} \end{array} \right. \quad \text{et} & & (4) \quad a, b, d
\end{array}
$$

Mais, en réalité, il n'y a que quatre constructions différentes.

Un ou plusieurs cercles peuvent être remplacés par un point ou par une droite; nous nous bornerons à mentionner ces divers cas, sans indiquer les diverses variétés, telles que (1), (2), (3), (4), et, à plus forte raison, sans compter les solutions que chacun d'eux peut donner.

On peut avoir successivement :

Deux cercles et un point;
Un cercle et deux points;
Trois points;
Deux cercles et une droite;
Un cercle et deux droites;
Trois droites;
Un cercle, un point et une droite;
Un point et deux droites.

Outre cela, il faut encore considérer comme position le cas où les trois centres sont en ligne droite, et celui où deux centres coïncident. On pourrait même faire des remarques analogues pour certains cas ci-dessus; car, s'il est impossible de décrire une circonférence tangente à trois cercles lorsque deux d'entre eux sont concentriques et ne coupent pas le troisième, il en est autrement lorsque le troisième coupe un des deux autres ou que ce troisième est remplacé par une sécante.

28. Généralisation. Une des études les plus utiles est de chercher à développer un problème en le généralisant. Reprenons le second exemple du n° 14.

Un point fixe et deux parallèles sont donnés. Mener une sécante CD parallèle à une droite AB, de manière que l'angle COD soit maximum.

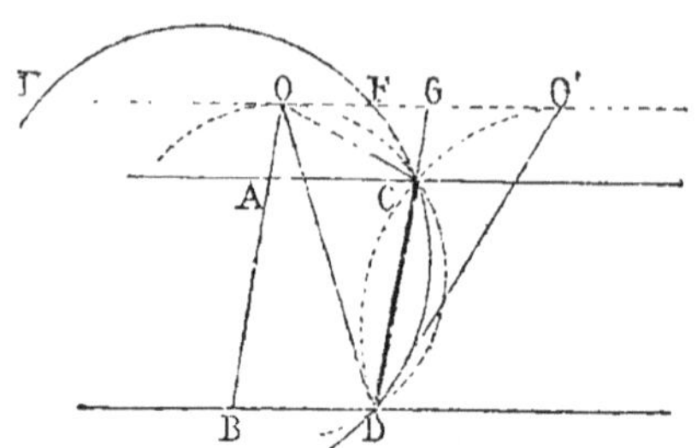

Prenons la question inverse :

Menons une parallèle à AC à une distance CG comptée sur CD du point fixe aux parallèles.

Pour une position donnée CD, déterminons le point O de l'angle maximum.

Par les points C et D, faisons passer une circonférence tangente à OG.

Il y a deux réponses : O et O'.

Lorsque du point E, par exemple, le point s'avance vers la droite, le rayon de l'arc dont CD est la corde diminue constamment jusqu'au point O, puis il augmente; donc l'angle augmente. Au point O a lieu le maximum; puis l'angle diminue. Au point G il est nul; ensuite il augmente jusqu'en O', nouveau maximum, et diminue indéfiniment. On a encore : $\overline{OG}^2 = CG \times DG$.

Pour calculer l'angle COD, on résout les triangles OGC, OGD, dans lesquels on connaît deux côtés et l'angle G qu'ils comprennent; puis le triangle COD, dont les trois côtés sont alors connus.

On peut remplacer les deux parallèles par deux circonférences concentriques. La droite peut être normale aux deux circonférences, ou avoir une inclinaison donnée; de plus, le point peut être à l'intérieur ou à l'extérieur des circonférences, être sur l'une d'elles ou entre les deux. Autant de cas plus ou moins intéressants et pour lesquels le calcul cesse bientôt d'être élémentaire.

Examinons quelques-uns de ces cas. En nous bornant au problème inverse, on voit que la ligne CD est donnée et que le point O, sommet de l'angle, doit se trouver sur une circonférence concentrique à celles qu'on donnait.

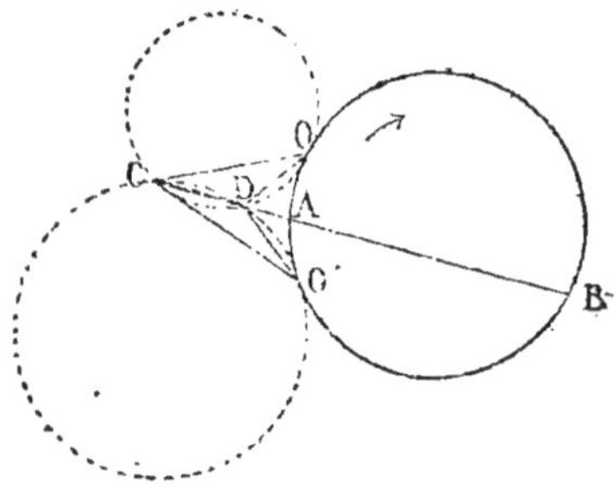

1° La droite CD est extérieure et son prolongement coupe la circonférence sur laquelle doit se trouver le sommet.

Par C et D décrivons des circonférences tangentes à la circonférence donnée AB.

Au point A, l'angle est nul; quand le sommet s'élève sur la circonférence, il augmente; le maximum a lieu au point O, puis

il diminue jusqu'au point B, où il devient nul; augmente de nouveau: il a un second maximum en O', et diminue jusqu'au point A.

2° Quand le prolongement de CD ne rencontre pas la circonfé-

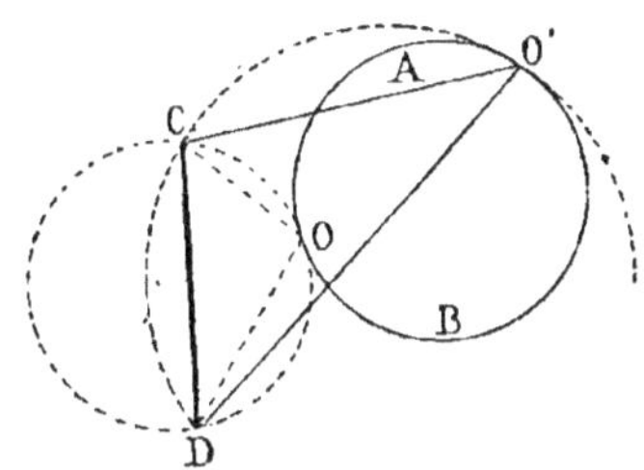

rence AB, le maximum a lieu au point O, puis l'angle diminue; il arrive à son minimum en O', et augmente de nouveau jusqu'au point O.

3° Quand le prolongement de DC est tangent, le point de contact O' donne un angle nul; puis l'angle augmente jusqu'au point de contact O de la circonférence menée par C et D et tangente à la circonférence : là a lieu le maximum; puis il diminue jusqu'au point de contact du prolongement de la droite.

4° Quand le contact O de CD et de la circonférence que doit décrire le sommet a lieu entre C et D, l'angle égale deux droits en O; puis il diminue, atteint le minimum en O', point de contact intérieur du cercle donné et de celui qu'on peut mener par D et C, etc.

5° Lorsque la circonférence donnée coupe CD (entre C et D), l'angle est nul pour le point où le prolongement de CD coupe de nouveau la circonférence; puis il augmente jusqu'au point où CD coupe la même circonférence : là il égale deux droits, et diminue jusqu'à zéro.

6° Enfin, quand la circonférence coupe deux fois CD entre C et D, il y a deux minimums et les points d'intersection correspondent à deux droits.

Remarque. Les questions ainsi étudiées développent singulièrement l'esprit de recherche; il en est de même de l'étude suivante.

29. MANIÈRES DIVERSES D'ENVISAGER UN PROBLÈME :

(1) *Un angle* A *constant a ses deux côtés tangents à un cercle donné de rayon* r. *Quelle position doit occuper cet angle pour que les côtés interceptent une longueur* BC=l *sur une tangente fixe* DX?

(2) *Étant données deux tangentes fixes* AB, AC, *mener une troisième tangente* DX *telle que le segment* BC, *intercepté par les deux premières, égale une ligne donnée* l.

(3) *Construire un triangle, connaissant la base* BC, *l'angle au sommet* A *et le rayon du cercle inscrit.*

12*

Ces divers énoncés correspondent à la même question; mais ils conduisent avec plus ou moins de facilité à la solution.

(3). En prolongeant AO, on remarque que l'angle O égale

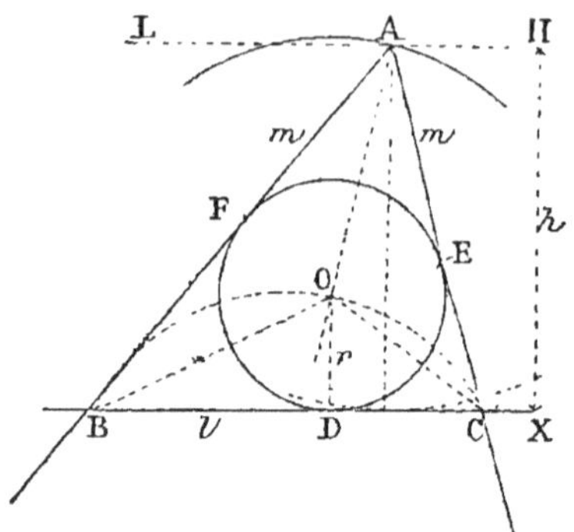

$$A + \frac{B+C}{2}; \text{ mais } \frac{B+C}{2} = \frac{180° - A}{2}, \text{ donc } O = \frac{2A}{2} + \frac{180 - A}{2} = 90° + \frac{A}{2}:$$

et le problème est ramené à construire un triangle connaissant la base BC, l'angle au sommet BOC et la hauteur r.

Autre solution. AE ou m peut être regardée comme connue, puisqu'on donne l'angle A et le rayon r. Le périmètre égale $2(m+l)$; car BF + CE = l. La surface égale $pr = (m+l)r$; mais elle égale aussi $\frac{lh}{2}$. Donc $\frac{lh}{2} = r(m+l)$; $h = \frac{2r(m+l)}{2}$, 4ᵉ proportionnelle. Et le problème est ramené à construire un triangle connaissant la base BC, l'angle au sommet A et la hauteur h.

En considérant la tangente mobile comme trouvée, on voit qu'elle est déterminée lorsqu'on connaît sa distance au sommet A ; donc, pour construire directement le n° (2), du sommet A, avec h pour rayon, décrivons un arc et menons une tangente commune BC à cet arc et au cercle inscrit.

Pour le 1ᵉʳ énoncé, à la tangente fixe DX menons une parallèle HL à la distance H, et du point O, avec la longueur connue AO, décrivons un arc qui fera connaître la position du sommet de l'angle mobile.

La considération de la hauteur h permet de résoudre directement chaque énoncé.

APPENDICE

---

§ **V**. — Évaluation des volumes (n° 649)

La méthode de sommation, due à Archimède, est très-simple et s'applique sans difficulté à plusieurs surfaces et à un grand nombre de volumes.

Généralement, on étudie la figure élémentaire, le triangle, par exemple; et le trapèze est regardé comme la somme de deux triangles formés par une diagonale, ou comme la somme d'un parallélogramme et d'un triangle, ou comme la différence des deux triangles qu'on obtient en prolongeant les côtés non parallèles. De même, le tronc de pyramide peut être regardé comme la différence de deux pyramides (Algèbre F. J. O. P., page 135). Le segment sphérique à deux bases quelconques est la différence de deux segments sphériques à deux bases, dont l'une d'elles passe par le centre; et, à l'aide de transformations algébriques plus ou moins laborieuses, on peut arriver à la formule connue du segment à deux bases quelconques : on peut aussi le regarder comme la différence de deux segments à une base. La méthode d'Archimède peut néanmoins s'appliquer directement à l'étude du trapèze, du tronc de pyramide ou de cône, au segment à deux bases quelconques.

Trapèze. Menons CO parallèle à DE, divisons h en n parties égales, menons des parallèles aux bases par les points de division,

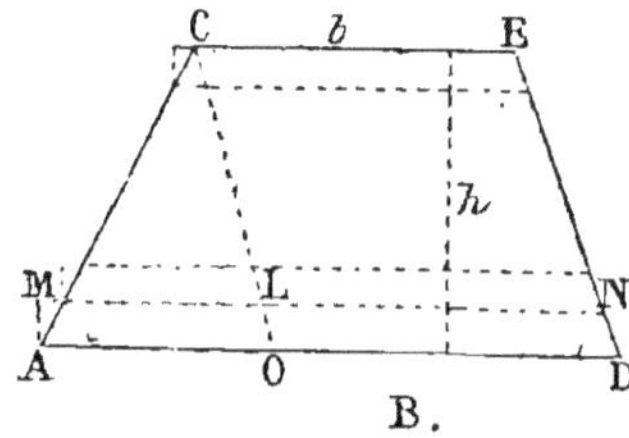

et construisons des parallélogrammes sur chacune des bases telles que MN.

Celle de rang $(n-1) = \text{LN} + \text{ML} = b + \dfrac{(n-1)}{n}(\text{B}-b)$.

La surface égale $\left[b + \dfrac{n-1}{n}(\text{B}-b) \right] \dfrac{h}{n}$.

La somme des parallélogrammes égale :

$$\left[nb + \frac{1+2\ldots+n-1+n}{n}(B-b) \right]\frac{h}{n}.$$

Introduisons n dans la parenthèse, et simplifions :

$$\frac{nb}{n}=b, \qquad \frac{1+2\ldots+n-1+n}{n^2}(B-b)=\frac{B-b}{2};$$

donc, $\qquad$ Surface $=\left(b+\dfrac{B-b}{2}\right)h=\dfrac{B+b}{2}\times h.$

31. *Tronc de cône.* Soient R et r les rayons ; $\quad AO=R-r.$

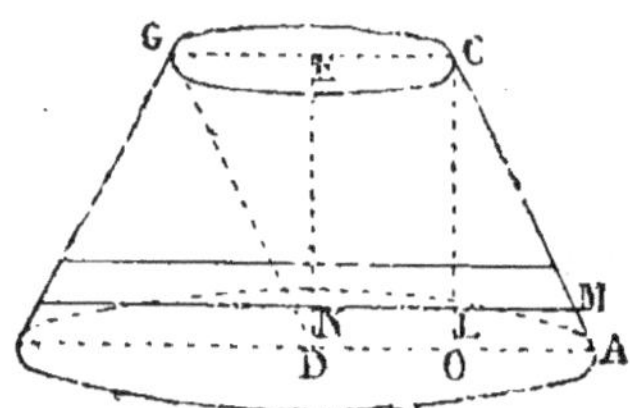

En considérant le tronc de cône comme formé par des cylindres, celui de rang $n-1$ a pour rayon $\quad NM=r+\dfrac{n-1}{n}(R-r).$

Son carré égale $\quad r^2+\dfrac{2(n-1)(R-r)r}{n}+\dfrac{(R-r)^2}{n^2}.$

Volume du cylindre $=\dfrac{\pi h}{n}\left[r^2+\dfrac{2(n-1)(R-r)r}{n}+\dfrac{(R-r)^2}{n^2} \right]$

Il y a n termes analogues ; en introduisant n dans les crochets :

$$V=\pi h\left[\frac{nr^2}{n}+\frac{2Sn}{n^2}\times(R-r)r+\frac{Sn^2}{n^3}(R-r)^2 \right]$$

$$V=\pi h\left[r^2+r(R-r)+\frac{(R-r)^2}{3} \right]$$

En développant et simplifiant, on trouve $\quad \pi h\left[\dfrac{r^2+Rr+R^2}{3}\right]$

Tronc de pyramide. Soient B et B' les deux bases ; a, a' deux côtés homologues. Par D' menons D'O parallèle à CC' ; calculons MN, côté de la section de rang $n-1$.

$$MN=a'+\frac{n-1}{n}(a-a')$$

D'ailleurs on a $\quad \dfrac{NMP}{ADC}=\dfrac{\overline{MN}^2}{\overline{CD}^2}\quad$ ou $\quad \dfrac{NMP}{B}=\dfrac{\left[a'+\dfrac{n-1}{n}(a-a')\right]^2}{a^2}$

$$\text{Section de rang } \quad n-1 = \frac{B\left[a'^{\circ}+2a'(a-a')\frac{n-1}{n}+\frac{(a-a')^2}{n^2}\right]}{a^2}$$

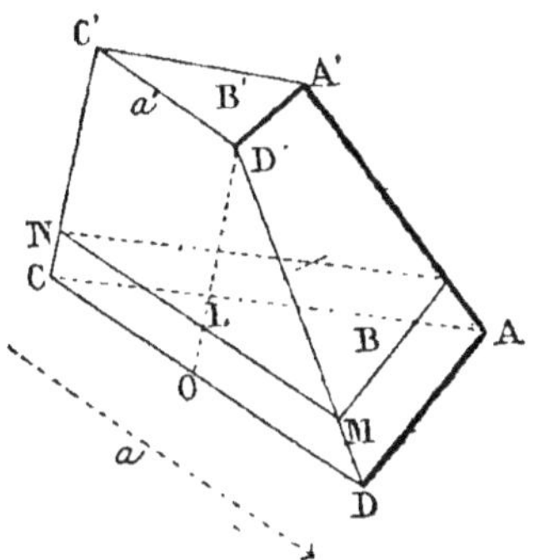

La parenthèse est analogue à celle du tronc de cône.

Donc
$$V = \frac{B\left[a'^2+aa'+a^2\right]}{3a^2} \times h$$

En posant
$$\frac{a'}{a} = k, \quad \text{on trouve :}$$

$$V = \frac{1}{3}Bh(1+k+k^2) \qquad (\text{Géom., } n^\circ 396, \text{ Scolie}).$$

32. *Remarque.* On peut arriver plus rapidement aux formules du tronc de cône et du tronc de pyramide; mais il faut connaître la limite vers laquelle tend la somme suivante:

$$\frac{(n-1)\times 1+(n-2)\times 2+(n-3)\times 3+\ldots+[n-(n-1)](n-1)+[n-n]n}{n^3}$$

Dans chaque terme la somme des facteurs égale n.

Or dans chaque parenthèse du premier facteur la partie positive est constante; elle doit être multipliée par la suite des nombres $1, 2, 3, \ldots, (n-1), n$.

La partie négative égale le deuxième facteur; on peut donc écrire la somme comme il suit:

$$\frac{n(1+2\ldots+n-1+n)}{n^3} - \frac{1+4+9\ldots+(n-1)^2+n^2}{n^3}$$

La première partie a pour limite $\frac{1}{2}$ et la somme $\frac{1}{3}$ (Algèbre, n°s 206 et 304).

Donc l'expression donnée a pour limite $\frac{3}{6}-\frac{2}{6}=\frac{1}{6}$.

En se reportant au n° 31, et en menant la ligne CD, on **voit** que le rayon le plus rapproché de la petite base se compose de deux parties. La première égale $\dfrac{(n-1)r}{n}$ et la seconde égale $\dfrac{R}{n}$. Le deuxième rayon égale $\dfrac{(n-2)r}{n} + \dfrac{2R}{n}$.

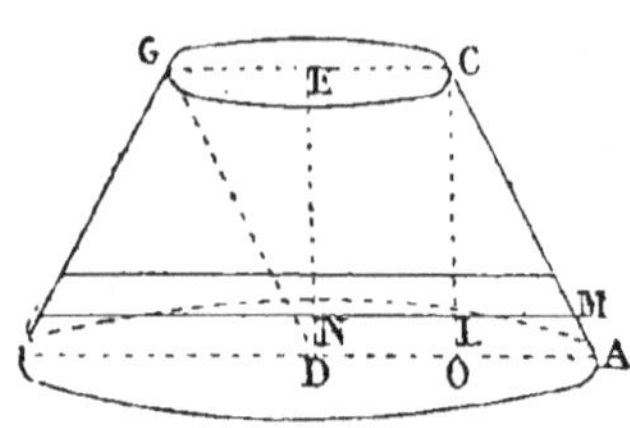

Le $\qquad\qquad (n-2) = \dfrac{2}{n}r + \dfrac{n-2}{n}R.$

Le $\qquad\qquad (n-1) = \dfrac{1}{n}r + \dfrac{n-1}{n}R.$

Et le dernier égale $\qquad \dfrac{n}{n}R.$

Formons les carrés des divers rayons et multiplions-les par $\dfrac{\pi h}{n}$ pour avoir les volumes des cylindres :

$$\frac{\pi h}{n}\left[\frac{n-1}{n}r + \frac{1}{n}R\right]^2 = \pi h\left[\frac{(n-1)^2}{n^2}r^2 + 2\frac{n-1}{n^3}rR + \frac{1}{n^3}R^2\right]$$

$$\frac{\pi h}{n}\left[\frac{n-2}{n}r + \frac{2}{n}R\right]^2 = \pi h\left[\frac{(n-1)^2}{n^3}r^2 + 2\frac{(n-2)\times 2}{n^3}rR + \frac{4}{n^3}R^2\right]$$

$$\cdots\cdots\cdots\cdots\cdots\cdots\cdots\cdots$$

$$\frac{\pi h}{n}\left[\frac{1}{n}r + \frac{n-1}{n}R\right]^2 = \pi h\left[\frac{1}{n^3}r^2 + 2\frac{(n-1)}{n^3}rR + \frac{(n-1)^2}{n^3}R^2\right]$$

$$\frac{\pi h}{n}\left[\frac{n}{n}R\right]^2 = \pi h\left[\frac{n^2}{n^2}R^2\right]$$

Le premier terme des crochets donne :

$$\frac{(n-1)^2 + (n-2)^2 + \ldots + 4 + 1}{n^3}r^2 = \frac{r^2}{3}$$

Le deuxième terme donne :

$$2\frac{(n-1) + (n-2)\times 2 + \ldots 2(n-2) + (n-1)}{n^3} = \frac{2rR}{6} = \frac{rR}{3}$$

Le troisième terme donne :

$$\frac{1 + 4 + \ldots (n-1)^2 + n^2}{n^3}R^2 = \frac{R^2}{3}$$

Donc le volume total égale $\pi h\left(\dfrac{r^2 + rR + R^2}{3}\right)$

33. *Segment sphérique à deux bases quelconques.* Soient R et R' les rayons des bases du segment engendré par la révolution complète de ABDC autour de OX ; désignons par a le rayon de la sphère,

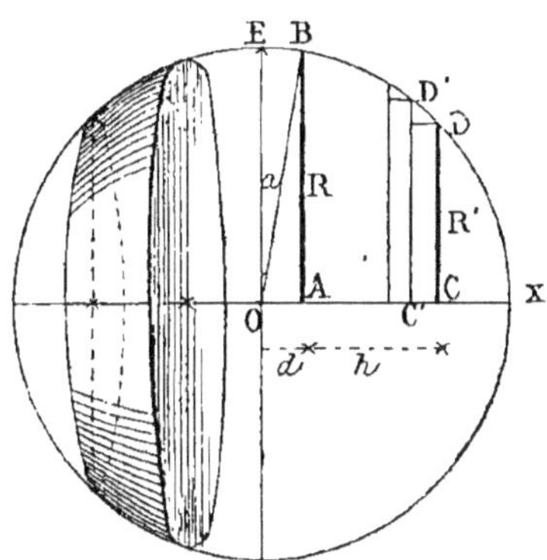

par h la hauteur du segment, et par d la distance de la grande base au centre.

Divisons h en n parties égales, et considérons les cylindres ayant pour rayon les diverses ordonnées. Celle de rang $(n-1)$ ou D'C' a pour carré $a^2 - \overline{OC'}^2$.

$$\overline{D'C'}^2 = a^2 - \left(d + \frac{n-1}{n}h\right)^2 = a^2 - d^2 - 2dh\frac{n-1}{n} - h^2\frac{(n-1)^2}{n^2}$$

Le volume de ce cylindre égale :

$$\frac{\pi h}{n}\left[a^2 - d^2 - 2dh\frac{n-1}{n} - h^2\frac{(n-1)^2}{n^2}\right]$$

Il y a n cylindres analogues ; de sorte qu'en introduisant n dans les crochets, et en faisant la somme de tous les cylindres, on aura les termes :

$$\frac{na^2}{n} - \frac{nd^2}{n} - 2dh\frac{Sn}{n^2} - h^2\frac{Sn^2}{n^3}$$

Donc
$$V = \pi h\left[a^2 - d^2 - dh - \frac{h^2}{3}\right] \qquad (1)$$

Mais
$$\frac{\overline{R'}^2}{2} = \frac{a^2 - (d+h)^2}{2} = \frac{a^2 - d^2 - 2dh - h^2}{2}$$

$$\frac{R^2}{2} = \frac{a^2 - d^2}{2}$$

Donc
$$\frac{R^2 + R'^2}{2} = a^2 - d^2 - dh - \frac{h^2}{2} \qquad (2)$$

En ajoutant et retranchant $\frac{h^2}{6}$ dans les parenthèses de la formule (1), on a : $\quad V = \pi h \left[a^2 - d^2 - dh - \dfrac{h^2}{2} + \dfrac{h^2}{6} \right]$

Donc $\quad V = \pi h \left[\dfrac{R^2 + R'^2}{2} + \dfrac{h^2}{6} \right]$

On peut écrire : $\quad V = \pi h \left(\dfrac{R^2 + R'^2}{2} \right) + \dfrac{\pi h^3}{6}$

Remarque. Sans recourir aux sommations, on peut arriver à la formule connue du segment **sphérique** à deux bases quelconques au moyen du théorème des *trois corps ronds* (Géom., n° 477).

Un segment sphérique quelconque est équivalent au segment correspondant du cylindre circonscrit à la sphère, moins le tronc du cône à deux nappes dont le sommet est au centre de la sphère, et qui a mêmes bases que le cylindre.

Ainsi le segment engendré par la révolution de ABDC est équivalent au cylindre engendré par AGFC, moins le tronc de cône formé par ANMC.

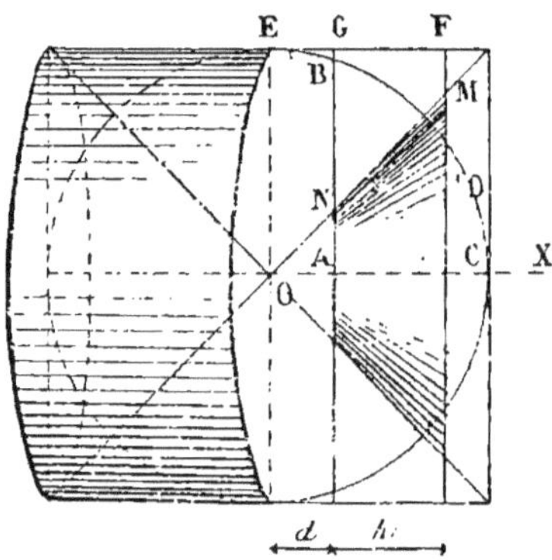

Volume du segment $= \pi d^2 h - \pi h \left(\dfrac{\overline{AN}^2 + AN \times MC + \overline{MC}^2}{3} \right)$

Mais $\quad AN = AO = d , \quad MC = CO = d + h ;$

donc $\quad V = \pi h \left[\dfrac{a^2 - d^2 + d(d+h) + (d+h)^2}{3} \right]$

En effectuant et réduisant on trouve, comme précédemment :

$$V = \pi h \left[a^2 - d^2 - dh - \dfrac{h^2}{3} \right]$$

ou $\quad V = \pi h \left[a^2 - d^2 - dh - \dfrac{h^2}{2} + \dfrac{h^2}{6} \right]$

Donc $\quad V = \pi h \left(\dfrac{R^2 + R'^2}{2} \right) + \dfrac{\pi h^3}{6}$

34. La méthode de sommation s'applique à un grand nombre de cas.

EXEMPLE. *Un solide est limité par les triangles rectangles DCD',
ACD ; par le rectangle AA'CD' et par la surface gauche qu'engendre une droite qui glisse sur AD et A'D' en restant parallèle
au plan DCD'.*

Divisons h en n parties égales, menons des plans parallèles à la

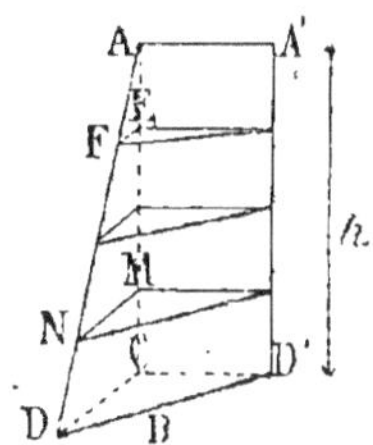

base DCD', et considérons les prismes ayant $\dfrac{h}{n}$ pour hauteur et
les diverses sections pour base. Le prisme de rang $(n-1)$ a pour
volume $\dfrac{h}{n} \times \dfrac{\mathrm{MN} \times \mathrm{CD'}}{2}$; mais $\mathrm{MN} = \dfrac{(n-1)}{n} \times \mathrm{DC}$, donc le
prisme égale $\dfrac{n-1}{n} \times \dfrac{\mathrm{DC} \times \mathrm{CD'}}{2} \times \dfrac{h}{n}$. Les n termes analogues don-
neraient : $\mathrm{V} = \dfrac{\mathrm{CD} \times \mathrm{CD'}}{2} \times h \times \dfrac{1+2\ldots+n}{n^2} = \dfrac{\mathrm{CD} \times \mathrm{CD'}}{2} \times \dfrac{h}{2}$. Donc
le volume s'obtient en multipliant la base par la moitié de la
hauteur.

Remarque. Par le théorème ci-dessus, étendu au cas où les triangles DCD', ACD sont quelconques, on démontre facilement que le
solide nommé *paralléloïde* ou *prismoïde* par les praticiens a pour
mesure la demi-somme des bases par la hauteur.
Le prismoïde a deux bases planes parallèles, et toutes les faces
latérales sont des plans ou la surface gauche définie ci-dessus. Cette
dernière surface, nommée *plan gauche*, appartient au *paraboloïde
hyperbolique*.
La méthode pour la *cubature des terrasses* (Arpentage, n° 211)
repose sur l'emploi de ce théorème ; car on admet que le terrain est
défini, comme au n° 203 de l'Arpentage F. J. O P.

Remarque. Lorsqu'on admet la surface topographique du n° 203,
on peut arriver, par la méthode de sommation, à cuber *exactement*
les terrassements circulaires.

§ VI. — Remarques diverses.

35. (Géométrie, n° 689.) La formule qui a permis de contrôler les résultats donnés par les diverses méthodes approximatives n'est pas du ressort de la géométrie élémentaire.

Pour le demi-segment de l'hyperbole équilatère, lorsque $MP = y$, $OP = x$, $OA = a$, on a :

$$\text{Aire} = \frac{xy}{2} - \frac{a^2}{2} l_n \left(\frac{x+y}{a} \right)$$

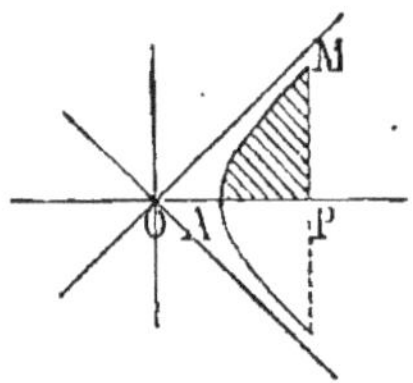

l_n indique le logarithme népérien ; pour l'obtenir on peut prendre le logarithme vulgaire de $\left(\dfrac{x+y}{a} \right)$, et multiplier le résultat par la constante $\dfrac{1}{\log. e} = 2{,}302\,59.$

On a donc : $\text{Aire } AMP = \dfrac{1}{2} \left[xy - a^2 \log \left(\dfrac{x+y}{a} \right) 2{,}302\,59 \right]$

$$y = \sqrt{x^2 - a^2}\,; \quad y = 17{,}320\,; \quad \frac{xy}{2} = 173{,}20\,;$$

$$x + y = 37{,}32\,; \quad \frac{x+y}{a} = 3{,}732\,; \quad \log. 3{,}732 = 0{,}571\,94\,;$$

$$0{,}571\,94 \times 2{,}302\,59 = 1{,}316\,943\,; \quad \text{et, puisque } \frac{a^2}{2} = 50\,, \quad \text{on a :}$$

$$\frac{a^2}{2} \times \log. \left(\frac{x+y}{a} \right) \times 2{,}302\,59 = 50 \times 0{,}571\,94 = 65{,}847\,150\,;$$

$$\text{Aire} = 173{,}20 - 65{,}847\,15 = 107{,}352\,85.$$

La modification de la formule Poncelet est indiquée dans les *Nouvelles Annales mathématiques*, tome XIV, page 381 (citation de M. E. Catalan).

36. Volume des tonneaux.

Nous proposons avec confiance, pour les tonneaux à faible courbure depuis la bonde jusqu'à chaque fond, la formule très-simple : $V = 0,4 \times L(D^2 + d^2)$ (3). Le volume égale les quatre dixièmes du volume obtenu en multipliant la longueur par la somme des carrés des diamètres. Dans les petits centres de population des régions vinicoles, beaucoup de charpentiers, de menuisiers font des tonneaux : les douves ne sont point courbées, mais découpées à la scie ; elles

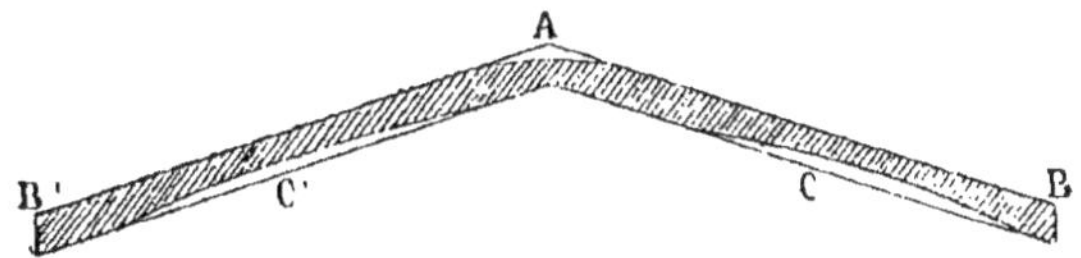

forment une surface brisée ; l'arête au point A est enlevée ; l'épaisseur est diminuée en B et B', et l'on polit plus ou moins l'intérieur en amincissant les douves en C et C'. Le volume ainsi formé est plus considérable que celui de deux troncs de cône, et même du paraboloïde ; mais il est moindre que celui des tonneaux de même dimension dont les douves ont été directement cintrées. Le tronc de paraboloïde à deux bases donne :

$$Y = \frac{\pi}{8} L(D^2 + d^2), \quad n^o\ 599 ; \quad ou \quad V = 0,3927 L(D^2 + d^2)$$

En prenant un coefficient plus fort, pour avoir un résultat plus exact, on a : $\qquad V = 0,4 \times L(D^2 + d^2) \qquad (3)$

La formule suivante très-employée à Béziers donne d'exellents résultats pour les tonneaux à douves cintrées.

Volumes en hectolitres $= (D + d)^2 \times 2L$.

En considérant le tonneau comme un cylindre dont le rayon serait $\frac{D + d}{4}$, on aurait pour volume :

$$\frac{\pi (D + d)^2 \times L}{16} = \frac{\pi}{4}(D + d)^2 \times \frac{L}{4}.$$

$$V = \frac{0.785 (D + d)^2 \times L}{4}.$$

Au lieu de $\frac{0,785}{4}$ on prend $\frac{0,8}{4}$ ou 2, ce qui donnerait $(D + d)^2 \times 0,2L$ pour le volume en kilolitres, donc pour le volume en hectolitres on peut écrire :

$$Hectolitres = (D + d)^2 \times 2L.$$

37. (Géométrie, n° 703). « La section droite des *tunnels* est généralement elliptique; on lui substitue parfois l'*ovale*, courbe formée de

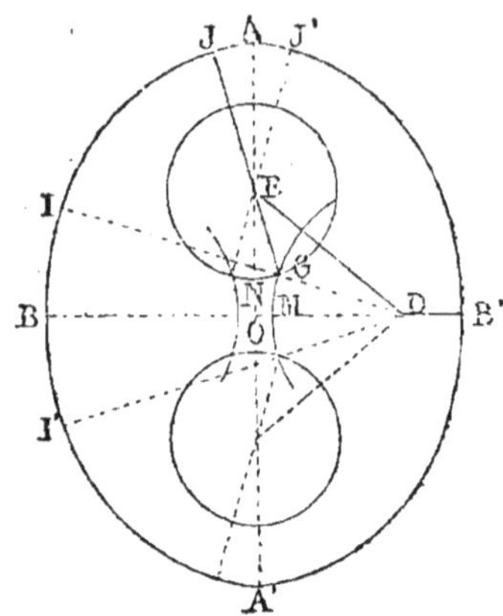

deux anses de panier. L'anse à cinq centres, qui s'éloigne le moins de la forme elliptique, a pour grand rayon $\dfrac{a^2}{b}$, pour petit rayon $\dfrac{b^2}{a}$, et pour rayon moyen $\sqrt{ab}$. » La valeur $\dfrac{a^2}{b} = \mathrm{DI} = \mathrm{R}$ est appelée *rayon de courbure* de l'ellipse aux sommets B et B'; le petit rayon r ou $\mathrm{EJ} = \dfrac{b^2}{a}$ est le rayon de courbure aux sommets A et A' (la géométrie élémentaire ne rend pas compte de ces dénominations); le rayon moyen R' ou GI est une moyenne proportionnelle entre R et r. Ainsi $\mathrm{R}' = \sqrt{\dfrac{a^2}{b} \times \dfrac{b^2}{a}} = \sqrt{ab}$.

Les axes étant donnés, on peut déterminer graphiquement les rayons; néanmoins il est préférable de les calculer.

Soient $\mathrm{AO} = \mathrm{A}'\mathrm{O} = a = 2$ mètres, $\mathrm{BO} = b = 1^m 50$.

Telles sont les dimensions données aux tunnels pour le chemin de fer à une voie, ligne de Paris à Cette, section d'Alais à Brioude :

$$\mathrm{R} = \frac{a^2}{b} = \frac{4}{1,5} = 2^m 666$$

$$r = \frac{b^2}{a} = \frac{2,25}{2} = 1^m 125$$

$$\mathrm{R}' = \sqrt{ab} = \sqrt{2 \times 1,5} = 1^m 732$$

A l'échelle adoptée, prenons BD = 2,666; AE = 1,125; portons une longueur égale à 1,732 de B en M et de A en N; du centre D, avec le rayon DM = (R — R'), décrivons un arc qui coupe en G l'arc décrit du centre E avec le rayon EN = (R' — r) : G est le centre de l'arc intermédiaire; menons DGI, GEJ : du centre D on décrit l'arc II'; du centre G, l'arc IJ; et du centre E, l'arc JJ', etc. Puis on résout le triangle DEG (Trigonométrie, n° 57) et le triangle EOD ; car il faut connaître les angles BDI, IGJ, AEJ pour calculer le développement. D'ailleurs, $EG = (R' - r)$, $DG = (R - R')$, et $ED = \sqrt{(a - r)^2 + (R - b)^2}$.

38. Longueur de l'ellipse. La longueur de l'ellipse n'est donnée que par une *série ;* des tables ont été calculées pour abréger les opérations. Dans celle que nous donnons, le petit axe est toujours égal à 1, et le grand axe varie par dixièmes.

Pour connaître le nombre de la table qui correspond à un cas donné, on divise le grand axe par le petit axe. On prend alors dans la première colonne le nombre qui égale le quotient, on lit à droite, la longueur correspondante, et on multiplie cette valeur par le petit axe.

$\frac{a}{b}$	Longueur	Différences	$\frac{a}{b}$	Longueur	Différences	$\frac{a}{b}$	Longueur	Différences
1,00	3,1416	159	1,3	3,6279	1677	2,5	5,7506	1842
1,01	3,1575	159	1,4	3,7956	1701	2,6	5,9348	1851
1,02	3,1734	158	1,5	3,9657	1721	2,7	6,1199	1855
1,03	3,1892	159	1,6	4,1378	1739	2,8	6,3054	1862
1,04	3,2051	159	1,7	4,3117	1756	2,9	6,4916	1868
1,05	3,2210	159	1,8	4,4873	1772	3,0	6,6784	1874
1,06	3,2369	159	1,9	4,6645	1782	3,1	6,8658	1880
1,07	3,2528	159	2,0	4,8427	1795	3,2	7,0538	1884
1,08	3,2687	159	2,1	5,0222	1807	3,3	7,2422	1888
1,09	3,2846	159	2,2	5,2029	1817	3,4	7,4310	1892
1,10	3,3005	......	2,3	5,3846	1826	3,5	7,6202	1896
1,20	3,4627	1622	2,4	5,5672	1834	3,6	7,8098	
		1652						

Exemple. *Quelle est la longueur de l'ellipse qui a pour axes 3 mètres et* 1ᵐ 20 ?

$\frac{3}{1,20} = 2,50$; or à 2,50 correspond 5,7506, et cette valeur multipliée par 1,2 donne 6ᵐ 900 72.

2ᵉ Exemple. *L'ellipse a pour axes* 4ᵐ 62 *et* 3 *mètres.*

$\frac{4,62}{3} = 1,54$; or 1,54 est compris entre 1,5 qui donne 3,9657 et 1,6 qui donne 4,1378. La différence de longueur égale 0,1721 ; il faut prendre les quatre dixièmes de cette longueur : $0,1721 \times 0,4 = 0,06884$, et $3,9657 + 0,06884 = 4,03454$. Il faut ensuite multiplier ce résultat par le petit axe 3 ; on trouve 12ᵐ 103 62.

FIN

PRINCIPALES FORMULES

DE LA GÉOMÉTRIE PLANE

Somme des angles d'un triangle. . . . . $A + B + C = 2$ droits ou $180°$

Somme des angles d'un polygone . . . . 2 dr. $(n-2)$

Angle antérieur d'un polygone régulier . . . . . . $1/n \left[2 \text{ dr. } (n-2) \right]$

Angle au centre d'un polygone régulier . . . . $1/n$ 4 dr.

Bissectrice d'un angle d'un triangle . . . . $\dfrac{m}{n} = \dfrac{b}{c}$

Le nombre π . . . . $\pi = \dfrac{\text{circonf.}}{\text{diamètre}} = \dfrac{\text{demi-circonf.}}{\text{rayon}} = 3{,}141\,592\,6$

Circonférence $C = \pi d = 2\pi r$, diamètre $= C : \pi$, rayon $= C : 2\pi = 1/2\,C : \pi$

Demi-circonférence . . $1/2\,C = 1/2\,\pi d = \pi r$, arc de n degrés $= \pi r n : 180$

Bandeau de largeur l, courbe extérieure . . . . $A'B' = AB + m/180\,\pi l$

Carré d'une somme ou d'une différence. . . . . $(a \pm b)^2 = a^2 \pm 2ab + b^2$

Produit d'une somme par une différence. . . . $(a + b)(a - b) = a^2 - b^2$

Triangle rectangle, hauteur $d = mn$. . . . . côtés $a^2 = b^2 + c^2$

Triangle quelconque, côtés . . . . $a^2 = b^2 + c^2 \pm 2bn$

Médiane d d'un triangle . . . . $a^2 + b^2 = 2d^2 + 2m^2$

Bissectrice e d'un triangle. . . . . $ab = c^2 + mn$

Hauteur d'un triangle, cercle circonscrit. . . . . $ab = 2rh$

Cordes qui se croisent. . . . . $rs = mn$

Sécantes qui partent d'un même point. . . . . $se = s'c'$

Perpendiculaire à un diamètre . . . . $d^2 = mn$

La tangente et la sécante. . . . . $t^2 = sc$

Moyenne et extrême raison. $\dfrac{a}{m} = \dfrac{m}{n}$, $m^2 = an$, $m = 1/2\,a\left(\sqrt{5} - 1\right) = a(0{,}618)$

Côté du carré inscrit. . . . . $c = r\sqrt{2} = r(1{,}414)$

Côté du triangle équilatéral inscrit. . . . . $c = r\sqrt{3} = r(1{,}732)$

Côté du décagone régulier inscrit . . . . . . $c = 1/2\,r\left(\sqrt{5} - 1\right) = r(0{,}618)$

Hauteur du triangle équilatéral. . . . . $h = 1/2\,a\sqrt{3} = a(0{,}866)$

Surface du carré $\quad S = a^2$, diagonale $d = a\sqrt{2}$, périmètre $\quad 4a$

  «   du rectangle. $\quad S = ab$, diagonale $d = \sqrt{a^2 + b^2}$, périmètre $2(a + b)$

  «   du triangle $S = 1/2\,bh = 1/2\,(a + b + c)r = \sqrt{p(p-a)(p-b)(p-c)}$

Surface du trapèze . . . . $1/2\,h(b + b') = hb''$

  «   d'un polygone régulier ou d'un polygone circonscrit . . $S = 1/2\,ap$

  «   du cercle $S = 1/2\,$cir. $\times$ rayon$\ldots = \pi r^2 = 1/4\,\pi d^2 = C^2 : 4\pi = (1/2\,C)^2 : \pi$

$$= (1/2\,C)^2\,(0{,}318\,31)$$

Surface d'un secteur. . . . . $S = \frac{1}{2}\,\text{arc} \times \text{rayon} = \frac{n}{360}\,\pi r^2$

Figures semblables . . . . $\dfrac{S}{S'} = \dfrac{a^2}{a'^2}$

Aire d'un bandeau de largeur l . . . . $S = \text{la courbe moyenne} \times l$

Formule Poncelet. . . . . $S = d\,(2P + \frac{1}{4}E - \frac{1}{4}E')$

Formule Poncelet modifiée. . . . . $S = d\,(2P + \frac{1}{6}E - \frac{1}{6}E')$

Projection m' d'une ligne m . . . . $m' = m.\cos\ln A$

PRINCIPALES FORMULES

DE LA GÉOMÉTRIE DANS L'ESPACE

Les faces d'un trièdre, et les côtés d'un triangle sphérique $a < b + c \quad a > b - c$

Somme des faces d'un angle solide convexe, somme des
     côtés d'un polygone sphérique . . . . $a + b + c + ... < 4$ droits

Trièdres supplémentaires, triangles sphériques supplé-
     mentaires . . . . . . $A + a' = 2$ dr., $B + b' = 2$ dr., $C + c' = 2$ droits

Somme des angles d'un trièdre quelconque ou d'un
     triangle sphérique. . . . . $A + B + C > 2$ dr., $A + B + C < 6$ droits

Projection M' d'une figure plane M sur un plan. . . . . $M' = M.\cos A$

Prisme : surface latérale. . . . . $S = ap$

Parallélipipède, volume. $V = abc$ . . . . . surface $S = 2(ab + ac + bc)$
                    diagonale $d = \sqrt{a^2 + b^2 + c^2}$

Cube, volume. . . . . $V = a^3...$, surface $S = 6a^2...$, diagonale $d = a\sqrt{3}$

Prisme, volume . . . . . . $V = Bh = \text{arête latérale} \times \text{section droite}$

Tronc de prisme triangulaire. . . . . $V = \frac{1}{3}B\,(m + n + p)$

Tronc de prisme quelconque . . . . $V = \text{section droite} \times \text{axe}$

Cylindre circ. droit : surf. lat. $= 2\pi rh$, surf. tot. $= 2\pi r(h + r)$, Vol. $V = \pi r^2 h$

Tronc de cyl. circ. droit : surface latérale $= \text{circ.} \times \text{axe}$, volume $= \text{base} \times \text{axe}$

Pyramide régulière : surf. lat. $S = \frac{1}{2}pl$; pyramide quelconque : $V = \frac{1}{3}Bh$

Tronc de pyramide à bases parallèles : surface latérale. . . $\frac{1}{2}l\,(p + p')$

Cône circ. droit : surf. lat. πrl, surf. tot. $= \pi r(l + r)$, volume $V = \frac{1}{3}\pi r^2 h$

Cône quelconque : volume. . . . . $V = \frac{1}{3}Bh$

Tronc de cône ou de pyramide à bases parallèles $V = \frac{1}{3}h\,(B + B' + \sqrt{BB'})$

Tronc de cône circulaire droit à bases parallèles : $V = \frac{1}{3}\pi h\,(r^2 + r'^2 + rr')$

«   «   «   «   surf. lat. $S = \pi l\,(r + r') = 2\pi r''l = 2\pi r'''h$

Tronc quelconque à bases parallèles . . . . . $V = \frac{1}{6}h\,(B + B' + 4S)$

Ligne polygonale régulière, h étant la projection sur l'axe et a l'apothème :
     surface engendrée. . . . . $2\pi ah$

Secteur polygonal régulier : volume engendré . . . . $\frac{2}{3}\pi a^2 h$

Zone : surface. . . . . $2\pi rh$

Sphère : surface $S = 4\pi r^2$ ou $\frac{1}{4}\pi d^2...$; fuseau de n degrés . . $\frac{n}{360}4\pi r^2$

Sphère : volume . . . . . , ... $V = {}^4\!/_3\,\pi r^3$ ou ${}^1\!/_6\,\pi d^3$

Secteur sphérique : volume. . . . . $= \text{zone} \times {}^1\!/_3\,r = {}^2\!/_3\,\pi r^2 h$

Segment sphérique à une base : volume . . . . . . $= {}^1\!/_6\,\pi h^3 + {}^1\!/_2\,Bh$

  «   «   à deux bases : volume. . . $= {}^1\!/_6\,\pi h^3 + {}^1\!/_2\,h\,(B + B')$

Le même, en appelant S la section équidistante des bases $V = Sh - {}^1\!/_{12}\,\pi h^3$

Solide circonscrit à une sphère : volume . . . . $= \text{surface} \times {}^1\!/_3\,r$

Théorème des trois corps ronds : segment sphérique $=$ segment cylindrique — segment conique.

Théorème de Guldin, h étant la distance de l'axe au centre de gravité :

$$S = \text{ligne } l . 2\pi h, \quad V = \text{surface } S . 2\pi h$$

FORMULES DU VIIIe LIVRE

Aire de l'ellipse. . . . . πab

Équation de l'ellipse. . . . . $\dfrac{x^2}{a^2} + \dfrac{y^2}{b^2} = 1$

  «   de l'hyperbole. . . . . $\dfrac{x^2}{a^2} - \dfrac{y^2}{b^2} = 1$

  «   de la parabole. . . . . $y^2 = 2px$

Équation commune aux trois courbes, ρ et d étant les distances de chaque point à un foyer et à une directrice . . . . . $\dfrac{\rho}{d} = e$ nombre constant

Aire du segment parabolique . . . . $= {}^2\!/_3\,MN.AP$

Formule Simpson . . . . $S = {}^1\!/_3\,d\,(E + 2I + 4P)$

FORMULES DE L'APPENDICE

Segment de paraboloïde à une base : volume . . . . $V = {}^1\!/_2\,\pi r^2 h$

  «   «   à deux bases . . . . . . $V = {}^1\!/_2\,\pi h\,(r^2 + r'^2)$

Ellipsoïde allongé. . . . . $V = {}^4\!/_3\,\pi ab^2$

  «   aplati . . . . $V = {}^4\!/_3\,\pi a^2 b$

Segment à deux bases de l'hyperboloïde à une nappe. . $V = {}^1\!/_3\,\pi h\,(2r^2 + r'^2)$

  «   à une base de l'hyperboloïde à deux nappes. . $V = {}^1\!/_2\,\pi r^2 h - {}^1\!/_6\,\pi h^3$

  «   «   du paraboloïde . . . . $V = {}^1\!/_2\,\pi r^2 h$

  «   à deux bases du paraboloïde . . . . . . $V = {}^1\!/_2\,\pi h\,(r^2 + r'^2)$

Théorème des trois corps ronds : segment d'ellipsoïde $=$ segment du cylindre circonscrit — segment du cône inscrit.

Segment d'hyperboloïde à une nappe $=$ segment du cylindre inscrit $+$ segment du cône asymptote.

  «   d'hyperboloïde à deux nappes $=$ segment du cône asymptote — segment du cylindre inscrit.

  «   de paraboloïde $=$ seg. de la sphère inscrite $+$ seg. du cône inscrit

Volume des tonneaux.

Formule de la jauge diagonale, en litres. . $V = 0,078\,125 \left(\sqrt{(D+d)^2 + l^2} \right)^3$

 «   des troncs de cône . . . . . . $V = 0,2618\,l\,(D^2 + d^2 + Dd)$

 «   d'Oughtred . . . . $V = 0.2618\,l\,(2D^2 + d^2)$

 «   des troncs paraboloïdes. . . . . . . $V = 0,3927\,l\,(D^2 + d^2)$

 «   de l'an VII. . . . . $V = 0,087\,27\,l\,(d + 2D)^2$

 «   de Vasselon. . . . . $V = 1,5205\,l\,(d + 1,2727\,D)^2$

 «   de Dez . . . . $V = 0,012\,27\,l\,(5D + 3d)^2$

 «   de Béziers . . . . $V = 200\,l\,(D + d)^2$

Tonneau en vidange. . . . . $V' = 1,767\,lh^2$

Foudre à fonds concaves, en kilolitres. . $V = 0,1309 \left[l(4D^2 - d^2) + 3l'd^2 \right]$

Bois en grume, mètres cubes ou stères. . . . . $V = 0,785\,ld^2 = 0,0796\,lp^2$

 «   «   pièce d'équarrissage. . . . . . $V = {}^1/_2\,ld^2 = 0,0506\,lp^2$

 «   «   «   au ${}^1/_6$ réduit. $V = 0,4285\,ld^2 = 0,0434\,lp^2$

 «   «   «   (octroi de Paris) $V = 0,4996\,ld^2 = 0,0506\,lp^2$

 «   «   «   au ${}^1/_5$ réduit. $V = 0,3948\,ld^2 = 0,04\,lp^2$

5306. — Tours, impr. Mame.

TABLE DES FONCTIONS TRIGONOMÉTRIQUES

entre 0 et 90 degrés.

Angles	Tangentes	Sinus	Sécantes	Cosécantes	Cosinus	Cotang.	
0°	0,000	0,000	1,000	∞	1,000	∞	**90°**
1	017	017	000	57,299	1,000	57,290	89
2	035	035	001	28,654	0,999	28,636	88
3	052	052	001	19,108	999	19,081	87
4	070	070	002	14,336	998	14,301	86
5	087	087	004	11,474	996	11,430	85
6	105	105	006	9,567	995	9,514	84
7	123	122	008	8,206	993	8,144	83
8	141	139	010	7,185	990	7,115	82
9	158	156	012	6,392	988	6,314	81
10°	0,176	0,174	1,015	5,759	0,985	5,671	**80°**
11	194	191	019	5,241	982	5,145	79
12	213	208	022	4,810	978	4,705	78
13	231	225	026	4,445	974	4,331	77
14	249	242	031	4,134	970	4,011	76
15	268	259	035	3,864	966	3,732	75
16	287	276	040	3,628	961	3,487	74
17	306	292	046	3,420	956	3,271	73
18	325	309	051	3,236	951	3,078	72
19	344	326	058	3,072	946	2,904	71
20°	0,364	0,342	1,064	2,924	0,940	2,747	**70°**
21	384	358	071	790	934	2,605	69
22	404	375	079	669	927	2,475	68
23	424	391	086	559	921	2,356	67
24	445	407	095	459	914	2,246	66
25	466	423	103	366	906	2,145	65
26	488	438	113	281	899	2,050	64
27	510	454	122	203	891	1,963	63
28	532	469	133	130	883	1,881	62
29	554	485	143	063	875	1,804	61
30°	0,577	0,500	1,155	2,000	0,866	1,732	**60°**
31	601	515	167	1,942	857	664	59
32	625	530	179	887	848	600	58
33	649	545	192	836	839	540	57
34	675	559	206	788	829	483	56
35	700	574	221	743	819	428	55
36	727	588	236	701	809	376	54
37	754	602	252	662	799	327	53
38	781	616	269	624	788	280	52
39	810	629	287	589	777	235	51
40°	0,839	0,643	1,305	1,556	0,766	1,192	**50°**
41	869	656	325	524	755	150	49
42	900	669	346	494	743	111	48
43	933	682	367	466	731	072	47
44.	0,966	0,695	1,390	1,440	0,719	1,036	46
45	1,000	0,707	1,414	1,414	0,707	1,000	45
	Cotang.	Cosinus	Cosécantes	Sécantes	Sinus	Tangentes	Angles
Différ.	17. à 31	13 à 17	0 à 24	26 à ∞	0 à 12	36 à ∞ Différ.	

TABLE DES FONCTIONS TRIGONOMÉTRIQUES

de 10 en 10 minutes, pour les 7 premiers et les 7 derniers degrés du quadrant.

Angles	Tangentes	Sinus	Sécantes	Cosécantes	Cosinus	Cotang.	Angles
0°	0,0000	0,0000	1,00000	∞	1,00000	∞	**90°**
10'	0029	0029	00000	343,77	1.00000	343.77	50'
20'	0058	0058	00002	171,89	0,99998	171 88	40'
30'	0087	0087	00004	114,59	99996	114,59	30'
40'	0116	0116	00007	85,94	99993	85,94	20'
50'	0145	0145	00011	68,76	99989	68,75	10'
1°	0,0175	0,0175	1,00015	57.30	0,99985	57,29	**89°**
10'	0204	0204	00021	49.11	99979	49.10	50'
20'	0233	0233	00027	42,98	99973	42,96	40'
30'	0262	0262	00034	38.20	99966	38,19	30'
40'	0291	0291	00042	34,38	99958	34,37	20'
50'	0320	0320	00051	31,26	99949	31,24	10'
2°	0,0349	0,0349	1,00061	28,65	0,99939	28,64	**88°**
10'	0378	0378	00072	26,45	99928	26,43	50'
20'	0408	0407	00083	24,56	99917	24,54	40'
30'	0437	0436	00095	22,92	99905	22,90	30'
40'	0466	0465	00108	21,49	99892	21,47	20'
50'	0495	0494	00122	20,23	99878	20,21	10'
3°	0,0524	0,0523	1,00137	19,11	0,99863	19,08	**87°**
10'	0553	0552	00153	18,10	99847	18,08	50'
20'	0582	0581	00169	17,20	99831	17,17	40'
30'	0612	0611	00187	16,38	99813	16,35	30'
40'	0641	0640	00205	15,64	99795	15,61	20'
50'	0670	0669	00224	14,96	99776	14,92	10'
4°	0,0699	0.0698	1,00244	14,34	0,99756	14,30	**86°**
10'	0729	0727	00265	13,76	99736	13,73	50'
20'	0758	0756	00287	13,23	99714	13,20	40'
30'	0787	0785	00309	12,75	99692	12,71	30'
40'	0816	0814	00333	12,29	99669	12,25	20'
50'	0846	0843	00357	11,87	99644	11,83	10'
5°	0,0875	0,0872	1,00382	11,47	0,99619	11.43	**85°**
10'	0904	0901	00408	11,10	99594	11,06	50'
20'	0934	0930	00435	10,76	99567	10,71	40'
30'	0963	0959	00462	10,44	99540	10,39	30'
40'	0992	0987	00491	10.13	99511	10,08	20'
50'	1022	1016	00521	9,84	99482	9,79	10'
6°	0,1051	0,1045	1,00551	9,57	0,99452	9,51	**84°**
10'	1080	1074	00582	9,31	99421	9,26	50'
20'	1110	1103	00614	9,07	99390	9,01	40'
30'	1139	1132	00647	8.83	99357	8,78	30'
40'	1169	1161	00681	8,61	99324	8,56	20'
50'	1198	1190	00715	8,40	99290	8,35	10'
7°	0,1228	0,1219	1,00751	8,21	0,9925[5]	[8,14]	**83°**
	Cotang.	Cosinus	Cosécantes	Sécantes	Sinus	Tangent.	Angles
	Différences 29 ou 30		0 à 36	19 à ∞	0 à 35	21 à ∞	Différ.

De 0 à 7 degrés, suivez les titres du haut.

De 83 à 90 degrés, suivez les titres du bas.

6926. — TOURS, IMPRIMERIE MAME

6926. — TOURS, IMPRIM

LE

COURS DE MATHÉMATIQUES ÉLÉMENTAIRES

COMPREND LES OUVRAGES SUIVANTS :

Éléments d'Arithmétique.
— d'Algèbre.
— de Géométrie.
— de Trigonométrie.
— d'Arpentage et de Nivellement.
— de Géométrie descriptive.

4020. — Tours, impr. Mame.